PRINCIPLES and APPLICATIONS of

LITHIUM SECONDARY BATTERIES

리튬이차전지의 원리 및 응용

대표저자: 박정기

홍릉과학출판사

저 자

박정기 (KAIST, 대표저자)

강기석 (서울대학교)

김동원 (한양대학교)

김성수 (충남대학교)

김재국 (전남대학교)

도칠훈 (한국전기연구원)

박홍규 (LG 화학)

송승완 (충남대학교)

이상영 (강원대학교)

이성만 (강원대학교)

이영기 (한국전자통신연구원)

이용민 (한밭대학교)

이창우 (경희대학교)

한규승 (충남대학교)

홍영식 (서울교육대학교)

머리말

p·r·e·f·a·c·e

최근 리튬이차전지 산업이 국가적으로 매우 중요한 위치를 차지하고 국제적인 경쟁이 더욱 치열해짐에 따라 리튬이차전지의 획기적 기술발전에 대한 기대는 이루 말할 수 없이 커지고 있습니다. 그러나 안타깝게도 리튬이차전지의 원리나 응용 등에 대한 체계적이고 합리적인 교재를 국내외적으로 찾아보기는 매우 힘든 것 같습니다. 가까운 일본에서 리튬이차전지에 대한 기술서적들이 일부 출간되고는 있지만 대부분 내용이 피상적이고 사실 위주의 설명이 주를 이루고 있습니다. 마침 본 교재의 대표저자가 지식경제부의 지원으로 "차세대이차전지 인력양성센터"를 운영하고 있던 중 리튬이차전지의 정통적인 교재 집필이 매우 시급함을 인식하여 국내의 뜻있는 관계자들과 공동으로 본 교재를 집필하기에 이르렀습니다. 집필진은 대학이나 연구소에서 리튬이차전지를 연구하는 분들과, 기업에서 연구를 하는 분들을 균형이 되도록 포함시켜 구성하였습니다.

본 교재의 집필을 시작하기 전에 우선 저자들은 교재 집필의 철학을 만들었는데, 사실 위주의 설명이 아니라 사실에 대한 원인을 가능한 범위 내에서 충실히 설명하고자 하였습니다. 집필이 끝난 지금 그 결과를 살펴보면 완벽하게 성공하지는 못하였지만 나름대로 최선의 노력을 한 흔적은 찾을 수 있어 매우 다행으로 생각됩니다.

본 교재의 전체적인 구성도 많은 고민과 토론을 거쳐 이루어졌는데, 서론에 이어 전지에서 일어나는 전기화학 반응의 기초를 다루고, 양극, 음극, 전해질 등의 핵심 소재에 대한 구조와 성질, 그리고 이들의 계면 반응 등을 다루고 있습니다. 이와 더불어, 전지와 관련된 전기화학적 분석 및 소재 물성 분석에 대한 기법을 다루며 최종적으로 전지의 설계 및 제조와 성능평가를 위한 방법 등도 포함하였습니다.

본 교재의 집필을 시작한 것이 2006년 초반이었으므로 집필에 약 4년이라는 긴 시간이 소요된 셈입니다. 그동안 집필진들이 모여 토론을 한 횟수만도 수십 차례가 되었으니 정말 긴 여정이었던 것 같습니다. 그래도 본 집필이 리튬이차전지 분야에서 일을 하는 많은 사람들에게 큰 도움이 되리라는 희망과 의무감을 가지고 서로 격려하며 어려운 과정을 극복하려고 노력하였습니다. 보통 집필회의는 도시락 회의로 이루어졌는데 아마도 많은 참여저자들이 그 도시락의 맛을 오래 기억할 것으로 생각됩니다.

마지막으로 본 교재의 집필이 완성되기까지 참여저자 이외에 도움을 준 많은 분들을 기억하고 싶습니다. 음극부분 원고의 최종 검토에 도움을 아끼지 않은 강용묵 교수, 전기화학적 분석방법의 원고를 정성을 다해 검토해 준 이호춘 교수, NMR 분석 방법에 대한 원고를 정성껏 마련해준 양두경 박사, 전해질 및 계면반응의 원고에 대하여 아낌없는 검토를 해준 최남순 교수에게 비록 참여저자 명단에 포함시키지는 못하였지만 정말 감사하다는 말을 전합니다. 그리고 우리저자들이 안심하고 집필을 할 수 있도록 일찌감치 출판계약을 편하게 성사시켜 준 홍릉과학출판사 측에도 고맙게 생각합니다. 우리 집필진들이 실질적으로 움직일 수 있도록 재정적인 지원을 해 준 지식경제부에 대하여도 감사하지 않을 수 없습니다. 그리고 그 수없이 많은 주말 회의에도 불구하고 불평 한마디 없이 회의를 뒷바라지하고 집필의 뒤치다꺼리를 맡아준 이명수 씨에게도 너무도 고맙다고 해야겠습니다. 무엇보다도 본 교재가 리튬이차전지를 공부하는 모든 이들에게 도움이 된다면 그들이야말로 우리 저자들이 진심으로 고마워해야할 분들이 될 것입니다.

KAIST 연구실에서

대표저자 박정기

차례

c·o·n·t·e·n·t·s

Chapter 01 서론

Chapter 02 전지화학의 기본

Chapter 03 리튬이차전지용 주요 소재

Chapter 04 전기화학 및 물성분석

Chapter 05 전지의 설계 및 제조

Chapter 06 전지 성능 평가

Appendix 리튬이차전지 안전성 평가법

Chapter 01

서론

IT(Information Technology)기술이 눈부시게 발달함에 따라 다양한 휴대형 정보통신 기기의 확산이 이뤄짐으로써, 21세기는 시간과 장소에 구애 받지 않고 고품질의 정보서비스가 가능한 '유비쿼터스 사회'로 발전되고 있다. 이러한 유비쿼터스 사회로의 발전 기반에는 1990년대 초에 상용화된 리튬이차전지가 매우 중요한 위치를 차지하고 있다. 리튬이차전지는 다른 이차전지에 비해 작동 전압 및 에너지 밀도가 높을 뿐 아니라 오래 사용할 수 있어 기기의 다양화와 복합화에 따른 복잡한 요구조건을 충족시킬 수 있는 우수한 특성을 지니고 있다. 최근 기존의 리튬이차전지 기술을 더욱 발전시켜 전기자동차 등 친환경 수송시스템뿐만 아니라, 전력저장, 의료, 국방 등으로 그 응용 분야를 확대하기 위한 노력이 전 세계적으로 활발히 진행되고 있다.

이와 같은 리튬이차전지 기술의 지속적인 발전과 더불어 기술의 혁신을 위해서는 리튬이차전지 전반에 대한 근본적이고 체계적인 이해가 필수적이다.

1-1 전지의 역사

전지(battery)란 전기화학반응을 이용하여 전극 물질의 화학에너지를 전기에너지로 직접 변환하는 시스템으로 정의할 수 있다. 전지에 대한 최초의 기록은 1800년에 이탈리아 파비아(Pavia) 대학의 볼타(Volta)가 런던의 왕립학회에 발표한 논문인 것으로 알려져 있다. 1786년 이탈리아의 갈바니(Galvani)는 개구리의 해부실험 중 개구리의 다리가 금속과 접촉할 때 경련을 일으키는 것을 발견하고, 개구리의 몸 안에서 발생한 전기가 근육을 통해 흘러간다는 '동물전기'의 존재를 주장하였다. 그러나 이러한 동물 전기설에 의문을 품은 볼타(Volta)는, 그것이 서로 다른 금속 사이에서 일어나는 현상으로서 다만 동물의 체액이 전해질 역할을 한 것을 확인하였다. 이후 그는 1800년에 동전모양의 두 금속판 사이에 알칼리 용액으로 적신 천조각을 끼운 것을 여러 쌍 겹쳐 쌓은 후, 양끝에 전선을 연결하여 전류를 발생시킬 수 있는 '볼타의 전퇴(Volta's pile)'를 발표하게 되었다. 이것이 오늘날 우리가 사용하고 있는 전지의 최초의 형태이다(그림 1.1.1 왼쪽) [1].

이와 더불어 1932년 바그다드 인근의 고대 유적지에서 전지로 추정되는

그림 1.1.1 볼타의 전퇴(왼쪽)와 바그다드에서 발견된 전지로 추정되는 항아리(오른쪽)

2000년 전의 항아리가 발견되었다(그림 1.1.1 오른쪽). 이 항아리는 약 15cm 높이의 점토 토기로서, 그 안에 구리 실린더가 들어있고, 구리와 철로 된 막대가 실린더 안에 고정되어 있으며, 막대들은 산성물질에 의해 부식되어 있었다. 일부 학자들은 이것이 최초의 전지라고 주장을 하고 있으나 전지로 이용되었는지는 확실치 않다.

전지는 일정 수명기간 동안만 한 차례 사용이 가능한 일차전지(primary battery)와 재충전을 통해 장시간 반복 사용이 가능한 이차전지(secondary or rechargeable battery)로 나눌 수 있는데, 볼타전지 이후 다양한 전지들이 개발되고 상용화되어왔다.

최초로 상용화된 일차전지는 1865년 프랑스의 르클랑셰(Le Clanché)가 고안한 망간전지이다. 망간전지는 아연 음극과 이산화망간 양극 및 염화암모늄염(NH_4Cl)과 염화아연($ZnCl_2$)염을 혼합하여 적용한 산성의 수계 전해질(aqueous electrolyte)을 사용하는데, 기전력이 1.5 V로서 다양한 소형 전자제품에 사용되었다. 이후 망간전지의 산성 전해질을 수산화칼륨염(KOH)을 적용한 알칼리 전해질로 대체하여 기전력을 망간전지와 동일하게 유지함과 동시에 전지의 용량과 출력특성을 향상시켜, 사용시간 및 성능을 획기적으로 개선한 알칼리전지를 상용하였다. 또한 공기/아연전지(1.4 V), 산화은전지(1.5 V) 등의 다양한 일차전지들의 개발이 이루어졌고, 1970년 대에 이르러 리튬금속을 음극으로 적용한 3 V급 리튬일차전지의 상용화가 이루어지면서 일차전지의 성능은 매우 큰 진전을 이루게 된다.

최초의 이차전지는 1859년 프랑스의 플랑떼(Planté)에 의해 고안된 납축전지이다. 납축전지는 과산화납을 양극으로, 납을 음극으로 그리고 묽은 황산을 전해액으로 사용하였는데, 셀 당 기전력은 2 V이며 현재는 주로 자동차용 축전지에 적용되고 있다. 이후 Ni/Cd(1.2 V) 전지가 1948년에 상용화되어, 기존의 일차전지가 주로 적용되던 소형 전자기기 분야를 본격적으로 대체하기에 이르게 된다[2]. 그러나 Ni/Cd 전지는 카드뮴의 환경유해성으로 인해 최근에는 점차 사용이 제한되고 있다.

1990년대 초에 들어서면서 Ni/Cd 전지에 비해 보다 환경친화적이고 성능이 향상된 Ni-MH(1.2 V) 전지가 상용화되었고, 곧이어 작동전압이 3배 높은 3 V급의 리튬이차전지의 등장으로 에너지 밀도가 크게 향상되어 전지의 소형화, 경량화가 가능하여 휴대폰, 노트북 PC, 캠코더 등의 휴대기기 시장은 리튬이차전지가 주도하게 되었다[3].

1-2 전지기술의 발전

전지기술은 1800년 볼타전지의 발견 이후, 200년 남짓한 전지의 개발역사를 통해 두 번의 획기적인 진보가 있었다. 그 하나는 일차전지에서 이차전지로의 발전이고, 다른 하나는 3 V급으로의 작동전압의 상승이다. 특히 리튬이온을 전극 및 전해질 내에서의 전하 전달체(charge carrier)로 사용하는 리튬이차전지는 경량이면서도 3.7 V 이상의 높은 평균방전전압을 유지함으로써, 현재 알려진 전지들 중 가장 높은 에너지 밀도를 나타내어 전지기술의 혁신을 주도하는 대표적인 전지가 되었다.

이차전지기술의 발달에 따른 에너지밀도의 변화를 살펴 보면, 최초의 이차전지인 납축전지의 경우 중량당 에너지 밀도가 30 Wh/kg, 부피당 에너지 밀도는 100 Wh/l를 넘지 못하였으나, 리튬이차전지는 연평균 10 %씩 에너지 밀도가 꾸준히 증가하여, 현재 원통형을 기준으로 한 중량당 에너지 밀도는 200 Wh/kg, 부피당 에너지 밀도는 600 Wh/l에 이르고 있다(그림 1.2.1). 이는 현재 리튬이차전지의 에너지밀도 수준이 중량을 기준으로 볼 때, 납축전지에 비해 약 다섯 배,

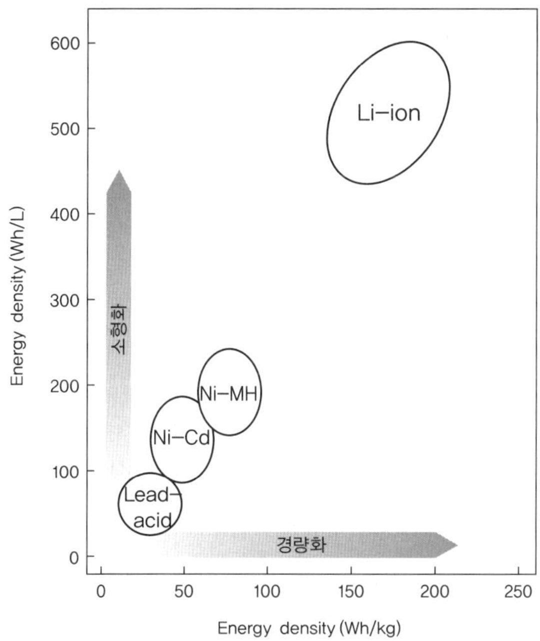

그림 1.2.1 전지기술의 발전에 따른 에너지밀도의 변화

Ni-MH에 비해 세 배 정도 향상된 것임을 알 수 있다[4].

이차전지의 일종인 Ni-MH 전지의 경우에도 낮은 작동전압과 에너지밀도의 한계는 있지만 높은 안전성을 바탕으로 하이브리드 전기자동차(hybrid electric vehicle, HEV)에 탑재되어 큰 각광을 받고 있다. 그러나 최근 플러그인 하이브리드 전기자동차(plug-in hybrid electric vehicle, PHEV) 및 전기자동차(electric vehicle, EV) 기술이 관심을 끌면서 성능의 한계를 드러내는 Ni-MH 전지보다는 고에너지 및 고출력특성을 동시에 갖는 리튬이차전지가 더 큰 주목을 받고 있다. 특히, 전기자동차용 이차전지는 충전시간이 짧고 경량이면서도 성능이 우수하여야 하므로, 향후 리튬이차전지를 중심으로 기술개발 경쟁이 치열할 것으로 예상되며, 현재의 한계를 극복할 수 있는 획기적이고도 지속적인 기술 진보가 기대된다.

1–3 리튬이차전지의 개요

전지가 이차전지로서의 성질을 나타내기 위해서는 양극과 음극이 충전(charge)과 방전(discharge)을 반복적으로 수행할 수 있는 구조를 가지고 있어야 한다. 이를 위해서는 전극 내에서의 이온의 삽입 및 탈리가 용이하고 이들 과정이 진행되는 동안 전극의 구조가 안정하게 유지되어야 하며 전해질은 이온의 전달을 용이하게 하여야 한다. 그림 1.3.1에 대표적인 리튬이차전지의 구성에 대한 개략도를 나타내었다.

전지에서 전극 내로 삽입되는 이온은 집전체를 통해 전극으로 들어온 전자와 전하중성(charge neutrality)을 이루어 전극 내에 전기에너지를 저장하는 매개체가 된다. 또한 이온은 전해질 영역에서 빠른 속도로 전극 쪽으로 이동함으로써 전극 내에서의 반응속도를 크게 할 수 있다. 즉, 전지의 전체 반응속도에 크게 영향을 미치는 것은 전해질 및 전극 영역에서의 이온의 이동속도이다. 또한 저장할 수 있는 전기에너지의 양을 결정하는 것은 전하중성을 이루기 위해 전극에 삽입

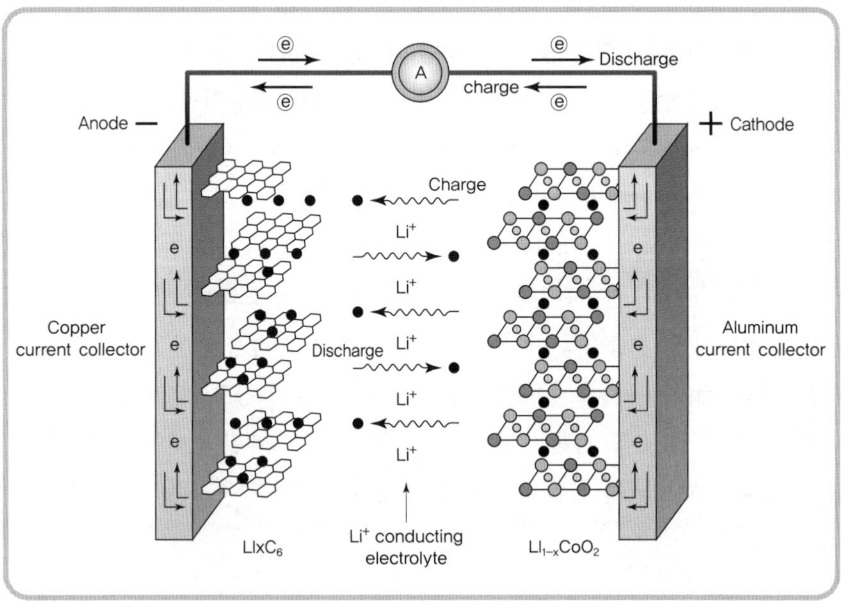

그림 1.3.1 리튬이차전지의 전해질에서의 Li^+의 이동 및 Li^+의 전극 내 삽입/탈리 과정

된 이온의 양이다. 결국, 전극의 소재와 이온의 종류가 실제 저장할 수 있는 전기에너지의 양을 결정하는 주요 요소가 되는데, 이온의 종류로서 리튬이온(Li^+)을 사용한 전지를 리튬이차전지(lithium secondary batteries)라고 한다.

리튬은 자연계에 알려진 금속 중 가장 가볍고, 표준환원전위가 가장 낮아 3 V 이상의 높은 기전력을 얻을 수 있으며, 전극소재로 적용 시 중량 및 체적당 에너지 밀도가 높다. 리튬이차전지는 작동 전압이 물분해 전압보다 높기때문에 수용액 대신 유기용매를 전해질로 사용해야 하며, 전극으로서는 일반적으로 Li^+의 삽입과 탈리가 용이한 격자구조를 갖는 물질들을 사용한다.

리튬이차전지는 일반적으로 전이금속산화물(transition metal oxide)을 양극소재로, 탄소를 음극소재로 사용하며, 전해질로 액체전해질을 사용할 경우 이를 리튬이온전지(lithium-ion batteries, LiB)라 하고 고분자 전해질을 사용하면 리튬이온폴리머전지(lithium-ion polymer batteries, LiPB) 라 부른다.

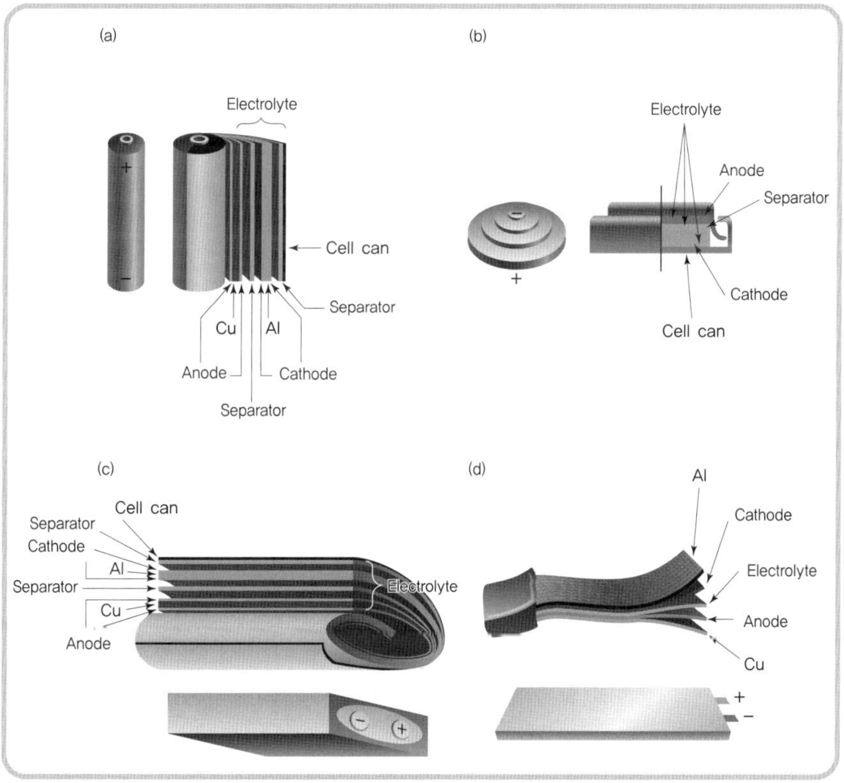

그림 1.3.2 리튬이차전지의 형태에 따른 분류: (a) 원통형 (b) 코인형 (c) 각형 (d) 파우치형

상용화된 리튬이차전지는 그림 1.3.2에 나타난 바와 같이 전지의 형태 및 구성 요소의 소재에 따라 여러가지로 분류될 수 있다. 전지 형태의 경우, 노트북 PC에 주로 적용되고 있는 원통형(cylindrical) 전지와 휴대형 단말기에 적용되고 있는 각형(prismatic) 전지, 원형 단전지 형태인 코인형(coin) 전지, 그리고 알루미늄/플라스틱 복합 외장재를 적용한 파우치형(pouch) 전지가 그 대표적인 예이다[4].

전지의 구성요소는 표 1.3.1에 나타내었으며 이들을 위한 소재 특성은 대개

표 1.3.1 리튬이차전지의 구성 요소별 특징 및 예

구성 요소		소재/특징	소재의 대표적 예
전극	양극 활물질	전이금속산화물/ 전지의 용량 결정	$LiCoO_2$, $LiMn_2O_4$, $LiNiO_2$, $LiFePO_4$
	음극 활물질	탄소 · 비탄소계 합금/ 양극과 가역반응	graphite, hard(soft) carbon, Li, Si, Sn, lithium alloy
	도전재	탄소/전자전도성	acetylene black
	바인더	고분자/결착성	PVdF, SBR/CMC
	집전체	금속 필름/극판형성	Cu(−), Al(+)
전해질	분리막	고분자/ 양·음극 분리, 단락방지	polyethylene(PE), polypropylene(PP), polyvinylidenefluoride(PVdF)
	리튬염	유·무기 리튬 화합물/ 이온전도	$LiPF_6$, $LiBF_4$, $LiAsF_6$, $LiClO_4$, $LiCF_3SO_3$, $Li(CF_3SO_2)_2N$
	전해질 용매	비수계 유기용매/ 리튬염 용해	ethylene carbonate(EC), propylene carbonate(PC), dimethyl carbonate(DMC), diethyl carbonate(DEC), ethylmethyl carbonate(EMC)
	첨가제	유기물/ SEI 형성 · 조절 및 과충전 방지	vinylene carbonate(VC), biphenyl(BP)
기타	탭	금속/전극의 단자	Al(+), Ni(−)
	외장재	셀 보호 및 밀폐	Mo-rich stainless steel, Al pouch
	안전 소자	전지의 과충전/ 과방전 방지, 안전장치	safety vent, positive temperature coefficient(PTC) device, protective circuit module(PCM)

다음과 같다. 양극의 경우 리튬이 격자 구조의 일부분을 이루고 있다가 탈리 시에 이온의 형태로 빠져 나오기 때문에 구조적으로 안정한 전이금속계 산화물 소재를 주로 사용하고 있으며, 음극으로는 양극에서 빠져 나온 리튬이온을 안정하게 저장하고 큰 기전력을 제공할 수 있도록 그 표준환원전위가 리튬과 크게 차이가 나지 않는 물질을 사용한다. 전해질의 경우 작동전압 범위 내에서 전기화학적 안정성을 유지하고 열 및 화학적 안정성이 높은 리튬염과 유기용매를 사용한다. 이 외에 양극과 음극의 전기적 접촉에 의한 단락을 방지하기 위한 분리막으로서 고온에서 용융될 수 있는 고분자 또는 세라믹 물질을 사용한다.

1-4 리튬이차전지의 미래

지금까지의 리튬이차전지는 소형 전자기기 및 휴대형 IT 기기들을 중심으로 발전되어 왔다. 이를 바탕으로 리튬이차전지는 향후 '녹색 에너지', '무선 충전', '자가발전', '리사이클', '휴대에서 착용으로', '플렉시블' 등을 핵심 주제로 하는 새로운 응용분야를 개척할 것으로 예상된다. 따라서 이들의 기능과 용도를 면밀히 고려하여 미래에 요구되는 전지를 미리 예측하고 기술개발을 준비하는 것이 매우 중요하다.

미래의 리튬이차전지 분야 중 특히 중대형 전지가 큰 기대를 모으고 있다. 일부 상용화를 시작한 HEV 외에 PHEV 및 EV 전지, 로봇용 전지, 또는 태양열, 풍력, 조력 등의 대체 에너지 개발로 생산된 전기를 저장할 수 있는 전력저장용 고성능 리튬이차전지는 매우 중요한 에너지 저장시스템으로서 차세대 스마트 그리드기술의 핵심요소로 인식되고 있다.

마이크로 에너지용의 초소형 전지와 플렉시블 전지도 크게 기대되는 미래형 리튬이차전지의 하나이다. RFID/USN, MEMS/NEMS형 소자, 인체 삽입/내장형 의료기기에 적용될 수 있는 초소형 전지, 착복형 PC나 플렉시블 디스플레이와 같이 구부릴 수 있는 전자기기에 사용 가능한 플렉시블 전지의 경우, 전지의 구조 제어 및 제조 공정 등이 기존의 방법과는 크게 달라질 것으로 예상된다.

이 외에, 완전 고체형(all-solid-state) 리튬이차전지의 개발에 대해서도 큰 기대를 하고 있다. 최근 리튬이차전지의 잦은 폭발사고에 따른 대량 리콜 사태를 겪으면서, 기존의 액체전해질이 갖는 안전성 문제를 획기적으로 해결할 수 있는 고분자형 전해질이나 무기계 또는 유 · 무기 복합계 전해질의 개발과 이에 적합한 전극 소재 및 공정의 개발도 매우 중요한 과제가 되고 있다.

참고문헌

[1] C.A.Vincent, B. Scrosati, Modern Batteries: An Introduction to Electrochemical Power Sources, 2nd Ed., Arnold, London (1997).

[2] J. Besenhard, Handbook of Battery Materials, WILEY-VCH (1998).

[3] K. Mizushima, P.C. Jones, P.J. Wiseman, J.B. Goodenough, Mater. Res. Bull. **15** (1993) 1159.

[4] J.M. Tarascon, M. Armand, Nature **414(15)** (2001) 359.

Chapter 02

전지화학의 기본

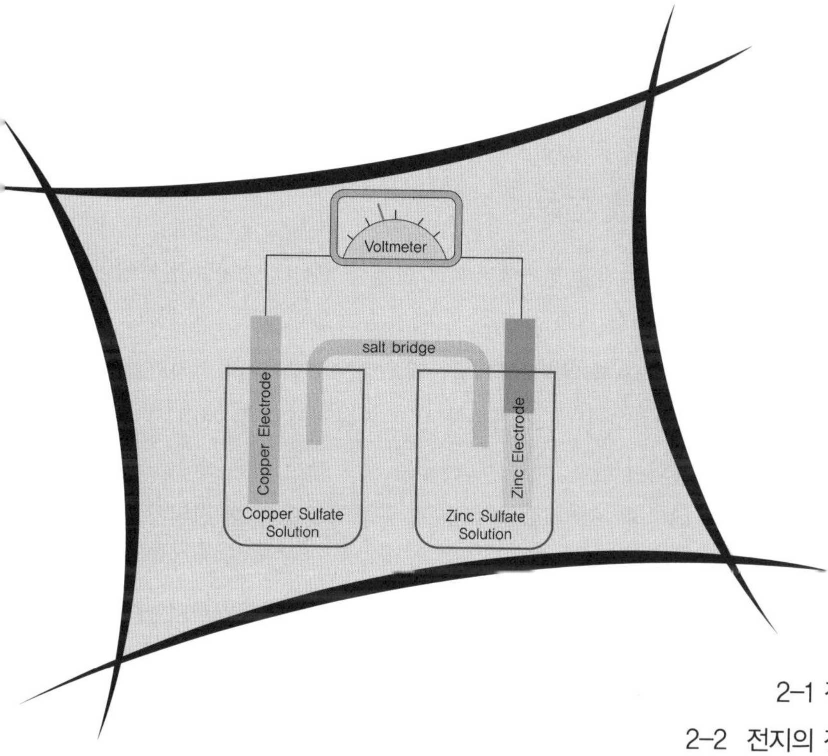

전기화학이란 금속 또는 반도체 등의 전자전도체(electron conductor)와 전해질과 같은 이온전도체(ionic conductor)와의 계면에서 일어나는 산화 · 환원반응에 의한 전자전달을 다루는 학문이다. 전기화학을 바탕으로 한 기술영역에는 일반적으로 전지, 반도체, 부식, 전기분해, 도금 등이 포함된다. 본 교재에서는 화학에너지를 전기에너지로 변환시키는 일차전지, 이차전지, 연료전지 등과 연관된 분야를 특정적으로 전지화학이라고 명명하였으며, 특히 본 장에서는 이차전지를 중심으로 한 전지화학에 대하여 기술하고자 한다.

2-1 전지의 구성

2-1-1 전기화학 셀 및 전지

전기화학 셀은 화학에너지를 전기에너지로 변환하거나 그 반대로 전기에너지를 화학에너지로 변환하는 소자의 가장 작은 단위 구조를 말한다. 전기화학 셀은 그 자체로 전지라 부르기도 하지만, 보다 일반적으로는 여러 개의 전기화학 셀이 모여있는 시스템을 전지라고 한다. 전기화학 셀은 기본적으로 두 개의 서로 다른 전극과 전해질로 구성되어 있다. 이들 두 전극은 서로 다른 전위(electric potential)를 가지고 있기 때문에 전해질을 매개로 하여 연결되었을 때 전위차가 발생하게 되며, 이를 기전력이라고도 한다.

이때 전위라 함은 전기장 내에서 단위 전하가 받는 위치에너지로서 일반적으로 볼트(V)로 표시되며, 기전력은 전기회로에서 전기를 흐르게 하는 원동력이 된다. 기전력에 의해서 각 전극에서는 산화 · 환원반응이 일어나고, 발생된 전자는 외부 회로를 통하여 이동한다. 이때 전해질에서는 전하중성을 유지하기 위하여 이온들이 두 전극 사이를 이동하여 셀이 전기화학적 평형에 도달할 때까지 전극에서 산화 · 환원반응이 지속된다.

2-1-2 전지의 구성과 전극의 정의

앞서 설명한 바와 같이 전지(또는 전기화학셀)는 산화 · 환원반응을 통하여

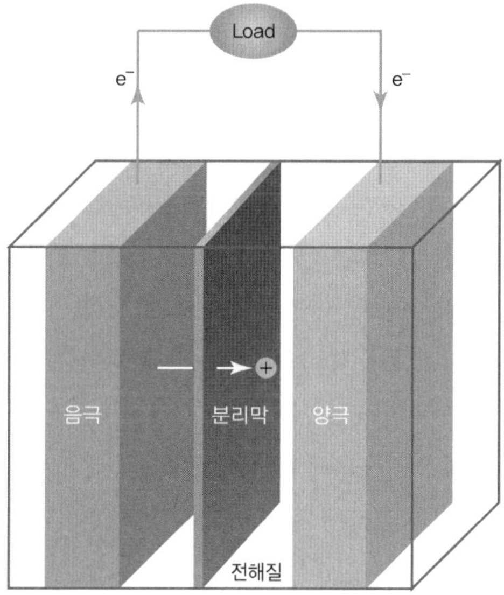

그림 2.1.1 전지의 모식도(방전)

화학에너지를 전기에너지로 또는 전기에너지를 화학에너지로 변환시키는 장치로서 크게 보면 그림 2.1.1에 나타낸 바와 같이 양극(cathode), 음극(anode) 및 전해질(electrolyte)로 구성되며, 추가적으로 두 전극 간의 전기적 단락을 방지하기 위한 분리막을 포함한다.

전극에서 전기화학적 산화 · 환원반응이 일어날 때 전해질을 통하여 이온이 산화전극과 환원전극 사이를 이동하며, 동시에 도선을 통해 두 전극 사이에서 전자의 이동이 일어난다. 이 때 전자는 두 개의 전극을 연결하는 외부도선을 따라 이동하므로 전체적으로 폐회로(closed circuit)를 구성하게 된다.

음극에서는 전지의 방전(discharge) 동안 전극물질의 전기화학적 산화반응(oxidation, $A \rightarrow A^{+} + e^{-}$)이 일어나며, 이 전극을 산화전극(anode)이라 부른다. 이때 방전이란 전지가 갖고 있는 하하에너지를 전기에너지로 변환시키는 과정을 의미한다. 양극에서는 전지의 방전 동안 외부회로를 통해 음극으로부터 전달된 전자에 의해 전극 물질의 환원반응(reduction, $B^{+} + e^{-} \rightarrow B$)이 일어나며, 이 전극을 환원전극(cathode)이라 부른다. 전해질은 두 전극 사이에서 이온을 전달하는 이온 전도체(ionic conductor)로서, 전자에 대한 전도성은 없으며 단지 이온

전도성만을 나타낸다.

전지에서 일차전지는 전극에서의 산화 · 환원 반응이 비가역적인 반면, 이차전지는 산화 · 환원반응이 가역적이며 반복적 사용이 가능하다. 이때 가역적이라 함은 같은 전극 내에서 산화 · 환원 반응이 반복적으로 일어나는 것을 말한다. 따라서 이차전지는 일차전지와 달리 충전하여 여러 번 사용할 수 있는 장점이 있다. 이차전지의 경우 전극에서는 산화뿐만 아니라 환원 반응도 일어날 수 있으므로 방전 시 산화전극의 역할을 하던 전극은 충전 시 환원전극으로 전환된다. 따라서 전극의 정의는 방전 동안의 산화전극을 음극, 환원전극을 양극이라 하고 충전 동안에도 그 정의는 변하지 않는다. 이는 이차전지 전극의 정의가 전기에너지로 변환되는 방전 과정을 기준으로 하기 때문이다.

2-1-3 완전셀(full cell)과 반쪽셀(half cell)

전지의 전기화학적 특성을 분석하기 위하여 전기화학셀을 자주 이용하게 되는데 이때 전기화학셀은 완전셀 혹은 반쪽셀을 사용한다. 완전셀은 실질적으로 사용될 양극과 음극이 동시에 전기화학 반응에 참여하는 완전한 전지의 형태를 가지고 있어 이를 이용하여 전지의 특성 및 성능 등을 직접적으로 측정할 수 있는 장점이 있다. 그러나 완전셀의 경우에는 기준전극을 추가적으로 사용함으로써 기준전극에 대한 양극과 음극의 전위를 각각 측정함으로써 전극의 전위차를 구할 수 있다. 이에 반해, 반쪽셀을 사용할 경우에는 환원전극 혹은 산화전극 중 한쪽 전극만을 작업전극으로 하고, 상대전극을 기준전극으로 사용하기 때문에 작업전극에서만 일어나는 현상을 측정하고 분석하기가 용이하여 각 전극소재들의 기본성질을 규명하는데 유리하다. 이와 같이, 완전셀 또는 반쪽셀의 이용은 측정자의 목적에 따라 선택될 수 있다.

2-1-4 전기화학 반응과 전위

방전 시 전지에서의 전기화학적 반응은 전지가 생산해 낼 수 있는 전기적 에너지와 상관관계를 가진다. 주어진 전극에서 다음 반응으로 진행되는 전기화학반응을 생각해보자.

$$pA + qB = rC + sD \tag{2.1}$$

여기서 p, q, r 및 s는 A, B, C 및 D 화학종에 대한 각각의 양론계수(stoichiometric coefficient)를 의미한다. 위 반응식에 관한 Gibbs 자유에너지 변화를 활동도 a에 관한 식으로 표현할 수 있으며, 식 (2.2)와 같다.

$$\Delta G = \Delta G^o + RT\ ln(a_C^r\ a_D^s\ /\ a_A^p\ a_B^q) \tag{2.2}$$

전지가 평형상태에서 얻을 수 있는 일(W_{rev})은 최대의 일(W_{max})에 해당하며 이는 전기화학 반응 진행 동안의 Gibbs 자유에너지의 변화, ΔG로 나타낼 수 있으며 다음 식과 같이 표시된다.

$$W_{rev} = W_{max} \tag{2.3}$$

$$-W_{max} = \Delta G \tag{2.4}$$

한편, 전기적 에너지는 전지 내를 흐르는 전하 Q(charge, 단위: coulomb, C) 및 전위차(E)와 다음과 같은 관계가 있다.

$$-W_{max} = QE \tag{2.5}$$

이때 Q는 전지 내 전자의 갯수와 전자의 전하량(e)의 곱으로 나타낼 수 있다. 전자 갯수 n_e는 전자의 몰 수와 아보가드로수(N_A, 6.023×10^{23})의 곱에 해당하며, Q를 전자의 몰수(n)와 전자의 전하량으로 나타내면 다음 식과 같다.

$$Q = n_e\ e \tag{2.6}$$

$$Q = n\ N_A\ e \tag{2.7}$$

또한, 전하 Q는 다음과 같이 나타낼 수도 있다.

$$Q = n\ F \tag{2.8}$$

여기서 F는 Faraday 상수로서, 전자 1몰에 해당하는 전하량(96,485 C/mol)이다. 따라서 전지의 두 전극이 서로 다른 전위를 갖는다면 그 전위차로 인해 n몰의 전자가 이동할 때 전지가 행하는 전기적 일은 다음 식으로 표시된다.

$$W_{max} = n\ F\ E \tag{2.9}$$

$$\Delta G = -n\,F\,E \tag{2.10}$$

이 식은 전지에서 일어나는 전기화학반응에 의한 평형상태에서의 Gibbs 자유에너지 변화와 전지로부터 얻을 수 있는 기전력과의 관계를 보여준다.

전기화학반응에 참가하는 반응물과 생성물들이 모두 표준상태인 경우에 전지의 전위는 표준 전위(standard potential), E^o로 나타낸다.

$$\Delta G^o = -n\,F\,E^o \tag{2.11}$$

식 (2.2)와 식 (2.11)로부터 다음과 같이 Nernst식이 얻어지고, 전위차는 전기화학 반응에 참여하는 성분들의 농도에 의해 영향을 받는다.

$$E = E^o - \mathrm{RT}/nF\ ln(a_C^r\, a_D^s\, /\, a_A^p\, a_B^q) \tag{2.12}$$

2-2 전지의 전압과 전류

2-2-1 전압

전압이란 전기 회로에 있는 두 지점 간 전위의 차이를 의미한다. 이는 전기를 흐르게 하는 원동력(driving force)으로서 기전력(electromotive force)이라고도 하며 단위는 볼트(V)를 사용한다. 실제 전지전압은 구동하는 조건, 예를 들면 온도나 압력 등에 의하여 영향을 받으므로 기준이 되는 전지 상태의 설정이 필요하다. 이에 따라 전극의 경우 표준상태(1 기압, 25 ℃, 1 몰의 수소 농도 기준)이며 평형상태하에서의 전위를 표준전극전위(standard electrode potential)로 정하여 각 전극들의 전위의 기준으로 삼고 있다. 실제 두 전극 사이의 전위 차이는 아래와 같이 식으로 나타낼 수가 있다.

$$E_{\mathrm{rxn}} = E_{\mathrm{right}} - E_{\mathrm{left}} \tag{2.13}$$

여기서 E_{rxn}은 전지에서의 반응에 의해 형성되는 전위차 그리고 E_{right} 및 E_{left}는 각각의 전극에 대한 전위를 의미한다. 단, 자발적 산화 · 환원반응을 가지는 galvanic cell인 경우의 E_{rxn}는 양의 전압 값을 가져야 하는 반면, 전기화학 반응이 비자발적인 경우의 E_{rxn}는 음의 전압 값을 가지는 electrolytic cell에 해당하게 된다.

전지는 전류가 거의 흐르지 않는 경우 즉, 평형 상태인 경우에만 전지내 반응의 ΔG와 같은 크기의 전기적 에너지를 공급할 수 있다. 그러나, 실질적으로 방전 반응 시의 전지에서는 전류가 흐르는 상태로서 이는 열역학적 기준에서 반응이 비평형상태 하에서 진행된다고 볼 수 있다. 이러한 방전 과정에서의 전압은 개방회로전압(open circuit voltage, OCV)보다 항상 작은 값을 나타내기 때문에 열역학적으로 가능한 최대 에너지를 이용할 수가 없게 된다. 개방회로 전압이란 외부 부하 혹은 외부 회로가 접속되어 있지 않은 어떤 장치의 두 단자 사이에서의 전기적인 전위차이다. 여기서 개방회로전압 보다 실제 전압이 낮아지는 이유는 전지의 내부 저항(ohmic 분극) 및 전극/전해질 계면에서의 전하 이동과 연관된 분극(polarization)현상과 관련지어 설명할 수 있다. 반면, 전지내 반응을 역방향으로 진행시키는 충전 과정에서의 전압은 개방회로 전압보다 높은데, 그 이유는 내부저항 및 활성화 분극에 따른 과전압의 형성과, 이온전도가 전자전도보다 낮으며, 전극 재료에 불순물이 포함될 수 있고, 전극재료 표면과 내부에서의 리튬이온 확산 속도의 차이로 전극의 부위별 리튬이온 농도 차이가 유발되어 분극 현상

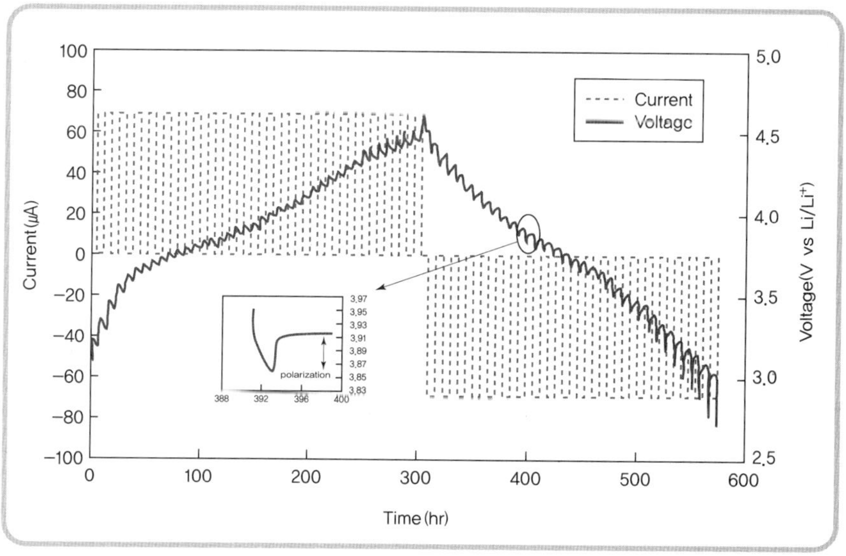

그림 2.2.1 전지의 충 · 방전 전압과 개방회로 전압 프로파일

을 일으키기 때문이다.

그림 2.2.1은 실질적인 충 · 방전 반응에서 주기적 전류펄스(current pulse)에 따른 전압 전이를 보여주고 있다. 이들 충 · 방전 곡선의 전압은 표준상태에서 매우 느린 속도로 전류를 흘려주면서 측정한 것으로써 동시에 주기적으로 전류를 인가하지 않고 평형상태에 접근하였을 때의 개방회로 전압을 측정한 것이다. 이와 같이, 전류펄스에 따른 전압전이를 통하여 실질적인 충 · 방전반응 하에서의 각각의 전압과 개방회로 전압 간의 차이를 분극현상과 연관지어 해석할 수 있다.

2-2-2 전류

전류는 단위시간당의 전하의 이동량을 뜻하므로 전극에서의 전기화학 반응속도와 밀접한 관계를 가진다. 전극반응의 속도는 전해질에서 전극으로의 물질전달, 전극 활물질 표면에서의 전자전달 반응 등에 의해 결정된다. 전극에서 가역반응을 나타내는 반응물 O 및 생성물 R에 관한 전기화학 반응식은 식 (2.14)로 나타낼 수 있는데, 전류 및 반응속도 간의 상호관계는 식 (2.15) 및 (2.16)에 나타난 바와 같은 Nernst 식으로 주어진다.

$$O + ne \underset{k_b}{\overset{k_f}{\rightleftarrows}} R \tag{2.14}$$

$$\upsilon_f = k_f C_o(0,\ t) = \frac{i_c}{nFA} \tag{2.15}$$

$$\upsilon_b = k_b C_R(0,\ t) = \frac{i_a}{nFA} \tag{2.16}$$

여기서 υ_f 및 υ_b는 전극에서의 정반응 및 역반응의 반응속도를 의미하며 k_f 및 k_b는 각 반응의 속도상수를 나타낸다. 또한 C_o 및 C_R는 산화성분 및 환원성분의 농도로서 $C_o(x, t)$는 시간 t 및 전극표면으로부터의 거리 x에서의 산화성분 농도를 뜻하며 i_c 및 i_a는 각각 환원 및 산화에 관한 전류를 나타낸다. 그리고 n, F, A는 반응에 기여하는 전자의 몰수, Faraday 상수, 전극의 표면적에 해당된다.

전극에서의 순수(net) 반응속도는 정반응과 역반응의 반응속도의 차이로서 다음과 같은 식으로 표시할 수 있다.

$$v_{net}=v_f-v_b=k_fC_o(0,\ t)-k_bC_R(0,\ t)=\frac{i}{nFA} \tag{2.17}$$

즉, 전극에서 생성되는 전류는 순수 반응속도에 의해 크게 영향을 받는다. 만약 전극에서의 반응이 평형상태에 이르게 되면 정반응 속도 및 역반응 속도가 동일하게 됨으로써 순수 반응속도 v_{net}는 0이 되어 전류의 생성이 중지된다.

2-2-3 분극

분극(polarization)이라 함은 전극전위 값이 평형상태에서 과하거나 부족하게 되는 현상을 의미한다. 전지에서 반응이 진행될 때는 각 전지구성 요소에서 일어나는 전하 이동과정이 같은 속도로 일어나지 않으므로 어느 특정 과정의 전하 이동과정이 상대적으로 늦어지는 경우 이것이 전지의 전체 반응에 대한 속도제한 과정(rate limiting process)이 된다. 따라서 전지의 양 단자 사이에 전류가 흐르게 되면, 양 단자 사이에서 측정되는 전압 E는 항상 평형전압(E_{eq}, equilibrium potential)보다 크거나(충전시) 작게(방전시) 나타난다. 이때 양 단자 사이에서 측정되는 전압과 평형전압의 차이를 과전압(overpotential)이라 하며, 실제 분극의 정도를 측정하는 방법이 된다. 즉, 측정전압(E), 평형전압(E_{eq}) 및 과전압(η) 간의 관계는 다음 식으로 나타낼 수 있다.

$$\eta=E-E_{eq} \tag{2.18}$$

여기서 분극은 그림 2.2.2에 나타낸 바와 같이 크게 세 가지로 분류되는데, iR 강하로 표현되는 ohmic 분극과 주로 전극 특성과 관련된 활성화 분극(activation polarization) 및 농도 분극(concentration polarization)으로 구분한다.

여기서 iR 강하는 전극 반응과 관련된 저항이 아니라 전해액 내의 특성이다. 특히, iR 강하는 전류밀도에 비례해서 증가함으로, 내부저항을 최소화해야만 고전류밀도 구동시 자동전압이 크게 떨어지는 것을 막을 수 있다.

반면, 활성화 분극은 전극의 특성과 밀접한 관련이 있는 것으로, 이는 활물질 종류에 따른 원천적인 (inherent) 요소로서, 온도 등에 의해서 크게 영향을 받는다. 반면, 활물질 표면에서의 반응물질의 농도 구배(concentration gradient)에 의한 것을 농도 분극으로 구분한다. 그러나, 실제 전지에서는 이러한 요소들이 혼

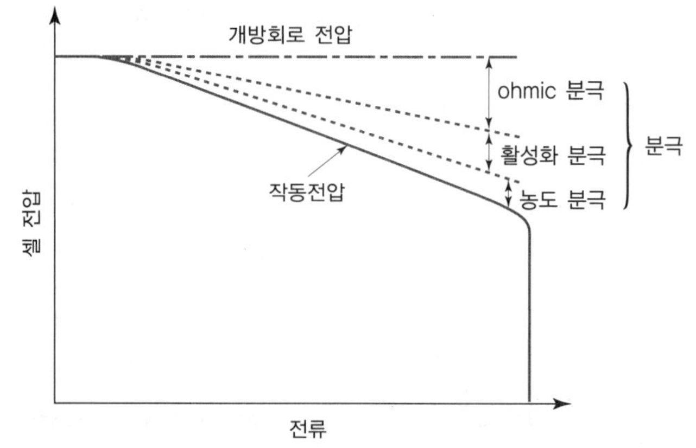

그림 2.2.2 전류 증가에 따른 분극 곡선

재되어 나타나기 때문에 명확히 구분하는 것이 쉽지 않다.

2-3 전지의 특성

2-3-1 용량(capacity)

전지 용량이란 주어진 방전 조건하에서 전지를 완전히 방전시켰을 때 얻을 수 있는 전하량으로서 전류와 시간의 곱으로 나타낸다. 전지의 이론 용량(C_T, theoretical capacity)은 전지의 활물질의 양에 의해 결정되며, 다음 식으로 계산한다.

$$C_T = x\,F \tag{2.19}$$

여기에서, F는 Faraday 상수를 나타내며, x는 전지가 완전히 방전되는 동안 반응으로부터 생성되는 전자의 몰 수를 나타낸다. 실제 용량(C_p, practical capacity)은 반응물이 방전반응에 100 % 참여하지 못하기 때문에 이론 용량보다 작은 값을 나타나며 충 · 방전 속도가 증가함에 따라 iR강하 때문에 더욱 감소한다.

일반적으로 전지의 충 · 방전 속도를 표시할 때 C rate를 자주 사용한다. 전지

용량과 충 방전 전류 사이에는 다음과 같은 관계가 주어진다.

$$h = C_p / i \tag{2.20}$$

여기서 h는 전지의 용량을 완전히 방전(또는 충전)하는데 걸리는 시간(hour), i는 충 · 방전 전류(A), 그리고 C_p는 전지의 용량(Ah)이다. 이 때 h 값의 역수를 C rate로 정의한다. 다시 말하면 C값이 클수록 충전 또는 방전을 시키는데 소요되는 시간이 짧아지는 것을 의미하게 된다.

전지나 전극의 용량을 나타낼 때에는 전극의 단위 무게당 용량(gravimetric specific capacity, Ah/kg, mAh/g)이나, 단위 부피당 용량(volumetric specific capacity, Ah/l, mAh/cm^3)을 사용하여 서로 비교하기가 용이해진다.

2-3-2 에너지 밀도

에너지밀도는 전지나 전극의 성능을 결정하는 매우 중요한 인자로서 단위 무게나 부피로부터 얻어질 수 있는 에너지를 나타낸다. 전지 반응에서 1 몰의 반응물로부터 얻을 수 있는 에너지의 최대 값은 다음 식으로 주어진다.

$$\Delta G = -FE = \varepsilon_T \tag{2.21}$$

여기에서, E는 전지의 기전력, ε_T는 1 몰의 전지 반응에 대한 이론적 에너지(단위: Wh, 1 Wh=3600 J)를 나타낸다.

또한, 1 몰의 반응물로부터 얻을 수 있는 실제의 에너지(ε_p)는 다음과 같으며, 전지를 방전시키는 방법에 따라 다르게 나타난다.

$$\varepsilon_p = \int E\, dq = \int (E_i) dt = -F(E_{eq} - \eta) \tag{2.22}$$

전지의 방전 속도, 즉 단위 시간당 방전 전류가 증가함에 따라 전지의 전압은 점차 평형 전압으로부터 벗어나게 된다. 용량의 경우와 마찬가지로 에너지 밀도도 단위 무게를 기준으로 할 경우 Wh/kg, mWh/g, 단위 부피 경우에는 Wh/L, mWh/cm^3 등으로 표시할 수 있다.

2-3-3 출력(power)

전지의 출력은 단위시간 당 생산할 수 있는 에너지를 뜻한다. 즉 출력(P)은 전류(i)와 전지 전압(E)의 곱으로 나타낼 수 있다.

$$P(W)=i(A)\cdot E(V) \tag{2.23}$$

전지의 출력은 주어진 전압에서 얼마나 큰 전류를 흘려줄 수 있는가에 대한 척도가 되기도 한다. 일반적으로 전류가 증가할 때 전지로부터 얻을 수 있는 출력은 초기에는 증가하다가 최고 값에 도달한 후 감소하는 경향을 보이는데, 이는 분극 현상과 관련된 것으로서 전류가 특정 값 이상으로 증가하면 전지 전압이 감소하기 때문이며 주어진 전압 범위에서 얻을 수 있는 용량도 감소하게 된다. 이러한 분극 현상은 반응물질인 리튬이온의 확산속도 및 전지 내부저항과 관련되기 때문에 전지의 출력 특성을 향상시키기 위해서는 이온의 확산속도 및 전기 전도도 특성을 향상시키는 것이 필요하다. 출력도 용량이나 에너지의 경우와 마찬가지로 단위 무게나 부피를 기준으로 하는 출력 밀도(power density)로 나타낼 수 있다.

2-3-4 충·방전 수명(cycle life)

일반적으로 충·방전 수명이란 일정 용량 이상의 성능을 구현할 수 있는 전지의 충·방전 횟수를 지칭하며 오랜 충·방전 싸이클 후에도 전지의 용량이 크게 감소하지 않고 그대로 유지되는 것이 필요하다. 리튬이차전지의 수명은 반복되는 충·방전 과정에서의 양극 및 음극 활물질의 구조 안정성에 크게 좌우된다. 비가역 용량은 방전 과정 동안 이미 충전된 전하량 중에서 방전되지 못한 전하량을 나타내는 것으로서 일반적으로 초기 충·방전 싸이클 이후에 큰 값을 보이며 이는 주로 전극과 전해질 계면에 형성되는 새로운 층(layer)에 의해 야기된다.

N회 충·방전 싸이클 진행 후 용량 유지율은 $C_N/C_1(\%)$으로 주어지며, 상대적인 용량 감소는 $(C_1-C_N)/C_1$으로 나타낸다. 여기서 C_N 및 C_1은 N회 및 1회 충·방전 후의 용량을 각각 일컫는다. 일반적으로 충·방전 수명은 방전 깊이

(depth of discharge)에 의해 영향을 받으며, 이는 전지의 종류에 따라 달라지며 일반적으로 리튬이차전지에서는 얕은 방전(low depth of discharge)상태에서 충전이 반복될 때, 즉 용량을 완전히 소모하기 전에 방전을 끝내고 다시 충전시킬 때 더 긴 충 · 방전 수명을 나타낸다.

2-3-5 방전 곡선(discharge curves)

전지의 방전 곡선은 충 · 방전이 반복적으로 계속됨에 따라 방전특성이 변하게 되는데 방전 조건, 측정하고자 하는 전기적 성질의 종류나 측정 변수 등에 따라 매우 다양한 형태로 나타난다. 일반적인 방전 조건으로는 일정 전류, 일정 출력, 일정 외부저항 등이 있다. 측정하고자 하는 전기적 성질에는 전지전압, 전류, 출력 등이 있고 측정 변수에는 방전시간, 용량, 리튬이온 점유율 등이 있다. 위의 경우만 고려해도 1개의 전지로부터 다양한 방전 곡선이 나타나며 전지의 전지특성을 보다 정확하게 해석하기 위해서는 가능한 많은 방전 곡선으로부터 얻은 정보를 비교 평가할 필요가 있다. 실제 전지의 방전 곡선의 형태는 전지의 구성 요소에 따라 다양하며, 전형적인 방전 곡선의 형태를 그림 2.3.1에 나타내었다.

그림 2.3.1은 전지를 일정한 전류로 방전할 때의 전지전압의 변화를 용량의 함수로 도시한 것이다. 일정한 전류 인가 조건에서는 용량은 전류의 인가 시간에 비례하므로 그림 2.3.1은 전류의 인가시간에 따른 전압의 변화를 의미한다. 또,

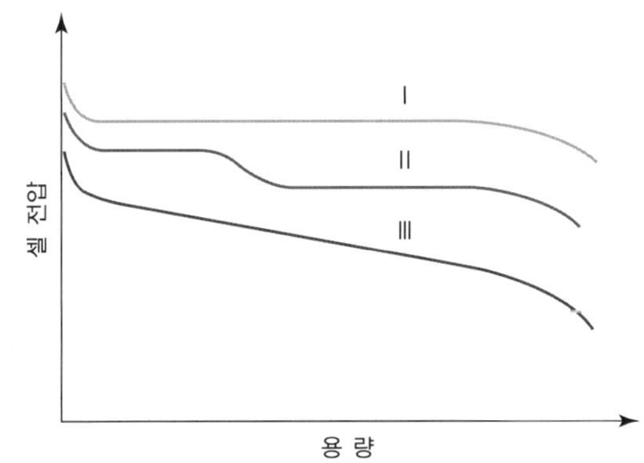

그림 2.3.1 전지내 반응 형태에 따른 방전곡선 형태

전지 전압은 부하(load)가 연결되지 않았을 때는 개방회로 전압을 나타내며, 부하가 연결되어 작동할 때는 작동 전압을 나타낸다. 방전이 종료되는 시점의 전지 전압을 종지전압이라 한다.

그림 2.3.1에서 곡선 I은 방전이 진행되는 동안 전지내의 반응이 전지전압에 거의 영향을 미치지 않는 경우이고, 곡선 II는 방전이 진행되는 동안 전지내의 반응 메커니즘이 변화되어 2개의 평탄 영역을 나타내는 경우이다. 곡선 III은 방전이 진행되는 동안 반응물질과 생성물질의 조성 및 전지의 내부저항 등이 계속 변화하는 경우이다.

리튬이차전지의 경우, 충 · 방전 후의 전지전압의 변화는 아래의 Armand식으로 해석된다.

$$E_{\text{cell}} = E_{\text{cell}}{}^{\text{o}} - (nRT/F)\ln(y/1-y) + ky \tag{2.24}$$

식 (2.24)에서 y는 리튬이온 점유율, ky는 intercalation된 리튬이온 사이의 상호작용이 전지전압에 미치는 영향을 나타낸다. 이때 용량 변화에 따른 전지 전압의 기울기 변화는 전극에서의 리튬이온 확산 속도, 상전이, 결정구조 변화 및 용해 등의 직접적인 요인과 양극 활물질의 입자 크기 및 성분, 온도, 전해질 특성, 분리막의 기공 등 추가적인 요인에 의하여 결정된다. 이러한 요인들에 따라 Armand식의 y와 k 값이 변화될 수 있다.

전지가 방전 과정에서 전류 밀도가 매우 낮을 경우에는 작동 전지의 전압은 이론적 평형 전압에 근접하며 방전 용량 또한 이론 용량에 가까운 값을 나타낸다. 그러나 그림 2.3.2에서 보는 바와 같이 ①에서 ④로의 방향, 즉 방전전류가 증가함에 따라 iR 강하 및 분극에 따른 과전압이 증가하여 방전이 진행되는 동안 전지전압이 감소하고, 방전 곡선의 경사도가 증가하여 주어진 종지전압까지 방전하는 경우에는 결과적으로 전지 용량이 감소한다. 이러한 방전 전압의 특성은 온도에 따라서도 크게 변한다.

그림 2.3.3에 보는 바와 같이 전지가 낮은 온도에서 방전될 경우에는 전지내의 반응에 참여하는 성분들의 화학적 활동도(chemical activity)가 감소하여 전지의 내부 저항이 증가하며, 이로 인해 전지 전압의 급격한 강하와 함께 용량의 감소를 초래하게 된다. 반면, 온도가 증가하면 내부 저항이 감소하고 방전 전압 영역이 증가하여 용량의 증가를 가져오게 된다. 그러나 온도가 너무 높으면 화학

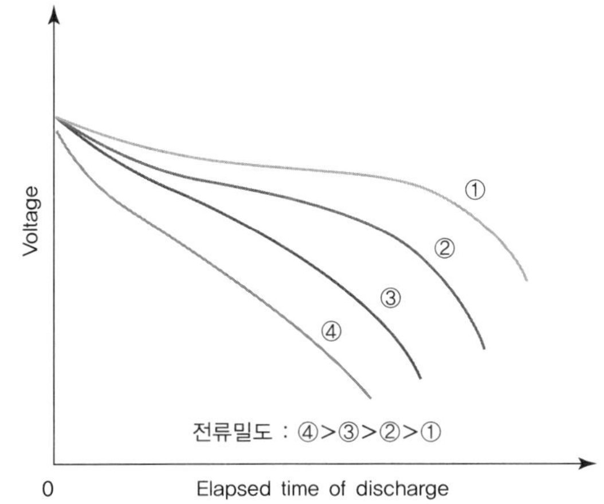

그림 2.3.2 전지전압에 대한 전류밀도 영향

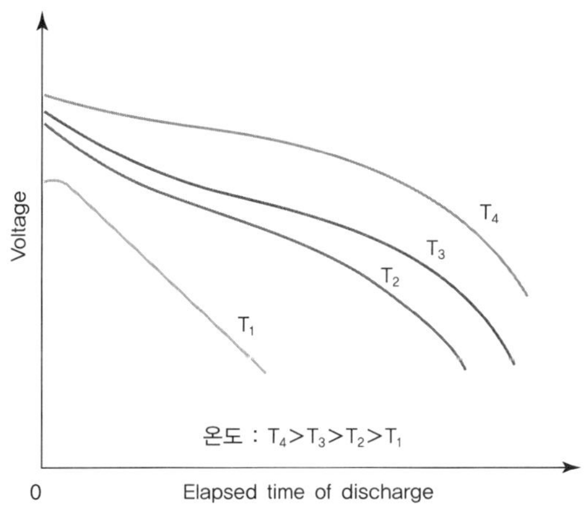

그림 2.3.3 전지 용량에 대한 온도영향

적 활동도가 증가하여 자가 방전(self-discharge)을 포함한 원하지 않은 종류의 부가적인 화학적 반응을 일으킬 수 있다.

Chapter 03

리튬이차전지용 주요 소재

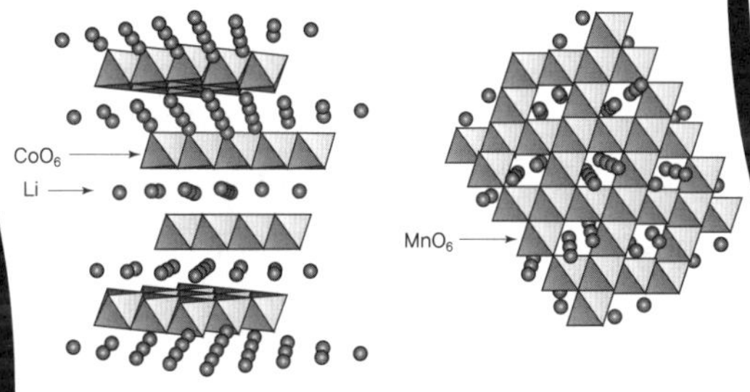

3-1 양극활물질

3-1-1 양극활물질의 개발 역사

리튬전지는 G. N. Lewis에 의해 1910년대에 처음 연구되기 시작한 이래 1970년에 이르러 Li/$(CF)_n$ 일차전지가 최초로 개발, 상용화되었다. 이때 사용된 고전압용 양극활물질인 $(CF)_n$은 주기율표 상에서 가장 전기음성도가 큰 불소를 탄소 화합물의 층간에 위치시킨(intercalation) 화합물이다. [**본 교재에서는 활물질의 격자 구조 변화없이 리튬 이온이 삽입/탈리되는 현상을 활물질 종류에 상관없이 intercalation/deintercalation이란 용어로 통일하여 사용한다.**] 이어서 미국에서 Li/MnO_2 전지의 개발이 시도되었으나 수분 제어, 셀의 구조 및 조립 기술 등의 문제로 인해 상용화에 실패하였다. 이후 1973년에 일본에서 처음으로 Li/MnO_2 일차전지의 상용화가 이루어졌으며 이 전지의 가장 큰 특징은 기존의 1.0~1.5 V에서 분해되는 수용액 대신에 유기 전해액을 사용하여 3 V의 높은 작동 전압을 갖는다는 것이다. 이러한 기술들은 나중에 일본이 최초로 리튬이차전지를 상용화할 수 있는 중요한 토대가 되었다.

리튬 일차전지에는 사용되는 양극활물질에 따라서 Li/$(CF)_n$ 전지, Li/MnO_2 전지, Li/SO_2 전지, Li/$SOCl_2$ 전지 등 다양한 종류가 있으며, 이들 중 Li/MnO_2 전지가 가장 널리 사용되고 있다. Li/SO_2 및 Li/$SOCl_2$ 전지는 저온성능과 내구성이 뛰어나지만 인체에 유해한 물질을 포함하고 있기 때문에 군용과 같은 특수 목적에만 사용된다.

양극 측면에서는, 일차전지에서 층상 intercalation을 이루는 양극활물질 $(CF)_n$의 발견이래, 1970년대부터 높은 전기전도도를 갖는 층상 물질에 전기화학적 반응성이 큰 물질을 intercalation 시키려는 다양한 연구가 시도되었다. 그 결과 TiS_2와 같은 칼코겐(calcogen) 화합물이 층간 intercalation 반응을 할 수 있음이 확인되었고 이것이 리튬이차전지를 위한 상업적 기술 확보의 기초가 되었다. 그림 3.1.1과 같은 층상구조를 가진 TiS_2는 매우 가볍고 반 금속성(semi-metallic)이므로 도전재를 첨가하지 않고도 전극재료로 사용할 수 있고, 전지의 충·방전 시 구조의 변화가 없이 가역적으로 리튬의 intercalation-deintercalation이 가

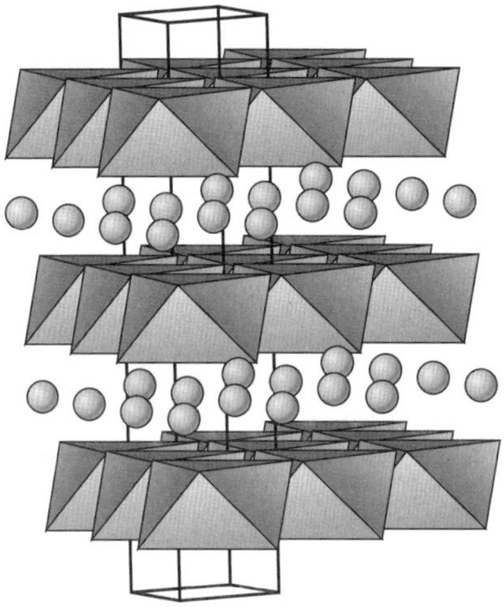

그림 3.1.1 Li_xTiS_2 양극활물질의 구조

능하였다. 그러나 이는 합성이 어렵고 원료가 비싸기 때문에 상용화되지는 못하였다. 뒤이어 1989년에 캐나다의 Moli Energy가 MoS_2 양극활물질을 기초로 하는 리튬금속 이차전지를 개발하였으나 리튬 음극의 수지상(dendrite)성장에 의한 내부 단락 및 발화와 같은 안전성의 문제로 인해 결국 상용화에 실패하였다.

이외에도 양극활물질로서 전극 전위가 낮은 칼코겐족 화합물 대신에 여러가지 산화물 등이 고려되었으나 상용화 되지 못하였으며, 1991년에 $LiCoO_2$를 양극으로 탄소를 음극으로 사용하는 리튬이차전지가 상용화됨으로써 전극활물질에 대한 다양한 연구가 시작되었다[1, 2]. $LiCoO_2$를 양극으로 하는 리튬이차전지의 경우, 리튬 이온이 탄소내부로 intercalation되면서 Li_xC_6 화합물을 형성하기 때문에 리튬금속을 음극으로 사용할 경우에 발생하는 리튬의 수지상 성장에 의한 내부단락 문제가 해결되었다. 또한 탄소의 환원 전위가 금속 리튬보다 0.1~0.3 V 높기는 하지만, $LiCoO_2$의 전위가 상대적으로 훨씬 더 높기 때문에 탄소/$LiCoO_2$의 평균 전압은 3.7 V 정도를 나타낸다. $LiCoO_2$는 리튬이온 확산계수가 5×10^{-9} cm^2/s로 $LiTiS_2$의 약 10^{-8} cm^2/s와 비슷하나, 전기전도도는 intercalation 된 리튬의 양에 따라 반도체와 금속사이의 값을 가질 정도로 매우 우수하다[2].

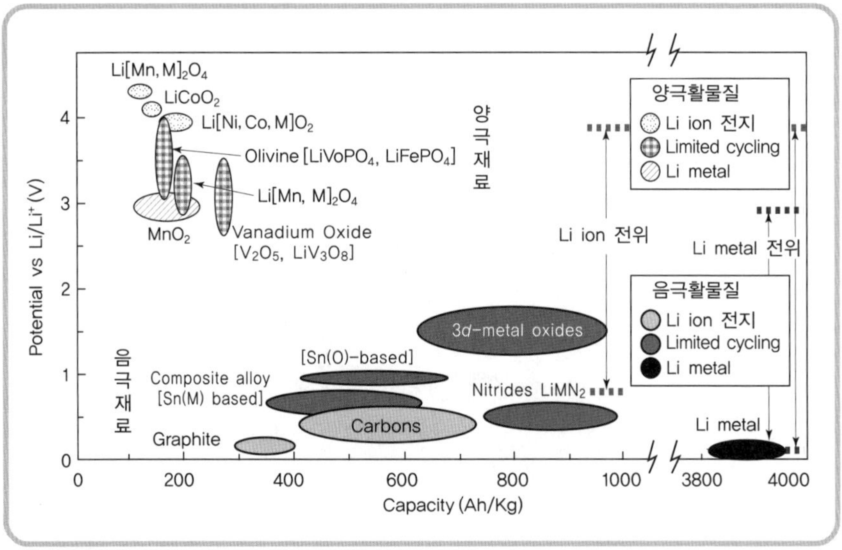

그림 3.1.2 주요 양극 및 음극활물질의 전극전위와 용량과의 관계

$LiCoO_2$의 상업적 적용 이후 다른 종류의 양극활물질에 대한 연구도 활발히 진행되고 있다. 그 중 스피넬 $LiMn_2O_4$는 구조적으로 안정하며, $LiNiO_2$은 70% 이상의 리튬이 가역적으로 충·방전될 수 있어 고용량 재료로서 주목을 받았다. 그러나 스피넬 $LiMn_2O_4$의 경우 용량이 작고 고온에서 망간이온 용출에 의해 성능이 저하되는 단점이 있으며, $LiNiO_2$는 전지의 안전성 측면에서 문제가 발생하였다. 이에 따라 최근에는 $LiCoO_2$, $LiNiO_2$ 및 $LiMn_2O_4$의 장점을 혼합한 3성분계 Li[Ni, Mn, Co]O_2가 각광을 받고 있다. 이외에도 철을 포함하는 올리빈 $LiFePO_4$에 대한 연구도 활발하게 진행되고 있다. 그림 3.1.2는 지금까지 알려진 3~4 V 영역의 주요 양극활물질의 전극 전위를 용량과 함께 나타내었다[4].

3-1-2 양극활물질의 개요

A. 양극활물질의 산화 · 환원 반응

대표적인 양극활물질인 $LiCoO_2$의 경우, 리튬이온전지의 충전 과정에서는 $LiCoO_2$의 리튬이온이 격자 밖으로 deintercalation되고 Co^{+3}가 Co^{+4}로 산화되면서 외부도선으로 전자를 방출한다. 반면에 방전 과정에서는 외부 도선을 통해서 전달받은 전자에 의해 $Li_{1-x}CoO_2$의 Co^{+4}가 Co^{+3}로 환원되고 리튬이온이 intercalation된다. 따라서 자발적인 특성을 가지는 방전 과정에서 환원이 되는 $Li_{1-x}CoO_2$를 포함하는 것이 양극이 된다.

탄소 음극과 $LiCoO_2$ 양극으로 구성된 리튬이차전지의 산화 · 환원 반응 메커니즘을 그림 1.3.1에 도식적으로 나타내었다. 충전시에는 $LiCoO_2$에서 deintercalation된 리튬이온과 방출된 전자가 각각 전해질과 외부 도선을 통하여 음극으로 이동하여 탄소 내에서 다시 결합하게 된다. 이들 반응은 외부 전원공급장치에 의해 공급된 전기에너지의 도움으로 일어나는 비자발적 반응이며, 양극활물질의 비자발적 산화반응에 해당한다. 양극활물질의 산화반응에 의해 발생된 전자와 리튬이온이 각각 외부회로와 전해질을 통해 음극으로 이동하여 음극활물질의 비자발적 환원이 일어나게 되며 그 결과 화학에너지로 저장된다.

반대로 방전시에는 자발적인 반응이 진행되며 충전된 두 개의 전극활물질의 전위차(또는 기전력)에 의해 양극활물질이 환원되고 음극활물질이 산화되는 반응이 일어난다. 방전시 음극활물질의 자발적인 산화에 의해 제공된 전자는 외부회로를 통해 이동하면서 기기를 작동시킨 후, 양극활물질을 환원시킨다. 동시에 음극활물질에서 deintercalation된 리튬이온은 전해질을 통해서 이동하여 양극활물질 내로 intercalation된다. 그림 3.1.3의 화살표로 나타낸 방전에 의해서 양극활물질의 전위는 낮아지고, 음극활물질의 전위는 높아지므로 전지의 전위는 4.2 V로 충전된 상태에서 3.0 V로 감소하게 된다.

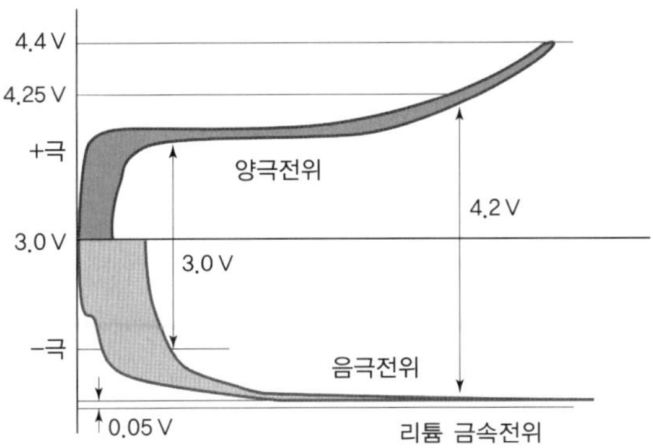

그림 3.1.3 충 · 방전에 따른 전지전압의 변화

B. 방전 전위 곡선

전지의 전압은 충·방전상태에 따라 변하기 때문에, 일반적으로 방전 구간 중간 지점의 전압을 공칭전압(nominal voltage)으로 표시한다. 양극과 음극활물질의 결정 내부로 리튬이 intercalation/deintercalation되는 동안에 전자의 배치와 궤도함수(orbital)의 준위가 변하기 때문에 전지의 전위는 변하게 된다. 즉 전지의 전위는 방전 과정에서 리튬이온이 위치할 수 있는 자리에 실제로 리튬이온이 자리를 차지한 점유율, 다시 말하면 양극 및 음극활물질 각각의 페르미(Fermi) 준위의 변화와 intercalation된 리튬이온들 사이의 상호작용 정도에 의해 결정되며 Armand식 (2.24)로 나타낼 수 있다.

방전 시 양극활물질은 환원되면서 기준전극(Li/Li^+)과의 에너지 차이가 점점 감소하므로, 전지전위는 점점 낮아진다(그림 2.3.2). 이때 방전곡선의 기울기 변화는 양극활물질 입자표면에서의 리튬이온의 확산 정도, 활물질의 상전이, 결정구조의 붕괴, 활물질을 이루는 전이금속 이온의 전해질로의 용출 등의 영향을 받는다. 그리고 동일한 율속에서도 충·방전 곡선은 양극활물질의 입자크기 및 입도분포, 온도, 양극활물질/도전재/바인더의 혼합조건, 전해질 특성, 분리막의 기공구조에 따라 달라질 수 있다.

전압을 음극과 양극에서의 리튬이온이 갖는 화학 포텐셜(chemical potential)의 차이로 해석할 수도 있다. 리튬이온의 화학 포텐셜(μ)은 리튬이온의 함량에 대한 전극물질의 자유에너지의 부분 미분 값으로 정의된다. 리튬의 조성이 Li_xMX으로 주어지고, z가 전해액 속에서의 리튬이온의 산화수, e가 전자의 전하값일 때, 평형 전압인 개방회로 전압(open circuit voltage, OCV)은 다음 식으로부터 얻어진다.

$$V(x) = -\frac{\mu_{Li}^{cathode}(x) - \mu_{Li}^{anode}}{ze} \tag{3.1}$$

위 식에서 $V(x)$는 OCV로서 리튬이온의 양이 x일 때의 평형 전압이며, μ는 각 전극에서의 리튬의 화학 포텐셜을 나타낸다. 일반적으로 전지의 전압을 나타낼 때 사용되는 평균 전압은 다음과 같이 구할 수가 있다. 음극이 리튬 금속으로 구성되어 있다고 가정하고, 양극의 조성이 x_1에서 x_2로 변할 때의 반응식은 다음과 같이 표시할 수 있다.

$$Li_{x_1}MX(cathode)+(x_2-x_1)Li(anode) \rightarrow Li_{x_2}MX \qquad (3.2)$$

위 반응의 자유에너지를 ΔG라 하면, 전지가 나타내는 평균 전압(V)은,

$$V=\frac{-\Delta G}{(x_2-x_1)ze}$$

가 된다.

리튬이온의 화학 포텐셜에 미치는 여러 인자들은 방전 전압에 직접적인 영향을 미친다. 예를 들면, 리튬이온이 결정 격자 내에서 위치가 바뀔 때에 리튬의 화학 포텐셜이 변화되기 때문에 방전 전압을 변화시킨다. 즉 리튬이 활물질 결정 내에서 자리하는 위치에 따라 자리 에너지(site energy)가 달라져 산화 · 환원 에너지(relative redox energy)도 변하게 된다. 이에 따라 $Li_2Mn_2O_4$/$LiMn_2O_4$ 스피넬구조에서 다른 자리에 위치하고 있는 두 개의 리튬이온은 전위가 다르다. 또한 동일한 Co 이온이라도 층상형 $LiCoO_2$에서의 전위는 약 3.6~3.7 V이지만 스피넬형 $LiMnCoO_4$에서는 약 4.5 V의 높은 전위를 보인다.

결정 구조 내 리튬이온과 리튬이온 사이의 거리도 리튬이온의 화학포텐셜에 영향을 주어 방전전위를 변화시킨다. 예를 들어, 층상의 Li_2NiO_2와 *Immm* 구조의 Li_2NiO_2에서 리튬이온과 리튬이온 사이의 거리가 서로 달라서, 리튬이온 사이의 반발력이 다르게 작용하기 때문에 방전 전위가 서로 다르게 나타나게 된다.

방전 전위에 영향을 미치는 또 다른 요소는 양극활물질에서 산소의 p궤도함수와 전이금속의 d 궤도함수 전자들 간의 상호작용에 의한 전이금속 자체의 산화 · 환원 전위이다. 산소의 p 궤도함수 전자는 -2이며 에너지가 거의 일정하지만 전이금속의 d 궤도함수 전자는 상호작용에 의한 에너지의 변화가 크다. 그림 3.1.4로부터 일반적으로 같은 주기의 d 궤도함수의 전자 수가 증가할 때 전위는 점점 증가함을 알 수 있다. 그러나 같은 족에서는 주기의 증가에 따라 전자의 결합에너지가 감소하므로 $3d$ 전자를 최외각 전자로 보유한 양극활물질의 전위가 $4d$ 전자를 보유한 양극활물질의 전위보다 높아지게 된다.

그러나 $LiCoO_2$와 $LiNiO_2$의 경우, d 궤도함수 전자는 Ni이 더 많음에도 불구하고 전압은 $LiCoO_2$가 더 높다. 이는 그림 3.1.5에 나타난 바와 같이 Co^{3+}와

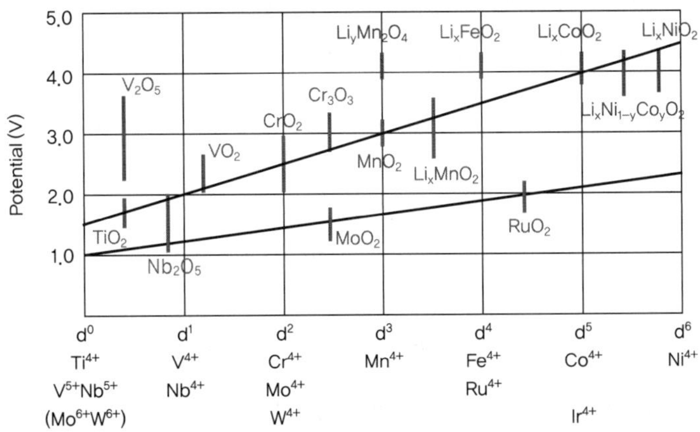

그림 3.1.4 양극활물질의 작동전위와 *d* 전자수의 상관 관계

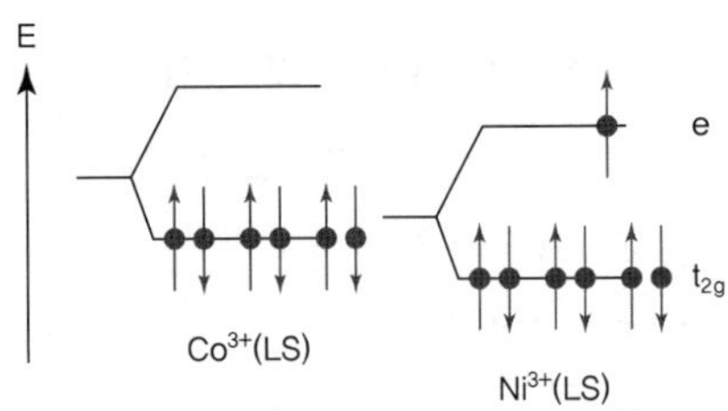

그림 3.1.5 Co^{3+}와 Ni^{3+} 이온의 팔면체자리 위치 시의 d 궤도함수 에너지 준위

Ni^{3+}의 에너지 준위가 부분적으로 역전되기 때문이다. $LiCoO_2$의 Co^{3+}는 *d* 궤도함수 전자 6개가 모두 t_{2g}궤도함수에 있는 저스핀(low spin) 상태인 반면에 $LiNiO_2$의 Ni^{3+}는 7개의 *d* 궤도함수 전자가 t_{2g}에 6개, e_g에 1개가 위치한다. 따라서 에너지가 높은 Ni^{3+}의 전자가 더 쉽게 방출되기 때문에 Ni^{3+}의 전지전위가 더 낮아지게 된다.

유도 효과(inductive effect)에 의한 에너지 차이도 방전전위에 영향을 미친다. 예를 들어 $LiFePO_4$의 Fe-O-P 결합에 있어서, $PO_4{}^{2-}$의 강한 P-O 공유 결합이 철 이온의 *d* 궤도함수 전자를 끌어 당기기 때문에 철이 산화되기 어렵게 된다. 따라서 $LiFePO_4$가 $LiFeO_2$보다 전압이 더 높다.

이 외에도 비평형 분극 현상도 전지의 전압에 큰 영향을 미친다. 특히 양극에서의 리튬이온이나 전자의 이동에 대한 저항이 클 경우 충·방전 시 전기화학적 평형상태에 도달하지 못하고 전압강하 현상이 발생하여 전지의 전압이 크게 감소한다. 따라서 전압강하를 줄이기 위해서는 활물질이나 전극에서의 전기저항과 리튬이온의 이동에 대한 저항을 최소화해야 한다.

C. 양극활물질의 요구 특성

1) 많은 양의 리튬이온이 intercalation-deintercalation되며, 충·방전 과정의 에너지 효율을 높이기 위해서는 넓은 범위의 조성에서 가역적인 반응과 일정한 평탄 전위를 나타내야 한다.
2) 단위 무게 또는 단위 부피당 고용량을 갖도록 가볍고, 구조가 치밀해야 하며, 고출력을 위해서는 전자전도도와 이온전도도가 높아야 한다.
3) 사이클 효율이 높아야 한다. 양극 또는 음극에서 리튬이온의 순환과 관계없는 부반응이 일어나면 효율이 낮아진다.
4) 결정구조의 비가역적 상전이는 전지의 수명을 단축시키기 때문에 충·방전 시 이러한 상전이가 일어나지 않아야 한다. 또한 결정격자의 부피변화가 크면 활물질이 집전체로부터 탈착되어 용량이 감소한다.
5) 전해질 등과 반응하지 않도록 화학적 또는 전기화학적으로 안정해야 하며 열적으로도 안정해야 한다.
6) 입자가 구형이고 입도의 분포 범위가 좁아야 한다. 이는 입자들 사이의 접촉효율과 함께 전기전도도를 향상시키고, 극판을 만들 때 집전체인 알루미늄 박막에 손상을 주지 않도록 하기 위함이다.

D. 주요 양극활물질

양극활물질의 양이온으로는 $3d$ 전이금속이 주로 사용된다. $3d$ 전이금속의 경우 $4d$와 $5d$ 전이금속에 비해 전극전위가 높고, 상대적으로 가볍고 크기가 작아 단위 무게 및 단위 부피당 용량에서 유리하다. 음이온은 반복된 산화·환원 반응에 따른 구조적인 안정성 측면에서 칼코겐 족이 할로겐 족보다 뛰어나며, 칼코겐 족 중에서도 산소가 가장 효율적이다.

충·방전시 전이금속 산화물의 전하중성을 위해서는 양이온이 양극과 음극

활물질로 intercalation/deintercalation 때나 전해질 내를 이동할 때에 매우 쉽고 빠르게 이루어져야 한다. 양이온이 구조 내에서 가역적으로 넓은 산화 · 환원 전위영역을 갖고 빠른 충 · 방전을 하거나 전극활물질의 결정구조 변화를 최소화하기 위해서는 크기가 작고 활물질과의 결합력이 약한 특성을 보이는 전하수가 낮은 양이온을 선택하여야 한다. 베릴륨 이온(Be^{2+})의 이온 반경은 배위수가 6일 때 0.45 Å이므로 리튬이온의 0.76 Å보다 작지만 전하수가 크기 때문에 산소와의 결합력이 강하다. 따라서 결정구조 내에서 베릴륨이온이 이동할 때 결정내의 다른 양이온과 크게 반발하므로 이온의 이동 속도가 느리기 때문에 전극물질의 양이온으로 베릴륨이온은 적합하지 않다. 반면, 리튬이온은 베릴륨 이온을 제외한 다른 후보 원자들보다 크기가 작고 낮은 전하수로 인해 양이온으로 적합하다. 참고로 전지전위를 고려하면 리튬의 표준환원전위는 −3.040 V로 −1.847 V인 베릴륨 보다 훨씬 낮으므로 전지전압을 증가시키는데 더 유리하다.

대표적인 양극활물질로서는 리튬 전이금속 산화물인 층상구조의 $LiMO_2$, 스피넬구조의 LiM_2O_4 등과, 리튬전이금속 다중산 화합물인 올리빈 구조의 $LiMPO_4$ 등이 있다. 서로 다른 결정구조와 조성을 가진 양극활물질들을 용도에 맞게 단순 혼합하거나, 표면도포, 복합체 형성 등의 방법을 통한 연구도 활발히 진행되고 있다. 예를 들면, 전기전도도는 낮지만 구조적으로 안정되고 가격이 싼 고용량 양극활물질을 용량이 작고 가격이 비싸지만 전기전도도가 큰 양극활물질로 표면 처리하면 고용량 및 고출력을 나타내는 양극활물질을 얻을 수 있게 된다. 표 3.1.1은 여러 가지 양극활물질의 방전용량 및 전위 등 전극 재료로서의 특성을 보여주고 있다.

3-1-3 양극활물질의 구조 및 전기화학적 특성

A. 층상구조 화합물

층상구조를 갖는 $LiMO_2$ 형태의 리튬전이금속 산화물은 이온결합성 결정구조를 형성함으로써 가장 조밀한 결정구조를 나타낸다. 리튬이온, 전이금속 이온, 산소 이온으로 형성될 수 있는 최조밀 결정구조는 이온 반경이 가장 큰 산소 이온으로 우선 조밀한 층을 쌓고 축조된 산소 이온들 사이의 빈 공간에 리튬이온과 전이금속 이온이 배열하여 충진밀도를 최고로 높이는 구조이다. 산소 이온 층을

표 3.1.1 여러 가지 양극활물질의 전지특성

화합물	이론용량 (mAh/g)	상용용량* (mAh/g)	평균전위 (V *vs.* Li/Li$^+$)	진 밀도 (g/cc)
$LiCoO_2$	274	~150	3.9	5.1
$LiNiO_2$	275	215	3.7	4.7
$LiNi_{1-x}Co_xO_2$ $(0.2 \le x \le 0.5)$	~280	~180	3.8	4.8
$LiNi_{1/3}Mn_{1/3}Co_{1/3}O_2$	278	~154	3.7	4.8
$LiNi_{0.5}Mn_{0.5}O_2$	280	130-140	3.8	4.6
$LiMn_2O_4$	148	~130	4.0	4.2
$LiMn_{2-x}M_xO_4$ (M=Al, Li, etc.)	148	~100	4.0	4.2
$LiFePO_4$	170	~160	3.4	3.6

*상용용량: 상업적 가용용량

가장 조밀하게 쌓는 방법은 그림 3.1.6처럼 육방조밀구조(hexagonal close packed, HCP)와 입방조밀구조(cubic close packed, CCP)로 축조하는 것이다. 두 구조는 최고 조밀도가 0.7405로 서로 같은 값을 가진다. 이들 구조에서 산소 이온들 사이의 사면체(tetrahedral site)와 팔면체(octahedral site)의 빈 자리들은 이온 반경이 0.680~0.885 Å인 3*d* 전이금속(배위수가 6일 때 Co^{3+}: 0.685 Å, Ni^{3+}: 0.700 Å, Mn^{3+}: 0.720 Å, Fe^{3+}: 0.690 Å)과 리튬 이온(배위수가 6일 때 0.900 Å, 4일 때 0.730 Å)이 차지하게 된다.

두 구조에서 결정의 기본단위인 단위 셀(unit cell) 내에 존재하는 산소가 n개이면 $2n$개의 사면체자리와 n개의 팔면체자리가 존재한다(그림 3.1.7). 따라서 층상형 $LiMO_2$에는 4개의 사면체자리와 2개의 팔면체자리가 있으며, 양이온들은 기하학적인 배열을 고려한 이온 반경(r)과 산소 이온 반경(R)의 비율(r/R)이 $0.225 \le r/R < 0.414$이면 사면체자리를, $0.414 \le r/R < 0.732$이면 팔면체자리를 차지하게 된다. 일반적으로 3*d* 전이금속 이온의 이온 반경비는 $0.5397 \le r(M^{3+})/R(O^{2-}) \le 0.7024$이며 리튬이온은 r(리튬이온)$/R(O^{2-})=0.7143$이기 때문에 $LiMO_2$에서 2개의 팔면체자리들은 전이금속 이온과 리튬이온으로 채워진

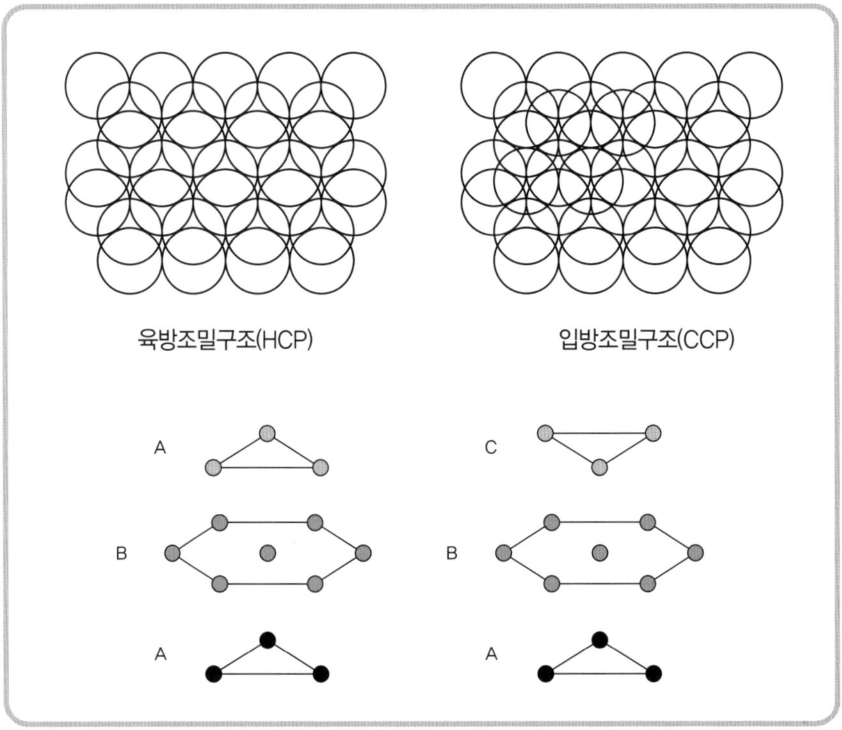

그림 3.1.6 가장 조밀한 산소 층의 구조(각 색깔은 c축 방향으로 다른 층에 분포되어 있는 산소 층을 나타냄.)

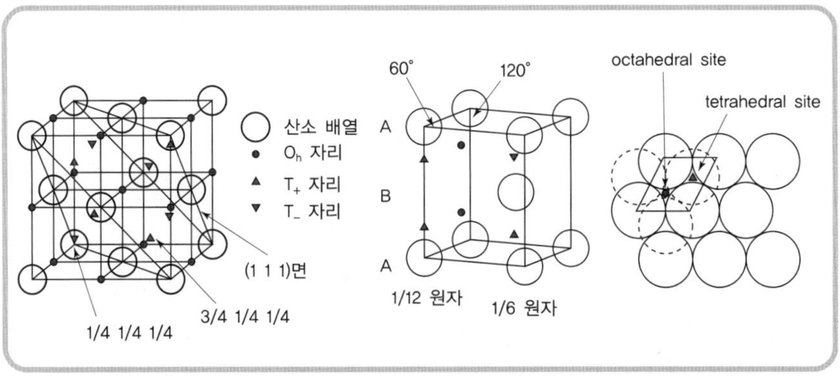

그림 3.1.7 입방조밀구조와 육방조밀구조에서의 팔면체자리와 사면체자리(T1과 T2는 사면체를 삼각 피라미드 형상으로 볼 때 꼭지점의 방향이 반대)

다. 이 경우 팔면체자리와 사면체자리는 서로 가깝기 때문에 사면체자리에 추가로 리튬이온을 intercalation시키기 어렵다.

또한 2차원 모서리 공유는 층상구조를 형성할 뿐만 아니라 직접적인 *M-M* 상호작용으로 전자전도도를 향상시키고 충 · 방전에 따른 부피변화를 감소시키는 효과도 있다. 따라서 일반식 $LiMO_2$로 표시되는 화합물들은 리튬, 전이금속, 산소가 암염(rock salt) 구조의 [111] 면을 따라서 규칙적인 O-Li-O-M-O-Li-O-M-O 배열을 갖는 층상구조를 형성한다. 즉 ABCABC의 입방조밀구조의 팔면체자리를 리튬이온과 전이금속이 50 %씩 차지하게 된다. 이 구조는 단위세포 내에서 MO_2층이 세 번 반복될 때마다 리튬이 팔면체자리를 차지하면서 반복된다. 따라서 리튬이 차지하는 팔면체자리를 상징하는 O와 세 번 반복된다는 의미에서 O3 구조라고 한다.

층상형 $LiMO_2$ 양극활물질의 구조는 그림 3.1.8과 같다. 전이금속과 산소로 구성된 금속 산화물 층(slab)과 리튬을 둘러싸고 있는 산소 팔면체 층이 서로 교대로 배열하고 있다. MO_2 층 내부는 강한 이온결합을 형성하며, MO_2와 MO_2 층 사이에는 쿨롱 반발력이 작용하기 때문에 리튬이온은 intercalation/deintercalation이 가능하며 2차원 평면을 따라서 확산하므로 이온전도도가 높다.

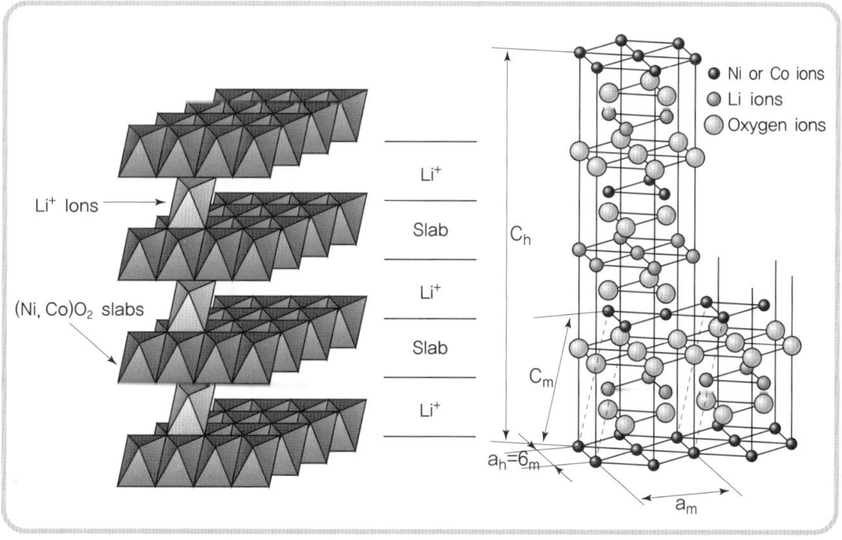

그림 3.1.8 층상형 $LiMO_2$ 양극활물질의 구조 [5]

충전 시 입자 표면의 리튬이온이 deintercalation되면서 형성된 빈 팔면체자리로 인접한 리튬이온이 순차적으로 확산되면서 deintercalation된다. 방전 시에는 반대로 입자 표면의 빈 팔면체자리로 리튬이온이 intercalation된다. 리튬이 층 사이에서 움직일 때, 리튬은 인접한 빈 사면체자리를 거쳐서 빈 팔면체자리로 이동할 수 있을 것 같지만, 사면체자리는 다른 층에 있는 전이금속 팔면체와 면을 공유하므로, 정전기적 반발력이 작용하게 되어 리튬이 이를 통해 확산되기 위해서는 활성화 에너지가 필요하다. 방전 초기에는 이온전도도가 전자전도도보다 낮기 때문에 활물질 표면에 리튬이온이 쌓였다가 평형에 이를 때까지 순차적으로 확산된다. 따라서 충 · 방전 과정에서 열린 회로와 닫힌 회로 사이에 전위차가 발생하게 된다.

충전과정에서 리튬이 빠져나가면 MO_2 층의 산소원자들 간의 반발력에 의해 c 축 방향으로 결정이 팽창하거나, 리튬이 완전히 빠져나가면 c 축 방향으로 급격히 수축하는 층상형 $LiMO_2$ 활물질은 다양한 상의 변화를 나타낸다. 즉 양극활물질은 충전과정에서 리튬의 함량에 따라서 구조적으로 안정한 결정구조를 갖는 상으로 전이가 일어난다. 이 때 활물질로 사용할 수 있는 영역은 상전이가 없는 단일상 영역인데, 그림 3.1.9에 충 · 방전에 따른 리튬 전이금속 산화물의 상전이를 도식적으로 나타내었다.

$LiCoO_2$는 리튬의 양이 0.5 이하가 되면 O3에서 P3로 구조변화가 일어난다. 그림 3.1.10은 $LiMO_2$ 층상 산화물이 형성할 수 있는 다양한 구조들로서, O3와 P3는 완전히 다른 구조임을 알 수 있다. 따라서 $LiCoO_2$에서 리튬의 양이 감소하면 구조가 바뀌게 된다. 반면에 $Li[Ni,Mn]O_2$는 리튬의 양에 따라 그림 3.1.9에서 보이듯 O3 구조는 변화가 거의 없기 때문에 충전전압을 높여도 그 특성을 유지함을 예상할 수 있다.

A.1. $LiCoO_2$

R-3m 능면정계(rhombohedral) 구조의 $LiCoO_2$는 제조가 쉬워 대량 생산이 용이하기 때문에 비싼 원료임에도 불구하고 상용화된 리튬이차전지의 양극활물질로 가장 많이 사용되고 있다. $LiCoO_2$는 열처리 온도에 따라 두 가지 구조를 가진다. 800 ℃ 이상에서 고상반응법으로 합성할 경우 층상 $LiCoO_2$가 형성되며, 400 ℃ 정도에서는 스피넬 $Li_2Co_2O_4$ 구조가 형성된다[6]. 그러나 낮은 온

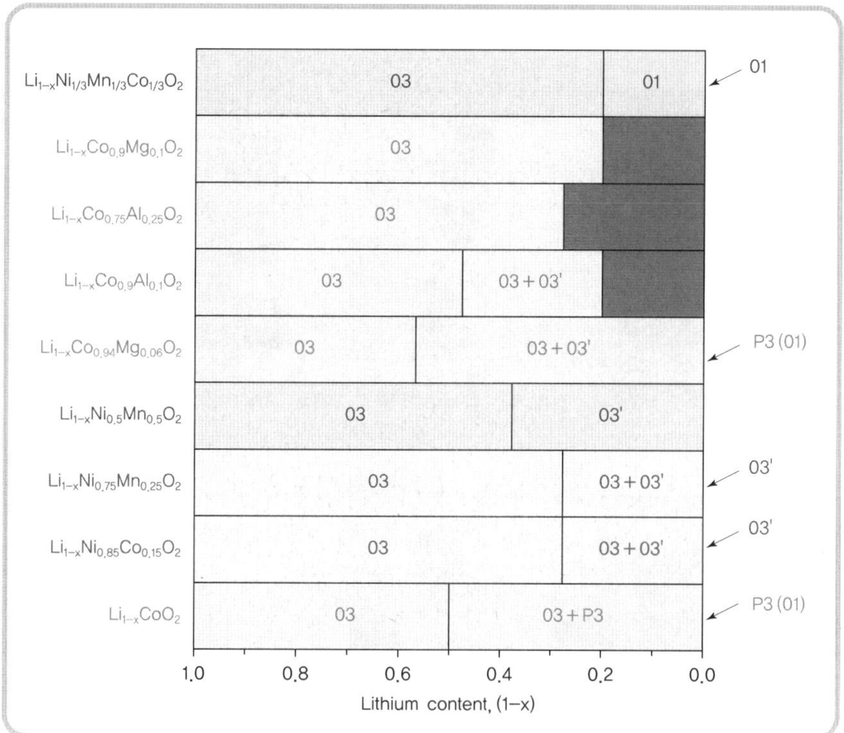

그림 3.1.9 충 · 방전에 따른 층상형 $LiMO_2$ 양극활물질의 상전이

도에서 합성한 구조는 결정 내부의 결함 및 낮은 결정성으로 인해 전기화학적 특성이 저하되기 때문에 고온에서 합성한 층상구조의 $LiCoO_2$를 양극활물질로 사용한다[7].

Co이온의 결정장 안정화 에너지(crystal field stabilization energy, CFSE)를 주로 고려할 때, $Co^{2+}(t_{2g}^6 e_g^1)$, $Co^{3+}(t_{2g}^6)$, $Co^{4+}(t_{2g}^5)$의 상대적 에너지 준위는 각각 $-18Dq+P$, $-24Dq+2P$, $-20Dq+2P$이다. 이 때 pairing 에너지인 p가 상대적으로 작다고 가정하면, $Co^{2+}(t_{2g}^6 e_g^1)$가 가장 안정할 수 있다. 그러나 Co^{2+}가 존재하려면 전하중성을 맞추기 위해서 비화학양론적 조성의 $Li_{1-x}Co_{1+x}O_2$가 형성되어야 한다. 이 경우 이온 반경을 고려하면 $r(Co^{2+})/r(O^{2-})=0.627$로서 팔면체구조 허용 반경비 영역인 0.414~0.732 내에 있지만 $r(Co^{2+})/r(Li^+)=0.878$로서 Hume-Rothery 규칙인 반경차 비율이 12.2 %로서 한계치인 15 %에 가깝기 때문에 화학양론적 $LiCoO_2$가 더 안정하게 합성된다.

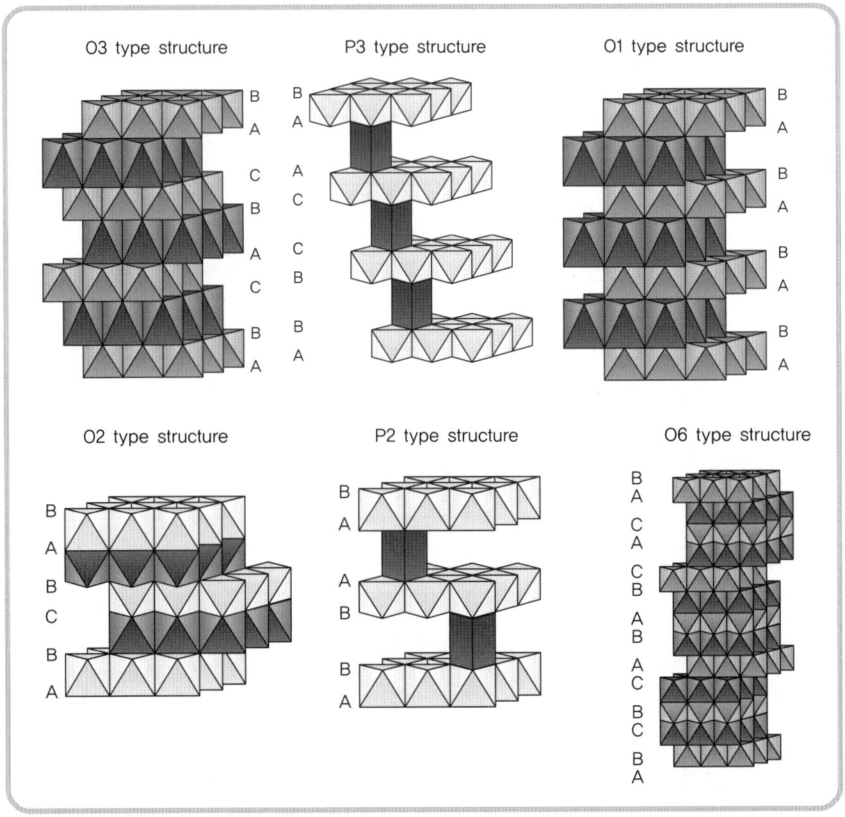

그림 3.1.10 상전이를 통해 형성 가능한 층상형 $LiMO_2$의 구조

그림 3.1.11은 리튬 음극을 사용한 $LiCoO_2$ 양극활물질의 충 · 방전 곡선으로서 약 4 V의 높은 전압을 나타내며 방전 전압은 방전 시간에 따라 크게 변하지 않는 것을 보여준다. 이때 $Co^{3+/4+}$에서 부분적으로 채워진 $t_{2g}{}^{6-x}$ 궤도함수의 직접적인 Co-Co 상호작용에 의해 전기전도도가 높고, 저스핀 Co^{3+}와 Co^{4+}는 팔면체자리에서 구조적으로 안정되므로, 충 · 방전 시에 비가역적인 상전이가 일어날 가능성이 작다.

그러나 $Li_{1-x}CoO_2$가 $x>0.5$인 경우에 O3와 P3의 층상구조가 섞인 상태에서 일부는 단사정계(monoclinic)구조로 상전이되기 때문에 비가역적이 된다. 따라서 $LiCoO_2$는 약 50 % 이하의 리튬이온만이 가역적으로 intercalation-deintercalation된다. 리튬이온이 완전히 deintercalation된 CoO_2에서는 육방조밀구조의 O1 층상구조로 비가역적 상전이가 일어난다. 따라서 $LiCoO_2$의 이론 용량은

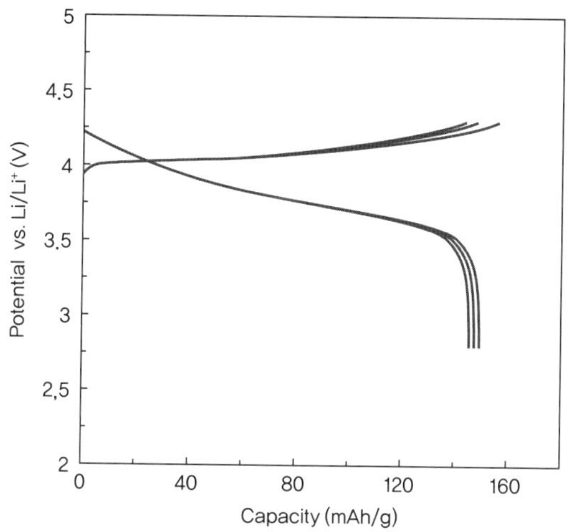

그림 3.1.11 고온에서 합성된 O3-$LiCoO_2$의 충 · 방전 곡선

274 mAh/g이지만, 실제 용량은 이론 용량의 50 %인 137 mAh/g보다 약간 더 큰 145 mAh/g이다. 그림 3.1.12는 충 · 방전 과정에 따른 $Li_{1-x}CoO_2$의 구조 변화를 나타내는 X선 회절 결과로서, 충전이 진행되면서 (003) 피크의 오른쪽에 생긴 약한 피크가 점점 커지면서 CoO_2에서는 완전히 다른 구조로 전이되는 것을 알 수 있다.

결국 충전시의 $Li_{1-x}CoO_2$의 구조는 O3 → [O3+P3] → P3(O1)로 상전이가 진행된다. P3(O1) 구조는 c-축을 따라서 AABBCC와 ABABAB의 산소 배열을 가지기 때문에 그림 3.1.13에서처럼 Co-O 결합이 끊어지지 않고 CoO_2 층이 미끄러지면서 구조가 재배열된다.

4.5 V 정도로 과충전되면 Co의 산화수가 증가하여 O-Co-O 결합길이가 감소하고 xy 평면의 격자상수 a는 0.3 % 정도 감소하지만, CoO_2와 CoO_2 층 사이의 반발력에 의해 격자상수 c는 2 % 이상 증가하기 때문에 전체적으로는 부피가 팽창한다. 난, x가 1에 가까워지면, 격자상수 c도 급격히 줄어든다.

또한 $x>0.72$에서는 Co의 산화보다 격자 내 산소의 방출에 의하여 전하가 보상되기 때문에 가역용량이 감소하게 된다. 또한 50 ℃ 이상에서는 산소의 방출이 더욱 심화되어 구조가 붕괴되고, 양극활물질과 전해질의 부반응에 의해 전해질이 분해되면서 발생한 기체 때문에 전지가 팽창하면서 전지의 안전성이 문제가

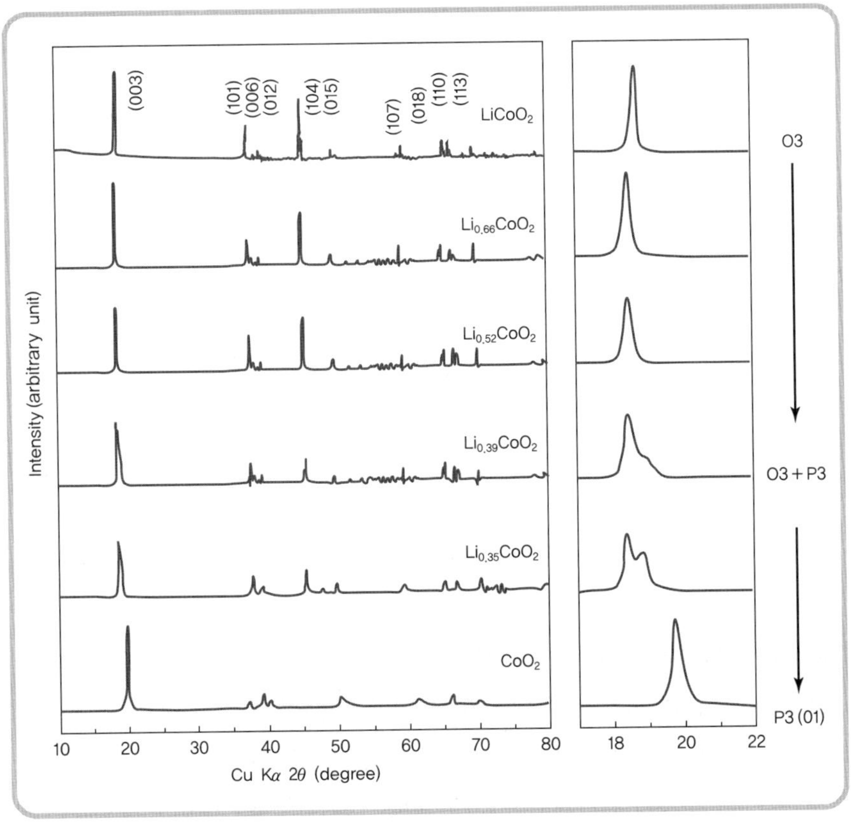

그림 3.1.12 리튬이온 함량 변화에 따른 $Li_{1-x}CoO_2$의 X선 회절분석 [8]

된다.

A.2. $LiNi_{1-x}CoxO_2$

R-3m 능면정계 구조인 O3-$LiNiO_2$는 a=2.887 Å, c=14.227 Å, c/a=4.928이고, 단위셀의 부피는($V=\sqrt{3/2}$) · a^2 · c) 102.69 $Å^3$이다. 층상형 $LiNiO_2$는 $LiCoO_2$보다 실제용량이 20 % 정도 더 크기 때문에 $LiCoO_2$를 대체하기 위한 양극활물질로서 많이 연구되었다. 그러나 $LiNiO_2$의 경우 Ni^{2+}가 안정하기 때문에 비화학양론적 조성의 $Li_{1-y}Ni_{1+y}O_2$가 합성되는 경우가 많다. 이는 Ni^{2+}가 일부 Ni^{3+} 팔면체자리를 치환하고, 전하중성을 위해 리튬이온 자리도 일부 치환하기 때문이다. Ni^{3+} 저스핀이 팔면체자리에서 쌍을 이루지 못한 스핀을 가지면서 상대적으로 불안정하기 때문에, Ni^{2+}가 쉽게 형성된다. 따라서 $LiNiO_2$는 산화 분

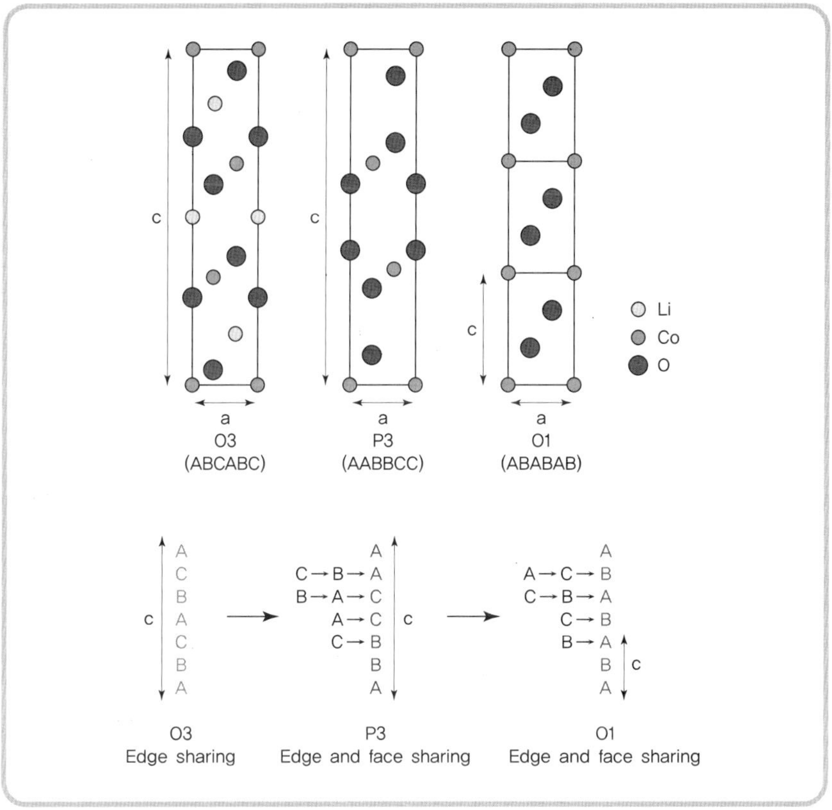

그림 3.1.13 리튬이온 함량 변화에 따른 $Li_{1-x}CoO_2$의 상전이 과정 도식

위기에서 주로 합성된다.

Ni 이온의 결정장 안정화 에너지를 주로 고려할 때, $Ni^{4+}(t_{2g}{}^6)$, $Ni^{3+}(t_{2g}{}^6e_{g1})$, $Ni^{2+}(t_{2g}{}^6e_g{}^2)$의 상대적 에너지 준위는 각각 $-24Dq+2P$, $-18Dq+P$, $-12Dq$이다. 이 때 pairing 에너지인 P가 상대적으로 작다고 가정하면, Ni^{2+}의 전자배치가 상대적으로 가장 안정할 수 있다. Co계와 마찬가지로 이온 반경비를 고려하면 $r(Ni^{2+})/\ r(O^{2-})=0.659$로서 팔면체구조의 허용 반경비 영역인 0.414~0.732에 속하며, $r(Ni^{2+})/r(Li^+)=0.922$이므로 Hume-Rothery규칙인 반경차이 비율이 7~8 %로서 Co^{2+}보다 Ni^{2+} 반경이 리튬이온과 더 비슷하다. 따라서 Ni^{2+}가 리튬이온 층에서 쉽게 발견되며, 비화학양론적 $Li_{1-x}Ni_{1+x}O_2$가 쉽게 형성된다.

그림 3.1.14는 Ni^{2+}가 리튬 자리를 치환할 때 전이금속과 리튬 사이의 자리

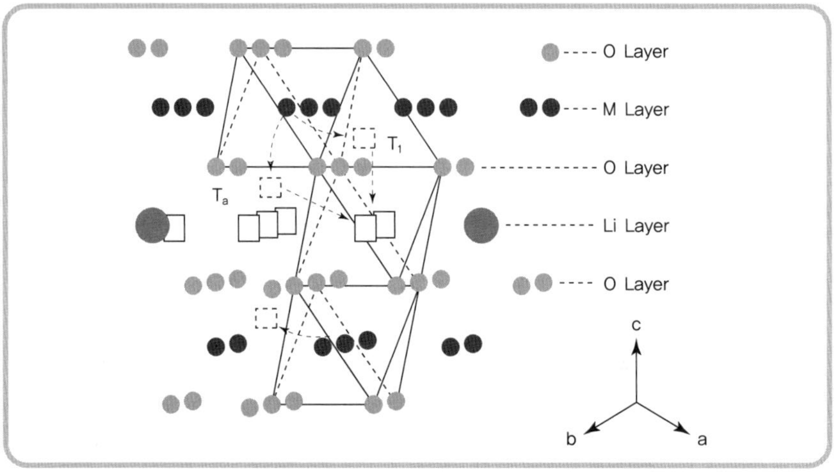

그림 3.1.14 양이온 자리바꿈 경로에 관한 모식도

교환이 일어나는 자리바꿈 경로를 나타낸다. 입방조밀구조로 축조된 산소들 사이에 전이금속과 리튬은 각각 3*b*와 3*a* 팔면체자리를 차지하며 모든 사면체자리들은 비어있다. 3*b* 팔면체자리의 전이금속은 가장 근접한 T1 사면체자리로 이동한 후 먼 거리의 3*a* 팔면체자리로 이동하거나 혹은 상대적으로 거리가 먼 T2 사면체자리로 이동한 후 근접한 3*a* 팔면체자리로 이동한다. 두 경로의 전체 이동거리는 같다.

비화학양론적 $Li_{1-x}Ni_{1+x}O_2$는 리튬 자리를 치환한 Ni^{2+}에 의해 NiO_2 층들이 서로 연결되면서 국부적으로 3차원 구조가 형성되어 리튬이온의 확산을 방해하기 때문에 고율 특성도 저하되며, 충 · 방전 과정에서 비가역적인 상전이에 의해 전지의 용량도 감소된다. 화학양론적 $LiNiO_2$는 수열법, 산화 · 환원이온교환반응법 등으로 합성할 수 있지만 대량 생산이 어렵고 재현성도 낮다. 또한 저스핀 $Ni^{3+}(d^7)$의 전자배치를 갖기 때문에 Jahn-Teller 효과에 의해서 *z*-축 방향으로 결합이 늘어나게 된다. Jahn-Teller 효과란 정팔면체 MO_6에서 CFSE에 의해 t_{2g}와 e_g로 분리된 *d* 궤도함수가 *z*-축 방향의 금속과 산소의 결합 거리가 증가 혹은 감소하면서 t_{2g}는 d_{xy}, d_{yz}와 d_{xy}로, 그리고 e_g는 d_{z2}과 d_{x2-y2}로 분리되면서 추가적인 결정의 안정화 에너지가 얻어지는 것을 의미한다. 그러나 이 경우 충 · 방전에 따른 *z*-축으로의 반복적인 팽창과 수축에 의해 전도성 물질과의 접촉이 저하되면서 전극에서의 전기 전도성이 낮아지므로 전극 특성이 열화된다.

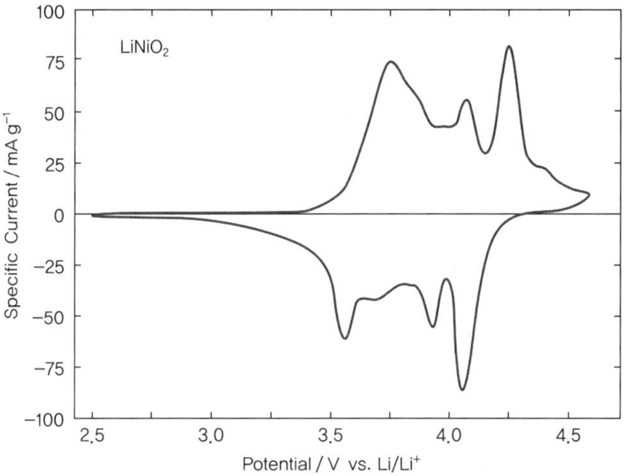

그림 3.1.15 $LiNiO_2$의 순환 전위곡선

그림 3.1.15는 $LiNiO_2$의 순환 전위곡선이다. $Li_{1-x}NiO_2$의 $0 \leq x \leq 0.75$ 영역에서 세 번의 가역적인 상전이는 전지특성에는 큰 영향을 주지 않으며, 실제 용량도 4.2 V까지 충전할 때 160 mAh/g 이상으로 $LiCoO_2$보다 크다. $0 < x < 0.25$에서는 능면정계, $0.25 < x < 0.55$에서는 단사정계(monoclinic), $0.55 < x < 0.75$에서는 능면정계로 상전이된다. 그러나 4.2 V 이상으로 충전시킨 $x > 0.75$에서는 리튬이온을 intercalation시킬 수 없는 NiO_2가 형성되기 때문에 전지의 특성이 저하된다.

$LiNiO_2$의 실제용량이 $LiCoO_2$의 실제용량보다 큼에도 불구하고 양극활물질로 사용되지 않는 이유는, 첫째, 비화학양론적 $Li_{1-y}Ni_{1+y}O_2$에서 리튬이온 층에 위치하고 있는 일부 Ni이온에 의해서 리튬이온의 확산이 방해를 받아 용량이 저하되기 때문이다. 둘째, 충전에 의해 리튬의 양이 감소하면, 구조적인 불안정성으로 산화물이 분해되면서 산소 분압이 증가하여 유기전해액과의 화학반응으로 전지의 위험성이 높아지기 때문이다. 따라서 $LiNiO_2$ 대신에 $LiNi_{1-x}Co_xO_2$ 혹은 $LiNi_{1-x-y}M_xM'_yO_2$처럼 니켈이온의 일부를 다른 전이금속 이온으로 치환시킨 것을 사용한다[5]. 산화수가 안정한 다른 M^{3+} 이온을 첨가하면, 전하중성을 유지하기 위해 Ni^{2+}가 리튬이온 자리를 치환하기가 어려워진다. 특히, Co 이온은

규칙적인 결정구조를 형성시켜 Ni^{2+}가 리튬 자리에 위치하는 것을 막고, Al은 비활성 물질로서 리튬이온이 intercalation/deintercalation되는 것을 완전히 막기 때문에 결정구조를 안정하게 한다. 또한 Ni^{2+}의 생성을 억제하는 다른 방법으로는 고온에서 합성할 때 과량의 리튬염을 반응시켜 리튬의 휘발을 보상해 주는 것이다.

그러나 전이금속 이온들은 각각의 산화 · 환원 전위가 다르기 때문에 혼합이 균일하지 못하면 충 · 방전 과정에서 국부적으로 전극물질이 열화될 수 있다. 따라서 고상반응법보다는 합성 단계에서부터 조성을 균일하게 할 수 있는 공침-소결법, 공침-용융염법, 졸-겔법, 분무 열분해법 등을 사용한다.

$LiNi_{1-x}Co_xO_2$에서는 Co의 치환량이 증가할수록 격자상수가 감소하기 때문에 부피 감소에 따른 체적 비용량을 증가시킬 수 있다. 그림 3.1.16은 $LiNi_{0.85}Co_{0.15}O_2$의 충 · 방전 곡선이다. $LiNi_{0.85}Co_{0.15}O_2$의 이론 용량은 약 274 mAh/g이며 실제 용량은 약 174 mAh/g의 높은 값을 갖는다. Co의 치환에 의해서 Jahn-Teller 현상과 Ni^{2+} 이온의 자리바꿈(또는 NiO 상 형성)이 완화되며 $LiNiO_2$ 충 · 방전에서 나타나는 상전이를 억제하기 때문에 전기화학적 특성이 우수하다.

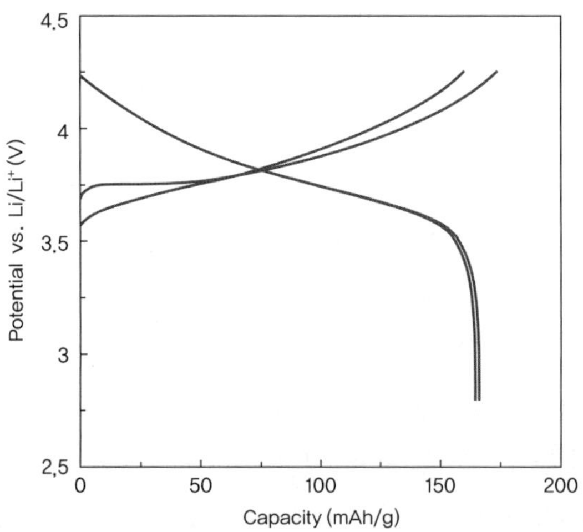

그림 3.1.16 $LiNi_{0.85}Co_{0.15}O_2$의 충 · 방전 곡선

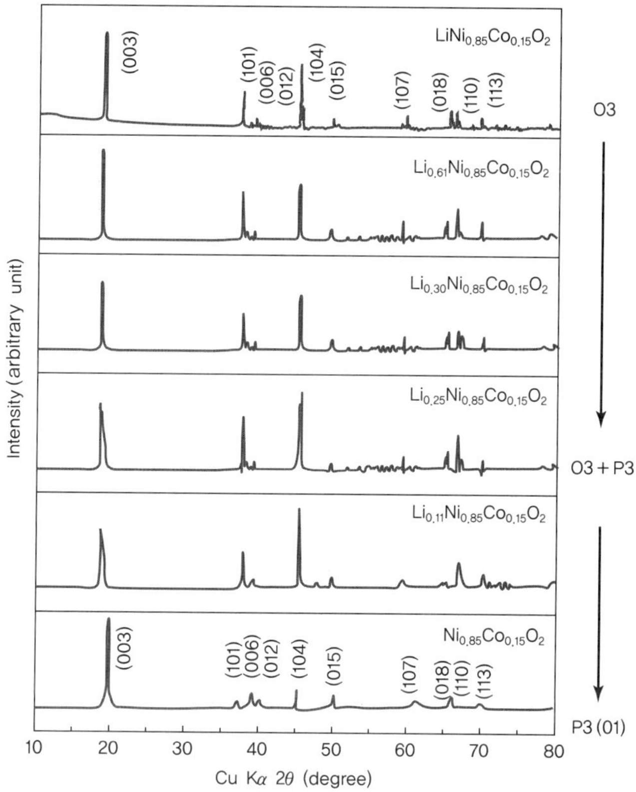

그림 3.1.17 리튬 함량에 따른 $Li_{1-x}Ni_{0.85}Co_{0.15}O_2$의 X-선 회절 분석

$Li_{1-x}Ni_{1-y}Co_yO_2$에서 충전에 따른 구조변화는 $0 \leq x \leq 0.70$에서는 O3 층상구조를 유지하며, $0.70 < x < 1$에서는 O3와 P3 층상구조가 혼합된 상태로의 상전이가 일어난다. 또한 리튬이온이 완전히 deintercalation된 $Ni_{1-y}Co_yO_2$는 새로운 O3 층상구조를 갖는다. 그림 3.1.17은 충 · 방전 과정에서 리튬이온 함량에 따른 $Li_{1-x}Ni_{0.85}Co_{0.15}O_2$ 구조 변화를 나타내는 X-선 회절 결과이다.

$Li_{1-x}CoO_2$는 $0.50 < x < 1$에서 O3와 P3의 두 개의 상으로 전이되지만, $Li_{1-x}Ni_{1-y}Co_yO_2$는 $x = 0.70$에서 이러한 상전이가 일어난다. 따라서 $Li_{1-x}Ni_{0.85}Co_{0.15}O_2$의 이론 용량은 충전상태에서 Ni^{3+}은 산화가 잘 되지만 Co^{3+}은 산화되지 않기 때문에 Ni의 함량만을 고려하면 ~233 mAh/g이며, 상전이를 고려하면 실제 용량은 ~163 mAh/g이다. 그러나 O3와 P3 층상구조의 일부가 가역적인

충 · 방전에 참여하기 때문에 실제 용량은 약 174 mAh/g이다. 그리고 충전이 될수록 저스핀 $Ni^{3+}(d^7)$가 Ni^{4+}로 산화되므로 Jahn-Teller 효과에 의한 NiO_6 팔면체의 비대칭형은 사라지고 대칭형 NiO_6 팔면체가 된다.

A.3. $LiMO_2$(M=Mn, Fe)

층상형 $LiMnO_2$는 열역학적으로 준안정상이기 때문에 합성이 어려운 것으로 알려져 있으나, α-$NaMnO_2$ 전구체에서 리튬이온과 나트륨이온의 이온교환 반응으로 합성이 가능한 것으로 보고 되었다[9]. 그러나 이 경우 잘 발달된 화학양론적 $LiMnO_2$ 층상구조 대신에 리튬이온 자리에 3~10 %의 망간이 추가된 비화학양론적 조성의 산화물이 일반적으로 얻어진다. 3 %의 망간이 리튬 자리에 치환된 $Li_{1-x}Mn_{1+x}O_2$은 그림 3.1.18에서 나타나는 것처럼 방전 시 층상형 구조에서 스피넬 유사 구조로 상전이 되어 4 V와 3 V 영역에서 평탄전압이 나타난다. 층상형 $LiMnO_2$는 리튬이온이 100 % deintercalation될 수 있지만 구조적으로 충 · 방전 과정에서 비가역적인 스피넬 상전이가 나타난다. 이 경우 상 변화에도 불구하고 초기에는 용량이 다소 증가하지만, 이후 사이클에서 용량감소가 나타난다[10].

암염구조를 갖는 사방정계 $LiMnO_2$의 초기 충전용량은 2.0~4.5 V 범위에서 용량이 약 200 mAh/g 정도로 높지만 리튬이온이 deintercalation된 $Li_{1-x}MnO_2$의 구조는 매우 불안정하기 때문에 스피넬 $Li_{1-x}Mn_2O_4$로 상전이가 일어나면서 용량이 안정화된다(그림 3.1.18). 또한 $LiMnO_2$의 전기화학적인 성능을 향상시키기 위하여 표면개질이나 합성 방법 등의 개선이 시도되었다[11, 12].

α-$NaFeO_2$의 이온교환 반응으로 합성된 층상형 $LiFeO_2$는 많은 연구가 진행되었지만, 구조가 준안정적이기 때문에 초기 충전 과정에서 스피넬구조로 상전이가 일어난다[13]. 이는 첫째, 구조와 양이온의 상대적 크기의 일반적인 관계에서 볼 때, $LiCoO_2$와 $LiNiO_2$는 양이온의 이온 반경 비율이 각각 0.76과 0.78로 안정화 조건인 $r_B/r_A<0.8$을 만족하는 반면, $LiFeO_2$는 $r_{Fe3+}/r_{Li+}=0.87$로 안정화 조건의 한계보다 크기 때문이다. 둘째, 고 스핀(high spin)의 Fe^{3+}는 팔면체자리에서 결정장 안정화 에너지가 0으로서 안정화 효과가 없어 쉽게 사면체자리로 이동하기 때문이다. 이외에도 corrugulated-, goethite-, tunnel-형태의 이형체

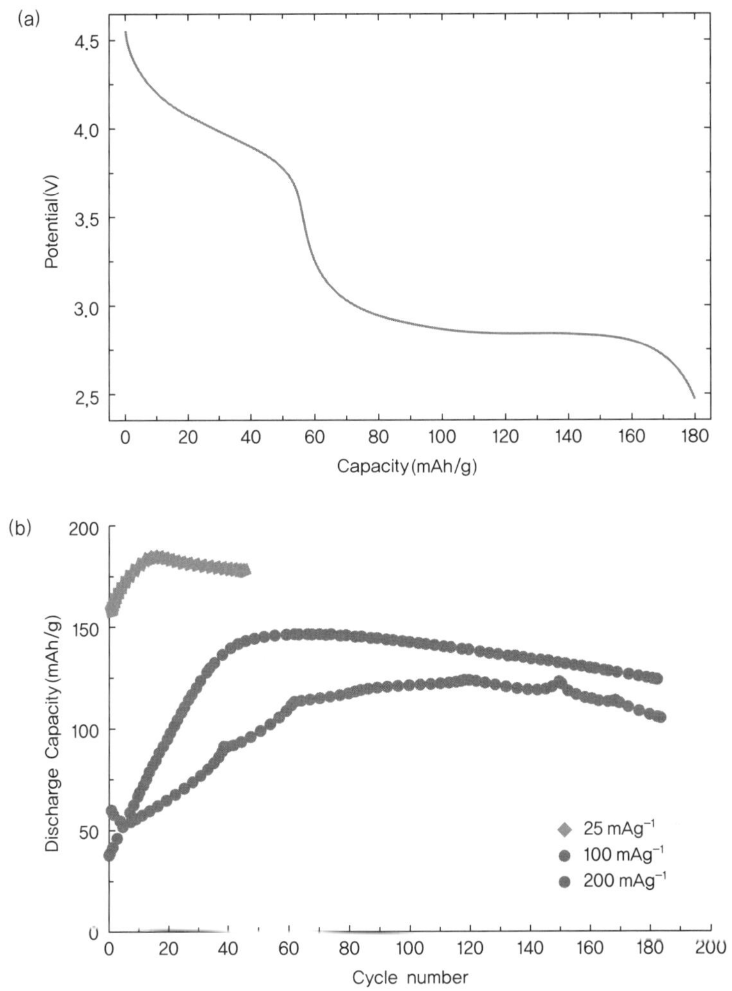

그림 3.1.18 600 ℃에서 합성한 $Na_{0.51}Mn_{0.90}O_2$를 80 ℃에서 이온교환하여 제조한 $Na_{0.069}Li_{0.59}Mn_{0.94}O_2$의 (a) 50회 방전 곡선(25 mA/g)과 (b) 사이클 특성

들과 $FePS_3$, FeOCl, FeOOH와 같은 철 화합물이 있지만 전기화학적 성능은 좋지 않다[14]. 철이 포함된 재료들의 평균 전압은 $LiCoO_2$와 비교할 때, Fe^{3+}/Fe^{2+} 또는 Fe^{4+}/Fe^{3+} 산화·환원 쌍이냐에 따라 각기 너무 낮거나 높은데(그림 3.1.19), 그 이유는 산소 음이온을 포함하는 철 산화물은 철의 핵전하와 전자 사이의 상호작용이 비교적 크고 높은 스핀 Fe^{3+}으로 인해서 Fe^{4+}/Fe^{3+}

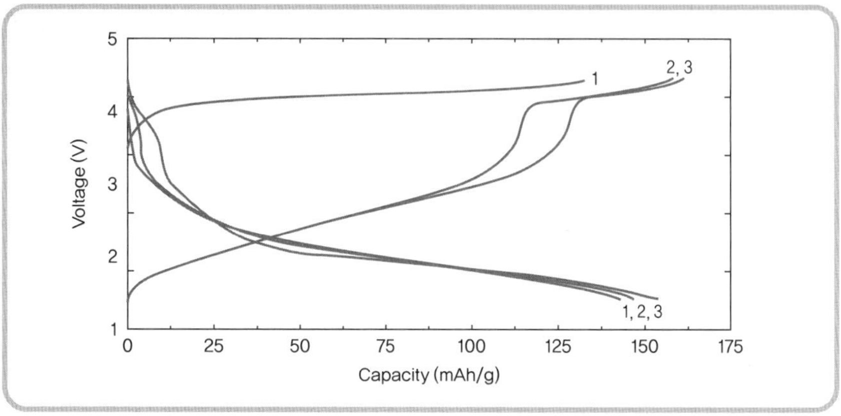

그림 3.1.19 Li/$LiFeO_2$의 충 · 방전 곡선

(e_g: $3d^5\sigma^*$)는 리튬의 페르미 준위와 차이가 매우 큼에 반해, Fe^{3+}/Fe^{2+}(e_g: $3d^5\pi^*$)는 너무 작기 때문이다.

A.4. Ni–Co–Mn 3성분계

3성분계 $Li[Ni_xCo_{1-2x}Mn_x]O_2$는 $LiNiO_2$의 고용량성, $LiMnO_2$에서 망간의 열적 안정성 및 낮은 가격, $LiCoO_2$의 안정한 전기화학적 특성과 같은 장점들을 결합시킨 것으로서 우수한 전기화학적 성질을 나타낸다. 특히, 제1계산(first principles calculation)에 의하면 저스핀 Co^{3+}, Ni^{2+}, Mn^{4+}로 구성된 $LiNi_{1/3}Co_{1/3}Mn_{1/3}O_2$는 $LiNi^{3+}O_2$, $LiCo^{3+}O_2$, $LiMn^{3+}O_2$의 1:1:1 혼합물보다 더 안정하며 $P3_112$의 공간군 대칭을 갖는다. 이것은 적당한 방법에 의하여 $LiNi_{1/3}Co_{1/3}Mn_{1/3}O_2$를 합성할 수 있음을 의미한다. 저스핀 혼합물의 경우 격자상수 a는 그림 3.1.20처럼 전이금속들의 규칙화에 의해 $LiMO_2$보다 약 $\sqrt{3}$배 큰 4.904 Å이며, c는 망간에 의해 증가되어 13.884 Å이다[15].

일반적으로 $LiCoO_2$는 $LiNiO_2$와 고용체를 형성하지만 $LiMnO_2$와는 고용체를 형성하지 않으며, $LiNiO_2$는 $LiMnO_2$와 고용체를 형성한다. 따라서 $LiNi_{1/3}Co_{1/3}Mn_{1/3}O_2$의 합성에서 전이금속의 균일한 혼합은 $LiNi_{1-x}Co_xO_2$ 합성 때 보다 훨씬 더 중요하다. 따라서 공침법이 주로 이용되며, 일반적인 수산화염 공침-소결법으로 전구체를 얻을 경우 초기에 $Mn(OH)_2$가 침전되어도 MnOOH 또는 MnO_2로 자발적으로 산화되므로 Mn^{2+} 상태가 유지된 침전물을 얻기 위해

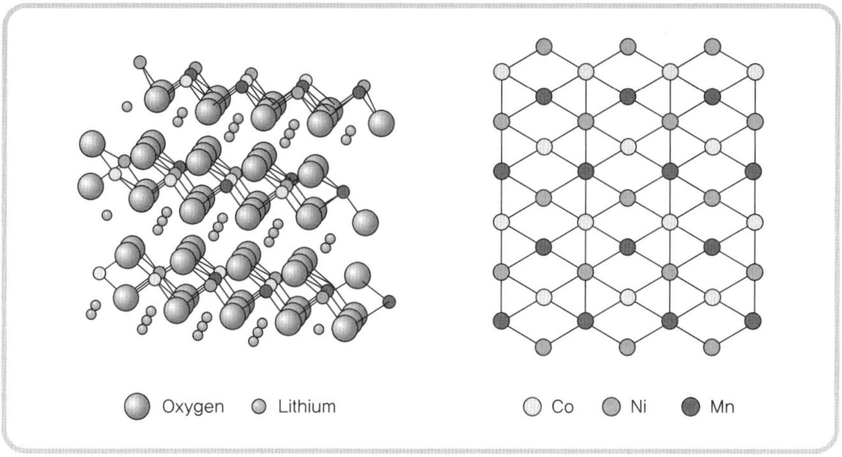

그림 3.1.20 [$\sqrt{3} \times \sqrt{3}$] R30° 형태의 초격자 [$Ni_{1/3}Co_{1/3}Mn_{1/3}O_2$] 층을 갖는 $LiNi_{1/3}Co_{1/3}Mn_{1/3}O_2$ 구조의 모식도

서는 탄산염 공침-소결법이 적용된다. 그러나 NiO와 Li_2MnO_3의 불순물을 완전히 배제할 수 없음으로 인해 전지특성이 저하될 수 있다.

화합물의 전하중성이 만족된다면 일반적으로 니켈과 망간 이온은 Ni^{3+}과 Mn^{3+}보다 Ni^{2+}와 Mn^{4+}의 전자배치를 선호한다. 따라서 $LiNi_{1/3}Co_{1/3}Mn_{1/3}O_2$에서 니켈은 2+, 코발트는 3+ 그리고 망간은 4+의 산화상태가 되며 주로 Ni^{2+}가 충·방전에 참여하며 충전 말기에 Co^{3+}가 참여하게 된다. 반면에 Mn^{4+}는 충·방전에 관여하지 않지만 Mn^{4+}는 팔면체자리에서 결정장 안정화 에너지에 의해서 전체적인 층상구조의 안정성에 기여한다.

$Li_{1-x}Ni_{1/3}Co_{1/3}Mn_{1/3}O_2$에서 충·방전에 따른 구조의 변화는 리튬의 양이 감소할수록 c는 증가하지만, $(1-x)<0.35$에서는 산소발생 등에 의해 격자상수 c는 감소한다. 그러나 격자상수 a의 변화는 정반대의 경향을 나타낸다[16]. 결과적으로 부피의 변화는 작게 되고 활물질로서 장점을 나타낸다. 또한 $Li_{1-x}CoO_2$는 $x=1$인 경우 P3 구조를 갖지만, $Li_{1-x}Ni_{1/3}Co_{1/3}Mn_{1/3}O_2$는 $x=1$일 때 O1 구조를 나타내며, $0 \le x \le 0.8$ 영역에서 동일한 O3 구조를 갖기 때문에 충전에서도 구조 변화가 거의 없는 안정된 구조를 이루고 있다. 따라서 충·방전 특성이 뛰어나고 전지에 적용 시 수명특성과 안전성이 우수하다. 그림 3.1.21은 $LiNi_{1/3}Co_{1/3}Mn_{1/3}O_2$ 양극재료의 전류밀도에 따른 방전 곡선을 나타낸 것이다.

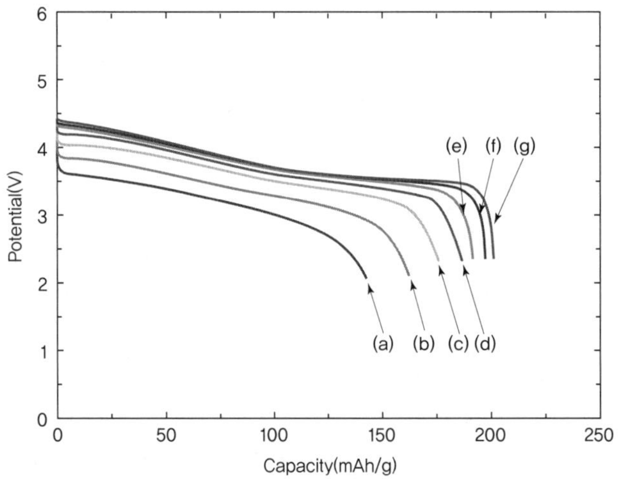

그림 3.1.21 4.6 V까지 충전시킨 $LiNi_{1/3}Co_{1/3}Mn_{1/3}O_2$의 방전 율속 특성. (a) 2400 mA/g, (b) 1600, (c) 800, (d) 400, (e) 200, (f) 100, (g) 50. 활물질 88% : 아세틸렌 블랙 6% : PVdF 6% [10]

비록 이 재료의 용량이 기존의 $LiCoO_2$와 비슷하지만, 대체 재료로 주목을 받는 이유는 성능과 안전성 및 가격 면에서 경쟁력을 지니고 있기 때문이다. 최근에는 이 재료의 장점을 그대로 유지하면서 Ni의 양을 상대적으로 증가시켜서 용량을 향상시키기 위한 다양한 조성의 재료들이 개발되고 있다.

A.5. Ni–Mn 계

$LiNi_{1/2}Mn_{1/2}O_2$는 격자상수 a=2.889 Å, c=14.208 Å, 격자상수비 c/a=4.918이며, 단위 셀의 부피가 102.697 Å^{3}이다. $LiNi_{1/2}Mn_{1/2}O_2$는 $LiNi_{1/3}Co_{1/3}Mn_{1/3}O_2$와 마찬가지로 니켈과 망간의 비가 1:1이므로 NiO와 Li_2MnO_3와 같은 불순물이 쉽게 생성되기도 하여 전지특성이 저하된다. $LiNi_{1/2}Mn_{1/2}O_2$의 이론 용량은 280 mAh/g이다. 그림 3.1.22는 $LiNi_{1/2}Mn_{1/2}O_2$의 충 · 방전 곡선이며 그림 3.1.23은 리튬의 양에 따른 $Li_{1-x}Ni_{1/2}Mn_{1/2}O_2$의 X-선 회절 분석 결과이다. $Li_{1-x}Ni_{1/2}Mn_{1/2}O_2$는 $0 \leq x \leq 1$ 영역 전체에서 동일한 O3 구조를 유지하며 실제 용량은 260 mAh/g(60 ℃)이다.

$LiNiO_2$-$LiMnO_2$ 고용체는 $LiCoO_2$-$LiMnO_2$와 $LiCrO_2$-$LiMnO_2$ 고용체와 근

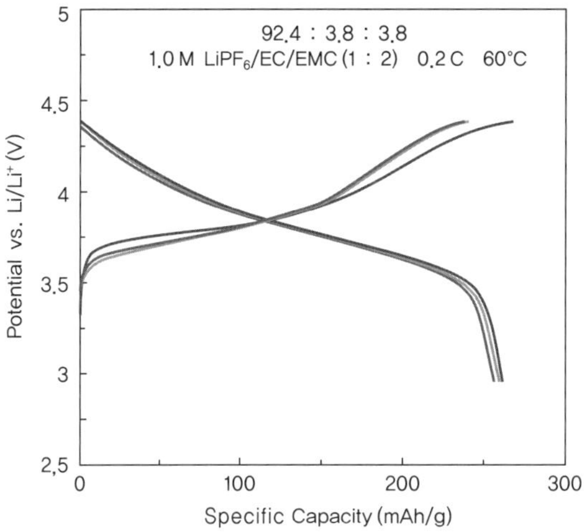

그림 3.1.22 $LiNi_{1/2}Mn_{1/2}O_2$의 충 · 방전 곡선

본적인 차이가 있다. $LiNiO_2$-$LiMnO_2$ 고용체는 Ni^{2+}, Mn^{4+}가 안정하기 때문에 이들이 일부 형성되는 반면에 $LiCoO_2$-$LiMnO_2$는 Co^{2+}/Mn^{4+}가 형성되기 어렵다[17]. 또한 $LiCrO_2$-$LiMnO_2$에서는 Cr^{3+}가 매우 안정하기 때문에 $LiMnO_2$의 양이 30% 이상일 경우에 Mn^{3+}의 산화상태를 가지므로 단사정계 결정구조를 갖게 된다.

$LiNiO_2$-$LiMnO_2$ 고용체에서 Mn^{4+}는 충 · 방전 과정에서 산화 · 환원 반응에 참여하지 않기 때문에 층상구조에서 스피넬구조로 상전이가 일어나지 않는다. 또한 $Li[Ni_{1/2}Mn_{1/2}]O_2$의 가역용량은 충 · 방전이 $Ni^{2+/4+}$의 산화 · 환원에 의해 진행됨에도 불구하고 $LiNiO_2$의 $Ni^{3+/4+}$의 작동전압과 유사하다. 이론적 계산에 의하면 $Li[Ni_{1/2}Mn_{1/2}]O_2$의 높은 작동전압은 2+/4+ 산화상태에서 4+/4+ 산화상태로 변할 때 Mn-Ni의 상호작용의 변화에 기인하는 것으로 알려져 있다. 그러나 $Li[Ni_{1/2}Mn_{1/2}]O_2$ 합성에는 스피넬구조의 불순물과 리튬층에 일부 Ni^{2+} 이온이 섞이는 등 어려운 문제점이 있다. 이러한 단점을 개선하기 위하여 과량의 리튬을 반응시키는 방법들이 시도되고 있다.

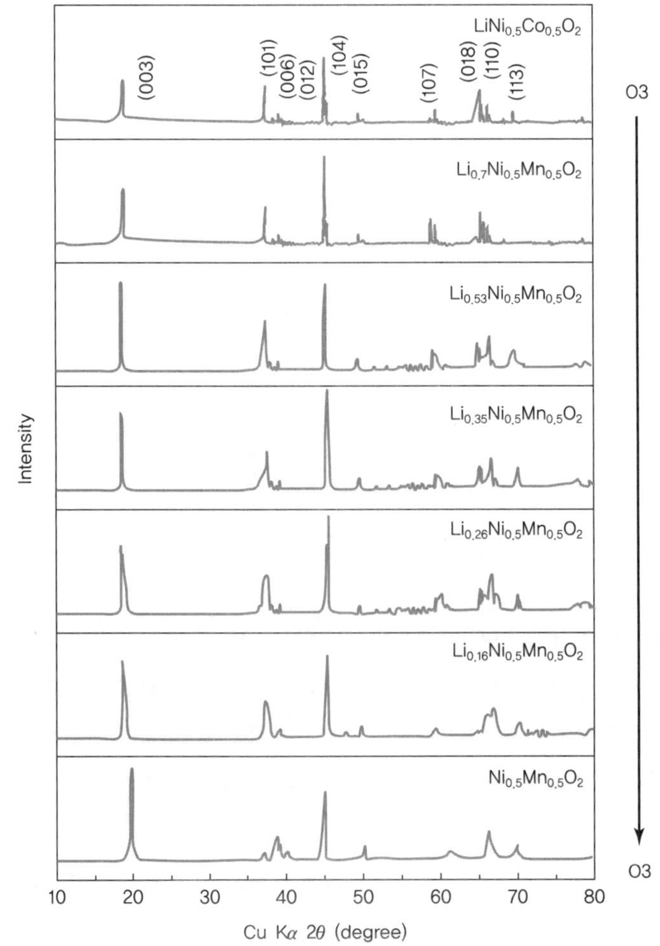

그림 3.1.23 리튬 함량에 따른 $Li_{1-x}Ni_{1/2}Mn_{1/2}O_2O_2$의 X-선 회절 분석 결과

A.6. 리튬 과잉 산화물 상(lithium-rich phases)

$Li_xCr_yMn_{2-y}O_{4+z}$이 개발된 후 $(1-x)Li_2MnO_{3-x}LiMO_2$(M=Ni, Co, Cr) 고용체(혹은 나노 복합체)에 관한 연구가 활발히 진행되었다[18]. 전기 화학적으로 비활성인 Mn^{4+} 산화 상태를 갖는 Li_2MnO_3와 $Li[Ni_{1/2}Mn_{1/2}]O_2$의 고용체인 $Li[Ni_xLi_{1/3-2x/3}Mn_{2/3-x/3}]O_2$는 250 mAh/g 이상의 높은 용량을 갖는다. $LiMO_2$-$LiMnO_2$ 고용체는 리튬 화학양론조성 산화물 상(lithium stoichiometric phases),

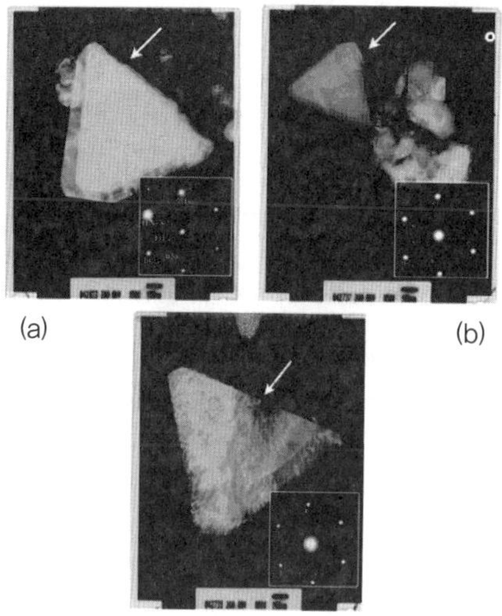

그림 3.1.24 전자현미경의 회절 패턴, (a) $Li[Cr_{0.21}1Li_{0.268}Mn_{0.520}]O_2$, (b) $Li[Cr_{0.290}Li_{0.240}Mn_{0.470}]O_2$ and (c) $Li[Cr_{0.338}Li_{0.225}Mn_{0.436}]O_2$ [22]

$LiMO_2$-Li_2MnO_3 고용체는 포화 리튬 산화물 상(lithium saturated phases) 그리고 $LiMO_2$-$LiMnO_2$-Li_2MnO_3 고용체는 리튬 과잉 산화물 상(lithium-rich phases)이 된다[19]. 이 산화물들은 3*b* 자리를 차지하는 양이온의 점유도가 1이며 산화수의 합은 +3이다. 특히 기존의 망간 산화물에서는 $Mn^{3+/4+}$의 산화 · 환원 반응이 일어나지만 이 양극활물질들은 Mn^{4+}의 산화상태를 유지하기 때문에 Mn^{3+}의 Jahn-Teller 효과가 크지 않아 전극의 성능이 저하되지 않는다.

위 산화물들은 일반적으로 고용체로 알려졌지만, $Li[Cr_xLi_{(1-x)/3}Mn_{2(1-x)/3}]O_2$와 $Li[Ni_xLi_{(1-x)/3}Mn_{2(1-x/3)}]O_2$ 등의 양극 소재들을 조성을 변화시켜가며 TEM으로 분석한 결과, 조성변화에 따라 부분적인 고용체와 동시에 복합체의 특성을 가지는 것으로 확인되었다(그림 3.1.24). 즉, 어느 임계 조성까지는 고용체이지만 그 이상에서는 복합체의 특성이 나타난다. 이들을 4.6~4.8 V까지 충전하면, 초기 충전과 방전용량이 각각 352와 287 mAh/g인 고용량 값이 얻어질 수 있으며, 4.5 V 부근에서 평탄전압이 나타난다(그림 3.1.25). 이러한 초기 비가역적 용량 손실은 충전시 Li_2MnO_3로부터 Li_2O가 생성되기 때문으로 보인다. 즉,

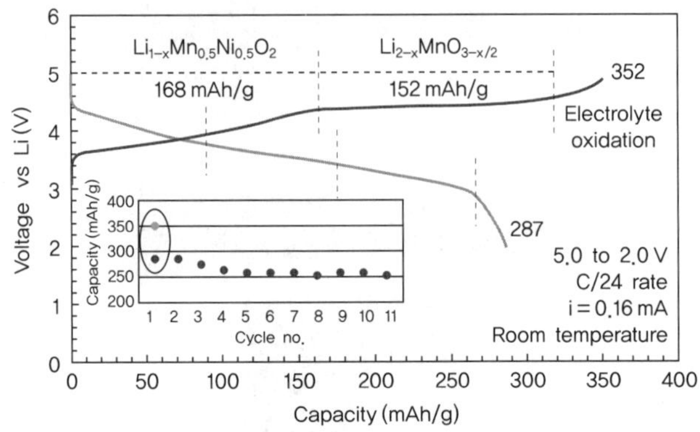

그림 3.1.25 Li/0.3Li_2MnO_3 · 0.7$LiMn_{0.5}Ni_{0.5}O_2$의 초기 충 · 방전 곡선(5.0~2.0 V) [20]

$LiNi_{0.20}Li_{0.20}Mn_{0.6}O_2$의 경우 충전 초기에 Ni^{2+}가 Ni^{4+}로 산화된 후 계속적인 충전시 Li_2O가 생성되면서 $Ni^{4+}{}_{0.20}Li_{0.20}Mn_{0.60}O_{1.7}$가 얻어지며, 방전시에는 $Mn^{4+/3+}$ 환원반응이 주로 일어나는 것으로 보이나, 그 정확한 원인은 아직 밝혀지지 않은 상태이다[20, 21].

최근의 연구결과[23]에 의하면 xLi_2MnO_3 · (1 − x)$LiMO_2$는 초기 충전시 4.4 V까지는 $LiMO_2$로부터 리튬의 deintercalation에 의해 xLi_2MnO_3 · (1 − x)MO_2 구조를, 4.4 V 이상에서는 Li_2O와 함께 (x − δ)Li_2MnO_3 · δMnO_2 · (1 − x)MO_2의 상이 형성된다(그림 3.1.26). 즉, 4.4 V 이상에서는 Li_2MnO_3에서 리튬의 deintercalation과 동시에 산소의 발생에 의해 Li_2O가 형성되고 또 MnO_2 생성도 동반된다. 이들 과정을 화학식으로는 $Li_2MnO_3 \rightarrow xLi_2O + yMnO_2 + (1 - x - y)Li_2MnO_3$로 나타낼 수 있다. 이때 충전의 종지(cut off) 전압에 따라 잔류 Li_2MnO_3 양이 결정되기 때문에 충전 전압이 높으면 높을수록 잔류량은 감소한다. 그러나 Li_2MnO_3는 구조를 안정화시키기 때문에 적절한 종지 전압에 의해 Li_2MnO_3가 전기화학적으로 반응을 일으키는 정도를 제어하여 구조적인 안정을 얻도록 하는 것이 필요하다. 또한 초기충전 후 방전에서는(x − δ)Li_2MnO_3 · (x − δ)Li_2MnO_3 · δ$LiMnO_2$ · (1 − x)$LiMnO_2$가 생성된다.

최근에는 전기전도도를 증가시키기 위하여 Li_2MnO_3-Li[$Ni_{1/2}Mn_{1/2}$]O_2 고용체에 $LiCoO_2$를 추가함으로써, Li_2MnO_3-Li[$Ni_{1/2}Mn_{1/2}$]O_2-$LiCoO_2$와 같은 새로운 조성의 양극활물질을 얻는 연구가 활발히 진행되고 있다[24].

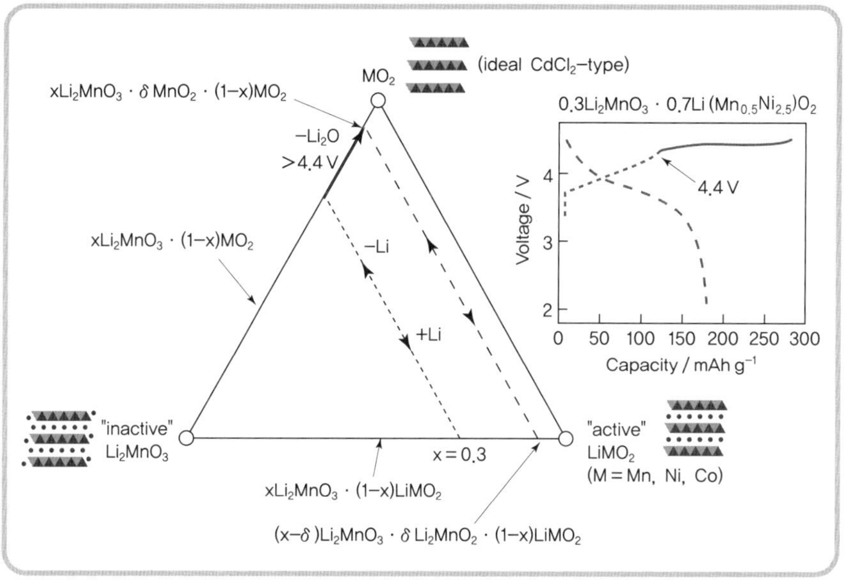

그림 3.1.26 xLi$_2$MnO$_3$ · (1−x)LiMO$_2$의 3성분계 상태도를 활용한 조성변화와 전기화학 반응경로 [23]

이는 기존의 M^{3+} 산화 상태를 갖는 $LiCoO_2$-$LiNiO_2$-$LiMnO_2$ 산화물에 Li_2MnO_3를 일부 첨가시켜 가능한 한 양극활물질이 Ni^{2+}, Mn^{4+}과 같이 여러 산화 상태를 가지도록 4 성분 고용체 산화물(Li_2MnO_3-$LiCoO_2$-$LiNiO_2$-$LiMnO_2$)

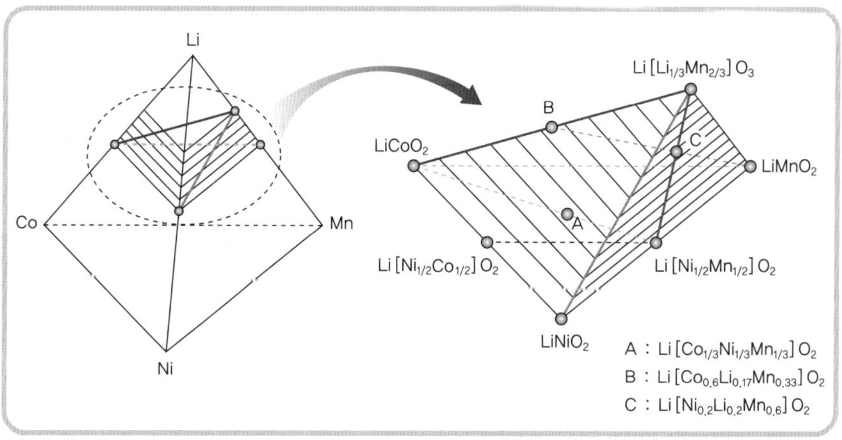

그림 3.1.27 사면체 형태의 Li_2MnO_3−Li[$Ni_{1/2}Mn_{1/2}$]O_2−$LiNiO_2$−$LiCoO_2$ 상태도 [25]

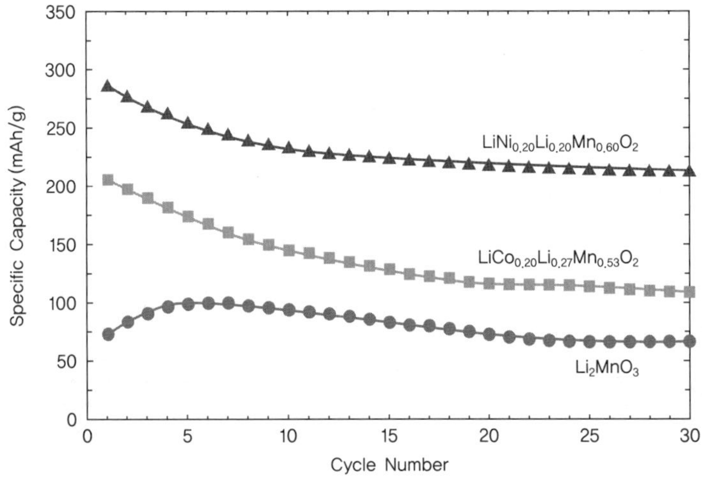

그림 3.1.28 $LiNi_{0.20}Li_{0.20}Mn_{0.60}O_2$와 $LiCo_{0.20}Li_{0.27}Mn_{0.53}O_2$의 방전 용량(@20 mA/g, 2.0~4.8 V) [26]

형태로 합성한 것이다. 그림 3.1.27에 나타난 바와 같이 $Li[Ni_{1/2}Mn_{1/2}]O_2$-$LiNiO_2$-$LiCoO_2$에 Li_2MnO_3를 첨가시킴으로써 사면체 내에 있는 것과 같은 다양한 조성들을 가진 양극활물질의 합성이 가능해진다.

위와 같은 조성을 가진 산화물들은 구조적으로 안정하여 $LiCoO_2$에 비해 안전성이 우수하지만 양극활물질로 사용되려면 4.6 V 이상으로 충전해야 하기 때문에 최소한 4.6 V 이상의 전압에서도 안정한 전해질 개발이 필수적이다. 양극활물질의 용량만을 고려하면 리튬이온이 초과 삽입된 $LiNi_{0.20}Li_{0.20}Mn_{0.60}O_2$은 그림 3.1.28에 보이는 것처럼 220 mAh/g 이상의 높은 용량을 갖지만, 탭 밀도 등이 $LiCoO_2$에 비해 낮기 때문에 실제 응용하기에는 어려움이 있다. 그러나 이들 활물질은 높은 안전성과 함께 높은 용량이 요구되는 전지로의 응용 가능성이 큰 재료라고 할 수 있다. 최근에는 제조비용이나 합성의 용이성, 그리고 독성 등을 고려하여 망간을 4+의 산화수를 가지는 Li_2TiO_3로 일부 치환하는 연구도 진행되고 있다[102, 103].

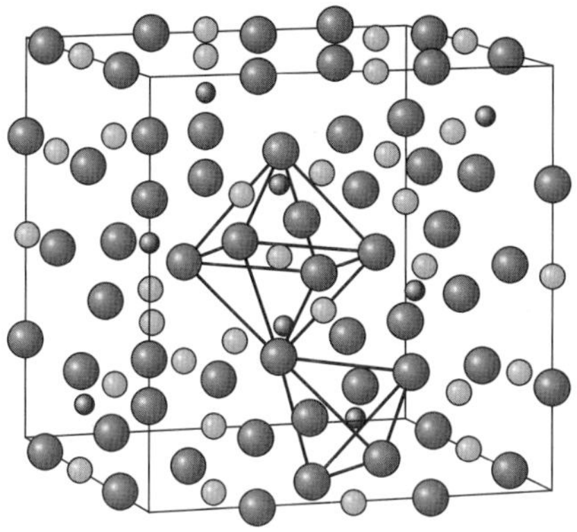

그림 3.1.29 스피넬$(Li)_{8a}[Mn_2]_{16d}[O_4]_{32e}$ 구조에서의 격자점

B. 스피넬 화합물

B.1. $LiMn_2O_4$

입방정계(cubic system)의 스피넬구조를 갖는 LiM_2O_4(M=Ti, V, Mn) 화합물에서 산소는 그림 3.1.29에 보이는 바와 같이 ABCABC 골격의 입방조밀구조(CCP)를 형성하면서 결정학적으로 32*e* 자리를 차지한다. 대표적인 스피넬 양극활물질은 $LiMn_2O_4$이며 격자상수는 a=8.245 Å이다. Mn은 자원이 풍부하여 가격이 저렴하고 환경친화적이며, 산화수가 다양하기 때문에 높은 용량을 구현하기에 유리하다.

그러나 Mn의 산화수는 반응물의 성분과 비율, 열처리 온도, 합성 분위기 등에 따라서 2+~4+가 가능하며, Mn은 스피넬구조에서 사면체자리 혹은 팔면체자리를 차지할 수 있기 때문에 다양한 조성의 산화물이 합성되며 전기화학적 특성도 이에 크게 영향을 받는다. 따라서 $LiMn_2O_4$ 분말은 다른 양극활물질들보다 합성이 복잡하고 다양한 상전이가 일어난다. 그림 3.1.30은 다양한 조성과 산화수를 가진 망간 산화물을 나타낸 것이다.

스피넬 LiM_2O_4에서 산소들 사이의 빈 자리를 차지하는 전이금속과 리튬이온은 정전기적 인력과 척력 그리고 이온 반경의 크기에 따라 배열이 결정된다. 3+ 혹은 4+의 산화수를 가지는 3*d* 전이금속과 산소 이온과의 이온 반경비는 $0.476 \le r(M^{3+})/R(O^{2-}) \le 0.702$와 $0.492 \le r(M^{4+})/R(O^{2-}) \le 0.591$이므로 이들 전이금

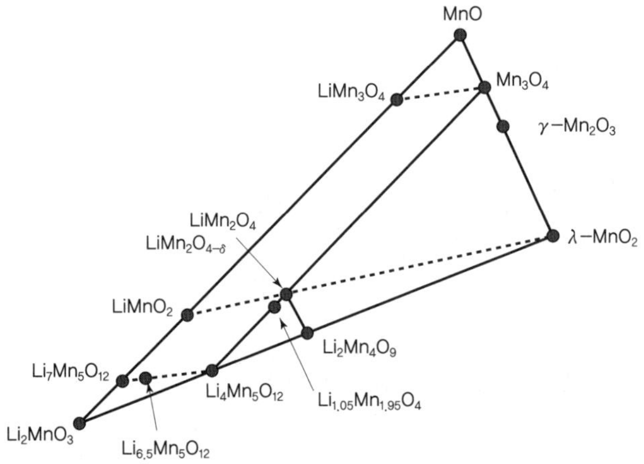

그림 3.1.30 다양한 조성과 산화수를 갖는 망간 산화물

속들은 모두 16d 팔면체자리에 위치한다. 이처럼 층상 및 스피넬 양극활물질의 전이금속 이온들은 모두 팔면체자리를 차지한다. 그러나 층상구조에서는 하나의 MO_6 주위로 6개의 MO_6들이 2차원적으로 배열된 반면에 스피넬에서는 하나의 MO_6 주위로 6개의 MO_6들이 3차원적 배열을 이룬다(그림 3.1.31). 이러한 차이는 전이금속 이온의 산화수의 차이에 기인한다. 즉 $M^{3+}O_6$와 $M^{4+}O_6$는 전하 분포와 M-O 결합 거리가 다르기 때문에 2차원적인 평면 배열보다 전하와 결합 거리가 더 균일하게 분포될 수 있는 3차원적인 팔면체 배열을 더 선호하는 것이다.

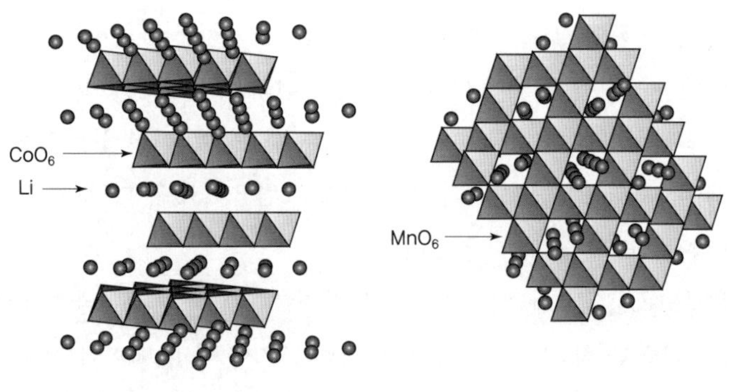

그림 3.1.31 층상구조와 스피넬구조에서의 MO_6 팔면체의 배열

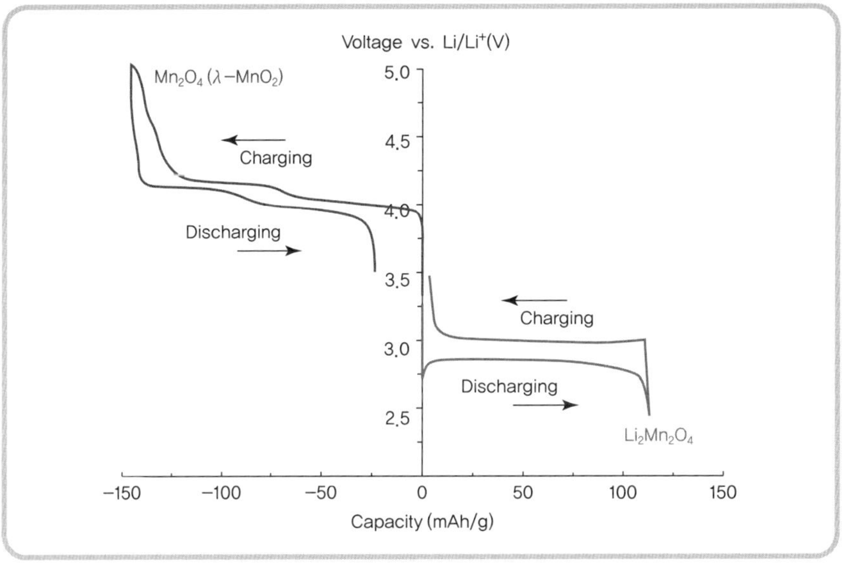

그림 3.1.32 $LiMn_2O_4$의 충 · 방전 곡선

또한$(M_2O_4)^{1-}$의 3차원 구조에서 전하중성을 위한 리튬이온은 M^{3+}과 M^{4+}로부터 가장 멀리 떨어져 있어 정전기적 반발력이 가장 작은 $8a$ 사면체자리에 위치한다. 따라서 리튬이온과 M^{3+}, M^{4+}들은 각각 $8a$ 사면체자리와 $16d$ 팔면체자리를 차지하여$(Li)_{8a}[M_2]_{16d}[O_4]_{32e}$와 같은 결정학적 분포를 갖는다. 스피넬 화합물 구조는 모서리를 공유하고 있는 팔면체들이 3차원적으로 연결되어 충 · 방전 과정에서 리튬 이동의 통로를 제공 한다.

일반적으로 Mn 스피넬의 전기화학적 특성변화 과정은 두 단계로 진행된다[27]. $Li_{1-x}Mn_2O_4$의 $0 \le 1-x \le 1$에서는 사면체자리의 리튬이온이 입방정 구조를 유지하면서 4V 근처에서 intercalation/deintercalation되며, $Li_{1+x}Mn_2O_4$의 $1 \le 1+x \le 2$에서는 $16c$ 팔면체자리의 리튬이온이 3 V 영역에서 입방정 $LiMn_2O_4$와 정방정 $Li_2Mn_2O_4$ 사이에 상전이가 일어나면서 intercalation/deintercalation 된다(그림 3.1.32와 그림 3.1.33). 즉 같은 $Mn^{3+/4+}$의 산화 · 환원이지만 입방정 $LiMn_2O_4$의 $8a$ 사면체자리에 위치한 리튬과 정방정 $Li_2Mn_2O_4$의 $16c$ 팔면체자리에 위치한 리튬의 위치에너지의 차이에 의해서 약 1 V의 전위차가 발생한다.

$Li_{1-x}Mn_2O_4$의 $0 \le x \le 0.73$에서 리튬이온은 가역적으로 intercalation/deintercalation된다. $Li_{1-x}Mn_2O_4$의 전극전위는 $8a$ 사면체자리에 있던 리튬이온의

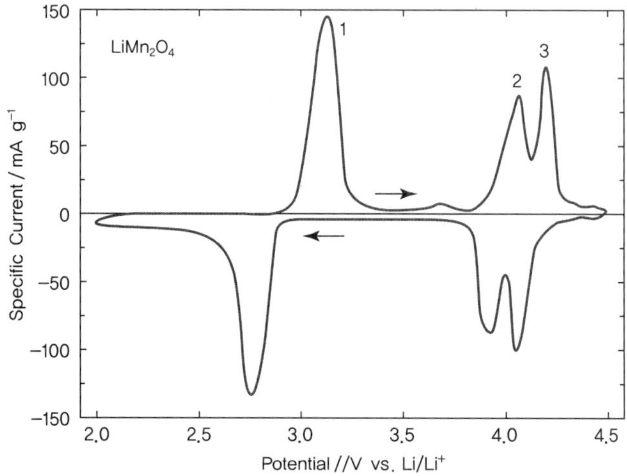

그림 3.1.33 $LiMn_2O_4$의 충 · 방전 순환전위곡선

약 50 %가 deintercalation될 때까지는 주로 Mn의 평균 산화수에 의해 영향을 받지만, $x>0.5$에서는 Mn의 평균 산화수뿐만 아니라 8*a* 사면체자리에 남아있는 나머지 리튬이온들의 재배치에 의한 리튬이온의 deintercalation에너지 변화에 의해서도 영향을 받게 된다. $Li_{0.5}Mn_2O_4$인 상태에서 발생하는 이러한 변화가 4.0~4.2 V 영역에서 두 개의 평탄전위로 나타난다.

$LiMn_2O_4$와 $Li_{0.5}Mn_2O_4$의 격자상수는 각각 8.245 Å와 8.029 Å이다. Mn 이온의 평균 산화수가 3.5 이상일 때, Mn 이온의 용해나 Mn^{3+}에 의한 Jahn-Teller 현상을 억제하여 충 · 방전시 사이클 특성을 개선할 수 있다. 또한 리튬이온이 과량 첨가된 $Li_{1+x}Mn_{2-x}O_4$는 리튬이 16*d* 자리로 이동하여 Mn의 산화수를 증가시켜 $0.03 \le x \le 0.05$ 영역에서 충 · 방전하는 동안 안정적인 가역용량을 나타낸다. 여기서 조성에 따른 격자상수는 $a=8.4560-0.2176x$ 식으로 계산되며 평균 산화수는 3.58 이상이다. 이처럼 격자상수는 Mn의 평균 산화수와 직접적인 관계가 있으며 충 · 방전에서 고려해야 할 중요한 변수이다. 그러나 산화 · 환원 반응에 참여할 수 있는 Mn^{3+}의 양이 감소하기 때문에 4 V 영역에서 $Li_{1.05}Mn_{1.95}O_4$의 이론 용량은 128 mAh/g이다. 이 외에도 $Li_{1.06}Mn_{1.95}Al_{0.05}O_4$처럼 Mn의 일부를 Al 등으로 치환하여 Mn의 산화수를 높여 안정하게 만드는 방법도 있다 [104].

초기 $[Li^+]_{8a}[Mn^{3+}Mn^{4+}]_{16d}O_4$에서 Mn의 평균 산화수는 3.5이다. *8a* 사면체자리는 50 %가 채워진 *16c* 팔면체자리에 근접해있기 때문에 *8a* 사면체자리와 *16c* 팔면체자리는 스피넬 $[M_2]O_4$ 골격구조를 유지하면서 리튬이온이 *8a* → *16c* → *8a* → *16c* → *8a*의 자리를 거쳐 가역적으로 이동하는 경로가 된다. 이때 스피넬은 3차원 구조이기 때문에 리튬이온의 이동 경로가 짧고 이온전도도가 높아 고율 충 · 방전에 유리하며, 충전 상태에서도 열적으로 안정하다. 또한 조성 측면에서 $Li_{1+x}Mn_2O_4$의 방전은 추가로 intercalation되는 리튬이온이 빈 *16c* 팔면체자리를 차지할 경우, *8a* 사면체자리와 *16c* 팔면체자리는 면을 공유할 정도로 근접해 있기 때문에 *8a* 사면체자리의 리튬이온과 정전기적 반발력이 매우 크게 작용한다. 따라서 *8a* 사면체자리의 리튬이온은 *16c* 팔면체자리로 이동하여 암염구조의$(Li_2)_{16c}[M_2]_{16d}[O_4]_{32e}$가 된다. 이때 $Li_{1+x}Mn_2O_4$ 형태로 리튬이 더욱 추가되어 x의 비율이 높아질수록 *16d* 팔면체자리에 있는 Mn의 대부분은 $Mn^{3+}(d^4)$ 상태가 되기 때문에 Jahn-Teller 효과에 의해 입방 구조에서 정방 구조로 전이되면서 *c*/*a* 격자상수비는 16 % 증가하고, 단위셀의 부피는 6.5 % 증가하여 용량이 급격히 감소한다.

특히 양극활물질의 표면은 활물질의 조성과는 상관없이 초기에는 항상 리튬의 함량이 과량인 과방전 상태가 된 후 내부로 확산되므로 표면은 열역학적 평형이 파괴되어 입방정계에서 정방정계로 비가역적 상전이가 발생한다. 따라서 $LiMn_2O_4$는 4 V 영역에서만 사용하며 약 120 mAh/g의 실제 용량을 갖는다. 또한 $Li_{1-x}Mn_2O_4$의 4 V영역 충전에서는 표면의 리튬이온의 양이 내부에 비해 매우 적기 때문에 역시 비가역적 상전이에 의해 결정구조가 파괴된다.

방전될 때에는 전극 표면의 Mn 이온 불균형화 반응(disproportionation, $2Mn^{3+}=Mn^{2+}+Mn^{4+}$)에 의하여 Mn^{2+}가 생성된다. Mn^{2+}은 산성인 전해질에 용해되기 때문에 $LiMn_2O_4$ 활물질의 양이 감소되며, 용해된 망간 이온은 음극에서 금속으로 전착(electrodeposition)되어 리튬이온의 이동을 방해하거나, 전해질을 분해시키는 촉매로 작용하여 용량이 급격히 저하된다. 특히 고온에서 과충전시 용량 감소가 크게 일어나는 것은 이러한 촉매반응이 촉진되기 때문이다.

B.2. $LiM_xMn_{2-x}O_4$(M=전이금속)

Mn^{3+} 이온에 의한 Jahn-Teller 비틀림 현상을 효과적으로 감소시키고 구조

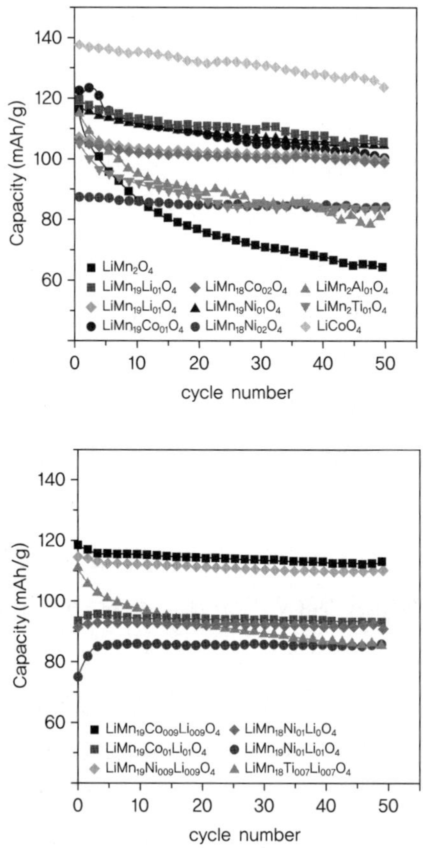

그림 3.1.34 치환된 $LiMn_{2-y}M_yO_4$의 가역 용량의 안정성

를 안정화시키기 위해서 Mn^{3+}을 산화수 3+ 이하의 전이금속 이온(M=Co^{2+}, Ni^{2+}, Mg^{2+}, Cu^{2+}, Zn^{2+}, Al^{3+}, Cr^{3+}) 또는 리튬이온으로 치환하거나, 산소를 불소(F)로 치환하는 방법과 이들 두 원소를 동시에 치환하는 방법에 의한 연구들이 수행되었다. 산화수가 2+ 혹은 3+인 금속이 Mn자리를 치환하면 Mn의 평균 원자가가 증가하기 때문에 구조적으로 안정하여 수명특성이 크게 향상된다. 그림 3.1.34는 $LiMn_{2-y}M_yO_4$의 충·방전 회수에 따른 용량의 변화를 나타낸 그림으로서, Mn의 치환 전후를 비교해 볼 때 치환을 한 경우가 훨씬 더 우수한 수명특성을 나타냄을 알 수 있다. 또한 Al_2O_3, $LiCoO_2$, MgO, ZrO_2 등 전이금속 산

화물을 $LiMn_2O_4$ 표면에 도포하여 전해질과의 계면반응을 억제하여 수명을 개선시킬 수 있다. 그러나 치환에 의한 첨가의 경우 Mn의 평균원자가가 증가하기 때문에 용량의 감소가 따르게 된다. 이와 같은 용량의 감소를 최소화하기 위해서는 전해질과 접하는 표면 부분에만 도포시키는 표면개질법이 효과적이다.

이와 같이 치환에 의한 첨가 등을 통해 안정화된 스피넬 산화물은 하이브리드 전기자동차를 위한 고출력 리튬이차전지 재료로서의 이용 가능성이 높다. 이와 같이 전지의 응용분야가 수송산업용 등으로 확대되어 전지의 크기와 함께 용량이 커지면 전지의 안전성이 매우 중요하게 된다. Mn 스피넬은 기존의 층상구조에 비해 상대적으로 안정하기 때문에 고온에서의 성능퇴화, Mn 용출에 의한 자가방전 등의 해결해야 할 문제점이 있지만 수송산업용 전지의 양극활물질로 가장 적합한 재료 중의 하나로 기대되고 있다.

$Li_4Mn_5O_{12}$은 $Li_{1+x}Mn_{2-x}O_4$에서 $x=0.33$인 경우로 $LiMn_2O_4$ 구조에서 $16d$ 팔면체자리의 1/6이 리튬이온으로 치환된 $Li[Li_{1/3}Mn_{5/3}]O_4$이다. 이 경우 $Li_4Mn_5O_{12}$의 Mn 산화수가 4+이므로 전기화학적으로 리튬이온이 intercalation 된다. Mn^{3+}의 양이 크게 증가하면 Jahn-Teller 효과를 유발하지만, Mn의 평균 산화수가 3.5+인 $Li_{6.5}Mn_5O_{12}$까지는 입방정계에서 정방정계로의 비가역적 상전이가 일어나지 않는다. 따라서 $Li_4Mn_5O_{12}$은 3 V 영역에서 양극활물질로 활용이 가능하며 이론 용량 163 mAh/g이고 실제 용량은 130~140 mAh/g이다. 그러나 $LiMn_2O_4$에 비해서 용량이 크지 않기 때문에 기존의 실용화된 양극재료를 대체하기 위한 재료로서는 미흡하다.

C. 올리빈 화합물

C.1. $LiFePO_4$

철(Fe)은 가장 매장량이 풍부한 금속 중의 하나로서 코발트(Co)보다 훨씬 저가이며 환경친화적이다. 이를 감안하여 오래전부터 철을 함유한 양극활물질을 개발하여 왔는데, 그 중 가장 유망한 물질로 알려진 것이 올리빈(Olivine) 구조의 $LiFePO_4$이다. $LiFePO_4$의 모태인 $LiFeO_2$는 전기화학적 성능이 우수하지 않기 때문에 현재 사용되지 않고 있다. $LiFeO_2$의 Fe^{3+}/Fe^{2+}는 리튬의 페르미 준위와의 간격이 작기 때문에 작동전압은 3.2 V 정도로 낮지만 $LiFeO_2$의 산소를 다중산 음이온(polyanion) XO^{y-}_4(X=S, P, As, y=2, 3)으로 대체함으로써 약 3.4 V의 전압을 얻을 수 있다. 즉 XO_4^{y-}에서 강한 X-O 공유결합에 의한 유도효과에 의해 Fe-O-X결합에서 Fe-O 공유 결합의 세기를 감소시키기 때문에 Fe^{3+}/Fe^{2+} 이온화경향(ionization tendency)을 높여 전압이 높아지게 된다[28-30].

$LiFePO_4$는 구조가 매우 안정하며 화학적 안정성도 매우 높다. 그러나 $LiFePO_4$는 전자전도도가 낮고 리튬이온 확산 속도가 느린 단점을 가지고 있다. 최근 탄소, 은 나노 입자 등과 같은 전도성 물질의 코팅, 첨가 등으로 $LiFePO_4$의 전자전도성을 향상시키고 있다.

일반식 M_2XO_4의 올리빈 구조는 팔면체자리의 50 %가 M에 의해 차지되고 육방조밀구조의 산소 배열에서 사면체자리의 1/8을 X 원자가 차지한다. 이는 입방정 스피넬 $Li[Mn_2]O_4$의 육방정에 해당하며 X가 Be^{2+}, B^{3+}, Si^{4+}, P^{5+}처럼 이온 반경이 작은 이온일 경우에는 올리빈구조가 스피넬구조보다 안정하기 때문에 먼저 형성된다. 표 3.1.2는 이들 스피넬 및 올리빈구조를 비교한 것이다. 역스피넬구조에서는 리튬이온과 니켈이온은 팔면체자리에 무질서하게 분포되어 리튬이온의 이동을 방해한다. 또, 스피넬구조에서는 리튬이온은 사면체자리, 그리고 망간과 코발트이온은 팔면체자리를 차지하고 있어 리튬이온은 16*c*-8*a*-16*c* 자리를 따라 이동한다. 그러나 올리빈구조에서는 두 개의 팔면체자리가 결정학적으로 다르며, 크기도 서로 다르지만 규칙적인 구조를 형성하며 리튬이온은 일차원적인 경로를 따라서 이동하게 된다.

Pmnb 구조를 갖는 올리빈에서 Fe는 M2 팔면체자리 그리고 리튬이온은 M1 팔면체자리를 차지한다.

표 3.1.2 스피넬, 역스피넬, 올리빈 구조의 비교

구조	스피넬	역스피넬	올리빈
결정구조	Cubic	Cubic	Orthorhombic
공간군	Fd3m	Fd3m	Pmnb
리튬 자리	사면체	팔면체	팔면체
산소 적층형	ccp	ccp	hcp
예	$LiCoMnO_4$	$LiNiVO_4$	$LiFePO_4$

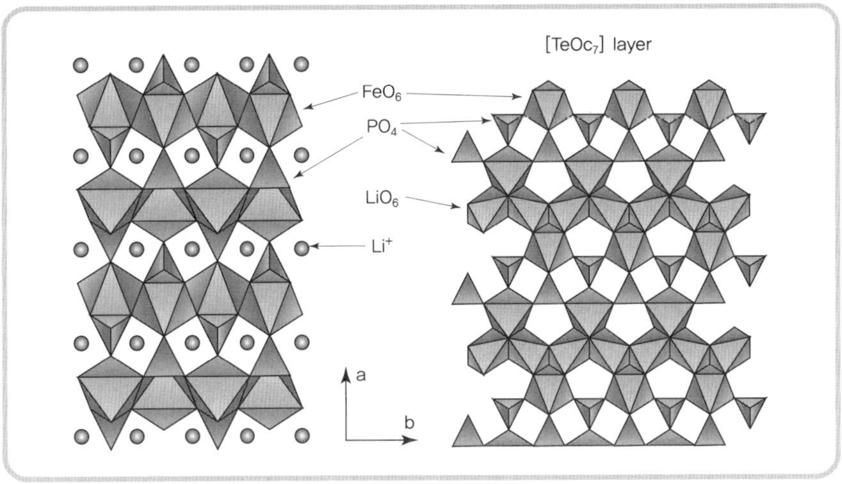

그림 3.1.35 올리빈 $LiFePO_4$의 구조

그림 3.1.35는 육방조밀구조의 올리빈계 $LiFePO_4$ 구조를 도식적으로 나타낸 것이다. 리튬이온은 *c*축 방향으로 모서리 공유 팔면체의 선형사슬로 되어 있으며 FeO_6 팔면체는 꼭지점을 공유하는 지그재그 면을 형성하고 있다. 각 리튬이온은 두 개의 철 이온과 두 개의 XO_4사면체와 모서리를 공유한다.

육방조밀구조 산소 배열의 일그러짐은 공유된 모서리를 가로지르는 양이온-양이온 간의 전기적 반발 때문이다. 모서리 공유 팔면체 사슬에서 리튬이온의 intercalation/ deintercalation은 층상화합물 $LiMO_2$(M=Co, Ni)에서의 이차원적 intercalation/deintercalation과 비슷하지만 $LiMO_2$에서는 Li-O 결합만이 MO_2 층 사이에서 리튬이온의 자유부피를 제한하는 반면, $LiMPO_4$에서는 인접한 Fe 면을 연결하는 XO_4 사면체도 자유부피를 제한하게 되는 차이점이 있다.

$LiFePO_4$의 이론밀도는 3.6 g/cm^{3}으로 $LiCoO_2$(5.1 g/cm^3), $LiNiO_2$(4.8 g/cm^3), $LiMn_2O_4$(4.2 g/cm^3)보다는 작고 $LiMnPO_4$(3.4 g/cm^3), NaSICON(Na super ionic conductor)보다는 크다. 이론용량은 170 mAh/g(2.0~4.2 V)이며 평균 작동전압은 3.4 V로 진해질을 분해시킬 정도로 높지는 않으면서도 에너지 밀도를 유지할 수 있기 때문에 철 화합물들 중에서 가장 우수한 양극활물질이라 할 수 있다. 그림 3.1.36은 $LiFePO_4$의 충·방전 곡선으로서, $Li_{1-x}FePO_4$는 넓은 조성의 x 범위에서 전압곡선이 평탄하게 나타난다. 이러한 현상은 $Li_4Ti_5O_{12}$ 및 $Li_4Mn_5O_{12}$ 등에서도 나타나는데, 이는 충·방전 과정에서 리튬 이동이 확산 율

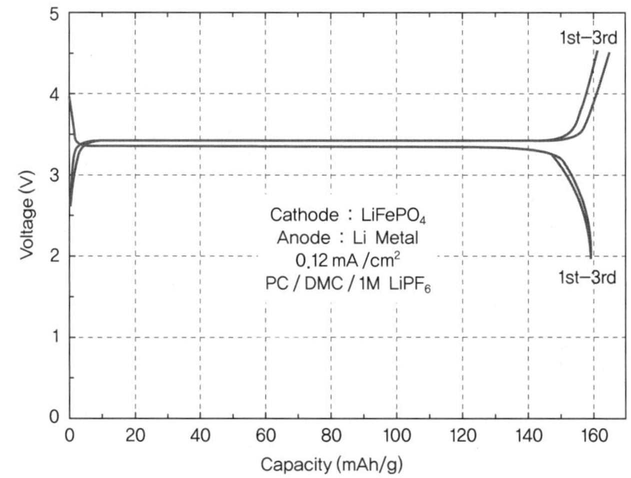

그림 3.1.36 $LiFePO_4$의 충 · 방전 전위

속에 의한 것인지 또는 상 경계의 이동에 의한 것인지와 관련있다. 상 규칙에 의하면 $LiFePO_4$와 $FePO_4$의 intercalation/deintercalation 반응은 일차전이인 두 상(two-phase) 산화 · 환원 반응이다. 두 상 반응에서는 Gibbs 자유에너지 곡선에서 리튬의 화학 전위가 변하지 않으므로 전압이 일정하게 나타나게 된다.

따라서 $LiFePO_4$에서 리튬의 intercalation/deintercalation 반응은 다음과 같이 나타낼 수 있다. 완전히 방전된 형태인 $LiFePO_4$와 완전히 충전된 상태인 $FePO_4$의 결정구조는 서로 같다. 충 · 방전 반응의 속도는 상 경계(phase boundary)가 이동하는 속도에 크게 영향을 받는다. 일반적으로 충 · 방전 과정에서 결정구조 내에서 리튬의 이동은 크게 두 가지로 나눌 수 있다. 첫째, 확산반응이다. 이 경우 충 · 방전 동안 결정구조의 변화는 없고, 단지 리튬의 확산만 일어나는 것으로 충 · 방전 곡선은 경사지게 나타난다. 이때 충전이 진행됨에 따라 구조 내의 원자간 상호작용하는 힘의 변화에 의해 격자상수는 바뀔 수 있지만 결정구조는 그대로 유지된다. 둘째, 두 상 반응의 상 경계의 이동이다. 그림 3.1.37은 상 경계의 이동을 도식적으로 나타낸 것이다.

즉 충전 시 입자 표면에서 리튬이 deintercalation되면서 리튬이 부족한 a 상($FePO_4$)과 화학양론조성인 b 상($LiFePO_4$)이 공존하게 된다. 충전이 진행되면서 a 상은 증가하고 b 상은 감소하며 결국에는 a 상 만이 존재하게 된다. 즉 리튬이

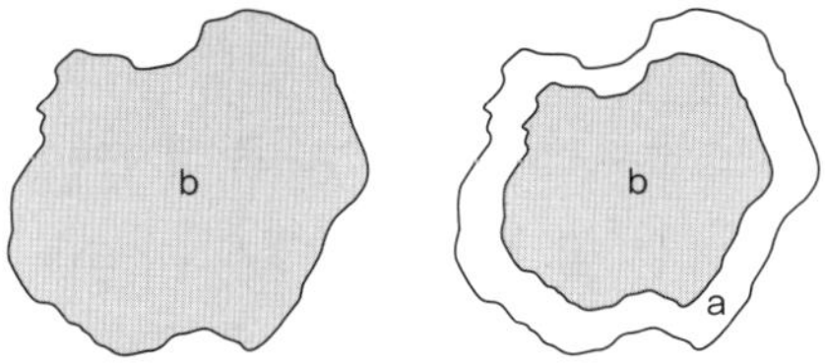

그림 3.1.37 상 경계의 이동에 관한 모식도

deintercalation되면서 상의 경계가 연속적으로 이동하게 된다. 이러한 과정이 일어나는 $Li_{1+x}Mn_2O_4$는 3 V 영역에서 용량이 급격히 감소하지만 $LiFePO_4$는 수명 특성이 매우 우수하다. 이러한 현상은 올리빈 $LiFePO_4$ 구조 자체의 안정성과 방전상태인 $LiFePO_4$와 충전상태인 $FePO_4$의 결정구조가 유사하기 때문에 나타난다.

리튬이온이 deintercalation된 $FePO_4$는 질소분위기 하에서 350 ℃까지 무게 변화는 거의 없다. 또한 X-선 회절 분석 결과에 의하면 열처리 후에도 거의 구조 변화가 없고 불순물도 없으며 고온에서 대부분의 리튬염과 전해질에 대해서 안정하다. $LiFePO_4$는 충전될 때 다른 재료들과는 달리 약 6.8 %의 부피가 감소한다. 이것은 충전 시 탄소음극의 부피팽창을 보상하기 때문에 리튬이온전지의 설계에 유리하다. 이처럼 $LiFePO_4$는 구조적인 안정성뿐만 아니라 열적으로도 안정하여 하이브리드 전기자동차, 전동공구용 및 전력 저장용 전지 등과 같이 부피와 용량이 크며 장시간 사용하는 분야에의 응용이 크게 기대된다.

$LiFePO_4$에서는 리튬의 이동이 1차원적인 채널을 통한 확산에 의해 일어나기 때문에, 재료의 결함에 민감하게 영향을 받는다. 리튬 이동 채널이 철과 같은 다른 양이온에 의해 차지되었을 때는, 채널이 막히게 되어 리튬이 재료 안에서 빠져 나오거나 재료 안으로 들어갈 수 없다. 이 경우, 철의 이동성은 상당히 낮기 때문에 그 리튬 채널은 막힌 상태가 되어 전기화학적 반응을 할 수가 없게 된다. 따라서, $LiFePO_4$ 합성 시에는 결함이 없는 결정구조를 만드는 것이 중요하다.

$LiFePO_4$의 가장 큰 문제점 중의 하나는, 전기전도도가 상당히 낮다는 것이다. 이는 PO_4^{2-}와 같은 다중산 음이온을 포함한 재료들의 일반적인 특징으로서, 충.방전 시 심각한 분극 현상이 일어날 수 있다. 또, 전극 제작 시 첨가된 도전제

가 균일하게 분포되지 않으면 용량이 급격히 감소한다.

$LiFePO_4$의 율속특성을 향상시키고자, 이온전도성 향상을 위한 입자크기의 조절과 함께 전자전도성을 높이기 위한 방안으로 입자에 얇은 탄소막을 코팅하는 방법들이 개발되고 있다 [106]. 또 다른 방법으로는 Nb 등과 같은 원소를 미량 도핑하는 것이 있다. 이 경우 Fe_2P와 같이 높은 전기전도도를 갖는 상이 형성되기 때문이라고 보고되었지만 재현성이 부족하고 또 Fe_2P 상이 전기화학적 특성에 미치는 효과는 밝혀지지 않고 있다 [107-108].

또한 고온고상법 합성에서 Fe^{3+} 이온의 생성을 방지하기 위해서 과량의 질소 기체를 공급해주어야 하며 Fe_2O_3, $Li_3Fe_2(PO_4)_3$와 같은 불순물이 쉽게 형성되기 때문에 이들의 형성을 최소화하기 위해서는 원료물질들이 균일(homogeneous)해야 한다. 고온에서 합성된 시료는 입자크기가 급격히 증가하여 표면적이 감소하고 리튬이온의 확산이 감소하여 전지성능이 저하되기 때문에 실제로 적용하기는 어렵다. 최근에는 저온에서 합성하여 입자의 성장을 억제시키기 위한 다양한 방법들이 개발되고 있다. [105]

C.2. $LiMPO_4$(M=Mn, Co, Ni)

$LiFePO_4$와 $LiMnPO_4$의 고용체인 $LiFe_{1-x}Mn_xPO_4$도 충 · 방전이 가능하다. $LiFe_{1-x}Mn_xO_4$의 격자상수는 Vegard의 법칙을 만족시키며 Fe^{3+}-O-Mn^{2+} 내에서 상호작용이 있을 때 Mn^{3+}/Mn^{2+} 환원 전위는 그림 3.1.38에 나타나 바와 같이 4.1 V 정도의 높은 전압을 얻을 수 있다. 즉 $LiFe_{1-x}Mn_xPO_4$에서 Mn 주위에 철이 존재할 때 Mn^{3+}/Mn^{2+}이 전기화학적으로 활성화 된다. 이는 충전된 상태 $(Mn_y{}^{3+}Fe_{1-y}{}^{3+})PO_4$에서 Mn^{3+}에 의한 Jahn-Teller 효과로 생기는 격자 일그러짐이 $y>0.75$ 이상에서 심해지므로 전기화학적 활성에 영향을 주게 된다.

또한 VO_4 사면체와 PO_4 사면체를 비교해보면 PO_4 사면체의 큰 공유성 때문에 스피넬보다 올리빈 구조를 더 선호하게 되며, 팔면체자리의 산화 · 환원 에너지를 안정화시켜 Mn^{3+}/Mn^{2+}의 전위를 $V[LiMn]O_4$의 3.7 V에서 $LiFe_{0.5}Mn_{0.5}PO_4$의 4.1 V로 증가시키게 된다. 이 경우 4.1 V 영역 I에서 평탄한 두 상(two-phase)영역이, 3.5 V 영역 II에서 S-형태의 단일상이 존재하며 영역 II보다 영역 I에서 과전압이 더 크다. 이는 리튬이온이 혼합상 경계를 통과하는 저항과 Mn^{3+}의 $3d$ 전자의 유효질량이 Jahn-Teller 효과로 인해 더 크기 때문이다.

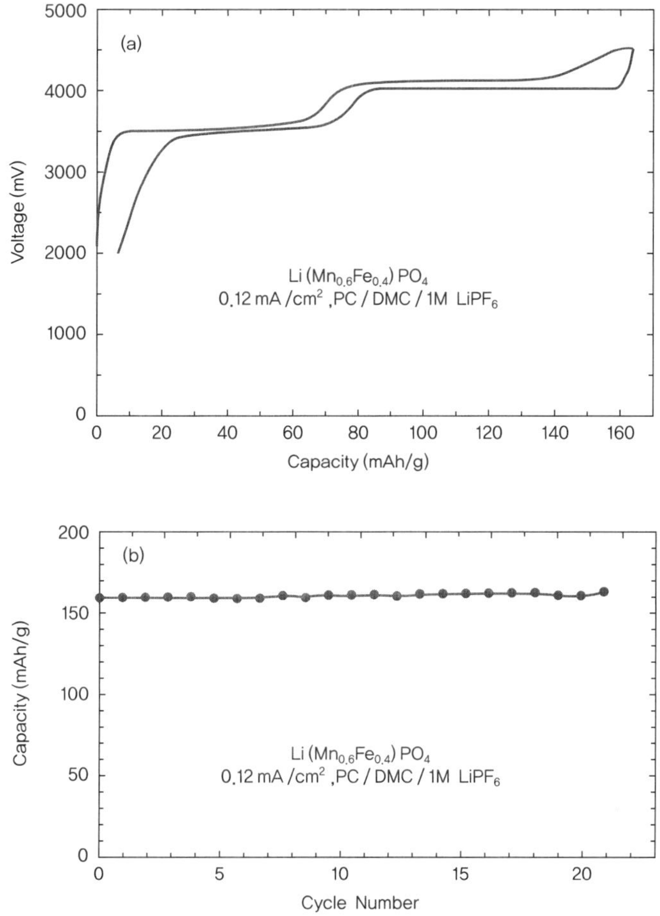

그림 3.1.38 최적화된 $Li(Mn_{0.6}Fe_{0.4})PO_4$의 충 · 방전 곡선 및 용량 변화 [31]

또한 영역 II의 3.5 V는 Li_xFePO_4의 3.4 V보다 약간 높은 데 이는 Fe^{3+}-O-Mn^{2+} 초교환(super-exchange) 상호작용에 의해 Fe^{3+}/Fe^{2+} 짝의 전위를 낮추고 Mn^{3+}/Mn^{2+}는 높이기 때문이다. 충 · 방전시 격자상수는 영역 I에서는 두 상의 격자상수가 일정한 반면 영역 II에서는 연속적으로 변한다.

$LiCoPO_4$는 5.1/4.8 V에서 충 · 방전되며 입자의 전기전도성과 입자의 크기 등을 최적화하면 스피넬 $LiNiVO_4$와 $LiCr_xMn_{2-x}O_4$ 등과 함께 고전압의 양극활물질로 적용 될 가능성이 있다. 이의 충전용량은 0.2 mA/cm^{2}의 전류밀도로 5.1

V까지 충전시 100 mAh/g이며 부피변화는 4.6 %로서, $LiCoO_2$의 에너지 밀도와 비슷하며 출력특성은 $LiFePO_4$보다 우수하다. 충전된 $Li_{0.4}CoPO_4$의 경우 약 290 ℃에서 일차 상전이가 일어나며 이는 $FePO_4$의 상전이 온도(315 ℃)와 비슷하다. 자기모멘트 측정에 의하면 전기화학적 특성의 변화는 높은 스핀 $Co^{2+}(t_{2g})^4(e_g)^2$과 낮은 스핀 $Co^{3+}(t_{2g})^6$의 비율에 기인함이 확인된다. $LiMnPO_4$의 경우 $MnPO_4$의 열역학적 불안정성으로 인해 리튬을 deintercalation시킬 수 없는 것으로 알려져 왔으나, 최근 약 140 mAh/g의 용량을 얻을 수 있는 것으로 새로이 밝혀졌다[31, 32]. 또한, 직접 침전(direct precipitation) 방법과 볼-밀을 이용한 탄소 코팅에 의해 약 70 mAh/g의 용량을 얻었으며, $MnPO_4$가 열역학적으로 안정한 상으로 제시되었다[33]. 제일 계산에 의하면 $LiMnPO_4$의 평형 전압은 4.1 V이며, 큰 밴드갭(band gap)과 느린 분극자(polaron) 움직임으로 인해 전기전도도가 낮을 것으로 예상되었는데[34], 실제 실험 결과에서도 낮은 출력 밀도를 보이는 것으로 나타났다.

$LiNiPO_4$의 연구는 많이 진행되지 않았지만, 제일 계산에 의하여 5.1 V의 평형 전압이 예측되었는데 최근에 실험적으로도 입증되었다[35].

D. 바나듐 화합물

바나듐 산화물과 그 유도체들은 다양한 상과 결정구조들을 나타내는데, 여기에는 V_2O_5, V_2O_3, $VO_2(B)$, V_6O_{13}, V_4O_9, V_3O_7, $Ag_2V_4O_{11}$, $AgVO_3$, $Li_3V_3O_5$, δ-$Mn_yV_2O_5$, δ-$NH_4V_4O_{10}$, $Mn_{0.8}V_7O_{16}$, LiV_3O_8, $Cu_xV_2O_5$ $Cr_xV_6O_{13}$ 등이 포함된다[36-41].

기존의 V_2O_5 합성 방법은 polyol-mediated 법으로서 이때 얻어진 V_2O_5 산화물은 구형, 나노 막대(nano rod), 나노와이어 등의 다양한 형태를 가지며 250~400 mAh/g의 초기용량을 나타낸다. 그러나 이 산화물들은 대부분 방전곡선이 그림 3.1.39에 나타난 바와 같이 1.5~4.0 V에 걸쳐서 넓게 나타나는 특징을 가지고 있다[42.45].

$VO_2(B)$는 열역학적으로 300 ℃ 이상에서는 rutile 구조의 VO_2로 쉽게 전이되는 불안정한 상으로 알려져 있다[46]. 이를 해결하기 위하여 저온에서 산화 · 환원에 의한 방법으로 합성할 경우 나노 크기의 산화물이 얻어지며 이들은 완만한 방전곡선과 함께 300 mAh/g의 높은 용량을 보였다(그림 3.1.40)[46]. 또한 냉

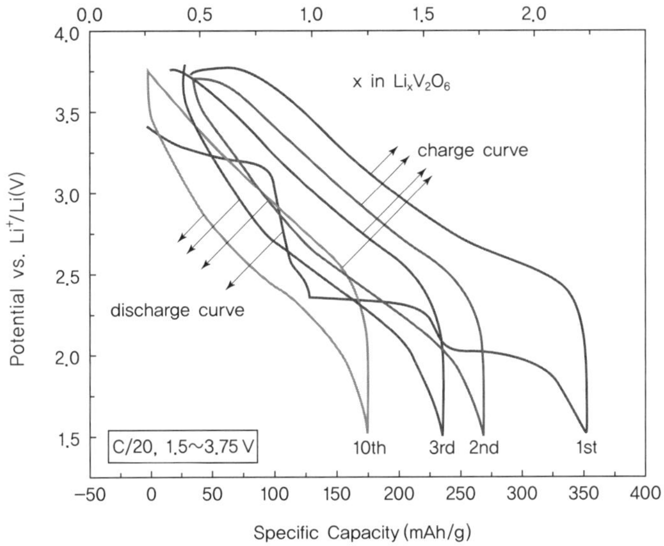

그림 3.1.39 C/20의 전류밀도에서의 나노와이어 V_2O_5의 충 · 방전 곡선 [42–45]

동 건조와 저온 열처리를 이용한 에어로졸 형태의 VO_2(B)는 300~520 mAh/g의 높은 용량을 나타내는데, 열처리 온도가 방전곡선의 평탄영역의 형성에 큰 영향을 미치는 것으로 알려지고 있다[48].

이 밖에 은을 함유한 나노와이어와 나노막대로 형태로 합성된 바나듐 산화물 ($Ag_2V_4O_{11}$, $AgVO_3$)은 혼합상으로 얻어지며 300 mAh/g이상의 높은 용량이 얻어진다[49]. 그림 3.1.41에 다양한 혼합상의 나노와이어 또는 나노 막대로 합성되었을 때의 방전곡선을 나타내었다.

졸겔법으로 합성한 100 nm 크기의 LiV_3O_8 활물질은 300 mAh/g 이상의 높은 용량과 완만한 방전곡선을 나타낸다[50]. 또한 크롬이 첨가된 $Cr_{0.36}V_6O_{13}$는 380 mAh/g의 높은 용량과 3 V에서 비교적 평탄한 방전곡선을 보인다. 그러나 이것은 졸겔법으로 합성한 후 이온교환법을 통하여 Cr을 도핑하여야 하며 또한 산을 이용한 세척과정 등의 복잡한 과정을 거쳐야 하는 단점이 있다.

바나듐은 다양한 산화수를 가지기 때문에 기본적으로 높은 용량을 구현할 수 있는 전극소재이나, 마이크로 크기의 고결정성 바나듐 산화물은 각 산화수의 산화 · 환원 영역에서 확연한 평탄전압을 나타내는 단점을 가지고 있다. 최근에는

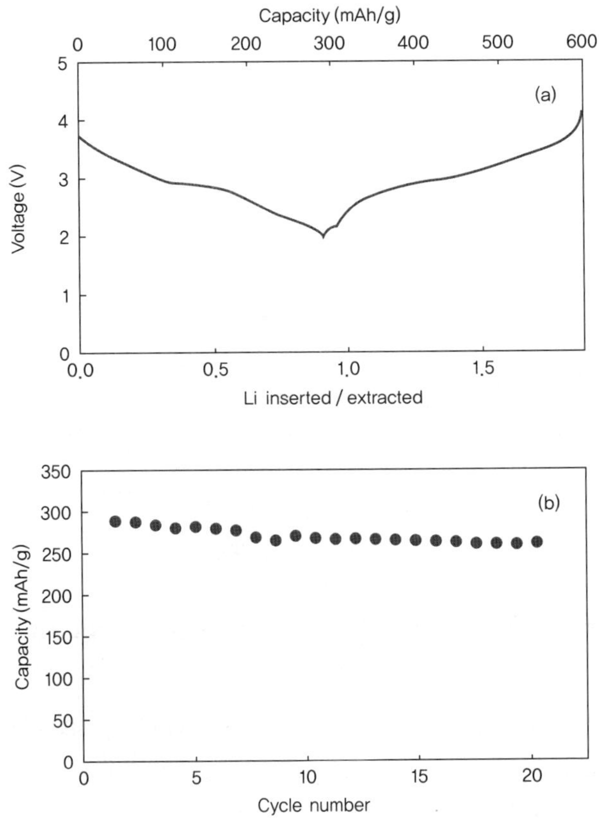

그림 3.1.40 (a) 전류밀도 0.5mA/cm2에서 충 · 방전 곡선, (b) nanocrystalline VO_2(B)의 사이클 특성[47]

비정질상과 고결정질상의 중간인 meta-stable 상을 합성하여 완만한 방전곡선을 나타낼 수 있는 나노 크기의 바나듐 산화물을 합성하기 위한 연구도 활발히 진행되고 있다[42-49].

3-1-4 표면 개질에 의한 성능개선

$LiMO_2$(M=Co, Ni, Mn)와 같은 층상구조 산화물들은 약 4.3 V 이상으로 충전할 경우 전이금속의 용출 및 리튬이온과 전이금속 이온의 자리바꿈 등에 의해 가역 용량이 현저하게 감소한다. 리튬이 deintercalation된 Li_xMO_2는 표면구조

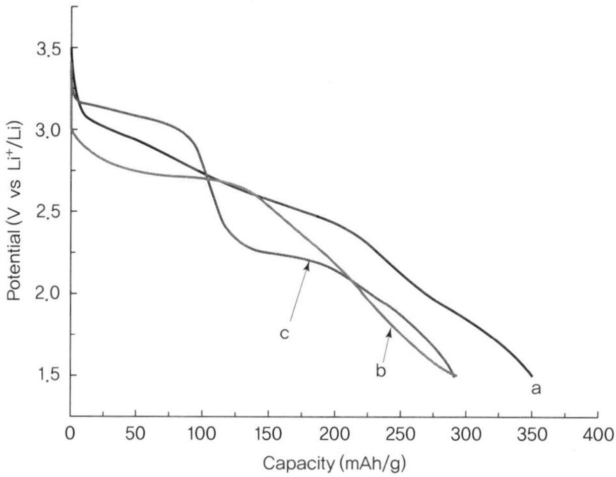

그림 3.1.41 다양한 상을 갖는 $AgVO_3$ 전극들의 충 · 방전 곡선들(전류밀도 : 0.1 mA); as-prepared (a) $Ag_2V_4O_{11}$ 나노와이어, (b) α-$AgVO_3$ 나노로드, (c) β-$AgVO_3$ 나노와이어 [50]

의 퇴화 및 급격한 구조붕괴를 동반한 발열반응 등으로 전지의 안전성이 훼손될 수 있다. 입방구조의 스피넬 $LiMn_2O_4$도 충 · 방전 동안 망간의 용출과 상전이 현상인 Jahn-Teller 효과로 인해 가역용량이 크게 감소한다. 올리빈 구조의 $LiFePO_4$의 경우 구조가 안정되고 화학적으로도 안정하지만 전기전도도와 이온전도도가 매우 낮다.

이를 해결하기 위해 활물질의 표면을 개질하는 방법이 많이 도입되고 있다. 표면 개질을 위해 사용되는 방법과 재료는 목적에 따라 달라지기 때문에 그 적용에 유의하여야 한다. 예를 들어 $LiCoO_2$의 경우 표면을 금속산화물, 금속불화물 또는 금속복합산화물 등으로 코팅하여 고전압에 대한 안정성을 높임으로써 가역용량을 증가시킬 수 있다[57-61]. 즉 양극활물질의 표면이 코팅이 되면 표면으로부터 전이금속의 용출을 억제하거나 고전압에서 표면의 안정성을 강화시켜 고전압 충 · 방전이 가능하게 되어 기존보다 더 큰 용량을 얻을 수 있다. 스피넬 $LiMn_2O_4$ 경우, 구조의 안정화를 꾀하거나 금속 이온의 용출을 억제하기 위해 두 가지의 서로 다른 원소를 동시에 첨가하거나 표면을 개질 하기도 한다. 이 외에도 표면개질를 통해 고율방전에서의 사이클 효율 향상, 열적 안정성 향상, 고용량화 및 고출력화가 가능하며 수명을 획기적으로 향상시킬 수 있다. 또, $LiFePO_4$의 경우에는 다른 산화물에 비해 금속이온 용출이 적고 고전압 안정성이 상대적으로 우수하나, 아주 낮은 전자전도도와 이온전도도 문제로 인하여 전도성 향상에 목적을 둔 표면 개질이 효과적이다[51]. 따라서 전도성 물질인 탄소와[52-53] 일부 나노 크기의 금속입자[54]를 $LiFePO_4$의 표면개질 재료로 사용하기도 한다.

그러나 표면개질에 수반되는 문제점들도 존재하기 때문에 이를 최소화시켜야 한다. 예를 들어 표면개질물의 첨가는 비용량을 감소시킬 수 있으며, 이온 전도도가 낮은 표면 개질물을 사용할 경우 충 · 방전 시 리튬 이온의 이동을 방해하여 율속 특성을 저하시킬 가능성이 있다. 또한, 표면개질로 인하여 양극활물질 표면에서의 리튬의 intercalation/deintercalation 반응면적을 감소시켜 고율특성을 저하시킬 수 있다. 제조비용 측면에서는 표면개질 공정이 추가되고 표면개질 물질을 위한 전구체 비용이 추가되는 것이 단점으로 지적되고 있다.

A. 층상구조 화합물

화학적으로 안정한 코팅물질을 사용하여 $LiCoO_2$ 표면을 개질하면 충 · 방전 사이클의 명확한 개선이 나타난다. 일반적으로 충 · 방전 중 $LiCoO_2$의 층상구조에 있어서는 리튬이 deintercalation되면서 Li_xCoO_2의 내부에너지가 상승하고 결정구조의 변이가 수반되는데, 이때 과충전으로 불안정해진 Li_xCoO_2의 코발트 이온과 전해질과의 반응에 의해서 코발트가 용출된다. 그러나 표면개질된 $LiCoO_2$는 4.3 V 이상의 고전압 혹은 60 ℃ 이상의 고온에서 구동하더라도 활물질 표면에서 코발트의 용출이 억제된다[55].

그림 3.1.42는 $LiCoO_2$에 다양한 산화물을 코팅했을 경우의 2.75~4.4 V 영역에서의 충 · 방전 특성을 나타내고 있다. 표면개질한 $LiCoO_2$ 양극활물질의 경우 우수한 충 · 방전 특성을 나타내며, 특히 ZrO_2를 사용하여 표면개질할 경우 사이클에 따른 가역용량의 변화가 거의 없다. 사이클 특성은 코팅 산화물의 종류에 따라 $B_2O_3 < TiO_2 < Al_2O_3 < ZrO_2$의 순서로 우수하며, 이러한 특성은 표면개질된 산화물 재료의 강인성(toughness)과 밀접한 관계가 있는 것으로 알려졌다[56]. 일반적으로 코팅물질은 양극활물질 표면의 전체를 완전히 감싸고 있는 것은 아니며 국부적으로 일정한 부분만 코팅되어 있다. 이러한 코팅물질은 코팅 막 아래 혹은 그 주변의 표면에너지를 변화시켜 전이금속의 용출을 막아 주게 된다.

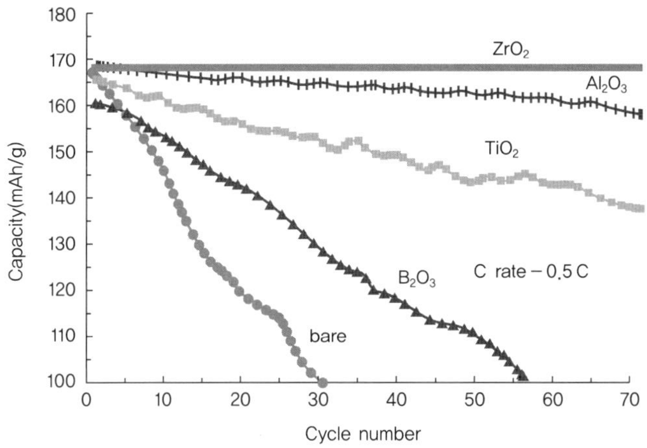

그림 3.1.42 ZrO_2, Al_2O_3, TiO_2, B_2O_3 등으로 표면개질된 $LiCoO_2$ 양극활물질의 충 · 방전 용량 유지 특성 [57]

리튬이 deintercalation된 $Li_xNiO_2(x<0.5)$에서는 과충전 시 표면에서부터 쉽게 구조가 붕괴될 수 있고 이로 인하여 발열반응을 일으켜 전지의 안전성을 저하시키는 문제를 가지고 있다. 따라서 $LiCoO_2$에서와 같이 $Li_2O \cdot 2B_2O_3$, MgO, $AlPO_4$, SiO_2, TiO_2, ZrO_2 등으로 표면개질을 통하여 전기화학적 특성을 향상시킬 수 있다. 즉 표면개질을 통하여 구조를 안정화시킴으로써 표면에서부터 발생하는 구조붕괴와 상전이 반응에 대한 활성화 에너지를 증가시켜 상전이를 억제하는 효과로 보여진다. 그림 3.1.43은 ZrO_2산화물을 코팅한 $LiNiO_2$의 전기화학적 특성을 나타내는데, 초기 충 · 방전 곡선이 안정적이고 사이클 특성이 크게 향상된 것을 볼 수 있다.

또한, $LiNi_{0.8}Co_{0.2}O_2$도 니켈이 주성분이기 때문에 유사한 표면개질 효과를 얻을 수 있으며 화학적, 열적으로 안정한 코팅물질로 표면을 보호할 경우, 활성 반응면적이 감소되고 전해질과의 계면 안정성이 증대되어 전극의 열적 안정성을 향상시길 수 있다. 이러힌 효과는 DSC(differential scanning calorimctry) 등의 열분석 방법을 이용하여 쉽게 확인할 수 있는데, 그림 3.1.44는 CeO_2로 코팅된 $LiNi_{0.8}Co_{0.2}O_2$를 고압으로 충전시킨 상태에서의 열분석 결과이다. 이로부터 표면을 코팅한 경우에 발열반응에 의한 피크의 세기가 크게 감소하며 발열 시작 온도도 증가함을 알 수 있다.

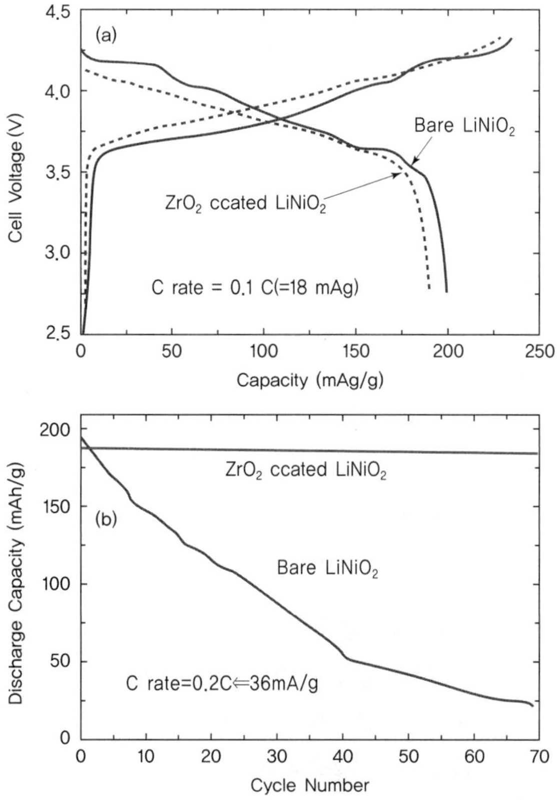

그림 3.1.43 ZrO_2 물질로 표면개질한 $LiNiO_2$의 전기화학 특성 [58]

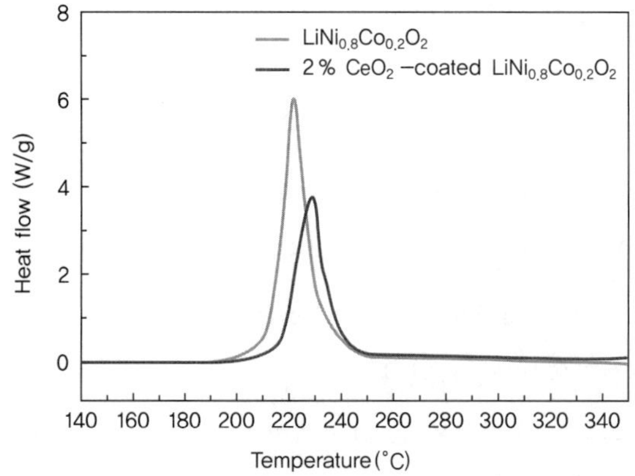

그림 3.1.44 4.5 V 충전한 CeO_2로 코팅된 $LiNi_{0.8}Co_{0.2}O_2$의 DSC [59]

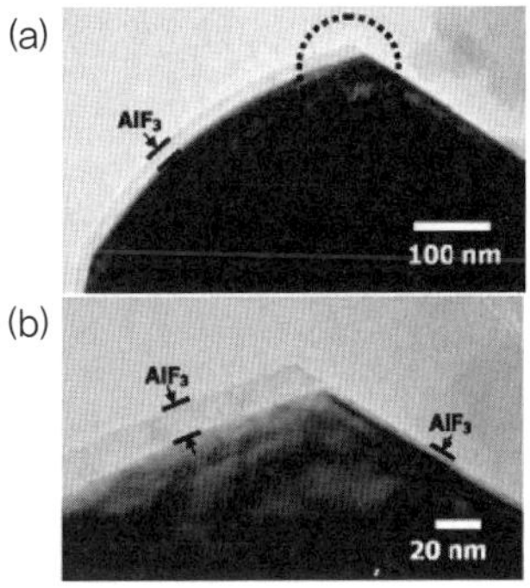

그림 3.1.45 TEM으로 관찰한 AlF_3 코팅된 $LiNi_{1/3}Co_{1/3}Mn_{1/3}O_2$의 충 · 방전 후의 표면사진 (a). (b)는 (a)의 일부를 확대한 상임. [60]

3성분계 양극활물질의 경우 표면개질을 통하여 고전압 영역까지 더 많은 리튬을 deintercalation시켜 고용량화와 동시에 안정성을 확보하기 위한 많은 연구가 진행되고 있다. AlF_3로 표면을 코팅할 경우 우수한 사이클 특성뿐만 아니라 고전압 영역에서도 안정적인 전지 성능을 구현할 수 있으며 그림 3.1.45에 나타난 표면사진을 살펴보면 표면에 2~3 nm 두께의 코팅이 균일하게 이루어짐을 알 수 있다[60].

B. 스피넬 화합물

스피넬 $LiMn_2O_4$는 친환경적이고 가격이 낮으며 구조적 안정성 및 율속특성 등이 우수한 장점을 가지고 있으나 고온에서의 전기화학적 특성이 매우 불량하여 이를 극복하기 위하여 표면개질을 하고자 하는 연구가 많이 진행되었다. 스피넬 $LiMn_2O_4$는 초기 충 · 방전 특성과 상온에서의 사이클 특성은 우수하지만 고온에서는 성능이 급격하게 저하되는데, 그 원인으로는 고온에서 전극으로부터의 Mn 이온의 용출, Mn^{3+}에 의한 Jahn Teller 효과 및 입자표면에서 전해질과의 산화반응 등이 있다. 이러한 문제점들은 대부분 표면의 전기화학반응과 Mn의 원자가와 관련이 있기 때문에 표면을 개질하여 전해질과의 반응을 억제하는 시도가 이루어지고 있다.

표면개질의 경우, $LiMn_2O_4$ 스피넬 화합물의 표면에 있는 Mn^{3+}의 농도를 줄

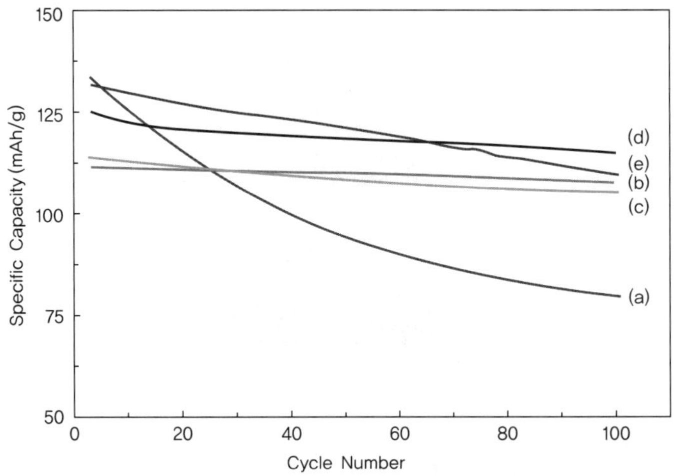

그림 3.1.46 다양한 물질로 표면개질한 $LiMn_2O_4$의 고온에서의 수명 특성 (a) 코팅이 안된 $LiMn_2O_4$, (b) $LiCo_{1/2}Ni_{1/2}O_2$ 코팅, (c) $LiCoO_2$ 코팅, (d) $Li_{0.75}CoO_2$ 코팅 (e) Al_2O_3 코팅 [61]

이기 위해 Al을 비롯한 3가, Mg 등의 2가 원소 및 리튬 등의 1가 원소를 사용하는데, 주로 복합적으로 사용한다. 특히 표면개질은 고온에서 전해질과 $LiMn_2O_4$ 입자와의 전기화학적 반응에 의한 성능퇴화를 막는데 효과적인 방법이다. 주된 성능퇴화의 예로 충전 시 $LiMn_2O_4$의 Mn의 원자가가 증가하여 Mn^{4+}이 불안정해지면서 전해질과의 반응에 의해 전해질이 분해되고, 이때 활물질 자체의 퇴화는 없지만 전해질이 점점 고갈되어 전지의 성능이 빠른 속도로 저하되는 것을 들 수 있다. 그림 3.1.46은 복합산화물로 코팅된 $LiMn_2O_4$의 사이클 특성을 보여주는데, $LiCo_{1/2}Ni_{1/2}O_2$로 코팅된 $LiMn_2O_4$ 경우 60 ℃에서의 100 사이클 동안 97.2 %(110 mAh/g)의 우수한 가역용량을 유지하고 있음을 알 수 있다.

이외에도 ITO(indium tin oxide)와 같은 전도성이 높은 물질로 표면을 개질하여 표면반응을 억제할 뿐만 아니라 율속성능을 향상시키는 방법도 검토되고 있다. 그러나 $LiMn_2O_4$도 다른 재료와 마찬가지로 이종원소의 도핑이나 표면피복에 의해 Mn의 평균원자가가 증가되기 때문에 단위무게당 용량은 감소하게 된다.

C. 올리빈 화합물

$LiFePO_4$는 입자의 전자 전도성을 높이기 위해서 표면개질을 하게 된다. 이때 일반적으로 입자 표면에 수십~수백 nm 두께의 얇은 탄소막을 형성시키며 이를 위해 셀룰로오스 등과 같은 탄소 전구체를 활물질 입자와 혼합한 후 열처리 한다. 표면에 형성된 탄소피막은 $LiFePO_4$의 전자 전도성을 크게 향상시켜 율속특성을 향상시킬 수 있다. 그러나 입자 표면의 전자 전도성이 증가하더라도 입자 내부에

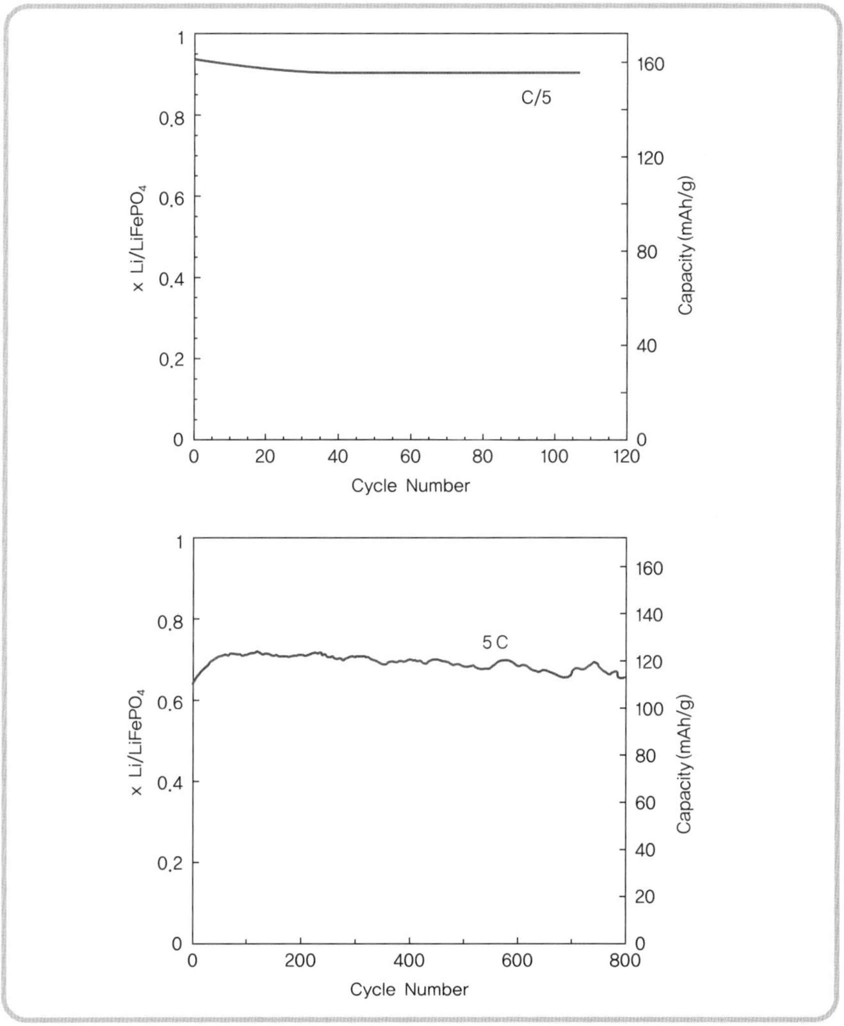

그림 3.1.47 탄소젤을 이용하여 $LiFePO_4$에 코팅한 소재의 방전 율속에 따른 사이클 특성, (a) C/5과 (b) 5C

서의 전자 전도성과 리튬의 이온 전도성은 향상되지 않으므로 입자크기를 작게 하여 리튬 이온의 이동 거리를 짧게 하는 것이 중요하다. 입자크기가 작을 경우 활물질 내에서는 리튬의 이동 거리가 감소하고 리튬이 반응할 수 있는 면적을 증가시키기 때문이다. 그림 3.1.47에 나타난 바와 같이 작은 입자에 탄소를 코팅한 경우 이론 용량의 95 % 이상을 얻을 수 있다[62]. 탄소 대신에 은으로 표면을 개질하여 유사한 성능을 구현할 수 있지만 이 경우에는 탄소에 비해 은이 단가가 높아 제조비용이 상승하는 단점이 있다.[100] 올리빈 화합물을 상용화하기 위한 방법으로 나노크기의 입자를 얻는 것과 더불어 탄소로 표면 처리하는 것이 현재로서는 가장 실용 가능성이 높은 것으로 보인다.

3-1-5 양극재의 열적 안정성

A. 전지 안전성의 기초

전지의 안전성 문제란 전지내의 비정상적인 에너지의 변환에 따른 온도상승에 의해 각종 화학반응이 유발되고 이로 인해 생기는 발화 및 폭발에 관련된 현상을 말한다. 그림 3.1.48에 전지의 안전성에 관련된 현상을 모식적으로 나타내었다. 정상적인 영역에서의 전지의 충전 및 방전을 통제할 수 있는 에너지 변환으로 본다면, 에너지가 부가적으로 인가된 오용(abuse) 상태에서는 통제할 수 없는 급격한 에너지 변환이 일어나면서 반응으로부터 안정된 부산물이 형성된다.

전지는 어떤 촉발반응(trigger)에 의해, 발열, 발연, 발화, 폭발 등의 위험한 상

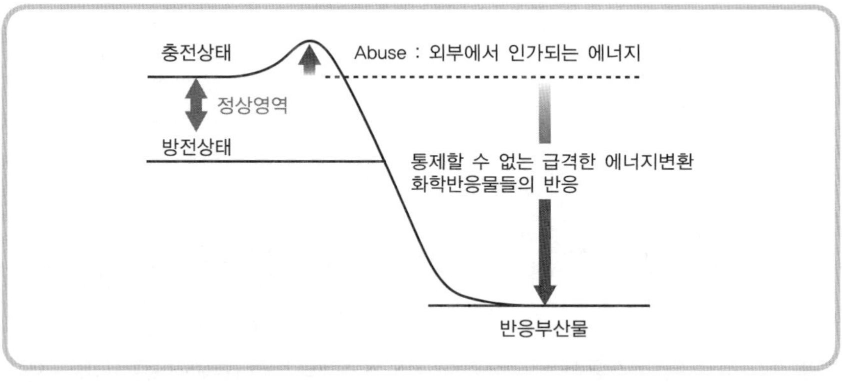

그림 3.1.48 전지의 안전성에 대한 모식도

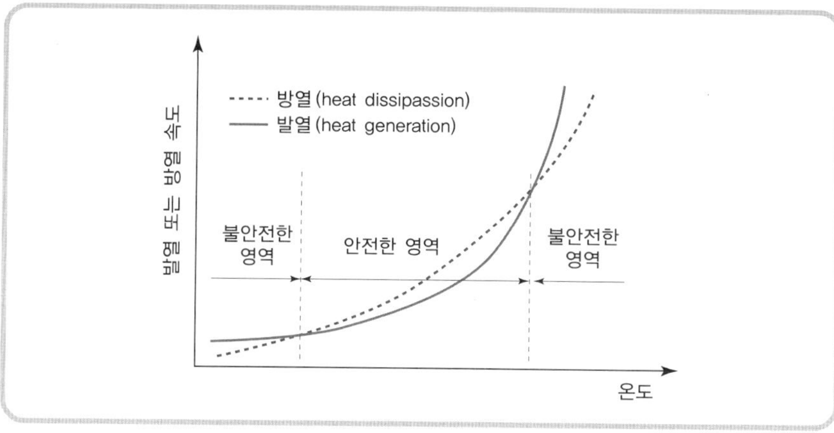

그림 3.1.49 전지 내에서의 발열 및 방열속도와 안전성

태가 초래될 수 있는데, 이들 반응은 열과 밀접한 관계가 있기 때문에 전지의 안전성을 확보하기 위해서는 전지의 온도 상승을 억제해야 한다. 리튬이온 전지에서는 어떤 원인으로 전지온도가 상승하면 전지가 자기발열(spontaneous heat reaction)을 통하여 온도가 더욱 상승하는 악순환을 계속하기 때문에 전지의 자기발열 원인을 제거하여야 한다. 리튬이온전지는 일반적으로 소비자의 잘못된 사용이나 제조불량 등에 의해 사용 중 발열/발화와 같은 위험상태에 놓일 수 있는데, 이는 전지의 발열량과 방열량이 균형을 상실하기 때문에 발생하는 것이다.

그림 3.1.49는 전지 내에서의 방열속도 및 발열속도와 전지의 안전성과의 관계를 나타내고 있다. 방열속도가 발열속도보다 클 경우에는 더 이상 열폭주를 일으키지 않아 전지가 안전하게 되지만 그 반대의 경우에는 전지 내부에 에너지가 축적되고 시간이 지남에 따라 전지의 온도가 상승하기 때문에 전지는 불안전한 상태가 된다.

이때 전지외부에서 들어오는 열량을 W_e(J/sec), 전지 내부에서의 자기발열을 W_i(J/sec), 외부로의 방열을 W_d(J/sec), 전지 1개의 열용량을 C_b[(J/sec)/T], 시간을 t(sec), 외부온도를 T_o, 방열정수를 k(1/sec)로 표시하면, 전지온도(T)는 다음 식으로 나타낼 수 있다.

$$dT/dt=(W_e+W_i)/C_b-W_d/C_b=(W_e+W_i)/C_b-k(T-T_o) \qquad (3.3)$$

온도상승 항인$(W_e+W_i)/C_b$ 값을 작게하는 것이 안전성 향상에 중요하므로,

위의 식에서 자기발열(W_i)을 먼저 고찰해 볼 필요가 있다. 즉 전지의 온도는 전지내부의 발열과 외부로의 방열에 의해 결정되는데, 어느 일정 온도 이상에서는 주로 열분해발열반응에 의해 자가 발열이 나타난다. 이로 인해 전지온도가 상승할수록 분해발열반응이 많이 일어나고 결국 열폭주에 의한 위험한 상태가 도래된다.

일반적으로 W_i는 전지체적에 비례하고, W_d 및 W_e는 전지 표면적에 비례하기 때문에 전지가 대형일수록 발열량(W_e+W_i)은 열발산(W_d)에 비하여 크게 되어 열폭주가 더 쉽게 일어난다. 전지 내에서의 발열반응은 음극에 의한 전해질의 환원반응, 전해질 자체의 열분해반응, 양극에서의 전해질과의 산화반응, 음극의 열분해, 고전압 금속산화물 양극의 탈산소열분해반응 등이 있으며, 이 외에도 분리막이 융점 이하의 온도에서 녹아 내려 전지의 내부단락이 야기됨으로써 발열의 원인이 되기도 한다. 분리막의 융점은 PE의 경우 125 ℃, PP는 155 ℃ 정도이다. 그림 3.1.50에 전지 내에서의 열적반응들이 일어나는 과정을 종합적으로 나타내었다.

양극과 음극에 존재하는 피막은 60 ℃ 부근에서 전해질이나 전해질 첨가제의 분해에 의해 점점 두꺼워짐에 따라 전지의 성능에 영향을 주게 된다. 온도가 더

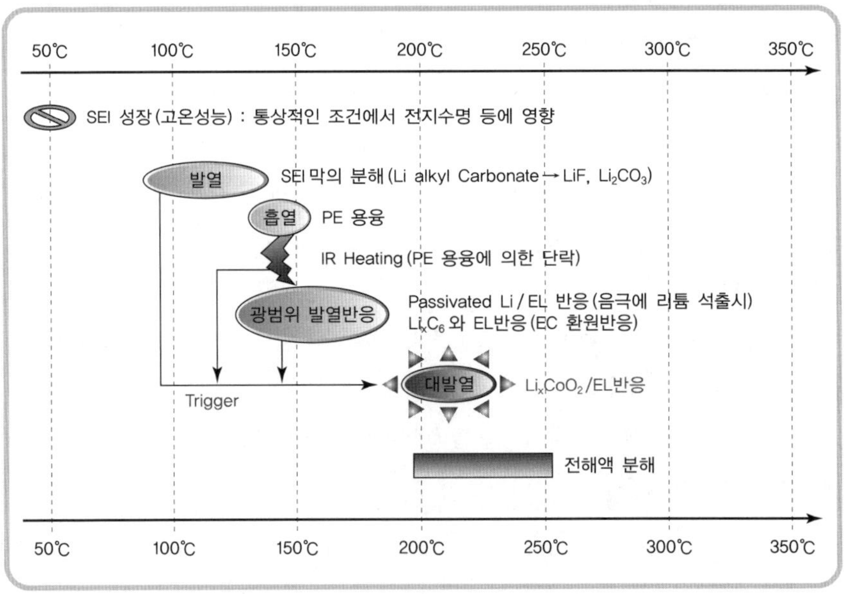

그림 3.1.50 전지 내에서의 온도에 따른 열적 반응

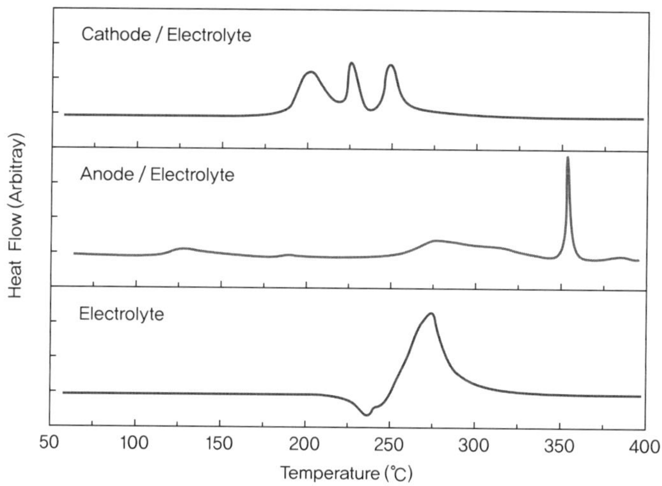

그림 3.1.51 양극, 음극 및 전해액에 대한 DSC 분석

욱 상승하여 100 ℃ 이상이 되면 SEI(solid electrolyte interphase)막이 분해되면서 발열이 시작되고 이로 인해 분리막이 용융되어 전지의 내부단락을 초래한다. 내부단락이 일어나면 음극으로부터 양극으로의 급격한 전자의 이동이 일어나면서 전기저항에 의한 iR 열이 발생함과 동시에 음극피막 및 충전된 음극과 전해질의 반응에 의해 발열이 된다. 이것이 촉매제 역할을 하게 되어 결국에는 양극에서의 열에 의한 구조붕괴가 일어나고 대발열(explosive heat reaction) 상태에 이르게 된다. 이러한 상태에 이르지 않게 하려면 무엇보다도 양극의 열적 안정성을 확보하는 것이 가장 중요하다. 그림 3.1.51은 충전상태의 $LiCoO_2$ 양극과 흑연 음극 및 전해질의 열분석 결과를 나타내고 있다. 양극(Li_xCoO_2)은 비교적 낮은 온도에서 큰 발열반응을 보이고, 음극의 경우에는 SEI 분해반응으로 100~150 ℃ 및 250~300 ℃에서 작지만 넓은 범위에서의 발열반응과 360 ℃에서 LiC_6의 분해에 의한 큰 발열피크를 보인다. 전해질의 경우에도 250~300 ℃에서 큰 발열반응을 나타낸다. 실제 전지에서는 이러한 발열반응들이 복합적으로 나타나기 때문에 발열현상을 정확하게 분석하는 것이 어렵다.

B. 전지의 안전성과 양극재

전지의 안전성에 관련된 인자는 그림 3.1.52에 나타낸 바와 같이 크게 3가지로 나눌 수 있다.

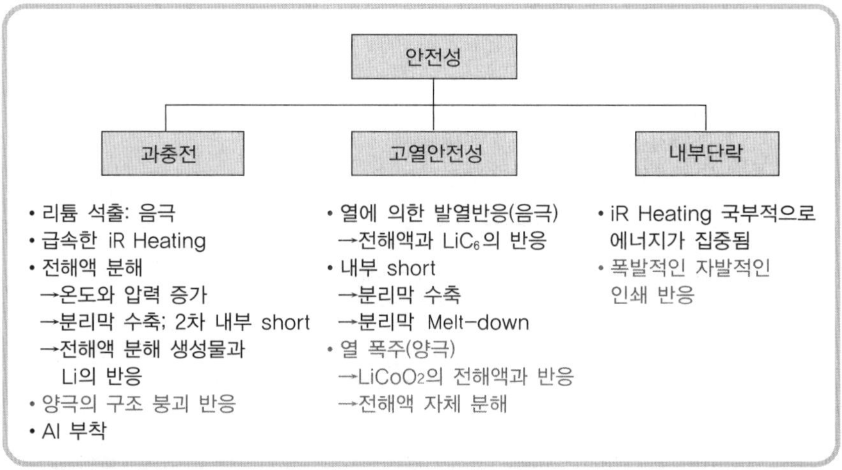

그림 3.1.52 전지의 안전성과 관련된 반응들

과충전은 전지의 정상적인 작동전압 이상으로 충전되는 현상으로서 일반적으로 충전기의 오작동에 의해서 많이 발생하고, 높은 열에 대한 안전성은 전지 내에 비정상적인 전기화학 반응이 일어나 열이 발생하는 것이며, 내부단락은 제조과정에서의 결함이나 전지의 오용이나 남용 등에 의해 야기된다. 이들의 발생 원인 및 과정은 서로 다르지만 전지 내에서의 열의 발생과 깊은 관계가 있다. 양극의 경우 이들 모두가 대발열에 이르는 반응에 영향을 끼치며, 관련된 반응으로서 전해질과 양극의 표면반응, 양극 자체의 열분해반응(산소발생반응), 전해질의 산화반응 및 전해질의 열분해반응 등이 있다. 각각의 반응에 대한 화학식 및 열량은 다음과 같다.

1) 양극/전해액 표면반응

$$Li_{0.5}CoO_2 + 0.1C_3H_4O_3 \Rightarrow 0.5LiCoO_2 + 0.5CoO + 0.3CO_2 + 0.2H_2O$$

$\Delta H = -1.2$ kJ/g(활물질)

2) 양극의 열분해반응(산소발생반응)

$Li_{0.5}CoO_2 \Rightarrow 0.5LiCoO_2 + 1/6Co_3O_4 + 1/6O_2 \quad \Delta H = -0.061$ kJ/g(활물질)

3) 전해액의 산화반응

$C_3H_4O_3 + 5/2O_2 \Rightarrow 2H_2O + 3CO_2 \quad \Delta H = -0.8$ kJ/g(전해액)

4) 전해액의 열분해반응의 $\Delta H = -0.139$ kJ/g(전해액)

전지에서는 양극의 전위보다 높은 분해전위를 갖는 전해질이 사용되기 때문에 일반적인 상태에서는 전해질의 분해반응이 일어나지 않는다. 그러나 과충전 상태에서 양극의 전위가 상승하면 전위값이 전해질의 분해전위 이상이 되어 발열을 동반한 전해질의 산화반응이 야기된다. 양극의 열분해는 양극활물질로서 사용되는 높은 산화수의 금속산화물이 고온에서 구조변화를 동반하면서 많은 열과 함께 산소를 방출하는 것으로, 열분해 개시온도는 양극재료에 따라 다르며 보통 $LiNiO_2 < LiCoO_2 < LiMn_2O_4$의 순으로 나타난다.

C. 양극의 열적 안정성

양극의 열적 안정성은 앞서 설명한 바와 같이 전지의 안전성에 있어서 매우 중요한 역할을 한다. 특히 충전된 양극의 열적 안정성은 전지의 안전성과 밀접한 관계가 있으며 전지의 안전성을 결정할 수 있는 주요 척도 중의 하나로 사용되기도 한다. 충전된 양극의 열적 안정성은 주로 양극활물질의 결정구조의 안정성과 관련된다. 활물질이 합성된 직후와 방전 상태에서의 양극활물질은 안정한 상이기 때문에 열적 안정성 측면에서 문제가 없다. 그러나 양극은 충전과정에서 리튬이 빠져나가면 열역학적으로 불안정한 상태로 변화하기 때문에 속도론적으로 준안정 상태에 놓이게 된다. 이때 활성화 에너지보다 큰 에너지가 외부에서 가해지면 쉽게 안정한 상으로 바뀌면서 발열반응을 통하여 많은 양의 열을 방출하게 된다. 따라서 전지의 안전성을 확보하기 위해서는 발열량을 작게 하거나 또는 활성화 에너지를 증가시켜 불안정한 상태로의 반응을 억제하는 것이다. 전지의 안전성을 확보하는 방법으로는 여러 가지가 있지만 우선 양극활물질의 구조변화에 따른 발열 에너지를 줄이는 것이 중요하다. 즉 충전상태에서 양극활물질의 구조적 안정성을 확보하여야 한다. 최근에는 전지의 용량을 증가시키기 위해서 양극의 충전전압의 상승을 요구하는 추세를 보이고 있다. 이와 같이 높은 충전전압

상태에서는 양극에 더 많은 에너지가 집중되기 때문에 촉발반응이 생길 경우 활물질의 구조 붕괴시 더욱 많은 열을 발생시킬 가능성이 있다.

양극의 열적 안정성을 측정하는 일반적인 방법은 다음과 같다. 먼저 셀을 제작 한 후 2~3회 충 · 방전 사이클 한 후 원하는 충전상태에서 셀을 분해하여 양극만을 분리한다. 셀을 분해할 때 전기적으로 단락이 일어나지 않도록 유의해야 하며 또한 공기와의 접촉을 최소화 하도록 글로브 박스 내에서 분해 작업을 수행한다. 분리된 양극은 적절한 전해질로 세척한 후 열분석을 통해 발열반응이 일어나는 온도를 관찰한다. 양극을 전해질로 세척할 경우에도 세척용액의 종류, 세척하는 방법, 세척 유 · 무에 따라서도 양극의 반응성이 달라지기 때문에 주의를 기울여야 한다. 양극의 분석과정에서 전해질의 종류 및 양이나 바인더에 의한 영향도 같이 나타나기 때문에 이들에 대한 영향을 먼저 분리하여 검토한 후 양극활물질의 열적 안정성을 이해하는 것이 바람직하다. 다음에 여러 가지 양극재료의 열적 안정성에 대하여 설명하고자 한다.

C.1. $LiCoO_2$ 복합 산화물

그림 3.1.53은 $LiCoO_2$의 충전 전압에 따른 열적 안정성을 나타내고 있다. 그림 a는 방전상태이고 f로 갈수록 높은 충전상태에서의 열적 안정성을 나타낸다. 이로부터 방전상태에서는 발열반응에 의한 피크가 나타나지 않으며 열적으로 안정한 상태임을 알 수 있고, 높은 충전상태로 갈수록 피크의 세기가 커지고 또한 발열시작점(on-set point)가 낮아지고 있음을 알 수 있다. 이는 충전이 진행될수록 재료의 구조적인 안정성이 낮아지는 것을 보여주고 있는데, 리튬이 55 % 이상 deintercalation 되면 발열 시작점과 발열피크의 세기가 거의 유사하게 유지됨을 보인다. 즉 일정 리튬 함량 이하에서는 $LiCoO_2$ 활물질에서 구조적인 안정성이 유지된다. 그러나 측정 과정에서 전해질의 종류나 함량에 따라서 발열피크의 세기나 모양이 달라질 수 있기 때문에 열적 안정성 해석에 신중하여야 한다.

그림 3.1.54는 유기용매로 세척하기 전후에 대한 충전상태의 $LiCoO_2$ 활물질의 열 분석결과로서, DEC 용매로 36시간 동안 전극을 세척한 후 65 ℃의 진공오븐에서 12~14시간 동안 건조한 후 측정하였다. 그림에 보이는 바와 같이 세척 전 후에 있어서 발열피크의 크기와 모양이 크게 다르다. 이는 전해질 속에 잔류하고 있는 리튬염이 양극의 발열에 크게 관여함을 의미한다. 세척된 시료에서는

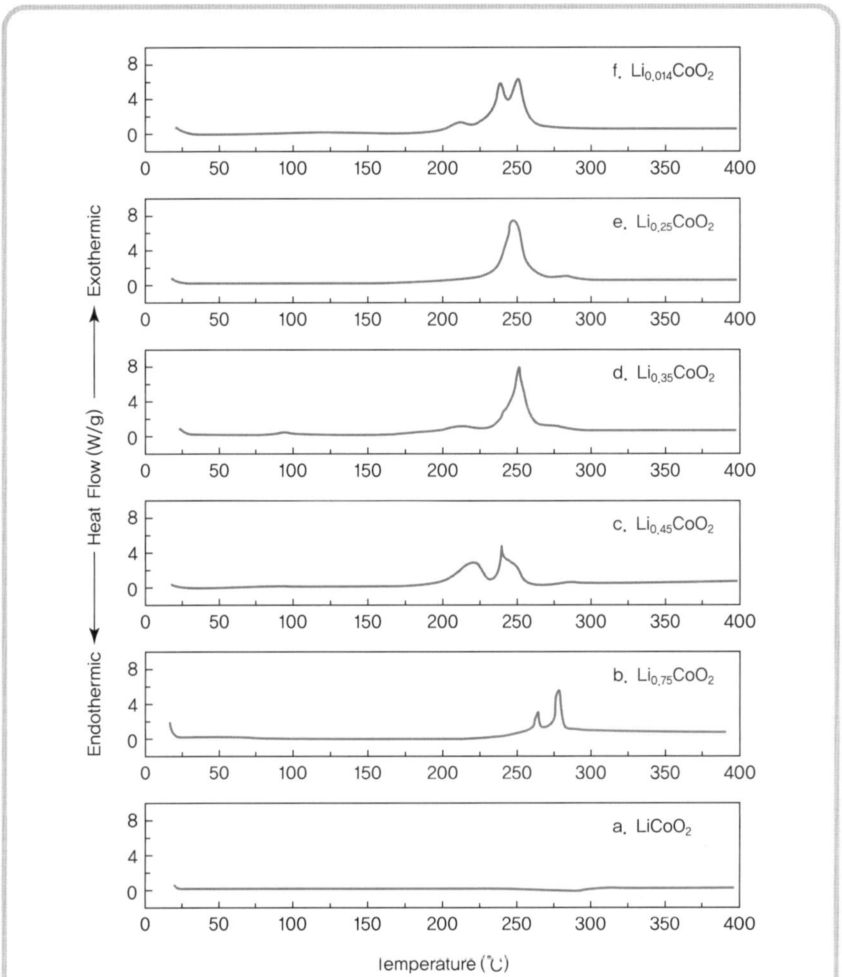

그림 3.1.53 전해질을 함유한 Li_xCoO_2에 대한 DSC 분석 [64]

두 개의 발열반응피크를 보이며, 발열시작점은 약 178 ℃이고, Li_xCoO_2의 분해가 178~250 ℃ 및 250~400 ℃ 두 영역에서 일어나고 있음을 알 수 있다. Li_xCoO_2의 분해는 다음과 같은 화하반응식에 의해서 진행된다.

$$Li_xCoO_2 \rightarrow x\ LiCoO_2 + (1-x)/3\ Co_3O_4 + (1-x)/3\ O_2(g) \uparrow$$

이 반응은 Li_xCoO_2의 구조 붕괴에 의한 발열반응이며 또한 산소가 방출되는 반응이다. 반면에 세척되지 않은 시료에서는 발열시작점이 160 ℃로 낮아지고 또

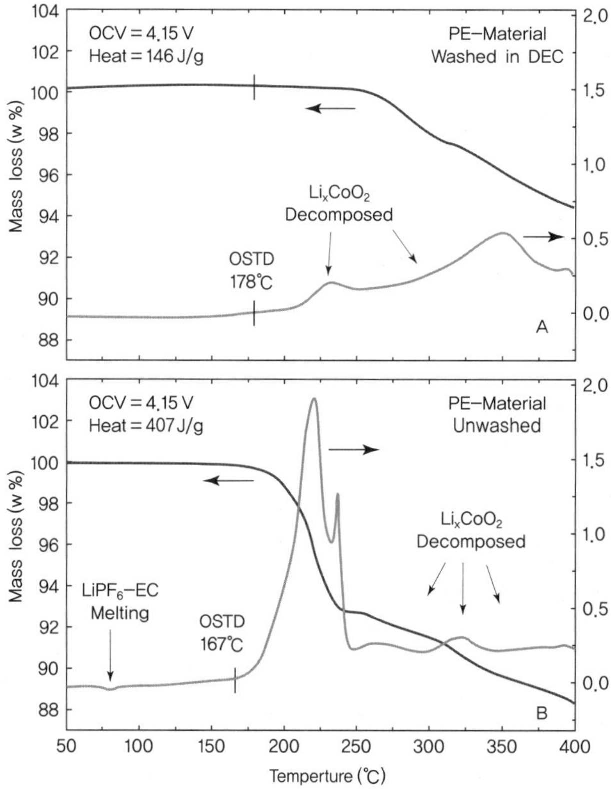

그림 3.1.54 Li_xCoO_2의 세척에 따른 DSC 곡선 [64]

한 167~250 ℃에서의 피크가 매우 크게 나타난다. 이는 단순히 Li_xCoO_2의 분해에 의한 산소방출 때문으로 보기는 어려우며 전해질과 Li_xCoO_2의 시너지적인 반응이 일어나는 것으로 여겨진다. 실제 전해질과 산소와의 반응을 나타내는 새로운 발열반응이 관찰되지 않은 것은 단순히 양극에서 방출된 산소와 전해질과의 반응에 의한 반응열이 아니라는 것을 뒷받침 해주고 있다. 양극활물질의 열적 안정성은 재료 자체의 구조적 안정성과 활물질 표면에서의 전해질과의 반응에도 영향을 받기 때문에 활물질의 물리적인 인자인 비표면적에 의해서도 차이가 날 수 있다.

C.2. Ni-Co-Mn 3성분계 산화물

Ni, Mn, Co의 3성분계에는 다양한 조성의 산화물이 존재하지만 여기서는 각

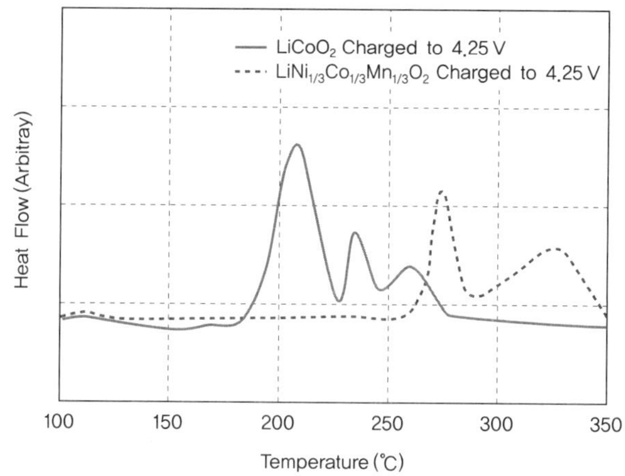

그림 3.1.55 $Li_x[Ni_{1/3}Mn_{1/3}Co_{1/3}]O_2$ 활물질 (a)와 Li_xCoO_2(b)의 DSC 분석 [66]

성분이 동일한 양으로 조합된 $Li[Ni_{1/3}Mn_{1/3}Co_{1/3}]O_2$에 대해서 살펴 본다. 이 복합산화물은 Li_xCoO_2와 구조가 같지만 3가지 성분이 서로 다른 원자가를 가지면서 초격자구조(super lattice)를 가지고 있기 때문에 Li_xCoO_2보다 구조적으로 훨씬 더 안정하다. 그림 3.1.55는 $Li_x[Ni_{1/3}Mn_{1/3}Co_{1/3}]O_2$와 Li_xCoO_2에 대한 열 분석결과를 비교한 것이다.

위 그림에서 보이는 바와 같이 Li_xCoO_2에 비해 $Li_x[Ni_{1/3}Mn_{1/3}Co_{1/3}]O_2$가 훨씬 더 높은 발열시작점을 나타내며 발열피크의 세기도 작다. 이는 3성분계 재료의 초격자구조에 의한 구조적인 안정성 때문으로 보인다. 일반적으로 발열시작점은 Ni, Mn, Co의 3성분계 활물질에서 Ni의 함량이 증가할수록 비슷하거나 낮아지지만, 발열피크의 모양은 폭이 좁아지면서 높이가 커지는 경향을 보인다. Li_xNiO_2 활물질의 발열시작점은 그림 3.1.56(unwashed) 에 나타난 것처럼 매우 폭이 좁고 낮게 나타난다.

Li_xNiO_2 활물실은 동일한 충선선압이라도 비용량이 크기 때문에 많은 양의 리튬이 deintercalation되어 구조적으로도 Li_xCoO_2나 3성분계 활물질에 비해 더 불안정한 상태이다. 따라서 구조적 붕괴가 일어날 경우 발열반응이 Li_xCoO_2에 비해 훨씬 더 크게 일어난다. Li_xNiO_2 활물질의 경우에도 표면을 유기용매로 세척하게 되면 발열반응이 크게 줄어든다. 그 이유는 실제 전지에서는 전해질에 존

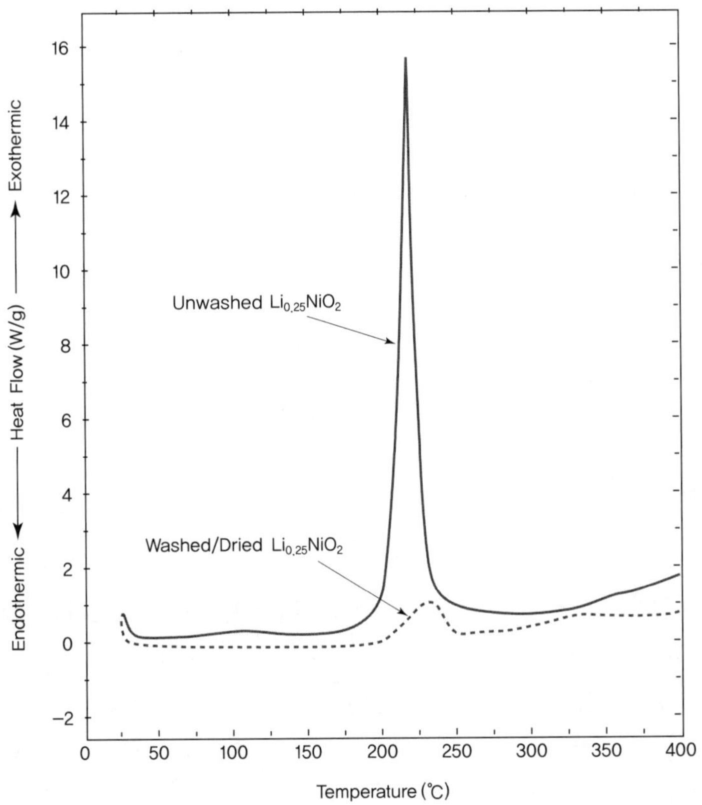

그림 3.1.56 Li_xNiO_2의 세척 유 · 무에 따른 DSC 분석

재하는 리튬염이나 다른 성분들이 양극의 발열반응에 크게 관여하기 때문으로 여겨진다. 그림 3.1.57은 Li_xCoO_2와 Li_xNiO_2의 동일한 충전상태 및 전해질 조건에서 얻어진 열분석 결과인데, $Li_xNi_{0.85}Co_{0.1}Al_{0.05}O_2$ 활물질의 경우가 훨씬 더 큰 발열피크를 보이고 있다.

C.3. 스피넬 $LiMn_2O_4$

스피넬 $LiMn_2O_4$은 충전 상태에서도 열역학적으로 방전 상태와 동일한 안정한 구조를 이루고 재료의 붕괴에 의한 발열이 없기 때문에 상대적으로 안정하다. 그림 3.1.58은 $LiCoO_2$ 및 스피넬 $LiMn_2O_4$에 대한 열 분석결과를 비교한 것이다.

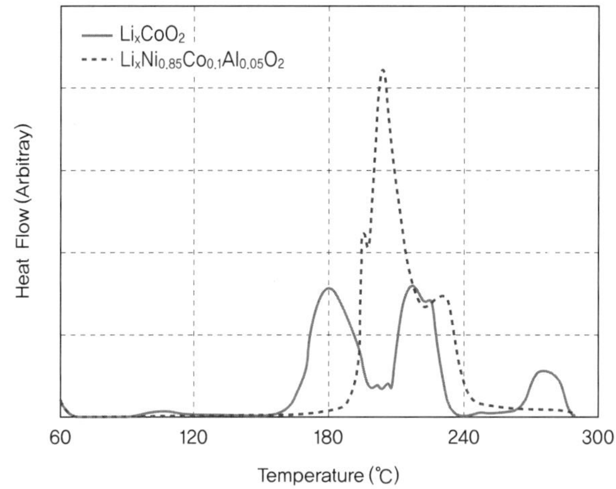

그림 3.1.57 Li$_x$CoO$_2$ 활물질과 Li$_x$NiO$_2$ 활물질의 DSC 분석

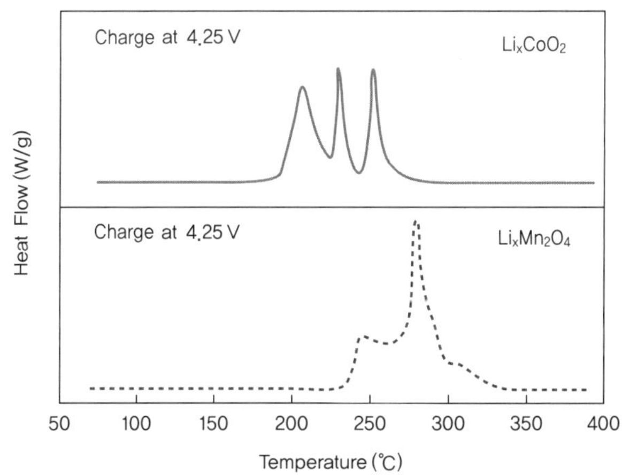

그림 3.1.58 4.25 V로 충전된 Li$_x$CoO$_2$와 Li$_x$Mn$_2$O$_4$의 DSC 분석

스피넬 $LiMn_2O_4$이 $LiCoO_2$에 비해 훨씬 더 높은 발열시작점을 보이나 발열 피크의 크기는 작지 않다. 스피넬은 $LiMn_2O_4$ 구조적인 변화가 없기 때문에 구조 변화에 의한 의한 발열이 없음을 고려하면 대부분의 반응열은 활물질 입자의 표면과 전해질과의 반응에 의해서 일어난다고 할 수 있다. 이에 따라 스피넬

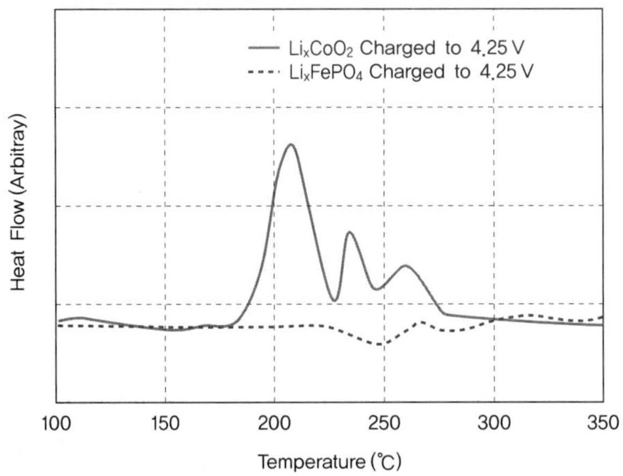

그림 3.1.59 Li_xCoO_2 활물질과 Li_xFePO_4 활물질의 DSC 분석

$LiMn_2O_4$의 열적 안전성을 향상시키기 위해서는 전해질의 조성을 조절하거나 활물질의 비표면적을 작게 하는 것이 해결 방법으로 여겨진다.

C.4. $LiFePO_4$ 활물질

$LiFePO_4$는 충전에 따른 구조 변화가 없을 뿐만 아니라 충전 상태에서 열을 가하더라도 구조적인 변화가 없기 때문에 전지의 안전성이 우수하다. 그림 3.1.59는 $LiCoO_2$와 $LiFePO_4$에 대한 열분석 결과를 비교한 그림이다. $LiFePO_4$ 활물질의 경우 충전상태에서 230 ℃까지 아무 변화도 관찰되지 않고 있으며 약 250 ℃ 부근에서는 오히려 전해질의 기화나 바인더의 분해 등에 기인된 흡열반응이 관찰되고 있다. 뿐만 아니라 전해질과 양극과의 반응에 의한 발열반응도 관찰되지 않을 정도로 $LiFePO_4$의 표면구조도 전해질에 대해서 매우 안정한 것으로 보여, 향후 전지의 안전성 측면에서 응용가능성이 매우 클 것으로 예상된다.

3-1-6 양극물성의 예측 및 양극 설계

양극활물질의 개발에서 반드시 고려해야 할 것 중의 하나는 충 · 방전 작동전압이다. 이는 전지의 작동 및 종지 전압에 따라서 기기의 설계가 달라지기 때문

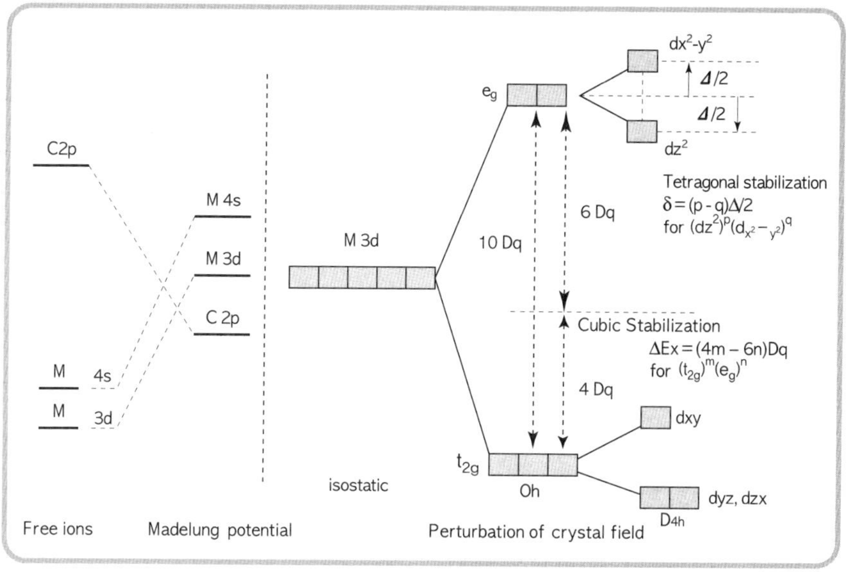

그림 3.1.60 전이금속 화합물의 에너지 준위의 모식도

이다. 양극소재의 설계를 통해 새로운 소재에 대한 예비적 고찰이 가능하다. 그림 3.1.60과 같은 에너지 준위의 모식도에서 리튬과 전이금속 이온의 전위차(페르미 에너지의 차이)로부터 전지의 전위차를 유추할 수 있으며, 전이금속의 산화 · 환원 짝과(redox couple) 산소 $2p$ 띠 사이의 에너지 갭으로부터 특정 양극활물질의 전기전도도를 구할 수 있다. 즉 이러한 에너지 띠로 부터 신 물질의 합성 가능성에 대한 정보를 얻을 수 있다.

그림 3.1.61은 대표적인 양극활물질의 리튬 금속에 대한 전위차와 산화 · 환원 쌍에 대한 에너지 준위를 나타내고 있다. 예를 들면, 니켈이온의 3+/4+ 산화 · 환원 짝은 산소 $2p$ 띠와 겹치므로 충전 시 니켈의 산화에 의해서만 이루어지지 않고, 대신 산소 $2p$ 띠에 존재하는 전자의 방출에 의해서 일부 O^{2-}가 O_2 기체로 분해된다. 이에 따라, NiO_2의 합성은 불가능하며, 또한 $LiNiO_2$가 충전되면 니켈이온이 4+가 산화됨과 동시에 산소 $2p$ 띠와의 반응으로 가스가 발생하게 된다.

새로운 양극활물질을 개발하기 위해서는 실제로 합성이 가능한지 여부와 활물질의 전위 등을 예측할 수 있어야 한다. 이를 위해서는 전자의 에너지 상태에 대한 계산이 필수적으로 요구된다. 원자 주위에 있는 전자의 에너지준위 계산은 각 전자의 파동함수를 얻어서 전자밀도를 구함으로써 얻는다. 예를 들어 리튬의

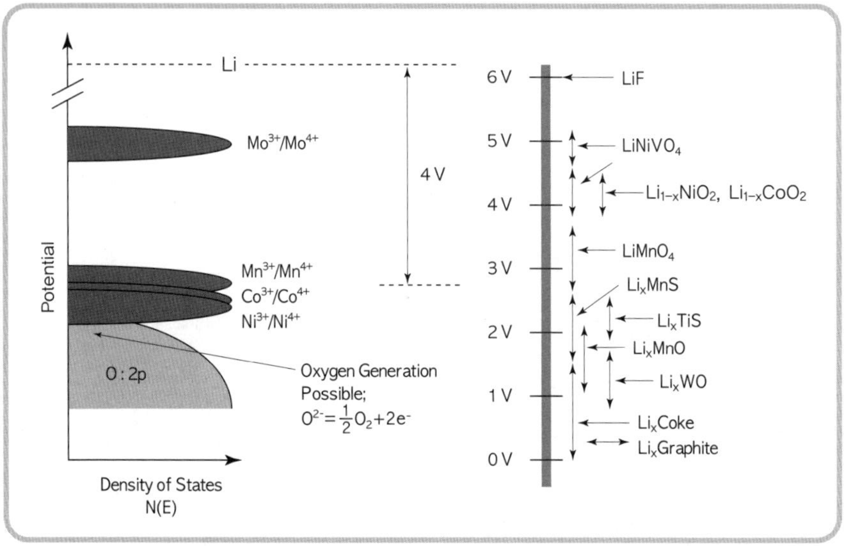

그림 3.1.61 양극활물질의 전위차와 산화 · 환원 쌍

파동함수는$(1s)^2(2s)^1$으로 표시하며 각 전자의 파동함수는 고립원자에 대한 구대칭장(spherical symmetric field)으로 슈뢰딩거 파동방정식을 해석함으로써 얻을 수 있다.

분자의 파동함수는 각 원자궤도함수의 선형결합으로 구한다. 두 개의 수소원자 A, B로 구성된 수소 분자의 경우, A와 B 두 수소원자의 전자 사이의 상호작용을 고려하지 않는다면 수소 원자의 원자궤도 $X(r)$에 있어서 각도 θ와 φ와 같은 변수를 필요로 하지 않는 구대칭장 $1s$ 궤도만을 고려할 수 있게 된다. 이때 분자궤도는 $p(r)=C_AX_A(r)+C_BX_B(r)$로 나타낼 수 있다. 그러나 전자의 개수가 많은 제 2 주기 원소와 같은 경우 분자궤도가 복잡해지게 된다. 예를 들어 일산화탄소 분자의 경우 분자궤도는 10 개의 변수를 포함하며, 이 계수들의 결정은 10 행 10 열의 행렬식의 해로서 분자궤도 고유함수와 에너지를 구해야 한다. 이처럼 단순한 분자일지라도 위 작업에는 엄청난 계산이 요구된다. 따라서 많은 부분의 계산을 간소화한 소위 "경험적인 방법"을 통해 분자의 결합 메커니즘 및 화학반응성 등에 대한 연구가 진행되어 왔다. 그러나 최근의 눈부신 컴퓨터의 발전으로 원자 번호와 재료의 조성 정보만 가지고 재료의 특성을 계산하는 비경험적인 방법인 "제1계산법(first principles calculation 또는 ab initio calculation)"이 가능

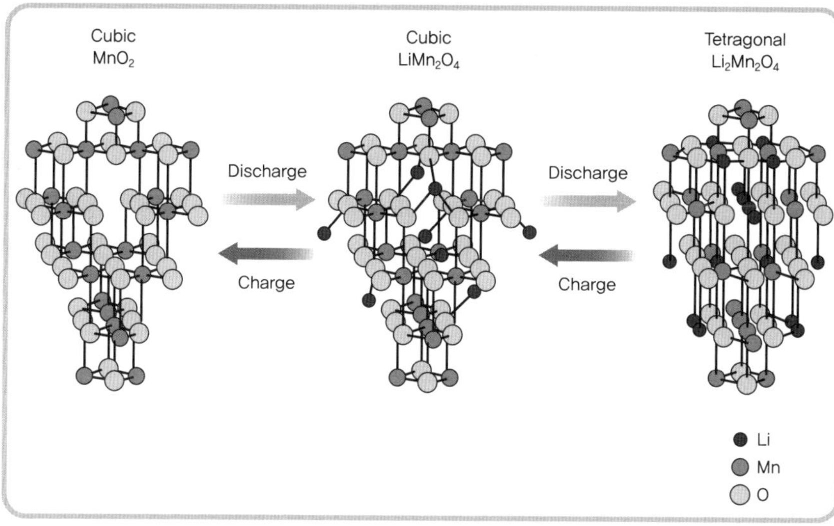

그림 3.1.62 제1계산법에 의한 양극재료의 구조 예측 결과의 예

하게 되었다. 그림 3.1.62에 양극활물질에 적용된 예를 나타내었다.

A. 제1계산의 이해

제1계산은 그 이름이 의미하는 바와 같이 물질의 가장 기본적인 정보만으로 양자 역학을 이용하여 물질의 물성을 계산해 내는 방식이다. 다른 경험적인 계산 방식과 다르게 실험적인 데이터를 입력 값으로 쓰지 않고, 물질을 구성하는 원자의 종류와 물질의 조성만 알면 원하는 물성을 계산할 수 있다. 즉 재료의 에너지, 구조, 그리고 다른 여러 가지 성질들을 경험적인 변수 값을 쓰지 않고도 양자역학을 적용하여 계산에 의하여 구할 수 있다.

제1계산의 목적은 시간 의존성 슈뢰딩거 방정식(time-dependent Schrödinger equation)의 해를 통하여 주어진 계의 모든 정보를 포함하는 파동 함수를 구하는 것이다. 그러나 이차전지 전극용 활물질 개발에 필요한 물성은 주로 시간 비의존성 슈뢰딩거 방정식(time-independent Schrödinger equation)의 해를 구하는 것으로 충분하므로, 변수 분리를 통해 시간에 의존하지 않는 슈뢰딩거 방정식은 다음과 같이 나타낸다.

$$H\psi = E\psi \tag{3.4}$$

위 식에서 H는 해밀토니안 작용자, ψ는 파동함수, 그리고 E는 계의 전체 에너지이다. 화합물과 같이 수많은 전자와 원자핵이 존재 하는 계에서는 위 식의 해를 모든 입자에 대해서 구하는 것은 너무 복잡하여 거의 불가능할 정도이다. 따라서 이 식의 해를 구하기 위해서는 많은 가정이 필요하다. Born-Oppenheimer 가정에 의하면, 전자는 원자핵에 비해서 훨씬 빠르게 움직이기 때문에 원자핵의 위치 변화에 따라 주위 전자의 상태가 즉각적으로 결정된다. 그러므로 해밀토니안에서 원자핵의 위치($\overrightarrow{R_n}$)는 변수가 아닌 매개상수(parameter)로 취급할 수 있다. 해밀토니안을 보다 더 구체적으로 표시하면 다음 식과 같이 된다.

$$H=T+V_{ee}+\sum_j v(\overrightarrow{r_j})+\sum_n \sum_{m<n} \frac{Z_m Z_n}{\overrightarrow{R_m}-\overrightarrow{R_n}} \tag{3.5}$$

여기에서 T는 전자의 운동에너지 작용자, V_{ee}는 전자들 사이의 정전기적 상호 작용, 그리고 식에서 세 번째 항은 전자와 원자핵 사이의 쿨롱 작용이다. 또, 네 번째 항은 에발드 에너지(Ewald energy) 또는 마델룽 에너지(Madelung energy)라고 일컬어지며, Z의 산화수를 갖는 원자핵들 사이의 쿨롱 작용으로부터 생긴다. 네 번째 항은 단지 상수로 취급될 수 있으므로, 전자파동 함수를 구하는 데 있어서는 생략이 가능하다.

위 가정하에서 슈뢰딩거 방정식의 해를 구함에 있어, Rayleigh Ritz variational theorem라는 기술적 방법을 이용한다[65]. 이 정리에 따르면 바닥상태 에너지(ground state energy) 값은 해밀토니안 H에 좌우되는 계에 대해 다음 식 (3.6)으로 결정된다.

$$\frac{<\varphi\,|H|\,\varphi>}{<\varphi\,|\,\varphi>}=E[\varphi]\geq E_0 \tag{3.6}$$

즉, 주어진 임의의 제곱 적분 가능 함수(square integrable function)인 φ를 임의로 변화시키면서 에너지 $E[\varphi]$가 최소 값을 갖게 되는 φ를 찾으면 $E[\varphi]$는 바닥상태 에너지가 된다. φ를 임의로 변화시킬 때는 단전자 궤도함수의 슬레이터 행렬식(Slater determinant)이 주로 쓰이는 데 이를 Hartree-Fock 방법이라고 한다[66-69]. 이를 통해 계의 바닥상태 에너지와 그에 따른 파동함수를 구할 수 있으며, 파동함수는 계의 여러 물성에 대한 정보를 지니고 있다.

식 (3.4)의 슈뢰딩거 방정식의 해를 구하는 다른 방법으로 전자밀도를 변수로 사용하는 밀도범함수이론(density functional theory)이 있다[70, 71]. 이 경우 3차원으로 문제를 축소하여 해결 가능하기 때문에 전자 파동함수가 $4N$(N: 계의 총 전자 수)차원인 Hartee-Fock 방법보다 훨씬 간단하다. 이와 같이 변수의 차원 감소가 가능한 이론적인 이유는 Hohenberg와 Kohn의 공리(theorem)에서 찾을 수 있다. 이 공리에 따르면, 물질이 바닥상태에 있을 때 에너지 및 물성은 전자밀도에 의해서만 결정된다[70]. 따라서 바닥상태 에너지는 다음과 같은 식으로 나타낼 수 있다.

$$E[\rho]=F[\rho]+\int\rho(\vec{r})v(\vec{r})d\vec{r} \tag{3.7}$$

$$F[\rho]=T[\rho]+V_{ee}[\rho] \tag{3.8}$$

여기에서 $F[\rho]$는 계에 의존하지 않는 상수와 같은 함수이며, $v(\vec{r})$은 계에서의 원자핵끼리의 쿨롱 포텐셜 에너지이다. 여기서 주목할 점은 에너지가 더 이상 파동함수의 범함수($E[\varphi]$)가 아니라, 전자 밀도의 범함수($E[(\rho]$)라는 것이다. 밀도범함수 이론에 따르면, 계에 의존하지 않는 $F[\rho]$의 값이 알려지면, 각각의 포텐셜 에너지 상태에 따라 계의 바닥상태 에너지가 결정될 수 있다. 그러나 $F[\rho]$는 정확히 계산해 내기 힘든 값이기 때문에 근사값을 이용해야 한다. Kohn과 Sham은 이 근사값을 계산하기 위하여 다음과 같은 방법을 사용하였다[72].

$$F[\rho]=T_s[\rho]+J[\rho]+E_{xc}[\rho] \tag{3.9}$$

$F[\rho]$를 세 가지의 다른 함수로 나누어 각각을 구했는데, $T_s[\rho]$는 서로 간섭하지 않는 전자들의 운동에너지, $J[\rho]$는 Hartree 포텐셜이라 일컬어지는 전통적인 쿨롱 에너지이고 $E_{xc}[\rho]$는 양자효과인 교환-상관 에너지(exchange-correlation energy) 에너지이다. 이 교환-상관 에너지는 식 (3.8)에서의 전자의 운동에너지와 (3.8)에서의 서로 간섭하지 않는 전자의 운동에너지의 둘 사이의 차이이며, 전자 사이의 상호작용에 따른 $J[\rho]$의 차이의 보정값을 포함하며 이에 대한 설명은 뒤에 더 자세히 나와 있다. 서로 간섭하지 않는 전자들의 운동에너지, $T_s[\rho]$는 독립적인 전자 궤도함수의 슬레이터 행렬식을 이용하면 정확하게 구할 수 있으며, Hartree 포텐셜인 $J[\rho]$도 전통적인 쿨롱 에너지 계산 방식으로 정확하게 구할 수 있다.

범함수이론을 통해, 계의 에너지, $E(\varphi)$를 최소화함으로써 궁극적으로 얻어지는 것은 N개의 다음과 같은 단전자 방정식이다. 이들 방정식을 Kohn-Sham 방정식이라 부르며, 이 방정식은 v_{eff}가 $\rho(r)$에 의해 조절 되기 때문에, 자기순환적인 (self-iteration) 방식으로 구해야 한다.

$$H\varphi_j(\vec{r})=\left[-\frac{1}{2}\nabla^2+V_{eff}(\vec{r})\right]\varphi_j(\vec{r})=\varepsilon_j\varphi_j(\vec{r}) \tag{3.10}$$

$$V_{eff}(\vec{r})=v(\vec{r})+\frac{\delta j[\rho]}{\delta\rho}+\frac{\delta E_{xc}[\rho]}{\delta\rho} \tag{3.11}$$

이 방정식들의 해를 구함에 있어 정확하게 정의되지 않은 에너지는 교환-상관 에너지이며 이를 위해 적절한 가정 값이 필요하다. 보편적으로 쓰이는 교환-상관 에너지의 가정 방법은 LDA(local density approximation)로서 Kohn과 Sham에 의해 처음으로 제안되었다[72]. 이 가정에서 교환-상관 에너지는 다음 식에 의해 구해진다.

$$E_{xc}[\rho]=\int\rho(\vec{r})\varepsilon_{xc}(\rho)d\vec{r} \tag{3.12}$$

여기에서 ε_{xc}는 고르게 퍼져 있는 전자운(electron cloud)을 가정했을 때의 전자당 교환-상관 에너지이다. 나중에 GGA(generalized gradient approximation)법이 제안되었는데, 이는 전이금속 산화물과 같이 전자가 고르게 퍼져있지 않은 계에서 나타나는 LDA의 문제점을 해결하기 위해서, 전자 밀도에 기울기를 고려한 것이다[73, 74]. 그러나 GGA가 LDA보다 항상 더 정확한 것은 아니며, 이의 선택은 계의 특징에 따라서 결정되어야 한다.

Hartree-Fock 또는 밀도범함수이론 방법들을 이용하여 구한 파동함수를 해밀토니안에 적용함으로써 재료의 바닥상태 에너지를 구할 수 있다. 이 에너지가 구해지면 여러 가지 물성을 계산해 낼 수 있으며 다음에서 바닥상태 에너지를 이용한 물성 계산에 대해서 알아보고자 한다.

B. 제1계산을 이용한 전극 물성 예측과 조사

Kohn-Sham 방정식의 해를 구함으로써 전기화학적 성질을 가지는 물질들의 중요한 성질들을 정확하게 예측할 수 있다[75-78]. 여기서는 이러한 물성들 중 이차전지 전극으로서의 중요한 물성인 층간 intercalation 전압, 전극활물질의 구조적 안정성, 그리고, 리튬 확산 등에 대해서 알아본다.

B.1. 전지의 전압

앞에서 언급된 바와 같이, 양극의 조성이 $x=x_1$에서 x_2로 변할 때의 리튬 금속 음극에 대한 전압은 다음 식 (3.13)과 같이 나타낼 수 있다. 이 때, ΔG는 식 3.15에 나타난 반응에 대한 자유에너지 변화이다.

$$V=\frac{-\Delta G}{(x_2-x_1)ze} \tag{3.13}$$

$$Li_{x_1}MX(cathode)+(x_2-x_1)Li(anode)\rightarrow Li_{x_2}MX \tag{3.14}$$

위 반응의 자유에너지 변화 ΔG에서 보듯이 3 부분으로 나뉠 수가 있다. 내부에너지 변화 값인 ΔE는 앞서 언급된 제1계산을 통한 각각의 전극물질의 바닥상태 에너지의 차이로부터 쉽게 구할 수 있다. 예를 들어 (3.14)의 반응식에서는 세 가지의 계, 즉 $Li_{x_1}MX$, Li(금속), $Li_{x_2}MX$의 각각의 바닥상태 에너지 값들을 구한 후, $Li_{x_2}MX$의 바닥상태 에너지 값을 $Li_{x_1}MX$와 Li(금속)의 바닥상태 에너지 값의 합으로 감함으로써(subtraction) 내부 에너지 변화 값을 계산한다. $P\Delta V$는 일반적인 리튬이차전지 전극 반응과 같은 고체 상태의 반응에서는 무시할 수 있는 값이므로, 계산에서는 제외한다. 실제로 이러한 고체 반응에서 ΔE 값은 주로 분자당 3~4 eV인데 비해, $P\Delta V$는 약 5~10 eV이다. $T\Delta S$는 열에너지에 의해 야기되며 약 0.025 eV 정도의 매우 작은 값으로 무시할 수 있다. 결국 평형 전압을 결정하는 자유에너지 변화 ΔG는 제1계산을 통해 얻을 수 있는 반응의 내부 에너지 변화 값인 ΔE로 근사하게 구해진다[77, 79, 80].

B.2. 전극물질의 구조적 안정성

전극활물질 내의 리튬 함량 변화 시에 일어나는 상 변화 현상도 제1계산을 통해 계산할 수 있다. 상 변화에서 형성될 수 있는 물질들의 열역학적 에너지 상태를 비교함으로써 가능한 반응과 그 반응생성물을 예측할 수 있는 데, 물질들의 열역학적 에너지 상태는 제1계산을 통해 얻어지는 바닥상태 에너지로 근사될 수 있다. 그러나 가능한 부산물들의 구조가 알려져 있지 않으면 상 변화의 예측에 많은 노력이 필요하다. 이는 각각의 리튬 함량에서 나타날 수 있는 모든 안정한 구조의 바닥상태 에너지를 구하여 비교해야 하기 때문이다. 모든 가능한 구조의 물질을 계산하기에는 경우의 수가 너무 많기 때문에 좀 더 새로운 접근법이 필요하다. 한가지 예로, 어떤 특정 리튬 함량으로부터 얻어질 수 있는 구조에 대한 실험적 정보는 상 변화 현상을 연구하는 데 유용하게 쓰일 수가 있다. Li_xMO_2의 조성에서 $x=0.5$일 때, 스피넬과 층상구조, 그리고 암염구조 등이 가능한 데, 이들이 갖는 바닥상태 에너지를 전이 금속 M에 따라 구하면, 각각의 리튬 전이금속 산화물의 상 변화를 쉽게 예측할 수 있다. 또한 상 변화 반응의 열역학적 반응 에너지, 그리고 상 변화 반응이 일어나는 메커니즘에 대한 연구도 가능하다[81].

$x=0$, 0.5 또는 1, 이외의 값이 될 때는 구조 내에 부분적인 불규칙적 리튬 원자 배열이 일어나는 경우가 되므로 클러스터 확장법(cluster expansion)을 이용하면 많은 도움이 된다[82-84]. 특히, 주어진 구조 내에서 리튬의 충 · 방전에서 나타날 수 있는 리튬 자리와 리튬이 비어있는 자리의 정렬 상태에 따라 새로운 상이 형성될 수 있으며, 전지의 전압과 안정성에 영향을 미친다. 클러스터 확장법에서는 리튬 자리와 리튬이 비어있는 자리 사이의 정렬 상태를 갖는 몇몇 구조의 바닥상태 에너지를 구한 후, 이들 에너지와 기하학적 측면에서 본 에너지의 연관성을 찾아서 새로운 구조에서의 바닥상태 에너지를 예측하는 방법이다. 이 경우 리튬 함량과 활물질의 바닥상태 에너지 사이의 관계를 좀 더 효율적으로 조사할 수가 있고, 각 리튬 함량에서의 가능한 상 변화도 예측할 수 있다[85].

B.3. 리튬 확산

충 · 방전 시 전극활물질 내에서의 리튬 확산은 제1계산을 통해 예측할 수 있다. 확산은 화학 포텐셜의 분포 기울기에 따라 원자들이 이동하는 비평형 현상을 일컫지만, 운동현상이 평형 상태에서 많이 벗어나지 않을 경우에는, 부분적으로 평형을 유지하는 상태 사이에서 발생한다고 가정할 수 있다[86]. 이때 리튬 확산계수와 같은 운동 변수들은 평형 상태에서 계에 요동(fluctuation)이 사라지는 속도를 고려함으로써 구할 수 있다[87-96]. 전극활물질 내에서 리튬이 이동할 때 대부분의 리튬은 결정학적 자리에 존재하며, 아주 짧은 시간 동안 임의의 비평형 자리에 놓이게 된다. 따라서 리튬의 이동은 각각의 결정학적 자리에서 다른 자리로 점프해 나가는 연속적인 과정으로 가정할 수 있으며, 확률적으로 모사될 수 있다. 평형상태일 때 각각의 결정학적 자리들 사이에서 점프하는 리튬 이온의 빈

도수는 전이상태 이론(transition state theory)으로 구할 수 있다[97]. 전이상태 이론에서는 리튬이 실제적으로 이동 가능한 다양한 궤적을 확률적인 값으로 나타낼 수 있다. 리튬 점프의 확률적인 빈도수는 여러 움직이는 리튬들의 평균값으로 얻어지며 다음 식으로 표현된다.

$$\Gamma = \upsilon^{*}\exp\left(\frac{-\Delta E_b}{k_B T}\right) \tag{3.15}$$

여기에서 υ^{*}은 진동 전인자(prefactor)이며, ΔE_b는 리튬 확산의 활성화 에너지이다. 리튬의 이동 경로와 리튬 확산의 활성화 에너지는 제일 계산을 통해 구한 에너지를 이용한 몇 가지 방법으로 구할 수 있다. 그 중 하나는 탄성밴드 방법

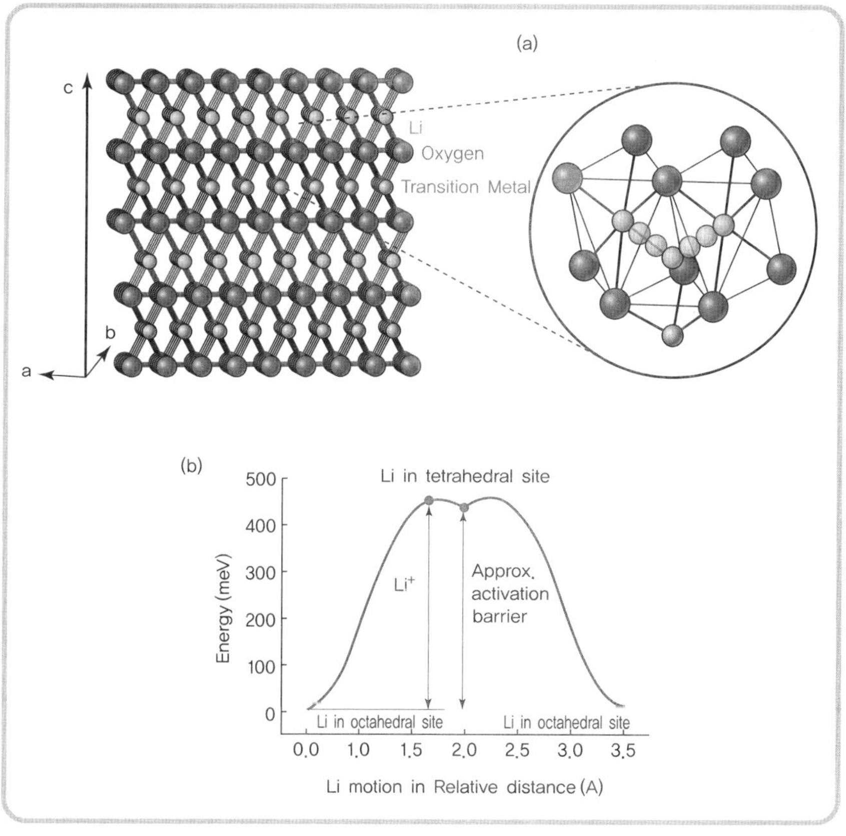

그림 3.1.63 (a) 층상구조 내에서의 리튬의 이동 경로 [101]
(b) 이동 경로에 따른 에너지 변화(활성화 에너지)

(elastic band method)으로, 리튬이 이동하기 전과 이동한 후의 상태를 외삽(extrapolation)을 통해 연결하여 리튬 이동의 중간 상태를 예측하는 방법이다[98]. 리튬 이동의 중간 상태들은 탄성 밴드와 같은 역할을 하는 에너지 값에 의하여 연결되어 있기 때문에 준 안정한 상태에 남아 있게 된다. 이에 따라, 정확한 이동경로와 그에 따른 에너지 변화를 계산해 낼 수 있다. 그림 3.1.63은 이러한 방법으로 구한 층상구조 내에서의 리튬의 이동을 도식적으로 나타내고, 그에 따른 리튬 확산 활성화 에너지를 보이고 있다.

B.4. 실제 이용 프로그램

현재 범함수 이론을 이용한 제1계산에 있어서 많이 사용되고 있는 상용 프로그램으로 VASP(Vienna ab initio simulation package)를 들 수 있다. VASP의 자세한 내용 및 사용 방법은 http://cms.mpi.univie.ac.at/vasp/에서 찾을 수 있다. VASP계산의 간단한 예를 들면 다음과 같다. 실제 계산에서는 네 개의 초기 파일(INCAR, POSCAR, POTCAR, KPOINTS)을 이용하여 계산할 수 있다.

B.4.1. INCAR 파일

INCAR 파일은 VASP 계산을 제어하는 중추적인 정보를 담고 있는 파일이다. 그림 3.1.64는 일반적인 INCAR 파일의 형식을 나타낸다. 각각의 라인은 제목, '=', 그리고 그에 따른 값으로 구성된다. 예를 들어 Ionic Relaxation의 NSW=9는 이온 움직임에 따른 에너지 계산 반복(NSW)을 9 회 실시하라는 의미이다. 각 제목의 의미와 적절한 값의 결정은 http://cms.mpi.univie.ac.at/vasp/vasp/node81. html에서 찾을 수 있다. 특별한 용도의 계산이 아닌 경우 프로그램에서 주어진 값을 이용한다.

B.4.2. POSCAR 파일

재료의 초기 원자 배열에 대한 정보를 포함하는 파일이 POSCAR 파일이다. 제1계산에서는 아무런 기존의 정보 없이 재료에서의 원자의 정확한 위치를 찾아낼 수 있지만, 일반적으로 계산의 효율을 높이기 위해서 이미 알려진 원자배열에 대한 정보를 이용한다. 그림 3.1.65는 일반적인 POSCAR 파일의 형식이다. 첫 번째 라인은 이 계산이 Cubic BN 구조임을 나타낸다. 두 번째부터 다섯 번째 라인까지는 격자 벡터에 대한 정보로서, 두 번째 라인의 숫자는 스케일 인자, 그리

```
SYSTEM = Rhodium surface calculation

Start parameter for this Run:
ISTART  =   0      Jab : 0-new 1-cont 2-samecut
ICHARG  =   2      charge : 1-file 2-atom 10-const
INIWAV  =   1      electr : 0-liwe 1-rand

Electronic Relaxation 1
ENCUT   = 200.00 eV
IALGO   =   18     algorithm NEIM = 60; NELMIN = 0; NELMDL = 3 # of
                   ELM steps m
EDIFF   =   1E-04  stopping-criterion for ELM
BMIX = 2.0
TIME = 0.05

Ionic Relaxation
EDIFFG  =  .1E-02  stopping-curterion for IOM
NSW     =   9      number of steps for IOM
IBRION  = 2

POTTM   =   10.0   tine-step for ion-motion

POMASS  = 102.91
ZVAL    = 11.0

DDS related values:
SIGMA = 0.4; ISMEAR = 1 broad. in eV, -4-tet-1-fermi 0-gaus
```

그림 3.1.64 로듐 표면 계산을 위한 INCAR

```
Cubic BN
   3.57
0.0 0.5 0.5
0.5 0.0 0.5
0.5 0.5 0.0
   1 1
Direct
0.00 0.00 0.00
0.25 0.25 0.25
```

그림 3.1.65 BN의 초기 구조 정보를 포함한 POSCAR

고 세 번째부터 다섯 번째 라인까지는 3차원 격자 구조 내에서의 격자 벡터(Bravais lattice vector)를 나타낸다.

그림 3.1.65는 면심 방향으로의 세 벡터를 나타내며, 각각의 크기는 3.57 Å이다. 다음 라인의 '1 1'은 이 구조 내에 들어 있는 원자의 종류가 두 개이며, 각각

은 이 단위 구조 내에 한 개씩 포함되어 있다는 것이다. 만약 '2 1 1' 이라면, 세 종류의 원자가 각각 두 개, 한 개 한 개씩 포함되어 있는 것이다. 일곱 번째부터 아홉 번째까지는 이들 원자들이 배열된 위치이다. 'Direct' 는 위의 주어진 격자 벡터를 이용해서 원자의 위치를 표시한다는 의미이며, 다음 두 라인의 값은 각각의 원자들의 위치 벡터이다.

B.4.3. KPOINTS 파일

VASP에서 에너지의 계산은 역격자 공간에서 행해진다. 이때 에너지 정보를 역격자 공간에서 얼마나 촘촘하게 수집할 것인가를 결정하는 것이 KPOINTS이다. 일반적으로 단위 격자 벡터가 크면, 역격자는 작기 때문에 작은 수의 KPOINTS를, 단위 격자 벡터가 작으면 큰 수의 KPOINTS를 사용한다. 큰 수의 KPOINTS를 사용하면 에너지 정보를 수집하는 공간이 촘촘하기 때문에 계산이 복잡해지지만 결과는 더욱 정확하게 된다. 따라서 계산의 목적과 재료의 특징에 따라 KPOINTS의 수를 결정해야 한다.

B.4.4. POTCAR 파일

POTCAR 파일은 POSCAR 파일에서 제시된 원자들의 종류를 결정하며, 동시에 해밀토니안에서 원자들이 표현되는 포텐셜을 포함한 파일이다. 주기율표상의 모든 원자에 대해 근사 포텐셜이 VASP에 의해 제공되며, 사용자는 계산할 재료가 포함하고 있는 원자들에 대한 근사 포텐셜을 하나의 파일로 정리해야 한다. 일반적으로 cat이라는 unix 명령어로 쉽게 만들 수 있다.

이와 같이 네 개의 초기 파일을 한 폴더에 저장한 후, VASP 프로그램이 설치된 환경에서 >vasp 명령을 하면 계산이 실행된다. 계산의 결과로 여러 출력 파일들이 폴더 안에 생성이 되는데, 이 중 중요한 파일들로는 OSZICAR, CHG, CHGCAR, DOSCAR 등이 있다. OSZICAR 파일은 재료의 에너지를 포함한 파일로서 전극의 전압이나 리튬 이동 활성화 에너지 등을 계산할 때 필요한 정보를 이 파일로부터 알 수 있다. 그림 3.1.66은 OSZICAR 파일의 예를 나타낸다.

CG를 포함한 라인은 전자의 위치에 따라 변하는 에너지 상태를 나타낸 것으로, 주어진 이온 배열에서 최적의 전자 배열을 찾아가는 과정을 보여 준다. 마지막 라인은 주어진 이온 배열에서의 최적화된 에너지로서, E0는 이 재료의 물성을 결정해 주는 에너지이다. 이 에너지를 이용하여 전극활물질의 특성을 예측할

```
VASP. 4.4.3 10Jun99
POSCAR found: 1 types and 2 ions
LDA part: xc-table for CA standard interpolation
file 10 ok, starting setup
WARNING: warp around errors must be expected
entering main loop
    N    E                dE          d eps      ncg    rms        rms(c)
CG: 1  0.1209934E+02  0.120E+02  -0.175E+03  165  0.475E+02
CG: 2 -0.1644093E+02 -0.285E+02  -0.661E+01  181  0.741E+01
CG: 3 -0.2047323E+02 -0.403E+01  -0.192E+00  173  0.992E+00  0.416E+00
CG: 4 -0.2002923E+02  0.444E+00  -0.915E+01  175  0.854E+00  0.601E-01
CG: 5 -0.2002815E+02  0.107E-02  -0.266E-03  178  0.475E-01  0.955E-02
CG: 6 -0.2002815E+02  0.116E-05  -0.307E-05  119  0.728E-02
    1 F= -.20028156E+02 E0=-.20028156E+02  d E=0.000000E+00
  wrting wavefunctions
```

그림 3.1.66 다이아몬드 구조의 에너지 계산에서 얻은 OSZICAR

수 있다. 또한 DOSCAR, CHG, CHGCAR 파일 등은 재료의 전자/스핀 구조를 나타내는 파일들이며, 이를 통해 전극활물질의 전기전도도 등을 예측할 수 있다. 여기서는 전극활물질의 물성을 제일 계산을 통해서 예측하는 실제적인 방법을 제시하였으며, 이는 양극활물질뿐만 아니라 음극활물질에도 동일하게 이용될 수 있다.

참고문헌

[1] K. Mizushima, P.C. Jones, P.J. Wiseman, J.B. Goodenough, Mater. Res. Bull. **15** (1993) 1159.

[2] M. Winter, J.O. Besenhard, M.E. Spahr, P. Novak, Adv. Mater. **10** (1998) 725

[3] A.K. Padhi, K.S. Nanjundaswamy, J.B. Goodenough, J. Electrochem. Soc. **144(4)** (1997) 1188.

[4] J.M. Tarascon, M. Armand, Nature **414(15)** (2001) 359.

[5] T. Ohzuku, A. Ueda, M. Nagayama, J. Electrochem. Soc. **140** (1993) 1862.

[6] R.J. Gummow, D.C. Liles, M.M. Thackeray, Mater. Res. Bull. **28** (1993) 235.

[7] R.J. Gummow, M.M. Thackeray, W.I.F. David, S. Hull, Mater. Res. Bull. **27** (1992) 327.

[8] J.N. Reimers, J.R. Dahn, J. Electrochem. Soc. **139** (1992) 2091

[9] A.R. Armstrong, P.G. Bruce, Nature **381** (1996) 499.

[10] A.R. Armstrong, A.J. Paterson, A.D. Robertson, P.G. Bruce, Chem. Mater. **14** (2002) 710.

[11] J.P. Cho, Y.J. Kim, T.J. Kim, B. Park, J. Elelctrochem. Soc. **149(2)** (2002) A127.

[12] S. Komaba, S.T. Myung, N. Kumagai, T. Kanouchi, K. Oikawa, T. Kamiyama, Solid State Ionics **152-153** (2002) 311.

[13] Y.S. Lee, S. Sato, M. Tabuchi, C.S. Yoon, Y.K. Sun, K. Kobayakawa, Y. Sato, Electrochem. Commun. **5** (2003) 549.

[14] T. Matsumura, R. Kanno, Y. Inaba, Y. Kawamoto, M. Takano, J. Electrochem. Soc. **149(12)** (2002) A1509.

[15] Y. Koyama, N. Yabuuchi, I. Tanaka, H. Adachi, T. Ohzuku, J. Electrochem. Soc. **151(10)** (2004) A1545.

[16] J. Choi, A. Manthiram, J. Electrochem. Soc. **152(9)** (2005) A1714.

[17] W.S. Yoon, Y. Paik, X.Q. Yang, M. Balasubramanial, J. McBreen, C.P. Grey, Electrochem. Solid-State Lett. **5** (2002) A263.

[18] (1) Z. Lu, D.D. MacNeil, J.R. Dahn, Electrochem.Solid-State Lett. **4** (2001) A191. (2) D.D. MacNeil, J.R. Dahn, J. Electrochem. Soc. **149** (2002) A912. (3)T. Ohzuku, Y. Makimura, Chem. Lett. **7** (2001) 642.

[19] Z. Lu, D.D. MacNeil, J.R. Dahn, Electrochem. Solid-State Lett. **4** (2001) A200.

[20] Z. Lu, J.R. Dahn, J. Electrochem. Soc. **149** (2002) A815.

[21] (1) A.D. Robertson, P.G. Bruce, Chem. Mater. **15** (2003) 1984. (2) Young-Sik Hong, Yong Joon Park, Kwang Sun Ryu, Soon Ho Chang, Min Kyu Kim, J. Mater. Chem. **14(9)** (2004) 1424-1429.

[22] C.W. Park et al., Mater. Res. Bull. **42** (2007) 1374.

[23] M. Thackeray et al., J. Mater. Chem. **17** (2007) 3112.

[24] (1) J. Jiang, K.W. Eberman, L.J. Krause, J.R. Dahn, J. Electrochem. Soc. **152** (2005) A1879. (2) N. Tran, L. Groguennec, C. Labrugere, C. Jordy, Ph. Biensan, C. Delmas, J. Electrochem. Soc. 153 (2006) A261.

[25] 홍영식, 화학세계 **46(8)** (2006) 45.

[26] Young-Sik Hong, Yong Joon Park, Kwang Sun Ryu, Soon Ho Chang, Solid State Ionics **176(11-12)** (2005) 1035.

[27] J.M. Tarascon, E. Wang, F.K. Shokoohi, W.R. McKinnon, S. Colson, J. Electrochem. Soc. **138** (1991) 2859.

[28] J.B. Goodenough, A.K. Padhi, K.S. Nanjundaswamy, C. Masquelier, U.S. patent 5910382 (1999).

[29] A. Yamada, S.C. Chung, K. Hinouma, J. Electrochem. Soc. **148(3)** (2001) A224.

[30] A. Yamada, Y. Kudo, K.Y Liu, J. Electrochem. Soc. **148(7)** (2001) A747.

[31] A. Yamada, Y. Kudo, K.Y Liu, J. Electrochem. Soc. **148(7)** (2001) A747.

[32] A. Yamada et al., J. Electrochem. Soc. **148** (2001) A960.

[33] G. Li et al., Electrochem. Solid-State Lett. **5** (2002) A135.

[34] C. Delacourt, Chem. Mater. **16** (2004) 93.

[35] F. Zhou et al., Solid State Commun. **132(3-4)** (2004) 181.

[36] (1) F. Zhou et al., Electrochem. Commun. **6(11)** (2004) 1144. (2) J. Wolfenstine, J. Power Sources **142** (2005) 389-390.

[37] A. Manthiram, J. Kim, Chem. Mater. **10** (1998) 2895.

[38] S. Zhang, W. Li, C. Li, J. Chen, J. Phys. Chem. B **110** (2006) 24855.

[39] M.S. Whittingham, Chem. Rev. **104** (2004) 4271.

[40] G.Q. Liu, N. Xu, C.L. Zeng, K. Yang, Mater. Res. Bull. **37** (2002) 727.

[41] H. Xia, L.F. Jiao, H.T. Yuan, M. Zhao, M. Zhang, Y.M. Wang, Mater. Lett. **61** (2007) 101.

[42] C. Leger, S. Bach, J. Ramos,J. Solid State Electrochem. **11** (2007) 71.

[43] A.M. Cao, J.S. Hu, H.P. Liang, L.J. Wan, Angew. Chem. Int. Ed. **44** (2005) 4391.

[44] G.Sudant, E. Baudrin, B. Dunn, J.M. Tarascon, J. Electrochem. Soc. **151** (2004) A666.

[45] K. Xiao, G. Wu, J. Shen, D. Xie, B. Zhou, Materials Chemsitry and Physics **100** (2006) 26.

[46] X. Li, W. Li, H. Ma, J. Chen, J. Electrochem. Soc. **154** (2007) A39.

[47] C. Tsang, A. Manthiram, J. Electrochem. Soc. **144** (1997) 520.

[48] A.M. Kannan, A. Manthiram, Solid State Ionics **159** (2003) 265.

[49] E. Baudrin, G. Sudant, D. Larcher, B. Dunn, J.M. Tarascon, Chem. Mater. **18** (2006) 4374.

[50] S. Zhang, W. Li, C. Li, J. Chen, J. Phys. Chem. B **110** (2006) 24855.
[51] Y. Gu, D. Chen, X. Jiao, F. Liu. J. Mater. Chem. **16** (2006) 4361.
[52] D.H. Kim, J. Kim, Electrochem. Solid-State Lett. **9(9)** (2006) A439.
[53] N. Ravet, J.B. Goodenough, S. Besner, M. Simoneau, P. Hovington, M. Armand, The Electrochemical Society Meeting Abstract, Honolulu, HI, Oct 17-22, Abstract 127 (1999).
[54] H. Huang, S.C. Yin, L.F. Nazar, Electrochem. Solid-State Lett. **4** (2001) A170.
[55] K.S. Park, J.T. Son, H.T. Chung, S.J. Kim, C.H. Lee, K.T. Kang, H.G. Kim, Solid State Commun. **129** (2004) 311.
[56] G.G. Amatucci, J.M. Tarascon, L.C. Klein, Solid State Ionics **83** (1996) 168.
[57] W.D. Callister Jr., Materials Science and Engineering: An introduction, Wiley, New York, p.787 (1997).
[58] J. Cho et al., Angew. Chem. Int. Ed. **40** (2001) 3367.
[59] J. Cho et al., Electrochem. Solid-State Lett. **4** (2001) A159.
[60] K. Kim et al., Electrochim. Acta **50** (2005) 3764.
[61] Y.K. Sun et al., J. Electrochem. Soc. **154(3)** (2007) A168.
[62] H. Huang, S.C. Yin, L.F. Nazar, Electrochem. Solid-State Lett. 4(10) (2001) 170.
[63] H. Huang et al., Electrochem. Solid-State Lett. **4** (2001) 170.
[64] Z. Zhang et al., J. Power Sources **70** (1998) 16.
[65] H. Maleki, G. Deng, A. Anani, J. Howard, J. Electrochem. Soc. **146(9)** (1999) 3224.
[66] B.H. Bransden, C.J. Joachin, Introduction to Quantum Mechanics, Longman Group UK Limited, p. 379 (1989).
[67] J.P. Lowe, Quantum Chemistry, Academic Press, Inc. p.627 (1993).
[68] H.A. Bethe, R. Jackiw, Intermediate Quantum Mechanics, Addison Wesley Longman, p.55 (1997).
[69] E. Gross, K.U., E. Runge, O. Heinonen, Many-Particle Theory, IOP Publishing, p.51 (1991).
[70] R.G. Parr, W. Yang, Density-Functional Theory of Atoms and Molecules, Oxford University Press, p.7 (1989).
[71] P. Hohenberg, W. Kohn, Phys. Rev. **136(3B)** (1964) 864.
[72] R.O. Jones, O. Gunnarsson, Rev. Mod. Phys. **61** (1989) 689.
[73] W. Kohn, L.J. Sham, Phys. Rev. **140(4A)** (1965) 1133.

[74] J. Perdew, W. Yue, Phys. Rev. B **33** (1986) 8800.
[75] J. Perdew, K. Burke, M. Ernzerhof, Phys. Rev. Lett. **77** (1996) 3865.
[76] A. Van der Ven, G. Ceder, Electrochem. Solid-State Lett. **3(7)** (2000) 301.
[77] A. Van der Ven, G. Ceder, Phys. Rev. B **64(18)** (2001) 184307.
[78] M.K. Aydinol et al., Phys. Rev. B **56(3)** (1997) 1354.
[79] K. Kang et al., Chem. Mater. **16** (2004) 2685.
[80] M.K. Aydinol, G. Ceder, J. Electrochem. Soc. **144(11)** (1997) 3832.
[81] M.K. Aydinol, A.F. Kohan, G. Ceder, J.Power Sources **68(2)** (1997) 664.
[82] J. Reed, G. Ceder, A. Van Der Ven, Electrochem. Solid-State Lett. **4(6)** (2001) A78.
[83] P.D. Tepesch, G.D. Garburlsky, G. Ceder, Phys. Rev. Lett. 74 (1995) 2272.
[84] D. de Fontaine, Solid State Physics: Advances in Research and Applications, ed. H. Ehrenreich, D. Turnbull. Vol. 47. Newyork: Academic. pp. 33-176 (1994).
[85] J.M. Sanchez, F. Ducastelle, D. Gratias, Physica A **128** (1984) 334.
[86] A. Van der Ven et al., Phys. Rev. B **58(6)** (1998) 2975.
[87] S.R. de Groot, P. Mazur, Non-Equilibrium Thermodynamics. New York: Dover Publications (1984).
[88] S.R. de Groot, P. Mazur, Non-Equilibrium Thermodynamics. New York: Dover Publications (1984).
[89] L. Onsager, Phys. Rev. **37** (1931) 405.
[90] L. Onsager, Phys. Rev. **38** (1931) 2265.
[91] H.B. Callen, T.A. Welton, Phys. Rev. **83** (1951) 34.
[92] H.B. Callen, R.F. Greene, Phys. Rev. **86** (1952) 702.
[93] M.S. Green, J. Chem. Phys. **20** (1952) 1281.
[94] M.S. Green, J. Chem. Phys. **22** (1954) 398.
[95] R. Kubo, J. Phys. Soc. Japan **12** (1957) 570.
[96] R. Kubo, M. Yokota, S. Nakajima, J. Phys. Soc. Japan **12** (1957) 1957.
[97] R. Zwanzig, J. Chem. Phys. **40** (1964) 2527.
[98] R. Zwanzig, Annu. Rev. Phys. Chem. **16** (1965) 67.
[99] G.H. Vineyard, J. Phys. Chem. Solids **3** (1957) 121.
[100] K.S. Park, J.T. Son, H.T. Chung, S.J. Kim, C.H. Lee, K.T. Kang, H.G. Kim, Solid-State Commun. 129(5) (2004) 311.

[101] K. Kang, Y.S. Meng, J. Breger, C.P. Grey, G. Ceder, Science **311** (2006) 977.

[102] J.S.Kim ,C.S. Johnson, J.T. Vaughey, M.M. Thackeray, S.A. Hackney, Chem. Mater **16(10)** (2004) 1996.

[103] Christopher S. Johnson, J.S. Kim, A. Jeremy Kropf, A.J. Kahaian, J.T. Vaughey, M.M.Thackeray, Electrochem. Commun. **4(6)** (2002) 492.

[104] S.T.Myung, S.Komaba, N. Kumagai, J.Electrochem.Soc. **148(5)** (2001) A482.

[105] S.Franger, F. Le Cras, C. Bourbon, H. Rouault, J. Power Sources **119** (2003) 252.

[106] Y.H.Huang, K.S.Park, J.B.Goodenough, J. Electrochem.Soc. **153(12)** (2006) A2282.

[107] S.Y.Chung, J.T. Bloking, Y.M. Chiang, Nature Materials **1(2)** (2002) 123.

[108] P.S. Herle, B. Ellis, N. Coombs, L.F. Nazar, Nature Materials **3(3)** (2004) 147.

3-2 음극활물질

3-2-1 음극활물질의 개발 역사

초기의 리튬이차전지는 음극재료로서 리튬금속을 많이 사용하였다. 리튬금속은 높은 용량을 구현할 수 있는 장점이 있으나, 충 · 방전이 반복됨에 따라 리튬금속의 이온화에 의한 용해 또는 석출되어 수지상(dendrite) 형태로 성장하게 되고 이로 인해 전지의 내부 단락이 초래되어 전지의 안전성 문제가 크게 대두되었다[1-3]. 또한 리튬금속은 수분에 노출될 경우 격렬한 발열반응을 일으키기 때문에 취급과정에서 세심한 관리가 필요하여 실제 양산과정에서 많은 제약을 초래하게 되었다.

이들 문제점을 극복하기 위하여 음극재료로서의 리튬금속을 대체하기 위한 연구가 1970~1980년대에 많이 진행되었다. 주요 대상은 흑연 등의 탄소재료를 비롯하여 금속 또는 금속화합물이었는데, 이들 물질과 리튬이온과의 반응에 대한 연구에 많은 관심을 기울였다.

특히 탄소계 음극재료는 리튬이온이 그 내부로 삽입될 수 있고 또한 안정한 상태로 존재할 수 있어 리튬금속 전극에서 야기되는 전지의 안전성 문제를 해결할 수 있는 길을 마련하였다. 더욱이 탄소계 재료는 리튬이온과의 전기화학 반응 전위가 리튬금속에 매우 가깝고, 리튬이온의 삽입 · 탈리과정 동안 결정구조의 변화가 작아 전극에서의 지속적이고 반복적인 산화 · 환원 반응이 가능함으로써 리튬이차전지가 높은 용량 및 우수한 수명을 나타낼 수 있는 기반을 제공하였다. 이를 바탕으로 1991년에 리튬이차전지가 최초로 상업화되기에 이르렀다.

탄소재는 다양한 형태의 구조를 가지는데, 이들 구조에 따라 리튬의 저장용량 및 저장기구가 서로 다르게 나타나므로 리튬이차전지의 음극재료로서 가장 적합한 탄소재를 개발하기 위한 노력들이 계속 경주되고 있다. 향후의 전기자동차 등 대형 이차전지 시장은 리튬이차전지의 고용량화와 고출력화 기술을 요구하고 있다. 이에 따라, 음극의 고용량화를 위하여 이론 용량이 탄소계 재료보다 훨씬 높은 실리콘이나 주석 등을 기반으로 하는 비탄소계 음극활물질 개발이 활발히 진행되고 있으며, 고출력화의 경우 전자전도 및 이온전도가 우수한 탄소계 재료개발에 많은 기대를 걸고 있다.

3-2-2 음극활물질의 개요

리튬이차전지의 방전시 음극활물질에서는 자발적인 산화반응이 일어나고, 양극활물질에서는 자발적인 환원반응이 일어나게 된다. 대표적인 예로서 $Li_xC/Li_{1-x}CoO_2$로 구성된 리튬이차전지의 방전과정에서 음극활물질인 Li_xC가 전자와 리튬 이온을 제공하고 자신은 산화반응을 하며, 양극활물질인 $Li_{1-x}CoO_2$는 전자와 리튬이온을 제공받아 자신은 환원반응을 한다. 결과적으로 음극은 충전과정에서 리튬이온을 저장하게 되고, 방전과정에서는 리튬이온을 방출하게 된다.

흑연 음극의 경우 아래 반응식에 나타난 바와 같이 이론적으로 탄소 6 개당 1 개의 리튬이 반응하게 되며, 이때 전압은 리튬전극(Li^+/Li) 대비 0.0~0.25 V이며 이론용량은 372 mAh/g이 된다. 리튬이 삽입되지 않은 흑연은 리튬전극(Li^+/Li) 대비 약 3.0 V 이상의 전위를 보이지만 리튬이 삽입됨에 따라 전위가 빠른 속도로 감소하기 시작한다. 양극 및 음극의 경우, 전극활물질 내에 리튬 삽입량이 증가하게 되면 기준전극인 리튬 전극의 전위 방향으로 전압이 낮아지며 충전 말기에는 거의 0 V에 도달하게 된다.

$$Li_xC_6 \rightarrow C_6 + xLi^+ + xe^- \qquad 0.00\text{~}0.25\ V(vs.\ Li^+/Li)$$

충전 반응시 음극의 표면에서는 전해질의 분해반응이 일어나게 되는데, 이는 전해질의 환원 전위가 상대적으로 리튬의 전위에 비해 높기 때문이다. 이러한 전해질 분해반응은 전극 표면에 SEI(solid electrolyte interphase)을 형성시켜 음극과 전해질의 반응에 요구되는 전자의 이동을 억제시켜 줌으로써 추가적인 전해질의 분해를 방지할 수 있다. 이에 따라 전지의 성능은 음극 표면에 형성된 피막의 특성에 따라 크게 좌우되며, 이를 고려하여 충전 반응시 전해질보다 먼저 분해될 수 있는 전해질 첨가제의 도입을 통해, 보다 견고하고 우수한 전기적 특성을 갖는 SEI 층의 형성을 유도하고 있다.

리튬이차전지의 기본적인 성능 특성들인 용량, 출력 및 수명은 음극재료에 의해서도 크게 영향을 받는다. 리튬이차전지의 성능 극대화를 위해 음극활물질이 일반적으로 갖추어야 할 요구조건은 다음과 같다.

(1) 낮은 표준전극전위를 가져, 양극과 더불어 셀을 구성할 때 셀의 높은 전압을 제공하여야 한다. 이를 위해, 전기화학 반응을 나타내는 전위가 리튬금속의 전기화학 전위에 근접함이 필요하다.
(2) 리튬이온과의 반응에 따른 구조변화가 적어야 한다. 구조 변화가 있을 경우 충.방전 사이클이 진행됨에 따라 구조 내에 스트레인을 축적하기 때문에 반응의 가역성을 저해하게 되고 우수한 수명특성을 보이기가 어렵게 된다.
(3) 리튬이온과의 반응 가역성이 높아야 한다. 이상적인 가역반응은 충방전 효율이 100 %이며 사이클에 따른 반응 효율의 변화가 없음을 의미한다.
(4) 전극 활물질내에서 리튬이온의 확산속도가 빨라야 한다. 특히 음극에서의 리튬이온의 확산속도는 상대적으로 셀의 성능을 구현하는데 중요하다.
(5) 전기전도도가 높아 전기화학반응시 전자의 이동이 용이해야 한다.
(6) 높은 전극밀도를 얻기 위해 음극활물질의 밀도가 높아야 한다. 이는 전지 설계에서 전지의 용량을 높이기 위해 고려되는 중요한 인자인데, 흑연의 이론 밀도는 2.2 g/ml으로서 이론적으로는 818 mAh/ml의 용량밀도를 가진다.
(7) 단위 중량당 저장할 수 있는 전기량(coulomb)이 많아야 한다.

이외에도 비표면적, 탭 밀도, 입자크기 및 분포 등이 전지의 에너지 밀도 및 출력을 결정하는 중요한 인자들이다. 특히 음극의 경우 단위무게당 용량이 크기 때문에 리튬이온이 삽입 및 탈리 하는 것이 상대적으로 양극에 비해 더 어렵다. 따라서 전지 성능 향상을 위해서는 음극에서의 원활한 리튬 삽입 및 탈리 반응을 고려한 설계가 중요하다.

표 3.2.1에 대표적인 음극활물질들의 주요 특성들을 정리하여 나타내었다.

3-2-3 음극활물질의 종류 및 전기화학적 특성

A. 리튬금속

리튬금속은 이온화 경향이 높고, 체심 입방정(body centered cubic, bcc)의

표 3.2.1 대표적인 음극활물질들의 주요 특성

재료	이론용량 (mAh/g)	유효용량* (mAh/g)	평균전위 (V)	진밀도 (g/cc)
리튬 금속	3800	-	0.0	0.535
흑연	372	~360	~0.1	2.2
코크스	-	~170	~0.15	<2.2
실리콘	4200	~1,000	~0.16	2.36
주석	790	~700	~0.4	7.30

*유효용량: (전위설계 등을 고려한) 전지에서 실제로 유용하다고 판단되는 용량

결정구조를 가지며, 원자 반경은 0.76 Å이다. 또한, 리튬금속은 원자량이 작고 (6.941) 낮은 밀도(0.534 g/cc)를 가지고 있을 뿐만 아니라 표준 전극전위가 매우 낮아(−3.04 V_{SHE}) 비용량이 약 3860 mAh/g으로 매우 높다. 그러나 리튬금속은 용융온도가 180.54 ℃로 대체로 낮고 앞에서 언급한 바와 같이 리튬 수지상 성장에 의한 전지의 내부 단락 등에 따른 안전성의 문제로 상용화되지 못하고 있다. 최근에는 리튬금속의 표면을 고분자 또는 무기물 피막 등 전기화학적으로 안정한 물질로 피복하여 표면을 안정화시키려는 연구가 진행되고 있지만, 수분 노출에 의해 발생할 수 있는 폭발적인 반응의 위험성, 전극 제조 공정상에서의 어려움 등 상업화를 위해서는 아직도 해결해야 할 문제점들이 많이 남아 있다.

그러나 상기의 문제점들을 해결할 경우 리튬금속은 가장 높은 에너지 밀도를 얻을 수 있는 장점을 지니고 있어 지속적으로 연구할 만한 가치가 있는 재료이다. 최근에는 기업을 중심으로 부분적으로 리튬금속을 적용하려는 시도가 진행되고 있다. 즉 음극의 초기 비가역성을 감소시키기 위해 리튬금속을 전지내부에 일부 첨가시킴으로써, 초기 충전반응에서 리튬금속이 먼저 반응하여 음극의 비가역 용량을 보상하고 양극으로부터 이동해 오는 리튬이온을 과잉 소모되지 않도록 하는 방법이다. 이 경우 양극으로부터 이동해 온 리튬이온이 음극의 비가역 용량을 보상하기 위해 소모되는 것을 외부로부터 첨가한 리튬금속이 양극을 대신하여 보충해 주므로, 결과적으로 양극의 가역용량을 증가시켜 전지의 용량을 높이는데 기여한다.

B. 탄소재

탄소재에는 sp^2-혼성 궤도의 탄소로 구성된 흑연류, sp^3-혼성 궤도의 탄소로 구성된 다이아몬드류, sp-혼성 궤도의 탄소로 구성된 카빈(carbin)류 등이 있다. 이들 탄소 동소체들은 다양한 구조와 물리적 화학적 특성을 보이고 있으며 이들 중에서 일부는 리튬이 가역적으로 삽입/탈리될 수 있어 리튬이온전지의 음극으로 사용할 수 있는 데, 흑연(graphite)계와 비흑연(non-graphite)계로 나눌 수 있다. 본 절에서는 흑연계와 비흑연계 탄소재를 중심으로 설명하고자 한다.

B.1. 흑연계

B.1.1. 흑연의 구조

흑연결정은 sp^2-혼성 궤도의 탄소 원자가 육각평면으로 서로 결합하여 탄소 육각망면(graphene layer)이 형성되고, 이 탄소 망면 상하에 위치하는 π전자가 이들 망면을 결합시킴으로써 얻어진다. π전자는 탄소 육각망면 사이를 비교적 자유롭게 이동할 수 있기 때문에 흑연의 전자 전도성이 우수하게 된다. 이러한 흑연 층간을 결합하고 있는 π결합은 약한 반데르발스 결합(Van der Waals bond)을 이루지만, 탄소 육각망면 안의 결합은 매우 강한 공유결합으로 이루어져 이방적 성질(anisotropy)을 나타낸다. 리튬이온은 이들 흑연층 사이로 삽입 및 탈리하게 된다.

그림 3.2.1에 보인 바와 같이, 흑연계 탄소재는 기본적으로 흑연층 평면이 c축 방향으로 ABAB...... 방식으로 적층되는 육방격자 흑연(hexagonal graphite)을 의미하지만 부분적으로 적층 순서가 변형 되어 ABCABC....방식으로 적층된 능면체형 흑연(rhombohedral graphite) 구조를 포함하기도 한다.

흑연 결정(graphite crystal) 은 c축 방향과 수직한 면인 기저면(basal plane)과 c축 방향과 평행한 모서리면(edge plane)을 가지기 때문에 이방성을 나타내며, 이러한 흑연의 이방성은 리튬이차전지의 음극으로서의 전기화학적 반응에 영향을 미친다. 기저면은 전기화학적 반응에 대해 비교적 비활성이지만 모서리면은 매우 강한 활성을 나타내기 때문에 흑연의 경우 기저면과 모서리면의 상대적인 비율이 전기화학적 특성에 큰 영향을 미치며, 흑연의 모서리면은 높은 반응성으로 인해 대기 중에서 산소원자를 포함하는 여러 표면 작용기(surface func-

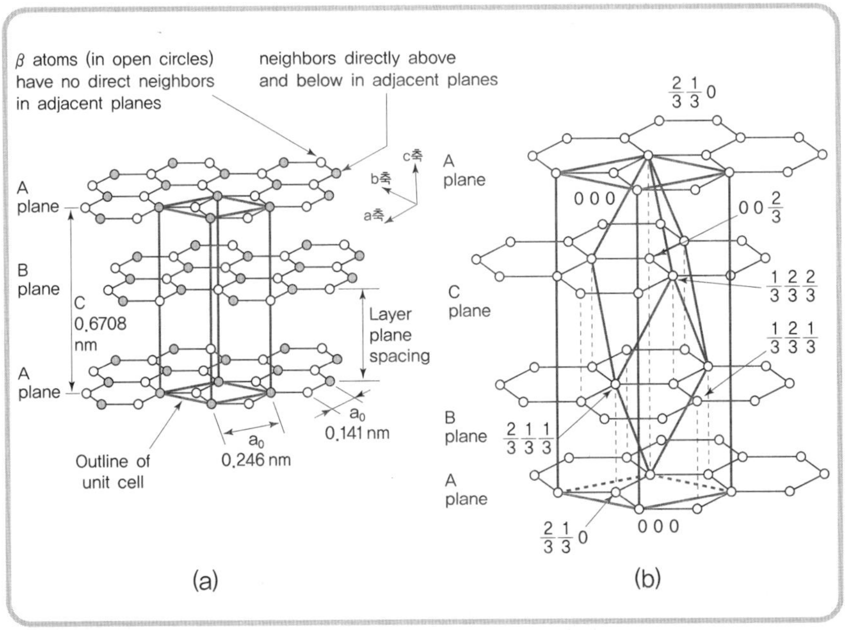

그림 3.2.1 흑연의 (a) 육방격자형 단위 셀 [1]과 (b) 능면체형 단위 셀 [2]

tional group)의 형성을 용이하게 한다. 이와 같은 흑연에는 자연에서 생성되어 채굴되는 천연흑연(natural graphite)과 석탄계 및 석유계 피치 등을 2,500 ℃ 이상으로 탄화시켜 제조되는 인조흑연(artificial, synthetic, pyrolytic graphite)이 있다.

한편 열처리에 의해 흑연화하는 탄소를 이흑연화성 탄소(graphitizable carbon)라 하며, 이 경우 원자들의 배열이 층상구조 형성이 용이하도록 되어 있어 열처리 온도의 증가에 따라 흑연구조로 바뀌기 쉽다. 또한 이 재료는 기계적으로 연하기 때문에 소프트 카본(soft carbon)이라고도 한다, 한편, 2500 ℃ 이상의 온도에서도 흑연구조로 바뀌지 않는 탄소를 난흑연화성 탄소(nongraphitizable carbon)라 하며 하드 카본(hard carbon)이라고도 한다. 이흑연화 탄소는 흑연화 열처리 온도가 비교적 낮을 때는(1,000 ℃ 이하) 작은 흑연층 평면들이 어느 정도 평행하게 적층되지만 c축 방향에서의 적층이 다소 무질서하게 배향되는 난층 구조(turbostratic disorder)로 되며, 열처리 온도가 증가함에 따라 흑연 평면층의 크기가 증가하여 흑연 평면층들이 더욱 평행하게 적층된다. 일반적으로 소프트 카본은 2,000 ℃ 이상의 경우 c축 방향에서의 무질서한 적층이 크게 감소하며 3,000 ℃

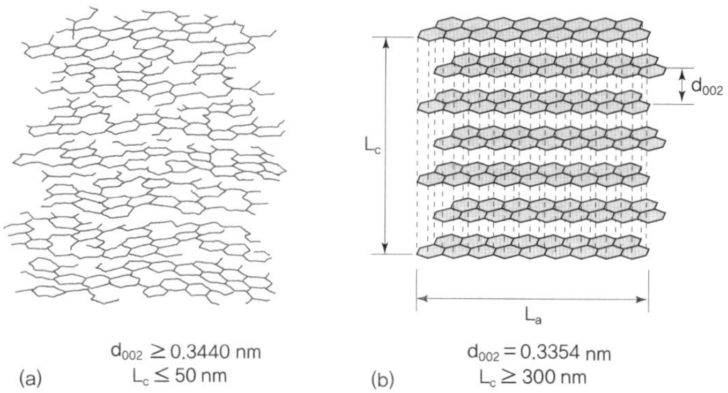

그림 3.2.2 (a) 탄소의 turbostratic structure와 (b) 3-D 흑연격자 비교 [3]

부근에서는 그림 3.2.2에서 보는 바와 같이 잘 발달된 흑연 구조를 이룬다.

흑연화가 잘 일어나기 위한 탄소 전구체는 전구체가 흑연층 평면으로 잘 발달 될 수 있는 고밀도의 방향성 탄화수소를 포함해야 하며, 서로 인접한 흑연층 평면들이 적절한 구조로 배향되어야 한다. 따라서 이러한 이흑연화 탄소에서는 탄소 층들이 약하게 엉켜 있어(가교되어 있어) 흑연 결정형성에 필요한 재배열이 용이하다.

일반적으로 흑연화 과정은 흑연 평면층의 확대와 적층 수의 증가에 따른 3차원적 결정화 과정을 포함하며, 이는 밀도증가와 함께 (002) 면간 거리(interplanar spacing) 의 축소와 결정자(crystallite)의 크기(L_a 및 L_c)로 나타낸다. 여기서 L_a는 기저면에 평행인 방향으로의 결정자의 크기이며, L_a는 기저면에 수직인 방향으로의 결정자 크기를 나타낸다. 결정자의 크기를 나타내는 L_c와 L_a는 각각 a축과 c축 방향으로 크기로서, d_{002}면간거리 및 흑연화도와 함께 탄소재에 있어 결정구조를 나타내는 주요 특성 인자이며, 이들 결정구조 특성 값으로부터 리튬이차전지용 음극재료로서의 이용 가능성을 예측할 수 있다. L_a와 L_c는 XRD 분석을 통하여 실험식 $t=k\lambda/\beta\cos(\theta)$으로부터 구할 수 있는데, 여기서 t는 L_a 혹은 L_c의 적층의 높이, k는 결정자의 형태 의존 상수이고, L_c 및 L_a값은 각기 0.9, 1.84[3]이며, λ는 X-선의 파장, β는 피크의 최대 높이의 절반 값에 해당하는 피크의 폭(width)을 그리고 θ는 입사각을 나타낸다.

B.1.2. 흑연의 전기화학 반응

충전반응 동안, 탄소재는 환원반응이 진행되어 리튬이온이 탄소재 내로 삽입되어 Li_xC 의 화합물을 형성하며, 방전시에는 탄소재에서 산화반응이 일어나 탄소재로부터 리튬 이온이 탈리한다. 이러한 충전 및 방전반응에서, 반응 전위 및 리튬 저장용량 등의 전기화학적 특성은 탄소재의 결정성, 미세구조 및 입자 형상 등에 따라 다르게 나타난다.

흑연에서의 리튬이온 삽입반응은 흑연의 모서리 면을 통해서 일어나며 기저면에서는 구조적 결함이 있는 부분에서 일어날 수 있다. 대부분의 리튬이온 삽입반응은 0.25 V 이하의 전위에서 일어나며, 삽입된 리튬 이온의 농도가 낮을 때에는 즉, 리튬이온 삽입 반응 초기에는 하나의 리튬이온 층을 형성한 후 인접한 흑연 층에는 리튬이온이 삽입되지 않는다. 이때 리튬이온이 채워지지 않은 흑연층이 주기적으로 배열되며 흑연 내로 삽입된 리튬이온 농도가 증가함에 따라 리튬이온 삽입 반응이 점차 많이 진행되고 리튬 이온층 사이에 비어있는 흑연층의 수가 점차로 줄어들며 리튬이온이 최대로 많이 삽입된 LiC_6 상태에서는 리튬 이온층과 흑연층이 교대로 배열된 상태가 된다. 이러한 단계적인 리튬 삽입과정을 스테이징(staging)이라 하며 이를 그림 3.2.3에 도식적으로 나타내었다.

리튬이온의 삽입 반응에 따른 스테이징 현상은 위 그림에 나타난 바와 같이 일정한 전류하에서 측정된 충전 전위곡선에서 연속적인 전위 평탄구역 형태로 관찰되는데, 이러한 평탄한 전위 구간은 두 개의 상(phase)이 공존함을 의미한다. 리튬이온의 삽입 농도가 증가함에 따라 높은 스테이지(stage)에서 낮은 스테이지로 변화되며 리튬이온의 탈리반응(방전 반응) 시에는 역 반응으로 진행된다. 리튬이온의 삽입반응 동안 흑연층의 적층 순서는 ABAB.....에서 AAAA.... 로 바뀌며 완전히 충전된 스테이지−1인 LiC_6 상태에서는 두 개의 인접한 흑연층이 그림 3.2.4에서 보는 바와 같이 높은 배열상태로 존재하게 되며[5], 리튬이온 삽입에 의해 면간 거리는 그림 3.2.4(a)에서 보듯이 0.370 nm 이다[6,7]. LiC_6 상태에서 흑연층 사이에 삽입된 리튬이온 층에서의 리튬이온 배열은 그림 3.2.4(b)에 나타난 바와 같이 인접한 위치에는 존재하지 않으며 리튬이온간 거리가 0.430 nm 정도이다. 이때 무게당 용량은 372 mAh/g 정도이며 이는 흑연의 이론적 용량에 해당된다.

따라서 리튬이차전지의 설계에 있어서 흑연을 적용할 경우 충전 정도에 따른

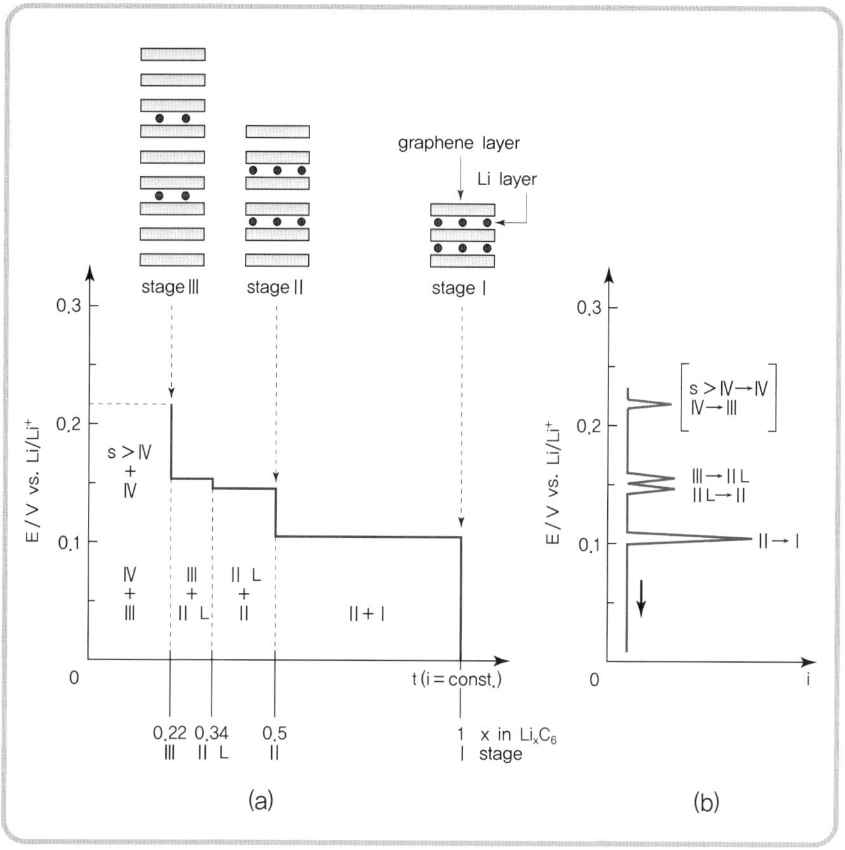

그림 3.2.3 흑연층 사이로 리튬이 삽입될 때의 스테이징 현상
(a) 도식적 정전류 곡선(schematic galvanostatic curve)
(b) 도식적인 전류-전위 곡선(schematic voltammetric curve) [4]

흑연의 구조 변화로 인한 부피 팽창 정도를 고려하여야 하며, 그렇지 않은 경우 충전과정에서 음극 팽창에 의한 전극의 비틀림 현상 등이 나타나게 되어 전지의 수명과 성능을 크게 저하시킬 수 있다.

B.1.3 흑연의 입자의 설계

대표적인 인조흑연의 한 예로서 MCMB(mesophase carbon microbeads)를 들 수 있다. 콜타르, 콜타르 피치(coal tar pitch) 및 석유계 중질류 등의 원료를 400 ℃ 정도로 가열하게 되면 이방성(anisotropic)의 소구체(small sphere)가 형성된다. 이들은 원료의 열분해 및 축합반응에 의해 생성되고 다환형 방향족 화합

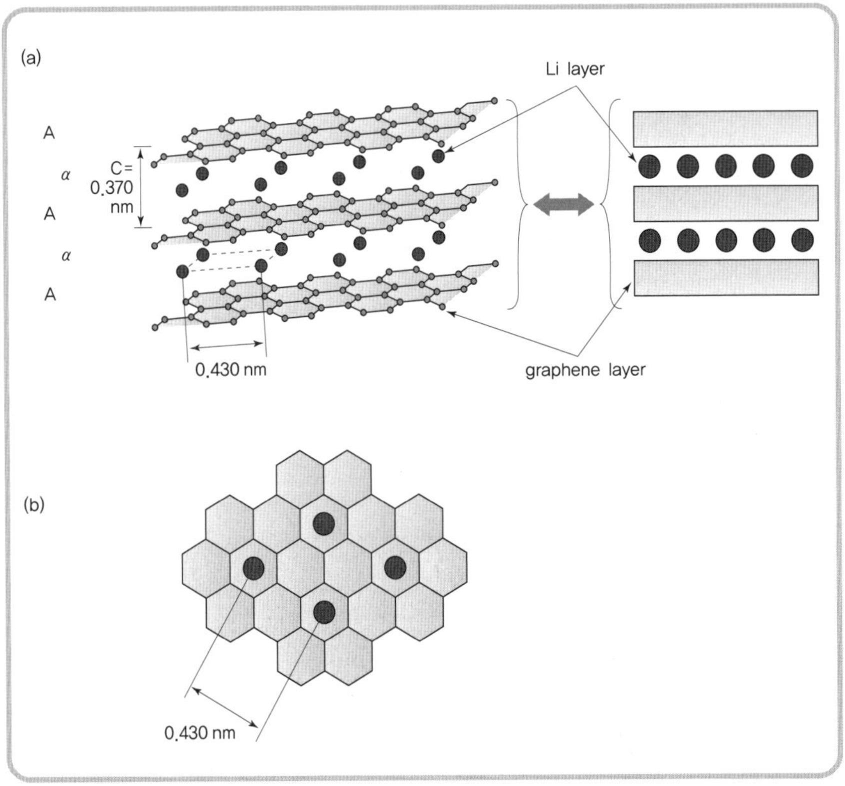

그림 3.2.4 스테이지-1 상태에서의 평면(In-plane) 구조 [8] (a) Side view (b) Top view

물의 평면분자가 한 방향으로 적층되어 그림 3.2.5에서처럼 라멜라(lamella) 구조를 형성하게 되나, 주위와의 점도차이 때문에 가장 안정한 구형 형태를 취한 일종의 액상 결정이다. 이 소구체가 피치에서 semi-cokes로 성장하는 과정에서 광학적 이방성 및 유동성을 갖는 중간상(mesophase)이 얻어지게 되는데 이 중간상의 물질을 다양한 용도로 검토하게 됨에 따라 이들을 MCMB라고 부르게 되었으며 위 인조흑연의 경우에도 이 명칭을 사용하고 있다.

그림 3.2.6은 상업적으로 많이 사용되고 있는 MCMB-25-28(평균입도 25 μm, 흑연화 온도 2,800 ℃) 흑연 음극재의 전자현미경 사진이다. 그림 3.2.6(b)는 그림 3.2.6(a)를 확대하여 나타낸 것으로서, 입자모양이 거의 구형으로 액상의 결정으로부터 형성되었음을 보여주고 있다.

MCMB계열은 액상에서 결정이 성장하면서 형성되고 입자의 표면에는 여전

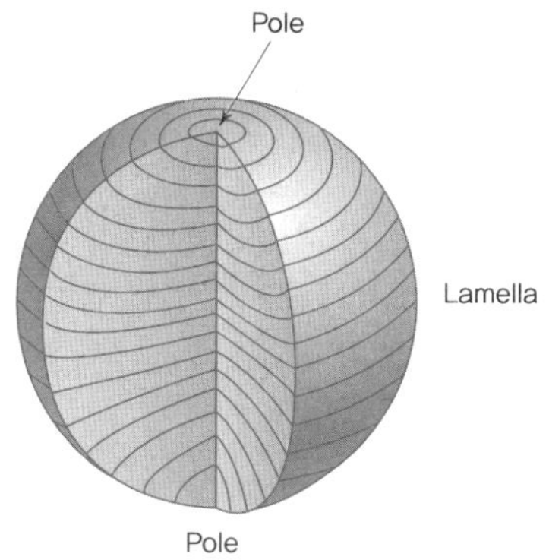

그림 3.2.5 MCMB 인조흑연 재료의 입자 구조에 대한 개략도

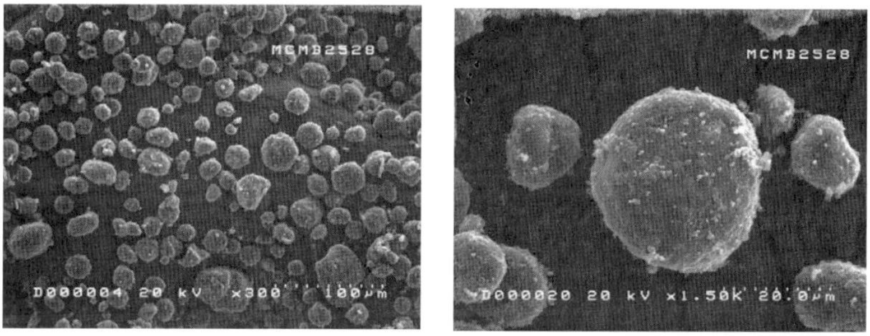

(a) 300배율 사진 (b) 1,500배율 사진

그림 3.2.6 MCMB-25-28 인조흑연 재료의 SEM 사진

히 많은 비정질 상(amorphous phase)들이 포함되어 있기 때문에 흑연층이 직접적으로 전해질에 노출되지 않는 구조를 가지고 있다. 따라서 MCMB의 용량도 표면에 존재하는 비정질상의 양에 따라 차이가 있으며 대부분 320 mAh/g 정도를 보이지만 표면을 더 깨끗하게 즉 비정질상의 양을 줄이게 되면 약 340 mAh/g까지 증가할 수 있다. 그림 3.2.7에 전형적인 MCMB 형태의 인조흑연에 대한 충전 및 방전 곡선을 나타내었는데, 충전 초기 전위가 급격하게 감소한 후에 평탄 곡선을 취하고 있는 것으로 보아 결정이 잘 발달되어 있음을 알 수 있으며, 또한 용량적인 측면에서도 약 325 mAh/g정도를 보이고 있다. 천연흑연이 개발되기

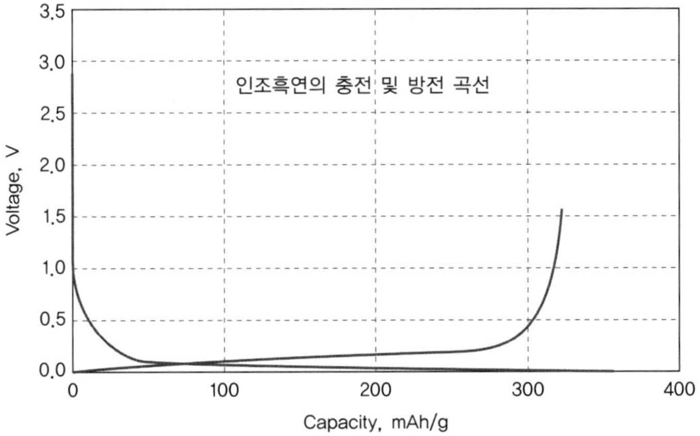

그림 3.2.7 인조흑연의 충전 및 방전 곡선

이전에는 리튬이차전지의 음극재료로 대부분 MCMB계의 재료들이 사용되었는데, 그 이유는 상대적으로 높은 용량을 가지면서 입자들의 형태가 가공성과 전극 제조 공정상 유리한 구형을 나타내고 있기 때문이다.

한편 섬유상 인조흑연의 한 예인 mesophase pitch-based carbon fiber(MPCF) 재료의 입자 형상 및 흑연층의 배열 구조에 대한 개략도를 그림 3.2.8에 나타내었다. 이로부터 탄소섬유(carbon fiber)의 배열에 따라 다양한 형태의 MPCF상을

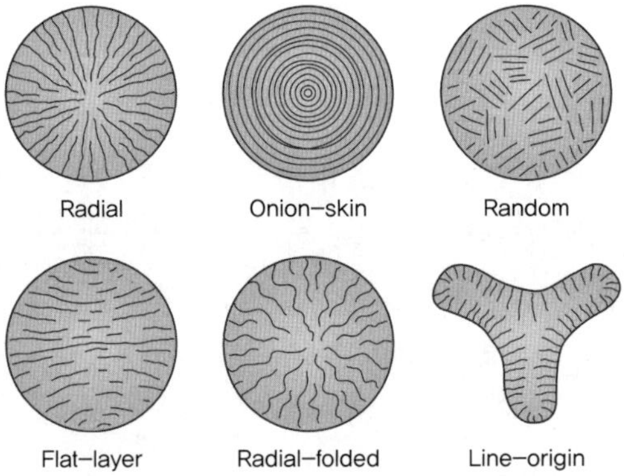

그림 3.2.8 MPCF 인조흑연 재료의 구조에 대한 개략도

합성할 수 있음을 알 수 있다. 이때 율속특성을 더욱 향상시키기 위해서는 방사상(radial)모양이나 line-origin 모양이 좋지만 흑연 edge면의 노출로 인해서 비가역 용량이 증가하는 단점이 있다. 이에 반해 양파껍질(onion-skin) 모양은 edge면의 노출을 최소화하기 때문에 비가역 용량을 크게 줄일 수 있으나 리튬의 이동통로가 흑연층 사이로 제약되기 때문에 율속특성은 나빠지게 된다. 이와 같은 fiber형태의 음극재료는 전극공정에서 낮은 압연밀도와 압연후의 spring back현상에 의해 전극이 다시 부풀어 오르는 단점이 있어 높은 에너지 밀도를 요구하는 휴대폰이나 노트북 등의 음극재로 사용하는 데에는 많은 제약을 받고 있다. 그러나, 상대적으로 높은 출력을 요구하는 HEV 등에서는 구조를 적절히 제어함으로써 우수한 특성을 얻을 수 있어 최근 들어 주목을 받고 있다.

상업화된 섬유상 인조흑연의 대표적인 예로는 3,000 ℃에서 열처리하여 제조한 MPCF-3000을 들 수 있으며 이 재료의 입자 형상을 그림 3.2.9에 나타내었다. 그림3.2.9(a)는 합성하여 얻어진 MPCF-3000의 형상이며, 그림 3.2.9(b)는 지르코니아 볼 분쇄를 통하여 2차 가공된 MPCF-3000의 형상이다. 이로부터 섬유상 크기의 조절을 통해 압연 밀도를 높일 수 있다. 지나치게 큰 섬유상은 슬러리 제조공정이나 전극의 코팅공정에서 슬러리 점도의 유동성을 저해하기 때문에 적절한 크기를 사용하는 것이 바람직하다.

그 밖의 흑연화된 재료로는 도전재로 사용되는 흑연화 블랙(graphitized black), 흑연화 나노섬유(graphite nanofibers), 다층 탄소나노튜브(multi-walled

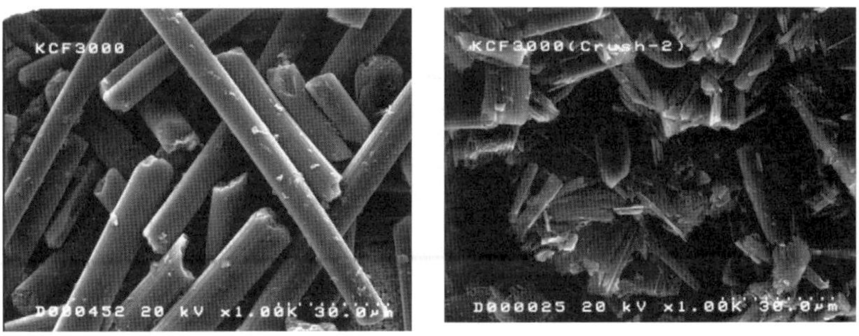

(a) MPCF-3000 (b) 분쇄한 MPCF-3000

그림 3.2.9 MPCF-3000 인조흑연 재료의 SEM 사진

carbon nanotubes) 등이 있으며, 모두 흑연화된 구조를 가지면서 형상을 달리하는 것들이다.

그림 3.2.10은 상용화 되고 있는 천연흑연의 전자현미경 사진을 나타낸 것이다. 그림 3.2.10(a)로부터 가공되지 않은 천연흑연의 모양은 판상의 응집체로 되어 있음을 알 수 있다. 이러한 천연흑연은 이론용량에 가까운 용량을 보이고 있지만 불규칙한 판상으로 인해 표면적이 크고 edge면이 그대로 노출이 되기 때문에 전지에 적용시 전해질의 침투나 분해반응에 의해 edge면이 박리나 파괴되어 비가역 반응이 크게 일어난다. 또한 판상의 입자는 전극제조시 활물질 슬러리의 코팅공정을 어렵게 하거나 코팅 후 압연공정에서 압연이 잘 되지 않아 원하는 전극밀도를 얻기가 어렵게 된다. 따라서 천연흑연은 비가역 반응을 줄이고 전극의 공정성을 향상시키기 위하여 그림 3.2.10(b)에 나타난 바와 같이 입자분쇄 및 재조립 과정 등의 후처리 가공을 통해 매끈한 형태의 표면 형상으로 바꾸게 된다. 이때 피치를 도포하여 표면을 감싸줌으로써 흑연의 edge면이 그대로 노출되는 것을 방지할 수 있으며 전해질에 의한 흑연 edge면의 파괴를 방지하고 비가역 반응을 감소시킬 수 있다. 이런 과정을 통하여 천연 흑연 재료의 전기화학적 특성을 크게 향상시킬 수 있다. 또한, 인편상 천연흑연 원재료를 분쇄, 조립하여 그림 3.2.10(c)와 같이 구형 형태로 제조할 경우, 비표면적이 최소화되고, 활물질 표면에서의 전해질 분해반응이 감소되며, 전극의 충진밀도가 증가되고, 전극의 도포 균일성이 향상되는 장점을 지니게 된다.

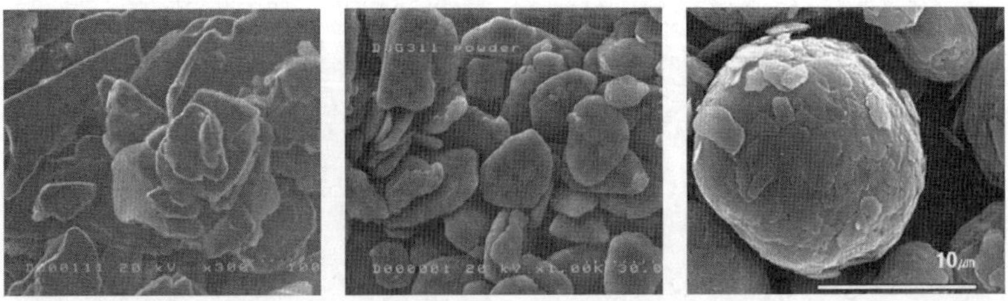

(a) (b) (c)

그림 3.2.10 천연 흑연 재료의 입자 형상 (a) 기계적 가공을 거치지 않은 천연흑연 (b) 기계적 가공을 거친 천연흑연 (c) 구형 조립화된 천연흑연

이렇게 하여 얻어진 천연흑연은 상업적으로 사용이 가능하며 용량이 약 365 mAh/g 으로 이론용량에 거의 가까우며 전지의 용량을 크게 향상시키는데 기여하고 있다. 그러나 높은 용량을 가지면 단위면적당 출입하는 리튬이온의 양이 증가하기 때문에 상대적으로 율속특성은 저하된다.

B.2. 비정질 탄소

B.2.1. 비정질 탄소의 구조

비흑연계 탄소는 그림 3.2.11에서 도식적으로 나타낸 바와 같이, 탄소 원자로 구성된 육각망목면의 크기가 작고, c축 방향으로 적층 성장이 잘 발달되지 못하여 무질서한 구조를 가지며, 육각 망목면으로 구성된 미세결정자(crystallite)들이 서로 엉켜 있거나(crosslinking), 이런 미세결정자들이 비정질상과 혼합되어 있는 구조를 나타낸다.

비흑연계 탄소는 흑연화의 용이 정도에 따라 이흑연화성 탄소와 난흑연화성 탄소로 구분 될 수 있으며 그림 3.2.12에 이흑연화성 탄소와 난흑연화성 탄소의 구조를 도식적으로 나타내었다. 이러한 구조적 차이는 탄소 전구체의 탄화과정 중에 일어나는 결정자 재배열 거동의 차이에 기인한다.

난흑연화성 탄소는 탄소원료의 탄화과정 중에 흑연층 평면의 적층이 크게 억

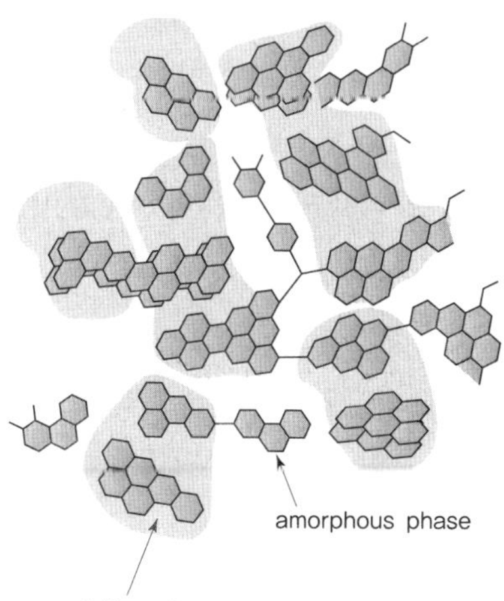

그림 3.2.11 비흑연계 탄소의 모식도 [9]

그림 3.2.12 (a) 난흑연화성 탄소와 (b) 이흑연화성 탄소의 구조 모델(Franklin) [10]

제되기 때문에 결정자들이 서로 엉켜 무질서하게 배열된다. 따라서 결정자의 크기가 매우 작으며, 전구체가 구조적으로 매우 무질서해 2,500 ℃ 이상의 고온 소성 조건에서도 흑연화를 위한 결정구조 재배열이 어렵다. 한편 흑연화가 용이한 이흑연화성 탄소의 경우 흑연층 평면들이 비교적 서로 평행하게 배열되는 구조를 가지고 있기 때문에 결정화를 통한 흑연화가 용이하다. 일반적으로 원료나 탄화공정에 따라 생성되는 탄소재가 다르지만 탄소 결정자의 크기(L_a, L_c)는 열처리 온도에 따라 점차 증가하는 경향을 보인다.

그림 3.2.13은 열처리 온도 변화에 따른 이흑연화성 탄소와 난흑연화성 탄소의 L_a, L_c의 변화를 나타내고 있다. 측정 온도 범위 내에서 이흑연화탄소가 난흑연화성 탄소보다 높은 L_a 및 L_c 값을 보임을 알 수 있으며, 온도가 증가할수록 그 차이가 더욱 커지고 있다. 이는 특정온도 영역에서 이흑연화성 탄소가 빠른 속도로 흑연화하는 반면 난흑연화성 탄소는 온도증가에도 불구하고 흑연화가 잘 이루어지지 않기 때문이다.

이흑연화성 탄소의 L_a 값은 3000 ℃에서 탄화할 경우100 nm 에 이르는 반면, 난흑연화성 탄소는 10 nm 정도에 그치고 있다. L_c 값의 경우에도 마찬가지로 이흑연화성 탄소는 100 nm인 것에 비해 난흑연화성 탄소는 4 nm 정도에 불과하다.

그림 3.2.14 에 결정질 흑연 및 결정자의 크기가 다른 여러 종류의 탄소재에 대한 라만(Raman) 분광 분석 결과를 나타내었다. 결정질 흑연에서는 비대칭 특징의 C=C 결합의 특성이 1582 cm^{-1}(G mode) [13] 에 나타나며 1355 cm^{-1}(D

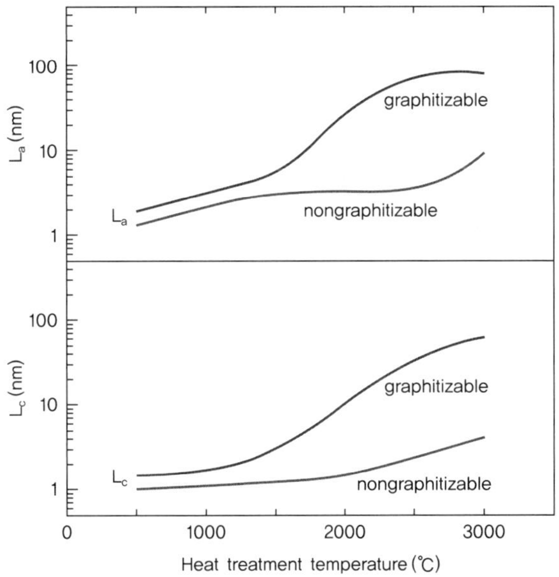

그림 3.2.13 열처리 온도 변화에 따른 이흑연화성 탄소와 난흑연화성 탄소의 L_a, L_c 변화 [11]

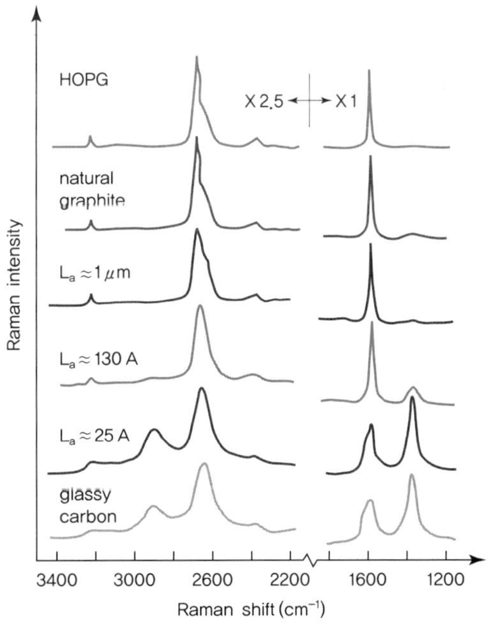

그림 3.2.14 결정질 흑연 및 결정자의 크기가 다른 여러 종류의 탄소재에 대한 라만 분광분석 [12]

mode)의 overtone이 2708 cm^{-1}에서 피크가 나타나지만, 결정자의 크기(L_a)가 감소하거나 비정질 탄소재의 경우에는 1355 cm^{-1}(D mode), ~1622 cm^{-1}(D′ mode)와 ~2950 cm^{-1}(D와 D′ 의 복합 mode)에서의 피크가 관찰된다. ~1355 cm^{-1}와 ~1622 cm^{-1}는 다이아몬드 구조에 의한 피크로 알려져 있다. 결정의 크기가 증가함에 따라 라만 피크의 폭이 좁아지며, 흑연 결정의 크기가 감소하거나 시료 중에 구조의 무질서도가 증가할 때 1355 cm^{-1} 피크 세기가 증가한다. 1575 cm^{-1}(1582 cm^{-1}의 G mode) 의 피크 세기에 대한 1355 cm^{-1} 에서의 피크 세기의 비(I_{1355}/I_{1575})는 그림 3.2.15에 나타난 바와 같이 흑연 결정자의 크기에 반비례 한다. 이 피크 세기의 비율이 작을수록 결정자의 크기가 증가하고, 또한 대체적으로 이들이 서로 반비례관계를 보이고 있기 때문에 라만 피크로부터 흑연의 결정자 크기에 대한 예측이 가능하다.

이흑연화성 탄소와 난흑연화성 탄소 재료의 미세구조는 투과전자 현미경을 사용하여 확인할 수 있다. 그림 3.2.16 및 그림 3.2.17은 이흑연화성 탄소의 전구체인 안트라센(anthracene)과 난흑연화성 탄소의 전구체인 수크로오스(sucrose)

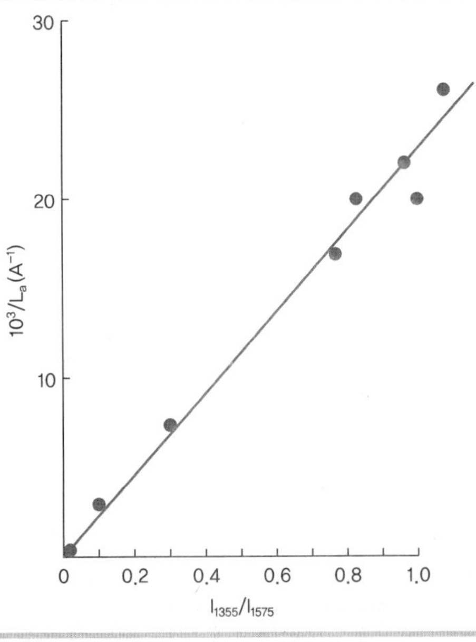

그림 3.2.15 결정자의 크기가 다른 흑연의 1575 cm^{-1}에서의 피크 세기에 대한 1355 cm^{-1}에서의 피크 세기의 비(I_{1355}/I_{1575}) [14]

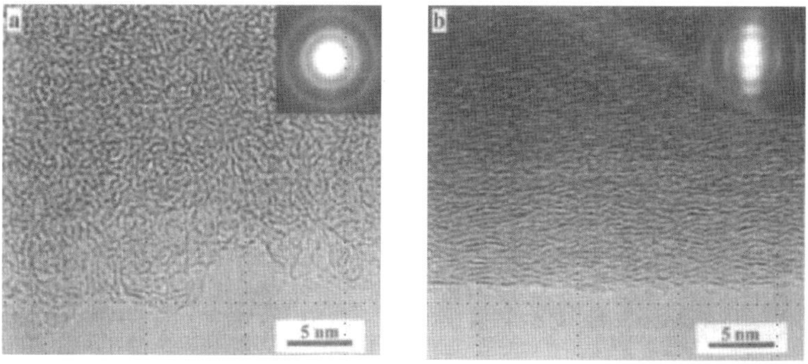

그림 3.2.16 (a) 난흑연화성 탄소(sucrose 전구체)와 (b) 이흑연화성 탄소(anthracene 전구체)를 비활성 분위기에서 1,000 ℃ 열처리하여 얻은 고분해능 투과 전자 현미경 사진 [15]

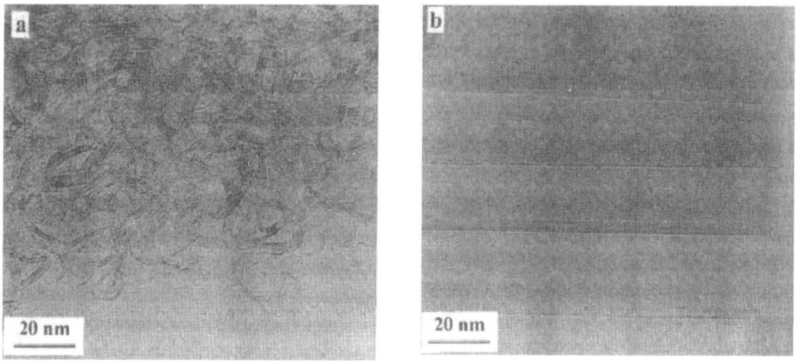

그림 3.2.17 (a) 난흑연화성 탄소(sucrose)와 (b) 이흑연화성 탄소(anthracene)를 비활성 분위기에서 2,300 ℃ 열처리하여 얻은 고분해능 투과 전자현미경 사진 [15]

를 각각 1,000 ℃와 2,300 ℃에서 열처리한 탄소재의 투과 전자현미경 사진이다.

1,000 ℃에서 열처리하여 얻어진 난흑연화성 탄소는 적층도가 낮아 흑연층 면이 엉켜 있으며 무질서하고 등방적인(isotropic) 구조를 나타내고 있으나, 같은 온도에서 열처리하여 얻어진 이흑연화성 탄소는 작은 흑연층 면이 서로 평행한 배열로 적층하여 흑연과 닮은 구조로서, 일정한 방향으로 정열되어 있어 어

느 정도 이방적 구조 특성을 보이고 있다. 2,300 ℃에서 열처리하여 탄소재를 얻을 경우, 난흑연화성 탄소는 작고 구부러진 흑연층 평면들이 서로 엉켜 있고 그 사이에 많은 기공이 존재하는 무질서한 구조를 보이는 반면에 이흑연화성 탄소는 결정성이 잘 발달된 흑연 구조를 보여주고 있다.

B.2.2. 저결정성 탄소의 전기화학 반응

흑연계 탄소는 소프트 카본을 열처리하여 얻어지지만 2,000 ℃ 이하의 온도에서 열처리 할 경우 결정성이 낮은 구조를 보이며 열처리 온도가 낮을수록 무질서도가 증가한다. 열처리 온도에 따른 저결정성 탄소의 반응거동을 살펴보면 다음과 같다.

소프트 카본을 900 ℃ 이하에서 열처리하여 얻어진 탄소는 결정질 흑연에 비해 높은 리튬이온 저장용량을 나타내며, 리튬이온이 삽입되는 전위에 비해 리튬이온이 탈리되는 전위가 매우 높은 값을 보이는 일종의 이력(hysteresis) 특성을 보인다. 그림 3.2.18에 나타난 바와 같이 열처리 온도가 낮아질수록 리튬 저장용량과 이력의 정도는 크게 증가한다[16].

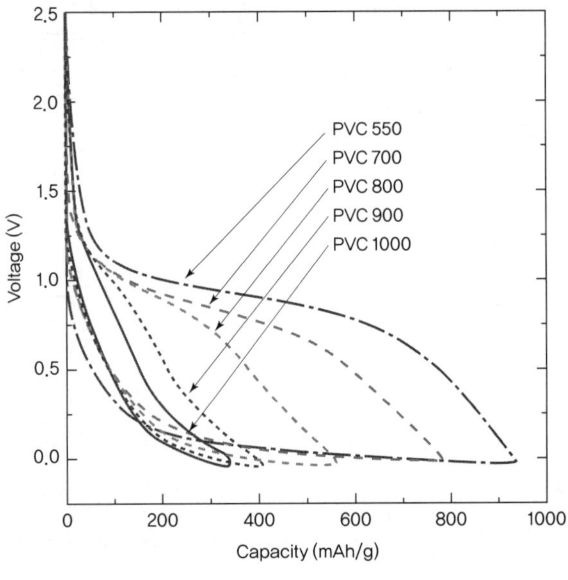

그림 3.2.18 열처리 온도에 따른 PVC의 두번째 싸이클의 충 · 방전 곡선 [17]

이와 같이 저온에서 열처리된 소프트 카본의 고용량 및 이력 특성은 탄소재에 존재하는 수소의 양과 관련된 것으로 알려지고 있다[17-19]. 그림 3.2.19는 여러 종류의 탄소 전구체를 열처리 후 얻어지는 탄소재 내에 존재하는 수소 양을 열처리 온도에 따른 수소/탄소 원자비로 나타낸 것이다. 탄소재 내에 존재하는 수소양(H/C 원자비)은 열처리 온도에 반비례 하는 것으로 나타나고 있으며, 이를 통해 1,200 ℃ 이하에서 열처리된 저결정성 탄소에서 관찰되는 초기의 고용량 및 큰 이력 특성이 소프트 카본의 수소와 리튬이온과의 반응에 의한 기인한 것으로 추정되고 있다. 특히 그림 3.2.20으로부터 탄소재 내의 수소 양이 증가함에 따라 충전곡선의 1 V 영역에서의 평탄구역 크기가 증가함을 알 수 있다. 수소와 관련된 용량 증가 효과는 반복적인 충방전 싸이클링 시 점차 감소하며 열처리 온도가 증가함에 따라 1 V 부근에서 나타나는 평탄구역의 범위가 점차 감소하여 충방전 곡선의 이력특성도 점차 감소하게 된다.

열처리 온도 변화에 따른 수소와 리튬이온간의 반응 및 이에 기인한 이력현상은 수소와 리튬과의 결합과 관계가 있다. 즉 리튬 원자는 탄소의 육각 망목면 가장자리에 존재하는 수소와 결합하여 탄소에서의 결합구조를 sp^2혼성에서 sp^3

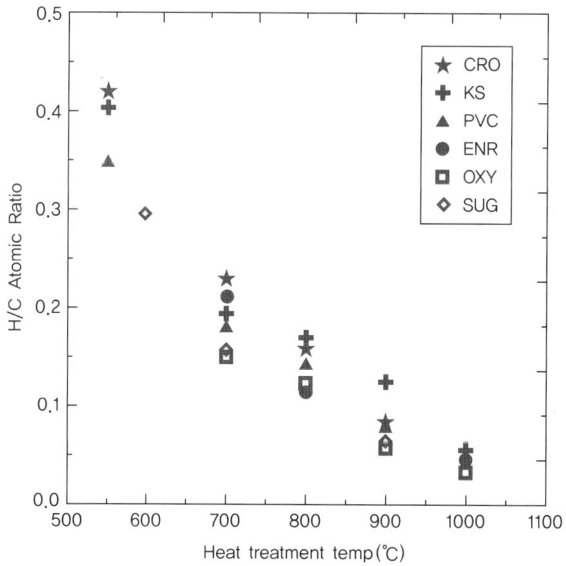

그림 3.2.19 열처리 온도에 따른 H/C 원자비 [16]

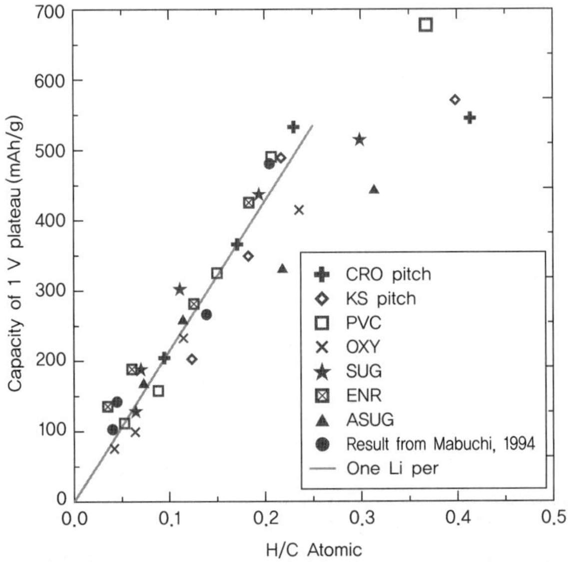

그림 3.2.20 H/C 원자비의 증가에 따른 두번째 싸이클에서의 1 V 부근의 평탄구역의 용량 [16]

혼성으로 변화시키게 되며 이러한 결합은 리튬이온 삽입 및 탈리 시에 많은 활성화 에너지를 필요로 하게 된다[20, 21]. 이로 인해 충방전 곡선의 이력 현상이 나타나며, 수소를 함유하고 있는 탄소재가 반복적으로 충방전될 때 수소와 관련된 용량이 점차 감소되어 싸이클 특성이 저하되는 것으로 보여진다[18]. 한편, 저온에서 열처리된 탄소재가 높은 가역용량을 나타내는 이유는 여러가지 반응 메카니즘으로 설명되고 있다. 그 중 대표적인 것들은 다음과 같으며 이들에 대한 모식도를 그림 3.2.21에 나타내었다.

소프트 카본을 1,000 ℃ 이상에서 열처리 할 경우 대부분의 수소는 방출되며 흑연층 평면들이 비교적 평행 하지만 c축 방향으로 다소 무질서하게 적층 배열되어 서로 엉킨 구조를 갖는다. 결정질 흑연 탄소재의 경우 리튬 이온이 흑연층 평면 사이로 삽입될 때 흑연층 평면의 적층 배열이 ABAB……로부터 AAAA……방식으로 적층되도록 흑연층 표면이 쉽게 이동하지만 c축 방향으로 다소 무질서하게 적층 배열된 난층 구조(turbostratic disorder)에서는 흑연층 평면들이 흑연에서와 같이 이동이 어렵기 때문에 흑연층 평면 사이로 리튬이 삽입되기 어렵다

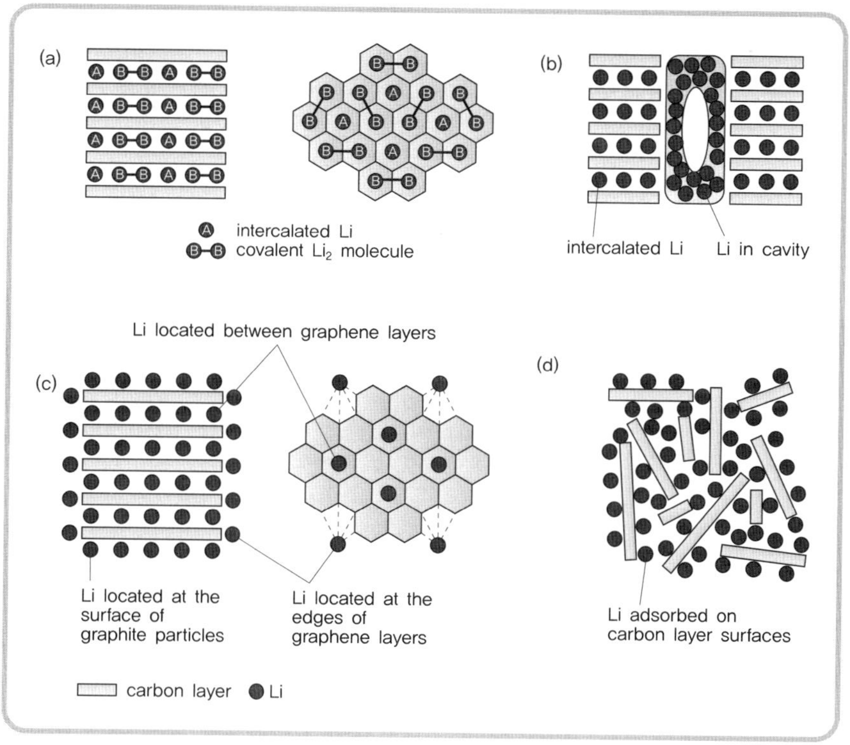

그림 3.2.21 높은 가역용량을 보이는 탄소재의 리튬 저장기구의 모식도 (a) 흑연층 사이에 삽입된 리튬이온층의 Li_2 공유결합 형성[22], (b) 나노 크기의 공극(cavities)에 리튬 존재 [23], (c) 흑연 평면 결정자 사이 및 구조적 결함(defects) 부근의 가장자리 표면에 리튬 존재[24], (d) 탄소층 표면에 흡착된 리튬 존재 [8]

[25-27]. 따라서 낮은 온도에서 열처리된 탄소재의 경우 흑연층 평면으로 이루어진 결정자의 크기가 작기 때문에 흑연층 평면 사이로 리튬이온이 삽입될 수 있는 공간 및 자리의 수가 흑연에 비해 작다[9, 28]. 가역적인 리튬 저장용량은 c축 방향으로의 적층 배열의 무질서도 및 흑연층 평면의 크기 등에 따라 변화되며 무질서한 구조적 특성으로 인해 리튬이온이 삽입될 수 있는 자리의 종류가 다양하게 존재한다. 충방전 시 리튬이 무질서한 구조의 다양한 자리에 분포하기 때문에 충방전 곡선은 결정질 흑연과는 달리 일정 전위에서의 평탄 구역이 형성되지 않고 경사진 곡선의 형태를 나타낸다. 그림 3.2.22는 소프트 카본의 첫 번째 싸이클에 대한 충방전 특성을 보여준다. 이로부터 가역용량이 약 220 mAh/g 정도이며 상대적으로 큰 비가역 용량을 나타내고 있음을 알 수 있다.

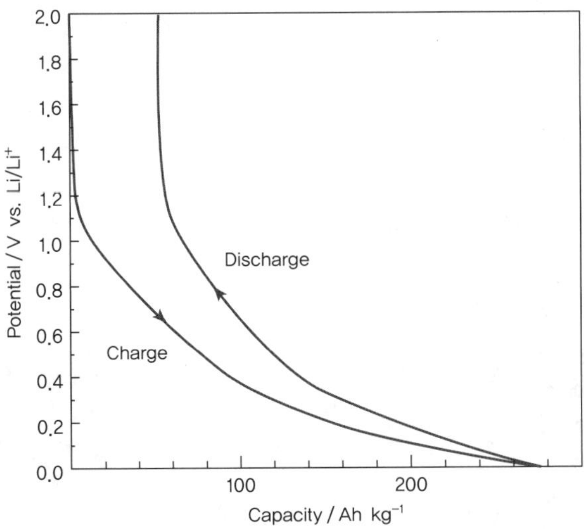

그림 3.2.22 소프트 카본(soft carbon, coke)의 첫번째 충 · 방전 곡선 [29]

이러한 소프트 카본은 흑연에 비해 아주 낮은 용량을 보이지만 높은 표면적과 다소 안정된 결정구조를 지니고 있기 때문에 높은 용량을 필요로 하지 않은 HEV용 리튬이차전지 음극재로 주목을 받고 있다. 그 이유는 첫째 경사진 충방전 곡선으로 인해 높은 율속 특성에서도 리튬금속이 전착(electrodeposition)될 가능성이 낮으며, 둘째 리튬이온과 반응할 수 있는 표면적이 증가함에 따라 율속 특성이 향상되고, 셋째로는 충전심도에 따른 전압의 변화가 분명하여 충전심도의 조절이 용이하기 때문이다. 그러나 표면결합에 의한 비가역 용량도 크기 때문에 이를 낮추는 것이 소프트카본의 상업화를 위한 중요한 과제가 된다.

B.2.3. 비정질 탄소의 전기화학 반응

하드 카본을 열처리 하여 얻은 탄소재는 흑연층 평면의 적층이 거의 없고 3차원적으로 무질서하게 배열되어 있어 미세 공극(micro pore)이 많이 존재하고 결정학적으로 비정질 구조(amorphous structure)를 나타낸다. 800 ℃ 이하의 온도에서 열처리 한 하드 카본은 같은 온도범위에서 열처리한 소프트 카본과 마찬가지로 많은 양의 수소를 포함하고 있어 유사한 충방전 곡선의 모습을 보이지만, 1,000 ℃ 부근에서 열처리된 하드 카본은 높은 가역 용량을 나타낸다. 또한, 대부

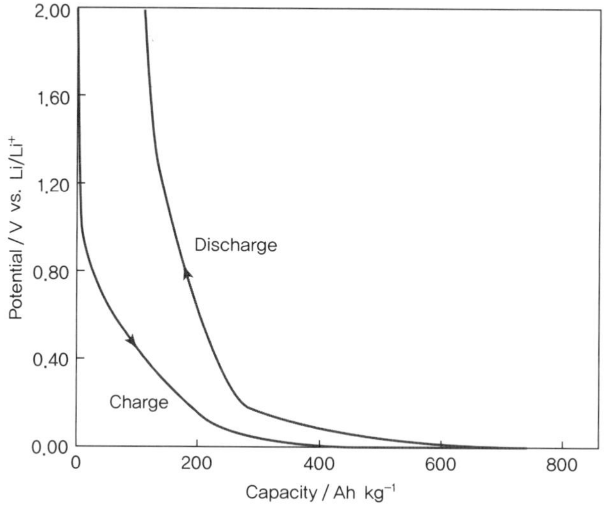

그림 3.2.23 하드 카본(hard carbon)의 첫번째 충 · 방전 곡선 [29]

분의 수소가 제거되면서 충방전 곡선의 이력 특성이 거의 없게 된다. 특히, 그림 3.2.23에 나타난 바와 같이 리튬 전극 대비 0.05 V 정도의 낮은 전위에서 매우 큰 전위 평탄 구역을 보인다. 하드 카본에서 높은 가역용량을 나타내는 이유는 리튬이 탄소 망목면 위에 흡착되거나 미세공극 내에 리튬 클러스터를 형성하는 것에 기인하는 것으로 알려져 있으며 열처리 온도가 1,000 ℃ 이상으로 증가하면, 미세공극의 감소에 따라 리튬이 흡착될 수 있는 자리가 감소하게 되고 이로 인해 하드 카본의 용량이 크게 감소하게 된다.

또한, 그림 3.2.24 에 나타난 바와 같이 높은 온도에서의 열처리에 의해 미세공극이 개방되는 경우에도 전해질 침투가 용이하여 리튬이 저장될 수 없으므로 가역적인 저장용량이 감소하는 것으로 알려지고 있다[30, 31].

리튬이온 삽입 및 탈리 반응시 10 % 정도의 부피 팽창 및 수축이 수반되는 흑연 및 소프트 카본과는 달리 하드 카본에서는 리튬이 존재할 수 있는 미세 공간이 크기 때문에 충방전시 부피변화가 거의 없는 것으로 알려져 있다[33]. 따라서, 하드카본을 사용하는 전극에서는 부피 팽창에 의한 젤리-롤의 비틀림이 없기 때문에 안정된 수명특성을 얻을 수 있는 장점이 있다. 또한 표면기공에 의한 리튬이온의 출입이 빠르기 때문에 소프트 카본 보다 더 우수한 율속 특성을 보인다.

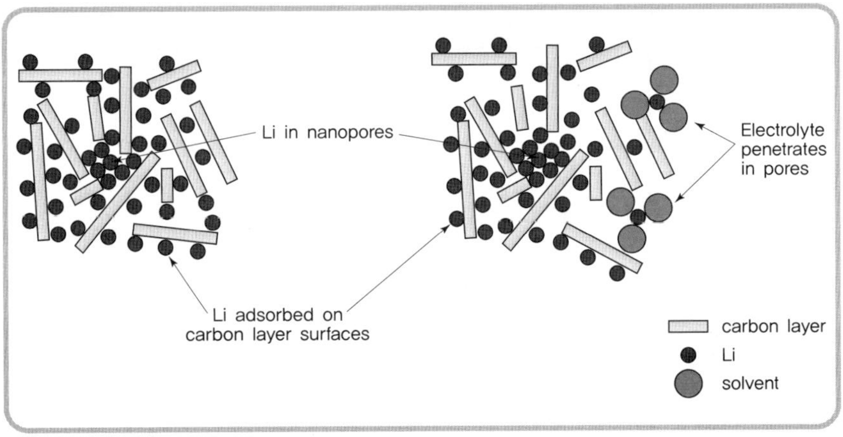

그림 3.2.24 (a) 하드 카본에서의 리튬 저장기구 및 (b) 미세공극의 개방에 의한 전해질의 침투 [32]

따라서 고율특성을 요구하는 전지에 응용하기에 적합한 재료이지만, 제조비용이 높기 때문에 실제 응용에는 아직 많은 제약이 따르고 있다.

그림 3.2.25는 소프트 카본 및 하드 카본의 열처리 온도에 따른 무게당 가역 용량의 변화를 보여준다. 소프트 카본은 1,000 ℃ 이하의 온도에서 열처리할 경

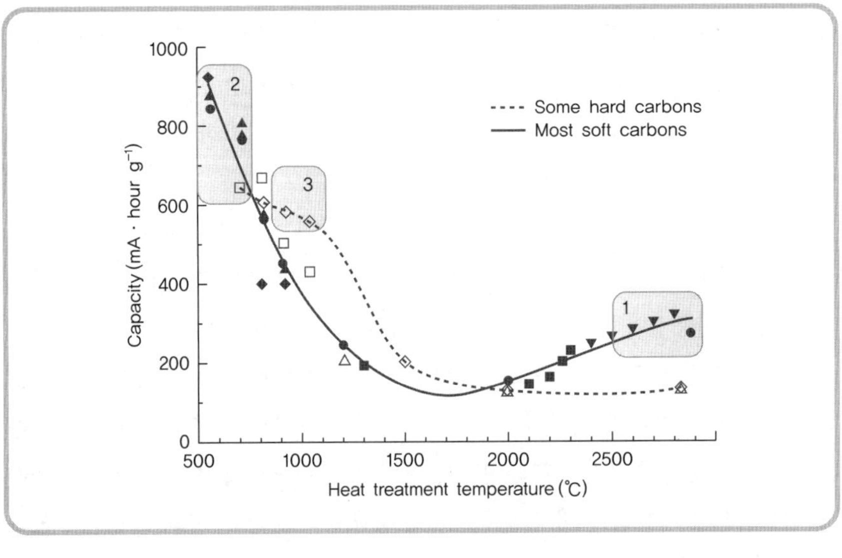

그림 3.2.25 소프트 카본 및 하드 카본의 열처리 온도에 따른 무게당 가역용량의 변화 (점선: 하드 카본, 실선: 소프트 카본) [17]

우 매우 높은 용량을 나타내며 1,800~2,000 ℃ 부근에서 최소값을 보이고 그 후 열처리 온도가 증가함에 따라 결정질 흑연의 이론값인 372 mAh/g에 이른다. 한편 하드 카본은 1,000 ℃ 부근에서 열처리 할 때 600 mAh/g 정도의 높은 용량을 나타내지만, 2,000 ℃ 이상의 열처리 온도에서는 흡착할 수 있는 자리와 미세공극의 감소로 흑연화가 잘 이루어진 소프트 카본보다 낮은 용량을 나타낸다. 그림 3.2.25에서 영역 1은 2,400 ℃ 이상의 온도로 소프트 카본을 열처리하여 제조된 흑연계 탄소를 나타내며, 영역 2는 소프트 카본이나 하드카본을 500~700 ℃ 범위에서 열처리한 것으로 많은 양의 수소를 포함한다. 영역 3은 탄소 흑연층의 적층이 거의 일어나지 않고 무질서하게 배향되어 많은 미세 기공을 포함하고 있는 하드 카본을 나타낸다.

B.3. 전해질과의 반응

그림 3.2.26은 흑연 탄소재가 일정한 전류 하에서 충전(리튬이온 삽입) 및 방전(리튬이온 탈리)될 때의 전위 곡선을 보여준다. 이론적으로는 탄소재 내로의 리튬이온 삽입 및 탈리반응이 완전히 가역적이지만 실제 충방전 곡선을 보면 첫 번째 충전의 경우 흑연의 이론용량인 372 mAh/g 보다 더 많은 리튬이 소모되며 이 중 80~95 % 정도만 방전 시 회수된다. 그러나 두 번째 사이클 이후에는 보다

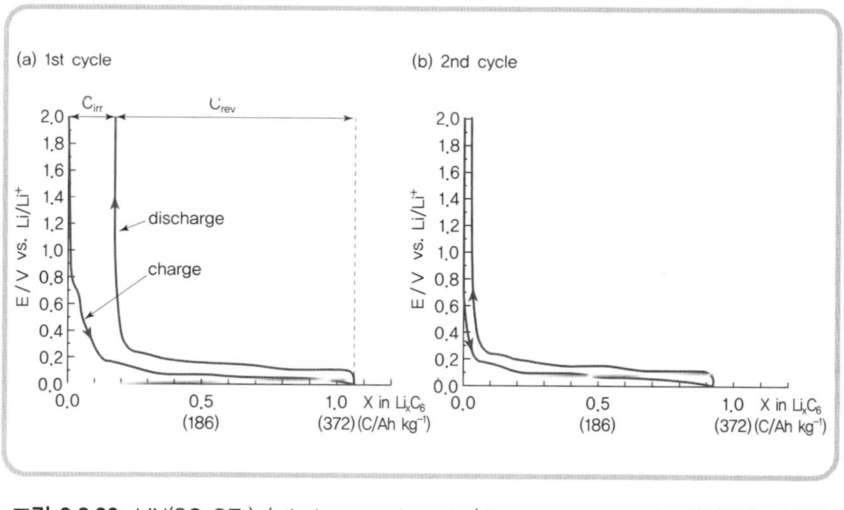

그림 3.2.26 $LiN(SO_2CF_3)_2$/ethylene carbonate/dimethyl carbonate 전해질을 사용한 일반적인 흑연(graphite Timrex KS 44) 의 충 · 방전 곡선 [34]

작은 양의 리튬이온이 충전 시 삽입되고 거의 대부분의 리튬이온이 방전시 탈리된다.

첫 번째 충전 및 방전 반응에서 나타내는 용량의 차이(C_{irr})를 비가역 용량 손실(irreversible capacity loss) 이라 하며, 탄소재 내에서 가역적으로 삽입 및 탈리되는 용량(C_{rev})을 가역용량(reversible capacity)이라 한다. 상용화된 리튬이온전지에서는 리튬이온이 리튬 산화물로 이루어진 양극에서 공급되고, 음극인 탄소재는 리튬이 없는 상태로 제조되기 때문에 초기 충전 및 방전에서 비가역 용량 손실을 최소화 하는 것이 중요하다. 이러한 초기 비가역 용량 손실은 대부분 탄소재 표면에서의 전해질 분해(electrolyte decomposition) 반응에 기인하는 것으로 알려져 있다. 즉, 리튬이온이 삽입되는 전위 영역에서 전해질이 탄소재 음극 표면과 열역학적으로 안정한 상태를 이루지 못하기 때문에 초기 충방전 싸이클 시, 특히 첫 번째 충전반응 동안, 전해질 분해를 통한 전기화학 반응에 의해 탄소재 표면위에 SEI층이 형성된다. 이러한 반응은 결정질 흑연의 경우 0.8 V(Li^+/Li) 부근에서 일어나며 정전류 충전 곡선에서 전위 평탄 구역 형태로 나타나게 된다. 여기서 전해질이 분해되는 정도에 따라 전위 평탄구역의 크기가 결정된다. 이러한 보호막 형성에는 많은 리튬이온이 소모되기 때문에 비가역 용량 손실을 유발시키는 문제점이 있으나, 초기 충전 반응 동안 형성된 보호막은 전자를 통과시키지 않고 리튬이온만 선택적으로 이동시킴으로써 더 이상의 전해질 분해반응을 억제하여 리튬이온전지의 싸이클 특성 향상에 기여한다. 이러한 SEI층 형성 반응은 특히 전해질의 조성 및 특성에 크게 영향을 받으며, 이에 대해서는 추후 전해질 편에서 보다 자세히 다루기로 한다. 또한 탄소재 위에 형성된 보호막의 특성은 탄소재의 표면적, 표면의 구조적 특성 등에 의해 좌우되며 일반적으로 비표면적이 증가함에 따라 SEI층의 절대양이 증가하기 때문에 비가역 용량 손실이 증가한다[35]. 특히, 흑연계 탄소재의 경우 모서리면 자리(edge-plane site)는 전기화학적으로 활성이 크기 때문에 기저면 자리(basal-plane site) 보다 전해질 분해가 더 용이하게 일어난다[36].

SEI층 형성 이외에도 초기 비가역 반응에 기여하는 인자로는 탄소재 표면에 존재하는 H_2O, O_2와 같은 불순물과의 환원반응, 탄소재 표면의 산소를 포함하고 있는 표면 관능기(surface functional group)의 환원 및 탄소재 내에 삽입은 되었으나 탈리가 되지 않음으로 인해 발생된 리튬의 비가역 손실 등이 있다[37].

결정질 흑연의 경우에는 흑연층 평면 사이로 리튬이온 이외에 전해질의 극성 용매분자도 삽입될 수 있다. 이러한 용매 삽입 반응이 리튬이온의 삽입과 함께 일어나 결정질 흑연의 흑연층 평면 사이를 크게 팽창시켜 흑연층이 파괴된다[38]. 그림 3.2.27은 이러한 용매 삽입반응을 도식적으로 나타낸 것이며, 이러한 거동을 흑연층의 박리(exfoliation) 현상으로 이해하고 있다.

리튬이온 삽입 반응의 초기 단계에서 즉, 결정질 흑연 내에 리튬이온 농도가 낮은 경우(Li_xC_6에서 $x \leq 0.33$), 리튬이온과 전해질 용매 분자가 함께 삽입되는 반응이 리튬 이온만 삽입되는 반응에 비해 열역학적으로 더 유리하기 때문에 리튬이온 삽입 반응에 앞서 우선적으로 일어날 수 있는 것으로 보인다[39]. 이와 같

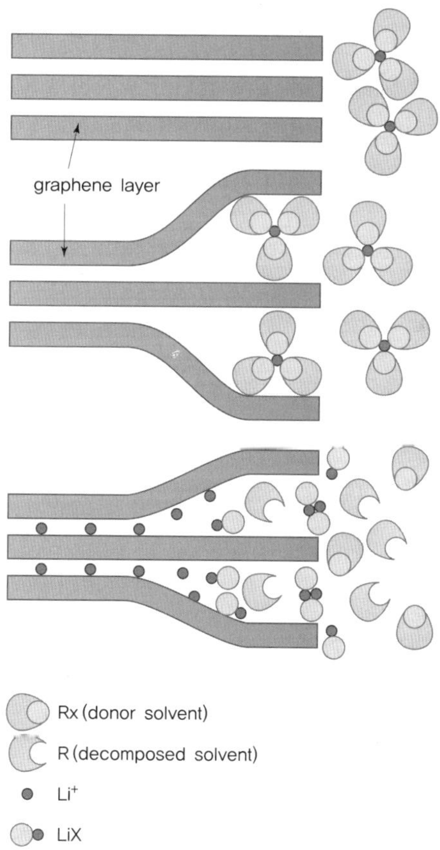

그림 3.2.27 전해질 용매의 분해에 의한 흑연층 사이로 삽입 및 필름 형성기구의 모식도 [38]

이 우선적으로 일어날 수 있는 반응을 억제하기 위해서는 적당한 전해질 첨가제를 사용하여 리튬이온과 전해질 용매가 동시에 삽입되는 반응이 일어나기 전에 흑연 표면에 보호막인 SEI층을 효과적으로 형성시킴이 필요하다.

리튬이온과 전해질 용매의 동시 삽입반응은 흑연의 모서리 면에서의 평면층 사이로 일어나기 때문에, 저결정성 소프트 카본이나 비정질 하드 카본의 경우 구조적 결함 및 무질서한 구조적 특성으로 인해 동시삽입 반응이 상대적으로 일어나기 어렵다[9, 41]. 따라서 결정질 흑연입자를 저결정성 소프트 카본 및 비정질 하드카본으로 코팅하여 표면을 개질함으로써 흑연입자 표면에서 리튬이온과 용매의 동시삽입 반응을 억제하고 SEI층 형성에 의한 비가역 반응을 크게 감소시킬 수 있다[41-43].

탄소재의 표면구조 및 표면적은 전극-전해질 반응의 특성을 결정짓는 주요 인자로서 이에 대한 특성 평가 및 이해는 매우 중요하다. 리튬이온전지의 활물질은 분체이며, 충방전시 리튬이온의 삽입/탈리가 입자의 표면을 통하여 일어나기 때문에 표면구조 및 표면적은 전지의 출력 특성 결정에 중요한 역할을 하게 된다.

그림 3.2.28은 하드카본의 열처리 온도에 따른 BET 비표면적 결과로서, 열처

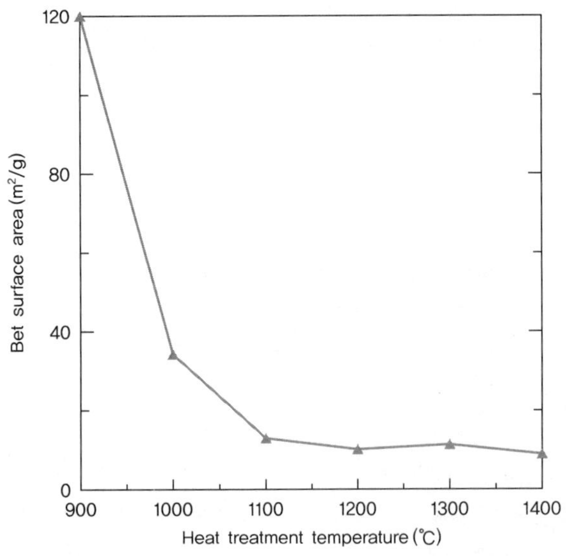

그림 3.2.28 열처리 온도에 따른 BET 비표면적 [40]

리 온도가 증가할 수록 BET 비표면적이 감소하고 있음을 알 수 있다. 이것은 고온에서 입자내부 또는 표면에 있는 미세 공극의 폐쇄 현상에 기인된 것으로 보여진다[44]. 그러나 이러한 표면적의 감소는 표면에서의 전해질 분해반응을 억제하는 데는 유리하지만 표면에서 리튬이온이 이동할 수 있는 자리를 감소시키는 효과를 가져오기 때문에 율속 특성의 저하를 야기시킨다. 따라서 이러한 요소들을 잘 고려하여 재료를 설계하여야 우수한 특성을 지닌 전지를 제조하는 것이 가능하다.

탄소재료의 표면은 표 3.2.2에 나타낸 바와 같이 다양한 종류의 화학 관능기(chemical functional groups)를 가지고 있다. 이러한 관능기는 탄소재 표면의 화학적, 전기화학적 특성을 변화시킬 수 있는데, 그림 3.2.29에 탄소재 표면에 존재하는 여러가지 관능기를 X-선 광전자 분광법을 이용하여 측정한 결과가 나타나 있다.

산화정도가 낮은 경우에는 C-OH 결합에 해당하는 피크의 세기가 크고, C=O 결합과 HO-C=OOH 결합에 해당하는 피크세기가 상대적으로 작은 반면, 산화정

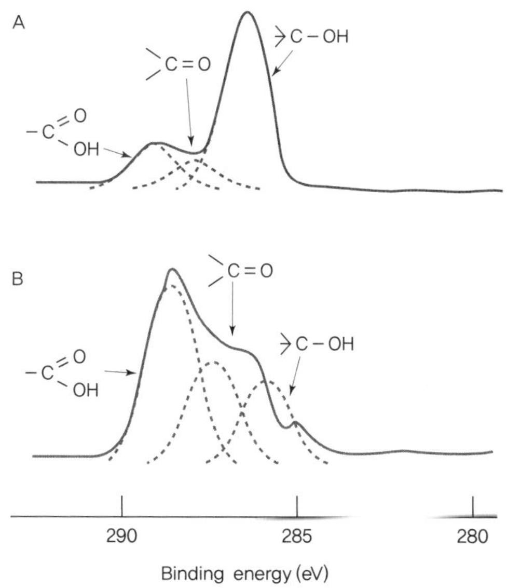

그림 3.2.29 산화 처리된 탄소섬유의 XPS 분석 결과.
(A) 산화정도가 낮은 경우 (B) 산화정도가 큰 경우 [46]

표 3.2.2 탄소재에 대한 XPS(X-ray photoelectron spectroscopy) 분석 결과[45]

Carbon	Binding Energy for C_{1s}(eV)	Interpretation of spectra
Channel black	285.5 288.5	C bonded to H C bonded to O
Oxidized Carbon fiber	286.0 287.0 288.6	Hydroxyl group Carbonyl group Carboxyl group
Carbon from PTFE Reduced by Li	285.4 - 285.9 290.2 - 290.8	C atoms in the basic C skeleton C atoms in surface COOH groups
Carbon fiber	285.0 287.0 289.0	Hydrocarbon group C singly bonded to O C doubly bonded to O
Graphite oxide	285.0 287.2 289.0	Carboxyl group Phenolic hydroxyl group Carbonyl and ether groups
Air-oxidized carbon fiber	1.5[a] 2.5[a] 4.0[a]	C-O- group C=O group Carboxyl group
Carbon fiber	1.6[a] 3.0[a] 4.5[a]	C-O- group C=O group Carboxyl or ester group
Electrochemically oxidized carbon fiber	11.6[a] 3.0[a] 4.5[a]	C-O- group C=O group Carboxyl or ester-type grou
Electrochemically oxidized carbon fiber	~ 2.1[a] ~ 4.0[a] > 6.0[a]	C=O and/or quinine-type group Ester-type group CO_3^{2-}-type group
Fluorinated graphite	4.7[a] 6.7[a] 9.0[a]	CF group CF_2 group CF_3 group

[a] Chemical shift for C1s peak(eV)

도가 큰 경우에는 C-OH 결합을 나타내는 피크세기가 작고, C=O 결합과 HO-C=OOH 결합을 나타내는 피크의 세기가 크게 보이고 있다[46]. 이를 통해 산화반응 동안 상당수의 산소가 탄소입자 표면에서 탄소와 반응함을 알 수 있다.

B.4. 열적 특성

리튬이온전지의 열 특성 및 안전성 문제는 리튬이온전지의 상품성에 절대적인 영향을 미친다. 현재 상용화 되어 있는 리튬이온전지의 경우 일반적으로 60 ℃ 정도까지는 열적 안전성이 확보되지만, 온도가 더욱 증가하면 구성성분들의 자체 또는 상호반응에 의해 활물질이나 전해질 등의 열적 분해가 촉진되고 이에 따른 전지의 구조 붕괴 등으로 인해 전지의 전기화학적 성능을 크게 저하시키게 된다. 리튬이온전지의 열적 특성은 음극/전해질 계면반응, 양극/전해질 계면반응, 전해질 및 전극 자체 분해반응 등 다양하고 복잡한 반응경로에 의해 설명될 수 있다. 이러한 열적 분해반응은 고온발열은 물론, 발화, 폭발 등을 야기시키는 열폭주(thermal runaway) 현상을 일으킴으로써 전지의 안전성 차원에서 심각한 문제점을 불러일으키게 된다. 이러한 전지의 열적 안전성의 기초 사항에 대해서는 앞서 양극 활물질 편(3-1-5 A 전지 안전성 기초)에서 설명한 바 있다.

전지의 초기 충전 시 형성된 음극/전해질 계면에서의 SEI 층 분해반응은 음극의 열 특성 및 리튬이온전지의 열적 안정성을 이해하는데 매우 중요하다. 그림 3.2.30에 도식화된 것처럼 초기 충전시 형성된 SEI층은 80 ℃ 부근에서 붕괴 개시반응이 진행되고, 100~120 ℃에서 SEI층의 완전 분해반응이 일어나는 것으로 알려져 있다[47].

SEI층의 구성물질은 사용하는 전해질 조성에 따라 달라지지만, 일반적으로 Li_2CO_3 및 LiF와 같은 안정한 성분과$(CH_2OCO_2Li)_2$ 등과 같은 준안정한(metastable) 성분으로 구성되어 있는 것으로 알려지고 있다. 리튬이온전지의 열 특성 및 열폭주 현상을 이해하고 이를 제어하기 위해서는 전지 구성 성분들 사이에서 일어나는 반응을 이해하는 것이 필요하다. 리튬이온전지의 열 특성에 영향을 미치는 음극관련 주요 발열 반응은 기본적으로 양극 부분에서 언급한 것과 유사하며 여기서는 아래와 같이 간단하게 요약, 설명하고자 한다[48].

(1) 온도가 상승함에 따라 90~120 ℃ 부근에서 음극 표면의 SEI층의 분해반응

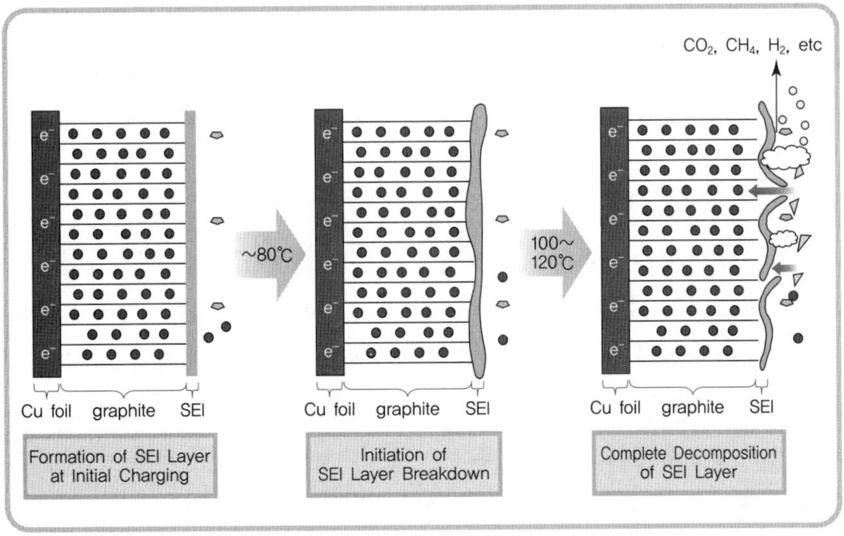

그림 3.2.30 SEI 층 분해반응 경로

으로, 열역학적으로 준안정(metastable) 상태인 SEI 층이 발열반응을 일으켜서 분해한다.

(2) 120 ℃ 이상에서는 전해질과 음극 내 삽입된 리튬이온과의 반응에 의한 발열반응이 일어난다.

(3) 불소가 포함된 결합재(예, PVdF)와 음극에 삽입된 리튬이온과의 발열 반응이 위와 유사한 온도에서 일어난다.

(4) 200 ℃ 이상에서는 전해질의 단순 열분해반응이 일어난다.

(5) 과충전 시 리튬금속이 음극에 석출될 수 있으며 이는 전해질 및 결합재와 반응할 수 있다.

Spotnitz 등은 리튬이차전지를 구성하는 물질들의 반응속도론적 변수인 발열 시작온도, 발열최대온도, 열용량, 활성화에너지 및 속도상수를 이용한 전산모사를 통하여 시차 열량분석(differential scanning calorimetry, DSC) 결과를 구하였다[48]. 그림 3.2.31에 나타난 바와 같이, 음극의 주요 열 특성은 SEI층 분해반응 외에도 리튬이 삽입된 탄소음극/전해질 및 탄소음극/결착재 등의 발열반응과 연관이 있다. 양극과 마찬가지로 음극의 열 특성은 리튬의 충전상태에 따라 상이한 발열량을 나타내며 사용하는 전극 및 전해질의 종류에 따라서도 열적 반응특성이 크게 달라지기 때문에 열적으로 안정한 리튬이온전지를 제조하기 위해

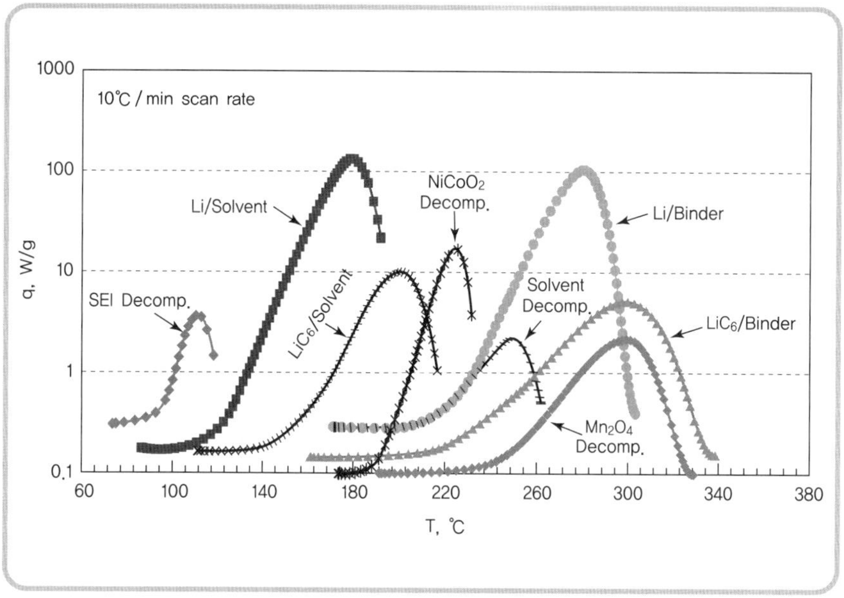

그림 3.2.31 리튬이차전지 구성물질의 전형적인 DSC 특성 [48]

서는 전지구성 물질들의 열적 반응경로 해석 및 이들의 설계 최적화가 매우 중요하다. 비교적 낮은 온도(200 ℃ 이하) 에서 일어나는 음극-전해질 사이의 반응은 리튬이온전지의 열폭주 반응을 개시하는 역할을 하게 되므로 그 반응열을 최소화 시키는 것이 필요하다.

B.5. 딘소재의 원료와 탄화 공성

탄소재는 그 전구체인 유기화합물의 종류에 따라 기상, 액상 또는 고상(solid state)에서 제조할 수 있다. 이들 전구체를 열처리할 때의 열처리 온도 증가에 따라 탄화과정 중 일어나는 생성물과 물리적, 화학적 변화를 그림 3.2.32에 개략적으로 나타내었다[49]. 생성되는 탄소재는 원료의 상태(기상, 액상, 고상 등)와 반응 중 생성되는 중간 전구체에 따라 달라지며, 온도에 의해서도 변화가 크게 일어날 수 있음을 알 수 있다. 각각의 탄화방법에 대해서 살펴보면 다음과 같다.

B.5.1. 기상 탄화

기체상태에서의 탄소체 생성은, 휘발성 유기물이나 탄화수소 가스(메탄, 프

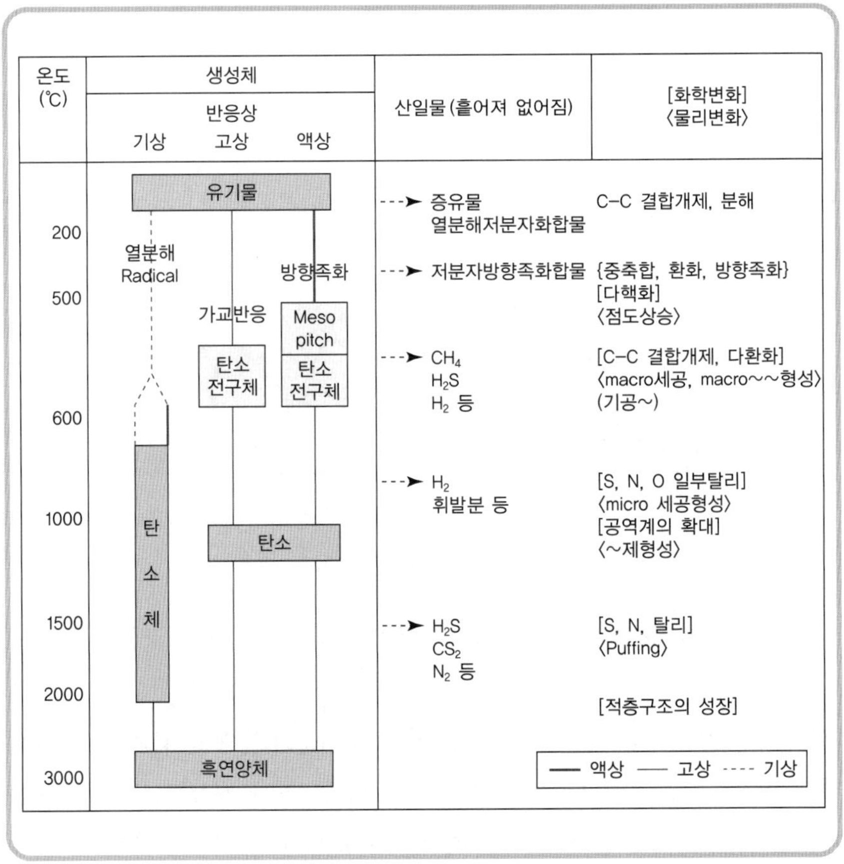

그림 3.2.32 탄화 반응의 양상 [49]

로판, 벤젠 등)를 가열, 열분해시켜 생성된 라디칼(radical)이 축중합 반응을 통해 방향족화가 진행됨으로써 이루어진다. 이러한 기상탄화 반응으로 얻을 수 있는 탄소 재료의 예는 카본 블랙(carbon black), 열분해 탄소(pyrolytic carbon), 카본 휘스커(carbon whisker) 등이 있다.

B.5.2. 액상 탄화

액상탄화는 용융성 유기물 및 용융성 석탄과 같은 원료를 가열할 때 원료에 함유된 저분자 화합물이 증발하고 난 후 열처리 온도 증가에 따라 용융상 점도 저하, 열분해, 축중합 반응, 탈수소 및 방향족화 등의 반응이 순차적으로 진행됨으로써 방향족 탄화수소가 얻어지는 반응이다. 일반적으로 탄소계 화합물의 구성성분이 방향족화 되거나 분자량이 증가하게 되면 액상의 점도는 증가하게 되고, 최종적으로는 고체 탄소체가 형성 된다. 액상의 점도 상승과 함께 고체화 될 때 탄소체 내에 기공이 형성되는데, 열처리 온도 증가에 따라 수소, 탄화수소, 불순물 원소 등이 방출되면서 고밀도화가 진행되어 1,500 ℃ 이상의 온도에서 흑연의 결정구조가 형성된다. 탄소체 내에 존재했던 불순물들(S, N 등)은 흑연화가 진행되면서 외부로 방출된다.

액상탄화 반응의 경우 400 ℃ 부근에서 점도가 증가하기 시작해 극대점을 나타낸 후, 다시 감소하여 극소점을 보이고 이후 점도가 다시 증가하여 고체상으로 된다. 이와 같이 온도에 관련된 점도 변화는 탄소재 원료나 탄화 조건에 따라 다르다. 이러한 과정은 유기화합물 내에 등방성 액체와 함께 혼재된 이방성 액정이 성장하여 점차 이방성 고체상 코크스(cokes)로 형성되는 단계로 알려져 있다. 고체상태에서 탄소원자의 큰 원자이동을 요구하는 재배열은 거의 진행되지 않기 때문에 열처리 온도 증가에 따른 흑연화 진행은 탄화 과정에서 고체 상태로 있는 시점에서의 육각망목면 적층구조 질서도에 의해 거의 결정된다. 흑연화가 용이한 탄소에서 흑연화 정도의 차이는 결정자의 크기(L_a, L_c)에 의해 영향을 받으며, 이흑연화성 탄소와 난흑연화성 탄소의 차이는 미세 결정자의 크기보다는 배열 규칙성의 차이에 더 크게 기인된다. 한편 난흑연화성 탄소는 열처리에 의해 결정자 크기가 성장하지 않기 때문에 비정질 탄소의 형태를 나타낸다.

B.5.3. 고상 탄화

고상탄화는 탄화 열처리 동안 액상을 생성하지 않는 원료(예를 들면 열경화성 고분자)를 사용할 경우에 일어나며 탄화 중 열분해반응에 관계 없이 고상을 유지하고, 탄화반응 동안 분자들의 이동이 제한되기 때문에 초기 고상의 구조가 탄소체의 미세구조를 거의 결정한다. 한편 용융성 유기화합물의 경우도 산화 및 열처리에 의해 불용성으로 되면, 후 열처리에 의한 탄화는 고상탄화 반응으로 진행된다. 고상탄화에서 탄화 전에 특정 형상으로 성형함으로써 그 형태를 유지하는 탄소체 제조가 가능하다. 그러나 이 경우 탄화과정에서 휘발 성분이 방출되기 때문에 연신 및 압축 등 조밀화를 위한 처리를 하지 않을 경우 다공질 탄소체가 얻어질 가능성이 높다. 고상 탄화를 일으키는 대표적인 원료는 천연 셀룰로오스(cellulose), 열경화성 합성고분자인 페놀 포말데하이드 수지(phenol formaldehyde resin), 퍼퓨릴 알콜 수지(furfuryl alcohol resin), 페놀 퓨란 수지(phenol furan resin) 등이 있으며 고상탄화에 의해 생성되는 대표적 탄소 재료는 탄소섬유, 활성탄 등이 있다.

C. 비탄소재

1991년 리튬이차전지가 상용화된 이래 음극활물질로서는 흑연 등의 탄소재가 주로 이용되고 있다. 상용화 초기부터 지금까지 전지 용량이 약 2배 이상으로 증가하였으며 이러한 전지 성능의 향상은 양극에서의 전지 충전 전압의 상승과 함께 음극활물질의 비용량이 170 mAh/g 수준의 비정질 하드카본에서 360 mAh/g 이상이 가능한 고밀도 흑연으로 발전한 것에 크게 기인한다.

최근 리튬이차전지가 적용되고 있는 휴대용 기기의 경량화, 소형화, 다기능화에 따라 긴 작동시간을 만족시키기 위해서는 전원으로서의 전지 에너지밀도를 향상시켜야 한다. 그러나 현재까지 상용화되어 온 흑연의 경우 리튬의 이론 저장 용량(LiC_6 기준)이 372 mAh/g(혹은 820 mAh/cm^3)으로 제한되기 때문에 이러한 문제점을 극복하기 위해서는 보다 큰 리튬 저장 용량을 갖는 음극활물질이 필요하다. 흑연 외에 고용량이 가능한 음극활물질로는 리튬과 반응하여 합금을 형성할 수 있는 Si과 Sn을 그 대표적 예로 들 수 있으며 최근 이러한 금속과 관련된 다양한 합금 및 복합체가 활발히 연구 개발되고 있다.

그림 3.2.33에 주요 음극활물질에 대한 전압과 용량과의 관계를 나타내었다. Sn 및 Sn 합금의 경우 평균 작동전압이 약 0.6 V로 Si 및 Si합금에 비해 약 0.2 V 정도 높으며 Si와 Sn 금속은 리튬금속과 유사한 정도의 매우 높은 용량을 보이고 있다. 그러나 합금화 없이 금속 자체를 응용하는 데는 충전시의 부피팽창이 크기 때문에 아직 상업적으로 응용하기 위해서는 많은 기술의 발전을 필요로 한다. 이 외에도 Al, Ge, Pb 등이 있지만 가역적인 반응효율이 떨어지고 평균 작동전압이 높아 이들을 음극활물질로 적용하기에는 아직 어려운 실정이다.

Si을 비롯한 금속 또는 합금계는 흑연에 비해 상대적으로 높은 전압을 가지기 때문에 실제 전지에 적용하였을 때는 양극과 음극의 전위차이로 나타나는 전지의 전압은 더 낮게 된다. 그림 3.2.34는 양극으로 $LiCoO_2$를, 음극으로 흑연과 Si-탄소 복합체를 사용하였을 때의 방전 곡선을 비교하여 나타낸 것이다. $LiCoO_2$/흑연 계에서 훨씬 더 높은 평균전압을 보여주고 있으며, $LiCoO_2$/Si-C계에서는

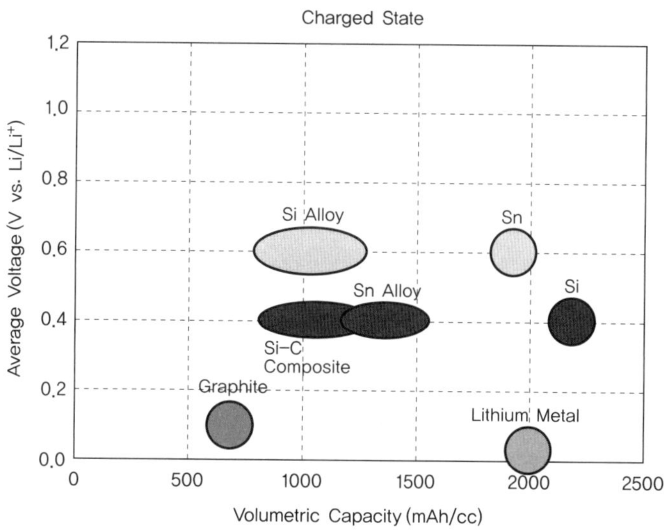

그림 3.2.33 리튬과 합금을 형성하는 금속원소의 전압과 용량

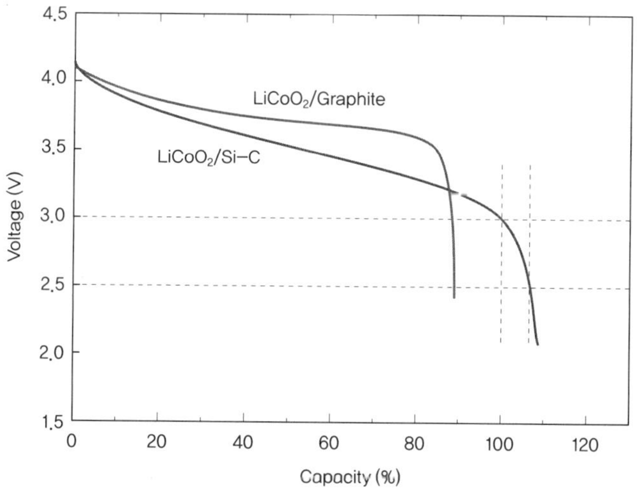

그림 3.2.34 $LiCoO_2$/흑연으로 구성된 전지와 $LiCoO_2$/Si-탄소 복합체로 구성된 전지의 방전 곡선

비록 용량이 높더라도 방전의 종지전압에 따라 전지의 용량이 큰 차이를 보이고 있다. 전지의 종지전압을 3.0V으로 하였을 때는 약 10 % 정도의 용량증가가 있지만 종지전압을 2.5 V로 하였을 경우에는 약 15 % 이상의 용량향상을 보여준다. 이와 같이 Si 금속과 같이 상대적으로 리튬 대비 높은 전압을 가진 재료들을 음극으로 사용하면 비록 이들 재료들이 높은 용량을 보여주더라도 에너지 밀도 측면에서는 낮은 충전 및 방전 곡선에 의해 기대한 것보다는 훨씬 더 작은 값을 보여주게 된다. 따라서 실제 전지에 적용 시에는 이와 같은 특성을 잘 고려하여 설계하여야 한다.

C.1. 합금계

리튬이차전지의 용량을 증가시키기 위해 리튬일차전지에서 사용되었던 Li과 Li-Al, Li-Si 합금을 음극으로 사용하는 것이 검토되었으나, 리튬금속의 경우 앞에서 언급한 바와 같이 리튬의 수지상 성장으로 인한 안전성 문제로 상용화에 이르지 못하였다. 이에 따라 Li과 반응하여 합금화 반응을 일으키는 금속(Si, In, Pb, Ga, Ge Sn, Al, Bi, Sb 등)들이 위와 같은 문제점을 극복하기 위한 방안으로 개발되었다[50]. 이들 합금은 특정 전압영역에서 충전시 리튬과 반응하여 합금을 형성하고, 방전 시에는 다시 금속화 하는 가역적인 반응이 가능하여 지속적인 충방전이 가능하였다. 이들 재료들은 흑연에서의 충방전 기구인 intercalation/deintercalation반응과 달리 리튬과의 합금화 반응에 의한 alloying/dealloying 기구에 의해 가역적인 반응이 일어난다. 이들 금속원소를 이용한 전극의 충 방전 반응은 다음과 같다.

$$xLi^{+} + xe^{-} + M \leftrightarrow Li_xM(\rightarrow: \text{충전}, \leftarrow: \text{방전})$$

금속이 충전과정에서 전자와 리튬이온을 받아서 전기적으로 중성화되면서 합금화가 일어나며(alloying), 반대로 방전과정에서는 합금 속에 있는 리튬이온과 전자가 빠져나오면서(dealloying) 다시 원래의 금속으로 돌아가게 된다. 리튬과 반응하여 합금(Li_xM)을 형성하는 것으로 알려진 주요 금속원소들과 이들의 단위 무게 및 부피당 용량을 그림 3.2.35에 표시하였다[51].

대부분의 금속이 흑연(LiC_6)에 비해 훨씬 더 높은 용량을 보이고 있으며 특히 Si의 경우에는 이론적으로 4,000 mAh/g 이상의 높은 용량을 보인다. 여기서 한

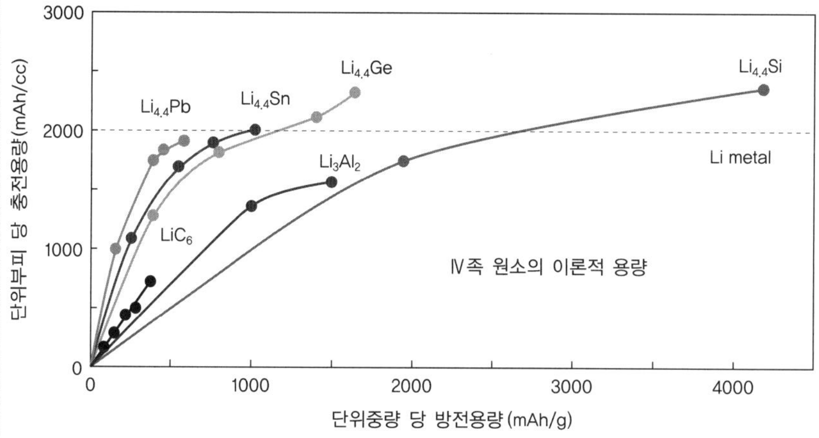

그림 3.2.35 리튬과 합금을 형성하는 금속원소와 대표적인 원소들의 방전용량
(주: 단위부피당 충전용량은 합금이 리튬과 반응한 후의 부피변화를 고려한 것임) [51]

가지 주목해야 할 사항은 이러한 재료들에 대한 작동전압이다. 이러한 금속-리튬 반응은 그림 3.2.36 에 나타난 바와 같이 비교적 낮은 전위 범위 내에서 일어나지만 흑연에 비해서는 여전히 높은 상태이다. 따라서 이들 금속이 리튬이차전지의 음극활물질로 선택될 경우 기존의 흑연을 사용한 전지에 비해 전지전압이 낮아

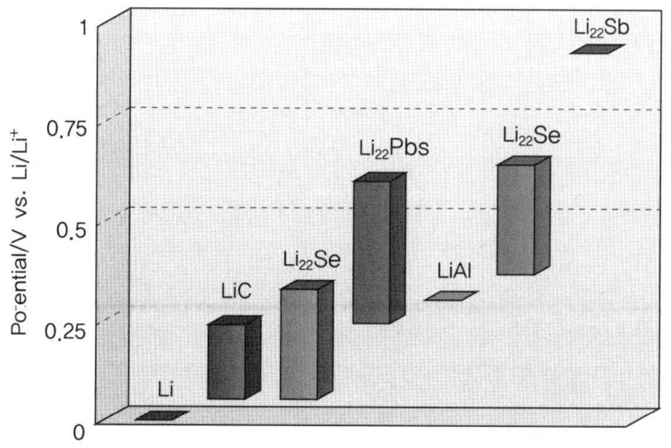

그림 3.2.36 리튬과 반응하는 전위구간 [52]

져 단위무게당의 용량이 크다고 하더라도 전지의 에너지 밀도를 감소시킬 수 있다. 그러나 최근 전자기기 기술의 발달에 따라 소모되는 에너지의 양도 줄어들면서 동시에 요구되는 전지의 작동전압이 낮아지고 있기 때문에 높은 용량을 지닌 이들 합금재료들은 충분히 그 응용이 기대 되는 재료이다. 그러나 이제까지 대부분의 연구는 Si 및 Sn 재료에 집중되고 있으며, Ge, Pb 및 Al 등에 대해서는 많은 연구가 요구되고 있다.

리튬 합금계에서 금속과 리튬의 반응 시 형성되는 합금상 및 조성은 평형 상태도(phase diagram)로부터 유추가 가능하다.

Sn-Li 계를 예로 들어보면 순수 Sn에 Li이 첨가됨에 따라 Li_2Sn_5, LiSn, Li_5Sn_2, $Li_{13}Sn_5$ 및 $Li_{22}Sn_5$의 화합물이 형성되며 그림 3.2.37에 나타낸 바와 같은 평형 상태도로부터 형성되는 상을 유추할 수 있다. 이들 금속이 큰 용량을 나타내는 이유는 금속에 리튬이 첨가됨에 따라 다양한 조성의 합금이 형성되면서 흑연의 탄소원소 6개당 1개의 리튬이 충전될 수 있는데 반해 매우 많은 양의 리

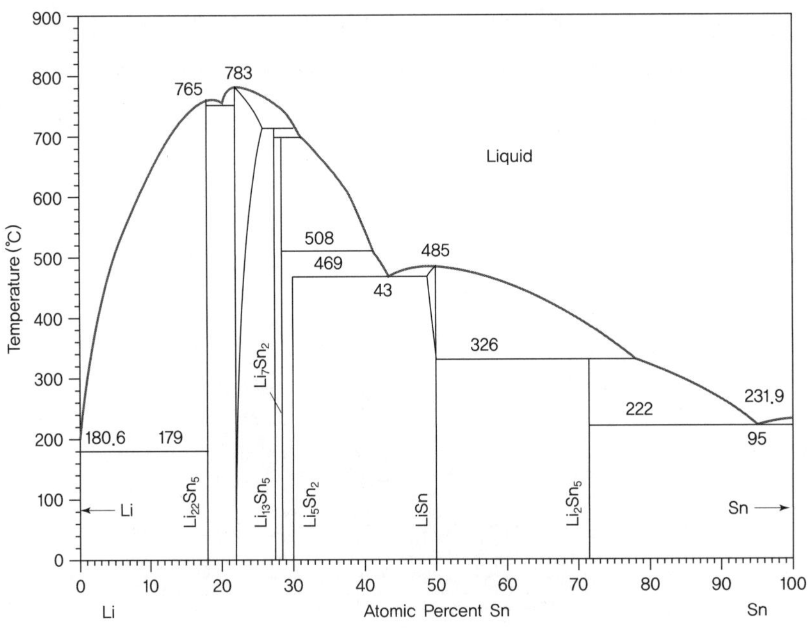

그림 3.2.37 Sn-Li 평형 상태도

튬과 반응할 수 있기 때문이다. 또한 평형 조건 하에서 이들 리튬 합금계에서 금속이 리튬과 반응하는 전위를 결정할 수 있는데, 그림 3.2.38은 리튬 조성에 따른 Sn 금속의 전위 변화를 나타낸 것으로서 비교를 위해 리튬 조성에 따른 Si의 전위 변화를 함께 도시하였다.

Sn-Li 계의 전위가 Si-Li 계의 전위보다 다소 높게 나타나지만, 이들 모두 2개의 상이 공존하는 조성범위에서는 전위가 일정하게 유지됨을 알 수 있다. 이러한 재료들은 대부분 충전 동안 리튬과 합금화 반응을 일으키면서 전압이 낮아지고 동시에 매우 큰 부피팽창을 동반하게 된다. 작동전압이 높은 경우에는 전지전압이 낮아질 뿐 실제 사용하는 데는 문제가 되지 않지만 이들 금속의 충전에 따른 부피팽창은 실제 응용을 저해하는 주요 원인이라 할 수 있다.

금속 음극의 부피 팽창은 리튬이 금속과 합금화 하면서 금속원자 사이의 틈새자리를 차지하면서 반응하여 격자상수가 크게 되는 데 기인한다. Si의 경우 하나의 Si 원자가 최고 4.4 개의 리튬과 반응할 수 있기 때문에 부피팽창은 필수적으로 일어나게 되며 이러한 팽창은 최고 약 400 %까지 진행될 수 있다. 금속과 리튬의 반응으로 합금화가 일어나면 리튬-금속간 결합은 취성이 약한 이온결합

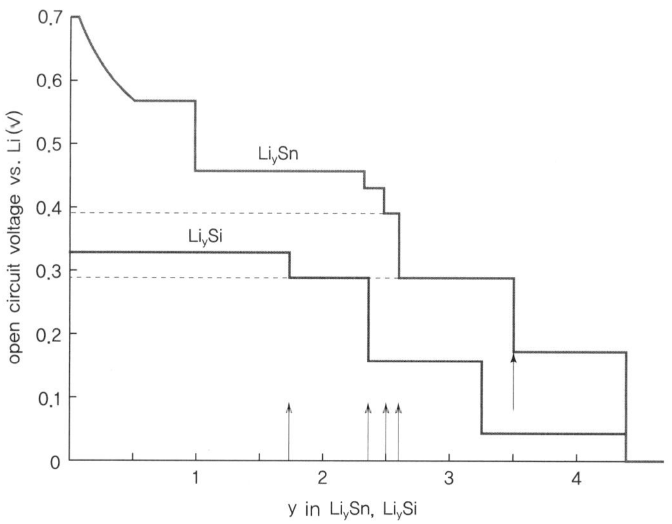

그림 3.2.38 Sn–Li 및 Si–Li 계에서 리튬 조성에 따른 전위 변화[50]

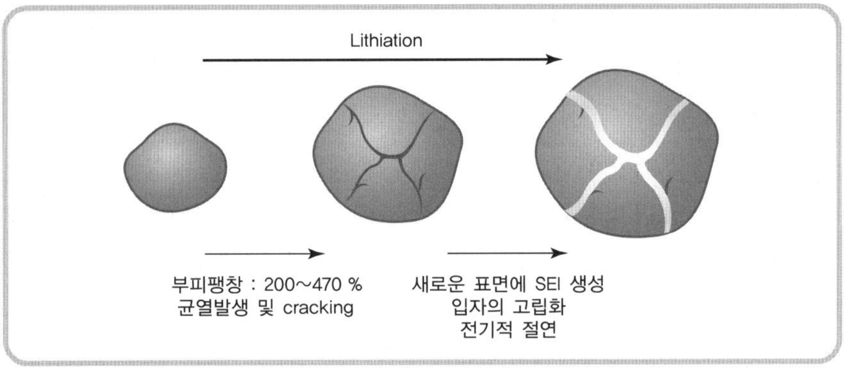

그림 3.2.39 금속의 합금화에 따른 균열화 모식도

의 성질을 띠기 때문에 부피팽창에 따라 응력이 발생하게 되면 쉽게 깨지게 되어 재료의 균열이 일어난다. 이온결합으로 이루어진 무기물 재료의 경우 약 5 % 이상의 부피팽창이 일어나게 되면 임계점 이상의 기계적 응력을 받기 때문에 재료의 파괴가 일어난다. 그림 3.2.39에 충전에 따른 금속원자의 부피팽창과 이로 인한 금속의 균열화를 모식적으로 나타내었다.

충전 초기에 리튬이 금속과 합금화 반응이 일어나면서 과도한 부피팽창으로 입자 내에 균열이 발생하게 되고, 이어서 추가적인 합금화 반응이 지속되면 균열에 의한 파괴로 새로운 표면이 형성되면서 최종적으로 전해질 분해에 의한 SEI 막이 표면에 새롭게 형성된다. 이때 입자의 균열이 항상 방사형으로 생기는 것이 아니고 불규칙하게 발생하기 때문에 입자 내부 어딘가에는 전해질에 접하지 못하거나 전기적으로 차단되는 부분이 생기게 된다. 이렇게 고립된 파편입자는 결국 전기화학적 반응에 참여하지 못 하게 되고 전지에서는 결국 큰 용량손실로 나타난다. 그림 3.2.40은 흑연과 금속입자 표면에서 SEI 층이 형성되는 것을 모식적으로 흑연과 비교하여 나타내고 있다[51].

위와 같은 금속 입자의 균열 방지를 위해서는 음극활물질의 부피팽창에 따른 재료의 균열을 방지할 수 있는 방법이 개발되어야 한다.

최근 이러한 부피팽창을 최소화 하는 방법으로 1) 리튬과 반응하는 금속입자의 미세화, 2) 리튬과 반응하는 다중상의 합금, 3) 활성/비활성(active/inactive) 금속 복합체, 4) 리튬 합금 / 탄소 복합체를 형성하는 방법 등이 제시되고 있다.

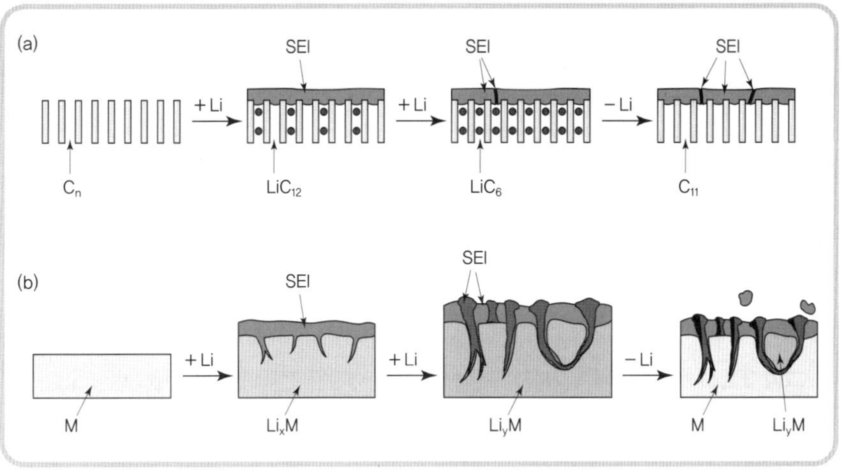

그림 3.2.40 (a) 흑연과 (b) 금속에서의 SEI 막 형성에 대한 모식도

C.1.1. 리튬과 반응하는 미세 금속입자

금속분말 입자의 크기를 최소화 하려는 목적은 금속이 리튬과 반응시 부피변화의 정도가 금속분말 입자의 크기에 영향을 받기 때문이며, 실제로 입자 미세화를 통해 팽창 시 발생하는 응력의 크기를 최소화할 수 있는 것으로 알려져 있다. 과도한 부피변화는 활물질 열화의 원인이 되는 것으로 알려져 있다. 합금이 리튬이온과 반응 시 큰 부피변화를 수반하여 입자 내에 균열이 발생하며, 반응에 참여하는 리튬이온의 양이 증가할수록 발생한 균열이 더욱 발달하여 새로운 계면이 형성된다. 따라서 종국에는 전자 전도경로가 단락되어 전기적으로 고립되면서 용량감소와 새로운 계면형성에 의한 성능의 열화가 발생한다.

그림 3.2.41은 전극에서 미세한 금속입자가 느슨하게 적층 배열된 경우 리튬과의 반응에 의한 부피팽창을 흡수하여 전극의 기계적인 응력 발생을 완화시켜 안정적으로 충전 및 방전을 할 수 있음을 보여주고 있다. 리튬과 반응하는 금속입자는 충방전시 금속 입자에 기계적인 균열 현상이 일어나지 않을 정도로 미세화시키는 것이 바람직하며 이것은 금속과 리튬의 반응속도적인 관점에서도 유리하다. 금속 입자를 임계크기 이하로 미세화 하면 리튬과 반응시 기계적으로 파괴가 일어나지 않는다. 이를 위해 부피 변화에 의해 발생된 변형 에너지(strain energy)가 균열 발생시 새로 형성되는 표면에너지 보다 크거나 같아야 하며, 미세균열이 형성되지 않는 금속 입자의 임계 크기는 다음의 식에서 얻어질 수 있다[53].

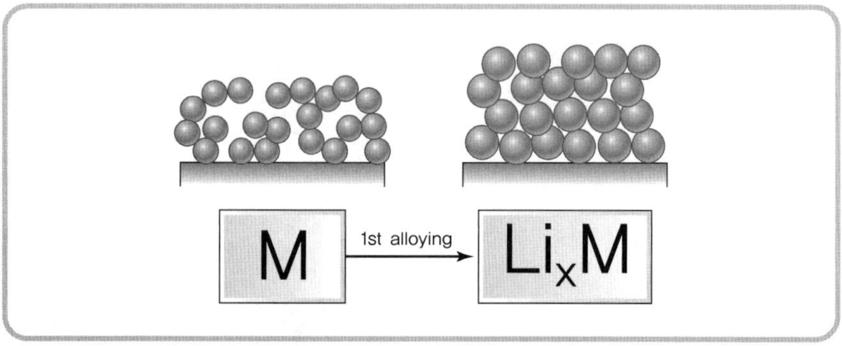

그림 3.2.41 미세한 금속입자가 느슨하게 적층 배열된 전극의 경우 리튬 합금화[52]

$$d_{crit}=32.2\gamma(1-2\nu)2V_0^2/E\ \Delta V^2$$

여기서 d_{crit}: 임계 입자 크기, γ: 표면에너지

ν : 프와송비(Poisson's ratio)

V_0 : 초기 부피, ΔV : 부피 변화

위와 같은 이론적 계산에서 각 인자의 추정치를 사용할 경우 그 정확도가 다소 감소할 수 있지만, 실제 계산에서 구해지는 임계값이 금속의 단위 격자 크기보다 작은 것으로 나타나, 입자 크기만을 작게해서는 리튬이온과 반응 시 금속입자의 기계적인 파괴 현상을 억제하기 어렵다고 알려져 있다.

C.1.2. 리튬과 반응하는 다중상 합금

단일상을 갖는 금속(예를 들어 Sn)의 경우 일정한 전위에서 리튬이온과 반응하지만, 여러 상을 형성하는 금속(예를 들어 다중상 Sn/SnSb)계의 경우 여러 전위 영역에서 리튬과 반응한다. 그림 3.2.42에 나타난 바와 같이 SnSb합금이 800~850 mV 영역에서 먼저 리튬이온과 반응하고, 나머지 Sn은 낮은 전위 영역인 650~700 mV 범위에서 반응하여 각 전위 영역에서 리튬이온과 반응하는 상의 부피팽창을 완화시킴으로써 사이클 특성을 향상 시킬 수 있다.

$$1단계\ 반응: SnSb+3Li^++3e^- \rightleftharpoons Li_3Sb+Sn$$

$$2단계\ 반응: Sn\ +4.2Li^++4.2e^- \rightleftharpoons \cdots \rightleftharpoons Li_{4.2}Sn$$

위 방법은 리튬과의 반응이 다단계로 일어나게 하여 부피팽창의 집중화를 억

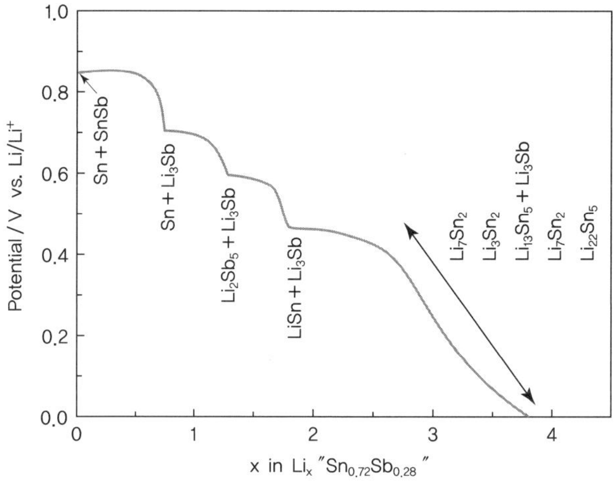

그림 3.2.42 Sn계 금속재의 리튬조성에 따른 합금 전위 [52]

제하는 데 어느 정도 도움이 된다. 그러나 이 경우에도 최종적으로 얻어지는 리튬금속 합금은 여전히 많은 양의 리튬과 반응하기 때문에 부피팽창을 억제하는 데 한계가 있다.

위와 유사한 반응을 하는 물질로는 Ag_3Sn을 들 수 있다. Ag는 금속으로 존재 시 전자 전도성을 제공해 줄 뿐만 아니라 리튬이온과의 다단계 반응을 통하여 LiAg 상을 형성한다. LiAg는 상대적으로 리튬이온과 Sn의 반응을 억제하여 부피팽창을 감소시키며, 그 반응에 따른 상 변화는 다음과 같다[54,55,56].

$$Ag_3Sn + Sn + 3Li^+ + 3e^- \rightleftharpoons LiAg_2Sn + Li_2AgSn$$

$$LiAg_2Sn + Li_2AgSn + 8.8Li^+ + 8.8e^- \rightleftharpoons 2Li_{4.4}Sn + 3LiAg$$

C.1.3. 리튬과 반응하는 금속/리튬과 반응하지 않는 금속의 복합체

합금계의 사이클 특성은 순수 금속을 사용하는 것보다 리튬에 대해 반응하는 금속과 반응하지 않는 금속과의 복합체를 형성한 전극에서 더욱 우수한 성능을 기대할 수 있다. 이러한 복합체의 기본개념은 리튬과 반응하는 활성상(active phase: 분산상)이 리튬과 반응하지 않는 비활성상(inactive phase: 연속상)에 둘러 싸이게 하여 활성상의 부피 팽창 및 수축을 완화시키도록 하는 것이며, 이 원리를 그림 3.2.43에 도식적으로 나타내었다.

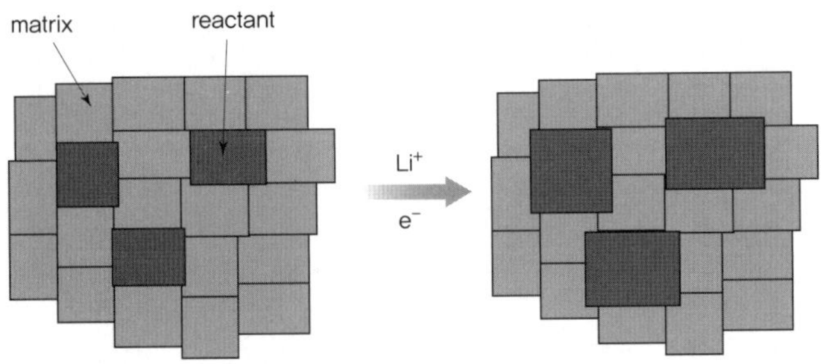

그림 3.2.43 리튬과 반응하는 금속상과 반응하지 않는 금속상 복합체에서의 부피팽창 및 수축 완화 작용 [52]

이때 부피팽창을 최소화하기 위해서는 활성상의 금속상 크기를 최소화하고 이들이 비활성 금속상 내에 미세하게 분산되도록 하는 것이 바람직하다.

SnO, SnO_2 및 $Sn_xAl_yB_zP_pO_n$과 같은 주석 산화물의 경우, 초기 사이클에서 리튬과 반응시 다음과 같은 반응에 의해 Li_2O와 Sn을 형성하는 비가역 반응을 나타낸다. 이 때, Li_2O의 연속상 내에 나노 크기의 Sn 금속 입자가 분산상으로 분포하게 되어 활성상(Sn)/비활성상(Li_2O) 복합체를 형성하게 되며, 계속되는 사이클 동안에는 Sn이 Li과 가역적으로 반응하게 된다.

$$SnO + 2Li^+ + 2e^- \rightarrow Sn + Li_2O$$

그러나 주석 산화물(SnO)의 경우 Li_2O의 형성과 관련된 초기 비가역 반응에 의한 용량 손실이 매우 크기 때문에 실제 리튬이차전지에 적용하기에는 현실적으로 어려운 문제점을 가지고 있다. 따라서 이러한 비가역 용량 손실을 해결하기 위한 방안으로서 리튬과 반응하는 활성금속과 리튬과 반응하지 않는 비활성 금속과의 화합물을 형성하는 방법이 제안되고 있다. 활성금속은 리튬과 산화반응을 하는 Sn, Si 등이며 비활성 금속은 Fe, Ni, Mn, Co 등과 같은 전이 금속이다. 이들 화합물의 초기 리튬과의 반응은 다음과 같이 나타낼 수 있다.

$$SnM + xLi^+ + xe^- \rightarrow Li_xSn + M$$

이 경우 복합체 형성과정은 산화물의 경우와 같은 원리를 따른다. 즉 화합물 SnM과 리튬이온과의 초기 반응에 의해 SnM이 Li_xSn 과 M으로 분해된다. 생성된 활성금속(Li_xSn)은 분해된 전이금속 M의 연속상 속에 분포하기 때문에 충전 및 방전 시 활성 금속이 리튬과 반응할 때 일어나는 부피변화를 완화시켜 복합체 전극의 구조적 안정성을 향상시킨다. 여기서 연속상으로 작용하는 리튬과 반응하지 않는 비활성 금속(M)은 Sn산화물의 경우에 형성된 Li_2O에 비해서 전기 전도성이 우수하지만 리튬 이온의 이동이 억제되어 율속 특성이 크게 저하되는 문제점이 있다. 그림 3.2.44에 Sn-M 과 Li과의 반응을 도식적으로 나타내었다.

또, 리튬과 반응하는 금속상(예, Si, Sn 등)을 리튬과 반응하지 않는 금속상의 연속상 내에 미세하게 분산시킴으로써 충전과정에서 리튬과 반응하는 금속상의 부피변화를 억제하거나 완화시키도록 할 수 있다. 이때 리튬과 반응하지 않는 금속상은 높은 기계적 강도와 탄성을 가지고 있어서 부피팽창에 의한 응력을 견딜 수 있어야 하고, 또한 전기 전도성이 우수하여 전자의 이동을 용이하게 하여야 한다. 리튬에 대해 활성상인 Si를 TiN, TiB_2, SiC와 같은 리튬에 대해 비활성상인 금속과 혼합하여 복합체를 형성한 경우에, 순수 Si전극에 비해 우수한 충방전 사이클 특성을 얻을 수 있다. 그러나, 리튬에 대해 비활성인 금속상의 무게 및 부피로 인하여 복합체 활물질의 리튬 저장 용량이 감소될 수 있고, 또한 리튬이온의 이동이 어려워져 Li과 Si의 반응이 억제 될 수 있는 문제점이 있다.

활성상과 비활성상을 가지는 금속합금을 설계하는 방법으로 금속합금의 상태도를 이용할 수 있다. 즉 Si-Co의 상태도에서 공정조성(eutectic compositon)에서 합금을 녹인 후 급속냉각을 시키면 금속합금 내의 미세구조가 다양하게 조절될 수 있다. 예를 들어, 그림 3.2.45는 Si-Co의 상태도를 나타낸 것인데 Co-58Si조성에서 온도를 a 이상으로 가열하여 합금을 녹인 후 온도 b까지 급냉시키

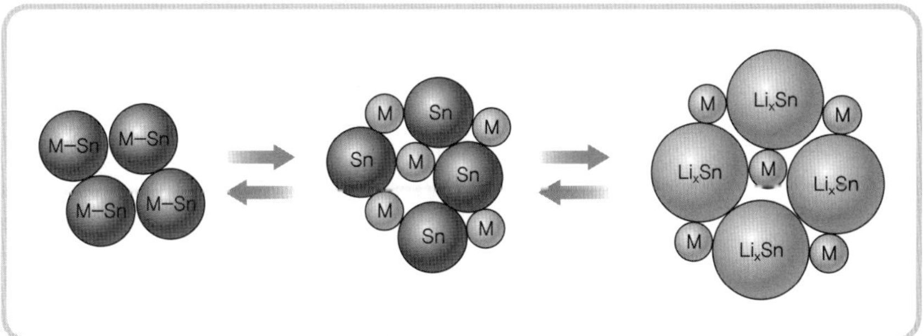

그림 3.2.44 Sn–M과 Li과의 반응 [57]

면 금속 내에서 상분리가 일어나면서 여러가지 모양의 미세구조를 가진 금속복합체를 만들 수 있다. 그림 3.2.46은 이와 같은 방법에 의해 얻어진 금속복합체 입자의 형상과 미세구조를 나타낸 사진인데, 입자의 형상은 용융금속의 atomizing 분무법으로 얻어진 입자의 특징인 구형을 이루고 있으며 미세구조는 Si-Co의 기지상(matrix phase)에 Si입자가 일정한 크기로 균일하게 분포되어 있다. 이러한 금속복합체는 나노크기의 리튬과 반응하는 금속입자들의 부피팽창이 억제

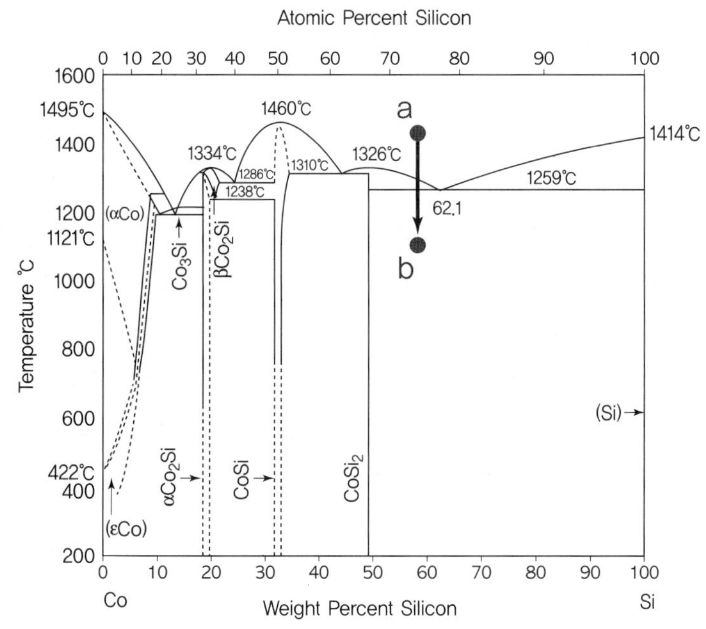

그림 3.2.45 Co-Si의 상태도

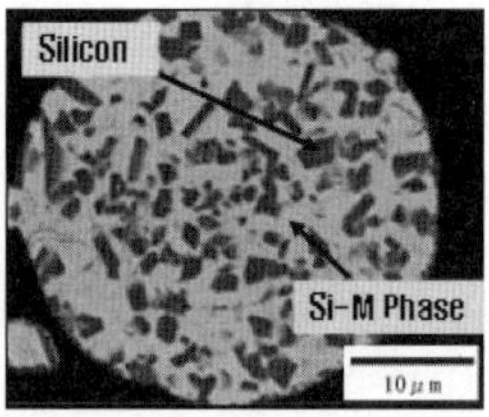

그림 3.2.46 급냉응고로 제조한 Co-Si 합금의 단면 형상

되기 때문에 우수한 수명특성을 얻을 수 있다. 그러나 이 방법은 금속을 높은 온도까지 가열하여 용융시켜야 하기 때문에 공정이 복잡하고 제조 비용이 높기 때문에 상업화에는 아직 한계가 있다.

이상에서 살펴본 바와 같이, 금속 및 합금계의 가장 큰 단점인 충전에 따른 부피팽창 억제를 위해 다양한 시도가 이루어지고 있지만, 아직 상업적으로는 큰 실효성을 거두지 못하고 있는 실정이다. 그러나 앞에서 언급된 다양한 방법들을 적용하여 금속 또는 합금과 탄소간의 복합체를 형성하여 금속이나 합금의 사용량을 줄임으로써 전극에서의 부피 팽창을 억제하려는 노력들이 활발하게 진행되고 있다. 다음 장에서는 금속/합금과 탄소와의 복합체에 대해서 살펴보고자 한다.

C.1.4. 금속/합금-탄소 복합체

금속/합금-탄소 복합체는 비활성 금속사용에 따른 전기전도성 저하를 극복하고, 또 금속에 의한 부피팽창을 최소화하여 우수한 전기화학적 특성을 제공하기 위해 개발된 방법이다. 금속/합금-탄소 복합체의 경우 복합체의 미세 구조 및 제조방법에 따라서 음극활물질로서의 특성이 크게 달라지며, 여기서는 금속/합금-탄소 복합체의 미세구조 및 설계와 관련된 기본적인 개념과 이들의 제조방법에 대해서 소개하고자 한다. 금속/합금-탄소 복합체의 금속 또는 합금으로서는 Si과 Sn이 주로 이용되고 있으나, Sn의 경우 융점이 낮아 탄소 복합체 설계 및 제조에 제한적으로 적용될 수 있다.

그림 3.2.47은 Sn-Co-C 복합체의 미세구조 사진 및 모식도이다. 이 복합체는 Sn이 Co와 C와 함께 합금을 형성하고 있으며 동시에 탄소와 복합체를 형성하고 있다. 일반적으로 금속과 탄소간의 3원계 합금이 매우 어렵지만 Sn-Co-C의 합금이 가능함이 실험으로 증명된 바 있다. 따라서 Sn은 Co및 C와 합금을 이루면서 부피팽창이 억제되고 추가적으로 탄소에 의해서 부피팽창을 더욱 완화시키게 된다. Sn-Co-C 복합체를 이용한 전지가 캠코더 용도 등 특수 용도로 상용화되었다 [58].

그러나 이 재료는 합성이 다소 까다롭고 또한 용량 향상 효과가 작아 일부 특수한 용도를 제외하고는 아직 범용으로 사용하지는 못하고 있다.

탄소 복합체의 기본적인 유형으로는 Si 및 Si 합금을 탄소로 코팅하여 탄소 내에 Si이 분산되도록 하는 것이 있다. 이 경우, 활물질의 표면이 탄소로 코팅되

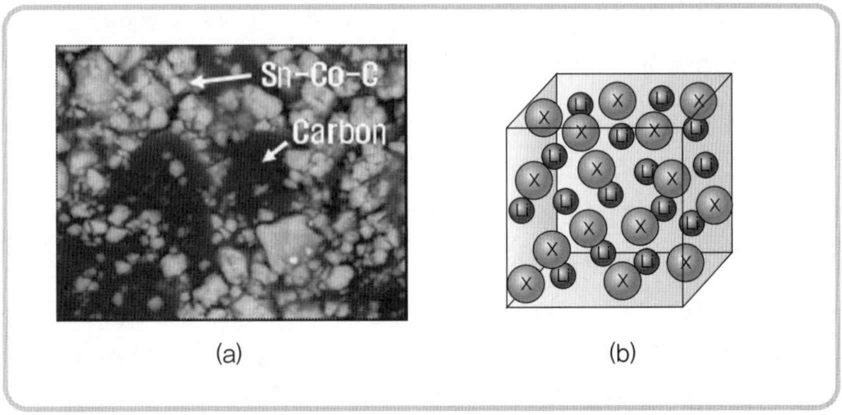

그림 3.2.47 Sn–Co–C 합금과 탄소 복합체의 (a) 미세구조 사진 및 (b) 모식도

어 있어 활물질 입자간의 전기 전도성 및 전해질에 대한 전기화학적 특성을 향상시킬 수 있는 장점이 있다. 이러한 복합체를 제조하는 방법으로는 Si 및 Si 합금 입자 표면에서 탄소 전구체를 1,000 ℃ 이상에서 열분해 하거나 Si과 탄소 전구체를 동시에 열분해 증착하는 방법이 있다. 그림 3.2.48은 일반적으로 많이 고려되어지고 있는 Si과 탄소의 복합체에 대한 개략도를 나타낸 것이다.

위 방법으로 얻어진 복합체는 탄소 연속상 내에 Si 입자가 분산되어 있어, Si 입자의 부피팽창에 의한 전극퇴화를 어느 정도 극복할 수 있지만, 오히려 카본에 의한 수명열화와 큰 초기 비가역 반응 때문에 사용에 제약을 받고 있는 실정이다. 그림 3.2.48(b)는 비가역 반응을 줄이고 또 수명특성을 향상시키기 위해 Si-C 복합체를 형성한 후 표면에 CVD 방법으로 다시 카본을 피복시켜 표면을 안정화시킨 경우이다. 이는 3.2.48(a) 법에 비하여 훨씬 더 높은 효율을 보이고 있지만

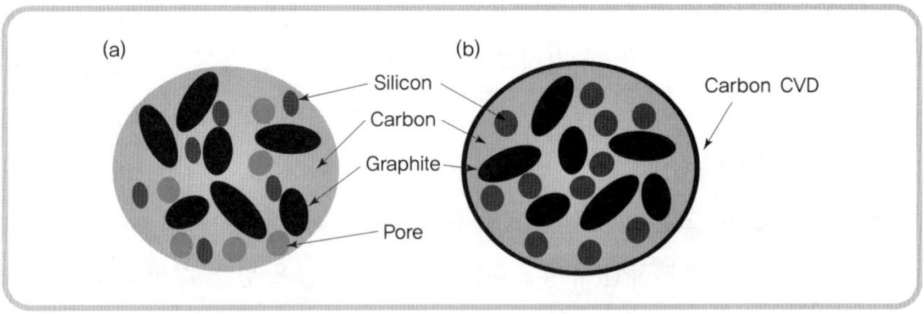

그림 3.2.48 Si과 탄소 복합체의 개략도: (a)에 카본을 CVD로 층착하여 (b)를 제조

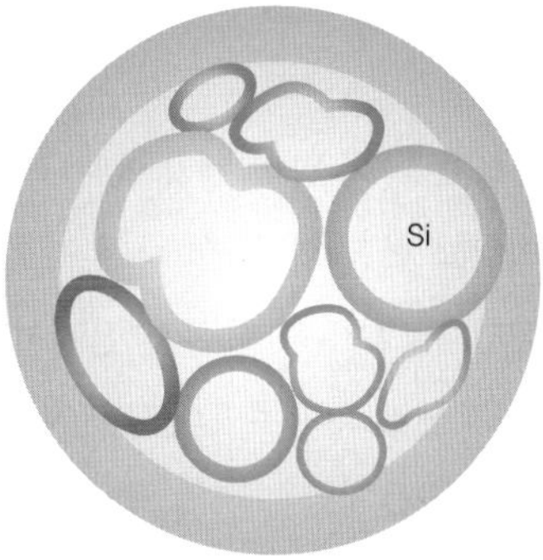

그림 3.2.49 Si입자와 흑연복합체에 대한 모식도

가공비가 높고 카본이 큰 부피를 차지하여 전극의 에너지 밀도가 저하되기 때문에 전극의 실질적인 용량 증대에는 크게 기여하지 못하고 있다.

다른 방법으로는 실리콘과 흑연으로 구성된 복합체로서, 실리콘 입자와 흑연 입자를 혼합 밀링(milling)하여 실리콘 입자 위에 흑연층이 코팅되어 복합체를 형성하는 것이다. 이 방법은 비정질 카본을 사용하였을 때처럼 비가역 용량이 크게 되는 것을 방지할 수 있을 뿐만 아니라 흑연층의 존재에 의해 실리콘 입자의 부피팽창이 억제되어 전극이 높은 용량과 우수한 성능을 나타내게 할 수 있는 장점이 있다. 그림 3.2.49는 실리콘 입자와 흑연 복합체에 대한 모식도를 나타낸 것이다.

여기서는 일차적으로 ball milling을 통하여 실리콘의 입자 위에 흑연층을 피복시키고 그 위에 다시 탄소층을 이중으로 피복함으로써 실리콘-흑연 복합체가 형성된다. 실리콘과 흑연의 복합체를 탄소 코팅하는 것은 미세한 실리콘 입자를 균일하게 분산시키고 충방전 시 리튬과 반응할 때 Si입자의 부피변화를 완화시킬 수 있을 것으로 기대하기 때문이다. 또한 이러한 Si-흑연 복합체를 탄소 코팅함으로써 흑연과 Si입자를 서로 결합시키고 이들 사이에 전기 전도성 및 리튬 이온 전도성을 향상시킬 수 있다. 이러한 탄소 코팅은 일반적으로 탄소 전구체를 Si-흑연 복합체와 혼합한 후 1,000 ℃ 이상에서 열분해 하여 탄화시키는 방법으로 이루어진다. 리튬 합금으로서 순수 Si을 사용하는 것보다 Si 합금(Si/M, M: 전이금속)을 사용하면 추가적으로 전기 전도성 향상이나 부피변화의 감소를 기대할 수 있다[59].

C.1.5. 금속계 박막전극

금속 활물질의 경우 결합제 없이 박막 형태의 전극으로 사용될 수 있다[52]. 이러한 박막전극의 충전(리튬과 합금 형성) 및 방전 시 나타나는 전형적인 부피변화를 그림 3.2.50에 나타내었다. 초기 충전 후 방전에서도 부피팽창에 의해 두께가 6 μm에서 11 μm으로 증가하였으며 두번째 충전에서는 거의 17 μm에 이르도록 팽창함을 알 수 있다. 음극 집전체인 구리의 표면에 주석을 기둥모양의 입자로 증착시켜서 입자간 부피팽창에 의한 응력을 최대한으로 흡수할 수 있도록 한 것이다. 그러나 수평방향으로 부피팽창이 일어나더라도 수용할 수 있는 공간이 있기 때문에 입자에 균열이 생성되지 않아 좋은 성능을 보일 수 있을 것으로 여겨진다. 이와 같이 기하학적으로 부피팽창을 수용할 수 있는 모양으로 전극을 구성하는 것도 좋은 방법으로 여겨지며 향후 보다 더 용이한 상업화를 위해서는 화학적인 방법으로 부피 팽창을 억제할 수 있는 기술을 개발하는 것이 필요하다.

C.2. 화합물계

C.2.1 금속 산화물

금속 산화물로 구성된 음극활물질이 충전 및 방전시 리튬과 반응을 하게 될 때에 크게 2가지의 서로 다른 거동을 나타낸다. 즉, 결정 구조를 유지한 상태에서 리튬을 intercalation/deintercalation 하는 경우와 리튬과 반응시 산화물이 분해

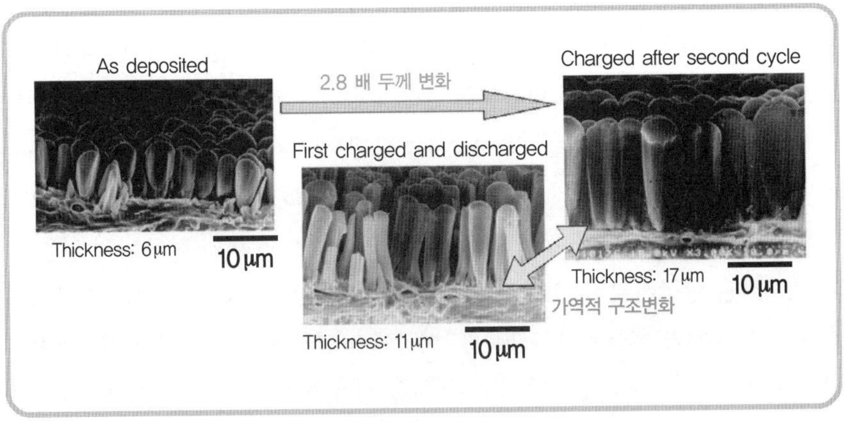

그림 3.2.50 금속(Si) 박막의 충전 및 방전 시 부피변화 [52]

되는 경우이다. 후자의 경우에 속하는 대표적인 금속산화물 음극재료에는 암염 구조를 가진 CoO, NiO, FeO 등의 전이금속 산화물[60] 및 TiO_2[61] 산화물이 있으며 대체로 비가역 용량이 크며 평균방전 전압도 약 0.8~2.0 V 정도로 높다. TiO_2 산화물에는 구조에 따라 다양한 상(phase)들이 존재하며, Anatase, rutile 및 ramsdellite TiO_2와 TiO_2-B[62, 63] 등이 대표적이다.

Anatase 이산화티탄은 정방정계(body-centered tetragonal, $I4_1/amd$) 구조로서 격자상수는 a=3.782 Å, c=9.502 Å이며 밀도는 3.904 g/ml이다. 이들은 리튬과 전기화학 반응을 하여 Li_xTiO_2를 형성하며 x값은 0.0~0.5 범위에서 가역적으로 변하고, 화학 반응식은 다음 식과 같이 나타낼 수 있다.

$$TiO_2 + xLi^+ + xe^- = Li_xTiO_2 (x = 0\sim0.5)$$

Anatase TiO_2의 경우 평탄구역에서는 intercalation 및 deintercalation 반응이 일어나며 기울기를 가진 영역에서는 전해액의 분해반응 없이 TiO_2가 리튬과 반응하여 충전 및 방전이 일어난다. 이러한 intercalation 및 deintercalation 반응은 $Li_{0.05}TiO_2$의 tetragonal 구조와 orthorhombic 구조의 이상(two-phase) 평형 반응이며, 이때의 전기화학반응의 전위는 약 1.8 V(Li/Li^+)[64, 65]이다. 이 재료는 200 mAh/g 이상의 다소 높은 용량을 나타내지만 초기 입자의 표면에서 TiO_2와 리튬과의 intercalation 반응에 의해서 나타나는 비가역 용량이 크고 약 1.8 V에 이르는 평균전압 때문에 실제 응용에는 많은 제약을 받고 있다. 또한 탄소계 재료와는 달리 전기전도도가 낮아서 충전 및 방전 곡선 간의 전위차이가 크게 나타나기 때문에 그림 3.2.51에서 보는 바와 같이 분극에 의한 저항이 크다는 것을 알 수 있다. 따라서 보다 낮은 전압과 전류밀도를 요구하는 분야에서의 응용이 기대된다.

Rutile TiO_2도 $LiTiO_2$의 암염 구조와 같으며 전기화학적 활성이 있으나, 반응 속도가 낮고 충전과정에서 4.5 % 정도의 부피팽창을 가지며 평균 작동전압은 anatase 상의 TiO_2와 유사하지만 경사진 전위곡선을 가진다는 것이 다르다[66]. 그림 3.2.51에 anatase 상과 rutile 상 $LiTiO_2$의 충전 및 방전에 따른 곡선을 나타내었다. TiO_2가 충전초기에는 약 3.0 V의 개회로 전압을 가지지만 충전과정에서 리튬이온과 반응하기 시작하면서 전압이 1.8 V 정도까지 빠른 속도로 저하됨을 알 수 있다. 이때 리튬이온이 산화물 구조 내부로 intercalation 하거나 반응하는

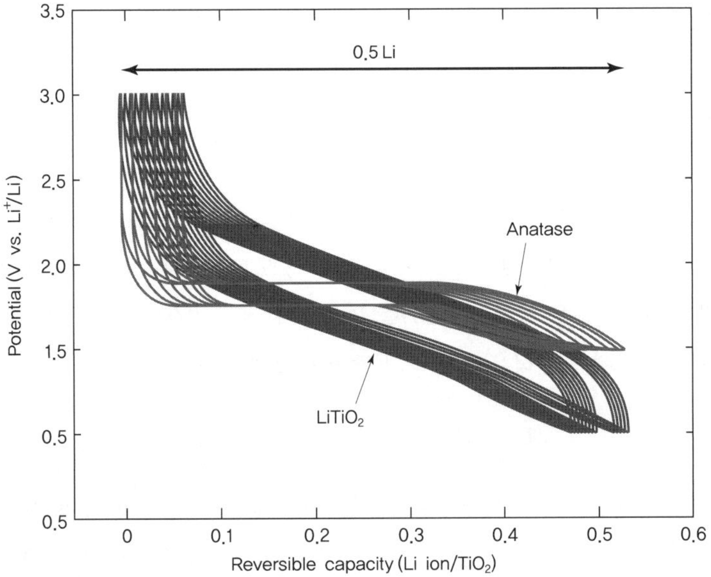

그림 3.2.51 Anatase 및 rutile TiO_2 전극재료의 충전 및 방전 전위변화

전압이 전해질의 분해 전압보다 높기 때문에 전극으로 사용하더라도 전해질 분해와 같은 반응이 일어나지 않기 때문에 SEI 형성반응이 일어나지 않는다. 따라서 탄소재에 비해서 입자의 표면에서 형성되는 피막이 없기 때문에 높은 출력특성을 얻는 데는 더 유리한 점도 있다. 그러나 탄소에 비해 재료자체의 전기전도도가 낮고 리튬이온의 확산속도가 느리기 때문에 실질적으로 높은 출력을 얻기 위해서는 표면적을 증가시켜야 하므로 나노 크기의 입자가 필요하다.

한편 나노크기의 암염구조를 갖는 전이금속 산화물 MO(M:Co, Ni, Fe 등)의 경우, 리튬과 반응 시 산화물의 분해반응이 일어나면서 Li_2O와 나노 크기의 금속이 형성되며 이때 나노 크기의 금속은 형성된 Li_2O에 내에 분포하게 된다[60]. CoO의 경우를 예로 들면 반응식은 다음과 같다.

$$CoO + 2Li \rightleftharpoons Li_2O + Co$$

여기서 연속상으로 작용하는 Li_2O로부터 CoO를 형성하는 역 반응은 미세하게 분산된 나노 금속의 높은 표면에너지에 의해 일어날 수 있는 것으로 알려져 있다. 따라서 이러한 가역반응은 전이금속 산화물이 미세한 나노 크기일 경우에 가능한 것으로 보고 있다. 또한 위 가역 반응에 대한 리튬 반응전위는 그림 3.2.52에 나타난 바와 같이 0.8 V 이상으로서 비교적 높으며, 충전 및 방전곡선의 간격이 크게 나타난다. 이러한 현상은 충전 후에 형성된 Li_2O 연속상이 전기적으로 부도체이기 때문에 전기전도도가 극도로 낮아지기 때문에 일어난다. 따라서 Li_2O 연속상 내에 형성된 나노 크기 금속의 전기화학 반응성이 매우 크다고 하더라도 연속상으로 존재하는 부도체에 의해 전기적인 흐름이 억제되어 방전시에는 높은 분극저항을 나타내게 된다. 결과적으로 충전과 방전시에 전압곡선간의 간격이 크게 차이가 나게 되며 실제 응용시에 전지 내에 큰 저항이 생겨 열을 발생시키는 문제점을 일으킬 수 있다. 이러한 금속산화물은 밀도가 높기 때문에 높은 에너지 밀도를 얻을 수 있는 장점을 지니고 있지만, 실용화를 위해서는 낮은 전기전도도 문제를 극복할 수 있는 방법을 개발하는 것이 시급하다.

$Li(Li_{1/3}Ti_{5/6})O_4$ 등의 리튬-티타늄 산화물은 $LiCoO_2$와 같은 양극으로 사용되는 금속산화물과 유사하게 리튬에 대하여 전기화학적 활성을 나타내며, 비용량이 약

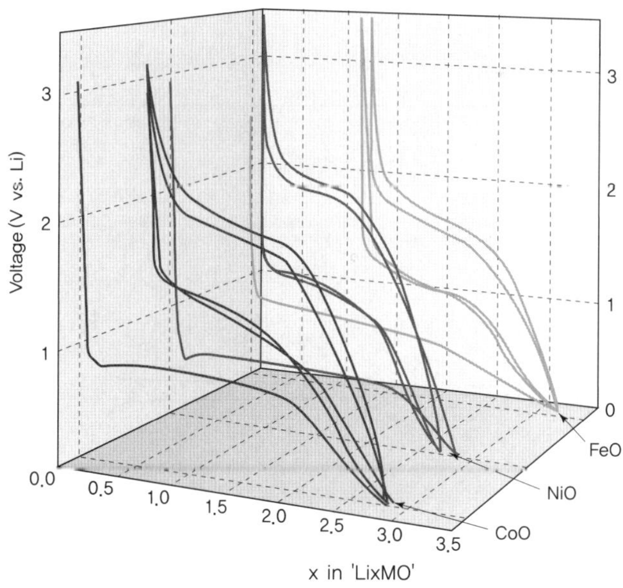

그림 3.2.52 CoO, NiO, FeO의 충방전 곡선 [67]

175 mAh/g 정도이고 전위가 1.5 V(Li^+/Li)로 탄소에 비해 다소 높은 편이다[60]. $Li(Li_{1/3}Ti_{5/6})O_4$ 재료는 충방전 전후에 결정격자의 차이를 나타내지 않아 변형이 전혀 없는(zero strain) 물질 [68-71]로 알려져 있으며, 일반적으로 $Li_4Ti_5O_{12}$로 표시할 수 있는데, 16*d* 팔면체 자리(octahedral sites)에 Li과 Ti이 혼합되어 존재하며, 8*a* 사면체 자리(tetrahedral sites)에 나머지 Li이 존재한다. $Li_1(Li_{1/3}Ti_{5/6})O_4$과 $Li_2(Li_{1/3}Ti_{5/6})O_4$의 공간 군은 모두 Fd-3m(227)이며 격자상수는 각각 8.3595 Å, 8.3538 Å으로서 환원에 따라 0.0682 % 부피감소를 나타내어 충방전에 따른 부피 변화가 매우 작다. 이때의 전기화학 반응식은 다음과 같다.

$$Li_1(Li_{1/3}Ti_{5/6})O_4 + Li^+ + e^- = Li_2(Li_{1/3}Ti_{5/6})O_4$$

그림 3.2.53은 $Li_4Ti_5O_{12}$ 음극활물질의 전형적인 충방전 곡선을 나타내고 있는데, 이상 반응(two-phase reaction)으로 인하여 매우 평탄한 전위 평탄 영역을 나타내고 있다. 초기 충전 및 방전 사이클의 효율은 거의 100 %에 가까우며, 이는 앞서 언급한 바와 같이 작동전압이 높아 전해질 분해반응에 의한 음극의 표면 피막이 형성되지 않기 때문이다. 이에 따라 높은 충전 및 방전 출력 특성을 나타낼 수 있어 고출력용 음극소재로의 응용이 기대될 수 있다.

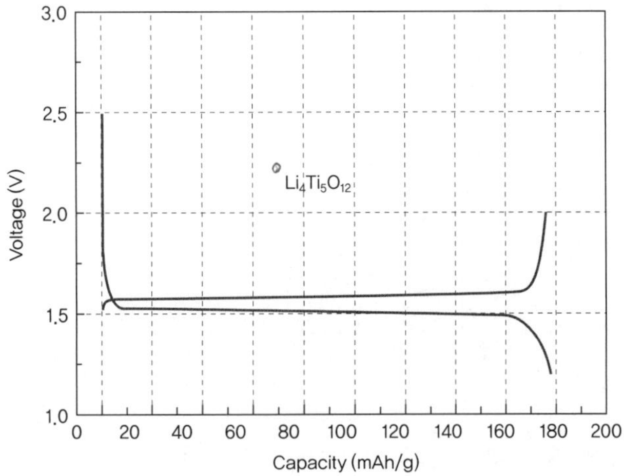

그림 3.2.53 $Li_4Ti_5O_{12}$ 음극활물질의 전형적인 충 · 방전 곡선

그러나 평탄한 충방전 곡선에서 나타난 바와 같이 리튬이온의 확산속도가 느리기 때문에 이온의 이동거리를 짧게 하기 위하여 합성되는 입자의 크기를 나노 크기로 작게 제조하여야 한다. 그림 3.2.54는 최근 상용화된 $Li_4Ti_5O_{12}$ 음극활물질의 입자 형상인데, 나노 크기의 1차 입자가 응집되어 형성된 2차 입자로 구성되어 있음을 알 수 있다.

나노크기의 입자는 전극제조공정에서 극판 제조용 슬러리를 만들 경우 많은 양의 용매를 필요로 하기 때문에 생산성이 저하된다. 또한, 나노 크기의 입자는 수분에 민감하기 때문에 공기 중에 노출시 과도한 수분을 입자의 표면에 흡착하게 되어 전극의 제조 공정성뿐만 아니라 전지의 특성을 저해한다. 즉, 전극 내에 수분이 많이 들어갈 경우 전지 내에서 전기화학적으로 수소와 산소로 분해되어 다량의 가스를 방출하기 때문에 전지의 성능을 크게 저하시킨다. 이에 따라 나노 입자를 제어할 수 있는 공정을 병행해서 개발하거나, 나노 크기의 일차입자가 응집된 입자로 제조하여 전극 활물질로 사용하는 것이 바람직하다고 할 수 있다.

$Li_4Ti_5O_{12}$ 재료는 비교적 낮은 용량을 지니지만 높은 출력을 구현할 수 있어 최근 HEV용 전지에 적용하려는 연구가 활발히 진행되고 있다. 그림 3.2.55는 $Li_4Ti_5O_{12}$를 음극으로 사용하고 $LiMn_2O_4$ 스피넬을 양극으로 사용하여 제조된 셀에 대한 높은 C-rate에서의 수명특성이다. 충전속도는 2 C이며 방전속도는 10 C 및 20 C로 하여 수명특성을 평가한 결과 매우 안정된 수명특성을 보여주고 있음을 알 수 있다. 수명 특성의 향상은 주로 $Li_4Ti_5O_{12}$를 음극에 사용하였음에 기인한다. 즉, 전해질 분해 전압보다 높은 작동 전압으로 인해 저항을 증가시키는 SEI막이 형성되지 않고 또한 나노 크기의 입자들이 높은 율속 특성을 나타내기 때문이다.

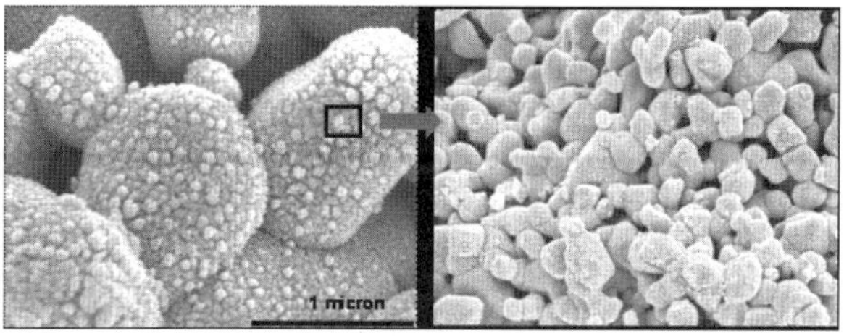

그림 3.2.54 $Li_4Ti_5O_{12}$ 음극활물질의 전형적인 입자 형상

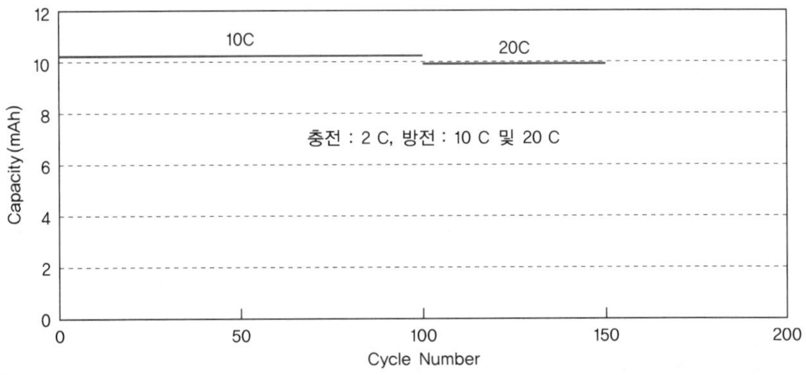

그림 3.2.55 $Li_4Ti_5O_{12}$ 음극과 $LiMn_2O_4$ 양극 시스템 전지의 율속 특성

C.2.2. 질화물 음극재

대표적인 질화물 음극활물질인 $Li_2(Li_{1-x}M_x)N$(M=Co, Ni 또는 Cu)은 층상 구조를 가지고 있어 리튬이온의 전도성이 비교적 우수한 것으로 알려져 있다. 그림 3.2.56은 $Li_{2.6}Co_{0.4}N$의 결정구조를 보여주고 있는데, 공간군은 P6/mmm에 속하며, 결정격자상수 a는 3.68 Å, c는 3.71 Å이며, 재료의 밀도는 2.12 g/ml로서 흑연재료와 유사한 밀도를 나타낸다[72].

그림 3.2.57은 위 전극의 충방전 곡선으로서 기존의 흑연전극과 비교하여 나타내고 있는데, 0~1.4 V의 전위 구간에서 충전 및 방전이 일어나며 약 800 mAh/g 의 비교적 큰 가역 용량을 나타낸다. 흑연계 재료에 비해 용량이 2 배 이상이며 수명특성도 매우 우수하다. 그러나 반쪽전지에서의 Li 대비 방전전위(0.7

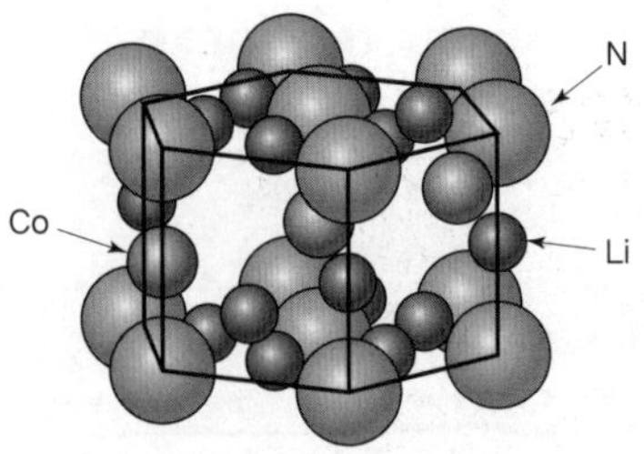

그림 3.2.56 $Li_{2.6}Co_{0.4}N$의 결정구조

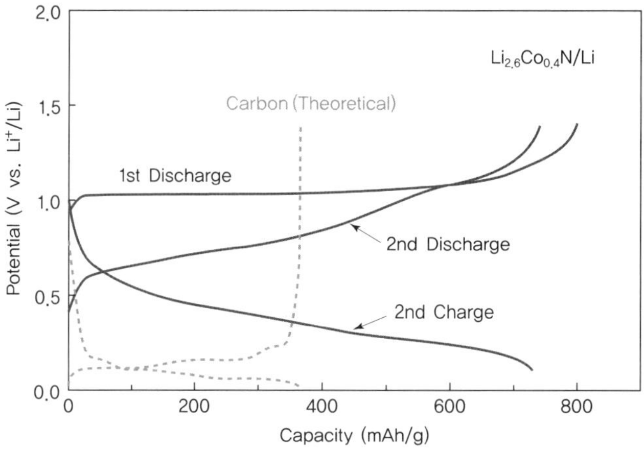

그림 3.2.57 $Li_{2.6}Co_{0.4}N$의 충 · 방전 곡선

V~0.8 V)가 흑연에 비해 상당히 높고 초기 리튬 방출시 결정질 구조가 비정질상으로 변화되어 충방전 특성도 변화하게 된다. 또한 수분에 민감하여 실제 적용에 많은 제약이 있다. 이들 질화물은 음극으로부터 리튬이온의 방출 반응이 먼저 일어나야 하므로 리튬 이차전지의 음극활물질로 사용되기 위해서는 리튬이온을 받아들이는 양극 소재를 사용하여야 한다. 즉 일반적으로 사용되고 있는 전지와는 달리 초기 충전이 필요하지 않게 된다.

그림 3.2.58은 $Li_{2.6}Co_{0.4}N$ 음극을 적용한 각형 리튬이차전지의 율속특성(a)과 수명특성(b)을 보여준다. 이때 양극은 전기화학적으로 리튬을 탈리시킨 $Li_{x-}CoO_2$를 사용하였다. C/10(30 mA) 대비 1 C의 용량이 약 96 %로 양호한 값이 얻어지며 200 사이클 후의 용량 유지율도 거의 100 %에 가까운 우수한 수명특성을 보여주고 있다. 그러나 율속특성이 다소 낮은 편이기 때문에 그림 3.2.58(b)에서 보여진 수명특성 결과에 대해서는 아직 정확한 평가를 내리기는 어렵다. 이 재료는 합성과정에서부터 방전 가능한 리튬을 이미 포함하고 있는 상태이기 때문에 리튬을 방출시키는 방전반응부터 먼저 진행시켜야 한다. 이러한 특성을 이용하여 초기 비가역 용량이 높은 다른 음극활물질과 혼합하여 사용함으로써 첫 충전 및 방전시의 초기 비가역 용량을 조절하여 전지의 용량을 향상시킬 수 있는 가능성도 고려해 볼 수 있다.

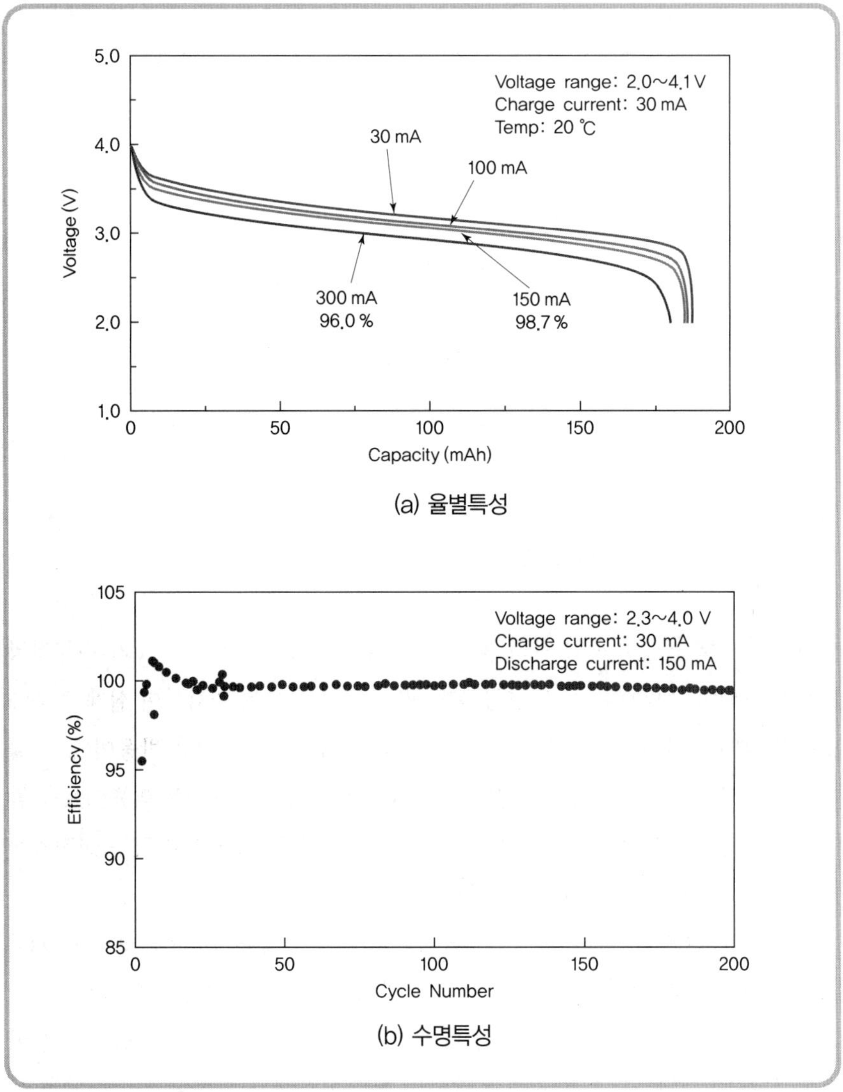

그림 3.2.58 $Li_{2.6}Co_{0.4}N$ 음극으로 구성된 각형전지의 (a) 율속특성 및 (b) 수명특성

3-2-4 맺음말

리튬이온전지의 음극활물질은 현재까지 주로 탄소재가 사용되고 있으며, 초기에는 인조 흑연을 많이 사용하였으나 지금은 천연흑연을 주로 사용하고 있다. 최근에는 흑연 재료의 이론용량 한계를 극복하고, 전기화학반응 전위 및 수명이

우수한 재료를 개발하기 위하여 실리콘과 주석계를 중심으로 한 새로운 음극재료들이 적극적으로 고려되고 있다. 실리콘과 주석계의 재료들은 단독으로 사용할 경우 심각한 부피팽창으로 인하여 사이클 수명 특성이 크게 저하되는 단점이 있어, 탄소재와 혼합된 복합재료 형태로 주로 개발되고 있다[73].

기본적으로 열적 안정성은 리튬이차전지의 주요 관심사이며 이와 관련된 많은 연구가 진행되고 있다[48]. 특히, 음극에서의 열적 반응 메커니즘 규명 및 발열량, 발열속도를 억제하기 위한 연구들이 전지에서의 열폭주 현상 방지를 목적으로 활발히 진행되고 있다.

향후 전력저장용 및 하이브리드 전기자동차용 등을 위한 고출력 특성의 대용량 리튬이차전지의 응용이 크게 요구되고 있어, 음극활물질로서 안전성이 우수하고 충전 및 방전 출력 특성이 우수한 탄소재의 개발이 진행되고 있으며, 비탄소계 재료들은 우선 소형전지에 안정적으로 적용된 이후에 고출력 대용량 전지로의 적용을 위한 기술개발이 추진될 것으로 전망된다.

참고문헌

[1] W.N. Reynolds, The Physical properties of graphite, Elsevier (1968).

[2] Handbook of Carbon, Graphite, Diamond and Fullerenes, Noyes Publications, Park Ridge NJ (1993).

[3] Chemistry and Physics of carbon - A series of Advances, 5: Walker PL Jr, Deposition, Structure and properties of pyrolytic carbon, Marcel Dekker (1969).

[4] M. Winter et al., Insertion Electrode Materials for Lithium Batteries, Adv. Mater. **10** (1998) 10.

[5] N. Kambe, M.S. Dresselhaus, G. Dresselhaus, S. Basu, A.R. McGhie, J. Fischer, Mater. Sci. Eng. **40** (1979) 1.

[6] X.Y. Song, K. Kinoshita, T.R. Tran, J. Electrochem. Soc. **143** (1996) L120.

[7] D. Billaud, E. McRae, A. Herold, Mater. Res. Bull. **14** (1979) 857.

[8] W.A. van Schalkwijk, Bruno Scrosati, Advances in Lithium ion Batter-

ies, Kluwer Academic Publishers (2002).

[9] M. Winter, J.O. Besenhard, M.E. Spahr, P. Novak, Adv. Mater. **10** (1998) 725.

[10] I. Mochida, S.H. Yoon, Y. Korai,K. Kanno, Y. Sakai, M. Komatsu,H. Marsh, F. Rodriguez-Reinoso, eds., Science of Carbon Materials. Alcante, Spain: Publicaciones de la Universidad de Alicante (2000).

[11] S. Otani, Carbon **3** (1965) 31.

[12] R.J. Nemanich, S.A. Solin, Phys. Rev. B **20** (1979) 392.

[13] S. Mathew, B. Joseph, B.R. Sekhar, B.N. Dev, Nuclear Instruments and Methods in Physics Research Section B **266** (2008) 3241.

[14] American institute of physics, J. Chem. Phys. **53** (1970) 1126.

[15] R. Alvarez, M.A. Diez, R. Garcia, A.I. Gonzalez de Andres, C.E. Snape, S.R. Moinelo, Energy and fuels **7** (1993) 953.

[16] T.D. Burchell, Carbon Materials for Advanced Technologies, Elsevier Science (1999).

[17] J.R. Dahn, T. Zheng, Y. Liu, J.S. Xue, Science, **270** (1995) 590.

[18] T. Zheng, Y. Liu, E.W. Fuller, S. Tseng, U. Von. Sacken, J.R. Dahn, J. Electrochem. Soc. **142** (1995) 2581.

[19] Y. Gao, K. Myrtle, Z. Mejji, J.N. Reimers, J.R. Dahn, Phys. Rev. B **54** (1996) 23.

[20] T. Zheng, W.R. McKinnon, J.R. Dahn, J. Electrochem. Soc. **143** (1996) 2137.

[21] A. Claye, J.E. Fischer, Electrochim. Acta **45** (1999) 107.

[22] K. Sato, M. Noguchi, A. Demachi, N. Oki, M. Endo, Science **264** (1994) 556.

[23] A. Mabuchi, Tanso **165** (1994) 298.

[24] S. Wang, Y. Matsumura, T. Maeda, Synthetic Metals **71** (1995) 1759.

[25] T. Zheng, J.R. Dahn, Synthetic Metals **73** (1995) 1.

[26] T. Zheng, J.N. Reimers, J.R. Dahn, Phys. Rev. B **51** (1995) 734.

[27] T. Zheng, J.R. Dahn, Phys. Rev. B **53** (1996) 3061.

[28] J.R. Dahn, A.K. Sleigh, H. Shi, J.N. Reimers, Q. Zhong, B.N. Way, Electrochim. Acta **38**(1993) 1179.

[29] G.A. Nazri, Gianfranco Pistoia, Lithium Batteries Science and Technology. Kluwer Academic Publishers (2004).

[30] A. Mabuchi, H. Fujimoto, K. Tokumitsu, T. Kasuh, J. Electrochem. Soc. **142** (1995) 3049.

[31] S. Surampudi, V.R. Koch, Lithium Batteries, The Electrochemical Society, Pennington, NJ, Pv 93-24 (1993).

[32] G.A. Nazri, Gianfranco Pistoia, Lithium Batteries Science and Technology, Kluwer Academic Publishers Chap. 5 (2004).

[33] M. Wakihara, O. Yamamoto, Lithium Ion Batteries, Kodansha/Wiley-VCH, Tokyo/Weinheim, Chap. 8 (1998).

[34] E. Peled, J. Electrochem. Soc. **126** (1979) 2047.

[35] R. Fong, U. von. Sacken, J.R. Dahn, J. Electrochem. Soc. **137** (1990) 2009.

[36] O. Yamamoto, Y. Takeda, N. Imanishi, Proceeding of the Symposium on New Sealed Rechargeable Batteries and Supercapacitors, The Electrochemical Society Inc., Pennington, NJ. p.302

[37] R. Bittihn, R. Herr, D. Hoge, J. Power Sources **43-44** (1993) 409.

[38] J.O. Baseshard, M. Winter, J. Yang, W. Biberacher, J. Power Sources **54** (1995) 228.

[39] M. Winter, J.O. Basenhard, P. Novak, GDch Monographie **3** (1996) 438.

[40] Z.X. Shu, R.S. McMillian, J.J. Murray, J. Electrochem. Soc. **140** (1993) L101.

[41] K. Yamada, H. Tanaka, T. Mitate, M. Yashikawa, U.S. Patent 5595938 (1997).

[42] I. Kuribayashi, M. Yokoyama, M. Yamashita, J. Power Sources **54** (1995) 1.

[43] M. Yamasaki, T. Nohma, N. Nishio, Y. Kusumoto, Y. Shoji, U.S. patent 5888671 (1999).

[44] E.Buil, A.E.George, J.R.Dahn, J. Electrochem. Soc. **145** (1998) 2252.

[45] K. Kinoshita, Carbon. Electrochemical and Physicochemical Properties, John Wiley & Sons, Inc. (1988).

[46] T. Takahagi, A. Ishitani, Carbon **22** (1984) 43.

[47] A. Du Pasquier, F. Disma, T. Bowmer, A.S. Gozdz, G. Amatucci, J.M. Tarascon, J. Electrochem. Soc. **145** (1998) 472.

[48] R. Spotnitz, J. Franklin, J. Power Sources **113** (2003) 81.

[49] 持田 勲, 炭素材の 化學と工學, 朝倉書店 (1990).

[50] R.A. Huggins, J. Power Sources **81-82** (1999) 13-19.

[51] N. Tamura, R. Ohshita, M. Fujimoto, M. Kamino, S. Fujitani, J. Electrochem. Soc. **150** (2003) A679.

[52] M. Winter, J.O. Besenhard, Electrochim. Acta **45** (1999) 31.

[53] J. Wolfenstine, J. Power Sources **79** (1999) 111.

[54] E. Ronnebro, J. Yin, A. Kitano, M. Wada, T. Sakai, Solid State Ionics **176** (2005) 2749.

[55] P. Sreeraj, H.D. Wiemhofer, R.D. Hoffmann, J. Walter, A. Kirfel, R. Pottgen, Solid State Sciences **8** (2006) 843.

[56] J. Yin, M. Wada, S. Yoshida, K. Ishihara, S. Tanese, T. Sakai, J. Electrochem. Soc. **150** (2003) A1129.

[57] G.A. Nazri, Gianfranco Pistoia, Lithium Batteries Science and Technology, Kluwer Academic Publishers Chap. 4 (2004)

[58] http://www.sony.net/SonyInfo/News/Press/200502/05-006E/

[59] U. Kasavajjula, C. Wang, A.J. Appleby, J. Power Sources **163** (2001) 1003.

[60] A. Kuhn, R. Amandi, F. Garcia-Alvarado, J. Power Sources **92** (2001) 221.

[61] C.M. Julien, M. Massot, K. Zaghib, J. Power Sources **136** (2004) 72.

[62] K. Ariyoshi, R. Yamato, T. Ohzuku, Electrochim. Acta **51** (2005) 1125.

[63] T. Ohzuku, S. Takeda, M. Iwanaga, J. Power Sources **81-82** (1999) 90.

[64] A.R. Armstrong, G. Armstrong, J. Canales, P.G. Bruce, J. Power Sources **146** (2005) 501.

[65] T. Brousse, R. Marchand, P.L. Taberna, P. Simon, J. Power Sources **158** (2006) 571-577.

[66] A. Kuhn, R. Amandi, F. Garcia-Alvarado, J. Power Sources **92** (2001) 221-227.

[67] P. Polzot, S. Laruelle, S. Grugeon, L. Dupont, J.M. Tarascon, Nature **407** (2000) 496.

[68] T. Ohzuku, A. Ueda, N. Yamamoto, J. Electrochem. Soc. **142** (1995) 1431.

[69] S.W. Oh, S.H. Park, Y.K. Sun, J. Power Sources **161** (2006) 1314.

[70] H. Yamada, T. Yamato, I. Moriguchi, T. Kudo, Solid State Ionics **175** (2004) 195-198.

[71] E. Baudrin, S. Cassaignon, M. Koelsch, J.P. Jolivot, L. Dupont, J.M. Tarascon, Electrochem. Commun. **9** (2007) 337.

[72] T. Shodai, S. Okada, S.I. Tobishima, J.I. Yamaki, Solid State Ionics **86-88** (1996) 785.

[73] U. Kasavajjula, C. Wang, A.J. Appleby, J. Power Sources **163** (2007) 1003.

3-3 전해질

전해질(electrolyte)은 이온을 전달하는 매개체로서, 일반적으로는 용매와 염으로 구성되어 있는데 용융 전해질 등도 포함된다. 용매가 액체인 경우 액체 전해질(liquid electrolyte), 무기화합물 또는 고분자와 같은 고체인 경우에는 고체 전해질(solid electrolyte)이라 부르고, 특히 용매가 고분자인 경우는 고분자 전해질(polymer electrolyte)이라 한다. 이외에 염의 형태를 가진 고분자(polyelectrolyte)도 있는데 이들도 고분자 전해질에 속한다. 또, 통상적으로 단순히 전해액이라고 부르는 경우가 있는데 이는 주로 액체 전해질을 의미한다.

리튬이온전지는 일반적으로 이온의 삽입 · 탈리가 가능한 물질을 양극 및 음극으로 사용하고, 이들 사이에 분리막을 설치한 후 액체 전해질을 주입시켜 제조된다. 여기서 액체 전해질은 이온 전도의 기능을 담당하며, 충전 시 양극에서 음극으로 방전 시 음극에서 양극으로 리튬이온을 운반하는 역할을 한다. 리튬이차전지에서 가장 많이 사용되고 있는 양극 및 음극은 리튬 전이금속 산화물 및 탄소를 각각 활물질로 사용하여 만든 다공성 전극이므로, 전해질은 전극의 미세기공 내부까지 침투하여 리튬이온을 공급함과 동시에 활물질과의 계면에서 리튬이온을 주고받는 기능을 맡고 있다. 리튬이차전지의 작동 전압과 에너지 밀도 등의 기본 성능은 이론적으로 양극 및 음극을 구성하는 재료에 의해 결정된다. 그러나 우수한 전지 성능을 얻으려면 양 전극사이에서의 높은 이온전달이 요구되므로 최적의 전해질을 선택하는 것이 매우 중요하다.

리튬이차전지의 전해질로 적용 가능한 예를 표 3.3.1에 나타내었는데 이들의 특징은 다음과 같다. ① 액체 전해질은 리튬염을 유기 용매에 용해시킨 것으로, 1970년대의 리튬일차전지 개발 시부터 광범위하게 사용되어 왔다. 현재 시판되고 있는 이차전지인 리튬이온전지의 대부분은 유기 전해질을 사용하고 있다. ② 이온성 액체 전해질은 구조적 대칭성이 낮은 양이온과 음이온으로 구성되며 상온 이하의 융점을 갖는 상온 용융염으로서, 일반적으로 이들은 리튬염과 공용, 혼합되어 있다. 이들의 경우, 가연성 및 인화성이 있는 유기 용매를 사용하지 않기 때문에 안전성이 우수한 전지를 설계할 수 있는 것으로 알려져있다. ③ 고체 고분자 전해질은 분자내에 극성기를 가진 고분자에 리튬염을 용해시켜 제조한

표 3.3.1 리튬 이차전지용 전해질

	액체 전해질	이온성 액체 전해질	고체 고분자 전해질	젤 고분자 전해질
구성	유기용매 +리튬염	상온용융염 +리튬염	고분자+ 리튬염	고분자+ 유기용매+리튬염
이온 전도도	높음	높음	낮음	비교적 높음
저온특성	비교적 양호함	열악함	열악함	비교적 양호
고온 안전성	열악함	양호함	우수함	비교적 양호

것으로 아직까지는 상온 전도도가 낮아 실제 전지에 적용된 예가 매우 드물다. ④ 젤 고분자 전해질은 고분자 매트릭스(matrix)와 액체 전해질로 구성되어 있어, 그 물성은 액체 전해질과 고체 고분자 전해질의 중간적 성질을 띠며, 이를 적용한 리튬이온전지를 특별히 리튬이온폴리머전지라 부르고 있다. 본 절에서는 액체 전해질, 이온성 액체 전해질, 고체 및 젤 고분자 전해질에 대한 특징들을 자세히 살펴보기로 한다. 그리고, 액체 전해질과 같이 사용되어 전지의 성능과 안전성에 중요한 역할을 하는 분리막과 기타 소재 중에서 바인더, 도전재 및 집전체에 대한 내용을 다루고자 한다.

3-3-1 액체 전해질

A. 액체 전해질의 요구특성

리튬이차전지용 액체 전해질로는 유기용매에 리튬염을 용해시킨 유기용액이 사용된다. 유기용매 및 리튬염의 종류는 매우 많으나 리튬이차전지에 사용될 수 있는 재료는 매우 한정되어 있다. 액체 전해질이 리튬이차전지에 적용되기 위해서는 기본적으로 다음과 같은 특성들이 요구된다.

① 이온 전도도가 높아야 한다.

전지 성능면에서 이온 전도도는 높을수록 바람직하다. 특히 리튬이차전지를 빠른 속도로 충 · 방전할 경우 두 전극에서 리튬이온이 출입하는 속도와 전해질 용액 내에서의 리튬이온의 이동속도가 더욱 중요한 역할을 하게 된다. 일반적으로 리튬이차전지용 액체전해질에 대해 요구되는 이온 전도도는 상온에서 최소한 10^{-3} S/cm 이상이다.

② 전극에 대한 화학적, 전기화학적 안정성이 높아야 한다.

리튬이온전지는 양극과 음극에서 전기화학적 반응을 일으키므로, 전해질은 음극과의 환원반응 및 양극과의 산화반응을 고려하여 그에 상응하는 전위영역에서 전기화학적으로 안정하여야 한다. 또한, 전해질은 양극, 음극은 물론 전지내부의 각종 금속 및 고분자 재료에 대해서도 화학적으로 안정하여야 한다.

③ 사용가능한 온도 범위가 넓어야 한다.

액체 전해질이 적용되는 리튬이온전지는 휴대용 전자기기에 응용되는 경우, 일반적으로 작동범위인 −20~60 ℃의 온도영역에서 위의 요구조건들을 만족해야 한다. 일반적으로 고온일수록 전기화학적 안정성은 저하되나, 이온 전도도는 증가하는 경향을 보인다.

④ 안전성이 우수해야 한다.

전해질에 사용되는 유기용매는 일반적으로 가연성 물질이므로, 전지가 단락 등의 원인에 의해 고온으로 가열되면 발화 또는 인화로 인해 연소, 폭발할 위험성이 있다. 따라서 유기용매는 발화점이나 인화점이 높을수록 좋으며, 가능하다면 난연성, 불연성인 재료가 바람직하다. 또한 누액이나 폐기 시에 외부 환경에 노출된 가능성이 있으므로 독성이 낮아야 한다.

⑤ 가격이 저렴해야 한다.

전해액의 성능이 아무리 우수해도 적정한 가격이 아니면 상용화는 이루어질 수 없다. 특히 리튬이온전지 시장의 치열한 경쟁으로 인해 고가의 신규 재료 채용은 점점 더 어려워지고 있는 실정이다.

위와 같이 전해질이 리튬이차전지에 적용되기 위해서는 넓은 온도 영역에서 높은 이온 전도도를 보이며, 전지의 작동전압 이상으로 전해질의 안정성이 유지되는 넓은 전위창을 갖는 것이 필수적이다. 전해질의 성질은 용매와 리튬염 각각의 고유한 성질에 의해 결정되며, 그 조합에 의해서도 크게 변할 수 있다.

B. 액체 전해질의 구성

B.1. 유기용매

리튬이차전지의 경우 작동전압이 높기 때문에, 기본적으로 수용액 전해질은 사용할 수 없다. 따라서 반드시 유기 용매를 사용해야 하는데, 수용액 계에 비해 가장 큰 단점은 용매의 유전율 상수(dielectric constant)가 상대적으로 낮다는 것이다. 일반적으로 전해질의 용매로 사용되기 위해 요구되는 성질은 리튬염을 잘 용해시켜 이온 전도성을 가져야 하며 리튬과의 화학적 반응성이 없어야 하므로, 전해질은 비 수소이온성(aprotic)임과 동시에 높은 극성을 가져야 한다. 리튬일차 및 이차전지의 전해질을 위한 대표적인 유기용매의 물리화학적 특성을 표 3.3.2에 정리하였다[1]. 용매의 비유전율(specific dielectric constant)은 리튬염의 이온 해리나 회합(association) 등에 큰 영향을 미친다. 리튬염을 구성하는 양이온과 음이온 사이의 쿨롱 힘(coulombic force)은 용매의 유전율 상수(ε)에 반비례하므로, 유전율 상수가 클수록 염의 해리가 촉진된다.

일반적으로 전해질의 유기용매로는 유전율 상수가 20 이상인 고유전율 용매가 바람직한데, 이는 유전율 상수가 20이하인 경우 리튬 염의 해리가 어렵기 때문이다. 액체 전해질내에서의 이온 이동도는 Stokes의 법칙에 의거해 용매의 점도에 반비례하므로, 일반적으로 점도 1 cP 이하인 저점도 용매가 바람직하다. Donor number(DN)와 acceptor number(AN)는 각각 용매의 친핵성(nucleophilicity)과 친전자성(electrophilicity)을 나타내는 지표로서, 양이온과 음이온 간의 상호작용 또는 염의 용매화 세기(solvation strength)를 나타내는 중요한 지표가 된다. 일반적으로 리튬염의 해리능력은 용매의 DN이 클수록 높아지는 경향이 있다. 유기 용매의 융점과 비점은 전지의 작동 온도 범위에 큰 영향을 미친다. 상온에서 액체 상태를 유지해야 하고, −20 ℃ 정도의 저온까지 리튬염의 용해는 물론, 액체 상태가 유지되는 것이 바람직하다. 또한, 유기용매는 높은 비점과 낮은 증기압을 나타내어야 한다. 위에서 언급한 바와 같이 전해질이 높은 이온전도 특성을 나타내기 위해서는 유전율 상수가 높고 점도가 낮은 유기 용매가 바람직하나, 유전율 상수가 높을수록 극성이 높아지기 때문에 점도가 증가하는 경향을 나타낸다. 이에 따라 고 유전율의 용매와 저점도의 용매를 혼합한 유기 전해질을 사용하는 것이 일반적이다. 예를 들면, ethylene carbonate(EC), propy-

표 3.3.2 리튬전지용 유기용매의 물리화학적 특성

용매(약어)	융점 (℃)	비점 (℃)	비 유전율	점도 (cP)	Donor Number (DN)	Acceptor Number (AN)	E_{ox}[b] (V vs. Li/Li^+)
ethylene carbonate(EC)	39	248	89.6	1.86[a]	16.4	-	6.2
propylene carbonate(PC)	-49.2	241.7	64.4	2.53	15.1	18.3	6.6
dimethyl carbonate(DMC)	0.5	90	3.11	0.59	-	-	6.7
diethyl carbonate(DEC)	-43	126.8	2.81	0.75	-	-	6.7
ethylmethyl carbonate(EMC)	-55	108	2.96	0.65	-	-	6.7
1,2-dimethoxyethane(DME)	-58	84.7	7.2	0.46	24.0	-	5.1
γ-butyrolactone(GBL)	-42	206	39.1	1.75	-	-	8.2
tetrahydrofuran(THF)	-108.5	65	7.3	0.46	20.0	8.0	5.2
1,3-dioxolane(DOL)	-95	78	6.8	0.58	-	-	5.2
diethylether(DEE)	-116.2	34.6	4.3	0.22	19.2	3.9	-
methyl formate(MF)	-99	31.5	8.5	0.33	-	-	5.4
methyl propionate(MP)	-88	79	6.2	0.43	-	-	6.4
sulfolane(S)	28.9	287.3	42.5	9.87	14.8	19.3	-
dimethylsulfoxide(DMSO)	18.4	189	46.5	1.99	29.8	19.3	-
acetonitrile(AN)	-45.7	81.8	38	0.35	14.1	18.9	-

[a] 40 ℃에서 측정

[b] E_{ox} : 산화전위(선압인가속도: 5 mV/s, 기준 전극: Li)

lene carbonate(PC)와 같은 환형 카보네이트(cyclic carbonate)는 높은 유전율을 갖지만 분자내 전하 편향도가 크므로 용매 분자와의 큰 상호작용으로 인해 높은 점성을 보인다. 예를 들면, EC의 경우 유전율이 커서 리튬염을 높은 정도로 해리시킬 수 있지만, 융점이 높아서 단독으로 사용할 수 없다. 이에 비해, dimethyl carbonate(DMC), diethyl carbonate(DEC) 등과 같은 선형 카보네이트(linear carbonate)는 유전율과 점도가 낮다. 따라서 리튬이차전지에 적용되는 유기용매로는 고유전 특성을 나타내는 환형 카보네이트와 저점도 특성을 갖는 선형 카보네이트의 혼합 용매가 사용된다. 표 3.3.3에 단독용매 또는 혼합용매에 1 M 농도의 $LiPF_6$를 용해시켜 제조된 액체 전해질의 상온에서의 이온 전도도를 나타내었는데, 단독용매보다 혼합용매에서 더 높은 이온 전도도를 나타낸다.

표 3.3.3 1M $LiPF_6$를 용해시킨 유기 전해액의 이온 전도도

유기용매	이온 전도도(mS/cm at 25℃)
EC	7.2
PC	5.8
DMC	7.1
EMC	4.6
DEC	3.1
EC / DMC(50/50 vol%)	11.6
EC / EMC(50/50 vol%)	9.4
EC / DEC(50/50 vol%)	8.2
PC / DMC(50/50 vol%)	11.0
PC / EMC(50/50 vol%)	8.8
PC / DEC(50/50 vol%)	7.4

B.2. 리튬 염

표 3.3.4에 리튬이차전지에 사용되는 대표적인 리튬염의 물리화학적 성질을 나타내었다. 리튬염의 해리 능력은 전하가 비편재화(delocalization)된 음이온을 가진 염일수록 더 큰 경향을 갖기 때문에 리튬염이 유기 용매에 해리되기 위해서는 어느 정도 이상의 큰 직경을 갖는 음이온을 가질 필요가 있다. 일반적으로 리튬염의 해리정도는 다음과 같은 순서를 따르는 것으로 알려져 있다[2].

$$Li(CF_3SO_2)_2N > LiAsF_6 > LiPF_6 > LiClO_4 > LiBF_4 > LiCF_3SO_3$$

다른 한편, 음이온의 이동도는 이온의 크기가 커질수록 감소하기 때문에 해리도와 이동도는 서로 상반되는 특성을 갖고 있다. 이온 이동도(μ_o)는 Stokes 법칙에 따라 식(3.16)으로 표시되며, 이는 Einstein 식에 의해 확산계수(D)와도 관계가 됨을 알 수 있다.

$$\mu_o = \frac{\lambda_o}{zF} = \frac{ze}{6\pi\eta_o r} = \frac{zFD}{RT} \tag{3.16}$$

여기서 λ_o, z, F, e, r, η_o, R, T는 각각 극한 몰전도도(limiting molar conductiv-

표 3.3.4 대표적인 리튬염의 물리화학적 특성

리튬염	융점(℃)	음이온반경 (nm)	$\Lambda_o{}^a$ in PC (Scm^2/mol)	E_{ox} in PC (V vs. SCE)
$LiBF_4$	>300	0.229	28.9	3.6
$LiClO_4$	236	0.237	27.4	3.1
$LiPF_6$	194	0.254	26.3	3.8
$LiAsF_6$	>300	0.260	26.0	3.8
$LiCF_3SO_3$	>300	0.270	25.3	3.0
$Li(CF_3SO_2)_2N$	228	0.325	22.8	3.3
$LiC_4F_9SO_3$	>300	0.339	21.5	3.3
$Li(CF_3SO_2)_3C$	263	0.375	20.2	3.3
$LiBPh_4$	-	0.419	17.0	1.0

$^a\Lambda_o$: 극한 몰전도도

ity), 전하수, Faraday 상수, 단위전자의 전하량, 이온반경, 점도, 기체상수, 절대온도이다. 이와 같이 리튬염의 성질을 결정함에 있어서는 음이온의 크기가 중요한 지표가 되는데, 그림 3.3.1에 음이온의 공간충진 모델(space-filling model)과 반데르발스(Van der Waals) 체적으로부터 산출되는 이온반경을 나타내었다[3].

리튬염으로서 $LiClO_4$가 리튬일차전지에는 사용되지만, 리튬이차전지에서는

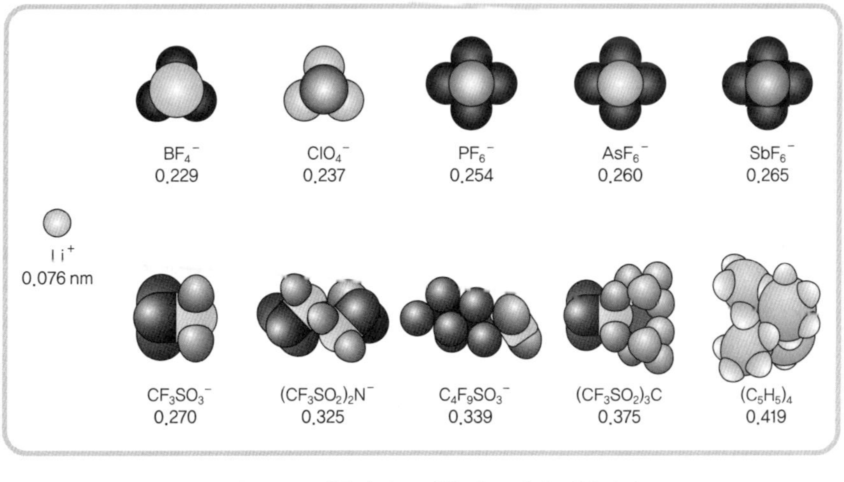

그림 3.3.1 리튬염의 공간충진 모델과 이온반경

충전 과정에서 강한 산화 환경이 형성되기 때문에 안전성을 고려하여 $LiClO_4$가 적용되지 않고 있다. 염의 용해도와 화학적 안정성 등의 관점에서 불화물 루이스산(fluorinated Lewis acid)을 기본으로 하는 $LiBF_4$나 $LiPF_6$ 등이 리튬이온전지에 많이 적용되고 있다. 이외에도 불화물 루이스산을 기본으로 하는 무기 리튬염이나 유기술폰산염, 이미드염 등이 검토되고 있다. $LiBF_4$를 사용한 전해질은 $LiClO_4$나 $LiPF_6$를 함유하는 전해질에 비해 이온 전도도가 낮은데, 이는 전지의 고율 특성에 불리한 영향을 끼치게 한다. 이에 반해 $LiPF_6$를 용해시킨 전해질은 이온 전도도가 높고, 전극내에서도 부반응을 잘 일으키지 않지만, 열적 안정성이 매우 낮다. 또한, 전해질 내의 미량의 수분과 반응하면서 생성되는 HF 등의 생성물은 유기 용매의 분해와 전극 부반응을 일으켜 전지의 성능이 지속적으로 열화된다고 알려져 있다. 지금까지 잘 알려진 대표적인 리튬염의 각종 특성을 비교하여 표 3.3.5에 나타내었다.

표 3.3.5 리튬염의 특성 비교

	$LiPF_6$	$LiBF_4$	$LiCF_3SO_3$	$Li(CF_3SO_2)_2N$	$LiClO_4$
용해도	◎	○	○	◎	◎
이온 전도도	◎	○	△	◎	◎
저온 특성	○	△	△	○	○
고온 안정성	X	○	○	○	X
재료적합성: Al	○	○	X	X	○
재료적합성: Cu	○	○	○	○	○

(◎ : 매우 우수함, ○ : 우수함, △ : 보통, X : 열악함)

한편 리튬의 과염소산 알킬술폰산염(LiR_fSO_3, $R_f=C_nF_{2n-1}$)은 유기 용매에서의 용해도가 낮거나 용해되어도 이온 전도도가 크지 않기 때문에 실용화되지 못하고 있다. 또한 sulfonylimide염($Li[R_fSO_2]_2N$)은 화학적으로 안정하지만, 음극에서의 산화에 대한 내성이 낮고 양극 집전체인 알루미늄을 부식시키기 때문에, 실제 전지에 적용하기 위해서는 다른 염과 혼합하는 등의 개선이 필요하다.

B.3. 용매설계를 위한 분자궤도함수 이론의 응용

분자궤도함수(molecular orbital, MO)란 양자역학에 있어서 슈레딩거 방정식인 $\hat{H}\psi = E\psi$($\hat{H}$:Hamiltonian 연산자, E:위치에너지와 운동에너지의 합인 전체 에너지)를 통하여 얻어지는 1-전자 파동함수(ψ)로서, 파동함수 ψ는 어느 한 분자 내에서 전자를 발견할 확률인 전자분포와 관련되는데 실제로 전자를 발견할 확률은 $|\psi|^2$ 값을 통하여 얻어진다. 또한, 분자궤도함수는 원자궤도함수와 유사한 측면이 있으나, 원자가 아닌 분자 전체에 걸쳐서 전자가 분포되어 있다는 차이가 있다. 전자는 궤도함수에서 낮은 에너지준위부터 채워지게 되며, 이때 전자가 채워진 궤도함수 중에서 가장 에너지준위가 높은 분자궤도함수를 HOMO(highest occupied molecular orbital)라 하고, 전자가 채워지지 않은 궤도함수 중 가장 에너지 준위가 낮은 분자궤도함수를 LUMO(lowest unoccupied molecular orbital)라 한다. 이와 같이, 에너지준위에 따른 HOMO 및 LUMO를 아래 그림 3.3.2와 같이 쉽게 표현할 수 있다.

이러한 에너지준위는 각 물질의 고유한 값들로서, 전해질에 사용되는 용매의 종류에 따라서 달라질 수 있다. 이에 따라 HOMO-LUMO 이론을 토대로 주어진 전해질의 사용 가능한 전위창(potential window)을 계산할 수 있다.

일반적으로 높은 HOMO 에너지준위를 가지는 것은 전자 공여성이 우수하여 산화반응이 용이한 반면, 낮은 LUMO 에너지를 가지는 것은 전자 수용성이 우수하여 환원반응이 잘 일어나게 된다. 그러므로 전해질 측면에서 바람직한 용매

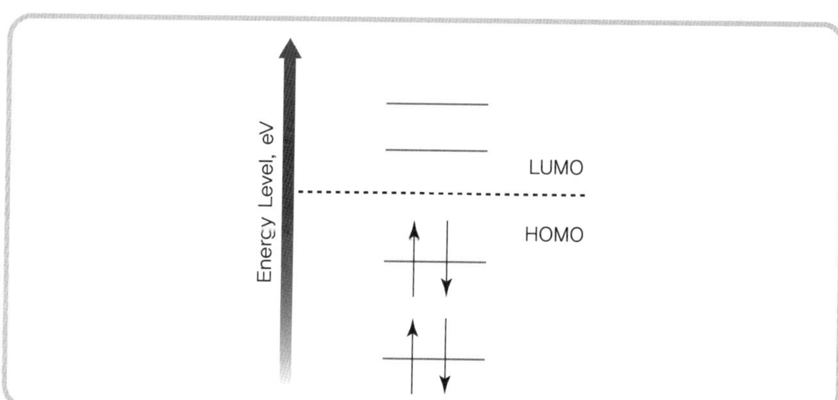

그림 3.3.2 에너지 전위에 따른 HOMO 및 LUMO 비교

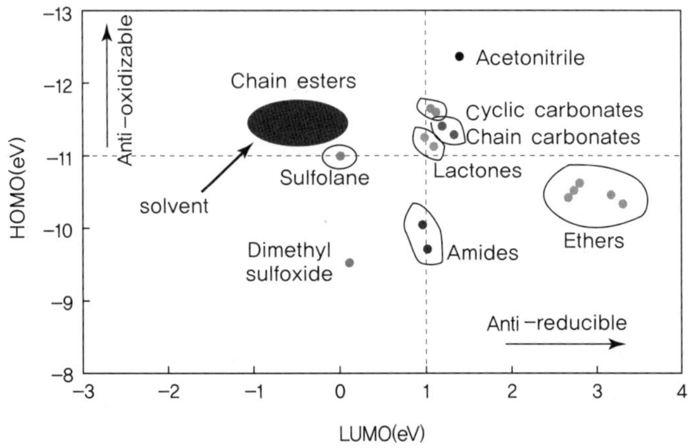

그림 3.3.3 용매 종류 별 HOMO 및 LUMO 에너지 준위 비교

는 낮은 HOMO 및 높은 LUMO 값을 갖는 용매이다. 여러 용매 종류에 따른 HOMO 및 LUMO 에너지준위 상관관계를 그림 3.3.3에 나타내었다[4].

C. 액체전해질의 특성

C.1. 이온 전도도

전해질의 이온 전도도는 전지의 출력(rate) 특성 등 전지 성능에 직접적으로 연관되므로 매우 중요한 성질이다. 전해질의 이온 전도도는 식 (3.17)과 같이 이온을 수송하는 역할을 맡은 이온종(ionic species) i의 전하수 z, 농도 c 및 이동도 μ_i에 비례한다.

$$\sigma = N_A e \, \Sigma \, |z_i| \, c_i \, u_i \tag{3.17}$$

여기서 N_A 및 e는 각각 아보가드로수와 전자의 전하량이다. 따라서 이온 전도도는 첨가된 리튬염 중에서 이온으로 해리된 자유이온의 수가 많고, 그 이온들의 이동이 빠를수록 높아진다. 전해질의 이온 전도도가 너무 낮게 되면 충방전 과정 중에 한 전극에서 생성되는 리튬이온을 상대 전극으로 이동시키기가 어려워져 전지가 정상적으로 작동되기 어렵다. 일반적으로 리튬이온전지용 전해질에 대해 요구되는 이온 전도도는 상온에서 10^{-3} S/㎝ 이상이다. 이온 전도도가 낮아 고율 충방전 시 두 전극에서 출입하는 리튬이온을 제대로 운반하지 못하는 경우에는 전극활물질의 용량을 충분히 구현할 수 없게 된다. 전해질의 이온 전도도는 전도도 측정 장치(conductivity meter)를 이용하여 측정하는데, 셀 상수(cell constant)를 알고 있는 전극을 전해질에 담구어 측정한 저항으로부터 이온 전도도를 구할 수 있다. 또 다른 방법으로는 교류 주파수 방법을 이용하여 전해질의 용액 저항을 먼저 구한 뒤, 이온 전도도=전극간 거리/(용액저항×전극면적)식으로부터 계산할 수도 있다.

C.2. 전기화학적 안정성

전해질의 전기화학적 안정성은 전극과 산화.환원 반응을 일으키지 않는 전위 영역으로서 평가된다. 전기화학적 안정성은 전위주사기(potentiostat)를 이용하여 기준전극에 대해 작업전극의 전위를 일정한 속도로 주사(scan)하고, 그 값이 급격하게 증가 또는 감소하는 전위가 일반적으로 분해전압(decomposition voltage)에 해당한다. 또는 전류값이 일정치에 도달했을 때의 전위를 분해전압으로 결정하기도 한다. 이 때 작업전극은 실험이 용이한 백금(Pt), 카본(C), 스테인레스강(stainless steel) 전극 등이 사용되며, 기준 전극으로는 리튬금속이나 Ag/AgCl 전극과 같은 유기용매용 기준전극이 사용된다. 이와 같은 실험방법을 선형주사전위법(linear sweep voltammetry, LSV)이라 한다. 선형주사전위법을 통해 측정되는 분해전압은 측정조건에 따라 달라지므로, 반드시 기준 전극과 주사속도(scan rate)를 언급해야 하며, 정확한 분해 전압을 측정하기 위해서는 가능한 한 느린 주사속도(1 mV/s 이하)를 사용하는 것이 바람직하다.

표 3.3.2에 주요 유기 용매의 산화(E_{ox}) 분해전압 및 주요 물성치를 나타내었다. 이 분해전압들은 5 mV/s의 속도로 주사하여 1 mA/cm^{2}의 전류밀도를 넘을 때의 전위를 Li/Li$^+$ 기준으로 환산하여 나타낸 것이다. 염으로서는 리튬염이 아닌 4차 암모늄$(C_2H_5)_4NBF_4$을 사용하였는데, 그 이유는 리튬이온의 탈용매(desolvation)화나 전극으로의 삽입 반응에 의한 전위 강하를 방지하기 위해서이다. 위 표에서 주어진 바와 같이, 알킬 카보네이트나 에스테르 용매가 에테르 용매보다 1 V 이상 보다 더 산화에 잘 견딤을 알 수 있다. 이와 같은 이유로, 3 V급 리튬 일차전지에서는 대표적인 저점도 용매인 에테르계 용매가, 4 V급 리튬이차전지에서는 카보네이트 용매가 주로 사용되고 있다. 위와 유사한 방법을 이용하여 주

어진 유기 용매내에 서로 다른 리튬염을 용해시켜 전기화학적 안정성을 비교할 수 있다. PC 용매 내에서 각종 염의 산화 분해 전압을 측정한 결과를 표 3.3.4에 나타내었는데, 리튬염의 산화 안정성은 다음과 같은 순서로 나타나고 있다[5-7].

$$LiAsF_6 > LiPF_6 > LiBF_4 > Li(CF_3SO_2)_2N > LiClO_4, LiCF_3SO_3$$

C.3. 전극/전해질 계면특성

액체 전해질이 전극의 활물질과 반응하면 활물질 표면 위에 보호막(solid electrolyte interphase, SEI)이 형성되는데, 이들의 특성이 리튬이차전지의 충방전 싸이클 특성에 큰 영향을 미친다[8-11]. 이는 생성된 SEI가 리튬이온의 확산이나 싸이클의 진행에 따른 전해질과 전극과의 추가적인 반응에 직접적인 영향을 미치기 때문이다. 특히, 흑연 음극을 적용할 경우에는 프로필렌 카보네이트 대신에 에틸렌 카보네이트를 사용하는데, 프로필렌 카보네이트를 사용하면 흑연의 층상구조를 파괴하여 바람직한 SEI가 형성되지 못하기 때문이다. 또, 리튬염도 보호막 형성에 중요한 역할을 한다. 음극 계면의 보호막을 제어하기 위하여 유기 전해질에 vinylene carbonate(VC) 등과 같은 환원이 용이한 화합물을 소량 첨가하여 음극 SEI의 특성을 향상시킬 수 있다. 각종 탄소 음극과 유기 전해질과의 계면반응 및 형성된 SEI 구조에 관해서는 각종 분석법을 이용하여 활발히 해석을 시도하고 있지만, 첨가제와 보호막 형성과의 상관관계에 대한 분자수준의 이해가 아직 부족한 단계이다. 양극활물질 표면을 첨가제로 개질하여 전해질과의 반응성을 억제하는 연구도 진행되고 있으나 근본적인 이해가 아직 부족하다[12-14].

C.4. 사용가능한 온도범위

리튬이온전지는 일반적으로 −20~60 ℃ 범위에서 작동하므로, 용매의 융점 및 비점은 중요하게 고려되어야 한다. 예를 들면, EC나 DMC와 같이 융점이 높아 0 ℃ 근처에서 고체인 상태를 나타낼 경우에는 DEC, DME, PC 등과 같은 저융점 용매를 혼합하여 사용하게 된다. 온도가 낮아질 경우 유기용매의 리튬염 용해 능력이 충분치 않아 리튬염이 석출하면 그 온도가 전해질의 사용을 위한 하한 온도가 된다. 이외에도, 알루미늄 라미네이트와 같은 포장재를 사용하는 경우에 용매의 증기압이 커지면 포장재의 팽창과 같은 문제가 발생될 수 있기 때문에 저비점 용매의 사용이 제한되기도 한다. 일반적으로 온도가 증가할수록 열적, 전기화학적 안정성은 감소하나 이온 전도도는 증가하는 경향을 나타낸다.

C.5. 양이온수율

식 (3.17)에서 주어진 것처럼, 이온 전도도는 양이온 및 음이온 전도도의 합으로 나타난다. 리튬이차전지의 양극 및 음극에서 전류를 생산하기 위하여 전기화학적 반응을 수행하는 이온은 리튬 양이온뿐이다. 따라서 전해질 내에서 양이온의 전도도가 절대적으로 중요하므로 전체적으로 전도도에 기여하는 양이온의 분율이 높아야 한다. 이와 같이, 전체 이온 전도도에 기여하는 양이온의 분율을 양이온 수율(cation transport number, t^+)이라 하며, 식 (3.18)과 같이 주어진다.

$$t^+ = \frac{\sigma_+}{\sigma_+ + \sigma_-} = \frac{\mu_+}{\mu_+ + \mu_-} \tag{3.18}$$

위의 식(3.18)에서 전도도(σ)의 비를 이동도(μ)의 비로 나타낼 수 있음은 리튬염이 해리되면서 생성되는 양이온과 음이온의 수가 서로 같기 때문이다. 일반적으로 양이온 수율이 작게 되면 전해질 내에서 음이온의 농도 분극화(concentration polarization)현상이 생겨 셀의 전체적인 저항이 증가하게 된다. 양이온 수율을 측정하는 방법으로는 교류 임피던스법, 직류 분극 측정법, Tubandt법, Hittorf법, Pulsed Field Gradient NMR (PFG NMR)법 등의 여러가지가 있다[15, 16]. 양이온 수율은 온도 및 전해질내의 염의 농도에 의해 크게 영향을 받으며, 이온의 반경 및 전하량에 의해서도 영향을 받는다[16].

D. 이온성 액체

이온성 액체(ionic liquid)는 이온만으로 구성되는 액체 상태의 염을 의미하며, 특히 상온에서 액체 상태로 존재하는 염을 상온 이온성 액체(room temperature ionic liquid, RTIL)라 한다. 이온성 액체에 대한 연구는 1950년대 이후에 시작되었는데, pyridinium이나 imidazolium 등의 염화물과 염화 알루미늄의 혼합물이 이온성 액체를 형성함을 발견한 것이 계기가 되었다[17, 18]. 이온성 액체는 일반적인 액체 전해질에 비해 다음과 같은 장점을 가지고 있다.

① 넓은 온도 영역에서 액체이며, 증기압이 낮다.

② 난연성이며 내열특성이 우수하다.

③ 화학적으로 안정하다.

④ 극성 및 이온 전도도가 비교적 높다.

이러한 장점에도 불구하고, 이온성 액체의 경우 이온결합(ionic bond)에 의해 점도(viscosity)가 높고 또다른 양이온이 존재해 리튬이온의 이동을 방해하게 되어 전지의 성능이 저하되는 문제점이 있다.

D.1. 이온성 액체의 구조

이온성 액체는 유기 양이온과 무기 음이온으로 구성되어 있으며, 양이온의 대부분은 그림 3.3.4에 보여지는 바와 같이 N과 P를 중심 원소로 하는 알킬이미다졸륨(alkylimidazolium), 알킬피리디늄(alkylpyridinium), 알킬암모늄(alkyl-ammonium), 알킬포스포늄(alkyl-phosphonium) 등 매우 다양한 구조를 가지고 있다. 이온성 액체에 있어서는 동일한 양이온이라도 상온에서 액체인지의 여부는 음이온의 종류에 따라 다르다. 예를 들면, 1-ethyl-3-methylimidazolium(EMI) 양이온을 포함하는 이온성 액체의 경우, 상대 음이온에 따라 융점이 크게 차이가 나는데, 음이온이 Br^-인 경우에는 상온에서 흰색 결정 고체(융점 78 ℃)이지만, BF_4^-와 $TFSI^-$ 이온의 경우에는 무색 투명한 액체가 되며, 융점은 각각 15, −16 ℃까지 낮아진다. 이온성 액체의 음이온으로서는 BF_4^-, PF_6^-, $CF_3SO_3^-$, $(CF_3SO_2)_2^-$ 등과 같은 불소계 음이온이 대부분이다. 그림 3.3.4의 구조에서도 보이는 바와 같이, 이온성 액체는 다음과 같은 구조적 특징으로 인해 낮은 융점

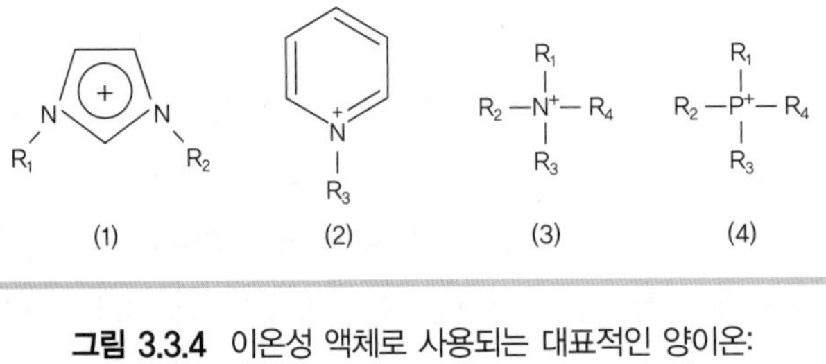

그림 3.3.4 이온성 액체로 사용되는 대표적인 양이온:
(1) 1,3-dialkylimidazolium cation (2) N-alkylpyridinium cation
(3) tetra-alkylammonium cation (4) tetra-alkylphosphonium cation

을 가진다.

① 양이온과 음이온의 크기가 비교적 크다.
② 이온 내 전하가 비편재화(delocalization)되어 있다.
③ 양이온과 음이온의 conformation 자유도가 높고, 용융 엔트로피가 크다.
④ 양이온 구조가 비대칭이다.

D.2. 이온성 액체의 특성

위에서 언급한 바와 같이, 이온성 액체는 높은 이온 전도성, 비휘발성, 불연성, 우수한 열적 안정성을 가지고 있을 뿐 아니라 극성이 높아 무기 및 유기 금속 화합물을 잘 용해시키며, 넓은 온도 영역에서 액체로 존재하는 특이한 성질을 가지고 있다. 표 3.3.6에 이미다졸늄계 이온성 액체의 물리화학적 성질을 나타내었는데, 이온성 액체를 구성하는 양이온과 음이온의 구조를 변화시킴으로써 다양한 특성을 얻을 수 있다

표 3.3.6 대표적인 이미다졸늄계 이온성 액체의 물리화학적 특성

종류	융점 (℃)	밀도 (g/cm^3)	점도 (cP)	이온 전도도 (mS/cm)	물에 대한 용해도
[1]EMI-$(CF_3SO_2)_2N$	-15	1.53	26.13	8.8	불용
[2]BMI-$(CF_3SO_2)_2N$	<-50	1.44	41.75	3.9	불용
[3]HMI-$(CF_3SO_2)_2N$	-9	1.37	44.02	-	불용
EMI-PF_6	60	-	-	-	가용
BMI-PF_6	6.5	1.37	272.1	-	불용
HMI-PF_6	-73.5	1.30	497	-	불용
EMI-BF_4	15	1.24	37.7	14	가용
BMI-BF_4	-71	1.21	118.3	-	가용
HMI-BF_4	-82	1.15	234	-	불용
EMI-CF_3SO_3	-9	1.39	45	9.2	가용
BMI-CF_3SO_3	15	1.29	99	3.7	가용
HMI-CF_3SO_3	21	-	-	-	불용

[1]EMI: 1-ethyl-3-methylimidazolium, [2]BMI: 1-butyl-3-methylimidazolium,
[3]HMI: 1-hexyl-3-methylimidazolium

D.2.1. 점도와 이온 전도도

이온성 액체는 이온만으로 구성되는 특수한 액체이다. 이에 따라 이온의 농도가 높아져 이온성 액체 자체는 높은 이온 전도도를 보인다. 이온성 액체의 점도는 양이온과 음이온의 조합에 의해 크게 변화하는데, 대체적으로 유기 용매에 비해 10배 이상의 높은 값을 보인다. 또한 리튬염 첨가에 의해 이온간 상호작용이 증가하게 되고, 이로 인해 점도는 증가하고 이온 전도도는 감소하게 된다.

그러한 예로, trimethylpropyl ammonium(TMPA)과 bis(trifluoromethyl sulfonylimide)(TFSI)로 구성되는 이온성 액체에 LiTFSI를 첨가한 전해질계의 점도와 이온 전도도가 리튬염의 농도에 따라 어떻게 변화하는지를 그림 3.3.5에 나타내었다. 이들 결과에 의하면, 1.0 M 정도의 리튬염 첨가에 의해 이온성 액체의 점도는 3 배, 이온 전도도는 1/4로 저하됨을 알 수 있다.

D.2.2. 밀도와 융점

이온성 액체를 포함하는 전해질의 밀도는 리튬염을 첨가함에 따라 증가하는데, 이는 유기 액체전해질에서 나타나는 경향과 동일한 현상이다. 리튬염의 융점은 대부분 200 ℃ 이상이기 때문에, 리튬염의 농도가 커짐에 따라 이온성 액체의 융점도 상승한다. 예를 들면, TMPA-TFSI계에서 1.2 M의 LiTFSI를 첨가할 경우 전해질은 상온에서 얼어 버린다. 따라서 이온성 액체를 이차전지에 적용시 최

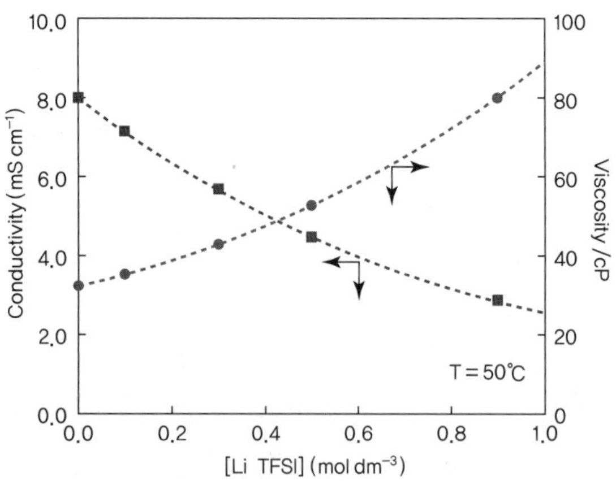

그림 3.3.5 이온성 액체 전해질내에서 리튬염 농도에 따른 점도 및 이온 전도도

소한 융점이 상온 이하이어야 하며 가능한 융점이 낮은 것을 사용하여야 한다. 이온성 액체의 융점은 이온성 액체를 구성하는 양이온과 음이온의 조합에 따라 매우 다양한 값을 갖는다. 표 3.3.6에 나타난 바와 같이 동일한 양이온이라도, 또는 동일한 음이온이라도 상대 이온(counter ion)의 종류에 따라 융점은 크게 변한다.

D.2.3. 전기화학적 안정성

이온성 액체의 전기화학적 안정성은 3전극 셀을 이용해 순환전압주사법(cyclic voltammogram, CV) 실험에 의해 확인할 수 있는데, 한 예로서 주어진 bis(trifluoromethylsulfonyl)imide(TFSI) 음이온과 여러가지 다른 종류의 양이온으로 구성되는 이온성 액체들의 CV 측정 결과를 그림 3.3.6에 나타내었다[19]. 그림 3.3.6에서 산화 전류가 흐르는 전위는 +2.5 V 부근에 위치하는데 비하여, 환원 전류가 흐르는 전위는 양이온 종류에 따라 −1.5~3.0 V에 걸쳐 다양하게 변함을 알 수 있다. 일반적으로 이온성 액체의 내환원성은 양이온 종류, 내산화성은 음이온 종류에 의해 결정된다.

대부분의 알려진 이온성 액체는 리튬이차전지에 적용하기 위해 필요한 내산화 요구특성을 만족하고 있다. 그러나 내환원 특성은 그렇지 못하다. 예를 들면,

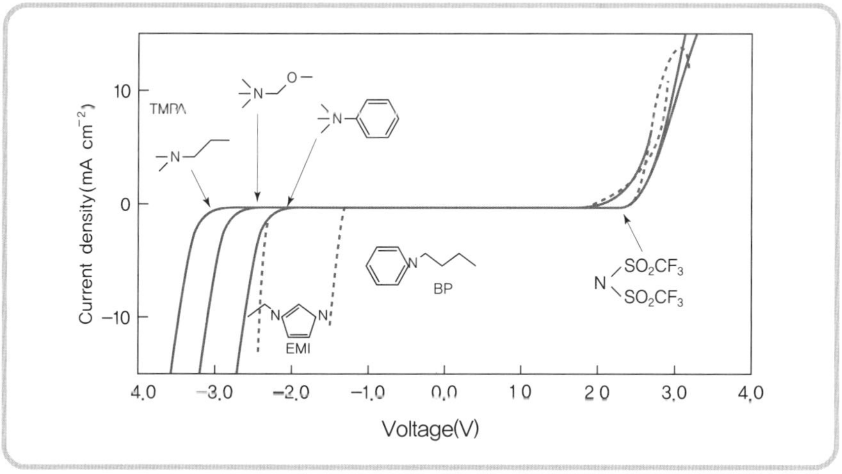

그림 3.3.6 TFSI⁻ 이온으로 구성되는 이온성 액체의 cyclic voltammograms (작업전극: glassy carbon, 기준전극: iodide redox pair를 용해시킨 EMI-TFSI에 Pt wire를 침적시킨 것, scan rate: 50 mV/s)

EMI의 환원 전위는 +1.1 V(vs Li/Li$^+$)이므로[20], EMI를 양이온으로 하는 이온성 액체를 리튬이차전지의 전해질로 사용하기 위해서는 염의 환원 분해를 막기 위해 리튬의 환원전위보다 높은 환원 전위를 보이는 화합물을 첨가하여 SEI를 형성하거나, 리튬 전극보다 더 높은 전위를 가지는 음극을 사용하여 전지를 제조하여야 한다[21, 22]. 이온성 액체에서 일반적인 EMI 등의 방향족 양이온보다 지방족 4차 암모늄 양이온이 전기화학적 환원에 대해 더 안정한 것으로 보고되고 있다.

D.3. 이차전지 전해질로서의 응용

리튬이차전지의 가장 큰 장점중의 하나는 큰 기전력인데, 그 이유는 매우 낮은 전위를 갖는 탄소나 금속으로 구성되는 음극과 매우 높은 전위를 갖는 전이금속 산화물로 구성되는 양극을 이용하기 때문이다. 이와 같이 고에너지 밀도를 갖는 리튬이차전지에 적용하기 위한 전해질의 요구조건 중 기존의 유기 액체전해질이 만족시키기 어려운 성질로서 난연성, 비휘발성 등의 안전성과 관련된 것이 있다. 이온성 액체는 잘 연소되지 않고, 휘발되지 않으며, 동시에 비교적 높은 이온 전도성을 보이는 점 때문에 기대를 받고 있는데, 가장 많이 알려진 이온성 액체는 EMI 양이온을 포함하고 있는 것이다. EMI 양이온은 다른 양이온에 비해 융점, 점도가 낮은 이온성 액체를 다양한 음이온과 함께 형성할 수 있다. 그러나 EMI는 전기화학적 환원 안정성이 낮은 단점이 있어, 보다 환원 안정성이 우수하여 SEI 형성을 위한 첨가제가 필요없는 4차 암모늄으로 구성되는 이온성 액체가 리튬이차전지의 전해질 물질로 검토가 되고 있다. 비교적 점도가 낮으며 내산화성이 우수한 성질을 가지는 불소 함유 음이온으로 구성되는 지방족 4차 암모늄으로는, 측쇄에 methoxy기를 갖는 것과, BF_4^-나 ClO_4^-로 구성되는 계 [23], TFSI로 구성되는 계 [24], 그리고 2,2,2-trifluoro-N-(trifluoromethylsulfonyl) acetamide(TSAC)로 구성되는 계 등이 있다[25].

리튬염을 함유한 이온성 액체를 적용한 라미네이트형 리튬금속 이차전지의 충방전 시험 결과를 그림 3.3.7에 나타내었다[26]. 이들 결과에 의하면, 검토된 3가지의 이온성 액체 중 N-methyl-N′-propylpiperidinium(PP13)-TFSI가 가장 우수한 충방전 싸이클 특성을 보임을 알 수 있다. 또, PP13-TFSI보다 환원전위가 높은 TEA-TSAC나 EMI-TSAC에서는 충방전 싸이클이 진행됨에 따라 용량

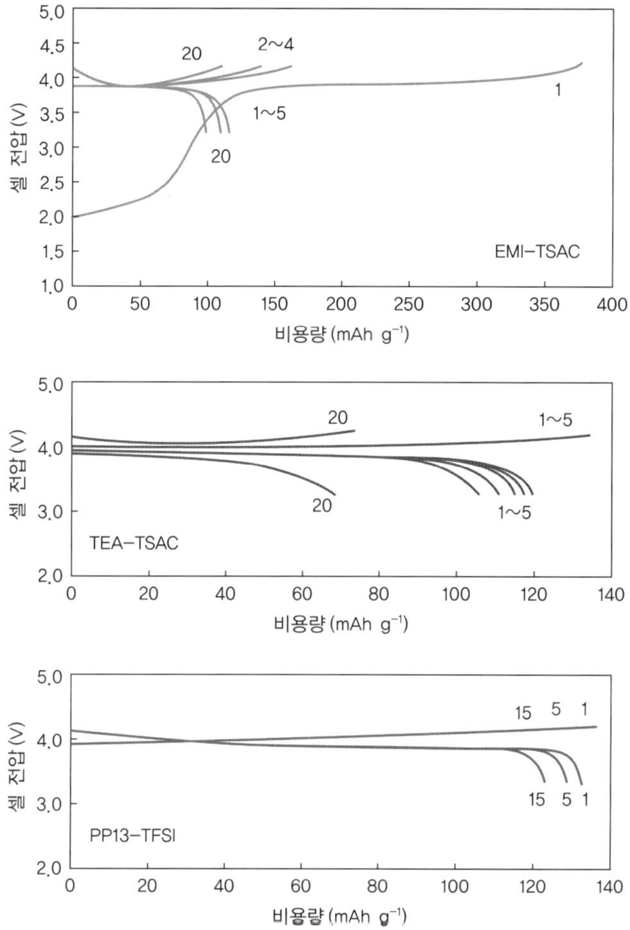

그림 3.3.7 각기 다른 이온성 액체를 적용한 Li/$LiCoO_2$ 셀의 충방전 곡선

의 급격한 감소가 나타남을 볼 수 있다. 이로부터 이온성 액체의 환원 안정성과 싸이클 특성 사이에 상관관계가 있고, 우수한 충방전 특성을 얻기 위해서는 환원 안정성이 우수한 이온성 액체를 선택하는 것이 매우 중요함을 알 수 있다. TFSI나 TSAC계 이온성 액체의 점도는 10~150 cP로서 PC 등의 유기용매에 비해 10배 이상의 높은 점도를 갖는다. 그러나 상온에서 이온성 액체에 리튬염을 첨가하는 경우에는 더욱 점도가 증가한다는 문제점이 있어, 이에 대한 해결책이 요구된다. 그러나 이온성 액체의 점도는 80 ℃ 이상의 고온에서는 유기 액체전해질보다

조금 높거나 동일한 정도이다. 이온성 액체의 비휘발 특성 및 난연 특성을 감안한다면, 이온성 액체를 고온에서 작동되는 리튬이차전지의 전해질로 활용할 수 있는 가능성은 크다고 볼 수 있다.

E. 전해질 첨가제

E.1. 첨가제의 기능

전해질 첨가제의 주된 기능은 전해질의 이온 전도도, 전지의 수명 또는 안전성을 향상시키는데 있다[27]. 전지에 적용되는 대부분의 액체 전해질들은 다양한 첨가제들을 미량으로 반드시 포함하고 있으며, 실제로 이들에 의해 전지의 성능과 안전성이 크게 영향을 받는다. 이들 첨가제들과 양극과 음극 그리고 전해질 간의 상호작용은 서로 다르게 나타난다. 위 첨가제의 경우 일부 액체전해질 제조업체들이 전세계 시장의 대부분을 점유하고 있으며 그에 대한 기술적 정보도 매우 제한적으로 알려져 있다.

E.2. 첨가제의 종류별 특성

현재 알려지고 있는 첨가제 들을 기능에 따라 구분해 보면, 음극표면의 SEI 형성/조절제, 셀 내 과충전 방지제, 전해질의 이온전도특성 향상제, 그리고 난연제 등이 있다.

E.2.1. SEI형성/조절제

탄소 음극 표면에 SEI층을 신속하게 형성시키고 또한 이를 안정하게 유지되도록 하기 위해 사용되는 대표적인 첨가제로 vinylene carbonate(VC)가 있다 [28, 29]. VC는 최초 충전과정에서 안정한 SEI층을 형성하고, 탄소 층상 구조의 박리 또는 전해질과의 직접반응을 억제함으로써 전지의 충방전 수명을 향상시키는데 기여한다. 그림 3.3.8은 VC의 화학구조를 나타내고 있다.

VC는 탄소(SP^2 혼성 오비탈)들이 5각구조를 이루어 고리변형(ring strain)에 의해 구조가 안정하지 못하여 개환반응을 통하여 보다 안정한 구조로 변하기 위한 반응성을 가지고 있다. 또한 vinyl기를 구조 내에 포함하고 있음으로써 중합(polymerization) 반응이 가능하여 안정한 보호피막을 이루기에 매우 유리한 구조이다. VC는 소량만 첨가하여도 효과적으로 SEI 층을 형성하여 탄소계 음극의

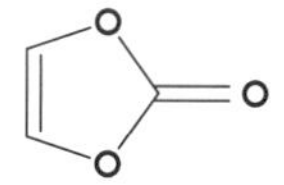

그림 3.3.8 VC의 구조

비가역 용량을 감소시킬 수 있다. 특히, PC계 전해질에 있어서 그 효과가 높다. 한 예로, 1M $LiPF_6$/PC/VC 전해액을 $LiMn_2O_4$ 양극에 적용하면 4.3 V까지 매우 안정한 가역용량을 나타내고 있다[30]. 또한 과량을 첨가한 경우에도 셀의 성능에 별다른 문제를 일으키지 않아, 전지제조 시 공정제어에 매우 유리한 것으로 알려져 있다. 또한 VC는 첨가 시 양극에는 별다른 영향을 주지 않으며 고온에서도 SEI 층이 안정성을 유지하는 것으로 확인되고 있다. VC는 우수한 성능을 보이나 합성과정이 까다롭고 고가인 단점이 있어, VC 이외의 다른 첨가제 개발이 활발히 진행되고 있다.

E.2.2. 과충전 방지제

전지의 안전성 문제는 매우 중요하므로 리튬이온전지의 경우 다양한 안전장치들을 전지에 부착하여 사용하고 있다. 실제로 positive temperature coefficient(PTC), protection circuit module(PCM), 안전 배기구(safety vent) 등이 셀에 장착되어 있다. 그러나 이들의 장착으로 전지의 가격인상 요인이 발생하고, 이들을 장착하더라도 전지 내부에서의 자발적인 화학반응까지는 방지할 수가 없기 때문에 전지 내부에서도 새로운 안전장치를 마련해야 했다[31, 32]. 이를 위하여 고안된 방법 중 하나가 바로 과충전 방지제이다. 과충전 방지제는 과충전 시 야기되는 전지의 안전성 문제를 해결하기 위한 첨가제로서, 형성된 과전류를 셀 내에서 순환/소모시켜서 고전압 형성을 방지하는 redox-shuttle형 첨가제와 양극 표면에 보호피막을 형성하여 전류 및 이온의 흐름을 차단하는 피막 형성형 첨가제가 있다.

a. Redox-shuttle형

2 V급 Li/TiS_2 전지에 n-butylferrocene을 첨가제로 적용한 것이 redox-shuttle형 첨가제의 첫 사례에 해당한다[33-35]. 그림 3.3.9와 같이 셀이 충전 종지 전압 이상의 상태에 있게 되면 n-butylferrocene이 양극표면에서 산화되어 음극으

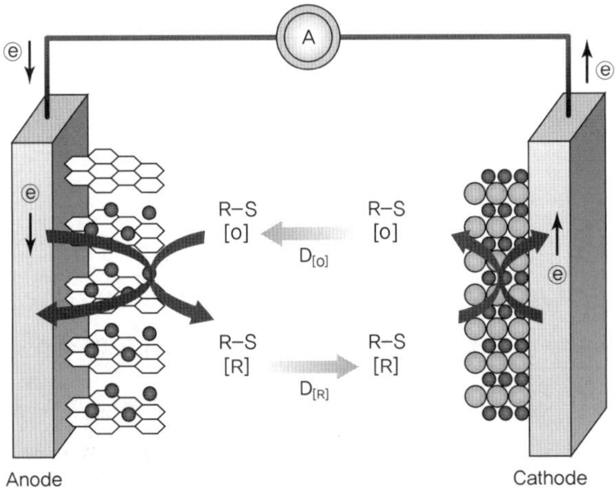

그림 3.3.9 Redox–shuttle형 첨가제의 작동 원리

로 이동하고, 음극표면에서 다시 환원되어 양극으로 이동하는 순환 과정이 반복된다. 이로 인해 과전류에 의한 전압 상승이 억제되어 셀이 과충전에 이르는 것을 방지한다.

최근 3 V급 전지에도 할로겐 원소가 벤젠에 치환된 형태인 anisole구조의 첨가제들이 적용되고 있다. 즉, 4.3 V 이상의 과전압이 인가되면 즉시 산화와 환원 상태를 반복하면서 과전류를 해소시킨다[36-38]. 그러나 이러한 redox 첨가제들은 과전류되는 양이 작은 경우에는 셀의 성능을 손상시키지 않고 효과적으로 작용할 수 있지만, 과전류가 클 경우에는 첨가제들의 농도가 높아야만 과충전 방지 효과가 나타나는 단점이 있다. 따라서 셀에 손상을 가할 정도의 큰 과전류 조건에서는 효과적으로 과충전 위험을 차단하지 못할 수도 있다.

b. 피막 형성형

피막형성형 첨가제는 redox형 보다 더 진보된 안전성 확보 방법으로, 작동 원리는 충전 종지전압을 초과할 경우 양극 표면에 고분자형 절연막을 형성하여 전류 및 Li^+의 이동을 차단함으로써 영구적으로 셀을 정지시키는 것이다. 그림 3.3.10에 나타난 바와 같이, biphenyl(BP)과 같은 중합가능한 구조를 가지는 단량체형 물질들이 과충전 시, 양극표면에서 분해, 중합되면서 절연체 고분자 피막이 형성된다. 이리하여 전지 내에서 이온의 이동을 차단하고 외부 도선으로의 전자의 흐름을 항구적으로 차단하게 된다[39, 40]. 그러나 피막 형성형 첨가제는 전지의 활성을 정지시켜 구동을 멈추게 하기 때문에 순간적인 과충전에도 전지를 사용할 수 없다는 단점이 있다.

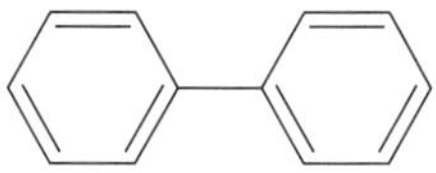

$$BP+(BP)_n \rightarrow (BP)_{n+1}+2H^++2e^-$$
$$2H^++2e^- \rightarrow H_2$$

그림 3.3.10 BP의 구조 및 피막형성 메커니즘

E.2.3. 전도특성 향상제

이온 전도도를 향상시키기 위해서는 우선 리튬염의 해리를 촉진하여야 하며, 해리된 이온들이 리튬염의 상태로 되돌아가지 않도록 이온상태로 유지되도록 하여야 한다. 이와 동시에, 전해질 내 이온의 이동도가 높아야 한다. 전해질내 리튬염의 해리도를 높이기 위해, crown ether계 첨가제들이 제안된 바 있었는데, 고리형 에테르의 일종인 crown ether는 왕관모양의 환형 구조내에 Li^+를 이온-쌍극자 결합에 의해 고립시켜 음이온과 분리시킴으로써 리튬염의 해리도를 향상시키고자 한 것이다. 대표적인 crown ether계 첨가제로 12-crown-4와 15-crown-5가 제안되었다[41, 42]. 그 결과 유전율 상수가 낮은 유기용매를 사용하는 액체 전해질이나 고분자 전해질에서는 이온 전도도가 약간 향상되었다. 특히 고분자 전해질에 적용시 유리 전이 온도(glass transition temperature, T_g)를 낮추는 효과가 있는 것으로 나타났다. 그러나 crown ether계 화합물과 같은 양이온 수용체(cation receptor)들은 Li^+의 이동을 둔화시켜 결국 전지의 성능을 저하시키는 문제를 낳고 있다. 또한 crown ether계 첨가제들은 독성이 강한 환경유해 물질이기 때문에 사용이 제한되고 있다 [43,44]. 양이온 수용체의 단점을 보완하고자 음이온 수용체(anion receptor)가 제안되었는데, 음이온 수용체는 분자내의 특정 작용기나 원자들과 상호작용을 함으로써 PF_6^-나 BF_4^- 등의 음이온을 고립시켜 리튬 양이온과의 재결합을 방지하게되어 양이온 수율이 증가된다. 또한, 음이온이 고립됨으로써 전극표면에서의 음이온 분해반응이 억제되며, 이로 인해 전지의 싸이클 안정성이 향상된다. 음이온 수용체의 대표적인 예로서, 붕소에 전자를

끌어당기는 성질이 강한 치환기들을 붙여 붕소원자의 전자부족 특성을 강화시킴으로써 음이온과의 상호작용력을 극대화 시킨 것을 들 수 있다[45]. 특히, 붕소원자에 poly(ethylene glycol)(PEG) 등을 결합시킨 경우에는 음이온을 묶어두는 기능 외에 전해질내 리튬염의 해리도를 증가시켜 이온 전도도를 향상시킬 수 있게 된다. 아래 그림 3.3.11에 대표적인 붕소계 첨가제의 화학구조를 나타내었다.

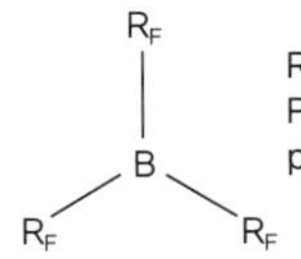

그림 3.3.11 붕소계 첨가제

E.2.4. 난연제

액체 전해질은 대부분 유기용매로 구성되어, 일단 발화가 시작되면 외부에서 전류공급을 차단하더라도 연소는 자발적으로 진행될 수 밖에 없다. 전해질의 연소성을 억제하기 위해서는 가능한 유기용매의 비점이 높아야 하며, 또한 유기용매의 열분해와 동시에 피막을 형성하거나 경화되어 이들이 산소 및 가연성 가스에 대해 차단층으로 작용하면 더욱 유리하다. 리튬염 중에서도 $LiPF_6$는 액체전해질의 난연화에 기여하는 것으로 보고되고 있다. 고분자 전해질의 경우, poly-acrylonitrile(PAN)계 젤 고분자 전해질은 어느정도 난연성이 있는 것으로 보인다[46]. 즉, PAN은 200 ℃ 부근에서 열분해에 따른 탄화반응이 개시되면서 CN 작용기의 삼중결합이 깨어지고, 이어서 사다리 구조의 경화 반응이 일어나 최종적으로 graphene 구조를 이룸으로써 강한 탄소피막층을 형성하여 가연성 가스의 차단층으로 기여한다는 것이다.

유기용매와 염으로만 구성된 액체 전해질은 일반적으로 난연성을 갖기가 상당히 어려워, 이들에게 난연성을 부여하기 위해서는 난연제를 첨가하여야 한다. 난연제의 요구특성으로는 전해질과 상용성이 우수해야 하고, 이들 첨가에 의해 전기화학적 성능을 저하시키지 않으며, 가격도 저렴해야 한다. 난연성 첨가제로 고려되고 있는 것은 대부분 phosphate계 물질들로서, trimehtyl phosphate(TMP), tris(2,2,2-trifuloroethyl) phosphate(TFP), hexamethoxycyclotriphosphazene(HMTP) 등이 대표적이다. 이들의 작용 메커니즘은 명확히 알려져 있지 않으나 전지의 자가열 발생을 억제하는 효과가 우수한 것으로 알려져 있다. 그러나 TMP는 PC처럼 흑연계 음극의 층간에 삽입되어 박리현상을 일으키는 것으로 알려져 있고, HMTP은 소량의 첨가를 통해서 열폭주 현상을 확연히 억제할 수 있는 것으로 알려져 있으며, 불소가 포함된 TFP의 경우 난연성과 전기화학적 안정성 및 사이클 성능을 동시에 향상시키는 것으로 알려져 있다[47-49].

지금까지 리튬이차전지의 대표적인 전해질 첨가제를 기능별로 살펴보았다. 이 중 대표적인 첨가제를 표 3.3.7에 자세히 정리하였다.

표 3.3.7 대표적인 전해질 첨가제들의 종류별 특징

첨가제의 종류		구조	특징
SEI 형성/조절 첨가제		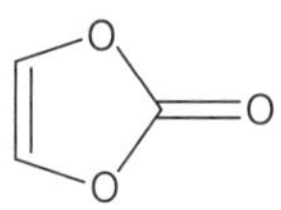 Vinylene carbonate(VC) 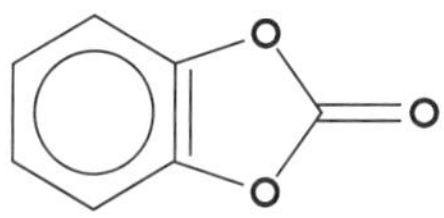 Catechol carbonate(CC)	- VC: 반응성이 높아 음극표면에서 우선 분해, 신속하게 안정된 SEI막 형성에 참여. 비가역 용량 감소 및 사이클 수명 향상. 양극 성능에는 별다른 영향을 주지 않으며, 과량 첨가 시에도 성능저하 없음 - CC: PC계 전해액 사용시 비가역 용량을 현저히 낮춤. PC의 환원을 억제하여 흑연층의 박리현상 억제에 도움
과충전 방지제	Redox-shuttle형	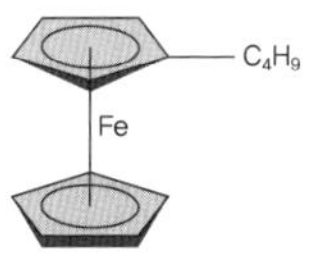 n-butylferrocene 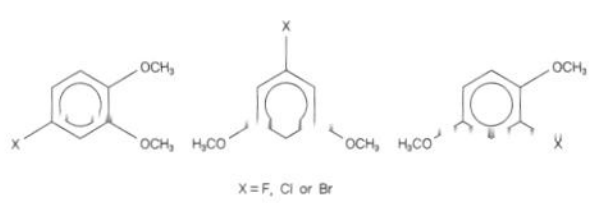 Substituted benzenes	- 과전압 형성 시 양극표면에서 산화, 산화된 첨가제는 음극으로 이동, 음극표면에서 다시 환원되어 순환을 반복. 전압을 지속적으로 상승시키지 않고 범위 내에 유지시켜 과충전 방지 - 초기 2 V급 전지에만 적용, 이후 할로겐 원소가 치환된 벤젠유도체들이 3 V급 전지에 적용

첨가제의 종류		구조	특징
과충전 방지제	피막 형성형	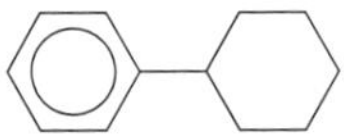 Cyclohexylbenzene 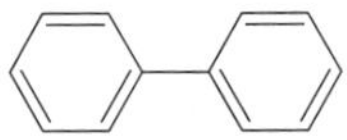 Biphenyl	- 중합 가능한 구조를 가지는 단량체 물질들이 과충전 시 양극 표면에서 고분자 절연체 피막을 형성하여 양극을 코팅. 내부에서 이온의 이동을 항구적으로 차단 - 셀의 활성을 정지시키기 때문에 redox-shuttle 형에 비해 보다 적극적인 과충전 방지 효과
전도특성 향상 첨가제		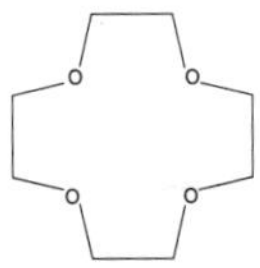 Crown ether 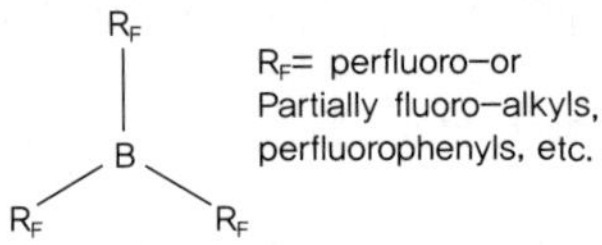 Boranes	- 양이온 수용체: crown ether 내 ether기와 Li^+ 간의 상호작용에 의해 해리. 유전율 상수가 낮은 유기용매나 고분자 전해질에 주로 적용. 독성이 강하여 현재는 사용하지 않음 - 음이온 수용체: 알킬계 치환기를 붙여 붕소의 전자부족 특성을 강화하여 쿨롱 힘을 통하여 음이온과 강한 상호작용, Li^+ 와의 재결합 및 분해반응 억제
난연제		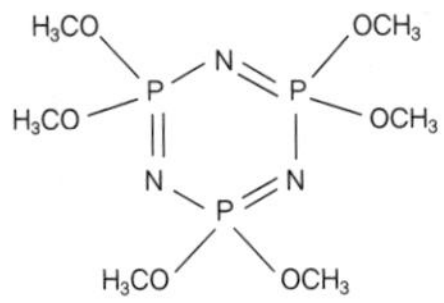 HMTP 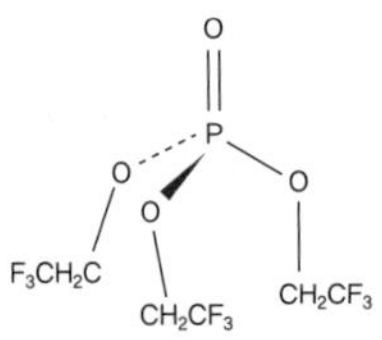 TFP	- 인산계: 탄화막 형성에 따른 연소반응 중지 또는 반응 중 형성된 라디칼 제거에 의해 전지의 자가열 발생 억제. 투입되는 양에 비례 해서 난연성 발현, 전해질의 성능 저하문제 - 불소가 포함된 인산계: 인산계에 의한 난연성 특징과 불소에 의한 사이클 성능 개선 특성을 동시에 지님

F. 전해질의 열적 안정성 향상

리튬이차전지의 성공적인 상업화를 위한 선결 요건은 전지가 놓일 수 있는 모든 환경에서의 전지의 안전성을 확보하는 것이다. 리튬전지는 과도하게 높은 온도, 연기, 폭발 및 화염 등의 열폭주(thermal runaway) 현상을 일으킬 수 있는 가능성은 항상 안고 있다. 그림 3.3.12에 나타낸 바와 같이, 열폭주 현상을 일으키는 3대 주요인자로서 양극활물질에 존재하는 산소, 유기 액체전해질과 같은 연료 그리고 전지에서 발생하는 열을 들 수 있다.

특히 과열로 인해 전해질이 발화점(flash point)을 초과한 상태가 될 경우 안전성 문제가 치명적일 수 있다. 열폭주 현상은 고전류, 과충전, 고온 등의 환경에서, 유기 액체전해질이 기름과 같은 연료로서 사용되어 양극활물질로부터 방출되는 산소와의 화학반응을 통해 고온에서 발생하는 것으로 알려져 있다. 이들 잠재적인 안전성 문제를 해결하기 위해, 임의의 온도 이상으로 과열되었을 때 무한값의 전기저항을 형성함으로써 충방전을 차단시키는 positive temperature coefficient(PTC), 과충전 혹은 과방전 되었을 때 전류를 차단시키는 protection circuit module(PCM)과 같은 보호회로, 안전 배기구(safety vent), 그리고 분리막 등을 활용하고 있다. 특히, 보호회로의 경우 전지를 구성하는 여러 부품소재에 비해 상대적으로 높은 가격이어서 대형전지의 경우 이들 가격의 부담이 더욱 커지는 문제점을 가지고 있다.

그러나 상대적으로 높은 가격에도 불구하고 보호장치의 활용은 현 기술수준

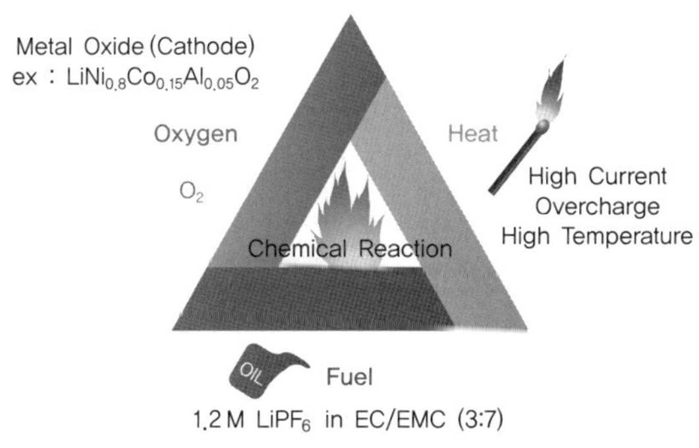

그림 3.3.12 열폭주 현상의 주요 인자

에서 볼 때 필수적인 요건으로 받아들여지고 있으나, 이를 극복하기 위한 방안들도 제시되고 있다. 예를 들면 열적으로 안정한 신규 염의 합성과 이에 적합한 용매의 선정을 생각해 볼 수 있다. 그림 3.3.13에 나타난 바와 같이, 리튬염에 따라 용매의 화학적 반응성은 크게 달라질 수 있으며, 이에 따라 발열반응 및 자가열 발생속도(self-heat rate)도 달라지게 된다. 이 외의 방법으로서 기능성 또는 난연성 첨가제를 도입하는 것이다. 기능성 첨가제의 경우, 전지의 초기 사이클 과정 동안 전극 표면에 안정한 SEI 막을 형성, 유지시킬 수 있다. 또, 과충전이나 과방전을 방지하고 열폭주 개시를 최대한 지연시킬 수 있는 기능성 첨가제도 이용될 수 있다.

그림 3.3.14에 보여지는 바와 같이, 유기 액체전해질에 난연성 첨가제인 hexamethoxy cyclotriphosphazene(HMTP)을 도입할 경우, 열적 반응성은 물론 전지의 자가열 발생속도를 현저히 억제시킴으로써 온도 상승에 따른 열폭주 현상을 한층 더 개선하였다[49, 50]. 요약컨데, 액체전해질의 열적 안정성 향상을 위해 첨가제가 도입될 경우, 용매에 대한 우수한 용해성, 전위창의 안정성, 높은 이온전도성, 낮은 점성 등의 요구조건을 만족시켜야 한다. 특히, 전극과의 반응성은 전지의 안전성과 밀접한 연관성을 가짐을 유의해야 한다. 이와 더불어, 난연성을 바탕으로 한 액체전해질의 열적 안정성 확보는 휴대폰, 노트북, 디지털카

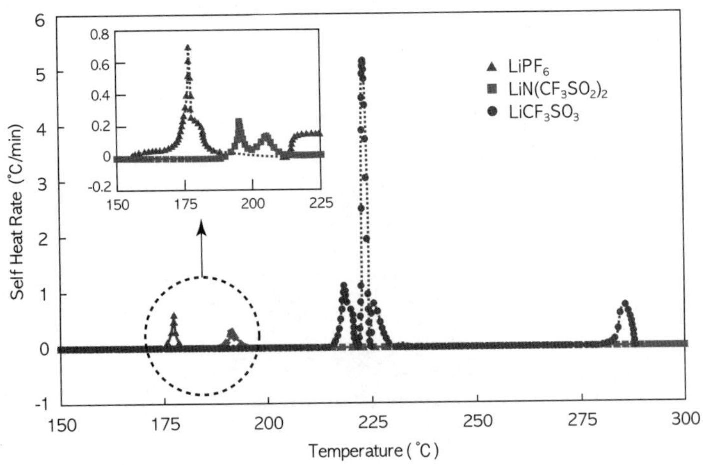

그림 3.3.13 ARC를 이용한 상이한 리튬염을 가진 전해질의 자가열 발생속도

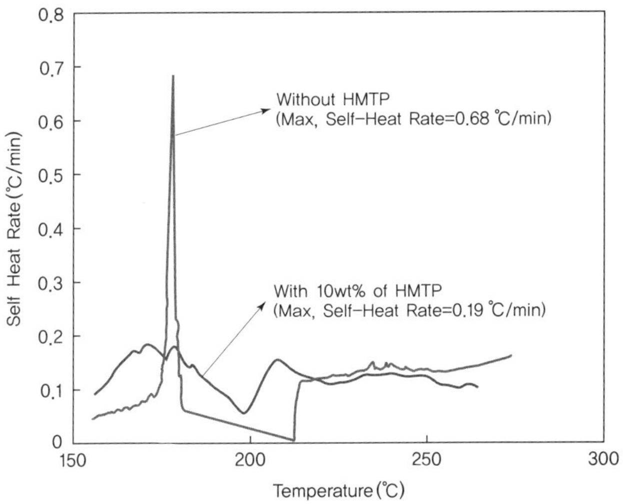

그림 3.3.14 난연성 첨가제의 유무에 따른 액체전해질의 자가열 발생속도 비교

메라 등의 휴대용 소형기기는 물론, 대용량전지를 탑재해야 할 전기자동차와 같은 중대형 응용분야의 미래시장 개척을 위해서 필수적으로 수반되어야 할 요구사항이다.

G. 액체전해질의 개발동향

G.1. 유기용매

신규 유기 용매의 개발은 크게 다음과 같은 3가지 요구조건을 만족시키기 위한 방향으로 진행되고 있다. 즉, 흑연 음극의 전기화학적 반응 가역성을 향상시킬 수 있고, 저온에서의 전지 특성을 향상하기 위해 저온에서 높은 이온 전도도를 달성할 수 있으며, 고온에서 높은 안전성을 확보하기 위해 불연 또는 난연 특성을 깇는 용매의 개발이다. 흑연 음극의 전기화학적 반응 가역성을 향상시키기 위해서는 PC나 EC를 화학적으로 변형한 용매가 제안되고 있다. 예를 들면 PC 용매는 흑연 음극에 대한 가역성이 좋지 않지만, 이들을 부분적으로 불소화 처리를 하게 되면 흑연과 분해반응을 이루기 어려워 리튬의 삽입 · 탈리가 용이해진다. 부분 염소화된 EC(partially chlorinated EC)도 흑연과 PC의 환원 분해반응을 억제하므로 PC와 혼합하여 사용할 수 있다[50]. 또, 저온에서의 이온 전도도 향상을 위해 낮은 융점을 가지면서, 저온에서 저점도를 보이는 methyl formate나 isopropyl acetate 등의 선형 에스터계 용매도 검토되고 있다. 이들을 단독으로 사용하면 리튬염에 대한 용해도가 낮으므로 유전율이 높은 EC 등과 혼합하여 사용한다. 불연 또는 난연성을 갖는 용매의 경우, 자기소화 능력이 있는 인산 에스테르나 불화 에스테르 및 불화 에테르 등이 고려되고 있다. 인산 에스테르계로는 ethyldimethyl phosphate(EDMP)나 butyldimethyl phosphate(BuDMP) 등의 비대칭 인산 에스테르를 EC/DEC에 혼합한 것이 난연성 발현에 효과적인 것으로 나타나고 있다. 불화 에테르계로는 ethylnonafluorobutylether(EFE)가 대표적인데, 난연성과 전지의 충방전 가역성을 모두 달성할 수 있는 것으로 나타나고 있다. EFE를 과량으로 첨가하는 경우, 고율 특성에는 아직까지 문제가 있지만, 안전성이 높은 전해액을 설계하는데 활용될 수 있다. 이와 같이 새로운 유기 용매에 대한 탐색을 통하여 용매에 대한 고안전성, 저가격, 고성능 등의 요구를 만족시킬 수 있어야 한다.

G.2. 리튬 염

현재 리튬이온전지의 전해질 염으로 적용되고 있는 $LiPF_6$는 열안정성이 부족하고 미량의 수분으로도 가수분해되기 쉬어 전해질의 제조가 복잡해지는 문제를 안고 있으며, $LiBF_4$는 이온 전도도가 낮고, 전극 표면에 SEI막이 형성되기 쉬운 단점을 가지고 있다. 이를 극복하기 위해 다양한 구조의 리튬 염이 설계되고 있는데, 분자설계를 통하여 화학 구조를 개량함으로써 요구되는 기능을 달성하고자 하는 노력이 진행되고 있다. 그 대표적인 예로 perfluoroalkyl sulfonate 염이나 imide 염과 같이 약한 배위성 불소를 포함하는 유기 음이온을 들 수 있다 [51, 52]. 이들은 불소나 CF_3 등의 전자 흡인성기로 치환된 유기 음이온이므로 표면 전하밀도가 낮고, 분자 표면상에 위치하는 불소원자의 배위능력이 약하기 때문에 분자간 상호작용이나 리튬이온과의 정전기 상호작용이 작은 특성을 가지고 있다. 그러나 전기화학적 안정성이 낮고, 가격이 높으며, 집전체가 부식되는 등의 문제가 남아있어 리튬이차전지로의 적용이 극히 제한된 용도에 머무르고 있다. 붕산염을 기준으로 하는 염이나 킬레이트(chelate)형 염에 관해서도 검토되고 있으며, LiF 등 난용성 염과 착이온을 함께 유기용매에 용해함으로써 전해질로 이용하려는 시도도 진행되고 있고, 이와 함께 기존의 리튬염을 사용하여 부가가치를 높이는 방법도 진행 중에 있다[53-55].

G.3. 이온성 액체

리튬이차전지의 안전성 확보가 중요한 이슈로 대두되면서 비휘발성, 난연 특성을 지닌 이온성 액체 전해질에 대한 관심이 높아지고 있다. 대부분의 연구는 이온성 액체의 낮은 내환원성을 향상시키기 위해 새로운 양이온 또는 첨가제를 탐색하거나, 이온성 액체에 적합한 새로운 음극 재료를 선정하는 것, 또는 상온에서 전지 성능 개선을 위해 이온성 액체의 점도를 낮추는 것 등에 집중되어 있다. 최근에는 1-ethyl-3-methylimidazolium bis(fluorosulfonyl)imide(EMI-FSI)와 LiTFSI로 이루어진 이온성 액체 전해질을 흑연 음극에 적용하여 360 mAh/g 이상의 가역적인 용량이 얻어진 바 있다[56, 57]. 이 밖에 이온성 액체의 높은 점도를 극복하기 위해 리튬이차전지 적용시 충방전 시험의 전류밀도를 줄이거나 전극의 두께를 얇게 하는 등의 연구도 병행되고 있다.

3-3-2 고분자 전해질

A. 고분자 전해질의 분류

현재 시판되고 있는 리튬이온전지에서는 전해질로 액체 전해질을 사용하며, 이와 함께 리튬이온의 이동을 용이하게 하기 위하여 미세 기공이 존재하는 10~20 μm 두께의 폴리올레핀 분리막을 사용한다. 액체 전해질을 적용하는 리튬이온전지는 일반적으로 금속 캔에 포장되는데, 액체 전해질을 고분자 전해질로 대체하게 되면 외장재로 금속 캔을 사용할 필요가 없기 때문에, 박형화, 경량화, 형상의 자유도 등을 달성하기가 쉽다. 고분자 전해질에는 고체 고분자 전해질(solid polymer electrolyte), 젤 고분자 전해질(gel polymer electrolyte), 고분자염(polyelectrolyte) 등이 있다. 고체 고분자 전해질의 경우, 리튬이온의 이동은 고분자 사슬의 분자 운동에 의존하는 반면, 젤 고분자 전해질은 고분자에 도입된 액체 전해질의 상태와 그들의 이온 전도에 크게 영향을 받는다. 이들 중 지금은 주로 젤 고분자 전해질이 리튬이차전지에 적용되고 있는데, 이는 상온에서의 높은 이온 전도도와 기계적 강도를 만족시키는데 있어 고체 고분자 전해질과 고분자염으로는 한계가 있기 때문이다. 그러나 리튬이차전지의 안전성 향상 측면에서 고체 고분자 전해질의 중요성 및 이에 대한 관심은 계속될 것으로 보인다. 각 고분자 전해질의 종류별 특성, 응용, 개발 현황을 다음에 소개한다.

A.1. 고체 고분자 전해질

Wright 등에 의해 고분자 물질이 이온을 전달할 수 있다는 사실이 발견되고 [58], Armand 등에 의해 이들이 전지를 비롯한 전기화학장치에 적용될 수 있다고 알려진 이후 [59], 고체 고분자 전해질에 대한 연구가 활발히 진행되어 왔다. 고체 고분자 전해질을 이용한 전고상전지(all solid state battery)의 장점은 다음과 같다.

① 음극에 리튬금속을 사용할 수 있어 전지의 에너지 밀도를 높일 수 있다.
② 누액염려가 없어 신뢰성이 높다.
③ 다양한 모양과 디자인을 갖는 전지 제조가 가능하다.
④ 초박막 전지 제조가 가능하다.
⑤ 전지온도가 상승하여도 가연성 가스의 분출이 없다.
⑥ 분리막 및 보호회로 등이 필요 없어 저비용으로 전지 제조가 가능하다.

고체 고분자 전해질은 고분자와 염으로만 구성되어 있으며, 지금까지 주로 고분자의 분자설계 및 합성에 초점을 맞추어 연구가 진행되어 왔다. 고체 고분자 전해질로 사용되는 고분자는 유리전이온도가 낮아 상온에서도 고분자 사슬의 움직임이 활발하고, 염을 해리할 수 있는 산소(O), 질소(N), 황(S) 등의 극성 원소를 포함해야 하며, 무정형 구조를 가져야 한다. 주로 poly(ethylene oxide)(PEO), poly(propylene oxide)(PPO), polyphosphazene, polysiloxane 등의 유도체에 대한 연구가 진행되어 왔는데, 그 중에서도 PEO를 기본 골격으로 하는 고분자에 대한 연구가 가장 활발하다

고체 고분자 전해질의 매트릭스 고분자와 이온 전도 특성은 매우 밀접한 관계를 가진다. 높은 이온 전도 특성을 갖는 고체 고분자 전해질을 얻기 위해서는 기본적으로 매트릭스 고분자가 다음과 같은 특성을 갖고 있어야 한다.

① 이온 배위능을 가지는 극성기가 고분자 사슬 내에 존재하고, 인접 사슬의

극성기가 이온과 협동배위(coordination)를 할 수 있어야 한다.

② 염을 해리하기 위하여 사슬의 공간적 배열(conformation)이 적절하여야 한다.

③ 극성기의 구조는 에테르, 에스테르, 아민 등과 같이 양이온을 강하게 용매화 할 수 있는 전자공여기(electron donating group)가 있어야 한다.

④ 고분자 사슬의 유연성을 높이기 위하여 낮은 T_g를 가져야 한다.

위에서 ①~③의 조건은 염의 해리 과정에 관한 것이며, ④는 이온의 이동 과정에 관계된다.

Poly(ethylne oxide)(PEO)는 -CH_2CH_2O-(ethylene oxide, EO)로 구성되는 반복단위를 갖고 있는데, 여기서 극성을 갖는 산소 원자는 알칼리 금속 이온과 배위결합을 형성하기 쉽다. 이는 산소 원자의 전자공여(donor)성이 이온 배위능을 가지는 다른 극성 원자(N, S 등)보다 강하기 때문이다. 이와 같은 이유로 알칼리 금속 양이온과 에테르의 산소가 배위하면 착체를 형성하면서 리튬염이 용해되는 것이다. 고체 고분자 전해질 내에서 리튬이온의 이동은 그림 3.3.15와 같은 메카니즘을 따르는 것으로 알려져 있다[60].

PEO에서는 methylene과 산소 사이의 회전 에너지 장벽이 낮아 고분자 사슬이 유연하기 때문에 양이온 배위에 필요한 공간구조(conformation)를 쉽게 형성할 수 있다. Crown ether에서 보는 것처럼 양이온과 ether내 산소의 고립 전자쌍에 의한 이온–쌍극자 상호작용(ion-dipole interaction)에 의해 착체가 형성되고, 리튬염은 PEO 내에 용해되어 해리된 상태가 된다. 높은 이온전도성을 얻기 위해서는 해리된 이온이 고분자 내에서 높은 이동성을 가져야 한다. 유연한 구조를 가지는 고분자의 유리전이온도(T_g)는 상온보다 훨씬 낮기 때문에 상온 부근에서 고분자 사슬은 활발하게 열 운동을 한다. 이로 인해 리튬이온은 국부적

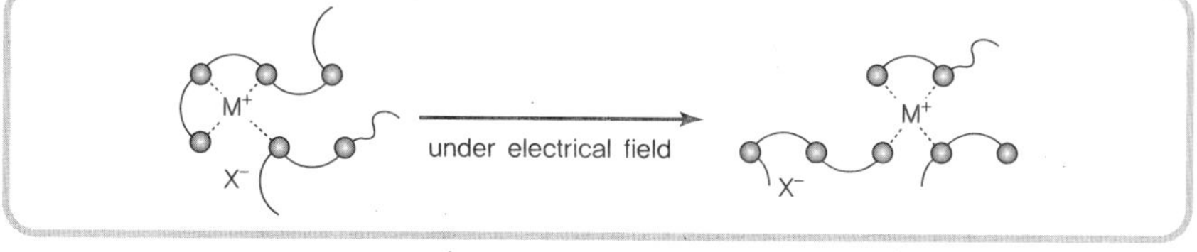

그림 3.3.15 고체 고분자 전해질 내에서 리튬이온의 전도 메카니즘

위치를 바꾸게 되고, 고분자 사슬과의 배위 교환(coordination exchange) 과정에 의해 이동을 하게 된다. 따라서 리튬 양이온은 자유부피(free volume) 내를 자유로이 움직일 뿐만 아니라, 고분자의 국부적 구조변화와 협동적으로 작용한다. 한편 음이온은 고분자사슬의 완화운동(relaxational motion)에 따른 고분자 내 자유 부피의 재분배에 따라 비교적 구속 없이 자유로이 이동할 수 있다. 그러나 PEO를 매트릭스로 하는 착체에서는 $O-Li^+$ 사이의 상호작용이 강하기 때문에 일반적으로 결정성이 높으며, 상온 이하에서는 충분한 이온 전도성이 나타나지 않는다. 따라서 지금까지 연구의 대부분은 이온 전도도 향상을 위한 새로운 고분자 합성에 집중되어 왔다. 이를 위해 다양한 접근이 시도되고 있는데 [60-62], 그 중의 하나가 길이가 짧은 EO 단위를 고분자 측쇄에 도입하는 것이다. 이와 같은 방법을 통해서 무정형 구조를 유지하면서 T_g를 낮추는 것이 가능해져 상온에서 10^{-4} S/cm의 높은 전도도를 얻을 수 있다. 또 다른 방법으로 가교구조를 도입함으로써 결정화 영역을 배제하고, 무정형 영역을 확보함과 동시에 기계적 강도의 향상을 얻고자 하는 시도가 진행되었다. 알루미나(Al_2O_3), 실리카(SiO_2), 산화티타늄(TiO_2) 등의 무기 미세입자를 첨가하여 고체 고분자 전해질에 첨가함으로써 이온 전도도, 기계적 강도, 전극/전해질 계면 특성 등의 향상을 기대할 수 있다. 이는 무기물 충진재 첨가에 의해 고분자의 결정화가 억제되고, 전해질 내 잔류 수분이나 불순물이 무기물 입자 표면에 흡착되기 때문이다. 또한 무기물의 강유전성에 의해 염의 해리가 촉진되기도 한다. 그러나 이와 같은 많은 연구에도 불구하고 고체 고분자 전해질을 적용하여 상온에서 구동할 수 있는 리튬폴리머전지의 상용화는 매우 제한되어 있는 실정이다. 이는 상온에서 액체 전해질에 비해 고체 고분자 전해질의 이온 전도도가 낮고, 기계적 물성이 취약하며 전극과의 계면 특성이 좋지 않기 때문이다. 따라서 이들은 전기자동차나 야간 전력축적용 전원 등과 같이 고온에서 작동이 가능한 대형이차전지 위주로 연구가 진행되고 있다.

A.2. 젤 고분자 전해질

젤 고분자 전해질은 고분자, 유기용매, 리튬염으로 구성되는 것으로, 고체 고분자 메트릭스 내에 유기 전해액을 함침시켜 제조된다. 이들은 외형상으로는 고체 필름상태이지만, 고분자 사슬내로 스며든 전해질에 의해 이온 전도도 값이

~10^{-3} S/cm 수준을 나타내므로, 고체 고분자 전해질이 갖는 가공성 및 안전성과 액체 전해질의 높은 이온전도 특성을 모두 갖고 있어 리튬이차전지용 고분자 전해질로서 활발한 연구가 진행되어 왔다[63, 64]. 젤 고분자 전해질의 매트릭스 고분자로 사용되는 대표적인 고분자에는 그림 3.3.16에 보여지는 바와 같이 폴리아크릴로니트릴(polyacrylonitrile, PAN), 폴리비닐리덴-플루오라이드(poly(vinylidene fluoride), PVdF) 및 그의 공중합체, 폴리메틸메타크릴레이트(poly(methyl methacrylate), PMMA), 폴리에틸렌옥사이드(poly(ethylene oxide), PEO) 등이 있다.

A.2.1. Polyacrylonitrile(PAN)계

PAN은 고분자 측쇄에 큰 극성을 갖는 CN기를 보유하고 있기 때문에 리튬이온이나 용매와의 강한 인력이 작용하는 등으로 인하여, 고분자 전해질의 메트릭스 고분자로 많이 검토되었다. 일반적으로 PAN은 고비점 유기 용매인 EC 또는 PC에 $LiPF_6$를 용해시킨 전해질을 함침시켜 제조되는데, 상온에서 ~10^{-3} S/cm 정도의 높은 이온 전도도를 보인다. PAN계 젤 고분자 전해질은 넓은 전위창을 가지고, 기계적 물성이 양호하며, 양극활물질과의 반응성이 낮기 때문에 리튬이차전지용 전해질로 많이 검토되어 왔다. 전해질의 제조는 뒤에서 자세히 언급되겠지만, EC나 PC 등의 유기용매에 PAN을 용해시켜 100 ℃까지 가열시킨다. PAN이 완전히 용해된 후에 $LiPF_6$ 등의 염을 용해시키고 그 용액을 캐스팅한 후, 상온 또는 저온에서 방치함으로써 젤화된 필름을 얻을 수 있다.

A.2.2. Poly(vinylidene fluoride)(PVdF)계

PVdF계 고분자를 이용하여 제조되는 젤 고분자 전해질의 특징은, 적당한 상용성을 가진 용매를 사용함으로써 고온에서 용해되어도 온도 저하에 따라 상분

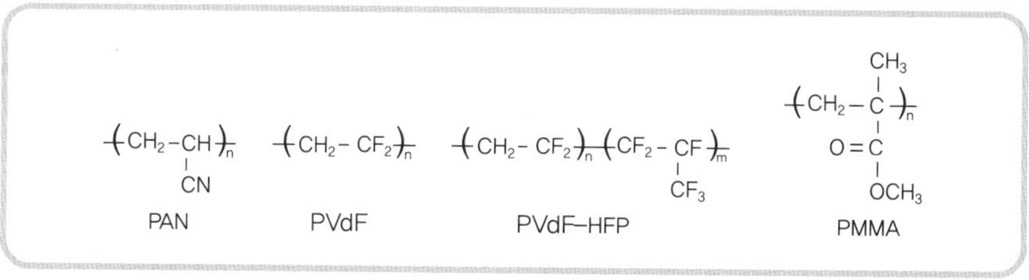

그림 3.3.16 젤 고분자 전해질 제조에 사용되는 대표적인 매트릭스 고분자

리, 결정화로 인한 물리적 젤화(physical gelation)가 가능하다는 것이다. PVdF계 젤 고분자 전해질 필름은 상분리로 인한 미세기공을 가지기 때문에, 미세기공 내의 액체전해질이 이온전도성을 나타내므로 이온전도성이 비교적 우수하다. Vinylidene fluoride와 hexafluoropropylene의 공중합체 P(VdF-co-HFP)를 매트릭스로 하는 젤 고분자 전해질이 개발된 바 있는데, 가소제를 포함하는 고분자 필름을 얻은 후, 가소제를 추출하고 다공막으로 만든 뒤, 다시 원하는 전해질로 다공막을 활성화시킴으로써 젤 고분자 전해질을 얻는다[65]. 이 경우 비활성 분위기 하에서 전해질 필름제조 작업을 마친 후 마지막 단계에서 전해질 필름을 활성화함으로써 전해질의 활성을 유지하기가 용이한 장점이 있다.

A.2.3. Poly(methyl methacrylate)(PMMA)계

Poly(methyl methacrylate)(PMMA)계 젤 고분자 전해질의 한 종류로서, MMA 단량체와 dimethacrylate계의 2관능성 단량체를 전해질과 공존하에 중합함으로써 화학가교가 된 젤 고분자 전해질을 얻을 수 있다. PMMA계 젤 고분자 전해질은 투명한 필름 특성으로 인하여 전기변색소자용 전해질로도 적용될 수 있다. $LiClO_4$와 EC/PC 비수계 전해액을 함침시킨 화학가교형 젤 고분자 전해질은 상온에서 10^{-3} S/cm의 이온 전도도를 나타내며, 리튬 금속에 대해 4.5 V 이상의 넓은 전위창을 보인다. 또한 리튬 금속의 계면 저항이 시간이 경과한 이후에도 일정한 값을 유지하는 특성을 보인다.

A.2.4. Poly(ethylene oxide)(PEO)계

PEO를 매트릭스 고분자로 하는 젤 고분자 전해질은 EO 구조를 주쇄에 갖는 것과 측쇄에 갖는 것들이 있다. EO 구조를 주쇄에 갖는 고분자 메트릭스에 있어서 PEO의 말단 수산기(-OH)는 isocyanate를 이용하여 화학적으로 가교시킬 수도 있다. 측쇄에 oligo(ethylene oxide) 구조를 갖는 고분자를 매트릭스로 하는 젤 고분자 전해질의 경우, 측쇄에 oligo(ethylene oxide) 사슬을 갖는 methacrylate나 acrylate 유도체가 대표적이다. 이외에도 측쇄로 polyurethane을 이용한 것, polyphosphazene 구조를 포함한 것, 분자량이 약 2000인 PEO 사슬을 그래프트 시킨 것 등이 있다.

일반적으로 젤 고분자 전해질 내에서 이온은 액체를 매개로 이동하고, 고분자 매트릭스는 필름의 기계적 강도 유지와 함께 액체 성분을 저장하는 역할을 한

다. 또, 젤 고분자 전해질은 액체전해질 함량에 따라 다양한 범위의 기계적 물성을 나타낸다. 젤 고분자 전해질의 이온 전도도는 앞에서 서술한 바와 같이 액체 전해질의 이온 전도도에 거의 근접할 수 있다. 젤 고분자 전해질은 크게 다시 물리 가교형과 화학 가교형으로 나눌 수 있다. 물리 가교형에서는 고분자 전해질이 3차원 망상구조를 형성할 때 화학결합이 아니라 고분자 사슬간 엉킴(entanglement)이나 고분자 사슬의 부분적인 분자배향에 의해 형성되는 물리적인 가교를 이용하게 된다. 이들의 특징은 가교 부분을 형성하고 있는 고분자 사슬간 엉킴이 가열 등에 의해 풀려 유동화 되고, 이것을 냉각시키면 젤이 된다는 것이다. 이와 같은 성질을 이용하면 이차전지의 전해질로 사용될 때 유동 상태에서 전지 셀에 주입하고, 냉각함에 따라 젤화하는 방법으로 전지 셀 제조공정을 다양화 할 수 있다. 그러나 고온에서는 젤 고분자 전해질의 유동화 또는 누액의 가능성이 있기 때문에 주의해야 할 필요가 있다. 현재 물리가교형 젤 고분자 전해질에서는 poly (vinylidene fluoride-hexafluoro propylene) 공중합체를 이용한 젤 고분자 전해질이 가장 많이 연구되고 있다. 최근에는 물리 가교형 젤 고분자 전해질의 취약한 기계적 물성을 극복하기 위하여, 폴리올레핀계 분리막을 지지체로 사용하여 분리막 또는 전극에 젤 고분자 전해질을 얇게 코팅하여 리튬이온폴리머전지를 제조하는 방법이 이용되고 있다. 이와 같이 제조된 리튬이온폴리머전지는 외관상 리튬이온 전지와 동일한 구조를 가진다. 물리적 젤화를 목적으로 사용되는 고분자에는 PEO, PAN, PVdF, PMMA 등이 있다. 또, 폴리올레핀 분리막에 코팅되는 젤 전해질의 두께에 따라 리튬이온폴리머전지의 성능의 차이가 발생한다 [66]. 이와 같이 젤을 지지체인 다공막에 코팅하는 주된 이유는 젤 고분자 전해질의 낮은 기계적 강도를 보완함과 동시에 전극과의 접착성을 좋게 하고 전지의 안전성을 향상시키기 위해서이다. 젤에 의해 전극-전해질간 양호한 계면 접촉이 얻어지면 전지를 알루미늄 파우치 형태로 제조할 수 있다. 한편 원통형 전지의 경우 일반적으로 양호한 계면접촉은 권취 압력과 금속 캔에 의하여 유지된다. 최근에는 젤 고분자전해질을 사용하는 전지의 안전성을 더욱 향상시키는 수단으로 휴즈(fuse) 기능을 갖게 하기 위하여, 저융점 폴리에틸렌 입자를 젤 고분자 전해질 중에 분산시키고, 이들이 100 ℃ 정도에서 융해할 때 전지의 저항이 급격히 상승하여 안전성이 향상된다[67]. 한편, 화학가교된 젤 고분자전해질은 화학결합으로 얽힌 망상구조(network)를 형성하고 있기 때문에 반데르발스 힘 등의 물리적인 결합으로 가교된 물리가교 젤 고분자 전해질에 비해 가열이나 시간에 따라 젤의 구조가 변화하기 어렵다는 특징이 있다. 또한, 미반응 단량체나 가교제 등이 잔존하여 전지 성능에 영향을 줄 수도 있다. 화학가교된 젤 고분자 전해질을 이용하여 리튬이온폴리머전지를 제조하는 방법은, 화학적으로 가교가능한 고분자 전구체를 전해액에 용해시켜, 이를 전지 내에 함침시킨 후, 열중합을 통하여 전지 내부의 전해질을 완전히 균일한 젤상으로 하는 것이다[68]. 이들 방법에 의한 전지제조 공정의 개념도를 그림 3.3.17에 나타내었다. 이와 같이 제조된 폴리머전지의 기본 성능은 각형 리튬이온전지와 거의 동등한 수준이므로 각종 휴대기기에 적용이 가능하다. 이 경우, 외장재로 알루미늄 라미네이트 필름을 사용하지만, 전해질은 전극 내부까지 완전히 젤화되어 있기 때문에, 전지에 구멍을 뚫어놓은 상태에서 압력을 가하여도 누액이 발생하지 않는다.

A.3. 고분자 염 – 단일 이온전도체

고분자 물질 자체가 양이온 및 음이온을 포함하고 있으며, 이들이 해리되어 이온 전도성을 나타내는 물질을 고분자염이라 한다. 고분자염에서는 양이온 또는 음이온만 단독으로 이동할 수 있기 때문에, 이들을 단이온 전도체(single ion

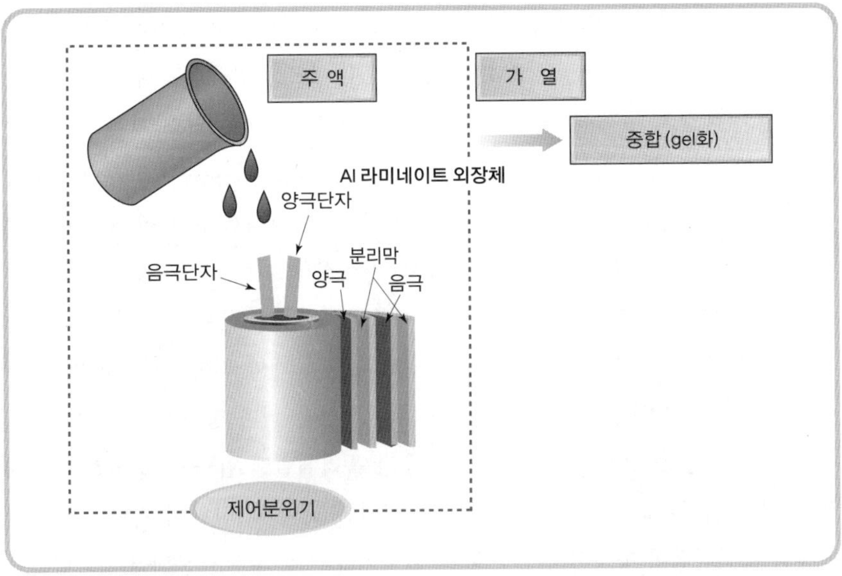

그림 3.3.17 리튬이온폴리머전지의 화학가교형 젤 고분자 전해질 제조공정

conductor)라고도 부른다. 일반적으로 리튬염을 포함하고 있는 고분자 전해질에서는 해리된 음이온들이 고분자 사슬과 상호작용을 하지 않고 이동할 수 있다. 따라서 전체 이온 전도도 중 리튬 양이온 전도도의 비율을 표시하는 양이온 수율이 매우 낮은데, 대개 0.5 이하의 값을 나타낸다. 이에 따라 이들을 이차 전지에 응용하는 경우, 충방전 시 리튬이온뿐만 아니라 상대 음이온도 이동하게 된다. 이때 리튬이온은 양쪽 전극으로 출입이 가능한데, 음이온은 전극활물질 표면에 쌓이게 되므로, 두 전극 사이에서 이온의 농도 분극(concentration polarization)을 형성하여 시간의 경과에 따라 전해질의 저항이 증가된다. 그러나 단이온 전도체인 고분자염에서는 음이온이 거의 이동하지 못하고, 양이온만 이동할 수 있기 때문에 리튬 양이온 수율이 거의 1.0에 가까운 값을 가진다. 따라서 고분자염을 이차전지에 적용하는 경우에는 음이온이 이동하지 않으므로 농도 분극이 일어나지 않아, 작동시간의 경과에 따른 저항의 변화도 거의 없고, 안정된 방전 전류가 얻어지게 된다.

리튬 양이온을 포함하는 고분자염을 분자설계 할 경우, 음이온을 고분자 사슬에 고정시켜야 하고, 리튬이온의 해리도를 높여야 하며, 리튬이온의 이동 경로를 제공할 수 있도록 하여야 한다. 음이온을 공유결합으로 고분자 사슬에 고정시킨 고분자염의 이온 전도도를 향상시키기 위해서는 이온 짝(ion-pairing)의 형성을 약화시켜 염의 해리능을 증가시켜야 한다. 이를 위해서 음이온 중심의 전하밀도를 낮추는 방법과, 음이온 중심의 주위에 체적이 큰 치환기를 도입하여 리튬이온이 음이온 쪽으로 접근하는 것을 방해하는 방법이 있다. 리튬이온의 이동 경로로서는 주로 EO 단위가 반복되는 PEO 사슬이나 oligo(ethylene oxide) 사슬과 같은 에테르 사슬이 이용된다. 에테르 사슬을 고분자에 고정하는 방법 이외에도 고분자염을 폴리에테르와 혼합하는 방법도 고려될 수 있다. 지금까지 알려진 대표적인 고분자염들을 그림 3.3.18에 나타내었다.

망상구조의 EO-PO 공중합체에 fluoroalkane sulfonimide 구조를 갖는 고분자(1 그리고 2)의 경우 염의 해리도가 높이 상당한 수준의 이온 전도도가 얻어진다[69]. 이 때 음이온 사이의 거리에 따라 이온 전도도가 크게 변하게 되는데, 음이온 사이의 거리가 짧은 고분자염 1의 경우에는 이온 전도도가 낮으나, 고분자염 2처럼 길면 상온에서 10^{-6} S/cm 값을 갖게 된다. Benzene sulfonimide기를 포함하는 고분자염 3은 염의 해리가 충분하지 않기 때문에 상온에서의 이온 전도도

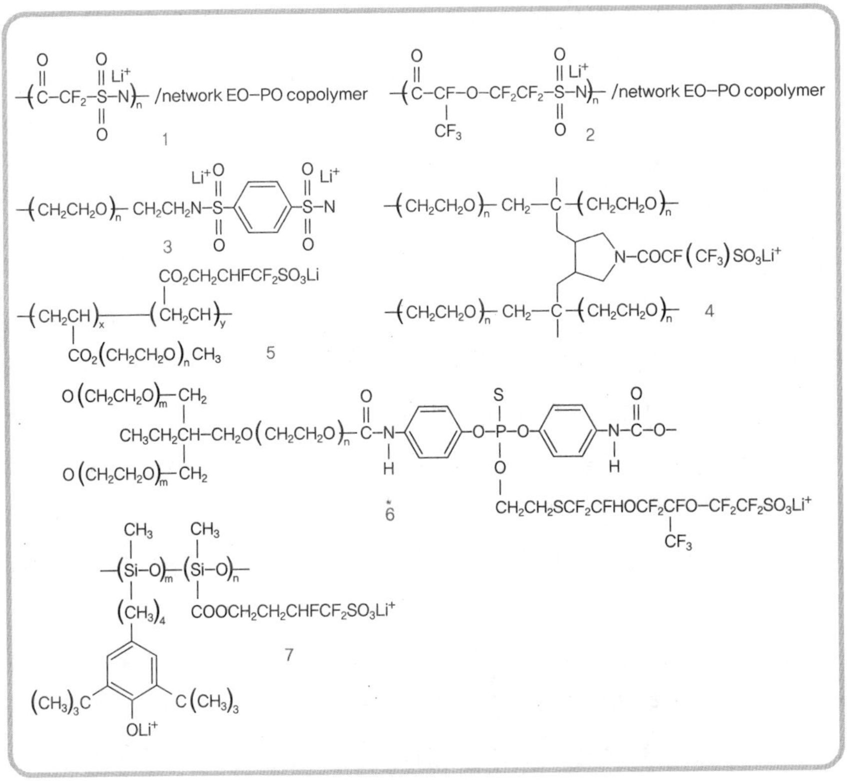

그림 3.3.18 대표적인 고분자염의 구조

는 낮다[70]. Fluoroalkanesulfonate와 에테르 사슬을 갖는 시스템 고분자염 4,5,6은 상온에서 10^{-6} S/cm 이상의 높은 이온 전도도를 보인다 [71-73]. 이온 이동의 percolation 모델에 근거한 계산결과에 의하면 측쇄에 이온그룹과 이온 전도 경로가 되는 oligo-ether 사슬을 가지는 구조가 고분자 전해질로서 적당한 것으로 보인다. 즉 oligo-ether와 어느 정도 움직일 수 있는 음이온을 함께 측쇄에 도입한 구조가 고분자 염으로 적합하다. 음이온 주변에 체적이 큰 치환기를 도입하는 방법으로 2,6-위치에 큰 체적의 t-butyl 기를 치환시켜 phenolate기를 도입한 siloxane계 고분자염 7의 경우, 상온에서 10^{-6}~10^{-5} S/cm 의 높은 이온 전도도를 보인다[74]. 그러나 대부분의 경우 고분자염에서는 양이온이 음이온에 강하게 결합되어 있고, 이온의 농도가 절대적으로 부족하기 때문에 고분자 염의 이온 전도도는 낮은 편이다. 이러한 문제를 극복하기 위하여 극성이 높은 가소제를 첨가하거나, 리튬염을 소량 첨가함으로써 이온 전도도를 향상시키는 방법도 시도되고 있다.

B. 고분자 전해질의 제조방법

고분자 전해질을 제조하는 방법은, 사용되는 재료의 특성과 전지 제조 방법 등에 의해 크게 영향을 받게 되는데, 대표적인 방법으로는 용액 캐스팅(solution casting)법, 다공성막 침적법, *in-situ* 가교법, 고온 용융(hot melting)법 등이 있다[64]. 각각의 제조 방법과 장 · 단점을 아래에 소개한다.

B.1. 용액 캐스팅법(Solution casting)

용액 캐스팅법은 고분자 전해질을 제조하는 가장 간단한 방법으로, 고분자와 리튬염 등을 휘발성 용매에 녹인 후 이를 캐스팅하여 얇은 막을 만든 뒤 용매를 휘발시켜 필름을 얻는 방법이다. 그림 3.3.19는 용액 캐스팅법을 이용하여 고분자 전해질 필름을 만드는 공정을 보여주고 있다. 유리판 위에 고분자 용액을 붓고, 두께가 일정하도록 닥터 블레이드(doctor blade)로 밀어서 필름을 만든다. 이후 용매가 증발하면서 필름의 두께는 줄어들게 되며, 얻어진 필름을 유리판에서 박리시키게 되면 고분자 전해질 필름이 얻어지게 된다. 이때 필름의 박리를 효과적으로 수행하기 위해 유리판 대신 테플론(Teflon, poly(tetrafluoro ethylene))으로 된 판이나 이형제 처리가 되어 있는 필름을 사용할 수도 있다. 그리고 먼지가 들어가지 않도록 주형 판위에 뚜껑을 덮고, 가열이나 공기순환 등의 방법을 통해 용매의 증발을 조절하는 장치를 부가적으로 사용할 수 있다. 이 방법은 비교적 간단하고, 저렴한 설비를 이용할 수 있기 때문에 경제적인 장점을 갖고 있으며, 주로

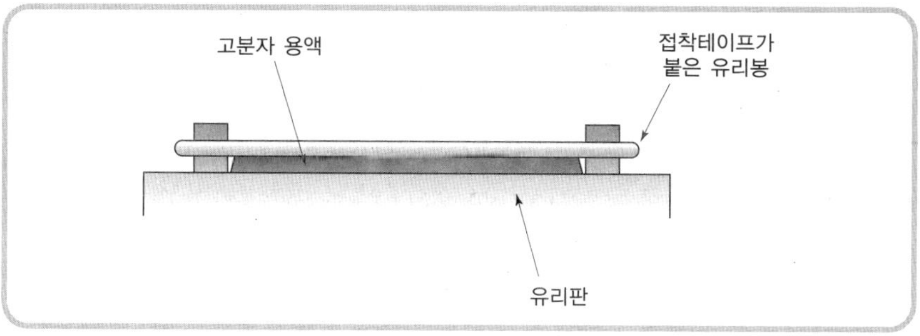

그림 3.3.19 용액 캐스팅법을 이용한 고분자 전해질의 제조

고체 고분자 전해질을 제조하는데 흔히 사용되고 있다. 그러나 젤 고분자 전해질 제조 시에는 필름형성을 위한 건조공정 에서 유기 전해질에 포함된 용매가 함께 휘발될 수 있기 때문에, 저비점을 갖는 DMC, DME 등의 선형카보네이트 용매를 사용할 수 없게 된다. 따라서 이 방법은 EC, PC 등의 고비점 용매로 구성된 유기 전해질을 포함하는 젤 고분자 전해질 제조에만 한정되어 적용된다. 용액 캐스팅법을 통해 제조되는 고분자 전해질에는 PEO계, PMMA계 등이 있다.

B.2. 다공성막 침적(Immersion of porous membrane)법

다공성막 침적법이란 리튬이온전지에서 이미 실제로 사용되고 있는 것과 동일한 미세 다공막(micorporous membrane)을 제조하여, 이들을 전해질에 함침시킴으로써 젤화된 고분자 전해질을 얻는 방법이다. 리튬이온전지에 사용되고 있는 소수성 폴리올레핀 다공막과는 달리, 다공성막 침적법에서 제조되는 다공성 고분자 막은 전해질과 적절한 친화성을 가지는 극성의 고분자이다. 다공성막 침적법에서 가장 대표적으로 사용되는 고분자는 PVdF계 공중합체인 P(VdF-*co*-HFP)이다. P(VdF-*co*-HFP) 공중합체를 이용하여 다공성막 침적법으로 젤 고분자 전해질을 제조하는 방법은 다음과 같다. 먼저 고분자, 가소제, 충진제로 구성되는 혼합물을 섞어 아세톤 용매에 용해시킨다. 가소제로는 dibutyl phthalate(DBP) 등과 같은 극성을 지닌 고비점 용매가 사용되고, 충진제로는 실리카, 알루미나 등이 사용된다. 이 때 첨가되는 무기 물질은 다공막의 기계적 강도를 향상시켜 줄 뿐 아니라, 전해질 침적시 많은 양의 전해질을 함침시킬 수 있다. 제조된 고분자 용액을 유리판 위에 적절한 두께로 캐스팅한 후, 공용매로 사용된 아세톤을 휘발시켜 제거한다. 아세톤이 제거된 필름에는 많은 양의 가소제가 포함되어 있는데, 이들 필름을 물, 메탄올, 에테르 등과 같은 비용매(non-solvent)에 담그게 되면 가소제인 DBP가 빠져나오면서 그 자리에 미세한 기공이 형성된다. 이를 건조시킨 뒤 전해질에 함침시킴으로써 젤화된 고분자 전해질을 얻을 수 있다. 다공성막을 전해질에 직접 침적(impregnation)하는 대신 음극/다공성막/양극으로 구성되는 셀을 먼저 제조한 후에 전해질을 주입함으로써 젤화된 고분자 전해질을 얻을 수도 있다. 다공성막 침적법에서는 전해질이 활성화 공정에서 최종적으로 도입되기 때문에 수분이 억제된 분위기를 유지하기가 보다 용이하고, 용액 캐스팅법과는 달리 다양한 종류의 전해질액을 적용할 수 있다는 장점이 있다. 그러나 젤 고분자 전해질내에서의 전해질의 균일한 함침을 위해서는 숙성(aging) 등의 과정이 요구된다.

B.3. *In-situ* 가교법

In-situ 가교법은 그림 3.3.20과 같이 전해질에 반응성 올리고머, 가교제, 개시제, 선형 고분자 등을 녹여, 이미 만들어 준비해 둔 음극/분리막/양극 형태의 셀에 주입하여 열을 가하거나 또는 UV를 조사시킴으로써 3차원 네트워크 구조를 갖는 젤 고분자 전해질을 얻는 방법이다. 이 때 가교제로 많이 사용되는 물질로는 두개의 작용기를 갖는 polyethylene gylcol dimethacrylate(PEGDMA)가 있다. 열 개시제로는 azobisisobutylonitrile(AIBN) 그리고 광 개시제로는 방향족 케톤 등이 있다.

화학적으로 가교된 젤 고분자 전해질은 화학 결합으로 짜인 망상구조를 형성

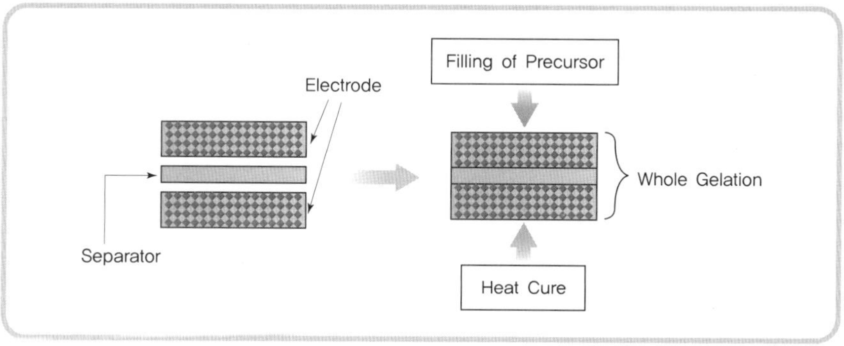

그림 3.3.20 *In-situ* 가교법을 이용한 고분자 전해질의 제조

하고 있기 때문에 물리적인 결합으로 가교된 젤 고분자 전해질에 비해 가열이나 시간에 따른 젤의 구조변화가 거의 없다는 장점이 있다. 이와 함께 폴리올레핀 분리막을 지지체로 사용하기 때문에 기계적 물성이 매우 우수하다. 그러나 이 공징은 높은 온노에서 일정 시간동안 가교하는 단계를 요구하기 때문에 전지의 생산성이 낮고, 고분자 전구체에 포함되어 있는 미반응 단량체를 제거하기 어렵다는 단점이 있다.

B.4. 고온용융(Hot melting)법

고온 용융법은 고온에서 고분자를 직접 전해질에 용해시켜 높은 점도를 갖는 용융물을 만든 후, 이들을 필름 캐스팅 한 후 상온에서 냉각시킴으로써 젤화된 필름을 얻는 방법이다. 이 방법은 공용매를 사용할 필요없이 유기 전해질과 고분자만으로 젤 고분자 전해질을 제조할 수 있어 재료의 손실이 거의 없다. 그러나 고온에서 고분자를 전해질에 직접 용해시키기 때문에 비점이 낮은 유기용매는 사용할 수 없다는 단점이 있다. 고온용융법으로 제조되는 대표적인 예로는 PAN계 고분자 전해질이 있으며, 이때 사용되는 전해질은 EC, PC 등과 같은 고비점 용매로 구성된다.

C. 고분자 전해질의 특성

C.1. 이온 전도도

지금까지 고분자 전해질을 이용한 리튬이차전지의 개발이 미진한 가장 큰 이유중의 하나는 이온 전도도가 액체 전해질의 전도도에 비해 매우 낮기 때문이다. 액체 전해질의 대표적인 예인 1 M $LiPF_6$-EC/DMC의 경우, 상온에서의 이온 전도도가 ~10^{-2} S/cm 인 것과 고분자 전해질이 박막인 점을 고려하면 고분자 전해질은 상온에서 그 값이 10^{-3} S/cm 이상이면 실질적 응용이 가능하다. 그림 3.3.21에 액체전해질, 젤 고분자 전해질, 고체 고분자 전해질의 온도에 따른 이온 전도도의 변화를 나타내었다. 고체 고분자 전해질의 경우에는 상온에서의 이온 전도도가 낮을 뿐 아니라, 온도가 낮아짐에 따라 이온 전도도도 급격하게 감소함을 알 수 있다. 이에 따라, 고체 고분자 전해질은 상온보다는 주로 고온에서 작동되는 리튬이차전지에 그 적용이 검토되고 있다. 한편 젤 고분자 전해질 및 액체 전해질은 상온에서의 이온 전도도도 높고(10^{-3} S/cm 이상), 넓은 온도 범위에서 이온 전도도가 유지되기 때문에 상온은 물론 저온에서도 전지의 작동이 가능하게 된다.

C.2. 전기화학적 안정성

고분자 전해질의 전기화학적 안정성이 구동되는 전압 범위를 결정함에 영향을 미치게 된다. 양극 및 음극으로 인한 구동전압 범위가 주어져 있을 경우, 그 범

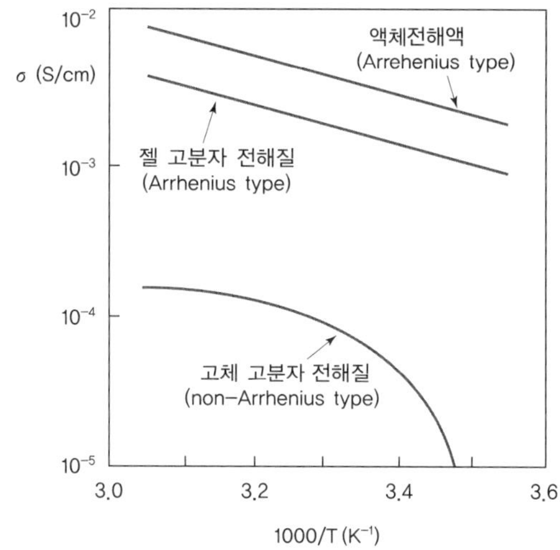

그림 3.3.21 다양한 전해질의 온도에 따른 이온 전도도

위내에서 산화 · 환원에 따른 고분자 전해질의 열화반응이 없어야 한다. 예를 들어 $LiCoO_2$, $LiNiO_2$, $LiMn_2O_4$ 등의 4 V급 금속산화물을 양극으로 사용하는 리튬 이차전지의 경우 완전 충전 시 전지의 전압이 4.3 V이므로, 고분자 전해질이 최소한 4.5 V까지는 전기화학적으로 안정해야 한다. 특히 에너지 밀도 향상을 위해 고전압 리튬이차전지의 개발이 요구되므로, 내산화성은 필수적이며, 전극활물질과 부반응을 야기해서도 아니된다.

C.3. 양이온 수율

리튬이차전지에서 전하 운반체(charge carrier)는 리튬 양이온이다. 따라서 전해질 내에서 양이온의 이동도가 음이온의 이동도보다 높아서 전도도에 기여하는 양이온의 분율이 높아야 한다. 고분자 전해질에 대해 지금까지 보고된 양이온 수율은 대략 0.2~0.5 범위이다. 참고로 앞서 설명한 고뷴자염이나 연료전지에 사용되는 Nafion과 같은 수소이온 전도체의 경우에는 양이온 수율이 거의 1.0이다. 이것이 단이온 전도체인 고분자염을 개발하여 리튬이차전지에 적용하고자 하는 이유이기도 하다.

C.4. 전극-전해질 계면반응

고분자 전해질을 사용하는 경우에 가장 문제가 되는 것은 액체전해질에 비해 이온 전도도가 낮을 뿐만 아니라, 음극 또는 양극과의 계면 접촉이 우수하지 않다는 것이다. 액체 전해질과는 달리 고분자 전해질의 경우 전극과의 계면은 접촉이 충분히 이루어진 부분과 그렇지 않은 부분으로 나누어진다. 접촉이 충분히 이루어진 부분에서는 리튬이온의 전하이동반응(charge transfer reaction)이 활발히 일어나지만, 불충분한 부분에서는 리튬이온의 전하이동 반응이 일어나기 어려워, 전극에서 전류의 분포가 불균일하게 되고 이에 따라 전극이 완전하게 사용될 수가 없다. 예를 들어 높은 전류로 충방전을 진행하면 전극 내부에서의 활물질 이용률이 국부적인 영역에 따라 서로 다른 분포가 생겨, 전극의 불균일한 팽창수축을 수반하여 흑연 전극 또는 전이금속 산화물 전극을 급격히 열화시키게 된다. 균일한 계면을 형성하기 위해서 양극재료 또는 음극재료와 고분자 전해질을 혼합한 복합 전극을 이용하여 이차전지를 제조하기도 한다. 예를 들어 단량체를 양극 또는 음극의 공극에 함침시킨 후, 중합반응을 진행하여 고분자 전해질과 전극의 접촉상태를 더욱 밀착되게 만드는 것이다. 또, 고분자 전해질과 전극과의 전기화학적인 반응으로부터 액체전해질의 경우와 거의 같은 생성물이 얻어짐이 밝혀지고 있다. 그러나 고분자 전해질은 액체 전해질에 비해 분자량이 매우 크고, 유동성도 작기 때문에 계면에서의 반응성은 액체 전해질에 비해 낮다. 특히, 리튬금속과 고분자 전해질 계면의 경우 전극-전해질 계면 저항이 사이클에 따라 서서히 증가하는데, 이는 계면이 안정화되어 있지 않아 계면반응이 지속적으로 진행되고 있음을 의미한다.

C.5. 기계적 특성

고분자 전해질의 가장 큰 장점은 대면적을 갖는 박막의 필름형태로 제조할 수 있다는 것이다. 이때, 고분자 전해질의 두께를 얇게 할수록 전지내에 많은 전극활물질을 충진할 수 있어 전지의 에너지 밀도가 증가하게 된다. 따라서 고분자 전해질 필름을 가능한 얇게 제조하는 것이 전지의 성능 향상을 위해 무엇보다 중요한데, 이를 위해서는 고분자 전해질이 우수한 기계적 강도를 가져야 한다. 전해질 필름의 기계적 강도는 전지의 제조과정중 불량율과 관련되기 때문에 생산성과도 직결된다. 그러나 이온 전도도를 향상시키기 위하여 고분자의 유리전이온도를 낮추거나 유기 용매의 함량을 증가시키게 되면 기계적 강도가 저하되므로, 이온 전도도와 기계적 특성을 적절한 범위 내에서 최적화시켜야 한다. 또한, 전극과의 우수한 계면특성을 확보하기 위해서 고분자 전해질의 우수한 점착성 및 탄력성도 요구된다.

D. 고분자 전해질의 개발동향

고분자 전해질을 상온에서 작동하는 리튬이차전지에 적용하기 위해, 이온 전도도가 액체 전해질에 근접할 수 있는 젤 고분자 전해질을 사용하게 된다. 물론 실제 리튬이차전지에 직접 적용 가능한 고분자 전해질은 그리 많지 않으나, 이들의 이온 전도도와 기계적 물성 향상을 위한 연구가 지속적으로 이루어지고 있다. 전기자동차용 리튬이차전지는 비교적 고온에서 작동한다는 점을 고려하여 전지의 안전성 측면에서 고체 고분자 전해질의 적용이 활발히 검토되고 있다. 한 예로 폴리에틸렌글리콜 붕산 에스테르 화합물을 이용한 고체 고분자 전해질이 리튬폴리머전지에 적용된 바 있다. 이 경우 음이온을 고정하는 기능을 가진 붕소원자를 폴리에틸렌옥사이드계 고분자의 운동을 저해하지 않도록 붕산 에스테르 화합물의 형태로 도입함으로써, 고온은 물론 상온에서도 전지의 작동을 가능하게 할 수 있었다. 이외에도, 염의 첨가량을 감소시킴으로써 저비용화를 추구하는 한편 이온 전도도 향상에 의한 리튬이차전지의 고출력화 연구가 진행되고 있다. 최근에는 이온성 액체와 고분자로 이루어진 이온성 젤(ionic gel)을 리튬이차전지에 적용하기 위한 시도도 진행되고 있다[75]. 이온성 액체에 비닐(vinyl)계 단량체를 용해시켜 라디칼 중합을 시키게 되면, 고분자 망상 내에 이온성 액체가 갇혀 있는 유연하면서도, 투명하고, free-standing 특성이 있는 박막을 얻을 수 있다. 또한, 고분자의 전해질의 계면 특성을 향상시키기 위하여 고분자 전해질의 벌크(bulk) 구조뿐만 아니라 표면구조에 관한 연구도 진행되고 있다. 그러나 아직까지도 고분자 전해질은 가격 경쟁력과 양산 제품의 수율이 다소 낮고, 영하 10 ℃ 이하의 저온에서 전지 성능이 급격히 저하되며, 에너지 밀도가 낮아지는 등의 문제점을 안고 있다. 가격적인 측면에서는 생산기술의 발달 및 생산 규모의 확대와 더불어 수율 향상이 이루어지면 경쟁력 확보가 가능할 것으로 예상된다. 저온에서의 성능 저하 문제도 첨가제의 개발을 통해 해결하려는 노력이 진행되고 있다.

3-3-3 분리막

분리막은 그 자체로는 전기화학 반응에 참여하지 않는 비활성 소재이나, 전지를 작동시키기 위하여 필수적인 리튬이온이 이동하는 경로를 제공하며, 양극과 음극의 물리적 접촉을 분리하는 중요한 물질로서, 양극, 음극, 전해액과 함께 전지의 성능 및 안전성에 큰 영향을 끼치는 핵심 소재중의 하나이다. 전지 내에서의 전해질의 특성을 보다 명확히 이해하기 위해서는 분리막의 기능과 구조 및 특성을 파악하는 것이 매우 중요하다.

A. 분리막의 기능

리튬이차전지용 분리막은 수 nm~수 μm 크기의 기공을 갖는 미세 다공성 고분자막이다. 가장 많이 사용되고 있는 분리막으로서는 폴리에틸렌(polyethylene, PE), 폴리프로필렌(polypropylene, PP) 등의 폴리올레핀(polyolefin)계를 들 수 있는데 이들은 우수한 기계적 강도 및 화학적 안정성을 가지고 있으며 가격 또한 낮은 장점을 가지고 있다[76-78]. 상용화된 분리막 제품들은 대개 0.03~1 μm 크기의 기공과 30~50 % 정도의 기공도(porosity)를 나타내며, 기공폐쇄온도(thermal shutdown temperature, PE: ~135 ℃, PP: ~165 ℃)가 낮다. 따라서 내부 단락으로 전지 내 온도가 급격히 상승할 경우 분리막이 용융되어 기공들을 막음으로써 리튬이온의 이동을 차단시키고 발열 반응을 지연시켜 전지의 안전성을 높이는 역할을 한다. 전지제조시 전지의 고용량화를 위해 얇은 두께의 분리막을 사용하고 있는데, 고용량 원통형 전지(18650 type, 3 Ah급)의 경우 16 μm 두께의 분리막의 적용이 보고되고 있다.

그림 3.3.22는 건식법으로 제조된 PE분리막 표면의 주사전자현미경 사진을 나타낸다. PE 결정이 서로 연결된 망상구조(밝은색 부분)로 이루어지며 그 공극이 서로 연결되어 ~μm 크기의 미세기공(검은 부분)을 형성하고 있음을 알 수 있다. 미세기공 크기에 따라 분리막은 두 전극의 접촉뿐만 아니라, 전극으로부터 탈리되는 물질들이 통과하는 것을 방지할 수 있으며, 미세기공 내에 전해질을 함침함에 따라 이온전도가 가능하다.

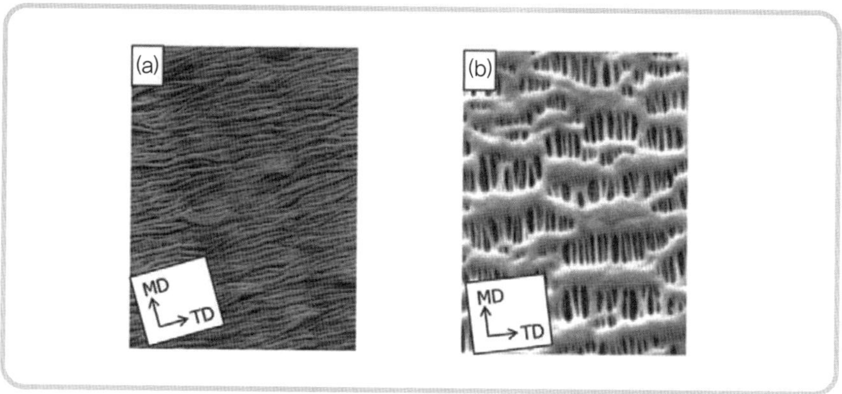

그림 3.3.22 건식법으로 제조된 PE 분리막의 미세구조 [80]: (a) 연신하기 전 (b) 일축연신 후

B. 분리막의 기본특성

분리막의 기본특성은 전지의 안전성 또는 제조공정에서 문제가 될 수 있는 기계적 강도 등과 연관되기 때문에 용도에 맞는 최적화가 필요하다. 표 3.3.9는 분리막의 주요 물성치를 나타내고 있다.

분리막에서 요구되는 기본 특성들을 항목별로 살펴보면 다음과 같다[79].

① 두께(thickness)

일반적으로 유기 액체 전해질의 이온 전도도는 수계 전해액보다 100배 정도 낮기 때문에, 전극의 반응면적을 크게 하면서 극판 간의 거리를 줄이는 것이 전지의 고출력, 고에너지밀도화를 위해서 중요하다. 따라서 막의 두께는 최대 25 μm를 넘지 않아야 한다. 실제로 20 μm두께의 분리막이 많이 사용되고 있으며, 16 μm와 10 μm두께의 분리막이 사용되기도 한다. 얇은 분리막을 사용하면 전극의 방전용량이 증가하는데, 이는 분리막의 두께가 얇을수록 분리막 주위의 액체 전해질 농도가 높고 물질이동이 촉진되기 때문인 것으로 보인다. 그러나 분리막이 얇아질수록 공정에서 핀홀(pinhole)이 생기거나 찢어지기 쉽고 전극간 단락이 일어날 가능성이 높아 안전성이 저하될 수 있다.

② MacMullin number

전해질이 함침된 분리막의 저항값과 전해질만의 저항의 비율로 정의되며 약 10~12 범위의 값을 갖는다.

표 3.3.9 분리막의 특성: 측정 파라미터와 주요 물성 기준치

Parameter	Value
thickness [a,b]	< 25 μm
electrical resistance	< 8(MacMullin, [c]dimensionless)
electrical resistance	< 2 Ohms cm^2
Gurley [d]	~ 25 s/mil
pore size [e]	< 1 μm
porosity	~ 40 %
puncture strength [f]	> 300 kgf/mil
mix penetration strength	> 100 kgf/mil
shrinkage [g]	< 5 % in both MD & TD
tensile strength [h]	< 2 % offset at 1000 psi
shutdown temp	~ 130 ℃
high-temp melt integrity	> 150 ℃
wettability	completely wet out in typical battery electrolytes
chemical stability	stable in battery for long period of time
dimensional stability	separator should lay flat; be stable in electrolyte
skew	< 0.2 mm/m

[a]ASTM D5947-96. [b]ASTM D2103. [c]D.L. Caldwell, K.A. Pouch, U.S. Patent 4,464, 238(1984). [d]ASTM D726. [e]ASTM E128-99. [f]ASTM D3763. [g]ASTM D1204. [h]ASTM D882.

③ 전기저항(electrical resistance)

분리막은 절연체이며, 전해질이 함침된 상태에서의 전기 저항이 작은 것이 바람직하다. 전기 저항이 높으면 방전 용량 등 전지 특성에 불리한 영향을 미친다.

④ 투과도(permeability)

일정 조건(일정 압력, 일정 면적 등)하에서 일정량의 공기가 통과한 시간을 나타낸 것으로, Gurely 값으로 표시되며, 전지 성능에 영향을 미치는 분리막의 특성에 해당한다.

⑤ 기공의 크기 및 기공도

대개 40% 정도의 기공도를 나타낸다. 리튬 덴드라이트 성장 및 이물질에 의한 내부 단락을 방지하기 위해 기공은 입자보다 크기가 작아야 하므로 기공의 크기는 수 μm이하를 유지한다.

⑥ 관통강도(puncture strength)

전지의 내부 단락은, 전극으로부터 나오는 이물질, 양극과 음극의 표면상태 및 리튬 덴드라이트 등에 의해 발생할 수 있다. 이러한 위험에 대한 분리막의 저항을 나타낸 것이 puncture strength로서, 인장 시험기에 일정 크기의 송곳을 장착하고, 분리막에 일정 속도로 낙하시켜, 그 파단 강도를 측정한다. 이 값이 높을수록 분리막이 원인이 되는 내부 단락 불량율이 낮아진다.

⑦ 열 안정성

분리막 제조사별로 기준이 다르지만, 대개 진공 중 90 ℃에서 1시간 건조에 의해 약 5 % 이하의 변형율을 요구한다.

⑧ 인장강도(tensile strength)

권취(winding)와 같은 전지 제조공정에 큰 영향을 끼치는 물성이다. 일반적으로 분리막은 연신 방향의 강도가 매우 높은데, 25 μm 두께를 가진 분리막의 길이 방향(machine direction, MD) 인장강도는 1,000 kgf/cm^2 이상이 된다. 일축 연신의 경우, 수직 방향(transverse direction, TD) 강도가 낮아 길이방향의 약 1/10 정도이지만, 이축 연신의 경우 수직 방향에서도 길이 방향과 거의 같은 강도가 얻어진다.

⑨ 단락(shutdown)

내부 혹은 외부 단락으로 인해 갑자기 많은 전류가 흐를 때 미세 기공을 막아 전지 회로를 차단하는 안전 장치 기능으로서, 분리막 재료에 의해 가장 큰 영향을 받는다. 즉, 단락이 조기에 일어날 경우 미세 기공을 폐쇄하여 전지 내 온도 상승을 억제하기 용이하므로, 리튬이차전지의 분리막은 PE를 많이 사용하고 있다.

⑩ 용융치수 안정성(melt integrity)

용융 온도 이상에서 장시간 막 형태를 유지하는 특성으로서 분리막의 단락과

함께 전지 안전성 확보에 중요하다

⑪ 젖음성(wettability)

젖는 속도가 빠르고 충분한 젖음성이 요구된다.

⑫ 화학적 안정성

산화 및 환원 조건하에서의 안정성으로 특히 고온에서의 전해질에 대한 내부식성 등이 요구된다.

⑬ 평균 분자량 및 분포도

폴리올레핀계 물질의 열 및 기계적 특성을 결정하는 중요한 요소로서, 일반적으로 우수한 기계적 물성과 좁은 용융점 범위를 지니려면 $\bar{M}_w$는 크고, $\bar{M}_w/\bar{M}_n$ 값은 작아야 한다.

C. 전지조립성에 미치는 분리막의 영향

리튬이온전지의 제조는 양극활물질 및 음극 활물질을 집전체에 도포한 후 이들 사이에 분리막을 넣고 권취하여 캔에 삽입 후 전해액을 충진하고 밀봉함으로써 완성된다. 권취공정에서는 멘드렐(mandrel)을 이용하는데, 활물질의 박리나 분리막의 비틀림이 없이 권취물이 고밀도로 충진되도록 고강도의 기계적 물성을 지닌 얇은 분리막이 필요하게 되는데, 권취력에 의한 파손이나 신장에 의한 폭감소(necking)가 일어나지 않게하기 위하여 기계 방향(machine direction)으로 충분한 인장 파단강도(tensile break strength)나 적절한 파단신도(elongational breakstrength)가 요구된다. 또한 전극활물질로부터 빠져나온 이물질이나 파손에 충분히 견디는 관통강도(puncture strength) 등이 요구된다. 이러한 특성들은 공극율, 막 두께 등의 기본 특성에 의해 영향을 받으며, 전지제조 공정성에도 영향을 줄 수 있다. 이 외에 권취된 젤리롤(jelly-roll)을 발취할 때의 발취성, 전해질을 충진시킬 때의 젖음성 및 전해질에 대한 화학적 안정성 등이 요구된다.

D. 분리막의 내산화성

전지 내부에서 양극 및 음극과 접촉하고 있는 분리막은, 각 전극과의 계면에서 산화 및 환원 분위기를 겪게 되며, 폴리올레핀 계열 분리막은 낮은 내산화성으로 인해 산화 분해가 발생하게 된다. 이러한 산화분해는 전지의 작동 온도가 높아질수록 더욱 심해지며, 결국 전지의 고온 싸이클 특성이 저하된다. 분리막의 내산화성은 분리막 재질에 따라 차이가 있으며 일반적으로 PP가 PE에 비해 우수한 것으로 보고되고 있다. 일부 제조회사에서는 PP/PE/PP로 구성된 3층 제품을 생산하고 있으며, PE 단층 분리막에 비해 양극에 대한 내산화성이 우수한 것으로 알려졌다[79]. 이러한 분리막의 내산화성은, 전지의 고용량화가 지속적으로 요구되면서 더욱 중요해지고 있다. 전지의 고용량화를 달성할 수 있는 여러가지 방법들 중에서 기존의 4.2 V 전지에서 4.4 V 전지로의 고전압화를 이루고자 하는 방법은 기존의 전지 구성물질들을 그대로 사용할 수 있다는 장점으로 인해 주목받고 있는 기술이다. 이를 위해서 전해질 및 분리막의 내산화성을 먼저 향상시켜야 하는데 분리막의 경우 내산화성에 대한 연구가 매우 미진한 실정이다. 분리막의 내산화성 향상과 관련하여 양극 표면에 PVdF계 고분자 전해질을 도포함으로써 분리막의 내산화성을 개선한 결과가 발표되었다[80]. 그림 3.3.23에 4.4 V 고전압 및 90 ℃에서 4 시간 동안 저장된 전지를 분해한 후 FT-IR 분석을 한 결과가 나타나있다. 이로부터 PE 분리막 표면의 산화를 증명하는 700~1900 cm^{-1} 범위의 C=C 이중 결합 피크가 관찰되고 있으며, 이들 분리막

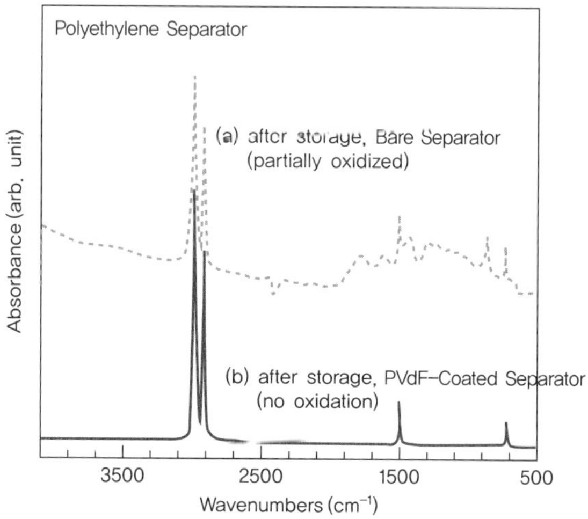

그림 3.3.23 90 ℃에서 4시간 방치 후의 PE분리막 표면의 FT-IR 스펙트라: (a) 기존의 LIB, (b) 양극표면에 PVdF를 도포한 경우

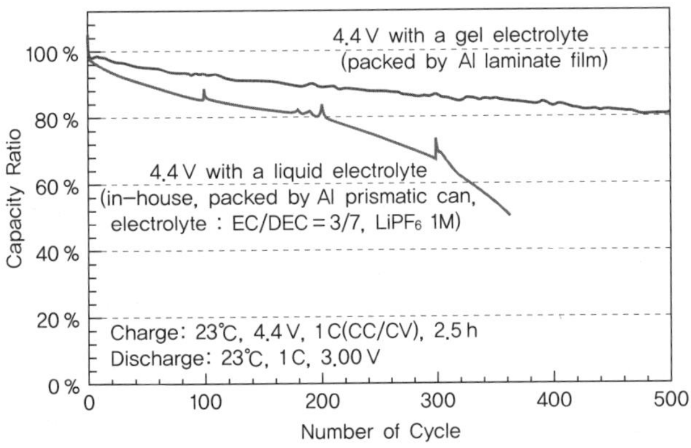

그림 3.3.24 4.4V LIPB와 4.4V LIB의 싸이클 성능 비교

의 산화는 막 표면의 색깔 변화를 통해서도 확인된다. 또, 그림 3.3.24에 나타난 바와 같이 PVdF 젤 고분자 전해질이 양극 표면에 도포된 전지의 경우, 4.4 V에서의 고전압 성능이 우수하게 유지되고 분리막의 산화 역시 관찰되지 않고 있다. 이는 PE 분리막이 양극 표면에 존재하는 PVdF 젤 고분자 전해질에 의해 양극과 직접적으로 접촉되는 것을 방지할 수 있었기 때문인 것으로 보인다[80].

분리막의 내산화성 향상을 위한 노력으로 젤 고분자 전해질에 의한 전극 표면 개질 외에도, 전극 혹은 분리막 표면에 유 · 무기 복합층을 도입하는 연구도 진행되고 있다 [81-84].

E. 분리막의 열적 안정성

외부 또는 내부단락에 의해 갑자기 높은 전류가 흐름에 따라 전지의 온도가 상승할 때, 전극과 전해질의 반응 또는 전해질의 분해에 의해 가스나 액체가 분출하거나 발화에 이르게 될 가능성이 있다. 이로부터 전지의 안전성을 확보하기 위한 방법으로써 분리막의 기능이 포함된다. 즉 전지온도의 이상 상승에 대해 분리막이 용융온도에서 녹으면서 미세 기공을 막고 이온 전도를 차단시킴에 따라 가스나 액체의 분출 혹은 기공폐쇄온도(shut down temperature)에서 전지반응이 정지되어도 열확산에 시간이 소요되어 발화를 미연에 방지할 수 있다. 또한 전지 내부 온도는 더 상승을 계속하므로 분리막의 용융온도(melt-down temperature)

가 높은 것이 필요하다. 리튬계 전지의 안전성 확보에 있어서 이들 기공폐쇄온도와 용융온도가 앞에서 언급한 바와 같은 분리막의 공극율이나 투과도 등의 기본 특성들과 함께 매우 중요한 특성이 된다. 이들 단락특성과 용융특성을 동시에 고려하기 위하여 단락특성이 우수한 폴리에틸렌의 분자량과 분자량 분포를 적절히 설계하여 용융온도 이상에서 유동을 억제시킴으로써 용융(melt-down)특성을 향상시키는 방법이 시도되고 있다. 다른 방법으로는 용융온도가 서로 다른 PE와 PP의 적층 또는 혼합에 의해 낮은 기공폐쇄온도와 높은 용융온도 특성을 동시에 얻는 것이 있다.

E.1. PE 분리막

용융온도 이상에서도 거의 유동성이 없는 초고분자량 PE(ultra high molecular weight polyethylene)를 사용함으로써 기공폐쇄온도를 낮게 유지함과 동시에 높은 용융온도를 부여하여 넓은 온도범위에 걸쳐 절연상태가 유지되도록 설계하고 있다.

E.2. PE/PP 다층 분리막

용융온도가 서로 다른 PE와 PP를 적층하면 리튬금속 이차전지의 단락 시, 안전성이 향상되고 전지의 중심 부근에서 용융이 일어나서 절연이 된다. 또한, 분리막이 전지의 안전성을 유지하기 위한 기능을 효과적으로 발휘하기 위해서는 용융온도가 다른 분리막을 서로 복합적으로 사용함으로써 넓은 온도 범위에서 절연성을 유지시킬 수 있는 것으로 알려졌다[81, 85]. 그림 3.3.25로부터 PE를 PP로 덮은 3층 적층계 분리막이 PE나 PP 단독계 분리막에 비하여 130 ℃ 부근에서 단락이 잘 일어나고, 180 ℃가 넘도록 melt-down 되지 않으면서 절연상태가 잘 유지되는 것을 알 수 있다.

F. 분리막 재료의 개발

F.1. 폴리올레핀계 미세 다공막

초기에 개발된 분리막은 미세기공을 가지는 PE 단일막이었다. 용융점이 120 ℃이기 때문에 그 이상의 온도에서는 분리막내 기공이 허물어져 이온 및 유기용

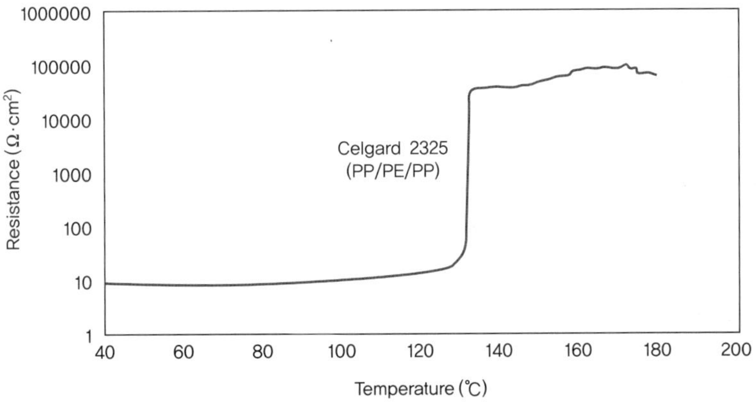

그림 3.3.25 PP/PE/PP 3층막 형태의 분리막(Celgard 2325)의 shutdown 특성[79]

매의 기공을 통한 이동이 억제되어 전지의 활성을 정지시킬 수 있었다. 그러나 PE는 용융점 이상에서 유동성을 가져, 발화로 이어지는 경우에 전지 내 전극간 격리 및 활성의 차단(melt-down)이 지속되지 못하므로 이를 보완하기 위해 용융 온도가 40 ℃ 이상 더 높은 PP를 혼합하거나 적층하는 구조로 발전하였다. 그러나 혼합 또는 복합계는 공정이 복잡하고 제조가격이 높아 다시 PE 단일막으로의 개발에 초점이 맞추어지게 되었다. 이에 따라, PE 용융점 이상에서의 유동성 문제를 해결하기 위해 PE 에 초고분자량 PE를 첨가하여 PP의 기능을 대신하려는 연구가 진행되고 있다.

F.2. PVdF 다공막 등

PVdF는 실제적으로 리튬이온전지 내 전극의 바인더 재료로 주로 활용되어 왔다. 불소계 고분자들은 주사슬 내에 전기음성도가 큰 불소 원자들을 포함하고 있어 극성용매와의 상호작용이 강하기 때문에 폴리올레핀계에 비해서는 액체 전해질과의 친화성이 높다. 1990년대 초에 개발된 Bellcore사의 'Plastic Lithium Ion Battery(PLIB)' 에서 P(VdF-co-HFP)를 분리막으로 사용하였다. P(VdF-co-HFP)는 VdF와 HFP를 공중합 단량체로 도입하여 PVdF의 결정화 온도 및 결정화도를 낮추어 액체 전해질의 함침량 및 유지특성을 강화하였다. 그러나 PVdF계 고분자는 높은 함침성과 이온전도 특성에도 불구하고 기계적 강도가 폴리올레핀계에 비해 취약하여 기존의 리튬이온전지 공정에 사용하는 것은 불가능하였다. 이외에도 폴리올레핀계 분리막의 높은 기계적 강도와 PVdF계 고분자의 액체 전해질 함침 및 유지특성을 겸비한 PVdF/폴리올레핀계 분리막/PVdF 복합막 형태의 분리막이 개발되었다.

F.3. 무기물 코팅 분리막

폴리올레핀 계열 분리막은 재료적 특성과 연신(stretching)을 포함하는 제조 공정상의 특징으로 인해 100 ℃ 이상에서 극심한 열 수축(thermal shrinkage)을 나타내며, 금속 입자와 같은 전지 내부 이물질들에 의해 물리적으로 쉽게 파열될 수 있는데, 이것이 양극과 음극 사이의 내부 단락을 일으키는 절대적인 원인으로 알려지고 있다[80]. 이러한 단점을 극복하고자, 폴리올레핀 계열 분리막[81], 부직포[86] 또는 전극[87] 표면에 무기물 나노 입자(SiO_2, TiO_2, Al_2O_3, ZrO_2 등)와 바인더(고분자 또는 무기물)로 구성된 코팅층을 도입시킨 신규 분리막에 관한 연구가 활발히 진행되고 있다. 특히, 폴리에스테르 계열 부직포 및 무기물 코팅층을 이용한 분리막(그림 3.3.26)은 폴리올레핀 계열의 분리막을 사용하지 않는 주목할만한 기술로 알려져 있다[86].

이러한 무기물 코팅 분리막은 폴리올레핀 계열 분리막에 비해 크게 향상된 열적/기계적 성질을 나타내고, 이로 인해 내부 단락 억제 등과 같은 전지 안전성이 향상되었다. 또한, 사용된 무기물 나노 입자, 바인더의 특성 및 무기물 코팅층의 미세 구조 제어 등을 통해 이온 전도도 향상을 도모할 수 있어 기존 젤 고분자 전

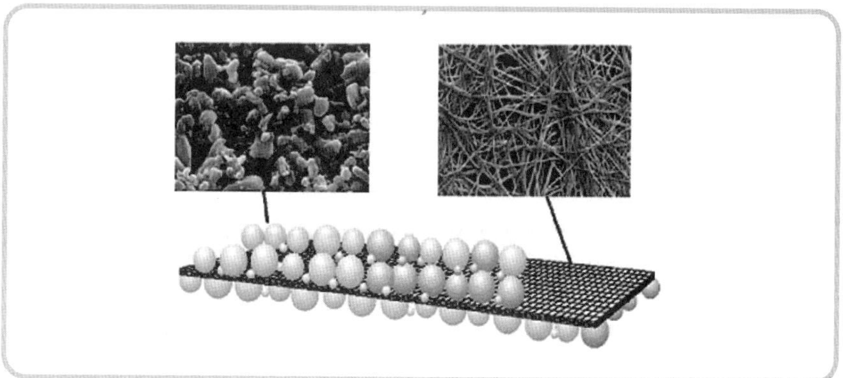

그림 3.3.26 독일 Evonik Degussa의 세라믹 코팅 부직포(Separion®)의 모식도

해질을 단독으로 사용할 때보다 전지 성능이 더 향상될 수 있다. 이러한 무기물 코팅 분리막과 관련된 연구 개발은, 각 제조사 별로 다양한 접근 방식을 통해 진행되고 있으나 그 결과는 특허 수준에서 일부 공개되고 있는 실정이다. 이와 관련된 기초 연구로서, $CaCo_3$와 테플론으로 구성된 free-standing 형태의 무기물 복합막 [88], Al_2O_3와 PVdF 바인더로 구성된 복합막의 적용 가능성이 검토되었다[89].

G. 분리막 제조공정

G.1. 필름화 기술

필름화 기술은 압출과 연신으로 구성된다. 압출은 대부분 이축압출기가 사용되지만, 고분자와 용제 혼합이 필요 없는 제조법을 채택하는 경우에는 일축압출기가 사용된다. T-die에서 압출되는 시트(sheet)를 평면상으로 필름을 연신하는 방법은 기계방향(machine direction, MD)만으로 연신하는 일축연신과, 기계방향 및 기계수직방향(transverse direction, TD)방향으로 연신하는 이축연신 방법이 있다. 일축연신 필름에 비해 이축연신 필름은 고강도인 동시에 물성이 등방성이기 때문에 분리막으로서 바람직한 특성을 갖는다. 원형 die로 압출한 후 tubular 연신하는 방법도 이용된다.

G.2. 다공화 기술

대표적인 다공화 기술로 습식법과 건식법을 들 수 있다

G.2.1. 건식법(연신개공법)

건식법에 의한 다공화는, 압출 필름을 저온에서 연신함에 따라 라멜라(lamellar) 결정계면에 미세균열을 발생시켜 다공화하는 방법이다. 그림 3.3.27의 왼쪽에 연신개공된 미세기공 필름의 SEM 사진을 나타내었다.

G.2.2. 습식법(상분리법)

습식법은 고분자와 가소제를 고온에서 균일하게 혼합한 후 냉각시키면서 상분리를 유도한 후 가소제를 제거하여 다공막을 얻는 방법이다(그림 3.3.27의 오른쪽). 또, 고분자와 가소제 외에 무기분체 등을 혼합한 후 가소제와 동시에 무기분체도 제거하여 다공막을 얻는 방법도 있다. 후자는 전자에 비해 기공직경이 크고 공극율을 높일 수 있는 특징이 있다.

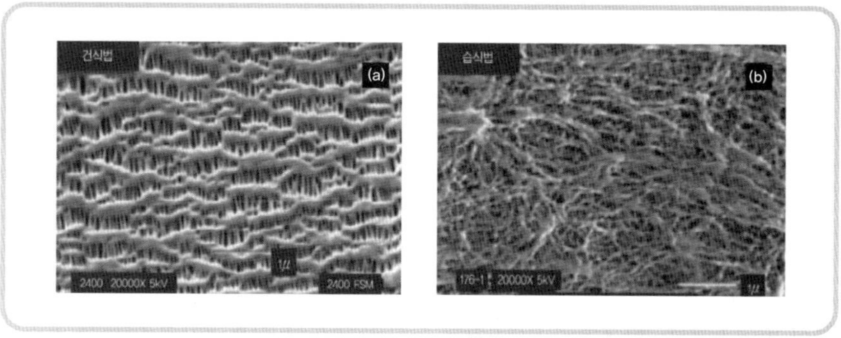

그림 3.3.27 건식법(a) 및 습식법(b)에 의해 제조된 분리막의 SEM 사진

H. 분리막의 향후 전망

리튬이온전지의 고에너지 밀도화, 고출력화, 초박형화가 진행됨에 따라, 분리막도 더욱 얇고 고강도의 기계적 성질을 가지며 수축율이 낮아야 하는 요구조건을 만족시켜야 한다. 특히 전지의 외장재로써 PE가 라미네이트(laminate)된 알루미늄 필름을 사용하게 될 경우, 전지자체의 외부 요인에 의한 변형(휨, 뒤틀림)이 일어나기 쉽기 때문에 분리막의 치수 안정성이 더욱 중요하게 요구되고 있다. 이외에도 분리막의 박막화가 진행될수록 전해질의 함침은 유리하나 함침량 및 함침된 전해질의 유지 특성은 저하될 수 있기 때문에, 분리막과 전해질과의 상용성이 더욱 향상되어야 할 것이다. 또한, 고에너지 밀도와 고출력 특성을 만족시키기 위해 분리막의 기공폐쇄 및 용융특성을 보다 강화할 수 있는 새로운 개발이 필요하다.

3-3-4 바인더, 도전재, 집전체

본 절에서는 앞서 설명한 전지 구성을 위한 핵심소재에 못지 않게 중요한 기타 전지 구성소재들에 대해 살펴보고자 한다. 이들에 포함되는 것은 바인더, 도전재, 그리고 집전체인데, 전지의 제조공정에서도 매우 중요하게 고려되고 있는 요소들이다. 실제로 이들의 성능에 따라 전지 전체의 품질관리가 좌우된다고 해도 과언이 아니다.

A. 바인더

A.1. 바인더의 기능

바인더는 전극을 기계적으로 안정화시키는데 매우 중요한 역할을 한다. 예를 들어, 흑연전극은 그림 3.3.28과 같이 리튬이온의 삽입반응이 진행되면 c축 방향으로 10 % 정도 팽창하며, 리튬이온을 흑연에서 탈리시키면 수축한다.

이러한 과정이 전지의 충방전에 따라 반복적으로 진행되는데, 이와 같은 변형이 일어날 경우 활물질 또는 도전재 사이의 결합이 느슨해지고 입자간 접촉저항이 증가하게 된다. 그 결과 전극의 옴저항(ohmic resistance)이 상승하여 전지특성이 저하된다. 이러한 문제들은 전극의 기계적인 안정성이 저하됨으로써 발생하게 되는데 바인더의 사용으로 해결이 가능하다. 또, 극판 제조 시 건조과정에서 전극 온도는 200 ℃ 정도가 되는데, 이 상태에서도 결착이 유지되는 것이 필요하다. 이를 위해서는 바인더로 사용되는 고분자의 구조제어가 중요한데 활물질과 집전체와의 결합이 잘 이루어지도록 하여야 한다.

A.2. 바인더의 요구특성

A.2.1. 전지 성능 및 안전성 측면

리튬이온전지의 경우 전해질에 있어서 극성이 큰 카보네이트계 유기용매를 사용하므로 바인더는 이들 용매에 의해 용해되지 않으면서 결착력을 유지할 수 있어야 한다. 또한, 바인더는 전기화학적 환경에서도 안정성이 요구된다. 음극에

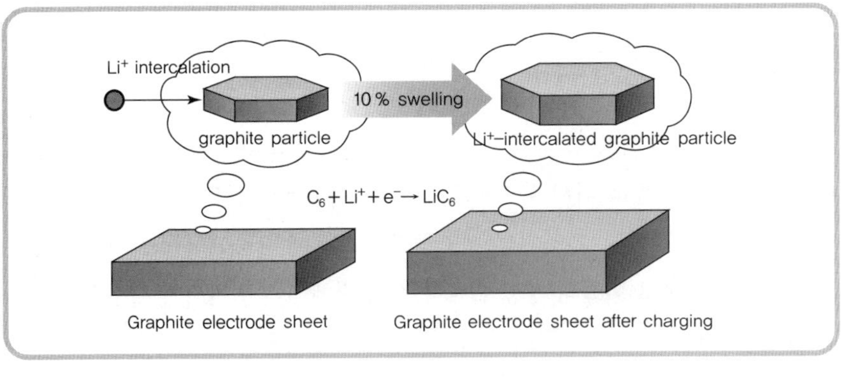

그림 3.3.28 흑연 전극의 충전에 따른 부피변화

서는 리튬의 전위에 대해 내환원성이 요구되나 TFE(tetrafluoroethylene, -CF_2-CF_2-) 또는 HFP(hexafluoropropylene, -CF_2-CF(CF_3)-) 등의 단위를 갖는 완전 불소화된 고분자는 부분적으로 불소가 치환된 PVdF 고분자에 비하여 환원이 되기 쉬운 것으로 알려져 있다 [90]. 따라서 PVdF는 지금까지 알려진 바인더들 중에서 가장 안정한 물질이다. 양극활물질은 대개 금속산화물들인데 과충전 등으로 활성산소가 발생할 수 있으므로 바인더도 내산화성이 요구된다. 이론적 계산(분자궤도법)으로부터 얻어진 산화전위 값은 PE(−12.12 eV), PVdF(−14.08 eV), PTFE(−15.47 eV)이며, EC, PC 등의 유기용매의 산화전위가 각각 −12.46 eV, −12.33 eV임을 고려하면, 바인더로서는 불소계 수지가 내산화성 면에서 우수하다. 뿐만 아니라 바인더는 전극에서의 리튬이온의 삽입 · 탈리에 따른 활물질의 팽창, 수축에 대해 완충작용을 할 수 있다. 그림 3.3.29와 같은 모델에 의거 바인더가 고무줄처럼 활물질을 결착하고 있음을 고려하면, 탄성을 갖는 고분자가 바람직하지만 실용화에 이르지 못하고 있음은 접착성과 고온에서의 팽윤성과의 균형이 어렵기 때문으로 추정된다.

리튬이온 전지의 제조에 있어서 수분은 제조된 전지의 성능에 매우 부정적인 영향을 미치는데, 전해질의 수분 함량이 10 ppm 정도임을 고려하면 수분은 최종적으로 극판에서 제거되어야 한다. 또한, 전극 제조시 최대 200 ℃ 정도로 가열해야 하기 때문에 바인더도 이에 견딜 수 있는 수준의 내열성이 필수적으로 요구된다. 이로 인해 바인더로서 사용할 수 있는 고분자의 종류도 매우 한정된다.

A.2.2. 제조공정 측면

바인더는 먼저 활물질 분말의 페이스트(paste)화가 균일, 안정되게 하고 또한 코팅이 신속히 되며, 아울러 활물질이 승온 또는 충방전 싸이클 하에서도 결착을

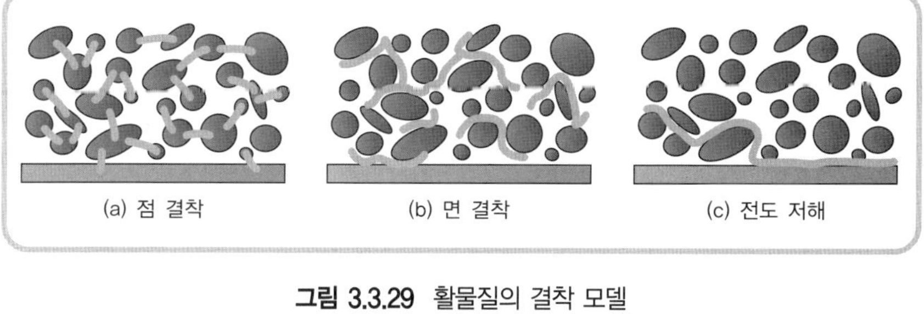

그림 3.3.29 활물질의 결착 모델

잘 유지할 수 있도록 하여야 한다. 또한, 활물질이 집전체에 잘 접착됨으로써 슬리팅 공정시 가루 날림을 방지할 수 있게되어 전지의 안전성에 기여할 수 있어야 한다. 이 외에 비중이 높은 활물질의 페이스트화에는 고점도의 바인더 용액이 필요하다.

그림 3.3.30은 세 종류의 서로 다른 바인더들의 농도와 점도의 상관 관계를 보이고 있다. 모든 바인더에 대하여 그림 3.3.31과 같은 활물질의 진밀도, 겉보기 밀도에 적합한 점도의 조절이 필요하게 된다. 전지의 성능은 주로 양극 · 음극의 활물질 성능에 의해 결정되며, 바인더는 PVdF가 전해질의 존재하에서 리튬이온 전도성을 보이는 것 외에는 전기적 특성에 기여하지 않는 물질이다.

A.3. 바인더로서 사용되고 있는 고분자

바인더용 고분자로는 PVdF계, 접착성이 우수한 SBR(styrene-butadiene rubber)/CMC(carboxy methyl cellulose)계, 화학적 안정성과 내열성이 우수한 PTFE계, 폴리올레핀계, 폴리이미드(polyimide)계, 폴리우레탄(polyure-thane)계 폴리에스테르계 등이 있다. 폴리이미드, 폴리에스테르계 등 축합반응으로부터 얻어지는 고분자는 접착성, 내열성이 우수하지만 고분자 내 이미드 결합이나 에스테르 결합이 상기와 같은 요구특성에 적합하지 않기 때문에 사용되지 않고

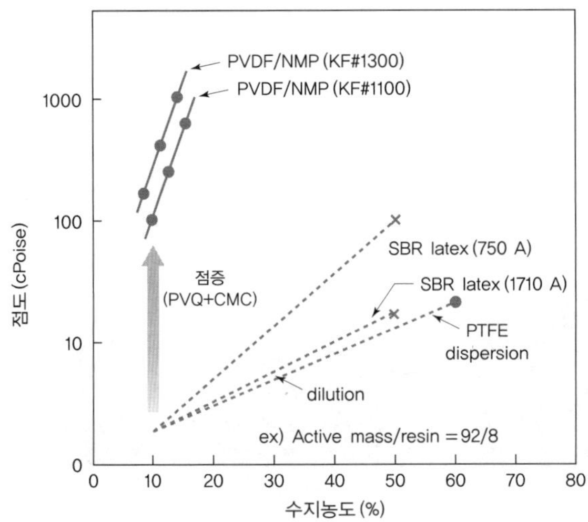

그림 3.3.30 바인더 용액의 점도

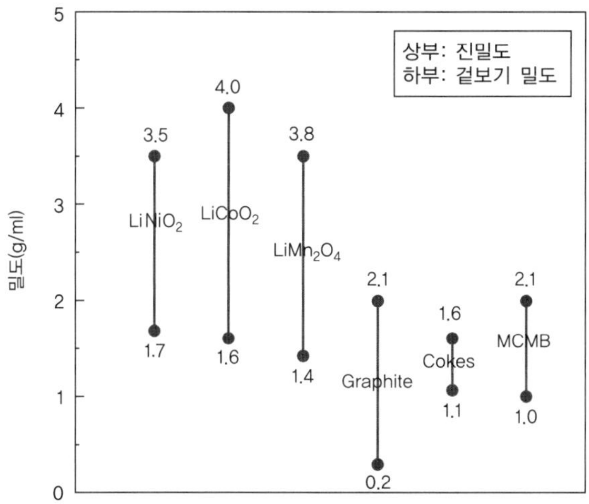

그림 3.3.31 전극활물질의 진밀도, 겉보기밀도

있다. 또, 에폭시 수지 등의 열경화성 수지는 경화 시간이 길어 공정상 사용하기 어렵다.

고분자 바인더는 일반적으로 유기용매 또는 물을 분산매체로 사용하므로 고분자와 분산매체로 이루어진 계로 볼 수 있다. 분산매체가 활물질에 미치는 영향(용해성, 잔류물의 존재 등)과 용매를 회수하여 재사용하는 것은 중요한 문제이므로 신중히 검토해야 한다. 특히 수계 분산매체의 경우에는 다량 함유되어 있는 계면활성제와 증점제(수용성 폴리머)가 건조 후 활물질에 잔류하여 사이클 특성을 저하시킬 우려가 있다. 또한, 바인더도 난연성이 바람직한데, PTFE > PVdF > 폴리이미드 > 폴리에틸렌 순으로 난연성의 정도가 나타난다.

A.4. 이상적인 바인더

바인더의 역할은 앞서 서술한 것과 같은 여러가지가 있으나 이를 전지의 제조공정 및 전지의 특성 관점에서 나누어 생각해 보면 다음과 같다. 제조공정 측면에서는 활물질을 포함한 분산용액을 코팅, 건조시키는 방법이 여러가지 기술적인 문제를 포함하고 있지만, 생산성의 우위로 인해 이 방법이 계속 사용될 것으로 보인다. 향후 활물질이 건식공정(dry process)에 의해 자기결착성을 가지거나 증착이나 CVD와 같은 방법으로 집전판 위에 활물질층을 직접, 연속적으로 형성할 수 있는 방법이 가능해지면 현재와 같은 습식계 바인더는 필요치 않게 될 것이다. 바인더가 전지 내에서 활물질과 어떠한 상태로 결합되어 있는가에 관해서는 분석상의 제약으로 인해 잘 알려져 있지 않으나, 원자간력 현미경(atomic force microscope)과 같은 새로운 방법으로 흑연과 PVdF의 상태가 관찰되고 있다. 그림 3.3.32는 비흑연계 음극을 PVdF바인더에 소량 첨가한 경우의 편광현미경 결과로서, 탄소는 핵으로 작용하여 활물질이 결정핵이 됨을 보이고 있다.

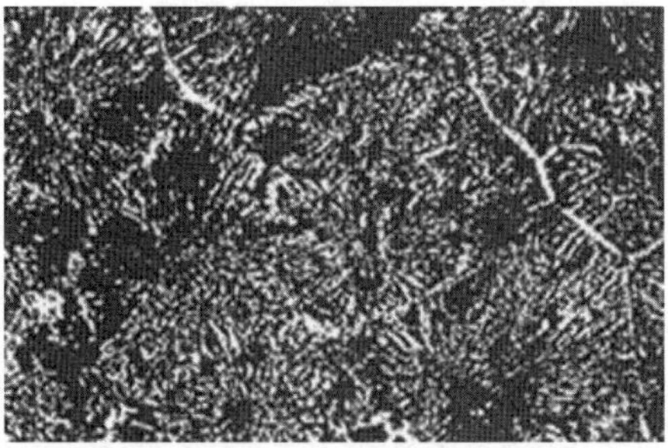

그림 3.3.32 전지 활물질의 결정핵제(nucleating agent)작용

A.5. PVdF 바인더

A.5.1. 기본 특성

PVdF(2F)는 PTFE(4F)와 함께 불소수지의 일종으로서 열가소성과 극성용매에 용해되는 성질을 가지는 비닐 중합체이다. 참고로 3F 이상의 불소수지는 용해되지 않고, 2F와 6F(hexafluoropropylene)와의 공중합체는 결정성이 낮아 상대적인 용해도가 높다.

PVdF는 일반 고분자에 비해 특이하게 비유전율이 높고(10^2~10^3 Hz에서 9~10) 또한 극성 용매로 팽윤된 상태에서 10^{-6}~10^{-5} S/cm의 리튬이온 전도성을 보인다. 또, PVdF는 비중이 1.78 g/ml, 유리전이 온도(T_g)가 약 −35 ℃, 융점(T_m)이 약 174 ℃, 결정화 온도(T_c)가 약 142 ℃인 결정성 고분자이다. 저온 현탁중합법으로 제조된 PVdF는 유화중합법으로 제조된 것에 비하여 융점이 높고, 결정성이 높으므로 내팽윤성이 우수하다.

A.5.2. 용해도

바인더로서 사용하기 위해서는 우선 적당한 매체에 용해 또는 분산되어야 한다. PVdF의 용해도는 고분자의 구조와 결정상태에 따라 큰 차이를 보이는데, 이들 구조 및 결정상태는 중합방법에 의해 큰 영향을 받는다.

그림 3.3.33은 용매의 용해도 지수(solubility parameter)를 횡축으로 하여 PVdF의 용해도를 나타낸 것이다. 이로부터 35 ℃에서 PVdF가 10 % 이상의 용해도를 보이는 것은 DMAc(dimethylacetate)와 NMP용매임을 알 수 있다. 일반적으로 사용되고 있는 유기용매인 카보네이트류, 에스테르류, 락톤류 등에 대해서는 PVdF가 거의 용해되지 않고 있다. 유화중합으로 얻어진 PVdF는 사슬의 유

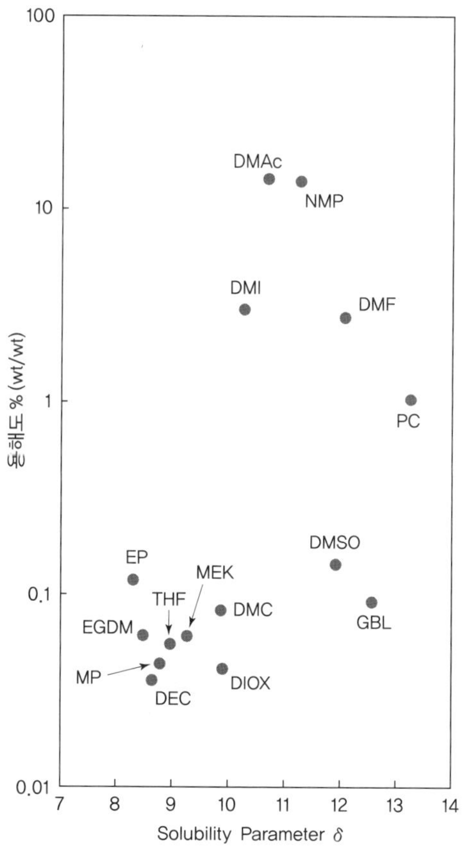

그림 3.3.33 PVdF의 용해도(KF#1100, 35 ℃)

연성으로 인해 결정성이 낮음에 따라 많은 종류의 유기용매에 크게 팽윤되거나 거의 용해된다. 현탁중합으로 제조된 PVdF는 MEK(methyl ethyl ketone)나 THF(tetrahydrofuran) 등과 같은 범용 용매에는 용해되지 않아 실질적으로 사용하기 어렵지만, NMP의 경우 인화점이 95~97 ℃, 발화점이 346 ℃로 높아 안전성이 높은 용매이며, 용매회수 방법도 확립되어 있다.

A.5.3. 용액특성

점도의 범위는 매우 넓게 선택 할 수 있으며 혼합하는 활물질의 비중(진비중, 겉보기 비중)에 적합한 점도를 선정할 수 있다. 특히 진비중이 높은 양극활물질(3.5~4.5 g/ml)의 페이스트화는 고점도 하에서 행하지 않으면 활물질 침강 등의 문제점이 발생하기 쉽다. 실제로 적용되고 있는 활물질과 PVdF 바인더의 중량비율은 대개 96:4~88:12 정도인데, 고분자를 많이 넣어 점도를 높일 경우 바인더의 양이 과잉이 된다. 따라서 페이스트화를 고점도에서 하여야 할 경우 중합도가 높은 고분자를 사용한다. 바인더는 용해 후에 여과하여 micro-gel을 완전히 제거하고, 알칼리 금속, Fe, Zn, Cu 등 금속 불순물을 검사한 후 사용하게 된다. 활물질과 혼합하여 적절한 점도로 조정된 페이스트는 코팅장치로 옮겨져 집전판에 도포되는데, 페이스트는 광범위한 전단속도에서도 점도가 일정하게 유지되는 것이 바람직하다.

A.5.4. 유기용매에 대한 팽윤성과 안정성

그림 3.3.34에 유기용매 조성의 변화에 따른 PVdF 바인더의 팽윤율을 팽윤 후 필름 내의 유기용매 중량 %로 나타내었다. 유전율 상수가 높은 환형 카보네이트들의 경우 또는 이들과 혼합된 용매의 경우 바인더의 팽윤율이 높게 나타남을 알 수 있다. 반면 유전율 상수가 낮은 선형 카보네이트들은 팽윤율이 10 % 이하를 밑도는 수준을 보이나 디메틸카보네이트는 예외적으로 높은 팽윤율을 나타내고 있다. 그러나 대게 20 % 이하로 팽윤된 조건에서는 함침된 전해액들이 결정 구조에 영향을 주기보다는 대개 결정입자의 경계와 비결정 부분에 대부분 분포되어 있다고 알려져 있다.

한편 PTFE 분말은 팽윤성이 거의 없으므로 더욱 가혹한 조건에 적합한 바인더이다. 뒤에서 언급될 SBR 라텍스와 열경화성 수지 바인더의 경우 팽윤율은 고분자의 경화반응에 의한 가교결합도에 의해 영향을 받는데, 실제로 가교밀도는

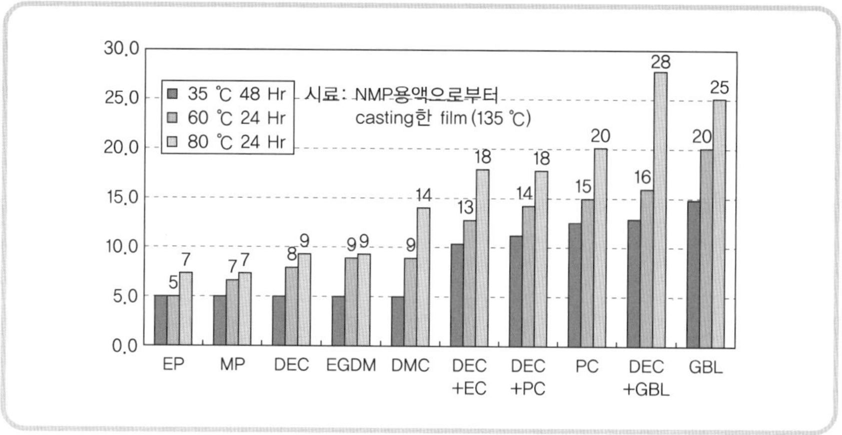

그림 3.3.34 PVdF의 팽윤율

경화촉매의 선택과 경화시간 등에 의해 영향을 받고, 가교밀도를 낮게 하면 유기용매의 종류에 따라서 현저히 팽윤될 가능성이 있다.

A.6. SBR/CMC계 바인더

최근 음극에서는 기존의 탄소계 음극 및 비탄소계 음극(Si/C 복합체, Sn 또는 Si계)에 PVdF 바인더 대신에 SBR(styrene-butadiene rubber)/CMC(carboxy methyl cellulose) 바인더를 사용하기 시작하고 있다. 이는 용량 및 에너지 밀도를 극대화하기 위해서는 전극활물질의 함량은 높이고 바인더의 함량은 가능한 낮추는 것이 중요한데, PVdF계로는 바인더 함량을 줄이는데에 한계가 있기 때문이다. 또한 활물질 입자가 나노크기가 되면 이 문제는 더욱 심각해진다. 이에 활물질 및 도전재 입자사이를 최소한의 접착만으로 서로 유연하면서도 단단히 묶어줄 수 있고 PVdF계 보다 결착특성이 우수한 것으로 알려진 SBR/CMC계를 고려하고 있다. 다른 한편, 비탄소계 음극들은 탄소계 음극과는 달리 부피변화가 심하여 결착능력이 충분하지 않을 경우 저항이 매우 크게 될 수 있다. SBR/CMC계는 수용액에 분산되는 바인더로, NMP와 같은 유기용매를 사용하는 PVdF계에 비해 훨씬 환경 친화적이고, 비인화성 물질일뿐만 아니라 대기중에서도 슬러리 제조 및 코팅작업이 가능하여 기존 음극제조 공정에 비해 제조비용을 낮출 수 있다.

표 3.3.10 SBR/CMC 바인더의 특성

	항목	SBR/CMC[a]
바인더 내용	고무계 고분자 종류 유리전이온도 입경 열분해 시작온도	diene계 고무 −5 ℃ 130 nm(건조시) 248 ℃(공기중), 342 ℃(질소중)
바인더 성상	분산매 농도 점도 PH	물 40 wt% 12 mPa · s 6
바인더 성능 (전해액 특성)	팽윤도 화학적 반응성 전기화학적 안정성	1.6배(wt) 변색 없음 내환원성 우수
슬러리 배합 예 (중량)	SBR CMC MCMB(0.9 m^2/g) 물	15 1.0 100 52.25
슬러리 특성 예	고형분 점도(60 rpm) 보존 안정성(7일)	66.7 wt% 3000 mPa · s 침강없음
전극성능 예	집전체와의 결착성(unpressed 유연성) Stiffness(H=10 mm) Cracking point 전극표면 거칠기(Ra, unpressed)	3 g/cm 2 g 1 mm 3 μm

[a]SBR은 BM-400B, 일본 Zeon사

A.6.1. 기본 특성

SBR(styrene butadiene rubber)은 diene계 합성고무로서 매우 유연하며 내열성은 PVdF 보다 우수한 것으로 알려져 있다. Na-CMC(sodium carboxy methylcellulose)는 셀룰로오스 내 수산화기를 나트륨카르복실레이트기(-CH_2COO^- Na^+)로 일부 치환한 것으로, 대개 0.6~0.95 정도의 치환도를 나타내며, 물에 잘 녹는다. 초기에는 SBR계나 CMC계를 각기 적용하는 시도가 진행되었으나, 현재는 두 바인더를 일정 비율로 혼합할 때 바인더 함량을 최소화하면서도 결착능력을 극대화할 수 있는 것으로 알려지고 있다. 한편 양극 바인더는 높은 산화안정성이 요구되기 때문에 아직도 PVdF가 많이 사용되고 있다.

A.6.2. 성능

SBR/CMC바인더에 사용되는 SBR은 고무 미립자가 수중에 균일 분산되어 있는 분산체이며 PVdF에 비하여 사용량이 적고 전극의 기계적 유연성이 크며 고온에서도 안정하다. 그런데 바인더의 성능은 단순히 결착성이 우수한 것 뿐만 아니라 전기화학적 안정성 및 전지 제조공정에서 요구되는 각종 조건도 만족시켜야 한다.

A.7. 바인더의 향후 동향

리튬이차전지의 소형화, 박형화, 고용량화, 안전성 향상 등은 지속적으로 요구되고 있고 이와 더불어 전극 슬러리 제조를 보다 효과적으로 하는 것, 전극제조 속도를 증가시키고, 전극에 대한 전해질의 침투를 빠르게 하는 것, 전극의 고속 권취화 등과 같은 전지의 생산성 향상에 대한 요구도 함께 증대될 것이다. 이와 같은 전지의 고성능화와 생산성 향상에 있어서 바인더의 역할은 매우 중요하며 새로운 바인더의 개발은 비중있게 다루어져야 할 것이다.

양극활물질은 코발트계에서 자원의 제약이 적은 니켈계 또는 망간계로 개발이 진행되고 있다. 니켈계 양극활물질은 수분 흡수율이 높고(2000~3000 ppm) 또한 물에 매우 잘 용해되고 알칼리성도 높다. 이와 같이 알칼리 산류량이 많은 양극활물질은 수계 바인더로 공정을 조작하는 것이 어려우며 비수계 바인더로 행하는 경우에도 혼합 후 슬러리의 유동화가 잘 되지 않는 경우가 많다.

탄소음극은 화학적으로 불활성이지만 탄소 구조와 표면의 특성(소수성/친수성)은 다양하다. 예를 들어 천연흑연은 겉보기 비중이 작기 때문에 많은 양의 분산매체를 필요로 하고 페이스트의 유동성도 좋지 않으므로 더욱 개선할 필요가 있다.

B. 도전재

전극에서 활물질 입자간 또는 금속 집전체와의 전자전도도 향상을 목적으로 소량 첨가하는 미세분말 탄소를 도전재(electronic conducting agent)라 한다. 특히, 바인더 영역이 전자 부도체로 작용하는 것을 방지하고 양극 및 음극 활물질의 부족한 전자전도성을 보완하기 위해서 반드시 필요하다.

B.1. 도전재의 종류

도전재는 탄소계 물질들이 주로 사용되고 있다. 대표적인 탄소분말에는 카본블랙(carbon black), 아세틸렌블랙(acetylene black), 케첸블랙(ketjen black) 등이 있다. 탄소분말은 그림 3.3.35와 같은 형상을 가지고 있으며, 작은 탄소분말은 서로 엉켜 섬유상으로 되어 있다. 기본적인 결정구조는 리튬이온전지의 음극에 사용되는 흑연과 같지만 이들 탄소분말은 흑연구조가 일부만 성장한 작은 결정으로 되어 있다.

아세틸렌블랙과 케첸블랙의 차이는 제조방법이 서로 다름에 따라 흑연화도 및 미세구조가 다르게 나타나는 것이다. 일반적으로 케첸블랙의 흑연구조가 더 발달되어 있기 때문에 탄소입자로서의 전도성은 케첸블랙이 더 높다. 두 경우 모두 저항은 0.5 Ωcm 이하이지만 이들을 혼합한 전극의 저항은 케첸블랙만 도전재로 사용하는 경우보다 저항이 크다. 아세틸렌블랙은 케첸블랙보다 크기가 조금 더 작은(30 nm 정도의 입경) 미세분말 탄소가 염주처럼 연결된 구조를 가지고 있다. 입자의 크기는 케첸블랙이 다소 더 크지만, 비표면적은 케첸블랙이 800 m^2/g인데 비해 아세틸렌블랙은 100 m^2/g으로 작다. 이는 케첸블랙 미세분말 탄소 내부에 많은 공극을 가지고 있기 때문이다. 두 도전재 모두 양극활물질 및 음극 활물질과 강하게 밀착되어 우수한 균일성을 나타낸다. 그림 3.3.36은 탄소 첨가량의 변화에 따른 전

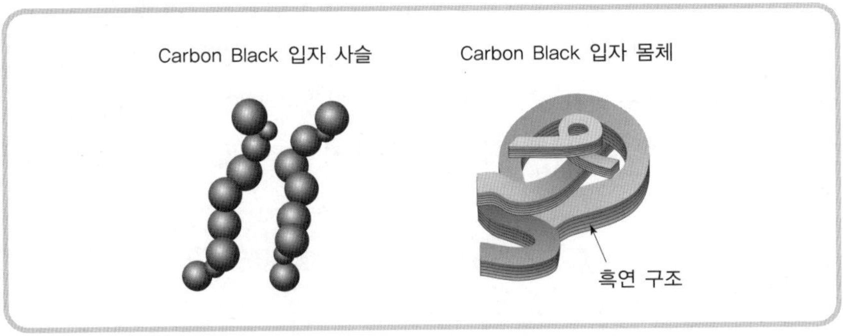

그림 3.3.35 탄소 미세분말의 구조 모델

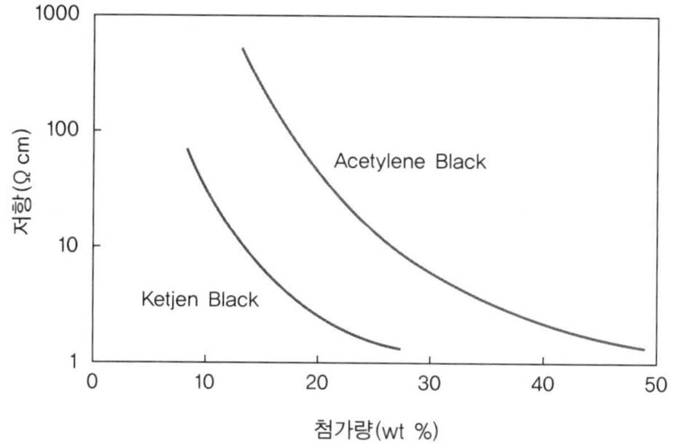

그림 3.3.36 카본블랙 첨가에 의한 복합체 전극의 전도특성 변화

극의 저항치의 변화를 나타내고 있는데, 탄소의 첨가량이 증가함에 따라 저항치가 크게 감소하는 것으로 보아 미세분말 탄소의 첨가가 효과적임을 알 수 있다. 저항 감소의 패턴은 미세분말 탄소의 종류에 의해 영향을 받으므로 활물질의 종류 및 입자 상태에 따라 적절한 탄소재료를 선택하는 것이 중요하다.

B.2. 도전재의 분산성

탄소분말이 도전재로 사용될 때 그림 3.3.37과 같이 탄소와 활물질 분말과 바인더가 균일하게 혼합되어 있는 상태를 실현하는 것이 중요하다.

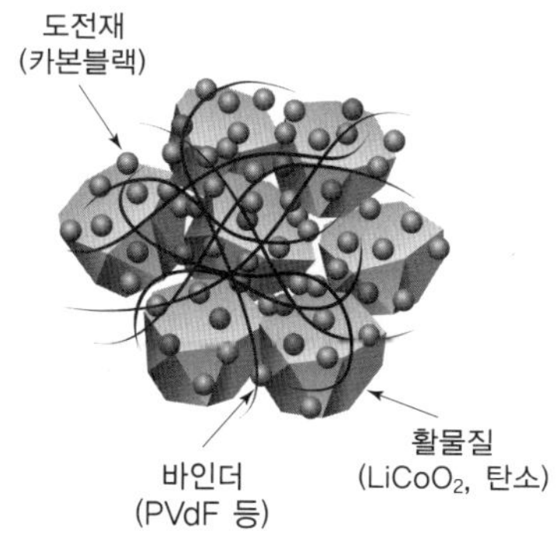

그림 3.3.37 실제 전극에 요구되는 구조모델

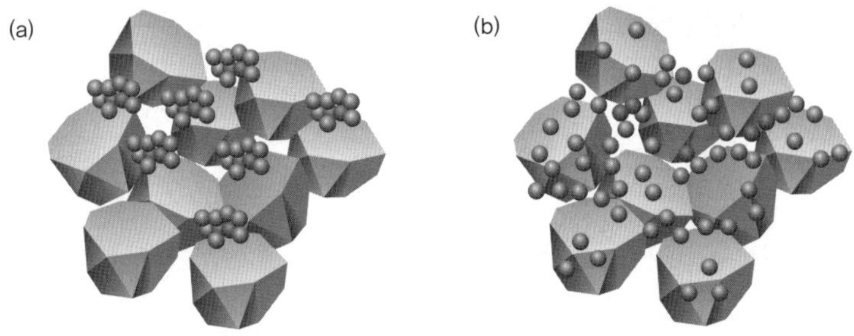

그림 3.3.38 탄소의 분산상태가 (a) 나쁜 전극과 (b) 좋은 전극

이때 중요한 것은 전극활물질과 탄소분말을 균일하게 혼합하는 것이다. 탄소분말이 그림 3.3.38(a)와 같은 상태가 되면 많은 탄소분말이 필요하므로 그림 3.3.38(b)와 같이 분산시킬 필요가 있다. 탄소분말은 자신은 원래 사슬상 구조로 되어 있지만 사슬이 뭉쳐 덩어리가 되지 않도록 하는 것이 중요하다.

B.3. 도전재와 전극의 젖음성

탄소분말은 기본적으로 소수성 물질로서 물에는 젖음성이 없다. 일반적으로 사용되는 유기용매는 유전율이 큰 값을 가지며 물보다는 젖음성이 크나 탄소상태에 따라서는 젖지 않을 수도 있다. 따라서 아세틸렌블랙과 케첸블랙의 표면상태를 조절하여 충분한 젖음성을 확보하는 것이 중요하다. 예를 들어 같은 크기의 세공을 갖는 전극이라 하여도 활물질 표면에 부착되는 탄소분말이 전해질과의 친화성이 낮으면 에너지밀도 저하를 초래할 수 있다. 미세분말 탄소는 입자 내에 많은 공극을 가지고 있어 전해질을 함유할 수 있다.

B.4. 도전재의 개질

도전재로서의 탄소에 관한 연구결과는 많지 않은 편이며 붕소를 도핑하여 탄소의 결정성을 향상시키거나 탄소분말의 표면상태를 제어하는 등의 시도가 현재 진행되고 있다. 다른 한편으로 전도성 고분자처럼 그 자신도 전지의 충방전에 기여할 수 있다면 전지의 성능향상에 도움이 된다. 실제로는 재료 비용과 특성 때문에 도전재를 위한 전도성 고분자재료의 개발은 활발히 이루어지지 못하고 있다.

C. 집전체

C.1. 집전체의 역할

집전체는 외부 도선에서 제공되는 전자를 전극활물질로 공급하기 위해 중간 매질 역할을 하거나 반대로 전극 반응의 결과 생성된 전자를 모아서 외부 도선으로 흘려주는 전달자 역할을 한다. 또한 집전체는 실제 전극 극판의 형상을 구현하는 데 있어서 중요한 구성재료이다. 전자전도도, 전기화학적 안정성 및 극판 제조 공정 등을 고려할 때 집전체의 재료로서 대부분 금속계 물질을 사용한다.

C.2. 요구특성

리튬이온전지의 경우 집전체로서 양극에는 알루미늄, 음극에는 구리가 사용된다. 집전체에 양극활물질이나 음극 활물질을 도포, 건조시켜 전극 극판이 제조된다. 집전체는 매우 얇은 포일(foil)(두께:10~20 μm)임에도 불구하고 충분한 기계적 강도를 갖고 있으며 그 표면상태는 전극 슬러리의 도포 과정에서 매우 중요한 영향을 미친다. 실제 포일의 표면은 전극 슬러리와의 젖음성이 좋아, 용매가 제거된 후에는 바인더와 집전체 사이에 충분한 강도를 가지는 결합이 가능하다.

C.2.1. 음극 집전체

음극 집전체로는 탄소전극의 작동 전위범위(리튬대비 0.01~3.0 V)에서 전기화학적으로 비활성을 나타내는 구리 또는 니켈 등이 사용된다. 특히 구리가 음극 집전체로 사용되는 이유는 환원 반응에 대해 안정하며, 전기 전도도가 높고, 니켈에 비해 가격이 비교적 낮기 때문이다.

C.2.2. 양극 집전체

양극의 경우, 높은 전위 영역에서 집전체 금속이 산화되지 않는 것이 중요하다. 구리는 3 V에서 산화되기 때문에 양극에는 적용할 수가 없다. 따라서 가격 및 전지의 작동범위에서 집전체 금속의 전기화학적 안정성을 동시에 고려할 때 알루미늄이 가장 적합하다.

참고문헌

[1] B.E. Blomgren, Lithium Batteries, Academic Press, New York (1983).

[2] M. Ue, A. Murakami, S. Nakamura, J. Electrochem. Soc. **149** (2002) A1385.

[3] M. Ue, J.Electrochem. Soc. **141** (1994) 3336.

[4] M. Yoshio and A. Kozawa, Lithium-ion Secondary Battery - Materials and Application, 3rd Ed., Nikkan Kougyo Shinbunsya (1996).

[5] M. Ue, K. Ida, S. Mori, J. Electrochem. Soc. **141** (1994) 2989.

[6] M. Ue, M. Takeda, M. Takehara, S. Mori, J. Electrochem. Soc. **144** (1997) 2684.

[7] M. Ue, A. Murakami, S. Nakamura, J. Electrochem. Soc. **149** (2002) A1572.

[8] S. Mori, H. Asahina, H. Suzuki, A. Yonei, K. Yokoto, J. Power Sources **68** (1997) 59.

[9] A. Kominato, E. Yasukawa, N. Sato, T. Ijuuin, H. Asahina, S. Mori, J. Power Sources **68**(1997) 471.

[10] Y. Wang, S. Nakamura, M. Ue, P.B. Balbuena, J. Am. Chem. Soc. **123**(2001) 11708.

[11] Y. Wang, S. Nakamura, K. Tasaki, P.B. Balbuena, J. Am. Chem. Soc. **124**(2002) 4408.

[12] K. Abe, Y. Ushigoe, H. Yoshitake, M. Yoshio, J. Power Sources **153** (2006) 328.

[13] L. Xiao, X. Ai, Y. Cao, H. Yang, Electrochim. Acta **49** (2004) 4189.

[14] K. Shima, K. Shizuka, M. Ue, H. Ota, T. Hatozaki, J. Yamaki, J. Power Sources **161** (2006) 1264.

[15] J.O' M.Bockris, A.K.N.Reddy, Modern Electrochemistry, Vol. 1, Plenum, New York, Chap. 4 (1970).

[16] D.A. MacInnes, The Principles of Electrochemistry, Dover, New York, Chap. 4 (1961).

[17] J. Devynck, R. Mossina, J. Pingarron, B. Tremillon, J. Electrochem.

Soc. **131** (1984) 2274.

[18] C. Scordilis-Kelly, R.T. Carlin, J. Electrochem. Soc. **141** (1994) 873.

[19] H. Matsumoto, M. Yanagida, K. Tanimoto, T. Kojima, Y. Tamiya, Y. Miyazaki, Molten Salts XII, The Electrochemical Society, Pennington (2000) 186.

[20] J. Fuller, R.T. Carlin, R.A. Osteryoung, J. Electrochem. Soc. **144** (1997) 3881.

[21] J. Fuller, R.A. Osteryoung, R.T. Carlin, J. Electrochem. Soc. **142** (1995) 3632.

[22] D.W. Kim, S.R. Sivakkumar, D.R. MacFarlane, M. Forsyth, Y.K. Sun, J. Power Sources **180** (2008) 591.

[23] E.I. Cooper, C.A. Angell, Solid State Ionics **18-19** (1986) 570.

[24] D.R. MacFarlane, P. Meakin, J. Sun, N. Amini, M. Forsyth, J. Phys. Chem. B **103** (1999) 4164.

[25] H. Matsumoto, H. Kageyama, Y. Miyazaki, Chem. Commun. **16** (2002) 1726.

[26] M. Hajime, Polym. Prep. Jpn. **51** (2002) 2758.

[27] K. Xu, Chem. Rev. **104** (2004) 4303.

[28] J. Barker, F. Gao, U.S. Patent 5712059 (1998).

[29] M. Fujimoto, Y. Shouji, T. Nohma, K. Nishio, Denki Kagaku **65** (1997) 949.

[30] B. Simon, J.P. Boeuve, U.S. Patent 5626981 (1997).

[31] G.L. Holleck, P.B. Harris, K.M. Abraham, J. Buzby, S.B. Brummer, Technical Report No.6, Contract N00014-77-0155, EIC Laboratories, Newton, MA (1982).

[32] K.M. Abraham, S.B. Brummer, Lithium Batteries, J. Ganabo, Ed., Academic Press, New York (1983).

[33] W.K. Behl, D.T. Chin, J. Electrochem. Soc. **135** (1988) 16.

[34] W.K. Behl, D.T. Chin, J. Electrochem. Soc. **135** (1988) 21.

[35] W.K. Behl, J. Electrochem. Soc. **136** (1989) 1305.

[36] M. Adachi, K. Tanaka, K. Sekai, J. Electrochem. Soc. **146** (1999) 1256.

[37] J. Chen, C. Buhrmester, J.R. Dahn, Electrochem. Solid-State Lett. **8** (2005) A59.

[38] L.M. Moshurchak, C. Buhrmester, J.R. Dahn, J. Electrochem. Soc. **152** (2005) A1279.

[39] A. Yoshino, Proc. 4th Hawaii Battery Conference, ARAD Enterprises,

Hilo, HI, Jan. 8, (2002) p102.
[40] S. Tobishima, Y. Ogino, Y. Watanabe, J. Appl. Electrochem. **33** (2003) 143.
[41] R.M. Izatt, J.S. Bradshaw, S.A. Nielson, J.D. Lamb, J.J. Christensen, Chem. Rev. **85** (1985) 271.
[42] M. Salomon, J. Solution Chem. **19** (1990) 1225.
[43] H.S. Lee, X.Q. Yang, J. McBreen, L.S. Choi, Y. Okamoto, J. Electrochem. Soc. **143** (1996) 3825.
[44] H.S. Lee, X. Sun, X.Q. Yang, J. McBreen, J.H. Callahan, L.S. Choi, J. Electrochem. Soc. **146** (2000) 9.
[45] K. Tasaki, S. Nakamura, J. Electrochem. Soc. **148** (2001) A984.
[46] J. Prakash, Battery Technology Symposium, KERI, Korea (2005).
[47] C.W. Lee, H. Joachin, Y. Hui, J. Prakash, Rechargeable Lithium Batteries, The Electrochemical Society Proc. PV 2000-21 (2000) 297.
[48] C.W. Lee, R. Venkatachalapathy, J. Prakash, Electrochem. Solid-State Lett. **3(2)** (2000) 63.
[49] J. Prakash, C.W. Lee, K. Amine, U.S. Patent 6455200 (2002).
[50] Z.X. Shu, R.S. McMillan, J.J. Murray, J. Davidson, J. Electrochem. Soc. **143** (1996) 2230.
[51] J. Arai, H. Katayama, H. Akahoshi, J. Electrochem. Soc. **149** (2002) A217.
[52] S.S. Zhang, K. Xu, T.R. Jow, J. Electrochem. Soc. **149** (2002) A586.
[53] J. Barthel, M. Wuhr, R. Buestrich, H.J. Gores, J. Electrochem. Soc. **142** (1995) 2527.
[54] J. Barthel, M. Schmidt, H.J. Gores, J. Electrochem. Soc. **145** (1998) L17.
[55] M. Handa, M. Suzuki, J. Suzuki, H. Kanematsu, Y. Sasaki, Electrochem. Solid-State Lett. **2** (1999) 60.
[56] M. Ishikawa, T. Sugimoto, M. Kikuta, E. Ishiko, M. Kono, J. Power Sources **162** (2006) 658.
[57] T. Sugimoto, M. Kikuta, E. Ishiko, M. Kono, M. Ishikawa, J. Power Sources **183** (2008) 436.
[58] P.V. Wright, Br. Polym. J. 7 (1975) 319.
[59] P. Vashishta, J.N. Mundy, G.K. Shenoy, Fast Ion Transport in Solids, North-Holland, Amsterdam (1979).
[60] J.R. MacCallum, C.A. Vincent, Polymer Electrolyte Reviews, Vol. 1

and 2, Elsevier Applied Science, London (1986, 1989).
[61] B. Scrosati, Applications of Electroactive Polymers, Chapman and Hall, London (1993).
[62] F.M. Gray, Polymer Electrolytes, The Royal Society of Chemistry, Cambridge (1997).
[63] J.Y. Song, Y.Y. Wang, C.C. Wan, J. Power Sources **77** (1999) 183.
[64] 김동원, 박정기, 전자공학회지 **27(8)** (2000) 803.
[65] A.S. Gozdz, J.M. Tarascon, O.S. Gebizlioglu, C.N. Schmutz, P.C. Warren, F.K. Shokoohi, PV 94-28, The Electrochemical Society Proceedings Series, Pennington, NJ (1995) p.400.
[66] D.W. Kim, Y.B. Jeong, J. Power Sources **128** (2004) 256.
[67] M. Gee, I. Olsen, U.S. Patent 5534365 (1996).
[68] S. Narukawa, I. Nakane, 10th IMLB, Como, Italy, Abstract 38, June 1 (2000).
[69] M. Watanabe, Y. Suzuki, A. Nishimoto, Electrochim. Acta **45**(2000) 1187.
[70] Y. Tominaga, H. Ohno, Electrochim. Acta **45** (2000) 3081.
[71] D. Benrabah, S. Sylla, F. Alloin, J.Y. Sanchez, M. Armand, Electrochim. Acta **40** (1995) 2259.
[72] J.M.G. Cowie, G.H. Spence, Solid State Ionics **123** (1999) 233.
[73] S. Bayoudh, N. Pavizel, L. Reibel, Polym. Intern. **49** (2000) 703.
[74] Y. Okamoto, T.F. Yeh, H.S. Lee, T.A. Skotheim, J. Polym. Sci. **31** (1993) 2573.
[75] A. Noda, M. Watanabe, Electrochim. Acta **45** (2000) 1265.
[76] H. Sakaebe, H. Matsumoto, Electrochem. Commun. **5** (2003) 594.
[77] Z. Mao, R.E. White, J. Power Sources **43** (1993) 181.
[78] F.L. Tye, J. Power Sources **9** (1983) 89.
[79] Y.G. Lee, K.M. Kim, J. Korean Electrochem. Soc. **11** (2008) 242.
[80] P. Arora, Z. Zhang, Chem. Rev. **104** (2004) 4419.
[81] T. Yamamoto, T. Hara, K. Segawa, K. Honda, H. Akashi, J. Power Sources **174** (2007) 1036.
[82] S. Lee, J. Kim, P. Park, B. Shin, J. Hong, I. Kim, S. Ahn, Lithium Mobile Power, San Diego (2007).
[83] S. Augustin, V. Hennige, G. Hoerpel, C. Hying, Desalination **146** (2002) 23.
[84] 한국공개특허공보 제2007-0005341호.

[85] S.S. Zhang, K. Xu, J. Power Sources **140** (2005) 361.

[86] S. Augustin, V. Hennige, G. Hoerpel, C. Hying, Desalination **146** (2002) 23.

[87] 한국공개특허공보 제2007-0005341호.

[88] S.S. Zhang, K. Xu, J. Power Sources **140** (2005) 361.

[89] T. Takemura, S. Aihara, K. Hamano, M. Kise, T. Nishimura, H. Urishibata, H. Yoshiyasu, J. Power Sources 146 (2005) 779.

[90] Proc. 33rd Intern. Power Sources Symp. (1988) 97A0063366.

3-4 계면반응 및 특성

전지의 수명과 성능감퇴의 원인으로서 양극에서 일어나는 과충전과 그로 인한 전해질의 산화 분해반응, 음극에서의 전해질의 환원 분해반응, 자가방전, 전극물질의 상변화 또는 용출, 집전체와 전류리드(lead)로 쓰이는 금속의 부식 등 여러가지 반응들이 복합적으로 작용하는 것으로 보고되고 있다. 이들 반응의 대부분은 전극-전해질, 전극-집전체 사이의 계면반응에 의해 야기된다. 전지성능의 퇴화문제를 해결하기 위해서는 우선적으로 퇴화를 야기시키는 계면의 화학적, 전기화학적 반응기구에 대한 원천적 이해가 필요하다.

전극-전해질 간의 계면반응은 리튬이차전지에 사용되는 전극소재 및 전해질의 종류에 따라 달라지게 되는데, 현재까지 이에 대한 많은 연구결과가 발표되어 왔으나 아직 논란의 여지가 있는 부분이 많은 편이다. 따라서, 본 교재에서는 리튬이차전지의 계면반응에 대하여 잘 알려지고 정리된 내용을 위주로 기술하였다.

3-4-1 비수용성 전해질의 전기화학적 분해

리튬 이차전지에서의 전해질의 주요 역할은 양극과 음극 사이에서 리튬 이온을 전달하는 매체 기능을 하는 것과 각 전극 내의 활물질과 계면반응을 할 수 있다는 것이다. 활물질 표면에서의 전기화학 반응속도는 주로 계면면적에 의해 지배되기 때문에 전해질과의 접촉면적을 크게 하기 위하여 높은 표면적의 전기적 활성을 갖는 활물질이 필요하게 된다.

리튬이차전지에 사용되는 비수용성 전해질은 일반적으로 리튬염과 카보네이트(carbonate)계 유기용매로 이루어져 있다. 전해질의 전기화학적인 분해를 이해하기 위해서는 리튬염과 유기용매 각각의 분해양상을 알아볼 필요가 있다. 리튬염에서는 보통 리튬 양이온(Li^+)이 유기용매에 용해(solvation)되는 정도가, 음이온인 AsF_6^-, PF_6^-, ClO_4^-, BF_4^-, $N(SO_2CF_3)_2^-$ 등 보다 크므로[1], 용해된 Li^+의 이동성이 이들 음이온보다 더 낮다. 반면 음이온의 높은 이동성으로 인해 먼저 전극표면에 도달하여 전해질 분해에 참여할 확률이 더 높을 수 있어, 전극

표면층 형성에 음이온의 역할이 더 클 것으로 예상된다. 음이온 중에서 AsF_6^-가 가장 반응성이 커 쉽게 분해되지만, 다른 음이온들은 상대적으로 반응성이 낮아 Li/Li^+ 전위에 가까운 전위가 되어서야 음극표면에서 환원 분해된다[2].

유기용매의 환원 반응에 있어서 propylene carbonate(PC)의 경우에는 리튬에 대해 +1.0 V 이하의 환원 전위를 보이는 반면, tetrahydrofuran(THF) 또는 2-methyl THF 는 리튬에 대해 약 −2.0 V 이하가 되어야 환원이 되는 낮은 반응성을 보인다[3]. 비수용성 유기용매들인 ethylene carbonate(EC), diethylene carbonate(DEC), dimethyl carbonate(DMC), PC, vinylene carbonate(VC)의 전기화학적 환원 전위를 THF/ $LiClO_4$ 보조 전해질 하에서 금(Au) 전극에 대해 cyclic voltammetry를 이용해 얻은 값이 모두 리튬대비 1 V 이상으로써 표 3.4.1에 정리되어 있다. 이 값은 많은 경우 density functional theory(DFT) 를 이용하여 얻은 이론치와 비슷한 값을 보이고 있다[4].

위 표에 의하면, 이론적으로 EC는 리튬 금속에 대해 +1.46 V 정도에서 환원되며 다른 용매들도 그 이하 전위에서 각각 환원된다. 이는 전해질이 전지가 방전되는 전위구간에서 환원되며 분해하는 것을 의미한다.

유기용매들의 1-전자 전달(single electron transfer)에 의한 환원반응은 다음에 나타난 그림 3.4.1과 같고, 환형 카보네이트계 유기용매의 경우에는 개환(ring-opening) 반응이 일어난다[4].

이와 같은 1개의 전자전달에 의한 단분자 반응 외에 리튬 1 개당 여러 개의 유기용매 분자가 연쇄반응을 하여 분자량이 높은 물질을 생성할 수도 있다. 예를 들면, EC의 경우 이론적 계산치(DFT)에 따르면 연속 환원반응에 의해 $Li^+(EC)_n$(*n*

표 3.4.1 Comparison of calculated[5] and experimental potential values of solvent reduction

Solvent	Calculated(V)	Experimental(V)
EC	1.46	1.36
DEC	1.33	1.32
PC	1.24	1.00-1.60
DMC	0.86	1.32
VC	0.25	1.40

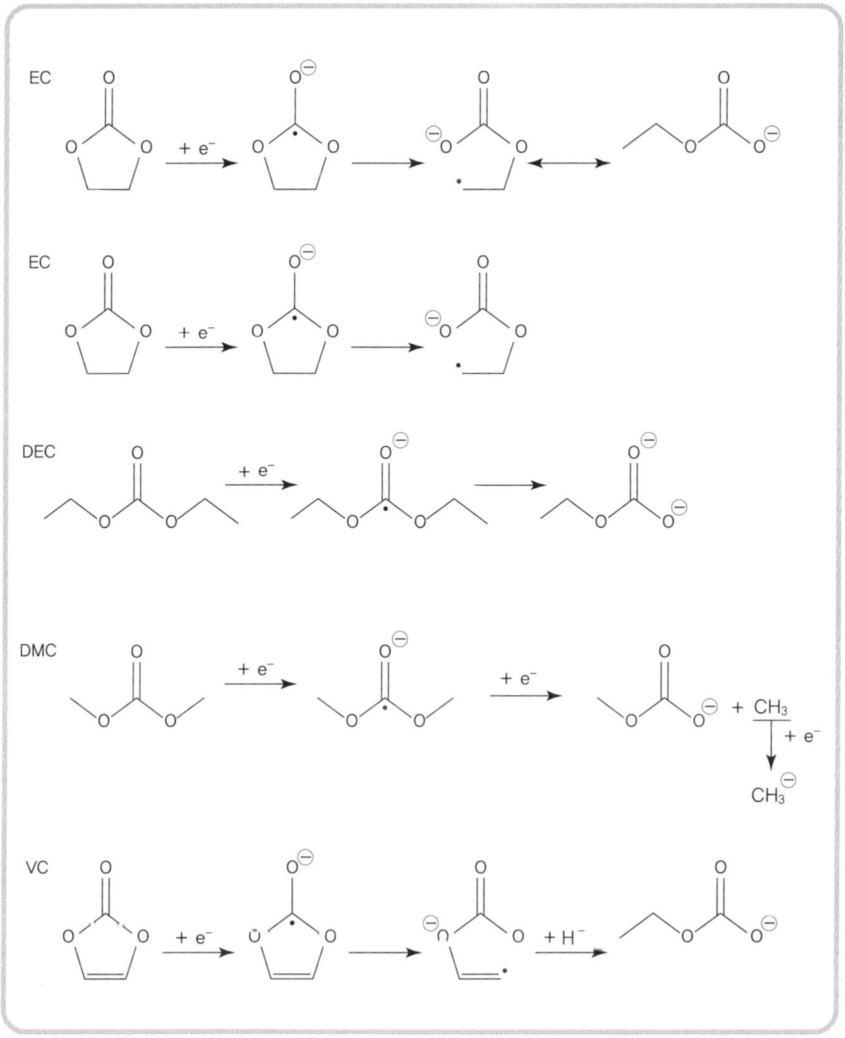

그림 3.4.1 비수용성 유기용매의 1-전자 전달 환원 반응

=1 −4) 이 생성되어, 환원분해 생성물로$(CH_2OCO_2Li)_2$가 주를 이루고 lithium alkyl bicarbonates, $(CH_2CH_2OCO_2Li)_2$와 $LiO(CH_2)_2CO_2(CH_2)_2OCO_2Li$, $Li(CH_2)_2OCO_2Li$, Li_2CO_3 등이 생성된다[5].

이에 반해 유기용매의 산화 분해반응은 높은 전위 영역, 즉 리튬대비 약 +4.0 V 이상의 전위에서 시작된다. 다음 표 3.4.2에 비활성 전극에서 일어나는 유기용매들의 산화 · 환원 전위를 정리하였다[6].

표 3.4.2 Electrochemical Stability of Electrolyte Solvents: Nonactive Electrodes

solvent	salt/conc. (M)	working electrode	E_a (V)	E_c (V)
PC	Et_4NBF_4/0.65	GC	6.6	
	none	Pt	5.0	~1.0
	Bu_4NPE_6	Ni		0.5
	$LiClO_4$/0.1	Au, Pt		1.0-1.2
	$LiClO_4$/0.5	porous Pt	4.0	
	$LiClO_4$	Pt	4.7	
	$LiClO_4$	Au	5.5	
	$LiAsF_6$	Pt	4.8	
EC	Et_4NBF_4/0.65	GC	6.2	
	Bu_4NPF_6	Ni		0.9
	$LiClO_4$/0.1	Au, Pt		1.36
DMC	Et_4NBF_4/0.65	GC	6.7	
	$LiClO_4$/0.1	Au, Pt		1.32
	$LiPF_6$/1.0	GC	6.3	
	LiF	GC	5.0	
DEC	Et_4NBF_4/0.65	GC	6.7	
	$LiClO_4$/0.1	Au, Pt		1.32
EMC	Et_4NBF_4/0.65	GC	6.7	
	$LiPF_6$/1.0	GC	6.7	
BL	$LiAsF_6$/0.5	Au, Ag		1.25

위 표에서 E_a는 산화전위 그리고 E_c는 환원전위를 나타낸다.

이론적 계산치에 따르면 각 용매의 산화 전위는 EC(5.58 V), DEC(5.46 V), DMC(5.62 V), VC(4.06 V)이다. 이는 리튬전지가 작동하는 0~5 V 영역에서 위의 유기용매들 중 일부는 전해질의 열역학적 안정 영역을 벗어나 작동한다는 의미이다. 따라서 리튬 금속의 전위에 대해 약 4.0 V 근처에서는(즉, NHE에 대해서는 약 1.0 V에 가까워짐에 따라) 전해질의 산화가 일어나게 된다. 따라서 리튬 전지가 작동하는 동안 충전(charge)할 때는 음극표면에서 용매의 환원에 의한 분해가 그리고 양극표면에서 산화에 의한 용매의 분해가 일어나게 된다. 실제 유기

용매의 산화, 환원 전위는 전극의 촉매효과로 인하여 전극의 종류에 따라 달라질 수 있다.

전해질의 산화 전위를 결정하기 위해서는 비활성 금속과 전해질로 이루어진 리튬 셀을 사용하게 되는데, PC와 같은 환형 카보네이트의 경우 약 4.2 V에서 PC로부터 양극으로 전자전달이 일어나며 그림 3.4.2와 같은 PC 개환반응을 시작으로 산화분해가 연속되어 전극표면에 흡착되는 것으로 알려져 있다[7].

흡착된 일부 성분은 다시 전해질로 용해되어 나오기도 하지만, 양극표면에

Scheme 1. EC/Li^+ Reductive Decomposition Mechanism

1. $nEC + Li^+ \rightarrow (EC)_a \cdots Li^+$
2. $(EC)_n \cdots Li^+ + e^- \rightarrow [(EC)^{e^-}] \cdot\cdot Li^+ \cdot\cdot (EC)_{n-1}$
3. $(EC)_n \cdots Li^+ + e^- \rightarrow (EC)_n \cdots Li$
4. $[(EC)^{e^-}] \cdot\cdot Li^+ \cdots (EC)_{n-1} \rightarrow H_2\dot{C}CH_2(CO_3)^- Li^+ \cdots (EC)_{n-1}$

Path A. $2H_2\dot{C}CH_2(CO_3)^- Li^+ \cdots (EC)_{n-1} \rightarrow (EC)_{n-1} \cdots Li^+(CO_3)^-(CH_2)_4(CO_3)^- Li^+ \cdots (EC)_{n-1} \downarrow$

Path B. $2H_2\dot{C}CH_2(CO_3)^- Li^+ \cdots (EC)_{n-1} \rightarrow (EC)_{n-1} \cdots Li^+(CO_3)^-(CH_2)_2(CO_3)^- Li^+ \cdots (EC)_{n-1} \downarrow + C_2H_4 \uparrow$

Path C. $H_2\dot{C}CH_2(CO_3)^- Li^+ \cdots (EC)_{n-1} + e^- \rightarrow (CO_3)^{=} Li^+ \cdots (EC)_{n-1} + C_2H_4 \uparrow$

Path G. $(EC)_n \cdots Li^+ + (CO_3)^{=} Li^+ \cdots (EC)_{n-1} \rightarrow (EC)_n \cdots Li^+(CO_3)^{=} Li^+ \cdots (EC)_{n-1} \downarrow$

Path F. $Li^+ \cdots (EC)_n + (CO_3)^{=} Li^+ \cdots (EC)_{n-1} \rightarrow (EC)_{n-1} \cdots Li^+(CO_3)^-(CH_2)_2(CO_3)^- Li^+ \cdots (EC)_{n-1} \downarrow + C_2H_4 \uparrow$

Path D. $(EC)_n \cdots Li^+ + H_2\dot{C}CH_2(CO_3)^- Li^+ \cdots (EC)_n \cdots LiCH_2CH_2(CO_3)^- Li^+ \cdots (EC)_{n-1} \downarrow ?$

Path E. $[(EC)^{e^-}] \cdot\cdot Li^+ \cdots (EC)_{n-1} + H_2\dot{C}CH_2(CO_3)^- Li^+ \cdots (EC)_{n-1} \rightarrow (EC)_{n-1} \cdots LiO(CH_2)_2(CO_3)^- Li^+ \cdots$

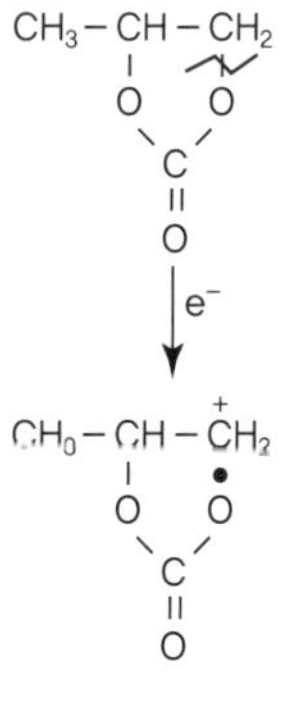

그림 3.4.2 PC의 전자전달에 의한 산화반응

침착되어 -COOR, -COOH등의 유기물을 포함하는 보호막을 형성하게 된다.

DFT를 이용한 계산결과에 의하면, 유기용매로부터 전극으로 전자 한 개가 전달되면 유기용매는 자유라디칼 상태가 되고 연이어 분해반응이 일어난다[8]. 선형 카보네이트계(DMC, DEC, EMC)에서는 C=O기가 포함된 탄소에 양전하가 형성된 후 그림 3.4.3과 같이 O-C$^+$O-O의 공명(resonance) 구조를 통해 전하가 분산된다.

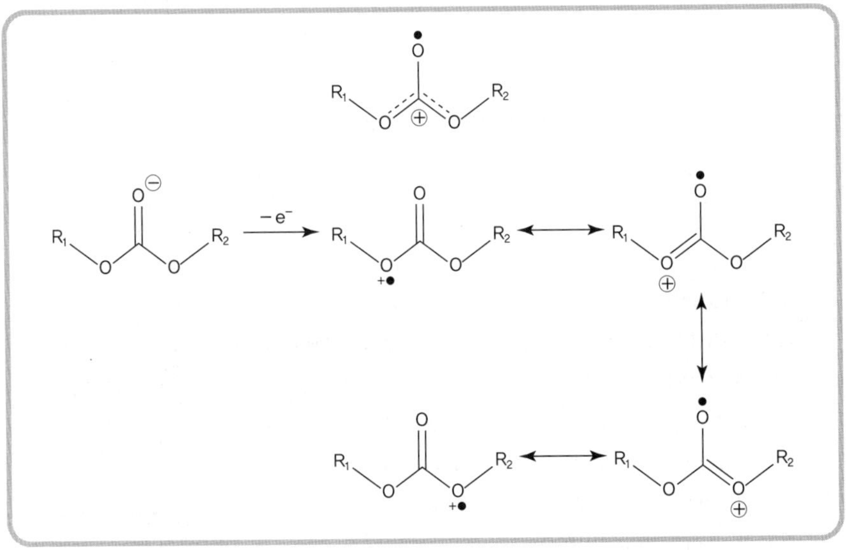

그림 3.4.3 선형 카보네이트에 형성된 자유라디칼 상태의 공명 구조 [8]

즉, 자유라디칼 그룹내 전자이동에 의해 C-O 결합의 β-분열에 의한 분해가 일어나며, C-O$^+$=C라는 양이온이 형성되고 CO_2가 발생한다. CO_2와 같은 기체의 발생은 리튬셀의 안전성에 치명적인 영향을 미친다. 선형 카보네이트의 산화전위는 리튬대비 약 5.5~5.6 V로 알려져 있다.

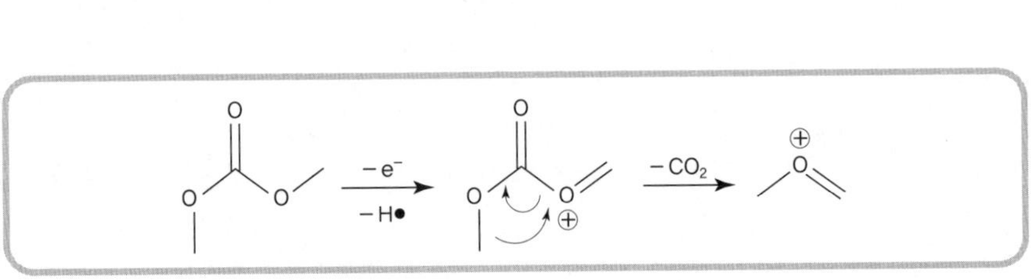

그림 3.4.4 선형 카보네이트의 산화 분해반응 [8]

대표적인 환형 카보네이트인 EC, PC의 경우, 모두 5-원소 링(ring) 구조를 가지고 있는데, 질량분석 스펙트럼분석 결과에 의하면 EC의 열분해시 CO_2가 발생하게 된다[9]. 이때 CO_2의 발생으로 인해 수소 이온은 다른 위치의 탄소로 전달된다.

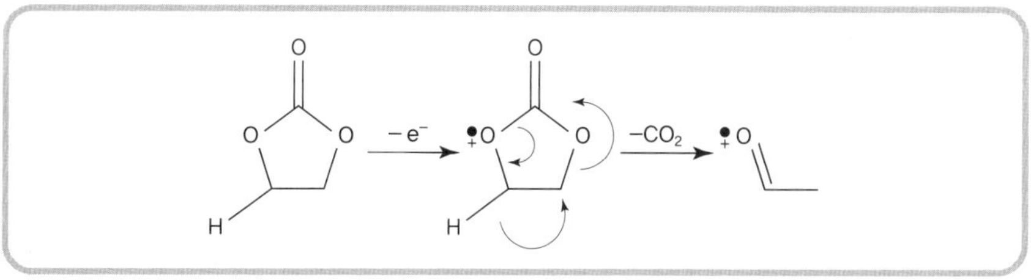

그림 3.4.5 환형 카보네이트의 산화 분해반응 [8]

불포화 환형 카보네이트인 vinylene carbonate(VC)의 경우, 전자 한 개가 전극으로 전달된 후 자유 라디칼 상태가 되고, 이때 carbonyl 그룹의 C－O길이는 더 짧아지고 ether 그룹의 C－O결합길이가 더 길어지게 된다. 이들 산화 분해반응은 리튬대비 약 4.06 V에서 일어난다. 최종적으로, CO 가스가 방출되며 dione이 형성된다.

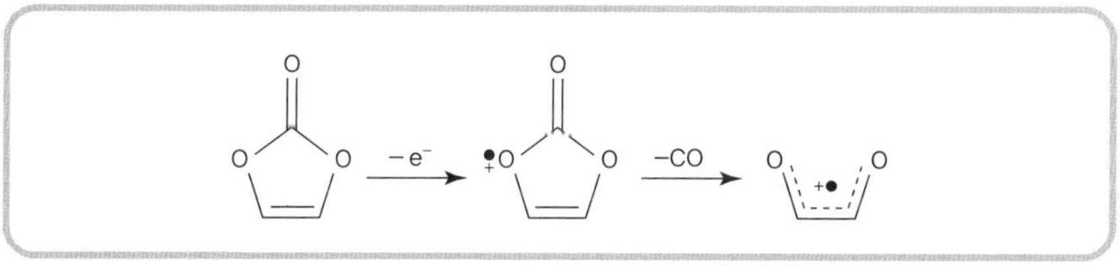

그림 3.4.6 불포화 환형 카보네이트의 전자전달에 의한 산화 분해반응 [8]

이와 같이 분해된 이온성 개체들이 리튬 이온과의 이온결합으로 리튬 유기염을 이루거나 개체들끼리 반응하여 고분자화될 수도 있다.

3-4-2 전극 표면에서의 Solid Electrolyte Interphase(SEI) 층의 형성

전해질이 금속, 카본 또는 산화물 전극과 접촉함으로써 계면에서 전해질 성분의 산화-환원 분해반응이 발생하면 이들 계면에 분해 생성물이 침착 또는 흡착되어 새로운 계면층을 형성한다. 이들 중 일부는 다시 탈착되거나 용출되기도 하지만, 영구히 침착되어 전극표면에 보호막을 형성하게 된다. 이 보호막층은 전자 전도도가 무시할 정도로 낮으나(부도체), 리튬 이온 전도성이 높아 마치 고체 전해질(solid electrolyte)과 같은 거동을 보여 solid electrolyte interphase(SEI) 층이라 부른다[10, 11]. 이 SEI층은 다공성을 띠고 있어서 일반적으로 전하 전달체(charge carrier)인 리튬이온만을 투과시키고 다른 전해질 성분은 투과시키지 않는다.

리튬셀에서의 SEI 층의 역할은 전극-전해질간 계면에서 리튬 이온을 전달하는 것 외에도 농도 편차와 과전압을 완화시키고 균일한 입도와 화학성분을 확보함으로써, 균일한 전류분포하에서 리튬 이온의 이동을 돕는 것이다. 따라서, 장기간 리튬셀을 사용할 수 있도록 하기 위해서는 SEI 층이 전극과의 접착성이 강하고 물리, 화학적으로 안정해야 한다. 리튬전지의 성능을 제어하고 안정성과 수명을 향상시키기 위해서는 SEI 층 형성 메카니즘에 대한 이해가 매우 중요하다.

리튬금속과 전해질이 접촉하면, 리튬의 표준환원 전위는 보통 전해질 성분인 용매보다 훨씬 낮으므로, 리튬금속으로부터 용매로의 전자전달이 일어나 전해질

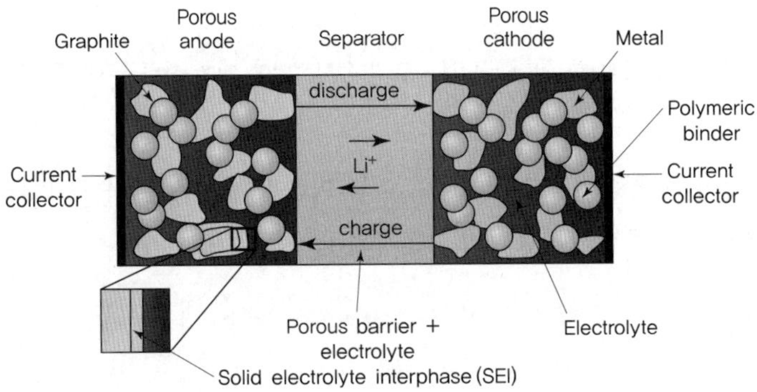

그림 3.4.7 전극-전해질 계면에 형성되는 SEI 층

이 환원반응에 참여하게 된다[12]. 따라서 낮은 용해도를 갖는 안정한 SEI층을 형성시키기 위해서는, 충분히 높은 표준환원전위와 전류밀도를 가지는 전해질 성분을 선택하는 것이 중요하다.

SEI 층을 통한 전기화학 반응은 다음의 세 단계 과정으로 이루어진다.

(1) 전해질-SEI 층 계면을 통해 전하전달이 일어난다.

(2) 리튬 이온이 SEI 층을 통과해 이동한다.

(3) SEI 층-활물질 계면에서 전하전달이 일어난다.

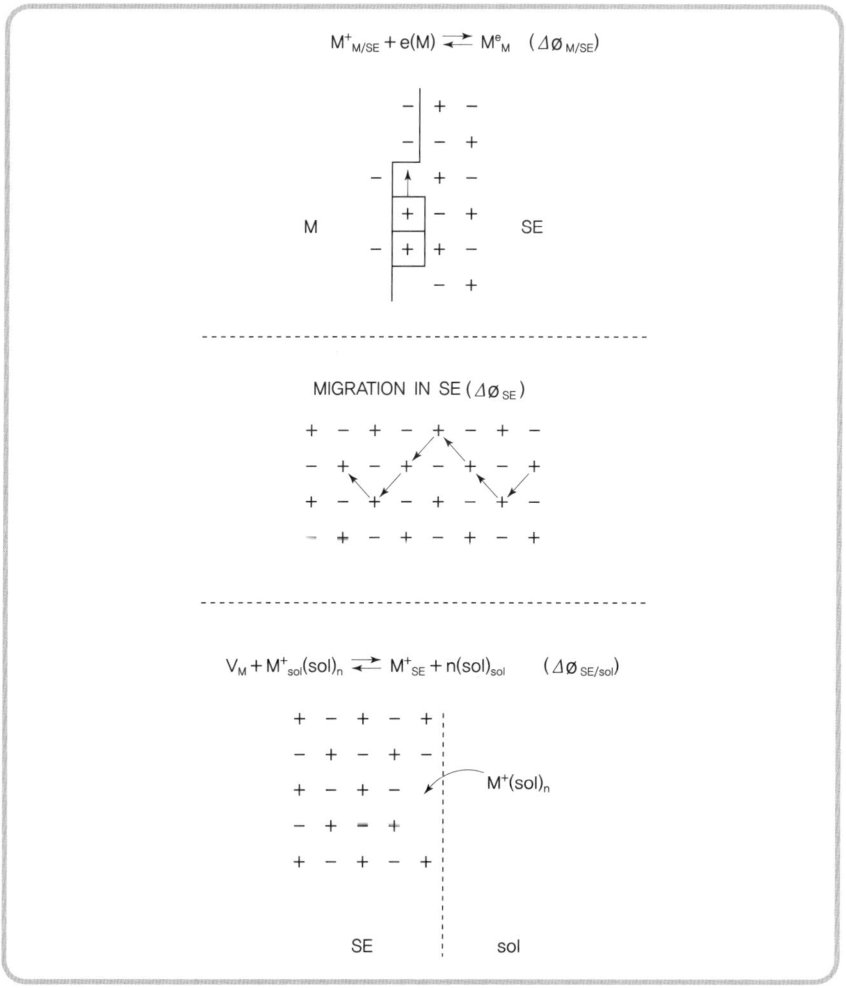

그림 3.4.8 SEI 층을 통한 리튬이온의 이동 [13]

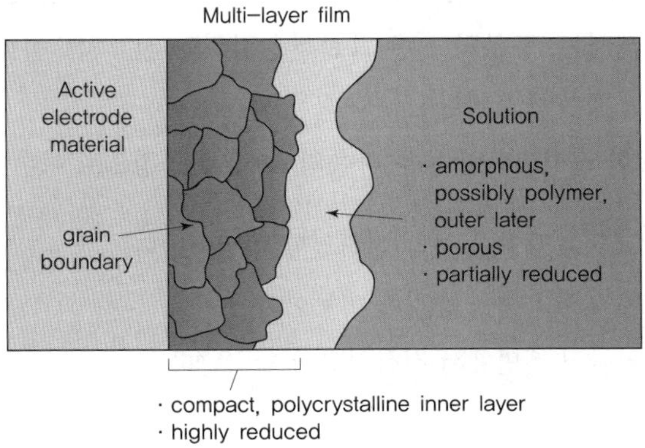

그림 3.4.9 전극표면에 형성된 SEI 층의 구조

대체적으로 이 중 (2)번 단계를 속도 결정단계로 보는 경향이 있다. (2)번 단계에서는 리튬금속 표면에 먼저 형성된 첫 번째 SEI 층 위로 추가로 층이 더 형성된다. 이는 전해질의 용매성분이 첫 번째 SEI 층 내의 기공을 먼저 채운 후, 이들 용매가 리튬금속 표면에 직접 접촉하게 되어 리튬으로부터 용매로 전자전달이 일어나 환원반응이 연속적으로 일어나기 때문이다. 양극활물질과의 계면에서는 산화반응이 같은 형태로 일어난다. 따라서 제일 먼저 전극의 활물질 표면과 전해질이 접촉했을 때 많은 양의 SEI 층 형성이 급격히 일어나고 그 후로는 SEI 층의 빈 공간을 채워주는 형식으로 일어나기 때문에, SEI 내 반응생성물의 농도가 점차 감소하게 된다. 처음 생성된 SEI 층은 얇고 충진도가 낮고, 나중에 추가로 생겨나는 새로운 성분들은 첫 번째 층 성분들과 혼재하기 때문에 기공이 있고 구조적으로 열린, 전체적으로는 무질서한 시스템이라 볼 수 있다. 그림 3.4.9는 모자이크(mosaic) 타입의 polyhetero-microphase 구조를 가지는 SEI 층을 모식적으로 나타낸 것이다[13].

실제로 리튬셀에서도 SEI 층 형성반응은 대개 셀의 초기 싸이클에서 진행되고, 전극활물질에 대해 전기화학적으로 안정한 성분만 남아 SEI 층을 생성함으로써 후속 전해질 분해반응을 막아주기 때문에, 셀의 싸이클이 진행됨에 따라 SEI 층이 형성되는 정도가 감소하게 된다.

SEI 층의 성분과 형태는 전해질의 종류에 따라 다르다. SEI 층은 두꺼운 유기물 층과 얇은 무기물 층으로 이루어져 있다. SEI 층을 이루고 있는 성분을 확인하기 위하여 FTIR, XPS, AFM, DSC-TGA, DEMS, EDS, EQCM 등의 다양한 분석방법이 사용되고 있으나, 분석방법에 따라 SEI 층 성분이 약간씩 다르게 나타나기도 한다. 이는 기기의 종류에 따라 분석하고자 하는 성분에 대한 민감도가 다르기 때문이다. 따라서, 다양한 분석방법을 이용해 종합적인 성분분석을 수행하는 것이 중요하다.

리튬전지에서는 전해질과 계면을 이루는 종류로서 세가지가 있다. 즉, 음극-전해질, 양극-전해질, 집전체-전해질 계면인데, 이들 계면에서 SEI 층 형성 반응이 일어나게 된다. 음극활물질 표면에서는 SEI 층이 비교적 잘 형성되는 반면, 양극활물질 표면에서는 간혹 발견되거나 SEI 층이 얇게 형성되는 것으로 알려져 있다[6]. 이에 따라, SEI 층 형성이 음극의 초기 비가역적 리튬 삽입-탈리 효율 및 용량감소의 주원인 중 하나로 여겨지고 있다. SEI 층 형성과 관련된 전극-전해질간 계면반응은 자가방전의 원인이기도 하다.

음극과 양극의 활물질 표면에 SEI 층이 형성되는 것 외에도, 집전체-전해질 계면에서도 계면층이 생성되는 것으로 알려져 있다. 대부분의 전극으로 사용되는 소재들이 다공성이기 때문에, 전해질이 전극소재 입자사이의 기공들을 통과해 집전체로 쓰이는 금속류와도 직접 계면반응을 함으로써 표면층을 형성한다.

리튬전지 내 계면반응 현상을 이해하고, 이를 제어하기 위해서는 전해질이 분해되는 전위, SEI 층 생성기구, 분해생성물의 성분에 대한 기초적 이해가 필수적이다. 이를 위해 본 교재에서는 음극-전해질, 양극-전해질, 집전체-전해질 계면반응의 세 부분으로 나누어 기술하고자 한다.

3-4-3 음극-전해질 계면 반응

음극-전해질 계면반응을 검토하기 이전에, 리튬금속 표면에 자연적으로 형성되는 막(native layer)에 대해 알아둘 필요가 있다. 물과 산소의 함량이 수 ppm으로 제이되는 글로브 박스(glovc box) 내에서도 물과 산소, 또한 CO_2가 리튬과 반응하여 보호막을 형성할 수 있다. 이때 형성된 보호막을 기준으로 리튬과 먼쪽은 Li_2CO_3 또는 LiOH, 가까운 쪽은 Li_2O로 이루어져 있다. 이 보호막은 기공성이 있기 때문에 SEI 층 형성에 큰 영향을 미치지는 않는 것으로 알려져 있다[14].

카본으로 구성된 음극 활물질 표면에서는 전해질 성분 중 비수용성 유기 용매가 분해되어 유기물 층을 이루고, 리튬 염이 분해되어 무기물층 성분을 이루어져 있다. 리튬전지에서 충방전 중에 일어나는 SEI 층 형성 메카니즘을 이해하기 위해서는, 먼저 리튬금속과 전해질의 계면에서 일어나는 자발적 화학반응에 대해 이해하는 것이 중요하다. 화학반응과 달리, 전기화학반응은 전류나 전위를 가함으로써 반응속도를 높히고 보호막 형성과 성장을 촉진하는 효과를 나타낸다.

A. 리튬 금속–전해질 계면반응

리튬금속이 PC와 접촉하는 것만으로도 리튬표면에 표면 막이 생성된다. 즉 외부로부터 전기화학적인 반응을 유도하지 않아도 자발적인 화학반응에 의해 PC가 분해된다. 표면 막의 주 성분이 Li_2CO_3이라고 보고한 예도 있고 [15, 16], *ex-situ* FTIR 분석을 통해 주 표면종은 lithium alkyl carbonate($ROCO_2Li$)라고 제시한 예도 있다[17]. 리튬금속이 전해질과 접촉하면 전해질의 HOMO와 LUMO가 변화게 된다. 금속성의 리튬에서는 전자가 valence band로부터 conduction band로 자유로이 이동하고, 또한 conduction band로부터 전해질의 LUMO로 전자전달이 일어나 이 때 리튬금속 표면에는 양의 전하가, 전해질쪽은 음의 전하가 형성될 수 있다. 따라서 리튬금속과 전해질의 접촉만으로 화학반응이 진행되어 리튬금속 표면에 막이 형성된다. 리튬셀을 충전시키면 전기화학적으로 리튬이온이 음극에서 환원되며 전자가 외부회로를 통해 음극으로 전달되므로 valence band 레벨이 더 높아지게 되고, 전해질의 LUMO 에너지 레벨에 더 접근하게 되어, 음극으로부터 전해질로의 전자전달반응이 더 쉽게 일어나 전해질의 환원분해반응이 촉진될 수 있다.

마찬가지로 리튬 금속 및 흑연을 PC 이외의 다른 유기용매, 즉 EC, DEC의 단일용매나, EC+DEC로 이루어진 혼합용매에 각각 담그기만 해도 표면 막이 형성되는 것이 관찰된다. EC의 경우, 음극으로부터 EC로 화학적인 전자 전달이 일어나 리튬 금속과 리튬-흑연 계면에 보호막을 형성하는 반면에, DEC 용액에서는 리튬 금속 표면에 막을 형성하기보다는 리튬이온이 유기용매로 용출되어 어두운 갈색 용액으로 변한다. 이 용액에 대한 FTIR 분석결과, 갈색 용액에는 $CH_3CH_2OCO_2Li$와 CH_3CH_2OLi 혼합물이 존재하는 것으로 확인되었다[17]. 이는 자발적인 화학적 계면반응의 유무가 용매의 종류에 따라 변한다는 것을 의미한다. 이와 같은 자발적이고 화학적인 전해질 환원분해반응에 대한 이해를 통하여 전기화학적 계면반응에 대한 현상을 유추해낼 수 있다.

열역학적 관점에서 보면 리튬금속으로부터 전자를 전달받기에 유리한, 즉 LUMO 레벨이 낮은 용매일수록 좋은 전자받개가 되어 계면반응성이 크다. 대부분의 환형 카보네이트 용매의 LUMO에너지 레벨은 거의 비슷한 값을 가지나, 이중결합 또는 치환기를 가지면 LUMO 레벨이 감소한다(그림 3.3.3 참조). SEI 층의 조기생성 및 안정화를 위해 사용하는 전해액 첨가제는 보통 다양한 기능성 그룹들이 포함되어 있으며 기존의 용매보다 낮은LUMO 레벨에 있게 되어, 보다 더 높은 환원전위에서 전자전달 반응이 일어나 안정한 SEI 층을 생성하는 역할을 한다.

리튬금속을 DMC에 담그면 다음과 같은 전자전달에 의한 전해질의 환원분해 반응이 일어나고 이 반응생성물이 리튬금속 표면에 보호막을 형성하게 된다[17].

$$CH_3OCO_2CH_3 + e^- + Li^+ \rightarrow CH_3OCO_2Li \downarrow + CH_3 \bullet$$
$$\text{or } CH_3OLi \downarrow + CH_3OCO \bullet$$

실제 별도로 합성된 lithium methyl carbonate 의 기준 화합물과 DMC 용액에 담근 후 꺼낸 리튬 금속 표면에 대해 그림 3.4.10과 같이 FTIR 스펙트럼을 얻

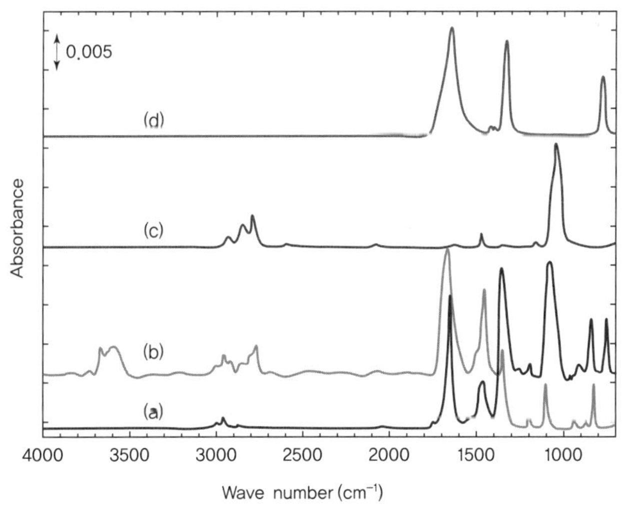

그림 3.4.10 (a) lithium methyl carbonate, (b) 리튬 금속을 DMC에 담가 생성된 표면막, (c) lithium methoxide, (d) lithium oxalate의 FTIR 스펙트럼

은 후, 이론적(Hartree-Fock) 계산으로 얻어진 스펙트럼과를 비교함으로써 보호막에는 lithium methyl carbonate와 약간의 lithium oxalate 및 lithium methoxide가 존재한다는 것이 확인되었다[19]. 이는 리튬과 유기용매의 접촉에 의해 계면이 형성되고, 리튬금속으로부터 유기용매로 전자전달이 일어나 유기용매의 화학적 환원분해반응이 진행되는 것을 의미한다.

리튬과 DMC가 접촉하게 되면 다음에 나타난 화학반응식에서와 같이 먼저 리튬으로부터 DMC로 전자 전달이 일어나 DMC의 ester 부분의 결합이 끊어지게 된다. 그 결과 불안정한 CH_3• 라디칼이 생성되고 methyl carbonate 음이온이 형성된다. 또, CH_3• 라디칼은 다른 라디칼과 결합하여 에탄(ethane) 가스를 발생시킨다.

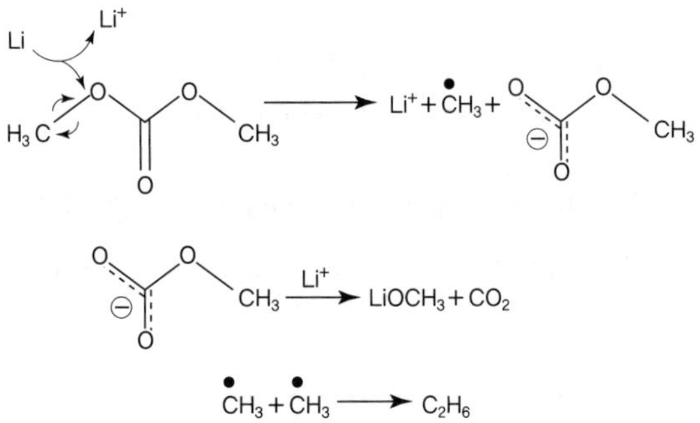

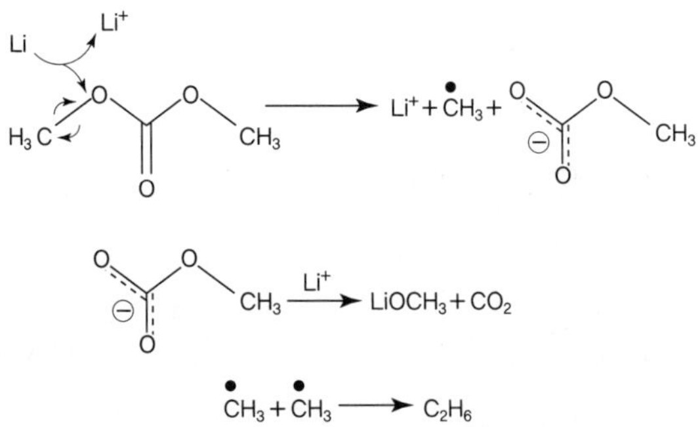

Methyl carbonate 음이온은 리튬이온과의 반응에 의해 CO_2와 $LiOCH_3$를 형성시키는데 이때에도 가스가 발생된다. 이와 동시에 ester 쪽의 acyl 부분의 결합이 끊어지며 안정한 CH_3O^- 음이온과 acyl 라디칼이 생성된다. Lithium methyl carbonate 가 열역학적으로 안정한 화합물이긴 하지만 acyl 라디칼은 lithium methyl carbonate를 공격해 oxalate및 CH_3O • 라디칼을 형성하며 최종단계에는 methoxide를 생성한다[18].

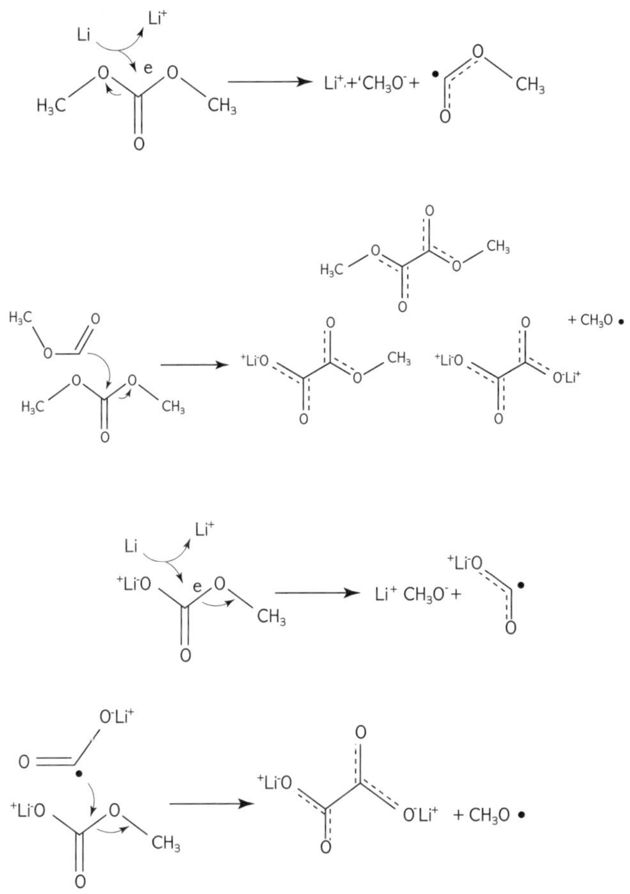

$$2\,CH_3O\bullet \longrightarrow CH_3OOCH_3$$

위에서와 같이 형성된 lithium methyl carbonate는 약 400 K까지는 열적으로 안정하나 그 이상에서는 다음과 같은 열분해가 일어나 CO_2 가스의 발생 및 Li_2CO_3가 생성된다[20].

$$CH_3OCOOLi \rightarrow CH_3OLi + CO_2 \text{ 또는}$$

$$2CH_3OCOOLi \rightarrow CO_2 + CH_3OCH_3 + Li_2CO_3$$

이와 비슷한 현상은 1M $LiPF_6$/EC+DMC(2:1) 전해질에 담긴 흑연 음극에서도 볼 수 있다. 그림 3.4.11에서 보는 바와 같이, 전해질에 담긴 흑연 음극에 대한 열분석 결과, 약 220 ℃에서 보호막이 분해되어 Li_2CO_3로 전환된다[19].

Lithium alkyl carbonate 생성반응은 EC에 의해 더 증폭된다. DMC 용매에 EC를 추가한 $LiAsF_6$/EC+DMC(1:1) 전해질에 리튬 금속을 담가 꺼낸 후의 리튬표면의 FTIR스펙트럼을 살펴보면, $(CH_2OCO_2Li)_2$가 SEI 층의 주 성분임을 알 수 있다[17]. EC는 다음의 2-전자전달 환원반응에 의해 lithium ethylene dicarbonate, $(CH_2OCO_2Li)_2$를 생성하며 에틸렌 가스를 방출할 수 있다.

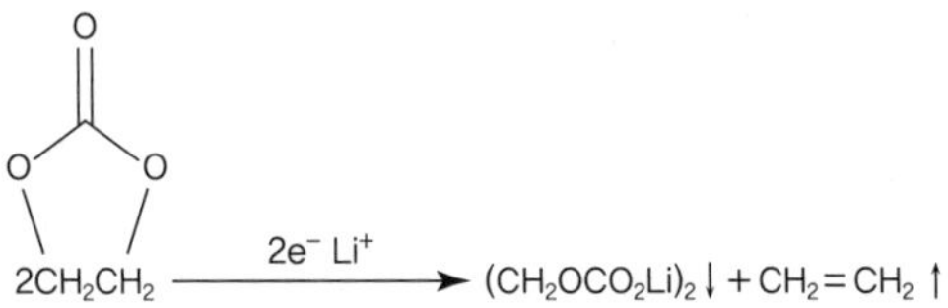

이 경우에 있어서도, 합성된 lithium ethylene dicarbonate와 금속표면의 화합물의 스펙트럼을 얻고 이들을 이론에 의해 계산된 스펙트럼과 비교함으로써 lithium ethylene dicarbonate가 실제 SEI 층에 존재함을 확인하였다[20]. Lithi-

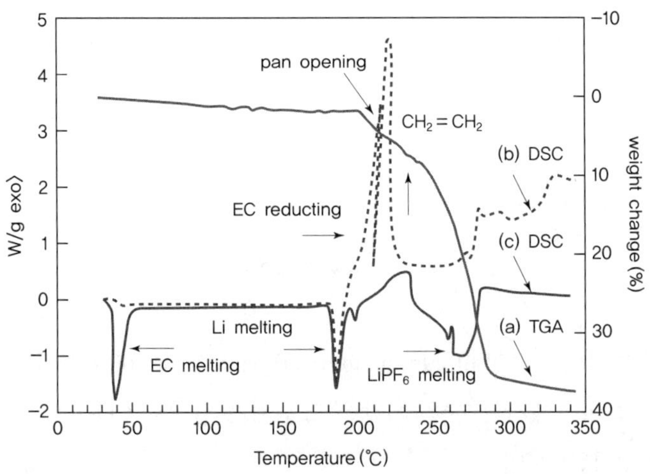

그림 3.4.11 (a) 전해질에 담긴 흑연의 열분석 곡선, (b) 리튬금속 표면에 있는 EC에 대한 DSC 곡선, (c) 리튬금속표면에 있는 $LiPF_6$의 DSC 곡선

um ethylene dicarbonate가 포함된 SEI 층은 리튬대비 1.8-1.9 V 에서 전해질이 전기화학적으로 환원분해되어 생성되며 큰 환원 피크를 보인다. EC는 다음과 같은 경로에 의해 리튬으로부터 전자를 전달받아 개환을 하면서 환원되는 것으로 알려져 있다.

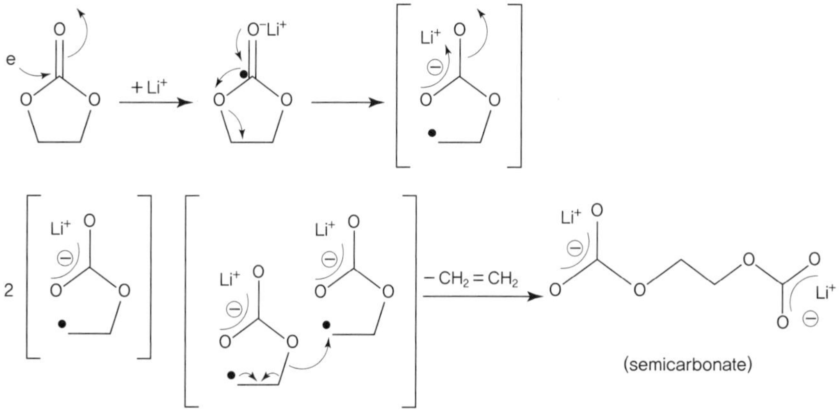

특히 $(CH_2OCO_2Li)_2$의 O···Li-O 분자내 상호작용이 비교적 강해서 lithium ethylene dicarbonate가 다른 표면종보다 우세하게 생성되어 SEI 층을 구성한다. 위의 반응기구에서, 중간체로 생성된 라디칼 음이온은 옆의 carbonyl 기와 conjugation을 하고, 동시에 전기적으로 중성인 에틸렌 가스를 발생시키기 때문에 일어나기 쉽다. 그러나 lithium ethylene dicarbonate는 불순물로 존재하는 ppm 수준의 물과도 분해반응을 일으켜 Li_2CO_3로 전환된다.

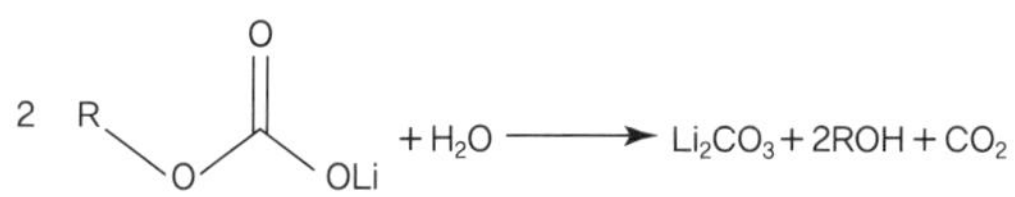

위의 EC 환원분해 반응 중 에틸렌 가스가 발생하는 것이 자주 보이는데, 이는 실험적 열분석 결과와 일치한다. 모든 유기용매의 환원분해반응에서 에틸렌 등의 기체 발생이 항상 수반되는데, 리튬전지 내부에서 전해질 분해반응이 촉진되는 상황이 발생할 경우 이 때 발생하는 기체의 양도 급격히 증가하게 되어 전지가 부풀어오르는 양상을 나타내게 된다.

$$LiPF_6 \longrightarrow Li_2CO_3 + 2ROH + CO_2$$

$$PF_5 + H_2O \longrightarrow PF_3O + 2HF$$

한편, 전해액에 불순물로 존재하거나 또는 전극에 흡착되어 존재하는 소량의 물은 다음과 같은 반응에 의해 리튬염의 음이온(예 BF_4^-, PF_6^-)을 가수분해시켜 HF를 발생시키며[17], 생성된 HF는 다시 lithium alkyl carbonate를 분해시켜 LiF로 전환시키는 역할을 한다.

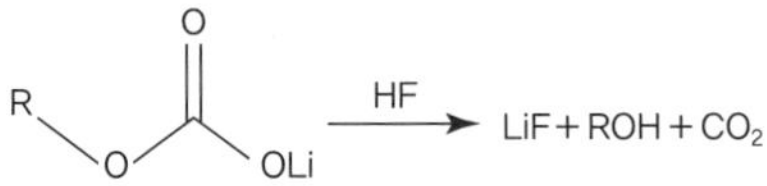

Lthium alkyl carbonate는 불안정한 화합물로서, 리튬 금속과 장기간 접촉이 있을 경우 지속되는 환원반응으로 분해되어 다른 화합물로 전환될 수도 있다.

위와 같은 전해질의 환원-분해반응에 의해 생성된 화합물들이 전극표면 위에 침전되어 형성된 SEI 층의 물리적 구조를 조사해 보기 위해, 리튬 금속을 1M $LiBF_4$ PC나 γ-butyrolactone에 담가 꺼낸 후 또는 전기화학적으로 싸이클시켜 꺼낸 후 리튬 금속 표면에 생성된 막 성분을 depth profiling 등을 이용한 XPS로 분석해 보면, lithium alkyl carbonate와 같은 유기물은 SEI의 바깥 층에 존재하는 반면, 보다 안정한 Li_2O나 Li_2CO_3 같은 무기물은 보다 리튬금속에 가까운 SEI의 안쪽 층에 존재함을 알 수 있다. 즉 $LiBF_4$가 가수분해되어 발생하는 HF에 의해, LiOH, Li_2O, Li_2CO_3 등은 모두 LiF로 전환되어 SEI 안쪽 층에 위치하게 된다. 생성된 리튬계 무기 화합물들은 리튬 표면에 이미 자연발생적으로 형성되어 존재하는 Li_2O, LiOH, Li_2CO_3 등과 혼재할 것으로 알려져 있다[22]. 이는 결국 SEI가 그림 3.4.12와 같이 다층구조로 이루어져 있음을 의미한다.

B. 흑연(카본)에서의 계면반응

리튬 금속과 전해질 사이의 계면에서 유기용매 및 리튬염이 환원분해되어 SEI 층을 형성하듯이 흑연 표면에서도 전해질과의 계면반응이 일어난다. 그러나 흑연은 리튬 금속과 표면이 같지 않기 때문에 계면반응이 서로 다르게 나타난다.

흑연은 합성하는 방법에 따라 표면구조, 화학성분, 입자크기와 모양, 기공의 크기 분포형태, 기공개방(open pore) 정도, 표면적, 불순물의 종류 등이 다르다. 카본을 음극으로 사용했을 때 공통적으로 나타나는 현상으로 비가역적인 초기 용량감소가 매우 큰 점을 들 수 있다. 비가역적 용량감소는, 초기 충전 중 흑연으로부터 전해질로 전자전달이 일어나 전해질이 분해되어 SEI 층이 형성되기 때문에,

$LiBF_4 + H_2O \rightarrow 2HF + LiF + BOF$ (in bulk solution)

$LiOH + HF \rightarrow LiF + H_2O$ (at the lithium surface)

$Li_2O + 2HF \rightarrow 2LiF + H_2O$ (at the lithium surface)

$Li_2CO_3 + 2HF \rightarrow 2LiF + H_2CO_3$ (at the lithium surface)

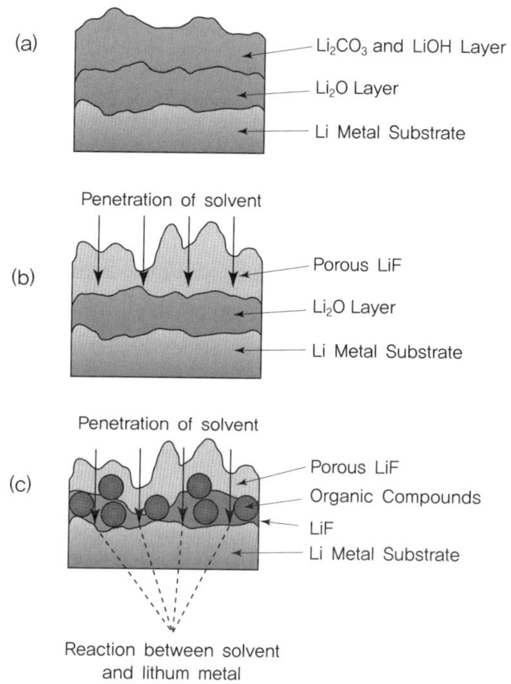

그림 3.4.12 전해질과 리튬금속의 반응 개략도: (a) 자연적으로 생성된 보호막, (b) 전해질분해에 의해 생성된 HF와 보호막 성분간의 산-염기 반응, (c) 보호막을 통과한 용매와 리튬 금속간의 직접 반응.

흑연으로의 리튬의 삽입 외에 추가 전자 소모에 의한 것이다[6, 22]. 따라서 표면적이 높은 카본일수록 카본-전해질 계면적이 증가해 그만큼 SEI 층 생성면적이 커지기 때문에 비가역적인 초기 용량감소가 더욱 심하게 나타난다. SEI 층 생성 외에도, 이미 생성된 SEI 층 성분 중 일부가 전해질로 용출되어 비가역적인 초기 용량감소를 일으킬 수 있는 것으로 알려져 있다 [23].

리튬이온이 흑연에 삽입될 때에는 전해질에서 용해된 리튬이온이 용매로부터 자유로운 상태가 된 이후에 SEI 층을 통과해 카본으로 삽입되는 것이 유기용

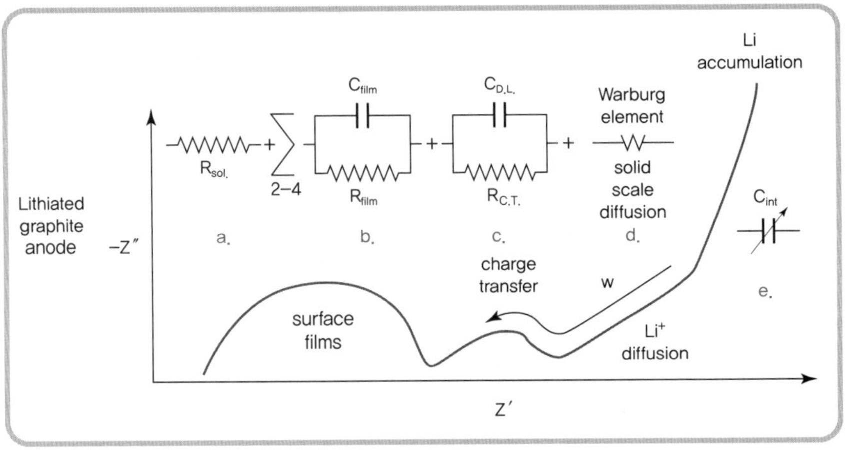

그림 3.4.13 SEI 층이 생성된 흑연의 충전 상태에서의 impedance 스펙트럼과 그에 해당하는 등가회로도

매의 추가적인 반응을 억제할 수 있으므로 가장 이상적이다. 그러나 PC 용매의 경우 리튬이온과 함께 흑연 결정구조 내부로 함께 삽입되어 흑연의 층간구조를 파괴시켜 박리(exfoliation)를 일으킨다[24].

전해질이 분해되어 흑연 표면에 SEI 층이 생성되기 시작하는 전위는 약 1.7~0.5 V 영역이고 0.0 V 까지 지속적으로 생성된다[6, 22]. SEI 층이 생성되기 시작하는 전위는 카본의 격자면(lattice plane), basal-to-edge 면의 상대비, 온도, 전해질 용매와 리튬염의 농도와 종류, 인가하는 전류밀도에 따라 변하기 때문에 전지의 성능을 극대화하기 위해서는 이들 요소들을 동시에 고려하여야 한다[24-27]. SEI 층이 생성된 흑연의 충전 상태에서의 임피던스 결과를 그림 3.4.13과 같은 등가회로로 표현할 수 있다[28].

높은 주파수 영역에 있는 반원(semicircle)은 표면층을 통과해 이동하는 리튬이온의 저항에 해당하고, 중간의 반원은 표면층-흑연간 계면을 통한 전하전달 과정에 의한 저항, 낮은 주파수 영역의 Warburg 타입 요소는 흑연내의 리튬이온의 확산 저항이며, 제일 낮은 주파수 영역의 저항은 리튬이온의 흑연 벌크내에서의 축적에 해당되는 등 총괄적으로 리튬이온이 흑연 음극에 intercalation되는 과정을 나타낸다.

C. SEI 층의 두께

양극-전해질, 음극-전해질 계면에서 SEI 층의 실제 두께를 정확히 측정하기는 쉽지 않다. 그림 3.4.14에 나타난 바와 같이 전기화학적 기술을 이용해 SEI 층 두께를 측정한 예를 보면, 전해질과 비활성 금속 전극을 이용해 CV를 얻고 금속 표면 위에 형성된 SEI 층으로 인한 환원전하(cathodic charge)를 구한 후, SEI 층이 어떤 하나의 화합물(예: lithium ethylene carbonate) 만으로 이루어져 있다고 가정하여 두께를 계산하였다[19].

그림 3.4.14에서 보는 바와 같이, CV 상의 환원 피크(1.7 V)로부터 lithium ethylene dicarbonate의 환원 전하 약 0.01 C/cm^{2}가 얻어지는데, 이로부터 EC 분자 한 개당 2 개의 전자 전달이 일어남을 알 수 있고, 따라서 이합체(dimer)당 4 개의 전자 전달이 일어난다고 하면, 단위면적당 1.56×10^{16} dimer/cm^{2}가 된다. Lithium ethylene dicarbonate 구조가 3 Å(직경)×20 Å(길이)의 실린더 모양으로 전극표면에 누워 있는 구조를 가진다면 1.67×10^{14}(dimer/cm^2)/층이 되므로, 표면층은 약 100 개의 층이 쌓인 300 Å(=30 nm)의 두께임을 알 수 있다.

최근에는 *in-situ* AFM 기술을 이용해 SEI 층 두께를 직접 측정하고 동시에 SEI 층 형성에 따른 전극표면의 입도 변화를 관찰하는 것이 가능해졌다[29]. 다음의 그림 3.1.15에 나타난 전극표면의 AFM이미지 변화로부터 반응을 한 부분과

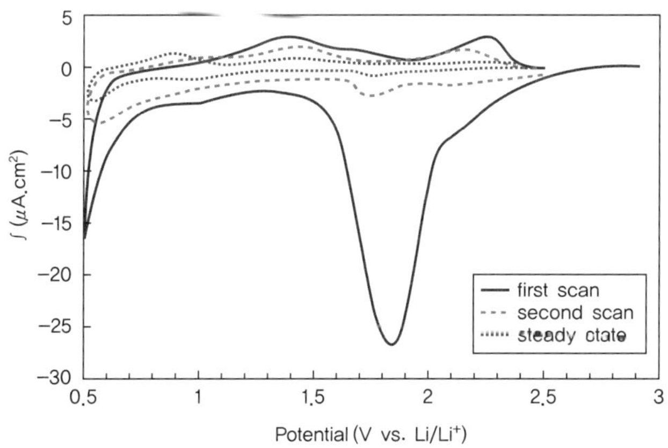

그림 3.4.14 SEI 층 두께를 계산하기 위한 전해질/ 금(gold) 전극의 cyclic voltammetry

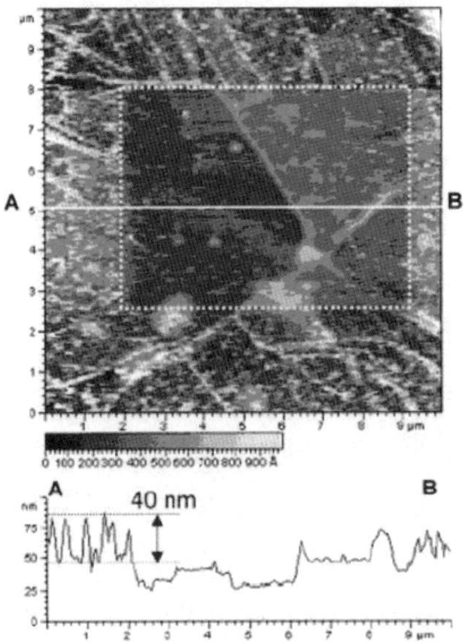

그림 3.4.15 *in-situ* AFM 분석을 이용한 SEI 층 두께의 측정

하지 않은 부분의 차이를 알 수 있으며 이로부터 SEI 층을 결정할 수 있다. 이 경우 SEI 층 두께는 첫 번째 싸이클 후 약 40 nm, 두 번째 cycle 후는 약 70 nm로 성장하는 것이 관찰되고 있다.

위 결과는 다른 연구결과에서 얻어진 것과 비슷한 크기의 SEI 층 두께 값이다. 정리해보면 첫 번째 싸이클 후 형성되는 SEI 층의 두께는 약 10-40 nm정도이고, 두 번째 싸이클 후에는 비슷한 두께의 층이 더해지는 것으로 보인다[30].

D. 첨가제 효과

전해질 용매로 사용되었던 PC가 리튬이온과 함께 흑연에 삽입되고, 리튬이온이 탈리될때는 흑연이 박리되는 현상으로 인해 사용이 제한적이었다. PC를 EC로 대체함으로써, EC가 SEI 층 생성을 유도하여 위의 문제점들은 해결되었으나, 낮은 온도에서는 이온 전도도가 감소된다는 단점이 있다. 이와는 별도로, PC에 VC또는 lithium bisoxalato borate(LiBOB) 염을 소량만 첨가하더라도, PC 용매의 문제점인 흑연 박리현상이 일어나지 않는 것으로 확인되었다.

PC를 단독 용매로 사용하면 다음과 같은 1-전자전달반응에 의한 LiBOB 분해 기구로 SEI 층을 이룰 수 있다. 이때 새로이 형성된, carbonyl 그룹을 많이 포함하는 화합물 및 lithium oxalate가 흑연 표면에 보호막을 형성함으로써 PC-흑연간 계면반응으로부터 흑연을 보호하여 박리현상을 억제하는 것으로 여겨진다 [31].

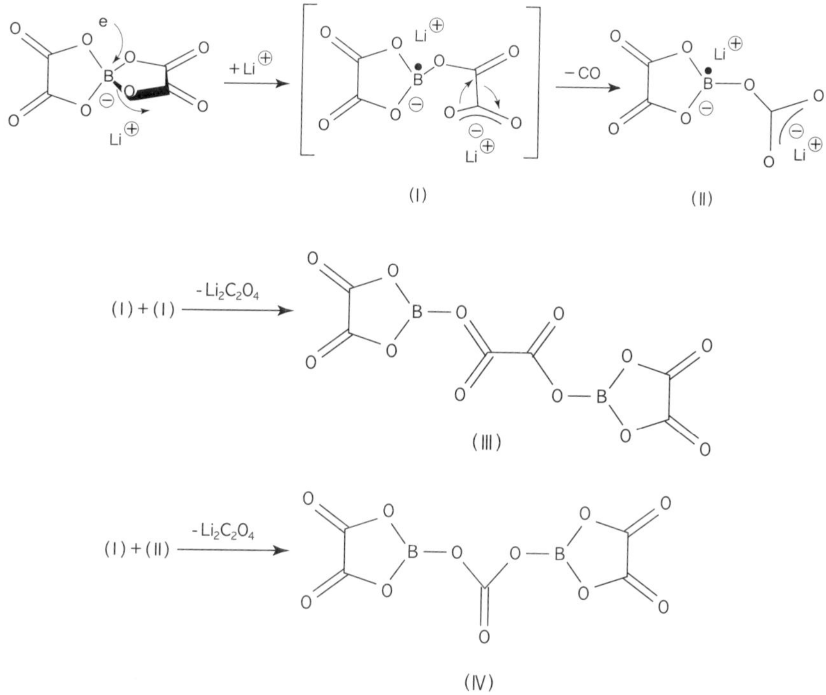

LiBOB을 첨가하게 되면 전해질 분해반응이 촉진되어 SEI 층 생성이 확대되고 boron이 포함된 semicarbonate와 유사한 성분이 주 화합물로 표면에 생성된다. 또, $LiPF_6$에 약 1-5 mol%의 LiBOB을 추가하여도 흑연의 초기 박리문제를 방지할 수 있다는 예가 알려지고 있다[32].

최근 가장 많이 활용되고 있는 첨가제중의 하나는 VC이다. PC에 VC를 1 % 만 첨가하여도, 카본 음극의 SEI 특성을 변화시키고 초기 싸이클에 대한 가역 용량 67 %와 그 다음 싸이클의 경우 93-95 % 가역용량을 얻을 수 있다[33]. 이는 VC가 없는 경우에 있어서 카본음극의 초기 가역용량 12 %에 비해 현저히 개선된 것이다. VC는 리튬대비 1.2 V 이상의 영역, 즉, 리튬이온이 삽입되기 이전의 영역에서 분해된다. PC 등 다른 유기용매보다 높은 전위 영역에서 미리 분해되어 카본표면에 보호막을 형성하기 때문에, PC가 리튬이온과 함께 삽입 되는 경로를 차단하여 카본의 박리현상을 방지시키는 것으로 보인다.

열분석 및 분광학적 분석결과에 의하면, SEI 층 성분으로 poly VC, VC의 올리고머(oligomer), VC의 개환형 고분자, polyacetylene 등의 고분자물질과 lithium vinylene carbonate$(CHOCO_2Li)_2$, lithium divinylene dicarbonate$(CH{=}CHOCO_2Li)_2$, lithium divinylene dialkoxide$(CH{=}CHOLi)_2$, lithium carboxylate (RCO_2Li) 등의 리튬 유기염이 포함되어 있다[34].

아래에 나타난 바와 같이 EC/DMC 전해질의 분해로부터 ethylene, CO, methane 가스가 발생하고, VC의 분해에 의해 acetylene, CO 등의 가스가 발생한다.

$$2EC + 2e^- + 2Li^+ \rightarrow (CH_2OCO_2Li)_2 + C_2H_4$$

$$EC + 2e^- + 2Li^+ \rightarrow (CH_2OLi)_2 + CO$$

$$DMC + e^- + Li^+ \rightarrow CH_3OCO_2Li + CH_3$$

$$DMC + 2e^- + 2Li^+ \rightarrow 2CH_3OCO_2Li + CO$$

$$(CH_3) + 2H \rightarrow CH_4$$

$$2VC + 2e^- + 2Li^+ \rightarrow LiO_2COC{=}COCO_2Li + C_2H_2$$

$$2VC + 2e^- + 2Li^+ \rightarrow LiOC{=}C{-}C{=}COLi + 2CO$$

VC는 EC가 환원되기 전인 리튬대비 1.0 V 이상의 높은 전위에서 환원될 뿐만 아니라, EC의 환원전위를 0.7 V에서 0.8 V로 증가시키고 VC가 EC의 개환반응을 돕는 것으로 알려져 있다. 이로 인해 안정한 SEI 층이 흑연 표면에 효과적으로 형성되고 또한 SEI 층의 열적 안정성도 증가해 높은 온도에서의 전지 성능향상에 기여하게 된다.

E. 비탄소계 음극과 전해질 사이의 계면반응

현재 상용화되어 있는 흑연은 LiC_6가 형성되기까지 생산해낼 수 있는 용량이 제한되어(이론용량 372 mAh/g) 있다는 단점이 있다. 이와 더불어 산화가 잘되는(충전이 잘 되는) 리튬 금속산화물 양극소재의 존재 하에 리튬셀이 과충전될 경우, 리튬금속이 흑연 표면에 석출되고 동시에 전해질의 유기용매 분해가 촉진되어 셀 내부에서 기체가 발생하는 등 실제 응용 면에서 리튬전지의 안전성에 대한 문제가 제기되어 왔다. 또한 충-방전 초기의 비가역적인 용량감소 등도 문제점으로 지적되고 있어 차세대형 전지를 위해 더욱 개선된 특성을 가진 대체 음극물질 개발이 요구되고 있다. 최근 카본을 대체하기 위한 음극물질로 Si, Sn, Sb계 금속 및 합금, 이들과의 카본 복합재 등이 검토되고 있다. 이들은 수천 mAh/g의 높은 이론용량을 보이는 장점이 있는 반면, 비가역적인 초기 용량감소가 매우 크고 장기간 싸이클하는 동안 용량유지가 쉽지 않은 것으로 나타나고 있다.

Si, Sn, Sb 등을 포함하는 많은 종류의 합금 및 복합재료가 개발되고 있으나, 이들과 전해질간 계면화학 및 SEI 층 분석에 대한 체계적인 연구는 초기단계이다. 매우 큰 격자부피 변화를 동반하는 리튬 합금(alloy), 탈 얼로이 반응은, 카본에 리튬이온이 삽입-탈리되는 양상보다 더 무질서도가 크고 비가역적 반응이라 할 수 있다. 또한 카본에 비해 얼로이 물질들은 유기용매와의 반응에서 촉매효과가 있을 것으로 예상되고 얼로이 성분에 따라 그 효과가 다르게 나타날 수 있다. 얼로이 전극에서는 리튬과의 반응에 의해 전극의 입도변화가 심해 전극에 균열(crack)이 생기며 부분적으로 부서질 수 있기 때문에 SEI 층의 기계적 유연성 확보 문제가 중요할 것으로 생각된다.

Si, Sb계 합금에서는 초기 싸이클에서 부피변화-입자분쇄로 인해 전극-전해질 계면적이 증가하여 자가방전이 심한 것으로 나타나고 있다 [35, 36]. 자가방전은 전류나 전압이 가해지지 않은 상태에서 전극-전해질 사이에 전자전달에 의해 서서히 전해질이 환원되고 리튬이온이 음극으로부터 방출되는 반응이다.

싸이클 후 관찰된 표면성분들을 살펴보면 이들 금속류와 전해질간의 계면화학은 흑연과는 많이 다른 것으로 보인다. Li_xCu_2Sb 표면에서 발견된 표면 그룹에는 $-CH_2CH_3$, -COO- ester 그룹, saturated ester -COOR group(R alkyl chain을 나타냄), lithium oxalate $Li_2(O_2C)_2$와 lithium succinate $Li_2(O_2CCH_2)_2$로 볼 수 있는 $-CO_2^-$ carboxylate 그룹, $LiOCH_3$로 볼 수 있는 -C-O ether 그룹이 포함되어 있다[37]. 또한 Li_2CO_3, -P-F- 그룹 등의 무기물도 포함되어 있다. 이들 표면 그룹의 종류가 흑연 전극표면에서 생성되는 것들과 같은 것도 있고 다른 것도 있는데, 합금전극의 촉매현상에 의해 다른 전해질 환원 분해가구가 추가로 존재하는 것으로 예상된다.

Sn-Sb-Cu-흑연 다종 합금복합재 음극을 싸이클링한 후 음극표면을 XPS 방

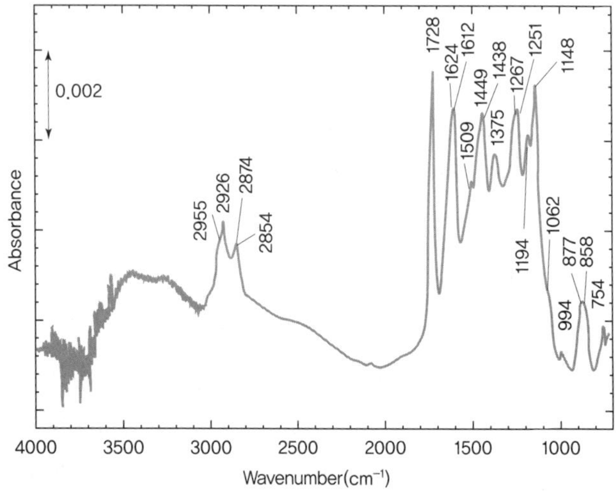

그림 3.4.16 싸이클 후 Cu_2Sb 전극표면에 형성된 SEI 층의 FTIR 스펙트럼

법으로 분석한 결과를 보면, LiF, Li_2CO_3, Li_2O와 소량의 고분자가 관찰되고 있다[38].

한편 산화물계의 대표적 음극소재로 $Li_4Ti_5O_{12}$가 있는데, 이는 안정된 결정구조를 가지고 있어 리튬삽입/탈착에 따른 구조(부피)변화가 거의 없어 zero-strain의 이상적인 음극소재로 알려져 있다. 이러한 안정된 구조특성은 심한 부피변화를 보이는 위의 금속, 합금계와 대조적이다. $Li_4Ti_5O_{12}$는 작동전압이 1.5 V 이상으로 너무 높아 상대 양극소재 및 전해질 등 핵심소재를 대부분 $Li_4Ti_5O_{12}$에 상응하는 다른 소재로 대체해야 하는 문제가 있는 반면, 전극 안정성과 전지 안전성은 상당히 향상될 것으로 예상된다. $Li_4Ti_5O_{12}$은 $LiPF_6$ / EC / PC 전해질의 환원분해 전위인 약 0.9 V 영역보다 높은 전위영역에서 작동하므로, 계면반응도 전혀 일어나지 않아 SEI 층도 형성되지 않는다. 그러나 약 1.75 V에서 분해되는 LiBOB 염이 포함된 전해질하에서는 SEI 층이 형성될 수 있다. 다음 그림 3.4.17에서 보는 바와 같이 리튬염이 $LiPF_6$인 경우 전해질이 환원분해되는 피크가 약 1.5 V 근처에서 관찰되나, LiBOB을 사용하는 경우에는 약 1.75 V에 강한 환원피크 전류가 관찰된다[39]. 이러한 사실은 LiBOB과 같이 1.5 V 이상에서 분해할 수 있는 첨가제 사용시 $Li_4Ti_5O_{12}$의 표면에도 SEI 층이 형성될 수 있음을 보여준다.

3-4-4 양극과 전해질 사이의 계면현상

음극-전해질 계면에 SEI 층이 생성되는 반응에 대한 연구결과가 많이 보고된 반면, 양극-전해질 계면반응에 대한 연구결과는 상대적으로 적은 편이다. 이는 전해질 성분이 함께 삽입되어 박리현상이 발생하는 흑연 음극에 비해, 양극물질은 대부분 리튬 삽입-탈리하는 동안 안정된 결정구조를 유지하기 때문이다. 그러나 실제로는 양극에서도 전해질 산화반응에 의해 보호막이 형성될 수 있다. 전해질이 산화된다는 점만 다를 뿐 리튬금속, 흑연 표면에서 환원반응에 의해 SEI 층

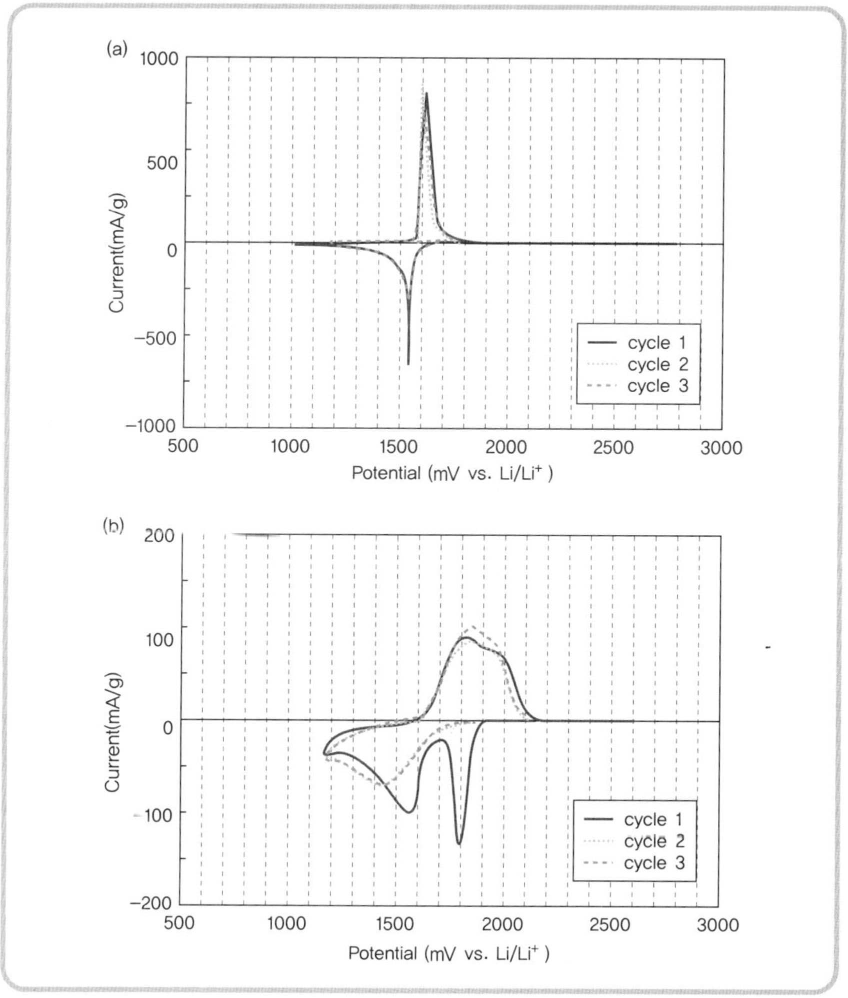

그림 3.4.17 리튬염에 따른 전해질 환원분해양상 (a) $LiPF_6$, (b) LiBOB

이 형성되는 것과 유사한 방식으로 형성된다. 이에 따라 전지성능을 제어하고 향상시키기 위해서는 안정된 양극 SEI 층을 확보하는 것도 중요하다.

A. 양극산화물의 자연적 표면 보호층(native layer)

양극의 SEI 층 형성과정을 검토하기 전에, 양극표면에 존재하는 자연적으로 형성된 표면보호층에 대하여 알아 볼 필요가 있다. 이는 화학반응 또는 전기화학반응에 의해 생성되는 SEI 층내의 성분들과 표면보호층 성분들을 명확하게 분석하기 위함이다. 양극소재로 널리 알려진 $Li_{1-x}Ni_{1+x}O_2$, $LiCoO_2$, $LiMn_2O_4$ 표면에는 일반적인 경우 자연적으로 생성된 Li_2CO_3 표면보호층이 존재한다. Li_2CO_3는 이들 전극소재를 합성하는 과정 중에 공기 중으로부터 흡수된 CO_2와의 반응에 의하여 형성된다[40]. 표면층의 Li_2CO_3는 전해질로 용출된 후 음극쪽으로 이동하여 표면층을 형성하기도 할 수 있는 것으로 알려지고 있다.

Li_2CO_3의 생성은 다음 반응식에 의하며 Li_2CO_3의 막두께는 약 10 nm인 것으로 알려지고 있다[41].

$$LiNi_{0.8}Co_{0.15}Al_{0.05}O_2 + 1/4_xO_2 + 1/2_xCO_2 \Rightarrow Li_{1-x}Ni_{0.8}Co_{0.15}Al_{0.05}O_2 + 1/2_xLi_2CO_3$$

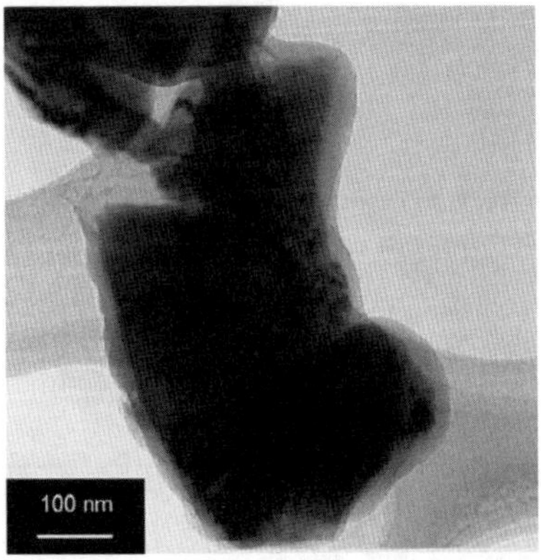

그림 3.4.18 양극 표면 보호층을 보여주는 TEM 이미지

부도체인 Li_2CO_3가 양극입자 표면을 덮게 되면, 부분적으로 양극 입자들의 전기적 고립이 야기되어 전지의 출력과 용량 감소를 야기시킬 수도 있다.

양극표면의 Li_2CO_3는 비수용성 순수용매에서는 용출되지 않고 안정하게 존재하지만, HF가 포함된 전해질에 담그면 Li_2CO_3가 용출된다[42]. 이는 $LiPF_6$, $LiAsF_6$ 등의 리튬염이 산성특성을 갖고 있을 뿐 아니라, 전해질에 존재하는 소량의 물과 반응하여 HF 산을 형성할 수 있기 때문에, 이러한 산성 용액이 Li_2CO_3를 녹이는 것으로 보인다.

$$2HF + Li_2CO_3 \rightarrow 2LiF + H_2O + CO_2$$

B. 양극산화물의 SEI 층

양극의 경우 흑연 음극에 비해 현저히 작은 비가역적인 초기 용량감소를 보이고 있으나, 전기화학적 임피던스 분광(EIS) 분석법에 의해 표면층 생성에 대한 증거가 확인되어 양극에도 SEI 층이 존재한다는 사실을 알게 되었다[43]. 양극 활물질로 $Li_{1-x}CoO_2$를 사용한 리튬 셀을 싸이클 시키면, 양극 표면층이 시간의 경과에 따라 두꺼워지고 셀 내부저항도 증가하는 것이 관찰된다[44]. 약 4.5 V에서 $Li_{1-x}CoO_2$(x=0.34) 양극표면에 산화력이 강한 Co^{4+}가 형성되는데, PC와 $Li_{1-x}CoO_2$ 입자들이 섞이면서 Co^{4+}-전해질간 전자전달이 일어나고 PC의 산화 분해를 촉진시켜, 두꺼운 고분자 표면층이 생성되는 것으로 보인다. SEI 층을 포함한 양극-전해질 계면의 Randles 회로는 다음 그림 3.4.19와 같이 나타낼 수 있다.

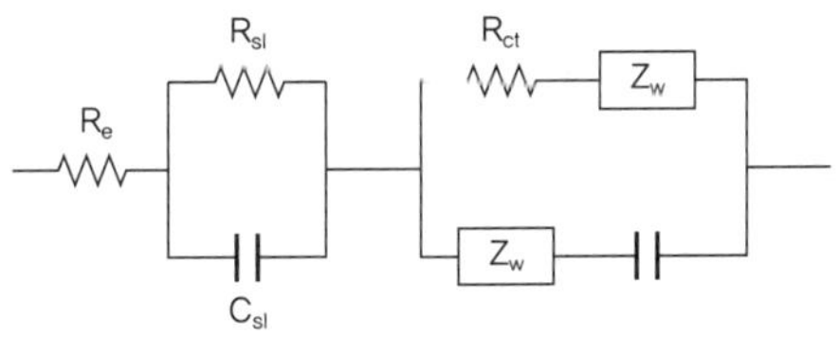

그림 3.4.19 SEI 층이 포함된 양극–전해질 계면의 Randles 회로

음극에서와 같이, 일단 양극표면에 첫 번째 SEI 층이 형성되면, 전해질의 리튬이온이 첫 번째 SEI 층을 통과해 양극표면을 새로이 접촉하게 되고 전자전달이 일어나며 산화-분해되어 추가적인 SEI 층을 형성하게 된다. 초기 싸이클 과정에서 형성된 양극 표면의 SEI 층이 싸이클 횟수의 증가와 함께 셀 내부저항의 증가를 초래함으로써 셀의 전기화학적 성능, 수명 및 열적 안정성 을 저하시킬 수 있다.

C. 산화물계 양극소재에서의 계면반응

음극의 경우처럼, $LiMn_2O_4$와 같은 양극물질도 전기화학 반응을 유도하지 않고, 단순히 전해질에 담그는 접촉만으로도 화학적 반응에 의해 SEI 층이 형성되는 것으로 보인다[45, 46]. 즉, 양극 산화물의 에너지 준위도 화학적으로 전해질과 접촉하면, 음극의 경우처럼 전해질의 HOMO, LUMO가 변하게 된다. 전해질의 HOMO로부터 양극 산화물의 전도대(conduction band)로 전자 전달이 일어나 양극 산화물 표면에는 음의 전하가, 전해질쪽은 양의 전하가 형성된다. 전해질 산화 분해반응을 통하여 형성된 화합물들은 양극표면에 침착되어 표면막을 이루게된다. 리튬셀을 충전시키면 양극으로부터 리튬이온이 탈리되며 전자가 외부회로를 통해 음극으로 전달되므로 가전자대(valence band) 레벨이 더 낮아지게 되고, 즉 양극의 전자대 레벨이 전해질의 HOMO 에너지 레벨과 더 가까와지게 되어, 전해질로부터 양극으로의 전자전달반응이 쉽게 일어나 전해질의 산화 분해반응과 SEI 층 형성이 촉진될 수 있다. 전해질과의 접촉에 의한 화학적 반응으로 형성된 SEI 층은 polyether, alkyl carbonate, 리튬염으로부터 기인한 LiF, Li_xPF_y, $Li_xPF_yO_z$ 등으로 이루어져 있다.

일반적으로 SEI 층 형성으로 인한 비가역적인 초기 용량감소는 약 10 %인 것으로 알려져 있다. 더 나아가 충방전하는 동안 SEI 층이 더욱 성장하여 내부저항을 증가시키게 된다. 따라서 싸이클을 진행할수록 저항이 증가하고 용량이 지속적으로 감소하게 된다. 또한 다음 그림 3.4.20에서 보는 바와 같이, 3.8 V 충전전위까지는 표면층과 계면저항에 해당하는 높은 주파수 영역의 반원이 커지나(즉, 저항이 증가하나), 이후 4.3 V까지의 충전전위에서 저항이 감소하는 경향이 있는데, 충전전위에 따라 SEI 층 형성 양상이 변하는 것으로 보인다.

$LiMn_2O_4$ 표면의 SEI 층은 흑연 음극의 SEI 층보다는 덜 안정한 것으로 보인다. $LiMn_2O_4$ 자체의 안정성도 표면반응에 영향을 미치며, 이는 $LiMn_2O_4$내 Mn^{3+}의 불균화(disproportionation)반응에 기인되는 것으로 보인다. $LiMn_2O_4$를 순수한 DMC만의 용매에 담그면, $LiMn_2O_4$가 DMC를 산화시키며 다음과 같은 표면반응이 진행되어 $LiMn_2O_4$ 일부가 Mn_2O_3로 환원된다[47].

$$LiMn_2O_4 + CH_3OCO_2CH_3 \rightarrow Mn_2O_3 + CH_3OCO_2Li + CH_3OLi$$

$$LiMn_2O_4 + CH_3OCO_2CH_3 \rightarrow Mn_2O_3 + [CH_3OCH_2] + [OLi]^-CO_2$$

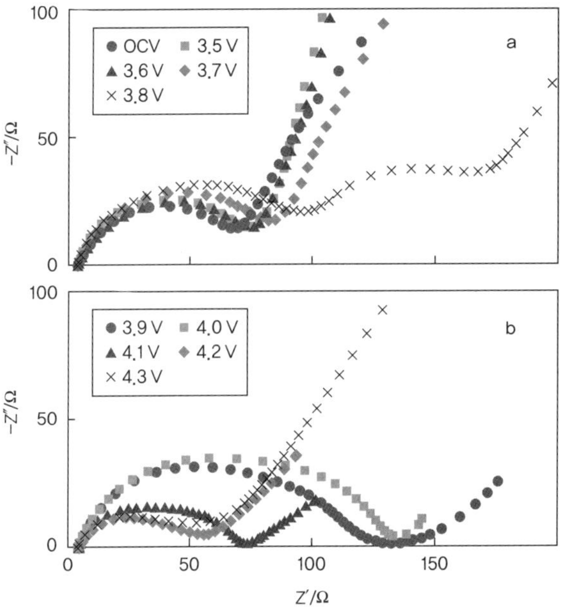

그림 3.4.20 1M $LiPF_6$/EC+EMC 전해질 상에서 Li/$LiMn_2O_4$ 셀의 각각의 충전상태에서 측정한(정전압적으로 측정) Nyquist plot

DMC와 반응하여 생성된 중간체는 그들 간의 중합반응을 통해 lithium alkoxide를 생성하고, DMC를 공격하는 반응이 연속적으로 진행된다.

$$[CH_3OCH_2]+[OLi]^- \rightarrow CH_3OCH_2OLi$$

$$CH_3OCH_2OLi+CH_3OCO_2CH_3 \rightarrow (CH_3O)_2(CH_3OCH_2O)COLi$$

$LiMn_2O_4$가 전해질의 용매를 산화시키는 동안, $LiMn_2O_4$는 환원반응을 하게 되어 생성된 $LiMn^{3+}{}_2O_4{}^-$은 구조적으로 불안정하여 MnO and Li_2MnO_3, MnO, Li_2O, λ-MnO_2 등으로 분해될 수 있다. SEI 층이 다공성을 가지기 때문에 이러한 분해반응이 셀의 싸이클 동안 지속될 경우 λ-MnO가 다음과 같은 반응식에 의해 용출될 수 있는데, 실제로 60 ℃ 이상의 높은 온도에서 λ-MnO가 용출되는 것이 관찰되었다.

$$LiMn(III)Mn(IV)O_4+e^- \rightarrow LiMn(III)_2O_4{}^-$$
$$\rightarrow 0.5Li_2O+1.5\ \lambda\text{-}Mn(II)+0.5Mn(II)O$$

SEI 층 형성 및 양극소재 자체의 표면반응을 일으키는 화학적 반응 외에, 전기화학 반응에 의한 변화가 실제 셀의 성능에 더 큰 영향을 준다. 위에서 PC가 개환하는 산화반응을 한다고 언급했는데[44], 실제로 PC는 4.1 V부터 전기화학적으로 산화되어 carboxylic 그룹과 dicarboxylic acid anhydride 와 $-CH_2-$, $-CH_3$ 그룹이 포함된 유기물 형태로 $LiCoO_2$ 표면에 침착되어 SEI 층을 형성한다[48]. 이러한 효과는 $LiMn_2O_4$에서 더욱 현저하게 나타난다. 3.8-4.4 V 영역에서 리튬 셀을 싸이클시키면 가역용량이 초기에 비해 현저히 감소하는데, 이는 전해질이 산화 분해되면서 양극표면에 SEI 층을 생성하여 결국 셀의 저항을 높이기 때문이다[49]. 자가방전은 다음 반응식에 나타낸 바와 같이 전해질이 전자를 방출하는 산화 분해반응을 하면서, 전해질로부터 전극으로 전자가 전달되고, 동시에 전하 균형을 위해 리튬이온이 $LiMn_2O_4$에 삽입되는 현상에 의해 나타난다. 이와 더불어 전해질의 분해 생성물이 $LiMn_2O_4$ 표면에 침착되어 SEI 층을 형성한다

$$El \rightarrow e^- + El^+ \rightarrow e^- + \text{reaction products}$$

$$Li_xMn_2O_4 + yLi^+ + ye^- \rightarrow Li_{x+y}Mn_2O_4$$

$LiMn_2O_4$ 뿐만 아니라 $Li_{1-x}Ni_{1+x}O_2$, $LiCoO_2$계에서도 정도의 차이는 있지만 비슷한 반응에 의해 SEI 층이 형성된다고 알려져 있다. 그림 3.4.21에 보는 바와 같이 SEI 층은 polycarbonate, $ROCO_2Li$, ROLi, LiF, P-F/As-F 그룹이 포함되는 성분으로 이루어져 있고, 이들 금속산화물과 유기용매간 계면반응은 다음과 같은 반응기구에 의해 일어날 수 있다[50].

다음의 반응식에서 보는 바와 같이, EC는 친핵성(nucleophilic) 반응 메커니즘에 의해, 우선 lithium alkyl carbonate를 형성하고 이들의 중합에 의해 polycarbonate를 형성한다[6].

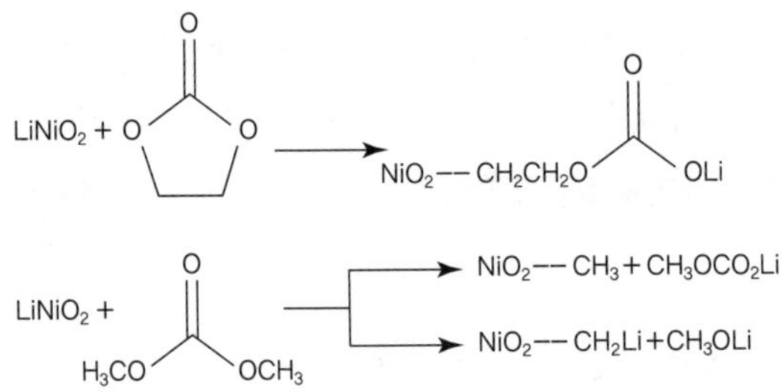

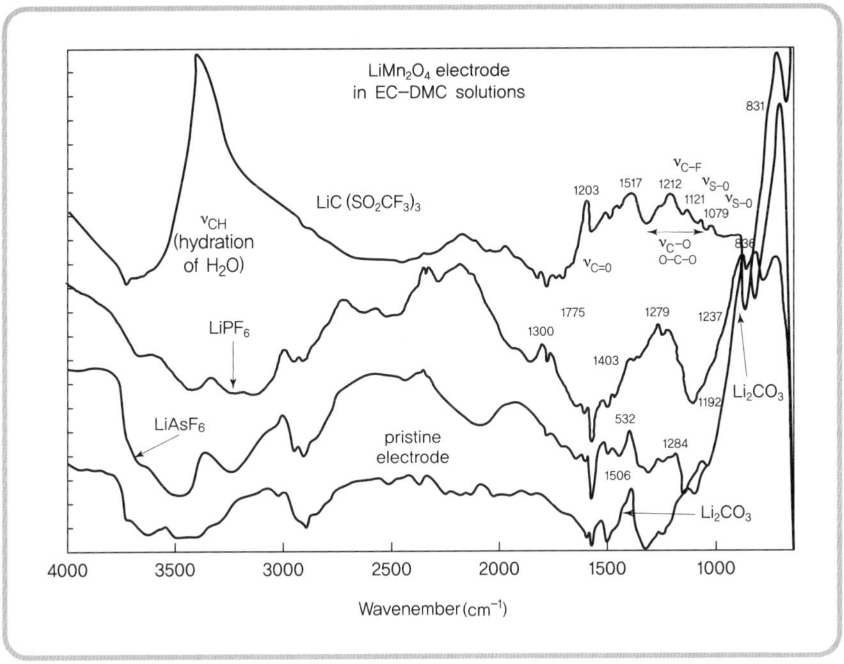

그림 3.4.21 $LiMn_2O_4$ 양극표면에 생성된 표면층의 FTIR 스펙트럼

$$RO^- + EC \rightarrow ROCH_2CH_2OCO_2^- \xrightarrow{EC} ROCH_2CH_2OCO_2CH_2CH_2OCO_2^- \xrightarrow{EC}$$

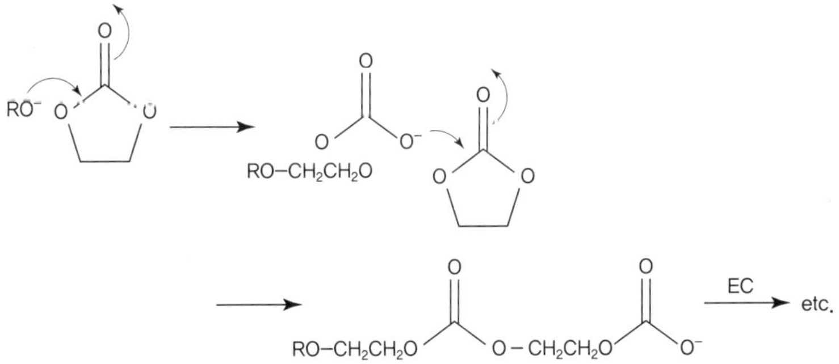

SEI 층 성분 중에 LiF가 자주 발견되는데, 이는 소량 존재하는 물과 $LiPF_6$ 등의 리튬염이 반응하여 HF가 형성되고, 형성된 HF가 다음 반응식에 나타난 바와 같이 전해질내의 리튬이온 또는 전극표면의 리튬이온과 반응하여 부도체인 LiF를 생성하기 때문이다.

$$LiCoO_2 + 2x\ HF \rightarrow 2x\ LiF + Li_{1-2x}CoO_2$$

LiF는 부도체이기 때문에 LiF의 농도가 증가할수록 양극의 전기저항(EIS)이 증가하게 된다. $LiMn_2O_4$에서는 이러한 SEI 층 생성 외에도 $LiMn_2O_4$ 자체내에서의 Mn^{3+}의 불균화 반응이 일어난다[51].

$$2Mn^{3+}{}_{soild} \rightarrow Mn^{4+}{}_{solid} + Mn^{2+}{}_{solution}$$

이 반응은 전해질의 산성도와 밀접한 관계를 가지기 때문에 전해질 염과 용매 선택시 유의하여야 한다. 망간의 불균화 반응에 의한 분해현상에 있어서 리튬염의 경우, 다음 순서와 같이 그 정도가 심해지는 것으로 알려져 있다[52].

$$LiCF_3SO_3 < LiPF_6 < LiClO_4 < LiAsF_6 < LiBF_4$$

불균화 반응외에, 전해질이 산화되면서 전해질로부터 $LiMn_2O_4$로 전자전달이 일어나 $LiMn_2O_4$의 $Mn^{3+/4+}$이 부분적으로 Mn^{2+}로 환원되어 용출될 수 있는 것으로 알려져 있다. 용해된 Mn^{2+}는 양극에만 그 영향을 미치는 것이 아니라 음극의 성능에도 영향을 미친다. 전해질을 통과해 음극 근처에 도달한 Mn^{2+}가 다음과 같은 반응에 의해 Mn 금속 형태로 침착이 될 수 있기 때문이다.

$$Mn^{2+} + 2LiC_6 \rightarrow Mn + 2Li^+ + 2C_6$$

전해질의 산화-분해반응이 일어나는 전위와 그 반응형태는 전해질 성분과 양극의 종류에 따라 변하게 된다. PC용매 하에서는 전해질 산화에 따른 기체발생이, $LiNiO_2$는 4.2 V부터 시작되는 반면, $LiCoO_2$와 $LiMn_2O_4$는 4.8 V 이상에서 일어나는 것이 관찰되고 있다. 또한 EC/DMC 용매 하에서는 $LiNiO_2$에서만 CO_2 기체가 4.2 V부터 발생되었다[53].

특히 양극물질의 결정구조 자체가 안정하지 못할 때, 리튬이 삽입-탈리되면서 결정구조의 재배치가 일어나는데 $Li_{1-x}Ni_{1+x}O_2$가 그 대표적인 예이다. $Li_{1-x}Ni_{1+x}O_2$는 본래 비양론적인데다 Li층 원자와 Ni층의 원자가 섞이는 양이온 혼합(cation mixing)으로 인해 준-층상구조 형태의 구조를 가지고 있다. $Li_{1-x}Ni_{1+x}O_2$를 4.2 V까지 충전시키면(즉, 0.6 개 이상의 리튬이온을 탈리시키면) 양극 구조내 양이온 혼합이 발생하고(Ni^{2+}가 형성), 이에 따라 불안정해진 산소가 양극으로부터 방출되어 전해질로 이동되어 전해질 산화 분해가 일어날 수 있다. 이로 인해 형성된 SEI 층에는 dicarbonyl anhydride와 polyester 등의 유기물들이 있는 것으로 보고되고 있다[41]. 다음의 그림 3.4.22에서 보는 바와 같이, 비가역적 초기 용량감소는 비가역적 구조 변화와 SEI 층 형성에 기인하는 것으로 보인다.

초기 싸이클에서 양이온 혼합이 활발하여 구조내에 $Ni^{3+/4+}$의 농도는 감소하는 반면, Ni^{2+}의 농도는 증가하고, 전하균형을 맞추기 위해 동시에 여분의 산소가 지속적으로 방출되게 된다. 산소 방출반응은 열을 발생하게 되고 연이어 다른 구성성분들의(e.g. 전해질, 바인더, 타 유기물질) 발화를 유도할 수 있다. 이러한 계면반응은 전자 또는 산소전달에 의해 시작되기 때문에, 양극 내 Ni의 전자구조의 변화는 전해질의 산화-분해반응 양상, SEI 층 형성에 직접적으로 관련된다. 따라서 $Li_{1-x}Ni_{1+x}O_2$에서 나타나는 비가역적인 초기 용량감소는 양극의 구조변화와 더불어 전해질과의 계면반응에 그 원인이 있다고 볼 수 있다[54].

실제 리튬전지의 전극계면을 명확히 이해하기 위해서는 전극의 집전체로 사용되는 금속 포일의 표면에 대한 정보도 필요하다. 뒤의 집전체 부분에서도 언급이 되겠지만, 양극의 집전체인 Al 금속은 공기 중에서 쉽게 산화되어 금속 표면에 항상 Al_2O_3가 존재한다. 이러한 산화를 방지하기 위해 상용화된 Al 금속표면은, 그림 3.4.23에서 볼 수 있듯이 polyamide와 같은 고분자성 물질로 코팅하기도 한다[41].

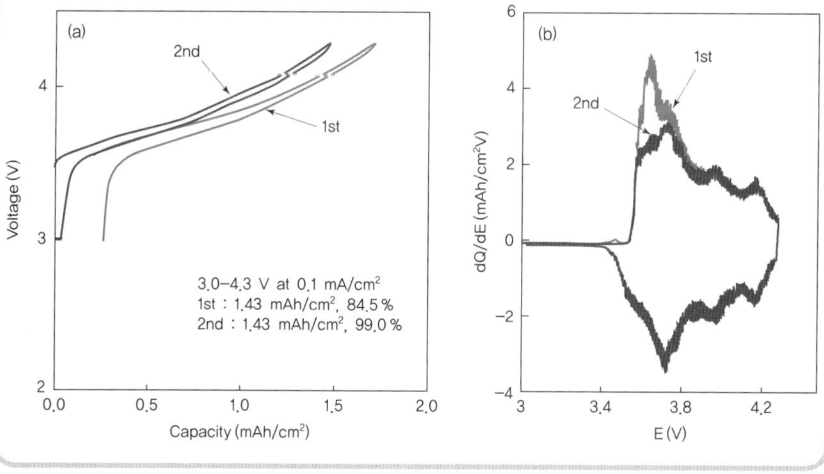

그림 3.4.22 0.1 mA/cm^2 전류밀도하에서 OCV 3.0–4.3 V 전위 구간에서 얻은 (a) Li/$LiNiO_2$ 셀의 초기 전위–용량 곡선과 (b) 미분 용량–전위 곡선

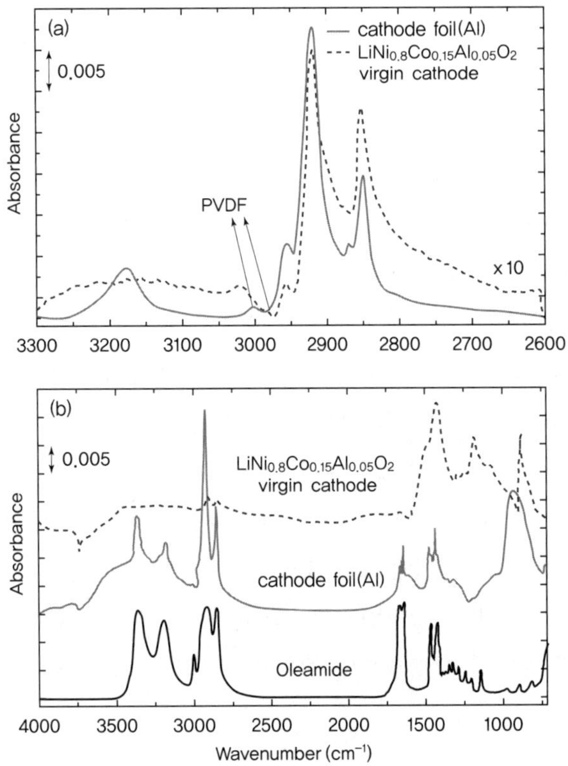

그림 3.4.23 (a) 양극 표면과 Al 집전체 호일 표면에 있는 코팅막의 스펙트럼에서 관찰된 C-H 그룹의 비교 (b) 양극, Al 집전체 호일, oleamide의 참고 스펙트럼의 비교

FTIR 등과 같은 유기물 분석법을 이용하여 양극의 SEI 층을 분석할 경우, 집전체 코팅막 및 바인더 고분자물질을 먼저 분리/분석한 후, 양극소재의 SEI 층 성분을 분석해야 정확한 정보를 얻을 수 있다.

D. Phosphate계 양극 소재의 계면반응

최근 새로운 양극소재로 대두되고 있는 $LiFePO_4$는 낮은 전자전도도를 가지기 때문에 통상 표면을 카본으로 코팅처리하고 있으며, 작동전압이 기존의 리튬금속산화물보다 낮으므로 여타 금속산화물과는 다른 계면반응 특성을 보인다. 우선 다른 양극소재 표면에 자연적으로 존재하는 Li_2CO_3가 $LiFePO_4$ 표면에는 보이지 않는다. 이는 phosphate 그룹이 공기 중에서 반응을 하지 않음을 의미한다[55-58]. 그 대신 합성과정 중에 만들어지는 리튬 철 산화물($Li_xFe_yO_z$)이 $LiFePO_4$ 표면에 소량(약 < 2wt%) 존재하는 것으로 알려져 있다[55, 57]. 표면의 리튬 철 산화물은 첫 번째 충전시 리튬을 방출하며, $LiFePO_4$의 충전용량에 더해 충전용량을 증가시킨다. 그러나 이 반응은 철 산화물이 비활성화되는 비가역적 반응이기 때문에, 방전용량은 $LiFePO_4$에 의해서만 나오게 된다. 결국 비가역적인 초기 충전용량 감소가 매우 커질 수 있다. 한편, 솔-젤법으로 합성된 $LiFePO_4$ 벌크입자 표면에는 FeP와 Li_3PO_4가 표면 불순물로 존재할 수 있는데, 이들은 열처리과정 중에 생성되는 것으로 보인다[59]. 합성법에 따라 표면에 생성되는 화합물의 종류 및 농도가 변할 수 있고, 이들은 $LiFePO_4$의 초기 전기화학적 싸이클 특성에도 영향을 미칠 수 있다.

전해질에 소량 존재하는 수분에 의해 HF 강산이 형성되어, 다른 리튬금속산화물 소재에서와 같이 $LiFePO_4$ 전극성능을 퇴화시킬 수 있다. 예를 들어, $LiPF_6$ 염이 포함된 전해질에서 $LiPF_6$가 물에 의해 분해되면 HF가 생성되고 연이어 HF는 $LiFePO_4$를 공격하여 Fe를 용출시킬 수 있다. 어떤 이유에서든지 Fe 용출은 $LiFePO_4$의 비가역적 용량감소를 야기시킬 뿐 아니라, 용출된 Fe가 음극쪽으로 이동하여 음극표면에 침착될 수 있어 음극의 비가역적 용량도 변화시킬 수 있다 [60].

그림 3.4.24에서 보는 바와 같이, 전기화학적인 반응을 하는 상태에서 싸이클된 $LiFePO_4$의 표면에 대한 FTIR 분석으로부터 -OCOCO-, -CO_2M(M=metal)의 유기물 그룹과 -PF_x 또는 CO_3^{2-} 무기물 염 성분들이 소량 발견되고, 이들이 SEI 층을 이루고 있는 것으로 보인다[61]. 그러나 다른 산화물계 양극소재의 표면층에서와는 달리, 스펙트럼상의 유기물 밴드들의 세기가 상대적으로 매우 약한 것으로 보아, SEI 층이 두껍지 않거나 표면에 생성된 화합물들의 농도가 낮은 것으로 생각된다. XPS 분석법으로부터 SEI 층 표면에 존재하는 성분으로서 C-H, C=O, C-O 그룹을 포함하는 유기 화합물들, LiF, P-F 또는 O-P-F 결합을 갖는 phosphorous 화합물이 관찰되고 있다[62]. $LiFePO_4$의 작동전압이 낮아(보통 2.5/3.0-4.0 V), 이 전위영역에서는 양극-전해질 사이의 전자전달이 활발하지 않으므로, 다른 산화물계 양극소재에 비해 $LiFePO_4$ 표면에서는 전해질의 산화분해반응 정도가 상대적으로 약한 것으로 보인다. 결정구조적 안정성 외에도, 위와 같이 상대적으로 안정한 계면구조 및 특성으로 인해 $LiFePO_4$가 안정한 싸이클

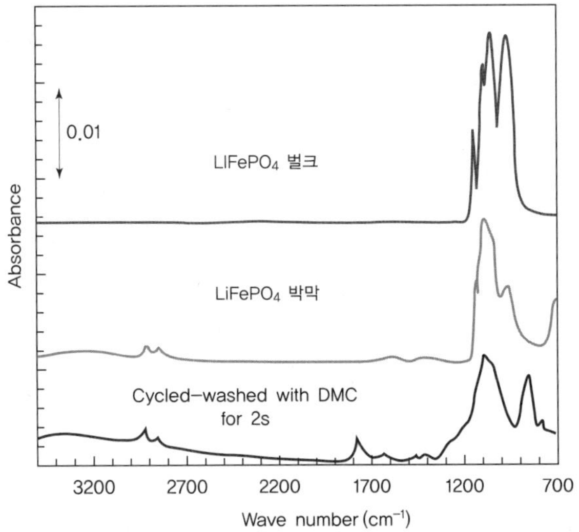

그림 3.4.24 $LiFePO_4$ 벌크, $LiFePO_4$ 박막표면, 2.5–4.0 V 영역에서 싸이클 후 DMC로 씻은 다음 얻은 박막표면의 FTIR 스펙트럼의 비교

성능을 나타내는 것으로 보인다.

3-4-5. 집전체–전해질 계면 현상

벌크(powder) 형태의 전극활물질을 실제 리튬전지용 양극과 음극으로 사용하기 위해서는 벌크 활물질-바인더-카본 혼합물을 각각 알루미늄(Al)과 구리(Cu) 금속 호일의 집전체에 도포해야 한다. 리튬셀을 충전하면 음극물질이 도포된 구리금속은 낮은 전위에(리튬금속의 전위에 가까운) 도달하게 되고 장시간 충방전이 반복되면 화학적으로는 비교적 안정한 편이지만 물리적인 균열이 일어난다[63].

반면 알루미늄 금속은 높은 전위에서 화학적 부식현상이 일어나고 장시간 싸이클하면 부식현상이 심하게 되어 리튬셀의 내부 저항이 증가하는 것으로 알려져 있다.

A. 알루미늄의 표면 보호층(native layer)

알루미늄 금속은 1.39 V의 산화 전위를 가지며 열역학적으로 불안정하여[64], 보통 열역학적으로 안정한 Al_2O_3 또는 oxyhydroxide, hydroxide가 표면에 형성되어 표면을 덮고 있다[65, 66]. 이러한 산화물이 표면에 존재하기 때문에 알루미늄 금속은 공기 중에서 안정하고 부식반응에 저항력을 가지게 된다. 1.0 M $LiClO_4$/EC/DME 전해질에서의 알루미늄 금속의 산화안정도 한계(oxidation stability limit)는 4.2 V이다[67].

벌크형태의 활물질은 다공성 물질이고, 특히 알루미늄 금속의 경우 표면에 Al_2O_3 층이 존재하지만 이 또한 다공성 특성을 가진다. 따라서 알루미늄 집전체에 도포된 양극을 전해질에 담그게 되면 양극 입자들 사이에 있는 기공을 통해 결국 전해질이 알루미늄 금속에 직접 닿게 되어 알루미늄-전해질 사이의 계면을 형성하게 된다. 또한 리튬셀을 충전하면 양극 및 집전체가 높은 전위에서 오랫동안 유지되어야 하고 더 나아가 장기간 싸이클이 반복되어(높은 전위로 충전되는 회수가 증가하여) 알루미늄의 부식현상이 일어날 수 있다. 알루미늄 집전체를 파고 들어가는(pitting) 형태의 부식현상으로 인해, 우선 알루미늄이 부분적으로 부서지게 됨으로써 전극-집전체 접촉상태가 악화되어 양극의 수명이 짧아질 뿐 아니라 결국은 단락이 일어날 수도 있기 때문에, 알루미늄-전해질간 계면반응은 리튬전지의 안전성과도 직결된다.

B. 알루미늄의 부식

알루미늄 부식은 전해질 성분에 의해 영향을 받는 것으로 알려져 있다. 용매의 경우, PC/DEC 용매가 EC/DMC 보다 부식을 덜 일으키고 전해질의 용매보다 리튬염이 더 큰 영향을 미치는 것으로 알려져 있다[68]. Lithium bis-perfluoroalkylsulfonyl imide salts($LiN(SO_2CF_3)_2$)는 다른 염들에 비해 이온 전도도, 싸이클 특성, 열적 안정성, 가수분해에 대한 안정성 등이 우수하나, 알루미늄 부식을 유발하는 특성이 있으며[70], 부식 후 알루미늄 표면에는 LiF와 Li_2CO_3 등 카보네이트계 화합물이 존재한다. 알루미늄의 부식 또는 산화 안정도를 결정하기 위해서는, 양극의 작동 전위 영역(약 2.5-4.5 V)을 포함한 넓은 전위구간에 대해 linear sweep voltammetry 실험을 수행함으로써 확인할 수 있다. 다음 그림 3.4.25는 다양한 imide계 전해질상에서의 알루미늄의 안정성을 조사한 예이다.

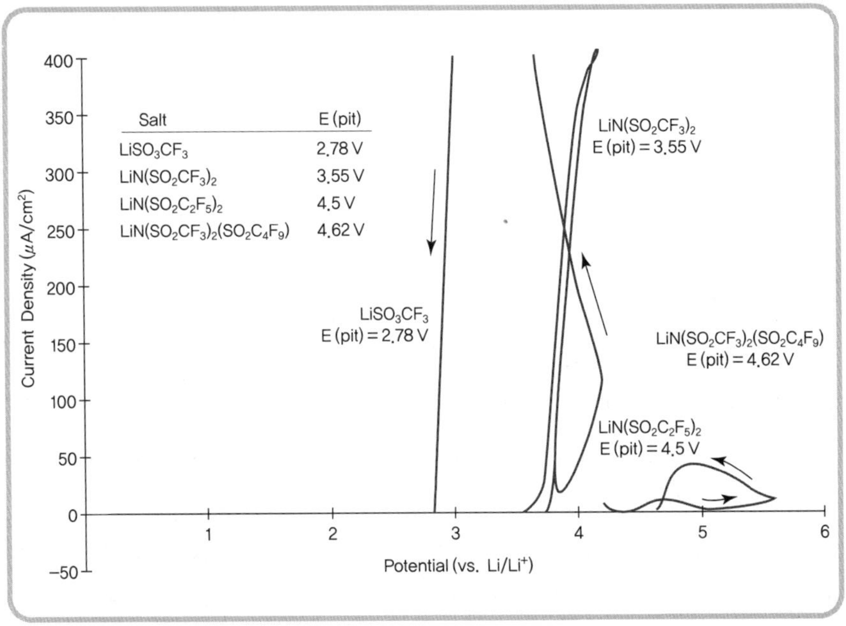

그림 3.4.25 Linear sweep voltammetry를 통한, 1.0 M EC-PC용매에서 각종 sulfonate, sulfonyl amide계 리튬염이 알루미늄 부식을 일으키는 전위 결정

위의 그림으로부터 산화성 부식에 대한 알루미늄의 안정성은 다음 리튬염 순서로 증가함을 알 수 있다[70].

$$LiCF_3SO_3 < LiN(SO_2CF_3)_2 < LiClO_4 < LiPF_6 < LiBF_4$$

같은 imide계 리튬염이라도 $LiCF_3SO_3$, $LiN(SO_2CF_3)_2$의 두 염은 3.8 V 이하의 전위에서 알루미늄 부식을 유발하지만 $Li(C_4F_9SO_2)CF_3SO_2N$는 보호막을 형성한다[71].

Imide계 전해질의 경우, $N(SO_2CF_3)_2^-$ 음이온은 4.5 V까지도 산화되지 않고 안정하므로, 알루미늄 금속으로부터 산화되어 용출된 Al^{3+}와 $Al[N(CF_3SO_2)_2]_3$ 착체(complex)를 형성할 수 있다. 또는 그림 3.4.26에서와 같이 $Al[N(CF_3SO_2)_2]_3$ 형태의 침전물로 알루미늄 표면에 침착될 수 있는데, 그 일부는 전해질로 녹아나오며 알루미늄 금속표면에 구덩이 모양(pit)의 파고 들어가는 부식을 일으킬 수 있는 것으로 보여진다[73].

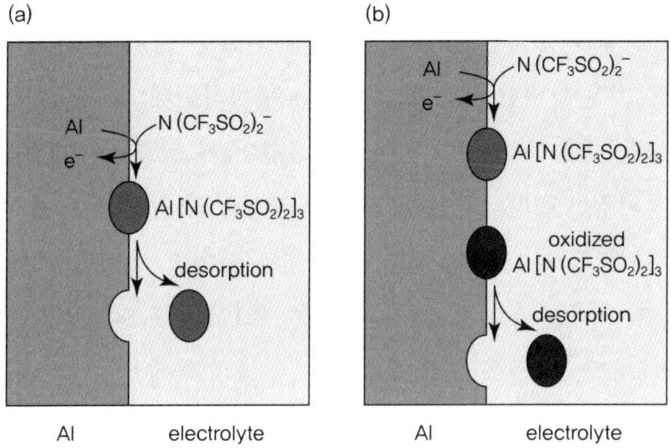

그림 3.4.26 $LiN(CF_3SO_2)_2$/PC 전해질상에서 일어날 수 있는 알루미늄 부식 메커니즘

Imide계 전해질 성분과의 반응 외에도, 알루미늄 금속표면에서는 표 3.4.3과 같은 산화반응들도 일어나 표면에서 화합물이 생성될 것으로 보인다[74].

표 3.4.3 Possible anodic reactions in organic electrolyte solutions and the expected mass change

Anodic reaction	Mass change (g F^{-1})
$Al \rightarrow Al^{3+} + 3e^-$	−9
$2Al + 3H_2O \rightarrow Al_2O_3 + 6H^+ + 6e^-$	+8
$Al + 3H_2O \rightarrow Al(OH)_3 + 3H^+ + 3e^-$	+17
$Al(OH)_3 + HF \rightarrow AlOF + 2H_2O$	+12
$Al + 3HF \rightarrow AlF_3 + 3H^+ + 3e^-$	+19
$Al + 3F^- \rightarrow AlF_3 + 3e^-$	+19
$\{Al + (CF_3SO_2)_2N^- \rightarrow AlF_3 + 3e^- + [(CF_{1.5}SO_2)_2N^-]\}$	
$Al + 3[(CF_3SO_2)_2N^- \rightarrow Al[(CF_3SO_2)_2N]_3 + 3e^-$	+283

1F=96485 Coulomb

C. 알루미늄 표면의 보호막(passive layer) 형성

그림 3.4.28에서 볼 수 있듯이, imide계 염들은 부식을 일으키는데 반해, $LiPF_6$와 $LiBF_4$는 알루미늄 표면에 보호막을 형성하는데, 두 경우 모두 알루미늄 표면에 침전물을 형성시킨다[72-74]. 특히 $LiBF_4$가 알루미늄에 보호막을 보다 안정하게 형성시킴으로써, $LiPF_6$를 사용한 경우보다 높은 온도와 수백 ppm 레벨의 높은 수분 함량의 조건에서도 더 향상된 싸이클 특성을 보이고 있다[75, 76]. $LiBF_4$는 알루미늄 표면에 보호막을 만들고 $LiN(CF_3SO_2)_2$는 함몰(pit)을 만들며 부식시키지만, 이들을 혼합해주면 그림 3.4.27에서 보는 바와 같이 $LiN(CF_3SO_2)_2$으로 인한 부식현상은 억제되고, 안정한 보호막을 형성하여 셀 내부저항을 향상시키는 것이 확인되었다[77].

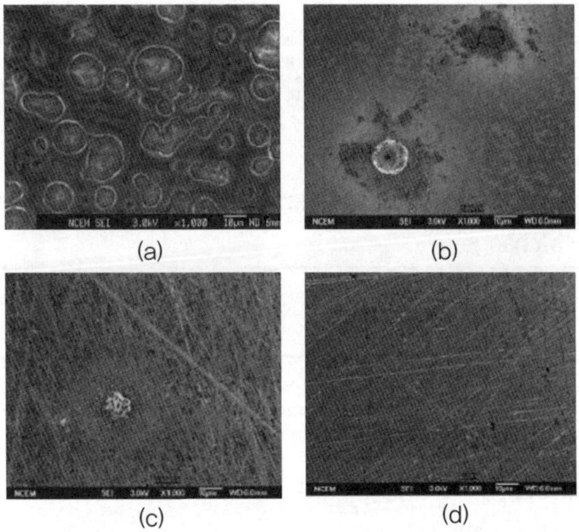

그림 3.4.27 $LiBF_4$와 LiTFSI 염의 혼합비율에 따른 부식현상, 보호막 형성 양상의 변화
(a) 1.0 M LiTFSI/EC+DMC 만의 전해질, (b) LiTFSI:$LiBF_4$ = 8:2,
(c) LiTFSI:$LiBF_4$= 5:5, (d) 1M $LiBF_4$/EC+DMC 만의 전해질

부식된 금속표면에는 TFSI의 $-SO_2-$, $-CF_3$ 그룹과 물로부터 야기된 -OH 그룹을 가지는 부식 생성물이 존재하고, 보호막이 형성된 금속표면에는 $-CH_2CH_3$, -OH, carboxyl 그룹, ester 그룹, B-F 그룹이 관찰되었는데, $CH_3CH_2-CO_2M$, -

COOR, lithum oxalate,($Li_2C_2O_4$) 유기물 및 LiOH, B-F 결합이 포함된 무기물 등이 표면에 혼재하는 것으로 보인다. 이러한 표면 화합물들이 양극의 SEI 층 성분과 비슷한 것으로 보아, 보호막 생성 메커니즘도 비슷한 것으로 보인다. LiBOB도 보호막을 형성하는 것으로 알려져 있으나, 그 보호막의 구성 화합물은 아직 정확하게 알려져 있지 않다[78].

위에서 언급한 리튬염에 따른 계면반응의 변화 등 모든 현상은 양극이 도포되지 않은 알루미늄 금속만의 것이었다. $LiMn_2O_4$, $LiFePO_4$ 등 양극이 도포되어 있는 상태에서, $LiPF_6$가 포함된 전해질의 경우 리튬대비 5.0~6.5 V 높은 전위로 산화 분극화시키면 알루미늄의 부식이 일어나는 것으로 알려지고 있다[79].

참고문헌

[1] M. Winter, J.O. Besenhard, M.E. Spahr, P. Novak, Adv. Mater. **10** (1998) 725.

[2] E. Peled, D. Golodnitsky, C. Menachem, D. Bar Tow, J. Electrochem. Soc. **145** (1998) 3483.

[3] S.A. Campbell, C. Bowes, R.S. McMillan, J. Electroanal. Chem. **284** (1990) 195.

[4] X. Zhang, R. Kostecki, T.J. Richardson, J.K. Pugh, P.N. Ross Jr., J. Electrochem. Soc. **148** (2001) A1341.

[5] Y. Wang, S. Nakamura, M. Ue, P.B. Balbuena, J. Am. Chem. Soc. **123** (2001) 11708.

[6] Kang Xu, Chem. Rev. **104** (2004) 4303.

[7] K. Kanamura, S. Toriyama, S. Shiraishi, Z. Takehara, J. Electrochem. Soc. **142** (1995) 1383.

[8] X. Zhang, J.K. Pugh, P.N. Ross Jr., J. Electrochem. Soc. **148** (2001) E183.

[9] J.B. Thompson, P. Brown, C. Djerassi, Tetrahedron **1** (1966) 241.

[10] E. Peled, J. Electrochem. Soc. **126** (1979) 2047.

[11] J.P Gabano, Lithium Batteries, Academic Press, New York (1983) p.43.

[12] E. Peled, D. Golodnitsky, C. Menachem, D. BarTow, J. Electrochem.

Soc. **145** (1998) 3483.
[13] E. Peled, D. Golodnitsky, G. Ardel, J. Electrochem. Soc. **144** (1997) L208.
[14] K. Kanamura, S. Shiraishi, Z. Takehara, Chem. Lett. **24** (1995) 209.
[15] R. Selim, P. Bro, J. Electrochem. Soc. **121** (1974) 1467.
[16] A.N. Day, B.P. Sullivan, J. Electrochem. Soc. **117** (1970) 222.
[17] D. Aurbach, B. Markovsky, A. Shechter, Y. Ein-Eli, J. Electrochem. Soc. **143** (1996) 3809.
[18] D. Aurbach, B. Markovsky, A. Shechter, Y. Ein-Eli, J. Electrochem. Soc. **143** (1996) 3809.
[19] G.V. Zhuang, H. Yang, P.N. Ross Jr., K. Xu, T. Richard Jow, Electrochem. Solid-State Lett. **9** (2006) A64.
[20] A. Du Pasquier, F. Disma, T. Bowmer, A.S. Gozdz, G. Amatucci, J.M. Tarascon, J. Electrochem. Soc. **145** (1998) 472.
[21] G.V. Zhuang, K. Xu, H. Yang, T. Richard Jow, P.N. Ross Jr., J. Phys. Chem. Soc. **109** (2005) 17567.
[22] K. Kanamura, H. Tamura, S. Shiraishi, Z. Takehara, J. Electrochem. Soc. **142** (1995) 340.
[23] R. Fong, U. Sacken, J.R. Dahn, J. Electrochem. Soc. **137** (1990) 2009.
[24] E. Peled, C. Menachem, D. Bar-Tow, A. Melman, J. Electrochem. Soc. **143** (1996) L4.
[25] J.O. Besenhard, M. Winter, J. Yang, W. Biberacher, J. Power Sources **54** (1993) 228.
[26] D. Guyomard, J.M. Tarascon, US Patent 5192629 (1993).
[27] Z.X. Shu, R.S. McMillan, J. Murray, J. Electrochem. Soc. **140** (1993) 922.
[28] J.R. Dahn et al., Lithium Batteries, New Materials, Development and Perspectives, Elsevier (1994) p.22.
[29] D. Aurbach, J. Power Sources **89** (2000) 206.
[30] S.K. Jeong, M. Inaba, T. Abe, Z. Ogumi, J. Electrochem. Soc. **148** (2001) A989.
[31] X. Zhang, R. Kostecki, T.J. Richardson, J.K. Pugh, P.N. Ross Jr., J. Electrochem. Soc. **148** (2001) A1341.
[32] K. Xu, U. Lee, S. Zhang, M. Wood, T. Richard Jow, Electrochem. Solid-State Lett. **6** (2003) A144.
[33] K. Xu, S. Zhang, T. Richard Jow, Electrochem. Solid-State Lett. **8**

(2005) A365.

[34] X. Zhang, R. Kostecki, T.J. Richardson, J.K. Pugh, P.N. Ross Jr., J. Electrochem. Soc. **148** (2001) A1341.

[35] H. Ota, Y. Sakata, A. Inoue, S. Yamaguchi, J. Electrochem. Soc. **151** (2004) A1659.

[36] S.W. Song, K.A. Striebel, R.P. Reade, G.A. Roberts, E.J. Cairns, J. Electrochem. Soc. **150** (2003) A121.

[37] S.W. Song, R.P. Reade, E.J. Cairns, J.T. Vaughey, M.M. Thackeray, K.A. Striebel, J. Electrochem. Soc. **151** (2004) A1012.

[38] A. Ulus, Y. Rosenberg, L. Burstein, E. Peled, J. Electrochem. Soc. **149** (2002) A635.

[39] M. Wachtleri, M. Wohlfahrt-Mehrensi, S.S. Bele, J.C. Panitz, U. Wietelmann, J. Appl. Electrochem. **36** (2006) 1199.

[40] D. Aurbach, M.D. Levi, E. Levi, B. Markovsky, G. Salitra, H. Teller, U. Heider, V. Hilarius, Batteries for Portable Applications and Electric Vehicles, PV 97-18, The Electrochemical Society Proceedings Series, Pennington, NJ (1997) p. 941.

[41] G.V. Zhuang, G. Chen, J. Shim, X. Song, P.N. Ross, T.J. Richardson, J. Power Sources **134** (2004) 293.

[42] S.W. Song, G.V. Zhuang, P.N. Ross, J. Electrochem. Soc **151** (2004) A1161.

[43] D. Aurbach, K. Gamolsky, B. Markosky, G. Salitra, Y. Gofer, U. Heider, R. Oesten, M. Schmidt, J. Electrochem. Soc. **147** (2000) 1322.

[44] M.G. S.R. Thomas, P.G. Bruce, J.B. Goodenough, J. Electrochem. Soc. **132** (1985) 1521.

[45] M.D. Levi, G. Salitra, B. Markovsky, H. Teller, D. Aurbach, U. Heider, L. Heider, J. Electrochem. Soc. **146** (1999) 1279.

[46] S.S. Zhang, K. Xu, T.R. Jow, J. Electrochem. Soc. **149** (2002) A1521.

[47] T. Eriksson, A.M. Andersson, A.G. Bishop, C. Gejke, T. Gustafsson, J.O. Thomas, J. Electrochem. Soc. **149** (2002) A69.

[48] Y. Matsuo, R. Kostecki, F. McLarnon, J. Electrochem. Soc. **148** (2001) A687.

[49] K. Kanamura, S. Toriyama, S. Shiraishi, M. Ohashi, Z. Takehara, J. Electroanal. Chem. **419** (1996) 77.

[50] D. Guyomard, J.M. Tarascon, J. Electrochem. Soc. **140** (1992) 3071.

[51] Aurbach, K. Gamolsky, B. Markosky, G. Salitra, Y. Gofer, U. Heider,

R. Oesten, M. Schmidt, J. Electrochem. Soc. **147** (2000) 1322.

[52] J.C. Hunter, J. Solid State Chem. **39** (1981) 142.

[53] D.H. Jang, S.M. Oh, J. Electrochem. Soc. **144** (2002) 3342.

[54] R. Imhof, Petr Novak, J. Electrochem. Soc. **146** (1999) 1702.

[55] S.S. Zhang, K. Xu, T.R. Jow, Electrochem. Solid-State Lett. **5** (2002) A92.

[56] S.W. Song, R.P. Reade, R. Kostecki, K.A. Striebel, J. Electrochem. Soc. **153** (2006) A12.

[57] M. Herstedt, M. Stjerndahl, A. Nyten, T. Gustafsson, H. Rensmo, H. Siegbahn, N. Ravet, M. Armand, J.O. Thomas, K. Edstrom, Electrochem. Solid-State Lett. **6** (2003) A202.

[58] K. Striebel, J. Shim, A. Sierra, H. Yang, X. Song, R. Kostecki, K. McCarthy, J. Power Sources **146** (2005) 33.

[59] Y.H. Rho, L.F. Nazar, L. Perry, D. Ryan, J. Electrochem. Soc. **154** (2007) A283.

[60] M. Koltypin, D. Aurbach, L. Nazar, B. Ellis, Electrochem. Solid-State Lett. **10** (2007) A40.

[61] S.W. Song, R.P. Reade, R. Kostecki, K.A. Striebel, Private Report (2004)

[62] M. Herstedt, M. Stjerndahl, A. Nyten, T. Gustafsson, H. Rensmo, H. Siegbahn, N. Ravet, M. Armand, J.O. Thomas, K. Edstr om, Electrochem. Solid-State Lett. **6** (2003) A202.

[63] M. Koltypin, D. Aurbach, L. Nazar, B. Ellis, Electrochem. Solid-State Lett. **10** (2007) A40.

[64] J.W. Braithwaite, A. Gonzales, G. Nagasubramanian, S.J. Lucero, D.E. Peebles, J.A. Ohlhausen, W.R. Cieslak, J. Electrochem. Soc. **146** (1999) 448.

[65] CRC Handbook of Chemistry and Physics, CRC Press, Boca Raton, FL.

[66] S. Lopez, J.P. Petit, H.M. Dunlop, J.R. Butruille, G.J. Tourillon, J. Electrochem. Soc. **145** (1998) 823.

[67] Y. Chen, T.M. Devine, J.W. Evans, O.R. Monteiro, I.G. Brown, J. Electrochem. Soc. **146** (1999) 1310.

[68] S. Zhang, T.R. Jow, J. Power Sources **109** (2002) 458.

[69] J.W. Braithwaite, A. Gonzales, G. Nagasubramanian, S.J. Lucero, D.E. Peebles, J.A. Ohlhausen, W.R. Cieslak, J. Electrochem. Soc. **146**

(1999) 448.

[70] L.J. Krause, W. Lamanna, J. Summerfield, M. Engle, G. Korba, R. Loch, R. Atanasoski, J. Power Sources **68** (1997) 320.

[71] S.S. Zhang, T.R. Jow, J. Power Sources **109** (2002) 458.

[72] K. Kanamura, T. Umegaki, S. Shiraishi, M. Ohashi, Z. Takehara, J. Electrochem. Soc. **149** (2002) A185.

[73] H. Yang, K. Kwon, T.M. Devine, J.E. Evans, J. Electrochem. Soc. **147** (2000) 4399.

[74] M. Morita, T. Shibata, N. Yoshimoto, M. Ishikaw, Electrochim. Acta **47** (2002) 2787.

[75] X. Wang, E. Yasukawa, S. Mori, Electrochim. Acta **45** (2000) 2677.

[76] S.S. Zhang, K. Xu, T.R. Jow, J. Electrochem. Soc. **149** (2002) A586.

[77] S.W. Song, T.J. Richardson, G.V. Zhuang, T.M. Devine, J.W. Evans, Electrochim. Acta **49** (2004) 1483.

[78] X. Zhang, T.M. Devine, J. Electrochem. Soc. **153** (2006) B365.

[79] X. Zhang, B. Winget, M. Doeff, J.W. Evans, T.M. Devine, J. Electrochem. Soc. 152 (2005) B448.

Chapter 04

4-1 전기화학분석

4-1-1 개방회로 전압

개방회로 전압[1-3]이란 전기화학 셀에서 전극이 평형에 도달하여 전극 내부의 위치에 따른 전압의 편차가 없는 상태에서 측정한 값으로, 다시 말하면 전류가 흐르지 않는 상태로 충분히 안정되었을 때의 전극의 전압을 말한다. 이는 곧 열역학적인 평형상태에서의 Gibbs 자유에너지를 반영하는 값이 된다. 이에 반해, 폐회로 전압은 외부 회로가 연결된 상태에서 전류가 흐를 때의 전극의 전압을 나타낸다. 이에 따라 전극의 에너지에 대한 정확한 열역학적 상태를 나타내기 위해서는 전극의 화학조성에 따른 개방회로 전압을 구하는 것이 중요하다.

전지 재료에 있어서 개방회로전압은 전극 재료의 고유 전압, 구성 전지의 내부단락의 존재여부 및 초기계면의 화학반응 등에 대한 정보를 제공한다. 전지의 충전 및 방전의 진행에 따라 전극의 개방회로 전압을 측정함으로써, 충 · 방전의 가역성을 평가 하는 등의 연구를 진행할 수 있으며, 시간의 경과에 따른 개방회

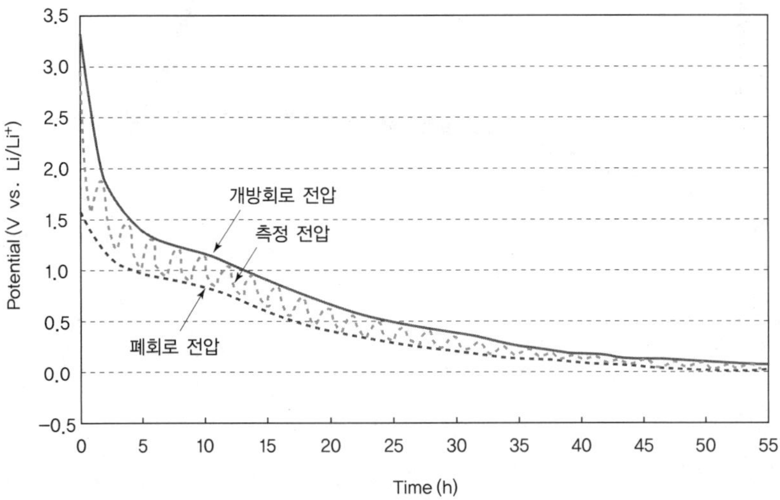

그림 4.1.1 탄소(SWCNT) | 리튬 전지의 개방회로 전압 및 폐회로 전압

로 전압의 변화로부터, 전극 소재 내의 전하이동, 자기 방전 등과 같은 재료의 전기화학반응의 연구 등에 활용할 수 있다.

그림 4.1.1은 개방회로 전압 측정의 한가지 예로서, single walled carbon nanotube(SWCNT) 재료와 리튬 금속 전극 및 1M $LiPF_6$/ethylene carbonate(EC)/diethylcarbonate(DEC)(1:1 by vol) 전해액으로 구성된 셀에 대한 실험 결과를 나타내고 있다. 전압의 측정은 셀에 50 mA/g의 일정전류를 1시간 동안 인가한 후, 전류를 인가하지 않고 다음 1시간 동안 유지하는 정전류 충 · 방전 시험법(단속 충 · 방전 시험법)에 의해 0~3 V의 전압 구간에 대한 결과이다. 1시간의 정전류 인가 상태의 폐회로전압(closed circuit voltage; CCV)은 굵은 점선으로 표시하였으며, 1시간 동안 전류를 인가하지 않은 상태의 개방회로 전압은 굵은 실선으로 표시하였다.

4-1-2 선형주사전압법(linear sweep voltammetry)

선형주사전압법은 전기화학 셀의 전압을 일정 전압 영역에 대하여 단위 시간당 특정 전압의 변화(주사속도, scan rate(υ), V/sec)로 주사하는 전기화학 분석 방법으로, 전압에 대한 전류의 변화를 도시하여 나타낸다. 측정된 전압 영역에서 전기화학 셀이 산화 또는 환원 반응을 겪게 되면, 전류의 급격한 변화가 관찰되게 된다. 변화가 관찰될 때의 전류량 그리고, 그때의 전압을 측정함으로써 전기화학 셀 내부에서 일어나는 반응을 예측, 분석 할 수 있다. 이러한 특성을 이용하여, 선형주사전압법은 전지 연구에서 주로 전해질의 전기화학적 안정성을 평가하는데 활용되고 있다.

그림 4.1.2는 일반적인 선형주사전압법의 예를 나타내고 있는데, 인가 전압의 변화에 따른 전류 변화의 결과로서, 셀은 1M $LiPF_6$/dimethyl carbonate(DMC) 전해액의 안정성 시험을 위해서 리튬 금속 전극과 백금 전극으로 구성한 것이다. 이 경우 4.5 V 이하에서는 미미한 전류의 변화만이 관찰되지만, 4.6~5.2 V 영역에서는 큰 전류 변화가 일어나고, 5.2 V 이상의 영역에서는 보다 더 급격한 전류 변화가 일어나고 있다. 이는 4.6 V이상에서는 전기화학 셀 내부에서 산화/환원 반응이 일어나고, 4.6 V 영역까지는 전해질이 안정한 전기화학적 특성을 나타냄을 의미한다.

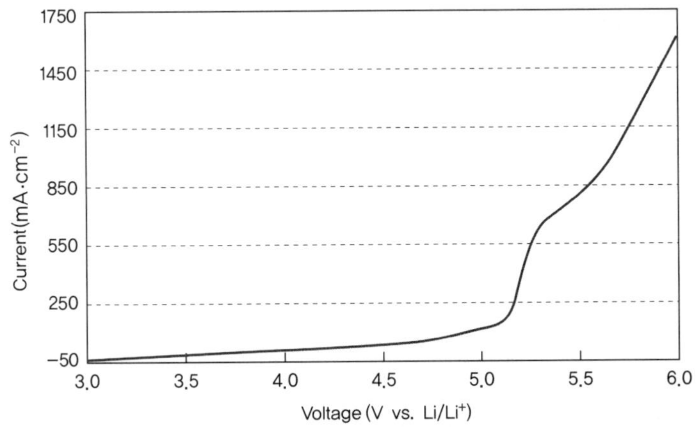

그림 4.1.2 Li | 1M $LiPF_6$/DMC | Pt 셀의 선형주사전압법의 전류–전압도

4-1-3 순환전압주사법(cyclic voltammetry)

순환전압주사법[1, 2]은 전기화학 셀의 특정 전압 영역에 대하여 단위 시간당 일정 전압으로 주사하여, 전압 한계에 도달할 경우 주사 방향을 역으로 바꾸어서 계속하여 전압을 주사함으로써 전압변화에 따른 전류를 측정하는 전기화학 분석 방법이다. 일정 주사속도로 전압을 인가하여 전류변화를 관찰한다는 점에서 선형주사전압법과 동일하지만, 순환전압주사법은 같은 실험을 사이클 별로 반복한다는 점에서 다르다. 순환전압주사법 시험의 결과는 전압 변화에 대한 전류의 변화를 도시하며, 선형주사전압법과 비교할 때 순환하는 파형의 그래프를 갖는다. 순환전압주사법은 셀의 내부에서 발생하는 산화 · 환원 반응의 (1) 전압, (2) 전기량, (3) 가역성, (4) 지속성에 대한 정보 등을 얻을 수 있는 분석법이다. 주사속도는 실험 목적에 따라 달라지나, 전기화학반응의 세밀한 거동을 분석하기 위해서는 낮은 주사속도를 사용하는 것이 바람직하다.

그림 4.1.3은 순환전압주사시험에 있어서 인가 전압에 따라 일반적으로 얻을 수 있는 전류의 변화를 나타낸 예이다. 전압 주사 방향이(+)인 경우는 산화전류로서 산화반응이 유발되고, (−)인 경우는 환원 반응이 일어난다. 그림 4.1.4는 천연 흑연 음극 재료에 대한 순환전압주사 실험 결과를 나타낸다. 이때 셀은 천

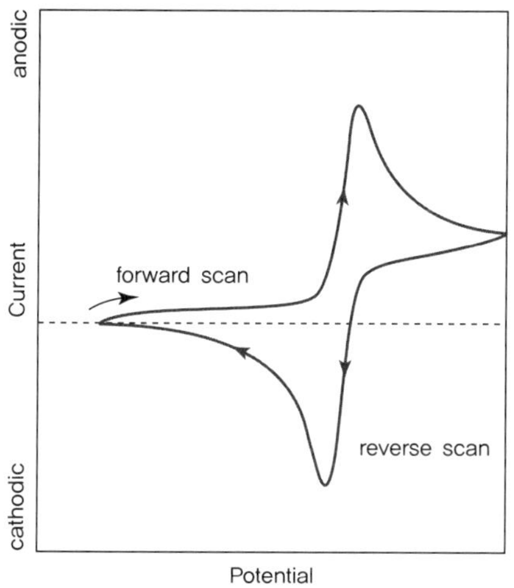

그림 4.1.3 순환전압주사법의 전류-전압 개략도

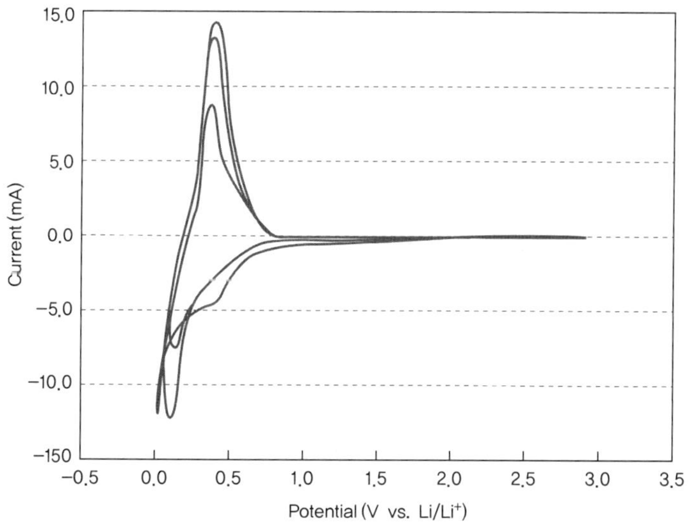

그림 4.1.4 천연흑연 | 1M $LiPF_6$/(PC/EC/DEC) | Li 셀에 대한 순환전압주사법의 전류-전압도

연흑연 | 1M $LiPF_6$/(PC/EC/DEC) | 리튬으로 구성되었으며, 0~3 V 영역에 대한 시험 결과이다. 음의 전류는 리튬의 삽입에 의한 전기화학 반응에 기인하고, 양의 전류는 리튬의 탈리에 의한 전기화학 반응에 의해 나타난다.

4-1-4 정전류 시험법

정전류 시험법[1, 2]은 일정 전류를 인가하고 시간에 따른 전압의 변화를 측정하고 이로부터 전지의 특성을 조사하는 방법이다. 정전류 시험법을 통하여 얻을 수 있는 전기화학 특성은 용량, 가역성, 저항, 확산속도 등이 있다. 정전류 시험 방법은 정전류의 종료 조건에 따라서 아래와 같이 두 가지 방법으로 나눌 수 있다.

A. 종지 전압 제어

정전류 시험에 있어서 주어진 전압 구간에 대하여 일정한 전류를 가함에 따라 변화하는 전압을 연속적인 충 · 방전 실험을 통해 측정하는 실험이다. 즉, 이것은 시간에 대한 전압변화로부터 연속적인 충 · 방전에 따른 전기량을 구하는 전기화학적 분석법이다.

정전류 시험에 대한 전압의 변화를 나타낸 그림 4.1.5는 방전의 하한 전압을 0 V로 설정하고 충전의 상한 전압을 3 V로 설정하여 실험한 결과를 나타낸다. 이 그림에서 싸이클 당 시간에 대한 전압곡선의 변화가 크지 않으며, 이는 전극활물질이 리튬이온과 가역적 반응하고 있음을 의미한다. 그림 4.1.6에서는 사이클당 충전 또는 방전 시 얻어지는 전하용량을 나타내고 있다. 이를 통해 각 사이클 별 충전 용량과 방전 용량을 계산할 수 있으며, 이들 두 값의 비율로부터 쿨롱 효율을 구할 수 있다.

미분 용량 곡선은 정전류 시험에서의 시간과 전압의 결과로부터 전압에 대한 전기량의 미분값인 dQ/dV를 전압에 대하여 나타낸 곡선이다. 미분용량 곡선(dQ/dV)은 단위의 조작에 의해 dt/dV로 나타낼 수 있으며, 다음 식과 같은 관계를 갖는다.

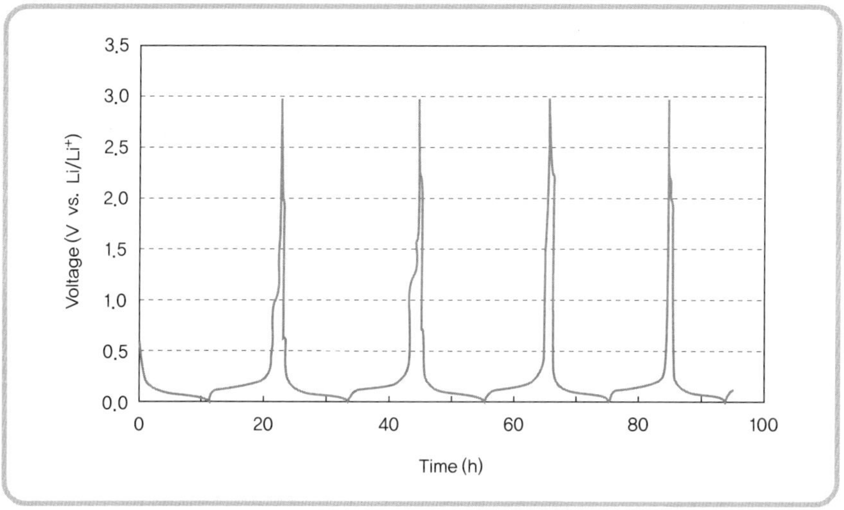

그림 4.1.5 흑연 | 리튬 이차전지의 전압제어 정전류 충 · 방전 곡선

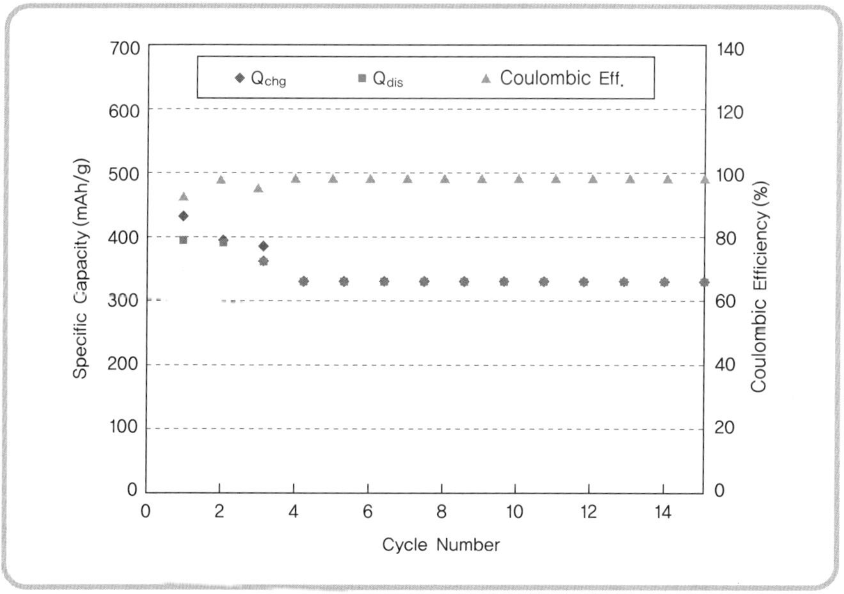

그림 4.1.6 흑연 | 리튬 셀의 전압제어 정전류 충 · 방전 시험의 충 · 방전 용량 및 쿨롱효율

$$\frac{dQ}{dV} = \frac{dQ}{dt}\frac{dt}{dV} = I\frac{dx}{dV}$$

그림 4.1.7은 흑연과 리튬 금속으로 이루어진 전기화학 셀의 전압제어 정전류 실험에서의 미분용량 곡선(dQ/dV)을 나타내고 있다. 이는 그림 4.1.5의 첫 번째 싸이클을 이용하여 도출한 것이다. 이로부터 전기화학 반응의 특성 전압을 정확히 측정할 수 있다.

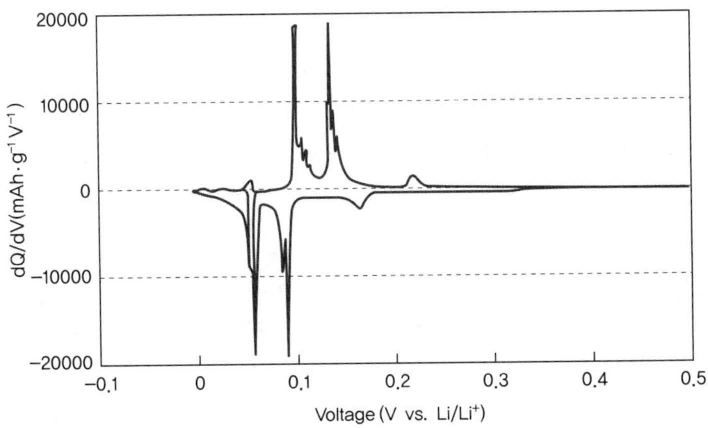

그림 4.1.7 흑연 | 리튬 셀의 미분용량곡선

미분용량곡선은 순환전압주사법 곡선과 유사하지만 정전류로서 과전압이 일정하다는 차이가 있다. 순환전압주사법에서는 주사속도를 낮추어야만 전기화학 반응 종류별로 각각 분리가 가능한데 반해 미분 용량 곡선에서는 각각의 전기화학 반응전압을 보다 쉽게 찾을 수 있다.

B. 정용량 제어

정용량 제어법(constant capacity control) 은 특히 음극의 특성을 시험할 때 사용하는 전기량 제어의 정전류 시험 방법이다. 음극재료의 경우 양극재료와 달리 리튬 금속과 유사한 전압까지 충전이 진행되기 때문에 리튬이온의 삽입과 리튬 금속의 석출이 동시에 일어날 수 있고, 조성에 따른 전위 프로파일이 평탄하여 작은 전위의 변화에 대하여 많은 전기량의 변화가 발생하므로 전압제어 방식으로는 충전을 정밀하게 종지하기가 쉽지 않다. 이러한 문제점을 보완하기 위하여 일정한 전기량을 충전하고 방전은 전압으로 제어하는 방식을 사용하고 있다.

4-1-5 정전압 시험법

정전압 시험법[1-3]은 전기화학 셀의 산화 및 환원 반응에 있어서 정전류 법에 비해 전기화학계가 평형에 용이하게 도달할 수 있는 방법이다.

A. 정전압 충전법

인터컬레이션이 가능한 재료에서는 전류의 인가에 따라 재료의 표면과 내부 사이에서 인터컬레이션을 하는 이온의 농도구배가 생긴다. 충전을 진행할 경우 일반적으로 전극 표면과는 달리 전극의 내부는 충전이 완전하지 못하다. 정전류 법으로만 정격충전용량까지 충전을 지속하면 표면의 전압은 정격 전압을 벗어나 전극 활물질에 손상을 줄 수 있다. 이러한 문제점을 방지하기 위하여 정격 전압 범위까지 정전류로 충전하고 그 이후부터는 정격 전압을 유지하면서 충분히 충전 될 수 있도록 한다. 이는 정전류 충전에 이어 정전압 충전을 행함으로써 전지의 에너지 저장 능력을 최대화 하는 방법이다.

B. 전압섬증분석법

전압점증분석법(potential stepping test)은 정전압 제어 방법으로서 전지화학 셀의 전압을 일정한 간격으로 증가시키거나 감소시키는 방법이다. 각 단계(step)의 종료 전류를 설정해 주어야 하며 주어진 시간으로 설정할 수도 있다. 이 분석법을 통해 개방회로전압 및 potential transient signal 등을 얻을 수 있고, 이로부터 미분용량곡선 및 확산 속도 등을 구할 수 있다.

그림 4.1.8에 전압점증분석법에 의한 미분용량곡선의 도출 과정을 나타내었다. 전위 증가에 따른 전류의 흐름을 그림 4.1.8의 왼쪽에 나타내었으며 각 전위 구간에서 적분한 전기량을 전위에 대하여 도시한 그림을 오른쪽에 나타내었다.

표 4.1.1에는 순환전압주사법, 정전류 충 · 방전시험법 및 전압점증분석법의 특징을 비교하여 나타내었다.

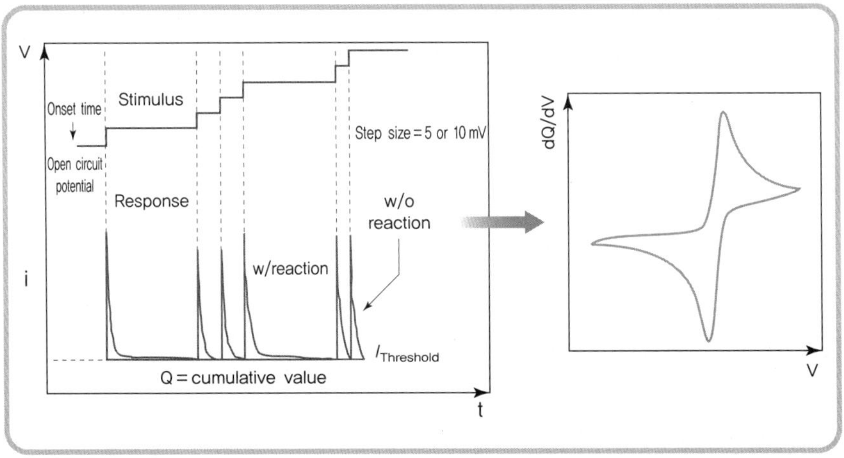

그림 4.1.8 전압점증분석법의 시간에 대한 전압 및 전류와 미분용량곡선

표 4.1.1 순환전압주사법, 정전류충 · 방전법 및 전압점증분석법의 특징 비교

특성	순환전압전류법	정전류충 · 방전법	전압점증분석법
데이터 표시	I – V	dQ/dV – V	dQ/dV – V
측정방법	전압의 점진적인 변화에 대한 전류 응답 특성	시간에 대한 전기량의 측정	전위 단계의 미분 전기량 측정
Peak의 특성	전류의 변화에 의한 ohmic 강하 발생으로 주사속도에 따라서 피크 이동 발생	정전류 이므로 ohmic 강하가 일정하여 피크 이동도 일정함	전위 단계 구간에 대한 전기량으로 보다 평형에 가까운 미분전기량 도시 획득
분석의 명확성	명확	복잡	명확
과전위의 영향	변동	일정	–

4-1-6 GITT 및 PITT

A. GITT

GITT(galvanostatic intermittent titration technique)법은 충 · 방전 진행 단계별로 정전류를 인가하여 전압의 변화를 유도한 후, 전류의 공급을 차단함으로

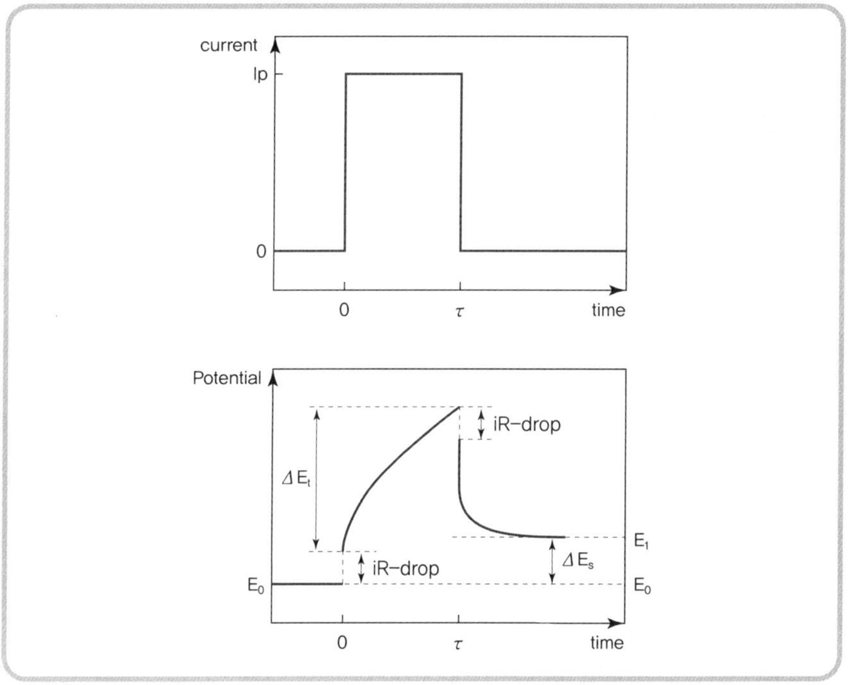

그림 4.1.9 GITT 실험의 전류 및 전압 변화 [5]

써 나타나는 개방전압의 변화를 측정하는 실험방법으로서 정전류 시험법의 하나이다[3, 4]. 정전류가 전극 재료에 인가될 때, 전극재료 입자에서 리튬의 탈삽입이 일어나서 전극 표면과 내부에 리튬의 농도구배가 형성된다. 이때 시간의 경과에 따른 전압의 변화를 측정함으로써 농도가 변하는 속도를 구할 수 있다. 이로부터 리튬의 확산계수를 얻을 수 있다.

그림 4.1.9에 GITT 실험의 전류와 전압의 변화 관계를 나타내었다. 전류가 끊어지는 순간 또는 전류가 인가되는 순간에 나타나는 급격한 전압의 강하 또는 상승은 지항에 의한 iR 강하로 생각할 수 있으며, 시간에 따른 전압의 변화는 리튬이온의 확산 속도와 관련성이 있다. GITT법에 의한 실험 결과로부터 확산계수를 구하기 위한 관계식은 아래와 같으며, 여기서 τ는 정전류인가시간, m_B는 전극재료의 질량, V_M은 전극재료의 몰 부피, M_B는 전극재료의 몰 질량, S는 전극-전해질 계면의 면적, ΔE_s은 단위 단계 동안의 전압변화, ΔE_t는 정전류인가시간 동안의 전체 전압 변화이며, $m_B V_M/M_B$은 전극재료의 체적이다.

$$D^{GITT}=\frac{4}{\pi\tau}\left(\frac{m_B V_M}{M_B S}\right)^2\left(\frac{\Delta E_s}{\Delta E_t}\right)^2$$

B. PITT

PITT(potentiostatic intermittent titration technique)란 단계적으로 일정전압을 인가하고 전류의 변화를 측정하여 이온의 확산계수 등을 구할 수 있는 분석법이다[3,6,7,8]. 이로부터 전압에 따른 표면의 이온 농도를 구한다. 인가 전위에 대하여 전류가 설정값 이하가 되면 해당 단계의 시험을 종료하고, 새로운 전위를 인가하여 다음 단계의 전류의 변화를 측정하는 과정을 반복한다. 그림 4.1.10는 리튬이차전지용 $LiMn_2O_4$ 양극재료의 인가 전위에 따른 전류 흐름의 변화를 나타낸 것이다.

PITT에 따른 시험결과의 해석은 전류와 시간 그래프에서 직선성 거동을 조사함으로써 이루어진다. 전극활물질이 구형인 경우 확산계수는 전이 시간(transition time, t_T)을 이용하여 다음의 식[6]으로부터 구할 수 있다. 여기서 I는 전류, t는 측정시간, r_1은 활물질 입자의 반경, τ는 확산 시간, $\Delta Q=\int_{t=0}^{\infty} I(t)dt$는 단위 단계 동안의 전기량이다.

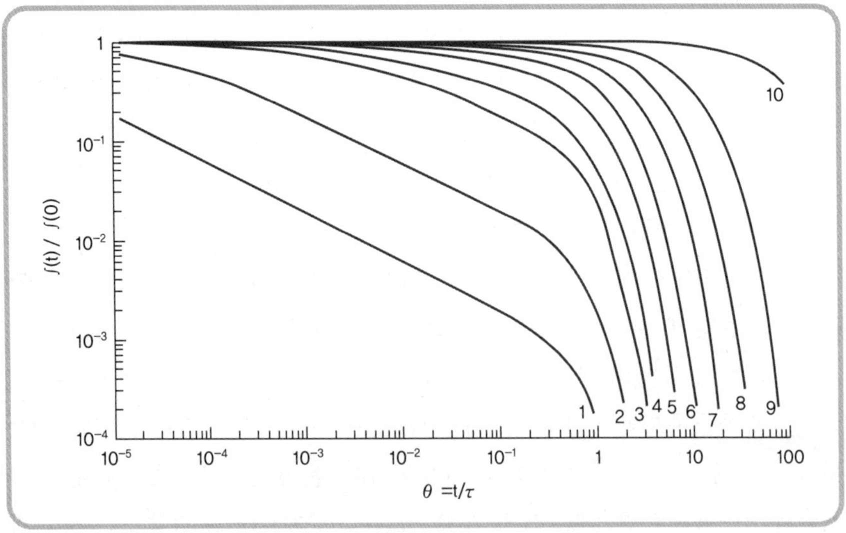

그림 4.1.10 PITT 시험의 시간에 대한 전류의 변화 [7]

$$D^{PITT} = \left(\frac{(I\sqrt{t})_{max} \sqrt{\pi}\ r_1}{\Delta Q} \right)^2$$

4-1-7 교류 임피던스 분석법

A. 분석 원리

교류 임피던스 분석[9-12]은 전기화학 셀에 교류전압을 인가할 때의 전류의 응답 특성을 해석하여 저항(reactance), 커패시턴스(capacitance), 인덕턴스(inductance) 등을 측정 할 수 있는 전기화학 방법이다. 교류전압($V(t)$)은 식 (4.1)에 나타난 바와 같이 시간에 따라 주기적으로 변하는 값을 가지게 되는데, 그림 4.1.11이 보여주는 것처럼 전압과 전류는 위상 차를 가지게 된다. 여기에서, V_m은 최대전압 값이고, ω는 각 주파수(angular frequency)이다.

$$V(t) = V_m \cdot \sin(\omega t) \qquad (4.1)$$

$$\omega = 2\pi\upsilon \ (\upsilon\text{: frequency}) \qquad (4.2)$$

응답전류(I)는 인가된 교류전압과 위상차 θ의 차이를 가지게 되므로 식 (4.3)에 의해 얻어질 수 있다.

$$I(t) = I_m \cdot \sin(\omega t - \theta) \qquad (4.3)$$

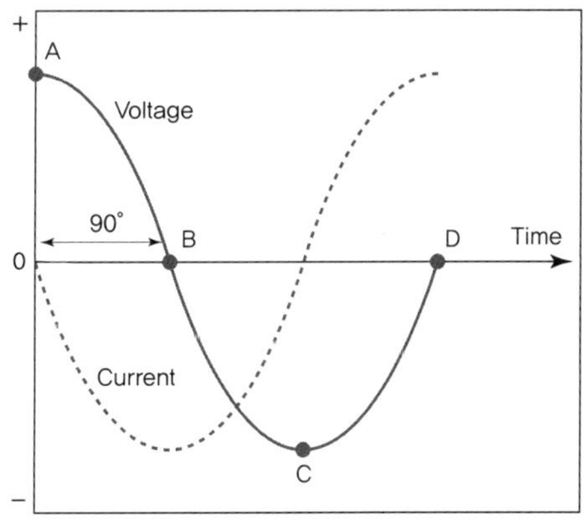

그림 4.1.11 교류 전압과 전류의 위상차

교류 전압과 전류의 크기는 지수함수의 복소함수로 전환 가능하며 식 (4.4) 및 식 (4.5)와 같이 표시할 수 있다.

$$V(t)=V_{\mathrm{m}}\cdot\exp(j\omega t) \tag{4.4}$$

$$I(t)=I_{\mathrm{m}}\cdot\exp[j(\omega t-\theta)] \tag{4.5}$$

$$j=\sqrt{-1}=\exp(j\pi/2)$$

임피던스(Z)는 식 (4.6)과 같이 정의되며, 그 크기는 식 (4.7)로 주어진다.

$$Z(\omega)=\frac{V(t)}{I(t)} \tag{4.6}$$

$$|Z(\omega)|=\frac{V_m}{I_m} \tag{4.7}$$

또, 임피던스는 식 (4.6)의 정의에 따라 식 (4.8)에 나타난 바와 같이 실수부분 (Z')과 허수부분(Z'')으로 나누어질 수 있다. 이때 실수 부분을 저항(resistance)이라 하고, 허수부분(Z'')은 리엑턴스(reactance)라고 하며 리엑턴스는 커패시턴스와 인덕턴스로 이루어진다.

$$Z=a+jt$$
$$=Z'+jZ''$$

$$(a, Z' : \text{real part of Z, b}, Z'' : \text{imaginary part of Z}) \tag{4.8}$$

위의 실수부분 및 허수부분은 위상차 θ를 이용하여 식 (4.9) 및 식 (4.10)로 나타낼 수 있으며, 위상차(θ)는 식 (4.11)과 같이 주어진다. 또, 임피던스의 크기는 식 (4.12)과 같이 나타난다.

$$Z'=|Z/\cos(\theta) \tag{4.9}$$

$$Z''=|Z/\sin(\theta) \tag{4.10}$$

$$\theta=\tan^{-1}(Z''/Z') \tag{4.11}$$

$$|Z/=\sqrt{(Z'^2/Z''^2)} \tag{4.12}$$

상기 직교좌표의 삼각함수를 Euler관계식 [$\exp(j\theta)=\cos(\theta)+j\sin(\theta)$]에 의거 극좌표로 변환하면 식 (4.13)으로 된다. 이러한 관계를 그림 4.1.12와 같이 나

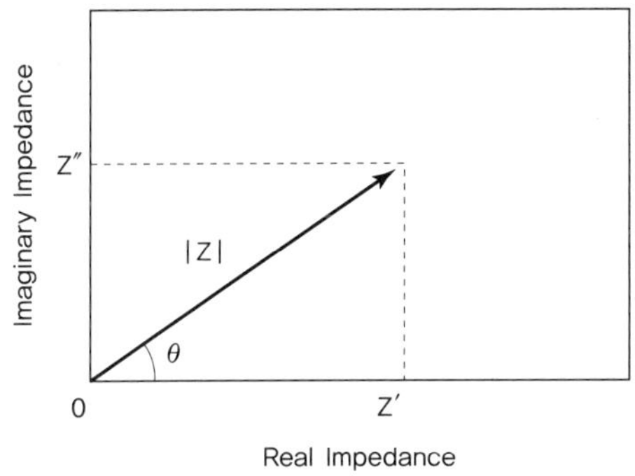

그림 4.1.12 임피던스(Z)의 복소 평면상의 도시

타낼 수 있다.

$$Z(\omega) = |Z| \exp(j\theta) \tag{4.13}$$

그림 4.1.12는 복소 평면상의 vector diagram으로서 Nyquist plot 또는 Cole-Cole plot이라고도 한다. Z′와 Z″의 관계는 주파수에 따라서 그림 4.1.13과 같이 변화하는 특징을 가진다.

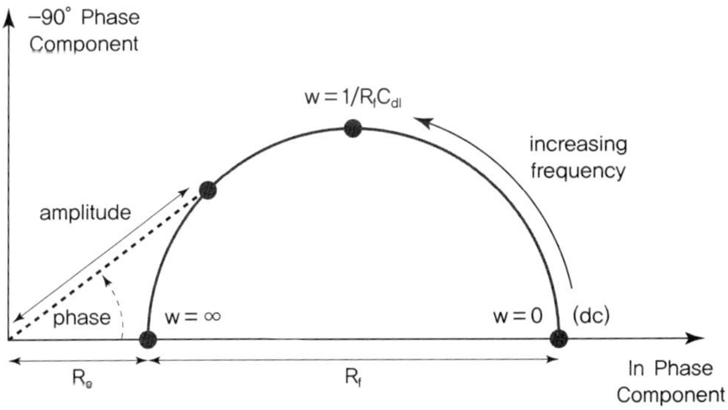

그림 4.1.13 주파수에 따른 임피던스의 변화

B. 등가회로 모델

물질을 통한 전류의 흐름은 저항성분과 커패시턴스 성분을 동반할 수 있는데, 저항성분만 있을 경우에는 $\theta=0$이 되며, 이때 임피던스는 순수한 실수부분($Z(\omega)=Z'(\omega)$)로만 주어지며, 식 (4.14)에 나타난 바와 같이 주파수에 의존하지 않는 값을 가진다.

$$Z(t)=V(t)/I(t)=R \tag{4.14}$$

커패시턴스 성분이 존재할 경우, 정전용량(Q)는 식 (4.15)와 같이 주어지며, 이는 식 (4.1)의 관계에 따라 식 (4.16)과 같이 달리 표현 될 수 있다.

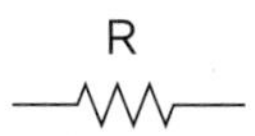

그림 4.1.14 저항(R) 성분

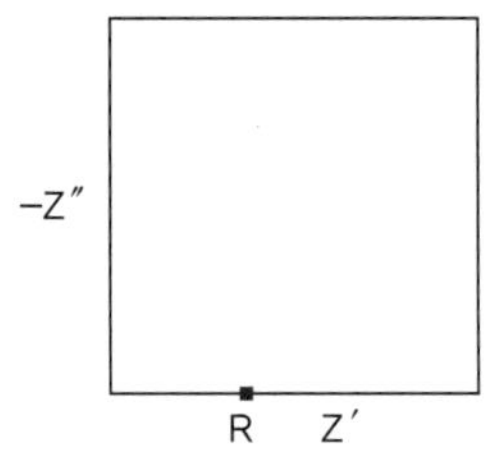

그림 4.1.15 저항(R) 성분의 Nyquist 도시

$$Q=CV \tag{4.15}$$

$$Q=C\cdot V_m\cdot\sin(\omega t) \tag{4.16}$$

전류는 시간에 따른 전기량의 변화를 의미하므로 식 (4.17)로 나타낼 수 있으며,

$$\begin{aligned} I(t)&=dQ/dt=C\cdot V_m\cdot\omega\cdot\cos(\omega t)\\ &=I_m\cdot\cos(\omega t) \end{aligned} \tag{4.17}$$

여기에서 I_m은 최대 전류값을 나타낸다.

위 관계식들로부터 전압은 sine 함수에 의해 그리고 전류는 cosine함수에 의해 변화됨을 알 수 있으며 이는 전압과 전류는 $\pi/2$ radian 만큼의 위상차를 나타내게 됨을 의미한다.

커패시턴스는 X_C로 표시하는데, 식 (4.18)과 같은 관계를 가진다.

$$X_C = Z = \frac{V_m}{I_m} = \frac{1}{(\omega C)} = \frac{1}{(2\pi\upsilon C)} \tag{4.18}$$

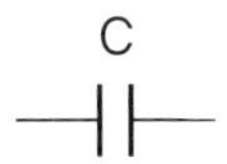

그림 4.1.16 커패시턴스(C) 성분

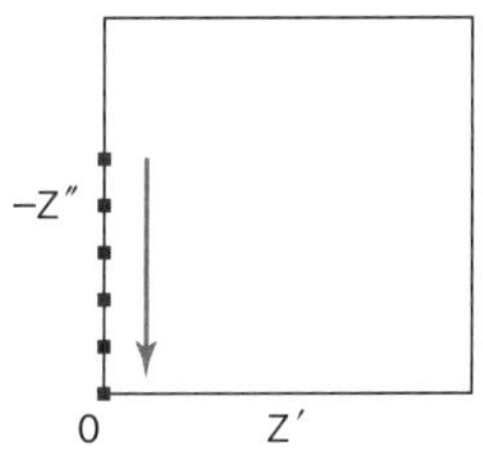

그림 4.1.17 커패시턴스 성분의 Nyquist 도시

인덕턴스는 코일을 통과할 때 생기는 자기장에 의하여 생성된 유도전류에 기인하는데, 그 값은 L로 표시하며 헨리(Henry)의 단위를 가진다. 인덕턴스 성분에 따른 전압 및 전류는 각각 식 (4.19) 및 식 (4.20)으로 주어지며, 인덕턴스 X_L은 식 (4.21)의 관계로 주어진다.

$$V(t) = L(dI(t)/dt) \tag{4.19}$$

$$I(t) = (1/L)\int V(t)dt = (V_m/\omega L)\sin(\omega t - \pi/2) \tag{4.20}$$

$$X_L = Z = V_m/I_m = \omega L \tag{4.21}$$

이때 전류는 식 (4.20)에 나타난 바와 같이 전압에 비해 $\pi/2$ radian 뒤진 위상차를 나타내게 된다.

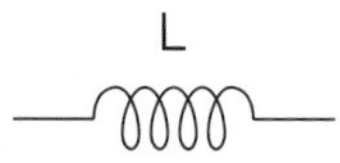

그림 4.1.18 인덕턴스 성분

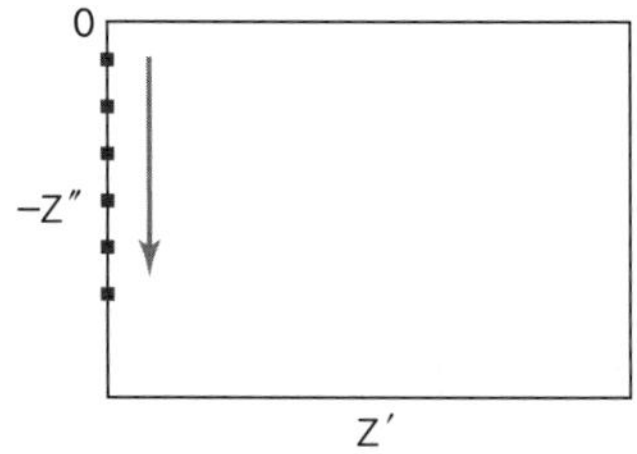

그림 4.1.19 인덕턴스 성분의 Nyquist 도시

상기의 커패시턴스(X_C)와 인덕턴스(X_L)를 직렬연결한 경우에 대한 등가회로를 나타내면 그림 4.1.20과 같고 이를 Nyquist 도시한 것이 그림 4.1.21이다.

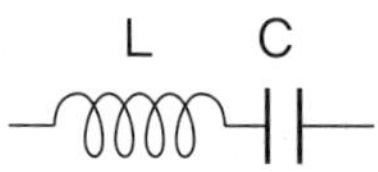

그림 4.1.20 인덕턴스–커패시턴스 성분의 등가회로

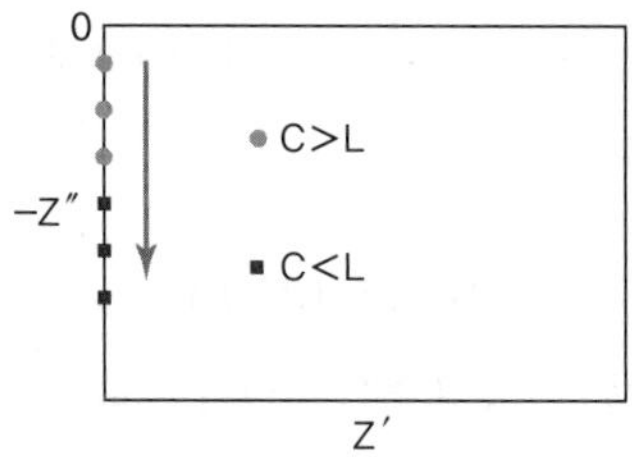

그림 4.1.21 인덕턴스–커패시턴스 성분의 Nyquist 도시

저항, 커패시턴스 및 인덕턴스가 함께하는 계에서의 전체 리액턴스 성분 X는 식 (4.22)와 같이 되며, 위상이 다른 X_C와 X_L은 허수부로 나타낼 수 있다. 즉, Z''로 표시되는 허수부는 커패시턴스와 인덕턴스로 구성된 리액턴스를 나타낸다.

$$X=Z=R+jX_L-jX_C=R+j(X_L-X_C) \tag{4.22}$$
$$=R+j\left(\omega L-\frac{1}{\omega C}\right)$$

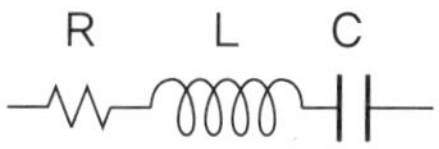

그림 4.1.22 저항-리액턴스-커패시턴스(R-L-C) 성분

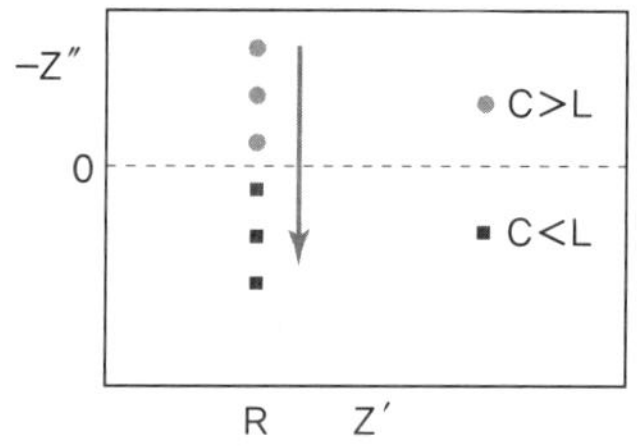

그림 4.1.23 저항-리액턴스-커패시턴스(R-L-C) 성분의 Nyquist 도시

위에서 리액턴스 항을 무시할 수 있을 경우, 식 (4.22)는 식 (4.23)과 같이 간략화 되어 표시된다.

$$Z=R-\frac{j}{\omega C} \tag{4.23}$$

이때 저항과 커패시턴스 항이 병렬로 연결될 경우(그림 4.1.24)의 임피던스는 식 (4.24) 및 식 (4.25)로 나타낼 수 있다.

$$Y=Z^{-1}=G+j\omega C=Y+jY \tag{4.24}$$
$$(Y=1/Z,\ G=1/R,\ Y'=G=1/R,\ Y''=\omega C)$$

$$Z=\frac{1}{Y}=\frac{R}{RY}=\frac{R}{1+j\omega RC} \tag{4.25}$$

복소함수인$(1-j\omega RC)$를 곱하면 식 (4.25)는 식 (4.26)로 다시 정리되며, 실수부와 허수부의 임피던스는 식 (4.27) 및 식 (4.28)로 나타낼 수 있다.

$$Z=R\frac{1}{1+j\omega RC}=R\frac{1-j\omega RC}{1+\omega^2R^2C^2} \tag{4.26}$$

$$Z'=\frac{R}{1+\omega^2R^2C^2} \tag{4.27}$$

$$Z''=\frac{-\omega R^2C}{1+\omega^2R^2C^2} \tag{4.28}$$

식 (4.28)에서 Z''_{max}는 $\omega_{max}RC=1$일 경우에 해당되며, $R/2$의 최대값을 가지고, Nyquist plot은 그림 4.1.25로 나타낼 수 있다.

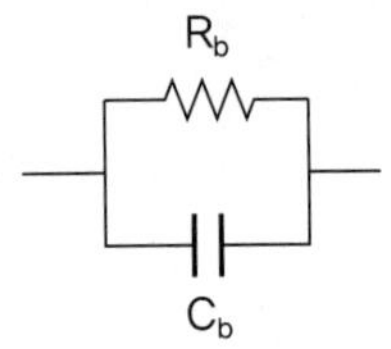

그림 4.1.24 병렬 저항-커패시턴스(Rb-Cb)의 등가회로

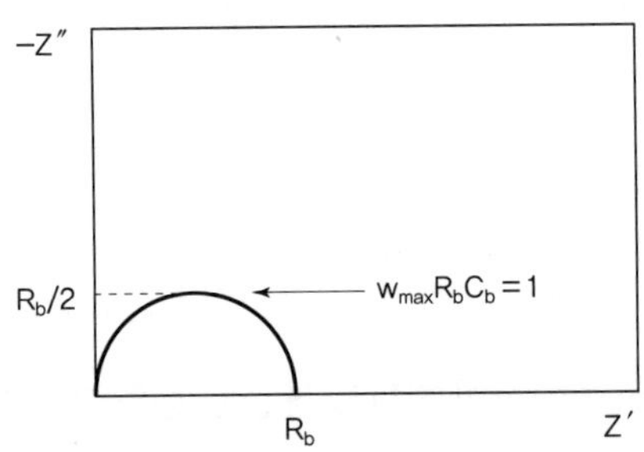

그림 4.1.25 병렬 저항-커패시턴스(R-C) 성분의 Nyquist 도시

그림 4.1.26에 나타난 등가회로는 저항 및 커패시턴스의 병렬 연결의 해와 저항을 직렬 연결한 경우로, 그림 4.1.27의 Nyquist plot에 나타낸 바와 같이 커패시턴스의 반원이 R_s만큼 이동하게 된다.

그림 4.1.28은 Li/PAN-SPE/Li cell에 대한 Nyquist plot으로서 직렬(병렬 *R*1-*C*)-*R*2 등가회로의 한 예시로서 나타내었다.

그림 4.1.29와 같이 주어진 등가회로는 저항 및 커패시턴스의 병렬 연결의 해와 커패시턴스항을 직렬 연결한 경우로서, 그림 4.1.30의 Nyquist plot에서와 같이 고주파수 영역의 병렬연결 커패시턴스의 반원과 저주파수 영역의 직렬연결 커패시턴스의 허수부 항으로 나타난다.

그림 4.1.29의 등가회로에서 C_b항의 기여가 작아질수록 그림 4.1.30의 반원은 불완전한 모양으로 나타나며 매우 작아지면 R_b-C_e 회로와 같은 성격을 나타낸다.

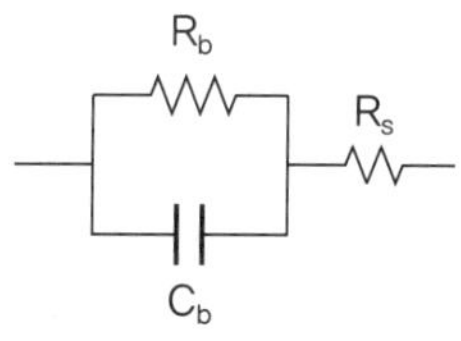

그림 4.1.26 직렬(병렬 저항-커패시턴스(Rb-Cb))-저항(Rs)의 등가회로

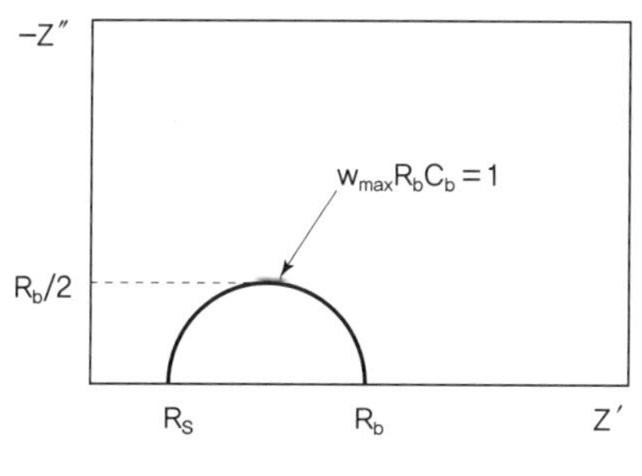

그림 4.1.27 직렬(병렬 저항-커패시턴스(R_b-C_b))-저항(R_s) 등가회로에 대한 Nyquist 도시

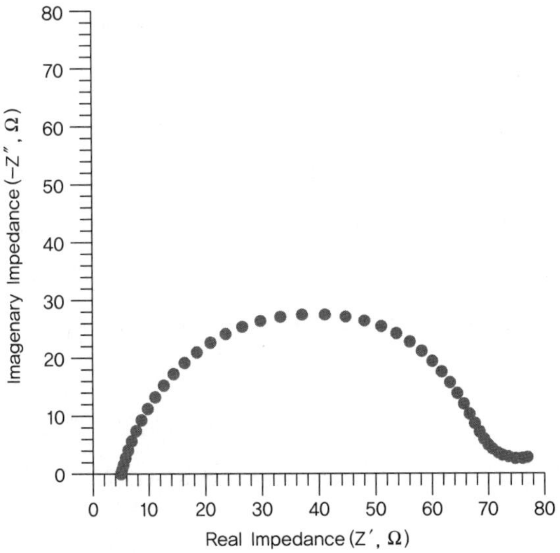

그림 4.1.28 직렬(병렬 저항−커패시턴스(R_b−C_b))−저항(R_s) 등가회로에 대한 Nyquist 도시

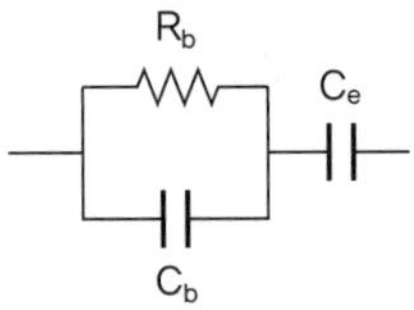

그림 4.1.29 커패시턴스+(저항//커패시턴스)의 등가회로

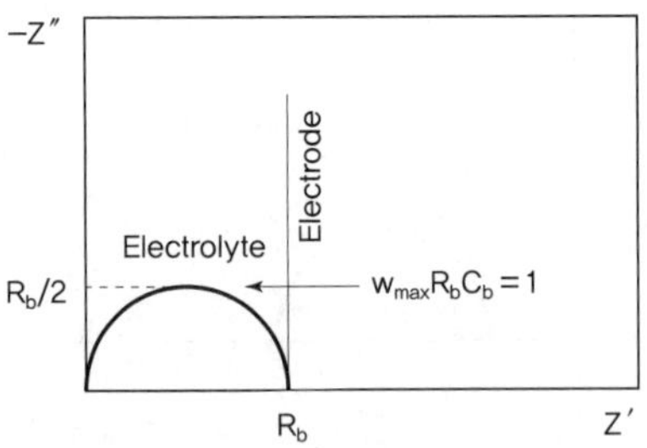

그림 4.1.30 커패시턴스+(저항//커패시턴스) 등가회로에 대한 Nyquist 도시

C. 전극 특성 분석에의 응용

리튬이차전지의 전극은 다공성 형태로서 한쪽 전극만을 고려할 때 그림 4.1.31과 같이 나타낼 수 있는데, 그 등가회로는 그림 4.1.32로 표시할 수 있다.

그림 4.1.33은 위 등가회로에 상응하는 Nyquist plot으로서, 고주파 영역, 그리고 확산이 지배하는 중간 주파수 영역(Warburg 임피던스), 전하의 포화

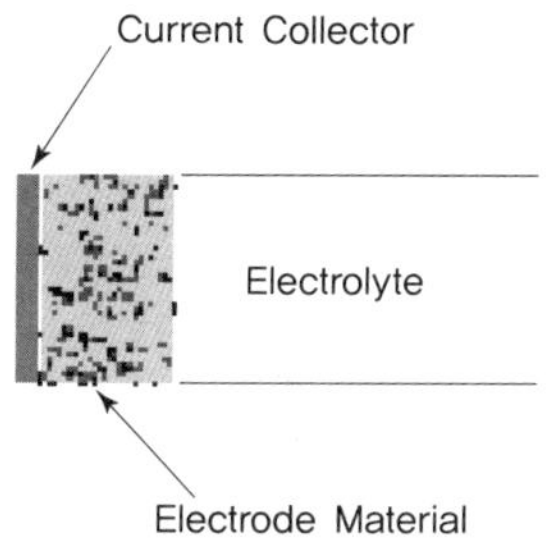

그림 4.1.31 리튬이차전지 전극의 모식도

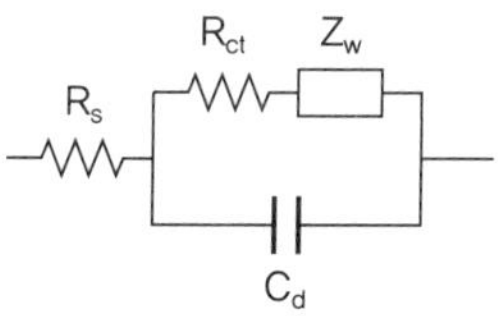

그림 4.1.32 리튬이차전지 전극에 대한 등가회로
Z_w ; Warburg Impedance(diffusion term)

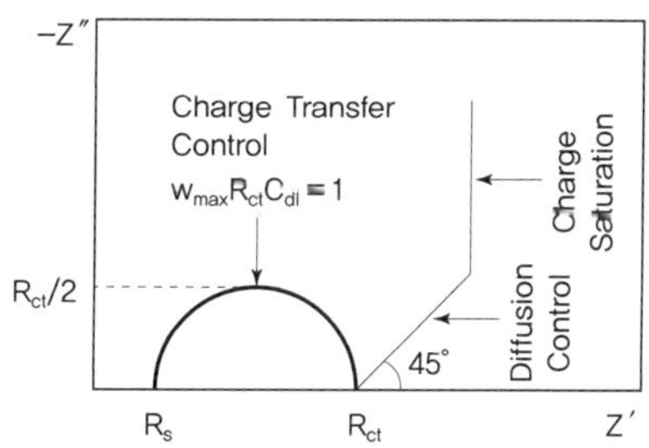

그림 4.1.33 리튬이차전지 전극의 등가회로에 대한 Nyquist 도시

(charge saturation)에 의한 저주파 영역으로 구분된다.

그림 4.1.34 및 그림 4.1.35는 탄소 | 전해액 | 리튬 셀과 $LiCoO_2$ | 전해액 | 리튬 셀의 임피던스 스펙트럼을 나타내고 있다. 위에서 설명한 것과 같은 이론적

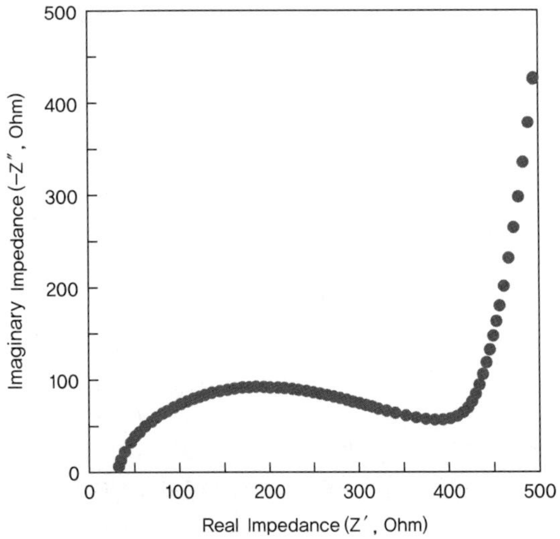

그림 4.1.34 탄소 | 전해액 | 리튬 셀의 Nyquist 도시

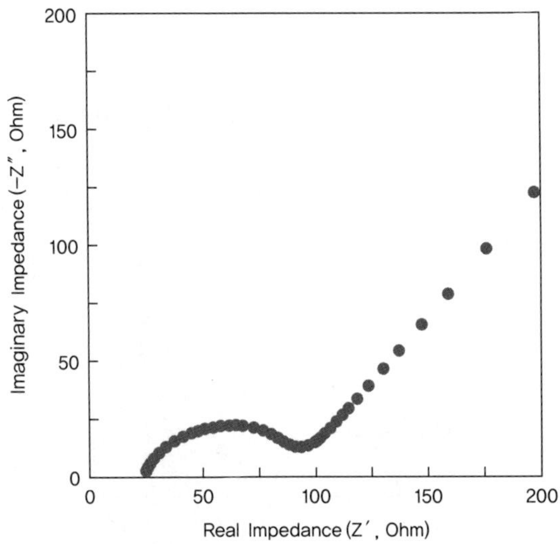

그림 4.1.35 $LiCoO_2$ | 전해액 | 리튬 셀의 Nyquist 도시

인 스펙트럼과 다르게 나타나는 것은 측정 전극과 리튬 상대전극의 임피던스 특성이 함께 나타났기 때문이다. 전류의 특성은 작업전극과 상대전극 간의 전류 흐름의 결과로서 나타나기 때문에 상대전극의 특성을 배제하고 측정하기는 불가능하다. 임피던스를 측정할 때 작업전극과 상대전극을 서로 바꾸어서 측정하더라도 같은 결과를 얻게 된다.

D. Al | $LiCoO_2$ | Electrolyte | Carbon | Cu 전지 분석에의 응용(1)

위의 셀 구성은 그림 4.1.36과 같이 개략적으로 나타낼 수 있으며 그 등가회로는 그림 4.1.37과 같이 표시할 수 있다. 이 시스템의 전극-전해액 계면에서는 전기이중층이 형성되고, 전하이동반응이 일어남을 전제하고 임피던스 분석을 하면 다음과 같다.

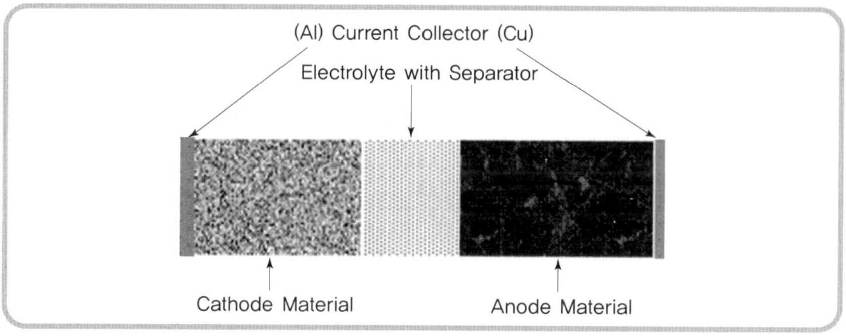

그림 4.1.36 셀 구성

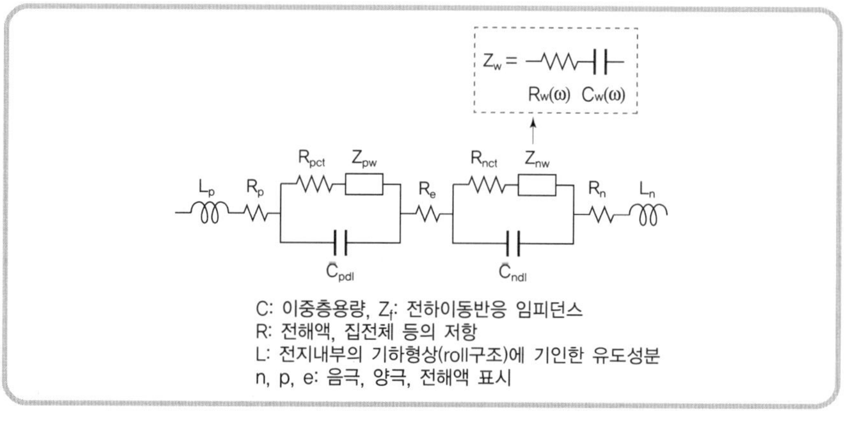

그림 4.1.37 $LiCoO_2$ | 탄소 셀의 등가회로

전체 임피던스는 식 (4.29)와 같이 저항, 커패시턴스, 인덕턴스 및 Warburg 임피던스로 표시할 수 있다.

$$Z=R_s+\left(\sum_{i}^{n,p}\frac{1}{j\omega C_{dl(i)}+\frac{1}{Z_{\omega(i)}}}\right)+j\omega L_s \tag{4.29}$$

$$R_s=R_p+R_e+R_n$$

$$L_s=L_p+L_n$$

$$Z_{pw}=R_{pw}+C_{pw}$$

$$Z_{nw}=R_{nw}+C_{nw}$$

여기서, Z_w는 Warburg 임피던스라고 하며 매질 내에서의 확산과 관련된 성분이다.

양극 쪽의 Z_{pw}를 고려함에 있어서, 전극 계면에서의 반응이 계면에서의 전하 이동과 일차원적 확산에 의해 지배되는 경우에는 그 값이 주파수의 함수로서 식 (4.30), (4.31) 및 (4.32)에 나타난 바와 같이 저항성분 R_f와 용량성분 C_f의 직렬 접속으로 표시된다.

$$Z_{pw}=\frac{S_p}{\sqrt{\omega}}-j\frac{S_p}{\sqrt{\omega}} \tag{4.30}$$

$$R_f(\omega)=R_p+\frac{S_p}{\sqrt{\omega}} \tag{4.31}$$

$$C_f(\omega)=\frac{1}{S_p\sqrt{\omega}} \tag{4.32}$$

여기서 S_p는 확산계수와 관련한 함수이다.

$$S_p=\frac{\beta}{\sqrt{2}n\,FA\sqrt{D}} \tag{4.33}$$

A: 반응면적, n: 반응전자수, F: Faraday 상수,

D: 확산계수, β: 전극전압의 농도변화($=\partial E/\partial C$)

음극도 양극과 같은 방법으로 임피던스 해석을 전개 할 수 있으며, 전체 임피던스는 식 (4.34)와 같이 나타낼 수 있다. 식 (4.34)를 복소평면상에 나타내면 그

림 4.1.38과 같은 형태의 Cole-Cole plot이 얻어진다.

$$Z = R_s + \cfrac{1}{j\omega C_p + \cfrac{1}{R_p + \frac{S_p}{\sqrt{\omega}} - \frac{jS_p}{\sqrt{\omega}}}} + \cfrac{1}{j\omega C_n + \cfrac{1}{R_n + \frac{S_n}{\sqrt{\omega}} - \frac{jS_n}{\sqrt{\omega}}}} + j\omega L_s \tag{4.34}$$

D.1.1. 높은 주파수 영역: Warberg 및 R-C 병렬회로 성분이 무시되는 주파수 영역 전자의 이동과 관련된 임피던스 영역으로서, 이온의 이동이 불가능한 주파수 영역이며 임피던스는 식 (4.35)와 같이 매우 간단하게 표시된다

$$Z \approx R_s + j\omega L_s \tag{4.35}$$

D.1.2. 중간 주파수 영역: Warburg 및 인덕턴스 성분이 무시되는 주파수 영역이 영역에서는 임피던스가 식 (4.36)의 형태로 주어지게 된다.

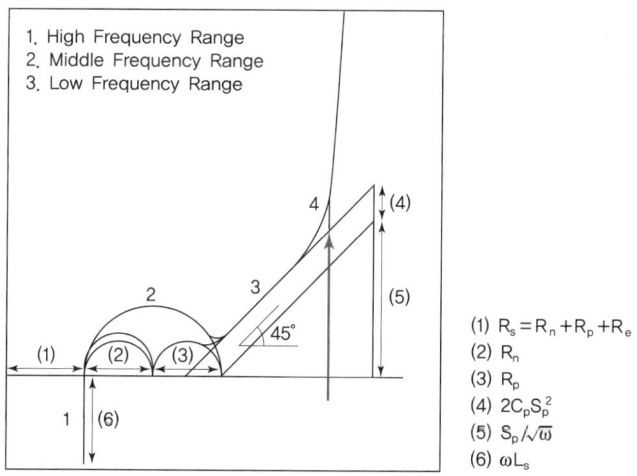

그림 4.1.38 리튬이차전지의 Cole-Cole Plot

$$Z = R_s + \frac{1}{j\omega C_p + \frac{1}{R_p}} + \frac{1}{j\omega C_n + \frac{1}{R_n}} \tag{4.36}$$

위 식은 R-C 병렬회로 2개와 저항(R_S)가 직렬 연결된 등가회로에 해당하며, $C_pR_p(\equiv\tau_p) = C_nR_n(\equiv\tau_n)$일 경우 ω를 포함하는 항은 소거 될 수 있다(τ: $1/\omega_{max}$, 계의 완화시간에 해당함). 이를 Nyquist plot을 위한 식으로 변형하면 식 (4.37)이 된다. 이때 Nyquist plot은 반경이$(R_p + R_n)/2$인 반원의 궤적을 나타낸다.

$$\left(R - R_s - \frac{\theta}{2}\right)^2 + X^2 = \left(\frac{\theta}{2}\right)^2 (\theta = R_p + R_n) \tag{4.37}$$

실제 전지의 경우 양극과 음극의 구성 재료가 다르기 때문에 각각의 완화시간이 같지 않다. $\tau_p \gg \tau_n$의 경우 Nyquist plot에서 τ가 작은 쪽의 원호가 고주파 쪽에 위치하고, 2개의 원호가 분리되어 나타난다. 전극과 전해액 계면정보의 분리는 τ_p와 τ_n의 크기에 영향을 받는다. 일반적으로 불완전한 반원인 경우가 많으며 완화시간이 분포되므로 식 (4.38)에서처럼 비 이상 성분을 고려하여 분석할 수 있다.

$$Z = R_s + \sum_{i}^{n,p} \frac{R_i}{1 + j(\omega\tau_i)^{1-h_i}} \quad (h = 2\alpha/\pi) \tag{4.38}$$

두 개의 병렬 RC 등가회로에 대한 등가회로와 인자별 수치 및 그에 상응하는 Nyquist plot을 그림 4.1.39와 표 4.1.2 및 그림 4.1.40에 각각 나타내었다. 저항과 커패시턴스가 동일한 경우 두 개의 RC 회로는 한 개의 RC 회로처럼 작용하여 그림 4.1.40(a)의 Nyquist plot을 보이며, 한쪽의 커패시턴스가 매우 작은 경우 그림 4.1.40(d)와 같은 Nyquist plot이 된다. 많은 경우, 전지는 그림 4.1.40(a)와 그림 4.1.40(d)의 중간적인 형태를 나타낸다.

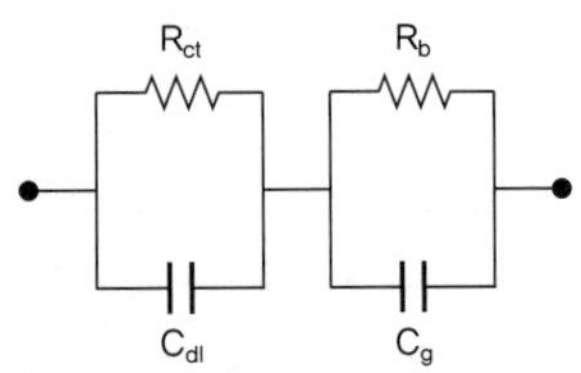

그림 4.1.39 두 개의 RC 등가회로의 직렬 연결

표 4.1.2 두 개의 R//C 등가회로의 모델 조건

A	B	C	D
R_b=100 Ω	R_b=100 Ω	R_b=100 Ω	R_b=100 Ω
$C_g=10^{-6}$ F	$C_g=10^{-7}$ F	$C_g=10^{-8}$ F	$C_g=10^{-11}$ F
$C_{dl}=10^{-6}$ F	$C_{dl}=10^{-6}$ F	$C_{dl}=10^{-6}$ F	$C_{dl}=10^{-6}$ F
R_{ct}=100 Ω	R_{ct}=100 Ω	R_{ct}=100 Ω	R_{ct}=100 Ω

D.1.3. 낮은 주파수 영역: Warburg 성분이 지배적인 주파수 영역

이 영역에서는 $\omega^{-1/2}$ 항만을 남기고, 나머지 ω에 관한 항을 모두 생략할 수 있다.

$$Z=R-jX$$
$$R=R_s+\theta+S_p\omega^{-1/2} \quad (\theta=R_p+R_n)$$
$$X=S_p\omega^{-1/2}+2S_p{}^2C_p \tag{4.39}$$

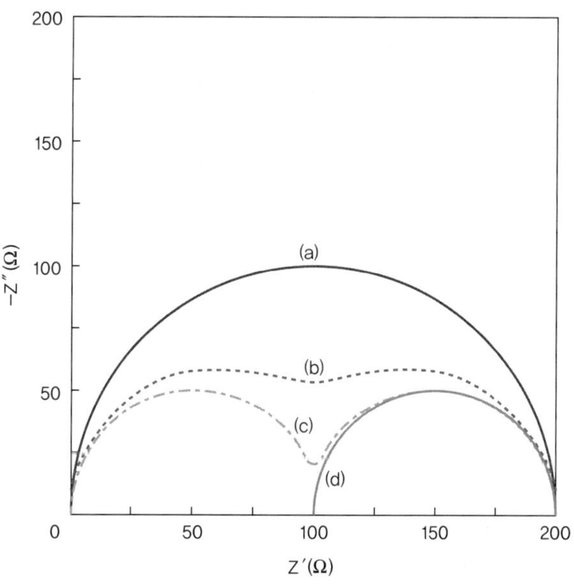

그림 4.1.40 두 개의 R//C 직렬 등가회로에 대한 Nyquist 도시

ω항을 소거하면,

$$X = R - R_s - \theta + 2S_p^2 C_p \tag{4.40}$$

낮은 주파수 영역에서는 복소평면상에서 45° 기울기로 나타나며, 이 영역에서는 이온의 확산 특성이 지배한다.

D.1.4. 매우 낮은 주파수 영역

복소평면상의 임피던스 궤적은 저주파 영역에서 수직으로 급상승하는 경향을 보이며 다음 식으로 나타낼 수 있다. β는 식 (4.33)에서 나타낸 바와 같으며 전극전위의 농도변화($=\partial E/\partial C$)를 나타낸다.

$$\begin{aligned} X &= |Z_f| \sin\beta \\ &= \frac{1}{\omega C_L} \qquad (\beta\text{: 정수}) \\ R &= |Z_f| \cos\beta \\ &= R_L \end{aligned} \tag{4.41}$$

E. Al | $LiCoO_2$ | Electrolyte | MCMB | Cu 셀 분석에의 응용(2)

그림 4.1.41에 나타난 Nyquist plot은 $LiCoO_2$ 전극($LiCoO_2$:도전재(super pure black):PVDF=94:4:4 wt%)과 MCMB 전극(MCMB-20-28:PVDF=92:8 wt%)과 전해질로 구성된 완전셀(full cell)에 대한 것이다. 전해질은 액체전해질과 고분자전해질의 두 가지 서로 다른 경우를 다루고 있다.

중간주파수 영역에서는 불완전한 반원을 나타내어 저항과 커패시턴스 값이 서로 다른 양극과 음극의 특성이 복합되어 나타난 것을 확인할 수 있다. 또, 고분자 전해질 전지의 경우 액체전해질 전지에 비해 높은 전지 저항을 나타내고 있다.

F. 비유전율

비유전율(ε_r)은 용매의 중요한 특성 중 하나이다. 진공 중에서의 유전율(ε_0)값은 8.854×10^{-12} F/m이다. ε_0는 진공 중에서 거리 r만큼 떨어져 있는 입자 q_1과 q_2 간에 작용하는 힘을 결정하는 상수 인자로서 식 (4.42)에 포함되어 있다.

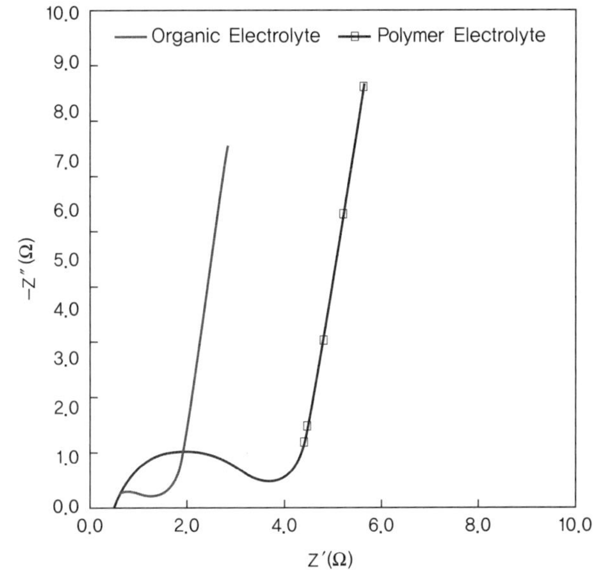

그림 4.1.41 Al | $LiCoO_2$ | Electrolyte | MCMB | Cu 리튬이차전지의 Nyquist 도시

$$f_{vac} = \frac{q_1 \cdot q_2}{4\pi\varepsilon_0 r^2} \tag{4.42}$$

액체 유전체에서 두 입자간에 작용하는 힘은 인접한 입자들인 용질 및 용매 분자들과도 상호작용을 하므로 진공 때보다 더 낮게 되며, 식 (4.43)에 의해 정의되는 비유전율(ε_r) 값은 1보다 큰 값을 보인나.

$$f = \frac{f_{vac}}{\varepsilon_r} \qquad \varepsilon_r = \frac{f_{vac}}{f} \tag{4.43}$$

위 식의 정의에 의해 진공에서는 $\varepsilon_r = 1$이며 액체에서는 $\varepsilon_r > 1$이다. 극성용매는 ε_r이 15~20보다 큰 경우에 해당하며, 이보다 낮은 경우는 비극성 용매라고 부른나.

유전율을 측정하기 위한 전기화학 셀은 그림 4.1.42와 같이 나타낼 수 있다. 셀은 두 개의 전극을(유전체와의 접촉 면적: A) 포함하고 있으며, 두 전극 사이에는(거리 L) 측정하고자 하는 유전체 물질을 위치시킨다. 이때 등가회로는 그림 4.1.43이 되며, 임피던스 관계식은 식 (4.44)와 같이 주어지게 된다. 이 경우의

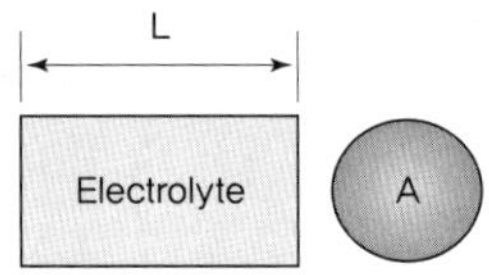

그림 4.1.42 유전율 측정용 전기화학 셀의 모식도(A는 전극의 면적)

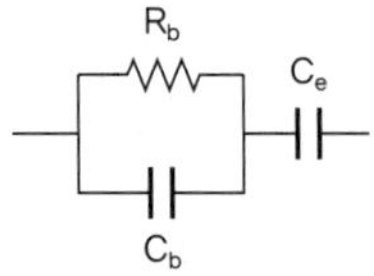

그림 4.1.43 유전율 측정을 위한 전기화학 셀의 등가회로

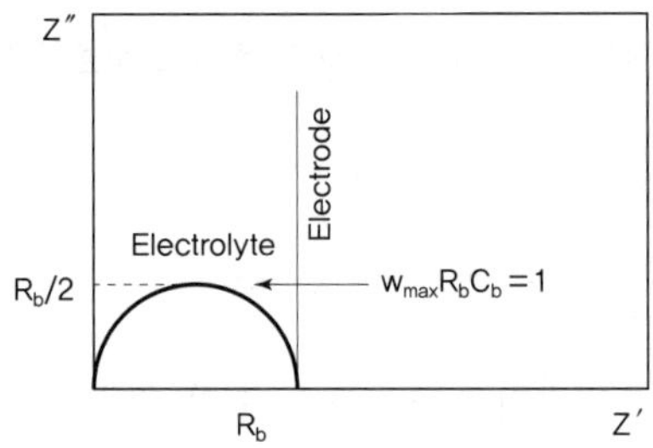

그림 4.1.44 유전율 측정용 전기화학 셀의 Nyquist 도시

Nyquist plot은 그림 4.1.44로 나타나며, 반원 plot에서 Z''의 최대값은 Z' 이 $R_b/2$일 때의 값이 되며, 이때 $\omega_{max}R_bC_b=1$이므로 R_b와 C_b를 구할 수 있다.

$$Z_{total}=R_b \cdot \frac{1}{1+(\omega R_b C_b)^2} - j\left(\frac{\omega R_b{}^2 C_b}{1+(\omega R_b C_b)^2} - \frac{1}{\omega C_e}\right) \qquad (4.44)$$

여기에서, ω는 $2\pi f$이며, R_b는 bulk 저항,

C_b는 bulk 커패시턴스, 그리고 C_e는 계면 커패시턴스를 나타낸다.

비유전율(ε_r)은 진공과 유전체에서의 커패시턴스 값(C_0 및 C_b)의 비율이며

(식 (4.45)), C_b는 식 (4.46)에 의해 정의되므로 유전율(ε_r)은 교류 임피던스 분석으로 부터 구할 수 있다.

$$\varepsilon_r = \frac{C_b}{C_0} \tag{4.45}$$

$$C_b = \frac{\varepsilon_r \cdot \varepsilon_0 \cdot A}{l} \tag{4.46}$$

$$\varepsilon_r = \frac{C}{C_0} = \frac{C_b \cdot l}{\varepsilon_0 \cdot A} \tag{4.47}$$

$$(\varepsilon_0 = 8.854 \times 10^{-14}\ \mathrm{F/cm})$$

G. 이온 전도도

이온 전도도는 위의 비유전율을 설명하는 과정에서 나타낸 R_b를 구함으로써 식 (4.48)을 이용하여 얻어질 수 있다.

$$\sigma = \frac{l}{R_b \cdot A} = \Sigma n_i z_i \mu_i \quad (\mathrm{S/cm}) \tag{4.48}$$

여기에서, l은 이온이 이동하는 방향으로의 시편의 길이, A는 이온이 통과하여 이동하는 시편의 면적, n_i는 i 성분의 단위부피당 몰 수, z_i는 i 성분의 전하량, μ_i는 i 성분의 이동도이다. 이온 전도도는 농도에 의존하기 때문에 몰 이온 전도도 농도라는 개념이 필요하며, 이때 몰 이온 전도도는 이온 전도도를 농도로 나누어 줌으로서 얻어진다. 식 (4.49)에서 1000의 값은 몰농도의 체적 단위가 dm를 사용하는데 기인한 것이다. 이온의 이동도(ionic mobility, μ_i)는 농도에 반비례하며 무한 희박 용액에서 가장 높으며 이때의 몰이온 전도도(Λ_0)와 일반 용액의 몰이온 전도도(Λ)는 Λ_0와 농도의 관계로 나타낼 수 있으며 (Λ/Λ_0)는 활동도(α)이다.

$$\Lambda = \frac{1000\ \sigma}{M} \quad (\mathrm{Scm^2mol^{-1}}) \tag{4.49}$$

$$\Lambda = n_+\Lambda_+ + n_-\Lambda_- \tag{4.50}$$

$$\Lambda_0 = n_+\Lambda_{0+} + n_-\Lambda_{0-} \tag{4.51}$$

$$\Lambda = \Lambda_0 - (A\Lambda_0 + B)C^{1/2} \tag{4.52}$$

$$\alpha \cong \frac{\Lambda}{\Lambda_0} \tag{4.53}$$

n_+는 양이온의 몰수, n_-는 음이온의 몰수, Λ_+는 양이온의 몰전도도, Λ_-는 음이온의 몰전도도, Λ_{0+}는 양이온의 한계 몰전도도, Λ_{0-}는 음이온의 한계 몰전도도, A와 B는 상수이다. 식 (4.52)는 전기적 인력에 의한 완화효과(relaxation effect)와 전기이동효과(electrophoretic effect)를 고려하여 유도된 Onsager 식으로서 몰이온 전도도의 농도 의존성을 나타낸다. 전도도에 기여하는 이온종의 기여도를 이동계수(t_i, transference number)로 나타내며 이온종에 의한 전하 이동의 기여 분율이다. 리튬이차전지에 있어서 바람직한 리튬이온의 이동계수는 1로서 타 양이온이나 음이온에 의한 전하 이동이 없어야 한다. NaCl, HCl, KOH 등 1:1 전해질의 경우 모든 이온종의 농도는 동일하므로 아래 나타낸 t_+의 식으로 간략히 나타낼 수 있다.

$$t_i = \frac{\Lambda_i C_i}{\Sigma \Lambda_i C_i} \tag{4.54}$$

$$t_+ = \frac{\Lambda_+}{\Lambda_+ + \Lambda_-} \quad \text{(1:1 전해질의 경우)} \tag{4.55}$$

$$t_+ = 1 - t_- \quad \text{(1:1 전해질의 경우)} \tag{4.56}$$

H. 확산계수

확산계수는 고체, 액체, 기체의 매질에서 물질의 확산 정도를 정량적으로 나타내기 위한 것이며 단위는 m^2/s이다. 수용액 중의 이온이나 분자의 확산계수는 $\sim 10^{-9}\ m^2/s$이고 비수용액의 경우는 $10^{-10}\ m^2/s$이다. 용액 중에서의 확산계수는 Nernst-Einstein식(식 (4.57))과 Stokes-Einstein식(식 (4.58))으로부터 구할 수 있다. 전극 활물질에서의 확산계수는 전기화학적인 방법으로 GITT, PITT, 교류 임피던스 분석법으로부터 구할 수 있다.

$$D_i = \frac{\Lambda_i RT}{(n_i F)^2} \quad \text{(Nernst-Einstein Eq)} \tag{4.57}$$

Λ_i : 몰이온 전도도, F : Faraday 상수

$$D_i = \frac{kT}{6\pi r_i \eta} \quad \text{(Stokes-Einstein Eq)} \tag{4.58}$$

r_i : 용매화된 이온의 유효 반경, η : 점도

그림 4.1.43으로부터 확산 진동수(f_T)를 구한 후 식 (4.59)를 이용하여 확산계수를 구할 수도 있다.

$$\widetilde{D}_{Li^+} = \frac{\pi f_T r^2}{1.94} \tag{4.59}$$

4-1-8 EQCM 분석법

EQCM(Electrochemical Quartz Crystal Microbalance) 분석법은 전기화학 반응이 진행하는 동안에 일어나는 전극의 무게 변화를 실시간(*in-situ*) 모니터링하는 방법이다. 이 방법의 작동원리는 전극에 축적된 무게가 수정진동자의 공명진동수 변화에 비례한다는 사실을 기초로 한다[13, 14]. 그림 4.1.45는 EQCM 장치의 모식도이다.

EQCM을 이용하여 얻은 무게 변화를 흡착된 물질의 당량 무게로 계산하면, 어떤 물질이 흡착되었는지 유추해낼 수 있다. 전극-전해질 계면에서 일어나는 전극의 용출, 전해질 분해, 표면층 형성 등을 야기시키는 전극의 산화 · 환원 반응

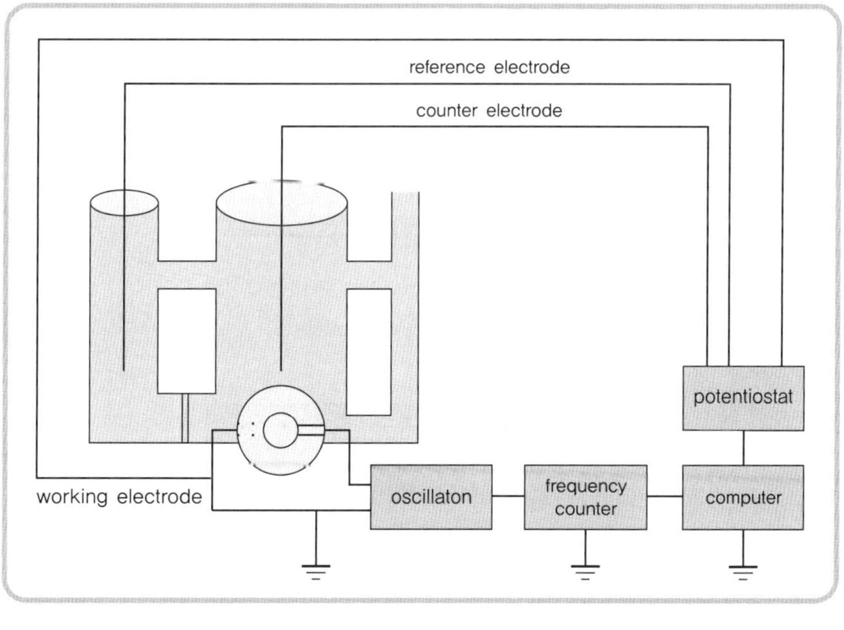

그림 4.1.45 EQCM 장치의 모식도(Reproduced with permission from Copyright 1991 Marcel Dekker)

은 전극의 무게를 증가 또는 감소시킬 수 있으므로 EQCM법을 통해 계면 현상들을 분석할 수 있다.

EQCM에 사용되는 수정진동자는 압전체로서 외부로부터 압력에 해당하는 물리적 힘이 가해지면 압전체인 쌍극자의 방향을 변화시켜 탄성적인 격자 변형과 전단 변형을 유발한다. 따라서 수정진동자에 대한 섭동(perturbation) 전압은 표면에 평행한 진동을 유발한다. 이 진동은 수정진동자 두께만큼 통과하는 횡음파(transverse acoustic wave)를 발생시키고 이때의 파장(λ)은 식 (4.60)과 같이 표시된다.

$$\lambda = 2\,t_q \Rightarrow \lambda/2 = t_q \tag{4.60}$$

전기화학 반응에 의해 수정진동자 표면에 새로운 표면층이 형성되는 경우, 그 표면층의 두께를 t_r이라 하면, 음파의 파장이 식 (4.61)과 같이 주어지며 그 변화를 그림 4.1.46에 나타내었다.

$$\lambda/2 = t_q + t_r \tag{4.61}$$

파장의 변화에 따라 진동주파수도 변하게 되며, 위와 같이 표면에 일어나는 무게변화는 진동주파수 변화로 직결되며 식 (4.62)와 같은 Sauerbrey 식이 성립된다.

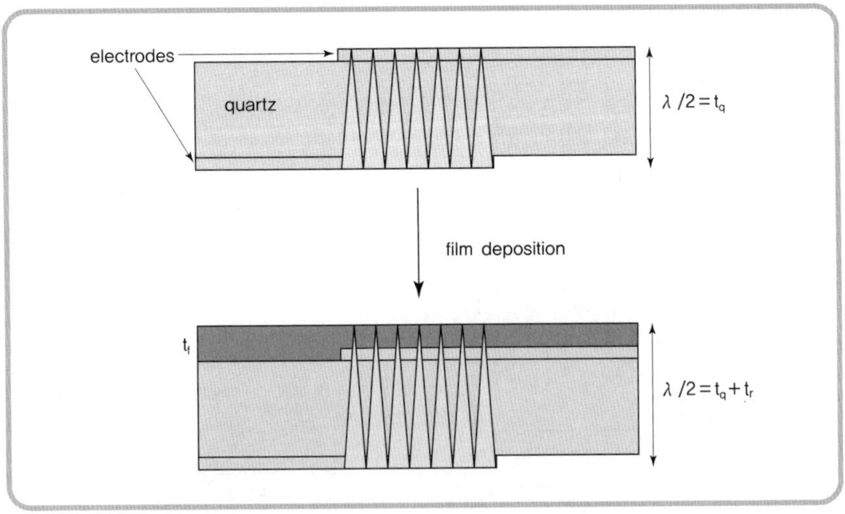

그림 4.1.46 수정진동자내에서의 횡음파와 수정진동자와 시료소재 막으로 이루어진 복합 공명자의 횡음파 비교

$$f_o = \upsilon_{tr}/2t_q = (\mu_q^{1/2}/\rho_q^{1/2})/2t_q$$
$$\Delta f/f_0 = -\Delta t/t_8 = -2f_0\Delta t/\upsilon_{tr}$$
$$\Delta f = 2f_o^2 \Delta m/A(\mu_q \rho_q)^{1/2} \quad (4.62)$$

여기서, f는 측정된 수정진동자의 진동주파수, f_0는 초기 수정 진동자의 진동주파수, Δm은 무게 변화, A는 압전 활성 면적(piezoelectrically active area) ρ_q는 수정의 밀도, μ_q는 전단강도(shear modulus)이고, $\Delta t = \Delta m/\rho_q A$이므로 Δt를 면적당 밀도(areal density) Δm/A로 표시할 수 있다[12, 13]. 위의 식을 간략화 하면 식 (4.63)과 같이 정리할 수 있다.

$$-\Delta f = C \cdot \Delta m \quad (4.63)$$

여기서, C는 수정진동자 상수이다[15]. 전하전달에 해당되는 질량값을 단위전자 몰당으로 나타낸 것을 mpe(mass per equivalent)라 하며 식 (4.64)로 표시할 수 있다.

$$\text{mpe} = \frac{\Delta f \cdot F}{C \cdot Q} \quad (4.64)$$

또, 식 (4.63)을 식 (4.64)에 적용하면, 특정 순간(instantaneous)의 mpe에 관한 식 (4.65)를 구할 수 있다.

$$\text{instantaneous mpe}(W'/z) = -F\left(\frac{\Delta m}{\Delta Q}\right) \quad (4.65)$$
$$= -\left(\frac{F}{i}\right)\left(\frac{\Delta m}{\Delta E}\right)\left(\frac{\Delta E}{\Delta t}\right)$$

위 식에서, W'는 순간 분자량, z는 원자가 수, F는 Faraday 상수, Δm은 질량 변화, ΔQ는 전극에 전달된 전하량, i는 특정 전압 영역에서 흐르는 전류이고, $(\Delta M/\Delta E)$는 전압에 대한 질량의 변화율, $(\Delta E/\Delta t)$는 순환전압주사법의 주사속도이다[16].

전기화학 반응의 전하 전달이 전극 무게가 증가되는 반응만으로 이루어진다면 mpe 값은 전극 표면에 침착된 물질의 무게가 된다. 따라서 E 또는 t의 함수로 mpe 값을 구하면 각 반응단계로부터 생성되는 물질들을 알 수 있어, 어떤 전기화학반응이 진행되는지를 확인할 수 있다.

이 분석 방법은 리튬전지 분야에서는 주로 전극-전해질 상호작용에 관한 연구에 사용되어 왔다. 음극인 리튬 금속과 전해질과의 반응으로 인해 표면층이 형성되는데 이때 발생하는 무게의 변화를 관찰한 예도 있다[15].

또한, 집전체로 사용되는 알루미늄의 부식현상을 분석하는 사례도 있다. 부식반응은 전극성분의 일부분이 전해질로 용출되거나, 부식생성물이 전극 표면위에 침착될 수도 있는데 이러한 무게 변화를 EQCM으로 관찰할 수 있다[16].

그림 4.1.47는 양극물질인 $LiMn_2O_4$ 박막의 저장시간에 따른 mpe의 변화를 EQCM을 이용하여 측정한 것인데, 싸이클 도중 Mn이 부분적으로 용출되는 것이 확인되고 있다. 동시에 개방회로전압을 측정함으로써, 화학 반응의 종류도 유추해 낼 수 있다. 무게 감소의 원인은 다음 반응에 의한 MnO_2의 용출로 해석되고 있다[17].

$$2H_2O + 2PF_6^- \rightarrow 2POF_3 + 4H^+ + 6F^- \quad (1)$$

$$2LiMn_2O_4 + 4H^+ \rightarrow 3\lambda\text{-}MnO_2 + Mn^{2+} + 2H_2O \quad (2)$$

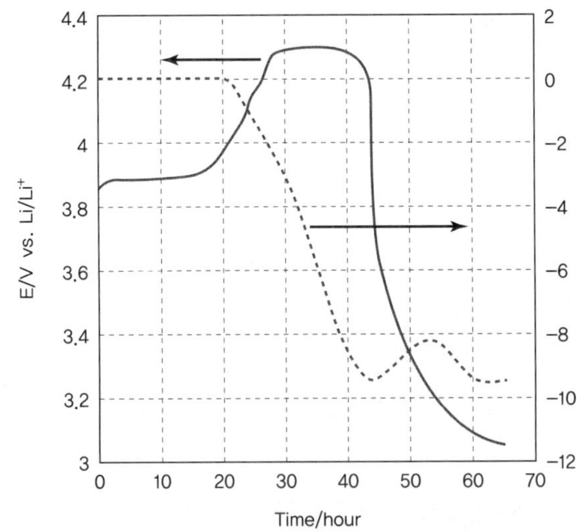

그림 4.1.47 50 ℃ 1M $LiPF_6$/PC/EC(1:1) 전해질에 담긴 $LiMn_2O_4$ 박막의 저장시간에 따른 OCV와 mpe 변화

참고문헌

[1] 백운기, 박수문, 전기화학, 청문각 (2003).

[2] J. Wang, Analytical Electrochemistry, 3rd Ed., Wiley-VCH (2006).

[3] 변수일, 재료전기화학개론, 시그마프레스 (2001).

[4] K.N. Jung, S.I. Pyun, Electrochim. Acta **52** (2007) 5453.

[5] E. Deiss, Electrochim. Acta **50** (2005) 2927.

[6] S.W. Kim, S.I. Pyun, J. Electroanal. Chem. **528** (2002) 114.

[7] M.A. Vorotyntsev, M.D. Levi, D. Aurbach, J. Electroanal. Chem. **572** (2004) 299.

[8] E. Deiss, Electrochim. Acta **47**(2002) 4027.

[9] M.E. Orazem, B. Trobollet, Electrochemical Impedance Spectroscopy, Wiley (2008).

[10] J.R. Scully, D.C. Silverman, M.W. Kendig, Electrochemical Impedance: Analysis and Interpretation, American Soc. for Testing and Materials (1993).

[11] E. Barsoukov, J.R. Macdonald, Impedance Spectroscopy, 2nd ed., Wiley-Interscience (2005).

[12] R.E. White-J.O' M. Bockris-B.E. Conway, Modern Aspects of Electrochemistry, Kluwer Academic Plenum Publishers Chap. 2 (1999) p32.

[13] D.A. Buttry, M.D. Ward, Chem. Rev. **92** (1992) 1355.

[14] A.J. Bard, Electroanal. Chem., Marcel Dekker, New York (1991).

[15] D. Aurbach, M. Mashkovich, J. Electrochem. Soc. **145** (1998) 2629.

[16] S.W. Song, T.J. Richardson, G.V. Zhuang, T.M. Devine, J.W. Evans, Electrochim. Acta **49** (2004) 1483.

[17] I. Uchida, M. Mohamedi, K. Dokko, M. Nishizawa, T. Itoh, M. Umeda, J. Power Sources **97-98** (2001) 518.

4-2 소재 물성분석

4-2-1 X-선 회절분석(X-ray diffraction analysis)

A. X-선 회절분석의 원리

X-선 회절분석은 고체시료를 이루고 있는 원자들의 규칙적인 배열에 의해 형성된 격자면들로부터 X-선이 회절된 패턴을 분석하여 시료의 상(phase)과 결정구조를 파악하는 방법이다.

고체 결정 시료 내부에서는 원자들이 주기적으로 배열하여 공간격자를 형성하고 있으며 그 간격은 수 Å 정도이다. X-선은 파장이 약 1 Å인 전자기파로, 파장이 원자의 크기와 비슷하다. 이러한 X-선이 고체결정에 입사되면, 각 원자로부터 산란된 X-선이 서로 간섭해서 회절현상이 나타난다. 같은 간격으로 주기적으로 늘어선 원자들의 격자면(plane)의 간격을 d(Å), 그 면에 대한 X-선의 입사각과 반사각을 θ라고 하면, 인접한 격자면에 의한 산란파와 광로차(light path difference)에 해당하는 $2d \sin \theta$가 파장(λ)의 정수배 n과 같을 때만 위상이 일치하여 회절이 일어난다. 이는 다음 식으로 표시되며, 이를 Bragg의 법칙이라 한다.

$$n\lambda = 2d \sin \theta \qquad (4.66)$$

X-선 회절패턴에 나타나는 피크들의 2θ 위치로부터 격자면간 거리인 basal spacing(d)를 위의 Bragg 법칙을 통해 구할 수 있다[1-3]. 회절 패턴에 나타난 모

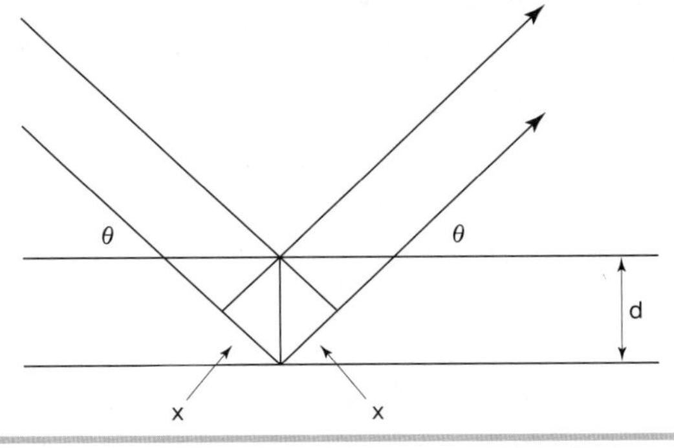

그림 4.2.1 Bragg의 법칙을 표현하는 X-선 회절 현상의 도식

든 피크의 위치를 분석함으로써 결정 구조내의 격자면의 분포를 추정할 수 있고 이를 통해 결정구조에 대한 정보를 얻을 수 있다.

일반적으로 XRD 분석을 이용하여 얻을 수 있는 정보는 다음과 같다.

(1) 결정상 확인(crystalline phase identification): 결정구조는 결정상의 공간군(space group)과 단위셀(unit cell) 인자를 구함으로써 확인할 수 있다. 패턴상의 피크 위치와 피크강도로부터 시료의 결정상(crystalline phase)을 확인할 수 있다. 이때 JCPDS(Joint Committee on Powder Diffraction Standards), International Center for Diffraction Data(ICDD)가 보유한 분말회절패턴 데이터베이스(database) 표가 유용하게 사용된다. JCPDS 카드는 이미 알려진 물질에 대한 결정상 정보를 모아 놓은 것으로, 그 안에 그 물질의 공간군, 단위격자크기 등의 결정학적 정보와 회절 패턴의 피크 정보들이 수록되어 있다. 또한 불순물이 있는 경우 불순물의 정성적 확인도 가능하다. 실제 시료의 경우, 간혹 단일상(single phase) 물질의 패턴과 함께 소량의 불순물의 패턴이 겹쳐져 나타나기도 한다. 불순물의 XRD 검출한계는 약 2 *ωt %*이므로 그 이하 함량의 불순물들은 XRD 분석으로 확인하기 어렵다. 특정 격자면으로 배향되어 형성된 나노구조의 분말시료 또는 박막시료의 경우, 그 배향 격자면의 피크 크기가 다른 피크들보다 강하게 나타나는 특징이 있다.

(2) 결정화도(crystallinity): 결정성이 높은 물질은 X-선 회절패턴에서 뾰족한 피크 모양(좁은 half-width)을 보이는 반면, 액체나 유리(glass) 상을 나타내는 물질들은 비정질성을 띄므로 피크가 넓게 분산되어 나타난다. 고분자의 경우, semicrystalline특성의 패턴을 보이는데 이는 시료 내에 결정체가 부분적으로 존재하기 때문이다. 따라서 분말 XRD를 이용하면 피크의 모양과 세기로부터 물질의 결정화도를 구할 수 있다.

(3) 결정크기(crystallite size): 입자크기는 X-선 피크의 넓어지는 효과(line broadening effect)를 근거로 하는 Scherrer 식으로부터 구할 수 있나. 분말시료의 입자크기가 평균 0.2-20 μm정도이며 결정성이 높은 1차(primary) 입자의 경우, 회절선이 선명하게 구분되어 관측된다. 이 1차 입자의 크기가 0.2 μm보다 작게 되면, 즉, 수십에서 수 나노미터 정도의 입자크

기가 되면, 회절선의 폭이 넓어진다. 그리고1차 입자의 크기가 20 Å 정도 이하로 작아지게 되면 비결정질성의 회절 패턴을 보인다. Scherrer식은 이러한 현상을 이용하여 평균 입자크기를 구할 수 있게 하며, 식 (4.67)로 주어진다.

$$t = k\lambda / B \cos \theta \tag{4.67}$$

여기서, t는 입자크기, k는 피크 모양 함수(보통 0.9값을 가짐), λ는 X-선 파장, B는 피크의 중간 높이에서의 폭(full width of the peak at half maximum; 일반적으로 radian으로 표현됨), 그리고 θ는 입사각을 각각 나타낸다.

이 외에도, 입자의 불균일 변형(random strain, non-uniform distortion) 등을 알 수 있다. 즉, 결정이 국부적으로 다른 변형을 받으면 격자면 간격이 변화해서 회절선의 폭이 넓어지게 된다. 이 효과는 회절각이 클수록 크기 때문에, 회절선 폭의 각도 의존성을 조사하여 결정의 불균일 변형 정도를 확인할 수 있다.

XRD 장치는 그림 4.2.2와 같이 기본적으로 X-선 source, goniometer, filter, sample, 회절된 X-선을 모으는 detector로 이루어져 있다. X-선 source에 X-선 타깃(target)이 있는데 타깃 필라멘트에 고압을 인가하면 X-선이 발생하며, 타깃으로 주로 Cu가 많이 사용되고 있다.

고속의 전자가 원자에 충돌하면, 핵에 가까운 내측 각(shell)의 전자가 튀어나와 빈자리를 만들고, 이 빈자리에 외측 각의 전자가 들어와 채워진다. 에너지가

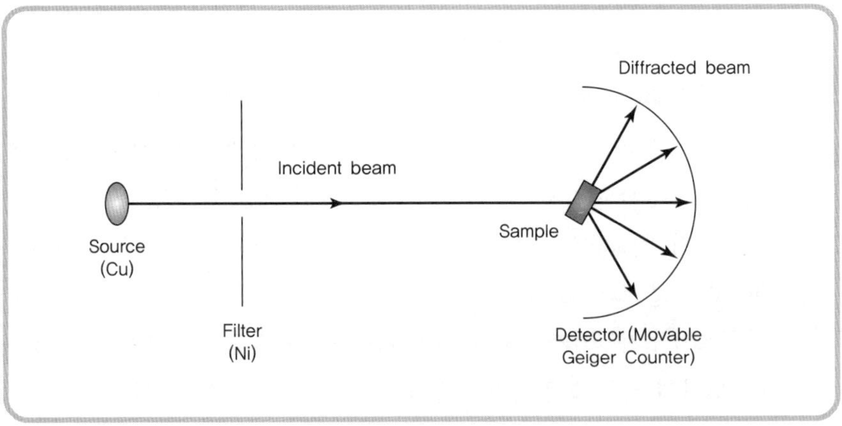

그림 4.2.2 XRD 장치 도식도

높은 궤도에서 낮은 궤도로 이동한 전자는 그 에너지 차이에 해당하는 전자기파를 방사하게 되는데 이것이 X-선이다. K 각의 빈 자리가 L 각으로부터 이동된 전자에 의해 채워져 생기는 X-선을 K_α, M 각의 전자로부터 채워지면 K_β선이 된다. X-선 회절광원으로 대부분 Cu- K_α선을 사용하며, K_β선은 필터를 이용하여 제거할 수 있다. K_β선을 제거하기 위해 보통 원자번호가 1-2 더 낮은 원소가 필터로 사용된다. 예를 들어 Ni 박막이 Cu의 K_β선을 강하게 흡수하므로, XRD 측정시 Ni-filtered Cu-K_α 광원을 많이 사용한다.

B. Rietveld 법(Rietveld refinement)

Rietveld 법은 분말시료의 회절패턴을 측정하고, 이를 계산을 통해서 얻은 회절패턴과 비교해, 두 회절패턴간 차이를 최소화시켜 시료의 결정구조를 알아내는 분석법이다. 고체시료는 그 고유의 결정 공간군의 대칭에 의해 고유의 2θ 위치에서 피크를 나타내는데, 피크의 강도, 모양, 넓이, 위치를 이용해 고체시료 구조를 결정할 수 있다. 예전에는 단결정 시료에 대해서만 결정구조를 해석하는 것이 가능했으나, Rietveld 법이 개발됨에 따라 분말시료에 대해서도 결정의 국부구조에 대한 자세한 정보를 얻을 수 있게 되었다. Rietveld 법에 의한 해석결과는 단결정법에 비해서 그 정확도는 약간 낮으나, 단결정을 키울 수 없는 경우 또는 단일상을 얻을 수 없는 물질에 적용할 수 있어 매우 유용하다[3].

Rietveld 법은 단위셀(unit cell)의 격자상수, 단위셀 내 원자의 위치(x, y, z)와 충진도(site-occupancy), 온도인자 등 결정구조 인자와, base line, 피크의 모양 등의 인자를 이용하여, 분말의 X-선 회절패턴의 각 회절각 2θ에 대한 관찰된 강도 I_{obs}와, 예상되는 결정구조로부터 계산한 강도 I_{cal}가 잘 일치하도록 최소 자승법(least square method)으로 결정하는 방법이다(표 4.2.1참조). 그림 4.2.3에서 볼 수 있듯이, 측정한 회절패턴과 계산된 회절패턴이 겹쳐져 나타나고 두 회절패턴의 차이가 가장 아래에 보이는 선이다[4]. 회절패턴 아래의 수직선들은 각 (hkl) miller index에 해당하는 피크의 위치를 나타낸다. 각 회절 데이터에 주로 사용되는 세부조절(refinement) 인자로 scale factor, zero point, background, 단위셀 격자상수(a, b, c), 원자 위치(site, x, y, z), 열(thermal) 인자(B), 피크 모양, peak half-width, 충진도 등이 있다. 여기서 충진도는 각 원자가 해당 원자위치에 있을 확률을 나타내고, 1이 100 %에 해당한다. 같은 원자위치에 제 2의 원소가

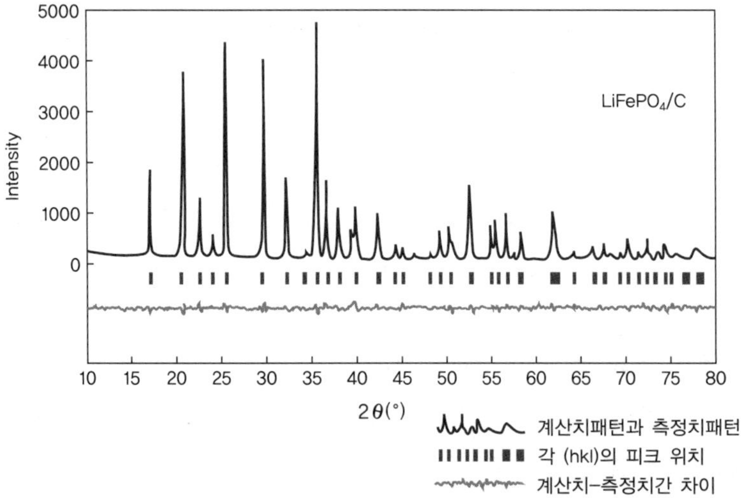

그림 4.2.3 $LiFePO_4$의 Rietveld refinement [4]

치환되어 결정구조의 변화를 야기시키면, 충진도 분율이 그 치환양에 따라 변화될 수 있다.

피크의 모양을 나타내는 함수로 Gaussian, Lorentzian, Pearson, pseudo-Voigt 등 중에서 선택해서 사용하는데, 주로 pseudo-Voigt 함수가 주로 사용된다. 세부조절을 통하여 최소 자승법으로 측정된 값과 계산된 값의 차이 R_{wp}(weighted pattern R factor)를 최소화시켜 인자들을 결정(refinement)한다. R_{wp}는 식 (4.68)과 같이 정의된다.

$$R_{wp}=[W_i(Y_i(\mathrm{obs})-(1/c)Y_i(\mathrm{cal})^2)]\ /\ [W_i(Y_i(\mathrm{obs}))^2]^{1/2} \qquad (4.68)$$

여기서, Y_i는 step-scanned 패턴에서 i 번째 step에서의 강도, c는 scale factor, W_i는 weight factor이다. R_{wp}를 최소자승법으로 최소화할 때 통상 10이하의 값일 경우, Rietveld 결과를 신뢰할 수 있게 된다.

Rietveld 법으로부터 표 4.2.1에서 보는 바와 같이 결정구조에 대한 정보를 얻을 수 있다. 결정구조 내에서의 각 원자의 위치가 x, y, z 좌표로 결정되고, 각 원자위치당 충진도 g도 얻어진다. B는 열 인자로서 해당 원자의 열적 움직임 정도가 크면 그 값이 증가하는데, 원자번호가 낮을수록 그 값이 크다. 표 아래의 R

값들은 최종 세부조절 후 최소화된 R 값들로서, R 값이 작을수록 측정된 회절패턴과 계산된 패턴간 차이가 작음을 의미한다.

표 4.2.1 Rietveld 법으로 부터 얻은 $LiFePO_4$의 결정구조 정보

원자	site	g	X	y	z	B/Å^2
Li(1)	4a	1	0	0	0	1
Fe(1)	4c	1	0.28223(12)	1/4	0.9748(4)	0.6
P(1)	4c	1	0.0955(2)	1/4	0.4177(5)	0.6
O(1)	4c	1	0.0948(6)	1/4	0.7440(12)	1
O(2)	4c	1	0.4565(7)	1/4	0.2074(11)	1
O(3)	8d	1	0.1661(5)	0.0472(7)	02835(7)	1

공간군(space group) Pnma, a=10.3234(8) Å, b=6.0047(3)Å
c=4.6927(3) Å, R_{wp}=8.85

C. *In-situ* XRD

리튬이차전지용 양극 및 음극소재는 리튬이온이 intercalation 또는 deintercalation 됨에 따라 그 결정구조가 변화하는 경우가 많은데, XRD 패턴에서 피크의 위치 변동 또는 강도 변화 등으로 그 변화를 추적할 수 있다. *Ex-situ* XRD로 이러한 변화를 관찰하려면, 셀의 전기화학반응을 끝내고 셀을 씻고 건조처리를 해야 하는데, 이 과정 중에 셀이 열역학적으로 보다 안정한 상태로 변화할 수 있기 때문에, 실제로 전기화학 반응 중 일어나는 구조적 변화를 정확히 추적하기 힘들다. *In-situ* XRD 방법을 이용하면 이런 문제없이 실시간으로 결정구조 변화를 관찰할 수 있다.

우선 *in-situ* 실험을 하기 위해서는, 그림 4.2.4와 같은 *in-situ* 분석용 전기화학 셀이 필요하다. *In-situ* XRD 셀을 설계하는데 있어서 특히 고려해야 할 점은, XRD는 벌크시료 분석법[5]이지만 리튬이차전지의 전기화학실험 중 관찰되는 전위는 입자들 표면에서 일어나는 반응에 의해 지배된다는 것이다. 이에 따라, 입자들의 표면반응이 입자내부로 전달되어 평형에 도달하는 시간을 가급적 최소화하여야 한다. 아울러, 전류밀도가 입자들마다 균일하게 분배되어야 하며, 전지의 내부저항이 최소화되어야 하고, 또 싸이클 동안 전해질의 양이 일정하게 공급

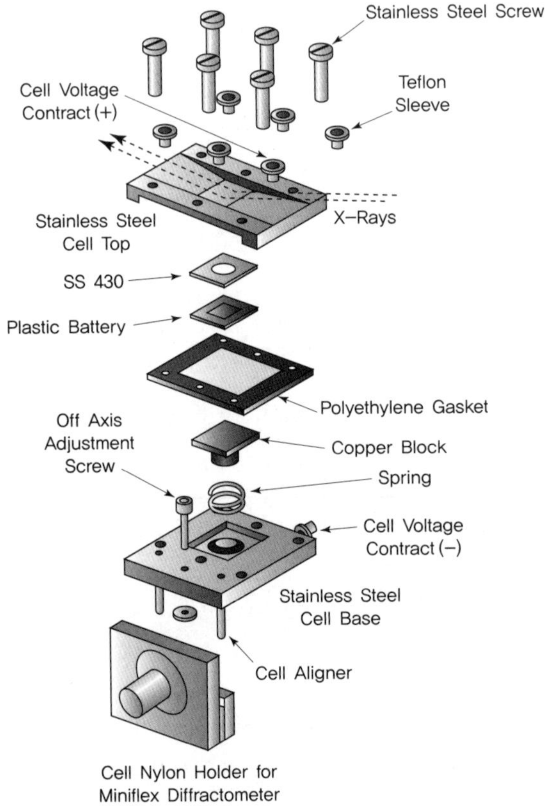

그림 4.2.4 *in-situ* XRD 셀의 도식 [5]

되어야 한다[6]. 이 외에도, XRD 빔이 통과하도록 투명한 창(window)이 필요한데, 부도체 소재의 창을 사용하여 액체 전해질을 넣을 수 있도록 하고 액체가 새어 나오지 않도록 완전히 밀봉해야 하므로, 기계적 강도가 높은 Be 창이 주로 사용된다.

기존에는 분석대상 전극소재를 Be 창에 닥터-블레이드(doctor-blade) 기술로 직접 페인팅하는 방법으로 *in-situ* 셀을 제작해 사용했으나[7], 4.2 V 이상의 높은 전위영역에서는 Be가 산화되기 때문에 산화가 잘 되는 양극소재를 분석하기에는 큰 문제가 있었다. 이 문제는 Be window와 분석대상 전극간의 에어 간격(air-gap)을 두어 Be가 전해질과 직접 접촉하는 것을 방지함으로써 해결되었고, 이 셀을 Bellcore 타입셀 이라고 한다[5, 8].

위와 같은 *in-situ* 셀을 이용하여 $LiCoO_2$와 $LiNiO_2$에서 모든 리튬을 탈리 시킴에 따라 남게 되는 최종 상인 CoO_2, NiO_2의 XRD 패턴을 얻음으로써, 그림 4.2.5 및 4.2.6 에서 보는 바와 같이 deintercalation에 의해 어떻게 결정구조가 변화하는지를 XRD 상으로 확인하고 분석하는데 성공하였다 [5, 9].

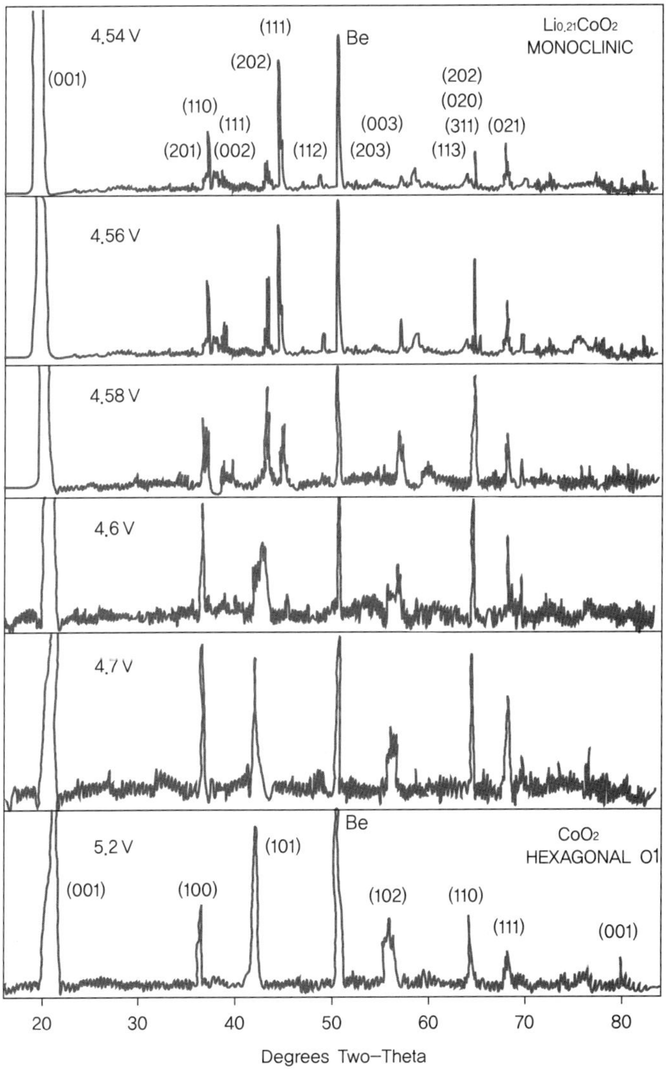

그림 4.2.5 $LiCoO_2$로부터 리튬 탈리량을 변화시키면서 측정한 *in-situ* XRD 패턴 [5]

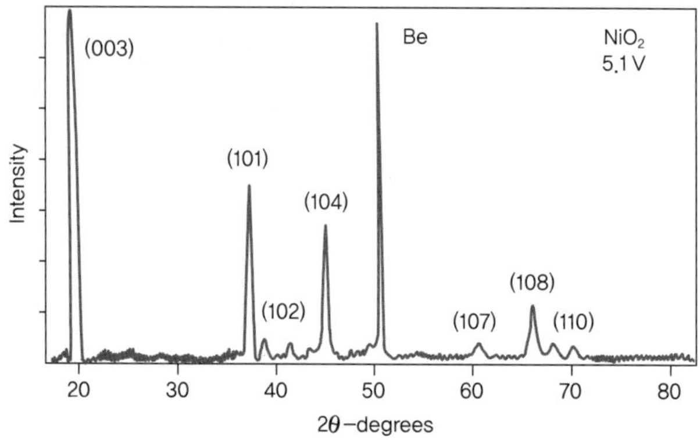

그림 4.2.6 $LiNiO_2$로부터 모든 리튬을 탈리시킨 후 측정한 NiO_2의 *in-situ* XRD 패턴 [15]

또 다른 예로, 합금 타입의 Sn계 음극소재를 스퍼터링(sputtering)법으로 유리기판 위에 직접 전극박막을 제작해, *in-situ* XRD로 분석한 결과가 그림 4.2.7에 나타나 있다[10]. 위, 아래의 그림 중 아래쪽에 나타난 그림은 제작된 셀의 충·방전 시 시간과 전압에 따라 XRD 패턴을 얻었으며, 그 결과를 위쪽 그림에 표시하였다.

다른 방법으로는 그림 4.2.8에서 보는 바와 같이 X-선을 투과하는 셀을 이용하는 것인데, synchrotron X-ray source가 필수적이지만 셀 제작이 용이하고 X-선을 조사하는 각도를 변화시킴으로써 샘플을 투과하는 깊이를 조절할 수 있다는 장점이 있다[11, 12]. XRD 패턴에서 구리나 알루미늄 집전체의 피크가 크게 나타날 수 있는데, 집전체의 두께를 얇게 할 경우 이러한 문제는 해결될 수 있다. 실제 10~25 μm 두께의 상용화된 집전체의 경우 이런 문제는 없는 것으로 알려지고 있다.

그림 4.2.9는 PLIon™타입의 셀을 이용한 *in-situ* synchrotron 회절분석 결과이다. $LiMn_2O_4$ 스피넬 양극소재에서 리튬이 탈리되면서 산화되는 과정 중 3.3 V, 3.95 V에서 새로운 중간체 상이 생성되나, 리튬삽입반응에 의해 환원되면 그 중간체 상이 소멸되는 현상을 분석하여 중간체 상의 결정구조가 이중육각정계(double hexagonal)임을 알 수 있다[13]. 그림 4.2.9의(a)에서(f)는 $LiMn_2O_4$의 충전, 방전 정도에 따른 패턴변화를 나타낸다.

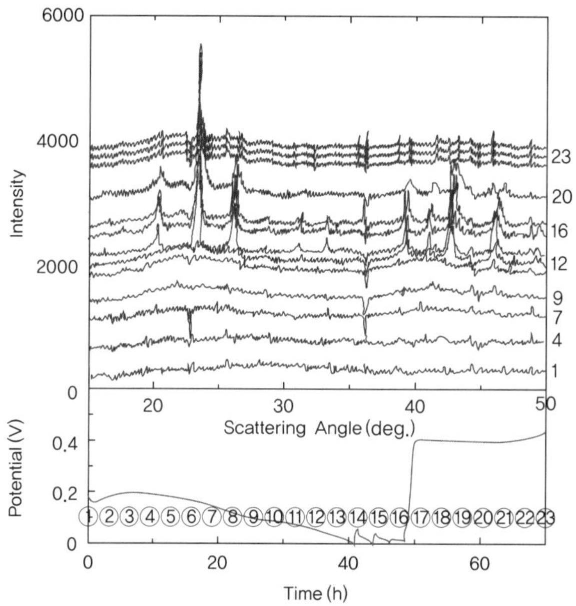

그림 4.2.7 Sn계 음극소재의 *in-situ* XRD 패턴 [10]

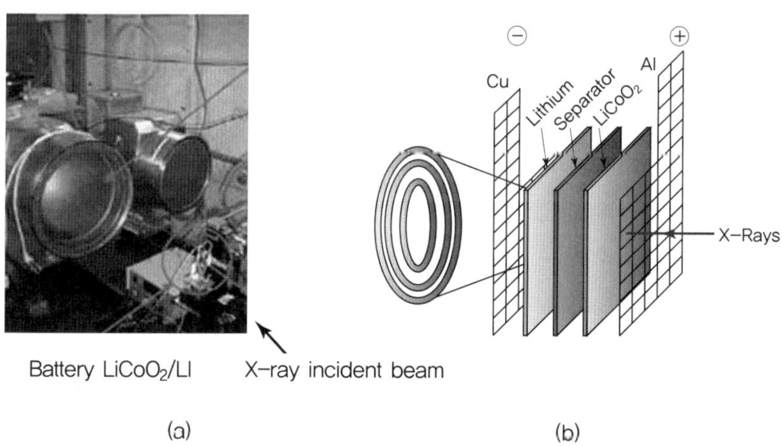

그림 4.2.8 X-선이 투과하는 얇은 플라스틱 PLIon™ *in-situ* 셀

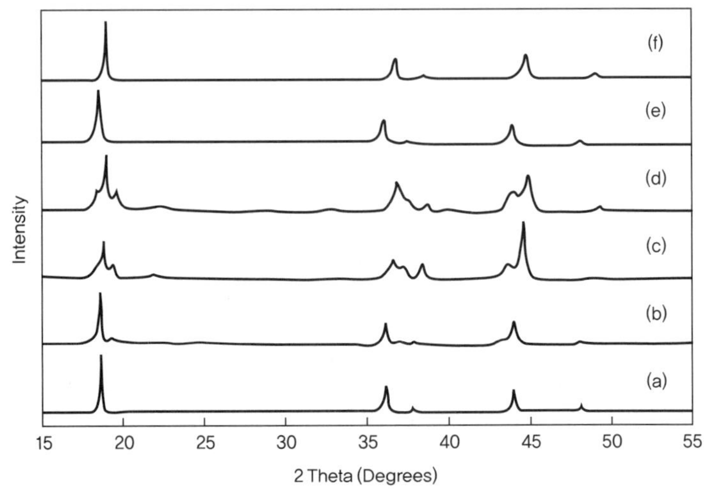

그림 4.2.9 $LiMn_2O_4$로부터 리튬 deintercalation/intercalation 상태를 변화시키면서 측정한 *in-situ* XRD 패턴. (a) $LiMn_2O_4$, (b) $Li_{0.8}Mn_2O_4$, (c) $Li_{0.5}Mn_2O_4$, (d) $Li_{0.1}Mn_2O_4$, (e) $LiMn_2O_4$(4.8V 충전 후, 3.0V 방전), (f) $Li_{0.8}Mn_2O_4$ (초기상태: $Li_{1.05}Mn_{1.95}O_4$) [13]

4-2-2 FTIR 및 Raman 분광학

전자파(electromagnetic radiation)는 그 에너지 세기 또는 주파수에 따라 그림과 같이 여러 에너지 영역으로 나누어지는데, 이에 대한 그림이 4.2.10에 나타나 있다. 이 중 적외선 및 가시광선 영역은 분자의 진동 에너지 영역에 해당한다[14]. 이러한 물질의 진동 현상을 이용하여 물성을 측정하는 장치로서 FTIR 및 Raman이 대표적이다.

A. FTIR 분광분석법

공유결합을 가지는 화합물은 적외선 영역에서 전자파를 흡수한다. 적외선은 물질 내에 존재하는 공유결합 분자를 stretching 또는 bending 시킨다. 분자의 진동 주파수와 적외선의 주파수가 일치할 때 적외선 흡수가 일어난다[15, 16]. 흡수된 적외선 에너지는 다음과 같은 분자의 진동에너지에 있어서 레벨간 전이를 유도한다.

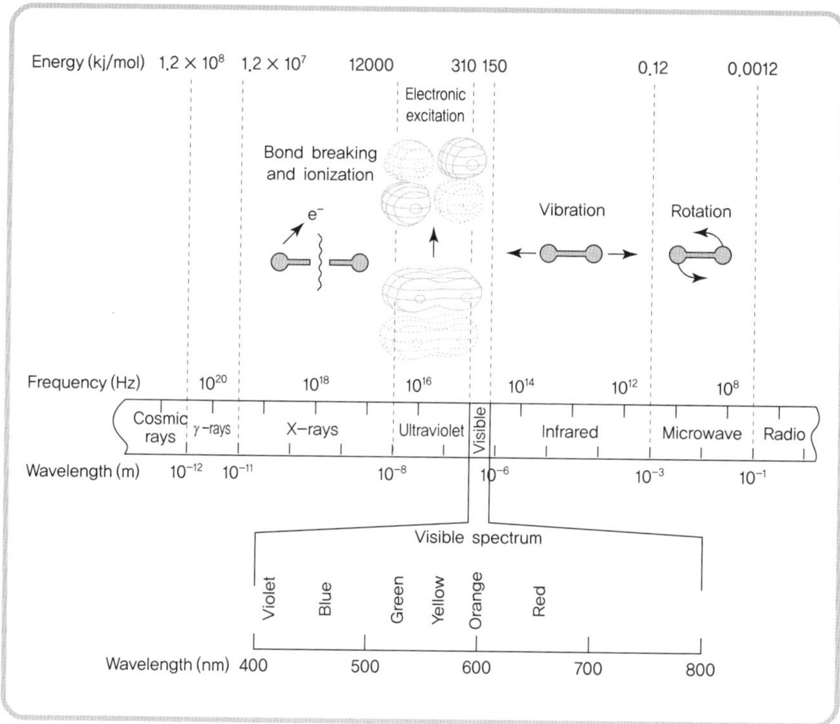

그림 4.2.10 에너지 세기와 주파수에 따른 전자기 복사선의 종류

분자가 기저(ground) 진동에너지 상태로부터(n=0) 첫 번째 여기된(excited) 진동상태(n=1)로 전이되면 기본(fundamental) 전이가 일어나고 진동의 진폭이 늘어난다. 이때 fundamental 전이의 파상은 나음과 길다.

$$\nu(0\rightarrow1)=\nu_0/c\ [1\text{-}2X_a] \qquad (4.69)$$

여기서 $\nu(0\rightarrow1)$은 기저상태에서 첫 번째 여기된 진동상태로의 전이, X_a는 이때 전이되는 분율, ν_0는 기저상태에서의 파장, 그리고 c는 빛의 속도를 나타낸다. 더 높은 여기상태(n=2,3,4)로의 전이를 overtone 전이라 부르는데 흡수 강도가 크지 않아 스펙트럼에서 잘 나타나지 않을 수 있다. 신동선이가 일어닐 확률은 전이 쌍극자 모멘트 제곱에 비례한다.

$$M_{\nu\nu'}=\Psi(\text{v})\ \mu\Psi((\text{v}')\ d\tau \qquad (4.70)$$

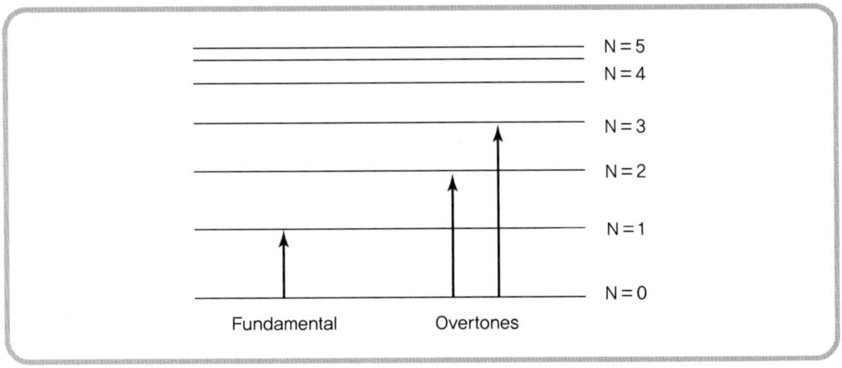

그림 4.2.11 적외선 흡수에 의한 분자의 진동에너지 전이

여기서 $\Psi(\mathrm{v})$와 $\Psi((\mathrm{v}')$는 초기, 최종상태의 진동 파동함수이고, μ는 쌍극자 모멘트이다. 분자의 진동모드가 쌍극자 모멘트를 변화시킬 수 있어야 IR 흡수가 일어나는 것이다. 다시 말하면 흡수(absorption) 밴드(또는 피크)의 강도는 다음과 같다.

$$I_{IR} = (\delta\mu/\delta q)^2 \tag{4.71}$$

여기서, μ는 쌍극자 모멘트, q는 정상적 좌표(normal coordinate)이다.

다양한 유기 작용기의 화학결합의 진동모드가 mid-infrared 영역인 4000~400 cm^{-1} 파장영역에서 관찰될 수 있으므로 적외선 분광스펙트럼을 유기화합물의 fingerprint라고 부른다.

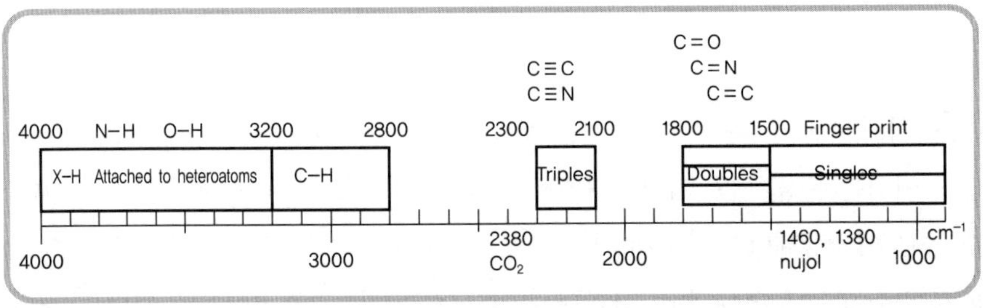

그림 4.2.12 각 작용기가 관찰되는 적외선 분광스펙트럼의 파장수 영역

흡수밴드 파장수의 이동이나 강도의 상대적 변화는 그 화합물 내의 화학구조가 변하거나 주변 화학적 환경이 변화되었음을 의미한다.

적외선분광 스펙트럼을 얻는 방법에는 투과(transmission), 반사(reflection), 확산반사율(diffuse reflectance), 내부반사(internal reflection) 등이 있다[17].

(1) 투과모드는 오로지 투명한 기판이나 시료에만 적용되며 입사광을 흡수하지 않아야 한다. 분말시료를 KBr 시료와 혼합해 펠렛화시키면 투명한 디스크 형태의 측정시편을 얻을 수 있다. 흡수된 적외선은 투과도 또는 흡광도(absorbance)로 표시될 수 있다.
(2) 반사모드는 reflection absorption infrared spectroscopy(RAIRS) 또는 infrared reflection absorption spectroscopy(IRAS)로 알려져 있는데, near grazing incidence를 할 수 있는 금속 단결정 시료 측정에 유용하다.
(3) 확산반사율(diffuse reflectance) 모드에서는 파우더(powder)의 거친 표면에서 입사광을 산란시키는데, 이때 산란광을 모두 모아 흡수 스펙트럼을 얻는다. 시료의 투과도가 높지 않아 투과모드를 이용할 수 없는 경우에 적합하다.
(4) 내부반사모드에서는, 입사광의 반사율이 매우 높은 diamond, germanium, ZnSe등과 같은 internal reflection element(IRE)의 끝에 초점이 맞춰지고 광이 IRE에 들어가면 IRE내에서 계속적인 반사가 일어난다. 이때 시료를 IRE위에 올려 접촉시키면 적외선 영역에서 낮은 반사지수를 가지는 시료가 빛을 흡수하기 때문에 높은 반사지수를 가지는 IRE의 반사율이 감소하면서 attenuated total reflection(ATR)이 얻어진다. 각각의 내부반사에서 적외선이 시료표면에서 주로 흡수되므로 표면분석에 적당하다.

리튬이차전지 분야에서는 FTIR분석을 이용해 주로 다음과 같은 정보를 얻을 수 있다.

(1) 액체 및 고분자 전해질의 성분분석 및 국부구조
(2) 무기전극물질의 국부구조
(3) 전극 표면에 형성된 SEI 층 성분 분석을 위한 *ex-situ*와 *in-situ* 분석

그림 4.2.13은 *ex-situ* 내부반사모드 FTIR분석의 예로, 1M $LiPF_6$EC/EMC(3/7) 전해질의 환원반응에 의해 전극표면에 생성된 SEI 층 성분을 분석한 결과이다. 참고시료와 전극표면의 스펙트럼을 비교하여 전극표면의 SEI 층에 lithium ethylene dicarbonate$(CH_2OCO_2Li)_2$ 성분이 있다는 것이 확인되었다[18]. SEI 층에 실제 lithium alkyl carbonate$(LiOCO_2R)$가 존재하는지 또는 이들이 불안정해 곧 anhydride(ROCOR′) 또는 carboxylate$(R\text{-}CO_2^-)$로 전환되는지 논란이 되어왔었는데, 실제 적외선 스펙트럼 상에 선명하게 감지된 lithium ethylene dicarbonate 피크가 관찰되고, 계산된 피크 주파수와 측정한 주파수가 일치하므로 그림 4.2.14의 분자 구조가 된다.

전극표면에서 일어나는 전해질의 산화-환원반응에 의해 전해질이 분해되어 전극표면에 침전 또는 흡착되어 SEI 층을 이루는데, 이 층 형성에 대한 직접적인 정보를 얻으려면 *in-situ* FTIR 방법을 사용하는 것이 가장 효과적이다. 그림 4.2.15는 *in-situ* FTIR 셀과 subtractively normalized interfacial Fourier transform infrared spectroscopy (SNIFTIRS) 기술에 의하여 얻어진 스펙트럼으로서, 이를 이용하여 리튬셀에 전기화학반응을 진행해가면서 각 전위별 PC 분해에 의한 IR 스펙트럼을 얻어 분석함으로써 전극표면에 생성되는 SEI 층 형성메커니즘에 대한 연구결과가 보고되었다[19].

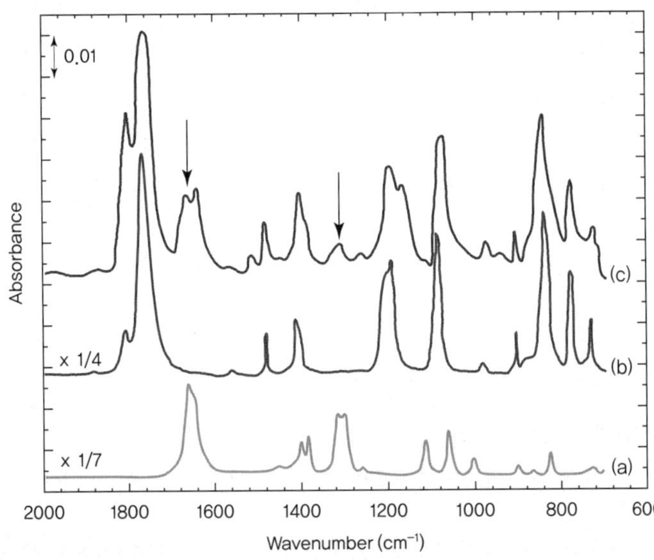

그림 4.2.13 (a) 합성된 lithium ethylene carbonate, (b) EC solvate, (c) 0.5–2.5 V에서 싸이클 시킨 Ni 전극표면의 FTIR 스펙트럼 [18]

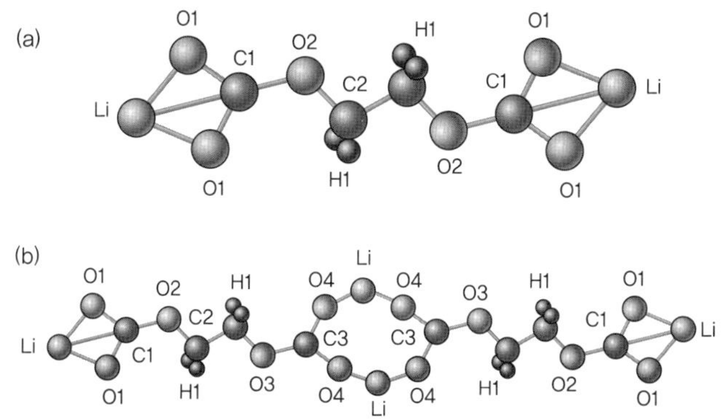

그림 4.2.14 (a) lithium ethylene carbonate, (b) dimer의 분자구조
(화학적으로 동일하지 않은 C와 O원자는 1–4의 숫자로 표기하였음) [18]

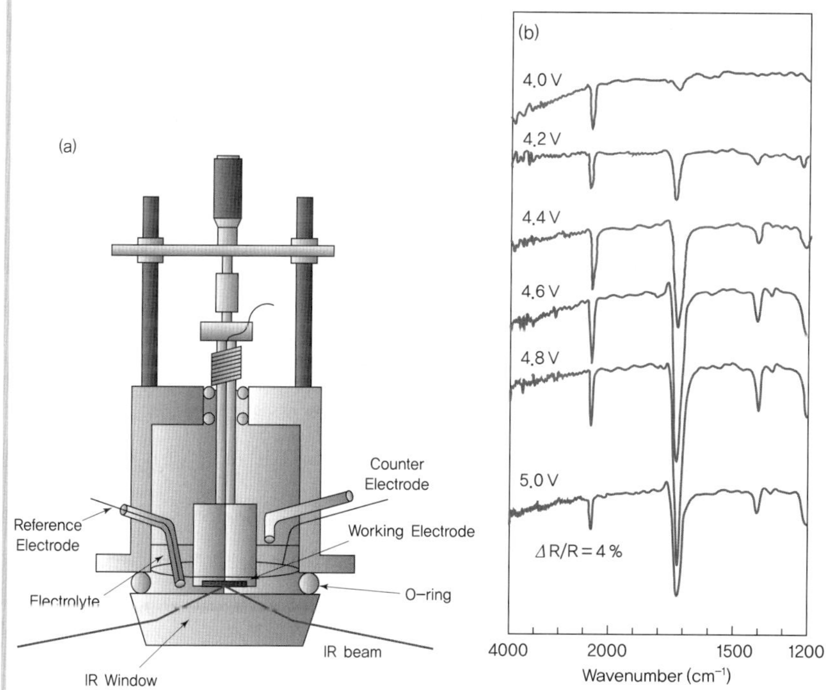

그림 4.2.15 (a) *In–situ* IR 셀, (b) 1M $LiClO_4$/PC 전해질과 Ni 전극으로 이루어진 리튬셀에서 각 전위별 PC 분해에 의한 *in–situ* IR 스펙트럼의 변화 [19]

그림 4.2.15(b)의 4.2 V부터 관찰되기 시작하는 1731 cm^{-1}의 피크는 카르보닐(carbonyl) 그룹에 해당하고, 1413과 1221 cm^{-1} 피크는 카르복실기의 C−O stretch에 해당한다. 이로부터 PC가 전기화학적 산화에 의해 carboxylic 그룹으로 전환되는 반응이 4.2 V부터 시작됨을 알 수 있다.

B. 라만(Raman) 분광분석법

라만 분광분석법은 그 빛의 세기가 적외선 분광법에 비해 많이 약하지만 단파장 레이저를 사용하기 때문에 시료의 일정부위에 잘 조사할 수 있고, 물이나 이산화탄소 등에 간섭을 적게 받는다는 장점이 있다. 레이저 단색광을 시료에 조사하면 입사된 빛의 에너지보다 작은 에너지를 갖는 빛이 비탄성적으로 산란되는 현상이 라만 산란이다. 입사된 빛의 에너지보다 작은 에너지를 갖는 빛이 산란되는 이유는 에너지의 일부가 시료 내 분자의 진동을 일으키는데 사용되기 때문이다. 입사된 광자는 분자 내에 전기쌍극자 생성을 유도하고, 이 전기 쌍극자와 분자의 진동 또는 회전 에너지 준위가 결합하여 새로운 에너지 준위가 형성된다. 결과적으로 전기쌍극자가 입사광의 주파수로 공진할 뿐만 아니라, 분자의 진동 또는 회전 진동수를 더하거나 뺀 진동수로 진동하기 때문에 Stokes 또는 anti-Stokes 라만 산란광이 발생하게 된다[20, 21].

그림 4.2.16에 나타난 바와 같이 물질이 빛과 상호작용을 하면 순간적으로 가상(virtual state)의 에너지 준위로 전자가 여기된다. 가상의 에너지 준위로부터 전자가 기저 상태로 전이되면서 빛을 방출하게 되는데, 이때 여기 상태로 올라가기 전과 같은 상태로 전이되면서 나오는 빛을 Rayleigh 산란, 에너지를 잃으면서 초기보다 높은 진동에너지 준위로 전이되면서 나오는 빛을 Stokes 산란, 에너지를 얻으면서 초기보다 낮은 진동에너지 준위로 떨어지면서 나오는 빛을 anti-Stokes 산란이라 한다. 레이저광의 전장을 $E=E_0 \cos 2\pi n_0 t$로 하고 분자의 쌍극자 모멘트를 $m=\alpha E=(a_0+a' \cos 2\pi\, n_0 t)$로 표시하면 광의 전장 중에서 분자의 쌍극자 모멘트는 식 (4.72)로 나타낼 수 있고, 이는 Rayleigh 산란과 Raman 산란으로 구성된다.

$$M=a_0 \cos 2\pi\, n_0 t + A \cos 2\pi(n_0+n_m)t + B \cos 2\pi(n_0+n_m)t \tag{4.72}$$

Rayleigh 산란을 경계로, 장파장(진동수가 낮은)쪽의 것을 Stokes선, 단파장

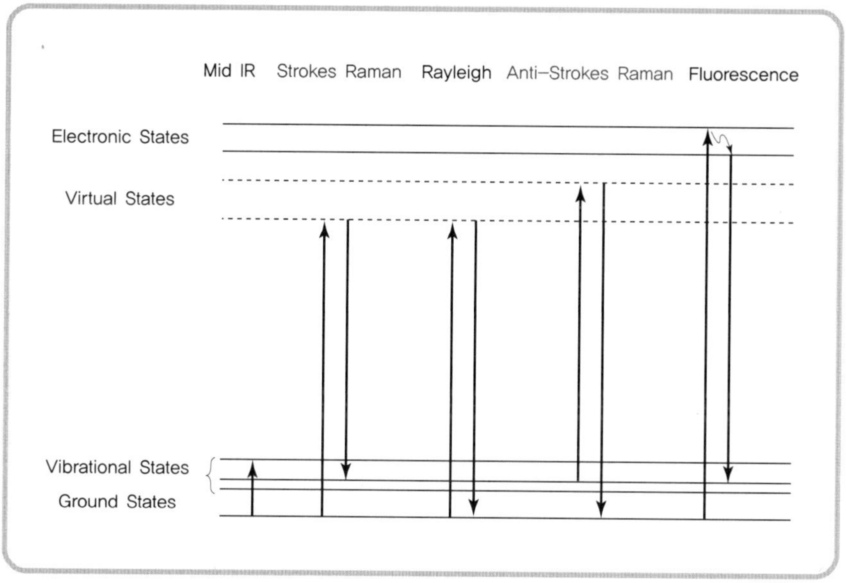

그림 4.2.16 Raman 분광학에 있어서의 에너지 흡수에 의한 분자의 진동에너지 전이

쪽을 anti-Stokes선이라 부른다. 보통 화합물은 상온에서 기저상태에 존재하기 때문에 Stokes선에 해당하는 광과의 상호작용이 일어난다. Rayleigh선과 Stoke 선간의 차이를 라만 shift라 부른다. 라만 스펙트럼은 라만 shift의 주파수와 라만 선의 세기로 표시된다.

라만 분광분석법은 원적외선에서 중간적외선, 근자외선에 해당하는 분자의 진동모드를 관찰하는데, 시료의 구조 및 성분에 관한 정보를 얻을 수 있고, 적외선 분광분석법과 상호 보완적으로 사용할 수 있는 장점이 있다. 적외선 분광분석법은 분자의 쌍극자 모멘트 전이의 변화를 통해 진동에너지를 측정하는데 반해, 라만 분광분석은 분자의 편극률(polarizability) 변화를 통해 진동에너지를 측정하기 때문에 서로 다른 광학적 선택 률(selection rule)을 따르게 된다.

레이저광의 파장을 분자흡수가 극대가 되는 파장에 맞춰 레이저 광을 시료에 조사하면 공명 라만 산란현상에 의해 그 발색단의 분자진동만에 의해 강한 라만 스펙트럼이 얻어진다. 공명 라만 스펙트럼의 강도가 강하기 때문에 미량, 저농도 시료의 분석이 가능하다.

마이크로 라만 분광기에는 광학 현미경, excitation 레이저, 모노크로미터, CCD (charge-coupled detector)와 같은 고감도의 감지기가 부착되어 있어, 시료의 국소부위를 육안으로 관찰하면서 레이저광을 조사하여 고해상도의 스펙트럼을 단시간 내에 얻을 수 있고 미소부위 관찰이 가능하다.

다른 라만 분광분석법으로 고차원분광(hyperspectral) 이미징이 있다. 이것은 분석대상 물질의 모든 면적 영역에 대한 수천 개의 라만 스펙트럼을 측정하는 방법으로, 시료 내 국소부위 위치에 따라 서로 다른 성분이 혼재할 경우 이미지상에 각각 다른 색으로 표현되어 시료의 불균일성을 육안으로도 쉽게 알 수 있다는 특징이 있다. 그림 4.2.17에 주어진 이미지는 고차원분광 이미지의 예인데, $LiNi_{0.85}Co_{0.10}Al_{0.05}O_2$, 흑연, 아세틸렌 블랙이 각각 다른 색으로 표현되어, 성능퇴화 정도에 따른 전극 내 성분 분배를 한눈에 알아볼 수가 있다[22]. 흑연이나 아세틸렌 블랙이 거의 벌크부분에 존재하고 $LiNi_{0.85}Co_{0.10}Al_{0.05}O_2$으로 표면이 덮여 있는 셀이 가장 큰 용량 퇴화를 보인다. 이로부터 입자간의 연결, 전도도가 높은 카본과의 균일한 혼합이 싸이클 특성에 영향을 미친다는 점을 알 수 있다.

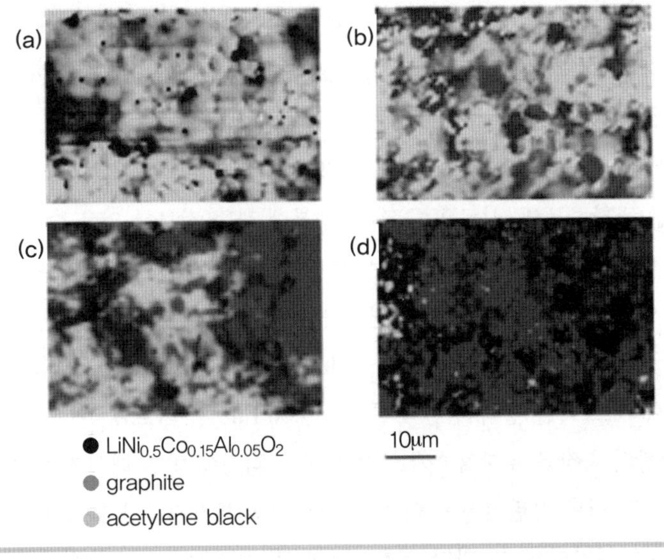

그림 4.2.17 $LiNi_{0.85}Co_{0.10}Al_{0.05}O_2$–흑연–아세틸렌 블랙으로 구성된 양극의 Raman microscope 이미지 (a) 충 · 방전 전의 양극, (b) 10 %, (c) 34 %, (d) 52 % 출력 손실이 있는 양극 [22]

최근 개발된 공초점(confocal) 현미경은 시료의 표면에 레이저광이 조사될 때 시료의 z-축 방향으로 공초점을 맞추므로, 시료의 횡단면 깊이를 조절하며 측정할 수 있고 또한 측정에 필요한 시료 면적이 매우 작다. 측면과 심도 분해능(resolution)이 각각 약 250 nm, 수 마이크로미터로 높은 공간적 해상도를 갖는 특징이 있다. 자동화된 XYZ 공간이동을 이용한 공초점 기능을 통해 벌크부분 및 측면의 종단면도(depth profile)에 대한 스펙트럼을 얻을 수 있고, 시료의 국부구조 및 성분 분포, 상에 대한 정보분석이 가능하다.

리튬이차전지에서는 양극 리튬금속산화물 및 카본 등의 구조분석에 유용하다. 최근까지 주로 *ex-situ* 법을 이용하여 싸이클 전 후 또는 작동 전위 영역에 따른 전극의 구조변화 탐구에 사용되어왔다. 그림 4.2.18에서 양극은 $LiNi_{0.85}Co_{0.10}Al_{0.05}O_2$ 활물질외에 다이아몬드와 흑연 타입의 도전재 카본으로 이루어져 있고, 양극의 여러 미세부위에 대해 라만 스펙트럼을 얻은 결과 같은 양극 내에서 위치에 따라 조성이 다른 불균일한 분포를 가지는 것을 볼 수 있다.

FTIR과 마찬가지로 전극표면에서 일어나는 반응을 효과적으로 관찰하기 위

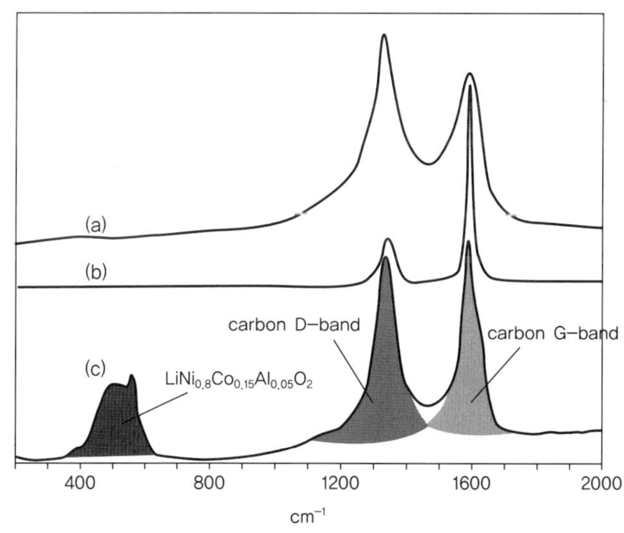

그림 4.2.18 $LiNi_{0.85}Co_{0.10}Al_{0.05}O_2$–흑연타입 카본–다이아몬드타입 카본으로 구성된 양극의 Raman 스펙트럼; (a) 아세틸렌 블랙, (b) 흑연, (c) 산화물로 주로 이루어진 표면 [22]

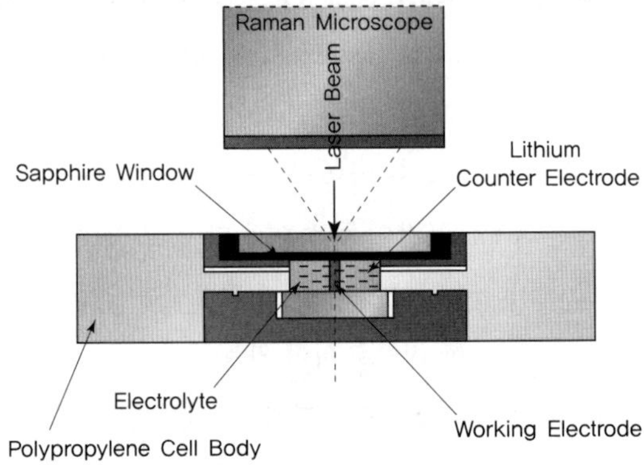

그림 4.2.19 *in-situ* Raman 셀 [23]

해 최근 개발된 그림 4.2.19와 같은 *in-situ* Raman 분광분석법이 사용될 수 있다 [23]. 그림의 *in-situ* Raman 셀을 이용하여 $LiCoO_2$ 전극에 전위를 변화시키며 동시에 Raman 스펙트럼을 얻는다. 그림 4.2.20에서 보는 바와 같이 전위가 증가

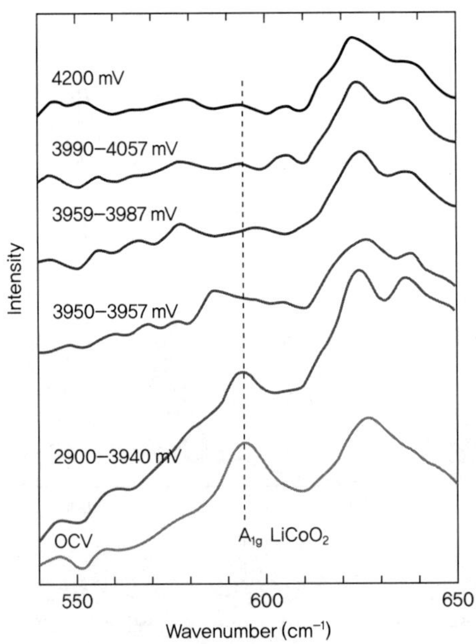

그림 4.2.20 전위에 따른 $LiCoO_2$ A_{1g} 모드 Raman band의 변화 [23]

할수록, $LiCoO_2$의 A_{1g} 모드만 세기가 감소하는데, A_{1g} 모드가 $LiCoO_2$ 결정 단위 셀의 *c*-축을 따라 진동하는 모드임을 고려한다면 [24], 이것은 $Li_{1-x}CoO_2$ 입자의 격자면 배향이 변화하고 있는 것을 의미한다.

4-2-3 고체 NMR(nuclear magnetic resonance) 분광분석법

핵자기 공명 분광법(NMR, Nuclear Magnetic Resonance)은 외부에서 주어지는 자기장의 영향으로 중첩 되어 있던 원자 핵들의 스핀 에너지 준위가 분리되고, 라디오 주파수 영역의 전자기파에 의해 원자핵들의 스핀이 공명되어 그 에너지 준위 사이에서 전이되는 현상을 관측하는 분광법이다.

외부 자기장의 영향으로 분광 스펙트럼이 추가 분리되는 현상은 이미 19세기 말에 P. Zeeman 에 의해 관측되었으며, 1924년 W. Pauli가 전하를 띈 입자의 각 운동량(angular momentum)을 갖는 스핀에 의한 자기모멘트의 존재를 제안한 뒤, 1944년 E. Zavoisky가 상자성 물질인 $CrCl_3$를 이용하여 전자스핀에 의한 공명 현상을 검출하였고, 1946년 Bloch 및 Purcell에 의하여 최초의 NMR 시그널을 검출하는데 성공하였다. Pauli가 제안한 이론적인 스핀 특성은 뒤에 Dirac에 의하여 양자역학을 상대성 이론으로 다룰 때 자연히 도출되는 양자적 특성으로 증명 되었다.

외부 자기장과 원자핵의 자기모멘트와의 반응에 의하여 분리되는 에너지 준위는 외부 자기장의 세기에 비례하는 Zeeman interaction이며, 그 외에 내부적으로 자기모멘트 사이의 여러 상호작용에 의하여 상대적으로 크기가 매우 작지만 분자구조에 대한 세부 정보를 제공할 수 있는 중요한 영향들이 추가되어 최종 NMR 에너지 준위가 결정된다.

NMR 분광 분석법에서 검출되는 공명 주파수는 이러한 자기모멘트의 여러 상호작용이 누적되어 나타나는 것으로, 원자 핵의 결합 형태 및 화학적 구조 등 주위 환경에 따라 민감하게 반응하여, 주변의 분자 구조에 대한 중요한 정보를 제공할 수 있으며 또한 피크 모양의 변화나 공명 전이 후 이완 현상의 해석으로부터 분자들의 운동(molecular dynamics) 현상을 추정 할 수 있게 한다.

원자핵의 자기모멘트, μ는 다음과 같이 나타난다.

$$\mu = \gamma P = \gamma \hbar [I(I+I)]^{1/2} \tag{4.73}$$

여기서 원자핵의 각운동량은 P의 크기에 비례하며, 비례상수 γ는 gyromagnetic ratio로 원자핵의 종류에 따라 다른 값을 가진다. I는 핵 스핀 양자 수로 원자핵의 내부 구성에 따라 결정되며, ^{2}D(I=1), ^{6}Li(I=1) 같이 홀수의 원자 번호와 짝수의 원자량을 갖는 원소는 정수(1, 2, 3) 값을 가지며, ^{1}H(I=1/2), ^{13}C(I=1/2), ^{7}Li(I=3/2) 같이 홀수의 원자량을 갖는 원소는 정수의 반(1/2, 3/2,⋯)값을 가진다. 또한, 스핀 양자수는 외부 자기장의 방향인 z 축 방향으로 양자화되어 z 축 성분 값으로 $-I$, $-I+1$, ⋯, $I-1$, I 값들을 가질 수 있으며, 그에 따라($2I+1$) 개의 방향으로 양자화되며 배열한다.

외부 자기장과의 반응에너지(Zeeman interaction)는, 자기장의 방향을 Z 축 방향으로 가정할 때 다음과 같이,

$$U = -\mu \cdot B = -\mu_z B = -\gamma P_z B = -\gamma \hbar m_I B \tag{4.74}$$

나타나며, m_I는 핵 스핀 양자수의 Z 축 성분 값을 가리킨다 [25, 26]. Zeeman interaction은 NMR 분광분석법을 가능하게 하는 외부 자기장과 자기모멘트 사이의 기본적인 상호작용으로 원자핵의 종류에 따라 결정된다. 핵 스핀에 의한 자기모멘트의 모든 상호작용을 크기 순으로 열거하여 표시하면,

$$H_{total} = H_{Zeeman} + H_{Quadrupolar} + H_{FermiContact} + H_{Dipolar} + H_{CSA} + H_{J-coupling} \tag{4.75}$$

로 나타낼 수 있다. 이러한 핵스핀의 상호작용들은 단순하지 않지만, 분자 내부 구조에 대한 풍부한 정보를 포함하고 있으며 NMR 분광분석 결과를 바르게 해석하기 위해서는 기초적인 이해가 필요하다.

H_{Zeeman}은 앞에서 설명한 가장 기본적인 상호작용으로 수백 MHz의 크기를 가지며, $H_{Quadrupolar}$는 자기모멘트에 기초한 상호작용은 아니지만 NMR 공명주파수에 누적되어 같이 나타나므로 고체 NMR 분석결과를 해석하는데 고려하여야 한다. 핵 스핀 양자수가 1 이상일 때 원자핵은 비 대칭 구조를 가지며, 전하를 가진 비 구형의 원자핵이 고체 시료의 격자 구조에서 나타나는 전자기장과 사중극자 반응(quadrupolar interaction)에 의하여 원자핵의 배열 방향에 따라 달라지며 수 MHz 영역의 크기를 보인다. ^{6}Li(I=1)와 ^{7}Li(I=3/2) NMR 등을 이용하여

전지시료를 분석할 때 고려해야 하는 상호작용이다. $H_{Fermi-Contact}$은 양자역학적인 관점에서 원자핵 내부에 존재할 확률이 있는 전자의 스핀과 핵스핀의 상호작용을 나타내는 것으로 양극 물질과 같은 상자기성 물질에서 나타나며, $H_{Dipolar}$은 핵스핀이 이웃한 핵스핀 들과의 직접적인 쌍극자 반응(dipolar interaction)에 의하여 나타나는 것으로 방향성을 가지며 수십 KHz의 크기를 보인다. H_{CSA}는 NMR분광분석에서 가장 흔히 활용되는 화학변위(chemical shift)를 포함하는 상호작용으로 원자핵을 감싸고 있는 전자구름이 외부 자기장을 일부 차폐하는 특성을 나타내는 것으로 원자핵 주변의 전자 선호도나 구조에 따라 달라지며 방향성을 갖는다. $H_{J-coupling}$은 핵 스핀이 공유결합을 이루는 전자쌍을 통해 이웃한 원자핵들과의 간접적인 상호작용을 나타내는 것으로 앞의 쌍극자 반응과 달리 방향성이 없으며 수백 hz이내로 크기가 작아 일반적인 고체 NMR 실험에서는 무시되는 경우가 많지만 이웃한 원자와의 연결정보를 알 수 있는 중요하고 독특한 상호작용이다.

분자운동이 활발한 액체 상태의 시료에서는 방향성을 갖는 스핀 상호작용들이 서로 상쇄되어 사라지고 분자 배열 방향에 대한 자세한 세부 정보를 잃어 버리지만 고분해능(high resolution) 분석이 가능하게 된다. 고체 상태에서는 분자 배열 방향에 따라 달라지는 모든 상호작용들이 누적되어 시료에 따라 수백 kHz 이상의 넓은 피크 형태를 나타나게 되어, 풍부한 정보를 포함하지만 일반적으로 해석하기 불가능하거나 매우 어려운 결과를 보인다.

핵스핀 사이의 주요 상호작용인 H_{CSA}와 $H_{Dipolar}$는 상호작용의 배열 방향이 외부자기장과 이루는 각도가 θ일 때, $(1-3\cos^2\theta)$에 비례한다. 액체 상태에서는 분자들의 불규칙하고 활발한 브라운 운동에 의하여 $(1-3\cos^2\theta)$가 평균되어 사라지게 되며 고분해능의 결과를 얻을 수 있게 된다. 분말형태인 고체 시료의 경우 개개의 분말 알갱이들이 모든 방향으로 동등하게 분포하여 핵스핀들의 상호작용 크기도 그에 따라 넓게 분포하게 된다. θ값을 변화하며 상호작용의 크기가 달라지는 형태를 분석해보면, θ가 54.74°(magic angle) 일 때 $(1-3\cos^2\theta)$이 되어 상호작용 값이 나타나지 않는 것을 알 수 있다. 또한, 이러한 사실을 기초로 하여 외부 자기장과 54.74 의 각도로 배향시킨 후 빠르게 회전시키면(MAS, magic angle spinning), $(1-3\cos^2\theta)$ 값이 평균되며 상쇄되어 사라지는 것을 확인 할 수 있다. 따라서, 고체 시료에서도 방향성을 갖는 주요 핵스핀의 상호작용들을 없앨 수 있고 고분해능의 결과를 얻을 수 있다. 고분해능의 고체 NMR 분석은 많은 장점을 가지고 있지만, 동시에 여러 핵스핀 상호작용들이 포함하고 있는 세부 정보를 잃게 되는 면이 있다. 핵스핀 상호작용 중에서 일부만 선택적으로 검출하여 분석 할 수 있는 많은 방법들이 알려져 있어, 시료 형태나 원하는 정보에 따라 적합한 분석 기술을 선택하여 적용 하는 것이 바람직하다.

리튬 전지분야에서 NMR을 응용하는 경우는 전해액, 바인더, 음극, 양극물질들의 구조 및 조성에 대한 분석과 충·방전에 따른 또는 전극소재 성분에 따른 전체 구조변화를 해석하는 것이다. 그림 4.2.21은 $LiNi_{0.8}Co_{0.15}Al_{0.05}O_2$에서 충전에 의하여 리튬이 양극물질에서 deintercalation되는 정도에 따라 NMR 스펙트럼이 변화하는 것을 보여준다 [27].

상자성(paramagnetic) 물질인 Ni^{3+}에 의하여 Fermi-contact과 dipolar 상호작용이 나타나며, 피크위치가 이동하며 넓게 분포하는 형태를 보인다. 충전과정에서 리튬이온 함량이 줄어들며 Ni의 산화상태가 Ni^{3+}에서 반자성(diamagnetic) 물질인 Ni^{4+} 상태로 변화한다. 그에 따라 Fermi-contact과 dipolar 상호작용이 작아지며 피크 폭이 줄어들고 반자성 물질의 피크위치로 이동한다. 충전이 진행되며 Li 이온이 deintercalation되어 전체 함량이 줄어들고 그림 4.2.21에 나타나듯이 피크

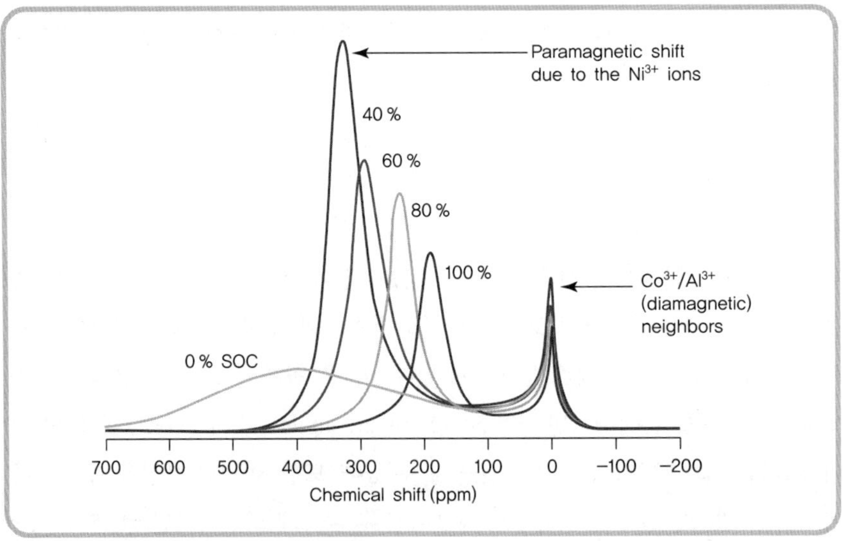

그림 4.2.21 $LiNi_{0.8}Co_{0.15}Al_{0.05}O_2$에서 충전상태(State of Charge)에 따른 ^7Li MAS NMR 스펙트럼의 변화

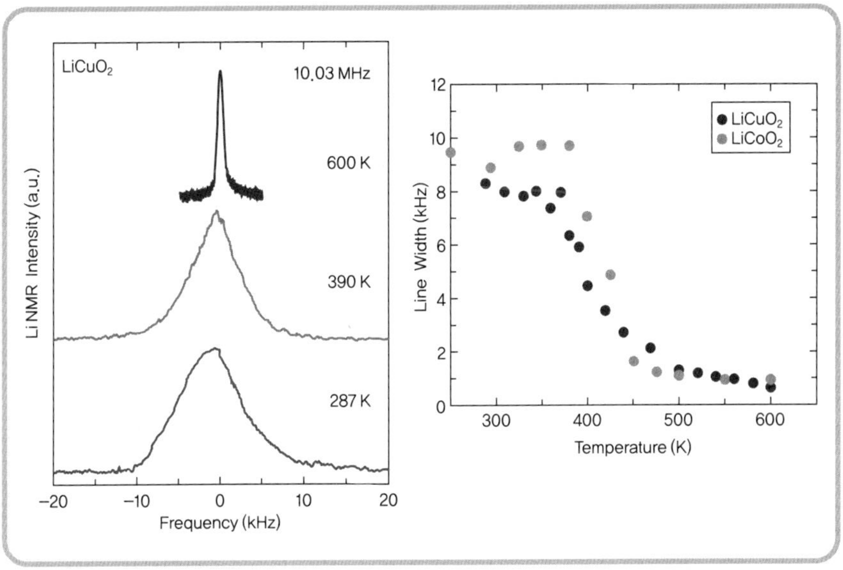

그림 4.2.22 $LiCuO_2$에서 온도에 따른 ^{7}Li static NMR 스펙트럼과 피크 넓이(peak width)의 변화

크기가 작아지는 것을 확인 할 수 있다.

그림 4.2.22는 $LiCuO_2$에서 온도에 따라 리튬이온의 확산 운동이 활발해지며 NMR스펙트럼이 변화하는 것을 보여준다[28].

$LiCuO_2$ 내부 격자구조에서 Li 이온은 확산(diffusion) 형태로 비교적 자유로이 움직일 수 있으며 온도가 높아질수록 확산운동이 커지며, 피크 폭을 넓게 만드는 여러 핵스핀 상호작용을 평균하여 상쇄시키며 피크 넓이가 줄어든다. 이로부터 확산 운동에 대한 활성화 에너지(activation energy)와 확산계수를 구할 수 있다.

NMR 분광법의 적용은 위에서 제시한 사례에서와 같이 양극물질에 국한되지 않으며, 음극 물질에서의 Li 이온 상태에 대한 해석이나, 전해액에서의 조성, 이온들의 확산운동에 대한 세부 정보 등을 얻는데 성공적인 적용 사례들이 많이 보고되고 있다.

4-2-4 X-선 광전자분석법(X-ray photoelectron spectroscopy)

박막표면을 분석하려면 시료의 표면에 관한 정보만 얻어내는 분석 기술이 필요하다. 분석하는 방법에 따라 관찰할 수 있는 표면 층의 두께가 달라질 수도 있는데, 100 Å 이내의 아주 얇은 표면 층을 다룰 경우에는 X-선 광전자 분광법(XPS)이 유용하며, 이를 ESCA(electron spectroscopy for chemical analysis)라고도 부른다. 그림 4.2.23은 일정한 에너지($h\nu$)를 가지는 X-선(광자)을 시료표면에 조사하면 표면원자로부터 광전자(photoelectron)가 방출되는 XPS의 원리를 도식화하였다.

이 광전자의 운동에너지를 측정하면 조사된 X-선의 에너지는 일정하므로 원자핵에 결합된 내각전자를 방출시키는데 필요한 에너지, 즉 원자내 전자의 결합에너지(binding energy, E_B)를 알 수 있다. 이 결합에너지는 광전자를 방출하는 원자의 고유한 성질이므로 구성원소를 알아낼 수 있게 되며[29, 30] 광전자의 결합에너지를 측정하여 시료의 정성 분석이 가능하고, 결합에너지의 변화로부터 원자의 결합상태를 확인할 수 있다.

XPS 장치는 시료처리실, 측정실, 신호처리부로 이루어져 있다. 시료처리실의 기능은 시료의 가스배기 처리, 표면층의 Ar 이온 에칭, 온도조절, 표준시료로

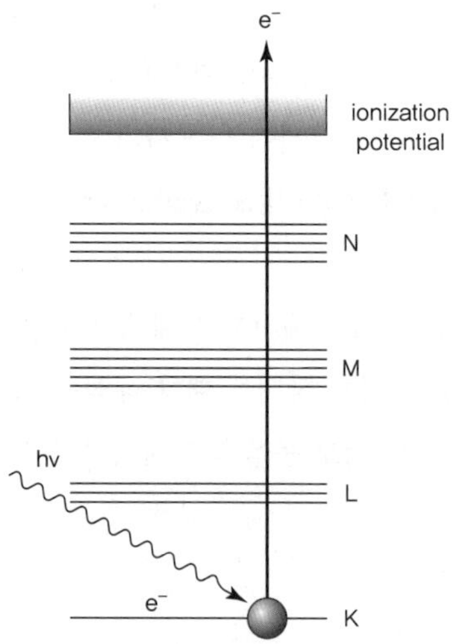

그림 4.2.23 X-선 흡수에 의한 core-level 전자의 방출을 이용한 XPS 원리의 도식

써 Au를 증착시키는 것이다. 측정실에는 처리실에서 옮겨온 시료에 약한 X-선을 조사한다. 방출된 광전자는 에너지분석기, 즉 신호실로 옮겨진다. 방출전자의 산란을 막기 위하여 측정실은 통상 10^{-9} torr이하의 높은 진공을 유지한다. 신호 처리실에서는 광전자의 강도를 측정하여 결합에너지에 해당되는 광전자 스펙트럼을 기록한다.

XPS로부터 얻을 수 있는 정보는 다음과 같이 요약될 수 있다.

(1) 원소분석(정성분석): 시료에 조사하는 X-선 에너지(E_x)는 전자의 결합에너지(E_B) 및 광전자의 운동에너지(E_k)와 다음과 같은 관계를 갖는다.

$$E_B = E_x - E_k \tag{4.76}$$

측정에 의해 E_x와 E_k가 얻어지기 때문에, 계산으로 얻어진 E_B로부터 원소 종류를 확인할 수 있어, 전극소재 성분의 확인뿐 아니라 표면에 존재하는 소량의 불순물 원소도 확인할 수 있다.

(2) 정량분석: 소재를 구성하는 특정 원소에 대해 여러 개의 산화수가 존재할 수 있는데, 이 경우 그 원소에 해당하는 피크를 분해(resolution)하여 정량적 정보를 얻을 수 있다. 피크분해 시에는 해당 원자를 포함하는 화합물에 대한 결합에너지와 피크모양(Gaussian vs. Lorentzian의 상대 비율 등)을 참고하면서 수행해야 한다. 피크 분해후 분리된 각 피크의 면적을 백분율로 구하여 각 산화수의 상대적인 양을 계산할 수 있다. 그림 4.2.24에 나타난 예는 온도에 따른 $LiMn_2O_4$에 대한 Mn 2p 스펙트럼 피크분해 결과이다. 다양한 망간화합물의 binding energy는 표 4.2.2에 정리하였다. Mn^{3+}

표 4.2.2 다양한 망간화합물의 Mn $2p_{3/2}$ binding energy(eV) 값

Mn	MnO	Mn_2O_3	MnO_2
-	-	641.5	642.4
639.2	641.0	641.9	642.5
-	641.7	641.8	642.4
638.2	640.9	641.8	642.5
-	641.0	641.7	642.2

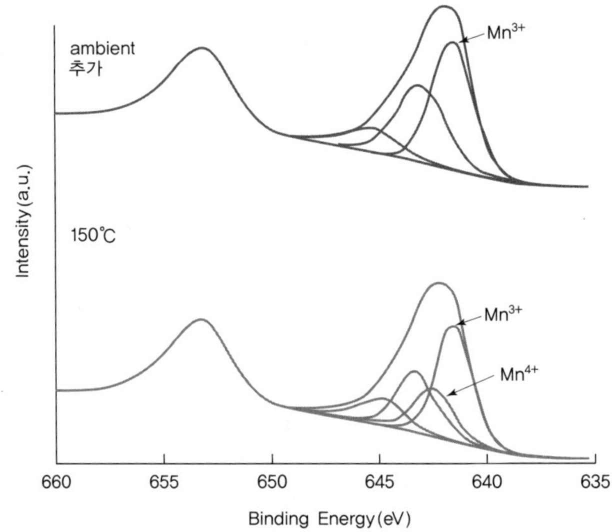

그림 4.2.24 망간산화물의 Mn $2p_{3/2}$ XPS 스펙트럼 피크분해 결과[30]

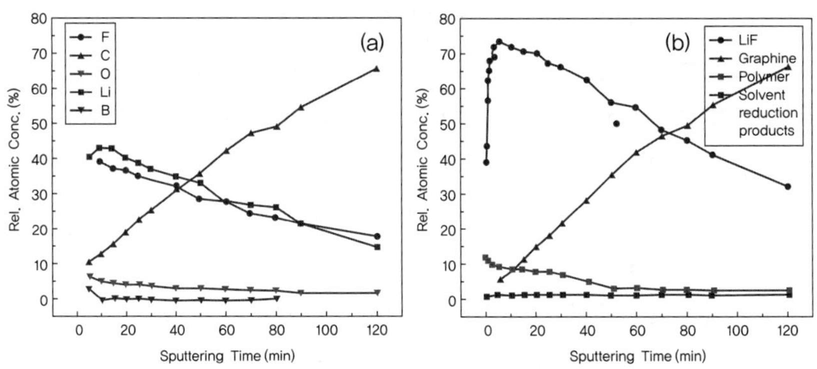

그림 4.2.25 1M $LiPF_6$/EC:DMC에서 두 싸이클 한 후 흑연의 depth profile; Ar sputtering 시간에 따른 (a) 원자분율, (b) 흑연표면위에 생성된 용매환원생성물, 고분자, LiF의 분율 [33]

과 Mn^{4+} 피크의 면적은 이들의 농도에 해당한다. Mn^{3+}/Mn^{4+} 상대비율로부터 M의 평균 산화수를 결정할 수 있다[31]. 비선형인 background는 일반적으로 Shirley 방법을 이용하여 제거한다[32].

(3) 표면 깊이의 분석(depth profiling): Ar 이온으로 표면을 식각하여 표면부

터 고체내부에 이르는 영역의 원소 분석 및 원소들의 농도변화를 추적할 수 있어, 표면층과 시료내부와의 원소 분포의 차이를 확인할 수 있다. 그림 4.2.25는 흑연표면 위에 생성된 SEI 층의 두께와 구성 성분을 조사하기 위해 depth profiling 법을 적용한 예이다[33]. Ar sputtering 시간에 따른(표면부터 시료내부로 식각하여 들어가는 정도에 따른) 원소들의 농도변화를 나타내었다.

4-2-5 X-선 흡수분광분석법(X-ray absorption spectroscopy, XAS)

XAS는 어떤 물질 내 특정 원소에 흡수되는 광자에너지로부터 흡수계수를 결정하는 방법이다. 흡광계수(μ)는 X-선을 시료에 투과(transmission)시킬 때 입사광과 투과된 광의 세기로부터 다음과 같이 얻어진다.

$$\mu = \ln(I_0/I) \ (I_0\text{: 입사광의 세기, } I\text{: 투과된 광의 세기}) \qquad (4.77)$$

높은 에너지를 갖는 광자가 어떤 원자에 흡수되면, 원자의 최내각(core shell) 전자가 방출되어 원자가 이온화되고 생성된 광전자는 다음 그림 4.2.26에서 보는 바와 같이 구형의 파동형태로 전파된다. 이 파동은 이웃하는 원자에 의해 산란되는데 이웃원자의 국부구조나 파장에 따라 다음과 같이 소멸 또는 보강 간섭이 일어난다.

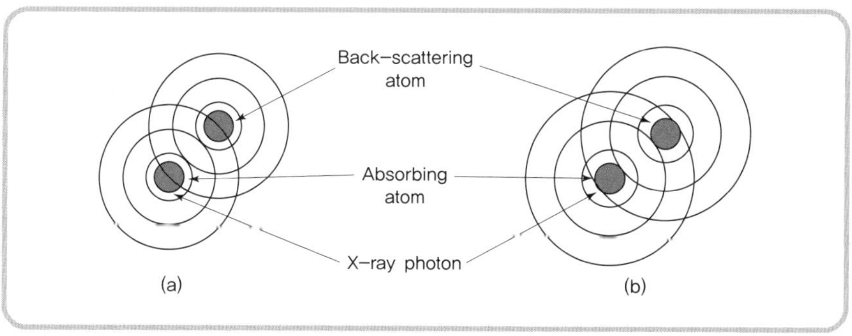

그림 4.2.26 광전자와 이웃원자간 (a) 보강간섭, (b) 상쇄간섭에 의한 상호작용

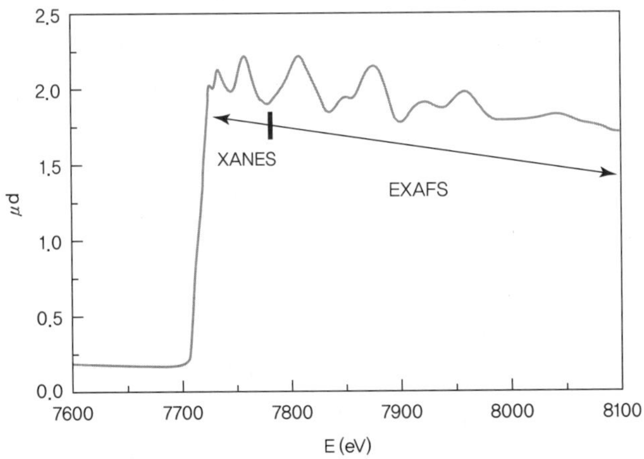

그림 4.2.27 Co의 K-shell 흡수 edge. XANES와 EXAFS 영역이 화살표로 표시됨

이때 방출된 광전자의 흡광계수는 X-선 입사광의 에너지에 따라 그림 4.2.27과 같이 변화한다. 이러한 XAS 스펙트럼은 X-ray absorption near edge structure(XANES)와 extended X-ray absorption fine structure(EXAFS) 영역으로 나뉘어진다.

흡광계수가 급격히 증가하는 에너지 위치를 edge, 그보다 낮은 에너지 영역을 pre-edge라 하며, 이 pre-edge부터 양의 방향으로 약 40 eV까지를 XANES, 그 이상의 영역을 EXAFS라 부른다. XANES에서는 최내각 준위로부터 페르미 준위 이상의 부분적으로 채워져 있는 궤도함수 상태로 전자전이가 일어나기 때문에 흡수원자의 전자 및 입체구조에 대한 정보를 얻을 수 있다. 예를 들면 1s → np 전이는 K-edge에 해당된다. EXAFS는 흡수 edge 이상의 1200 eV 영역에서 X-선 광자에너지에 따라 흡광계수가 sine파 진동(sinusoidal vibration) 형태로 주기적으로 변화하게 된다. 이로부터 물질 내 원자의 배위수, 원자간 거리, 무질서도 등에 대한 자세한 정보를 얻을 수 있다[34-36]. 이러한 정보는 이전에는 단결정 분석에 대해서만 얻을 수 있었는데, XAS 기술의 발달로 결정성이나 물질의 형태에 관계없이 정보를 얻을 수 있게 되어 분말 시료에 대해서도 결정구조를 확인할 수 있게 되었다. 더불어 어떤 물질내의 각 성분원소들에 대한 스펙트럼을 모두 분석하여 얻은 각 원자의 개별 국부구조 및 주변환경구조에 대한 정보로부터 결정구조의 정밀분석이 가능하다.

A. X-ray absorption near edge structure(XANES)

XANES의 fine structure는 최내각 준위로부터 방출된 광전자가 페르미 준위 근처의 부분적으로 채워진 궤도함수로 전이하는 것과 방출된 광전자의 에너지가 적어 원자들의 영향권에서 완전히 벗어나기에는 불충분하지만 전자의 평균 자유 거리(mean free path)가 길어 두 번 이상의 여러 겹 산란을 하는 것에 기인한다. Edge의 모양으로부터 들뜬 원자 주위 리간드(ligand)의 대칭에 관한 정보를 얻을 수 있다. 또한 내부의 핵과 hole의 상호작용에 의해 생기는 edge-shift는 원자의 산화상태 변화를 나타낸다.

XANES의 물리적 메커니즘은 Fermi' s golden rule로 설명될 수 있다. 즉 섭동(perturbation)에 의한 초기상태로부터 마지막 상태로 전이할 확률(μ)은 다음과 같다[34].

$$\mu=(4\pi^2\omega e^2/c)\, N_a\, /<\Psi_i/z/\Psi_f>/^2\, \rho(E_f) \qquad (4.78)$$

여기서 μ는 마지막 상태의 밀도 $\rho(E_f)$에 비례하고, z는 X-선 광자이다. 쌍극자 가정에 따르면 전이는 선택규칙 $\Delta l=\pm1$과 $\Delta j=\pm0$ 또는 1에 의해 제한된다[37]. 대부분의 1주기 전이금속의 K-edge에서는 $1s\rightarrow4p$로 전이가 일어난다. 작은 pre-edge 피크는 inversion 대칭이 있는 경우 약한 사중극자($l=\pm2$) 전이가 있을 때 나타난다. 만약 p 오비탈이 T_d, C_{2v}, C_{4v}, D_{2d} 대칭과 섞이거나, O_h 대칭에서 사중극자 대칭이 있으면 $1s\rightarrow3d$ 전이도 있는데, 비대칭적으로 배위되어 있고 d 궤도함수가 비어있는 전이금속에서 나타난다. 이로부터 XANES 스펙트럼 모양에 미치는 결정장 분리(crystal field splitting) 효과를 설명할 수 있다. p와 d 궤도함수 혼합에 의해 공유결합이 형성되면, 이 또한 XANES에서 pre-edge 피크로 나타날 수 있다. XANES로 밝힐 수 있는 국부적 구조는 결합각도, 산화수의 변화, 기하학적 배위구조 등에 크게 영향을 받는다. 그림 4.2.28에 나타난 예는 $LiFePO_4$의 P (phosphorus)K-edge *ex-situ* XANES를 리튬의 양의 변화에 따라 분석하여 [$xLiFePO_4+(1-x)\,FePO_4$]의 2-phase 반응에서 x 값을 정량 분석한 결과이다[38].

B. Extended X-ray absorption fine structure(EXAFS)

EXAFS는 들뜬 전자와 관련된 광전자 파동 중 일부가 주위 원자에 의해 후방산란(back scattering)되는 것에 기인한다. 그림 4.2.26에 나타난 바와 같이

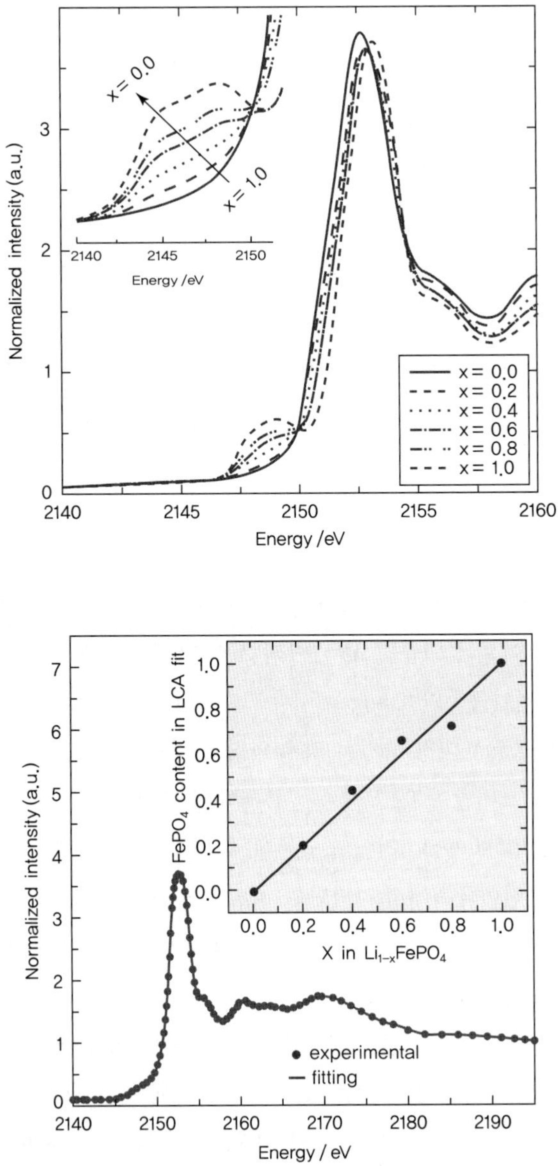

그림 4.2.28 (a) 리튬 양 x에 따른 $Li_{1-x}FePO_4$ 전극의 P(phosphorus) K-edge XANES, (b) P K-edge XANES 스펙트럼을 피팅하여 x값 결정 [38].

EXAFS 신호의 진동은 양자역학적으로 최내각 준위에서 여기되어 원자 밖으로 나가는 광전자와 주위의 원자들에 의해 반사되어 돌아오는 광전자 사이의 간섭 현상이다. 흡광계수의 진동주기와 진폭은 각각 원자간 거리와 근접 원자의 갯수와 관계가 있다. 흡광계수로 부터 background가 제거된 EXAFS 스펙트럼은 다음과 같이 정규화시키는 식에 의하여 얻어진다. μ와 μ_0간 차이는 흡수하는 원자의 국부구조에 기인한다.

$$\chi(k) = \mu(E) - \mu_0(E) \;/\; \mu_0(E) \tag{4.79}$$

여기서 μ는 주위에 다른 원자가 있을 경우의 흡광계수, μ_0는 주위에 다른 원자가 없을 경우의 background 흡광계수이다.

EXAFS를 얻기 위하여, 먼저 XAS 스펙트럼으로부터 pre-edge background를 빼준(subtraction)후, cubic spline function을 이용하여 background의 low frequency oscillation을 분리해낸다. 그림 4.2.29는 EXAFS 스펙트럼 분리과정을 보여준다.

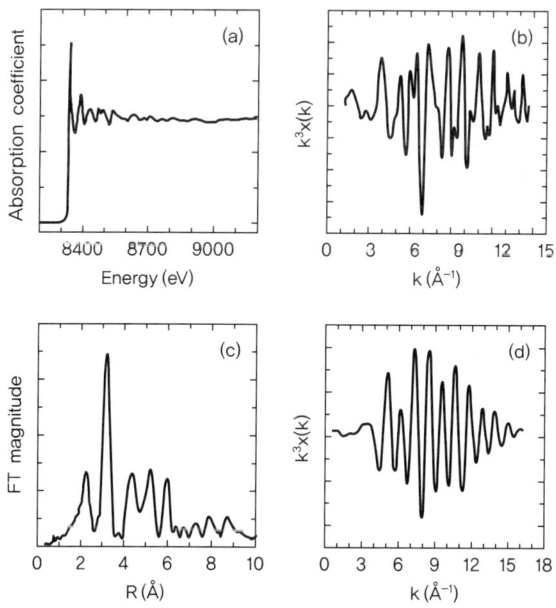

그림 4.2.29 EXAFS 분석 과정: (a) 측정하여 얻은 스펙트럼, (b) k^3-weighted EXAFS oscillation, (c) Fourier 변환을 통해 얻은 스펙트럼, (d) Inverse Fourier 변환하여 얻은 스펙트럼

그리고, 식 (4.80)을 이용하여 에너지로부터 파동 벡터(wave vector)로 전환시킨 후 EXAFS를 이용하여 구조적 정보를 얻어낼 수 있다.

$$k=\sqrt{2}\ \mathrm{m}(E-E_0)/(2\pi/h)^2(\approx\sqrt{0.263}(E-E_0),\ \mathrm{eV\ units}) \qquad (4.80)$$

여기서 m은 전자 질량, E_0는 들뜬 원자의 최내각 준위의 threshold 에너지이다.

이렇게 얻어진 EXAFS 스펙트럼은 다른 배위를 하는 shell로부터 후방산란(back scattering) 과정에 의해 나타난다. 다음 식은 EXAFS와 구조인자가 어떻게 서로 연계되는지를 이론적으로 보여준다.

$$\chi(k)=-S_0{}^2\Sigma_i N_i F_i(k)\ \exp\{-2\sigma_i^2k^2\}\ \exp\{-2R_i/\lambda(k)\}$$
$$\sin\{2kR_i+\varphi_i(k)\}/(kR_i^2) \qquad (4.81)$$

여기서 i는 i 번째 배위 shell, $S_0{}^2$는 흡수원자의 여기와 흡수원자에서 일어나는 multielectron excitations(shake up/off)를 나타내는 amplitude reduction factor, Ni는 평균 배위수, $F_i(k)$는 i 번째 shell에서의 원자의 후방산란 amplitude, σ_i^2는 물질에 존재하는 static, 열적 무질서도를 나타내는 Debye-Waller factor, R_i는 i-th shell에서의 흡수원자와 이웃원자간 평균거리, $\lambda(k)$는 multielectron excitations에 기인한 coherence 손실을 나타내는 평균자유경로, $\varphi_i(k)$는 산란과정에서 광전자가 겪는 상전이의 합이다 [34-36,39]. 위 식에 나타난 항인 $\exp\{-2R_i/\lambda(k)\}$는 이웃원자와 매체(medium) 때문에 산란과정 중에 일어나는 비탄성 손실을 나타낸다. 반면, $\exp\{-2\sigma_i^2k^2\}$ 항은 열적진동과 정적(static) 무질서도 효과에 의한 것이다. 결국 EXAFS 데이터분석은 R_i, N_i, σ_i^2을 구하는 것이다. φ_i, F_i 등과 같은 다른 인자들은 표준화합물을 이용하여 구하거나 또는 이론적으로 계산할 수 있다. 위의 매개변수 중에서 서로 밀접한 관계가 있는 매개변수를 다음과 같이 두 그룹으로 나눌 수 있다:

$$\{F(k),\ \sigma,\ \lambda,\ N,\ S\}\text{와 }\{\varphi(k),\ E_0,\ R\}.$$

Fourier 변환(Fourier transform, FT)을 하여 얻은 스펙트럼은 R space의 피크들로 나타나는데, 여기서 R은 흡수 원자들간의 거리이다. 이 R값은 실제 배위거리보다 작은데, 이는 상 전위 $\varphi_i(k)$ 때문이다. EXAFS 스펙트럼은 각각 다른 배위 shell χ의 합이므로, EXAFS의 FT도 각각의 shell χ의 FT의 합이다. 따라

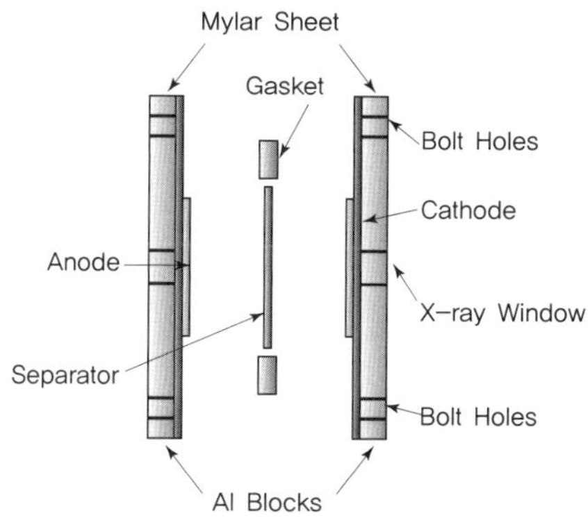

그림 4.2.30 *in-situ* XAS 측정 셀 [39]

서, R space의 관심대상 피크에 Inverse FT를 하면 관심대상 shell을 다른 shell로부터 고립시킬 수 있다. 이렇게 얻은 데이터가 sine파 EXAFS 함수이고, 이로부터 R_i, N_i, σ_i^2, ΔE_0를 얻을 수 있다. 그러나 이런 coupling은 k와 R 두 space에 k^1와 k^3 fitting 하면 decoupling 된다. σ_i^2는 k^3 변환에 그리고 ΔE_0는 k^1 변환에 큰 영향을 미치기 때문이다. 또한 magnitude와 변환의 가상적 부분에 미치는 R_i와 ΔE_0의 효과는 반대로 된다. 그러므로 EXAFS 데이터를 해석할 때는 이러한 구조적 인자를 주의할 필요가 있다.

리튬이차전지를 충 · 방전하는 중에 일어나는 원자의 국부구조 변화를 추적하기 위해 *in-situ* XAS 방법이 사용된다. *In-situ* 셀의 구조는 다음과 같다[40]. *In-situ* EXAFS 스펙트럼 측정을 이용하여, $LiNi_{0.85}Co_{0.15}O_2$와 같은 많은 원소가 포함된 양극 활물질로부터 리튬이 deintercalation 될 때 발생하는 Ni와 Co 원자의 국부구조 변화를 각각 확인할 수 있다. 이의 예가 그림 4.2.31에 나타나 있는데, Ni EXAFS FT 스펙트럼으로서, 약 1.5 Å 피크는 Ni-O 결합의 첫 번째 쉘(Shell)에 의한 것이며, deintercalation되는 리튬 양의 증가에 따라 피크세기가 증가한다. 이는 Ni^{3+}가 Ni^{4+}로 전환됨에 따라 Jahn-Teller 효과는 감소하고 Ni 배위가 대칭적으로 변하기 때문이다. Ni-Ni 결합인 약 2.6 Å 피크는 리튬이 deintercalation됨에 따라 낮은 R 영역쪽으로 이동하는데, 이는 Ni-Ni 결합길이가 짧아지는 것을 의미한다. 같은 방식으로 Co 의 FT스펙트럼에서도 Co-O, Co-

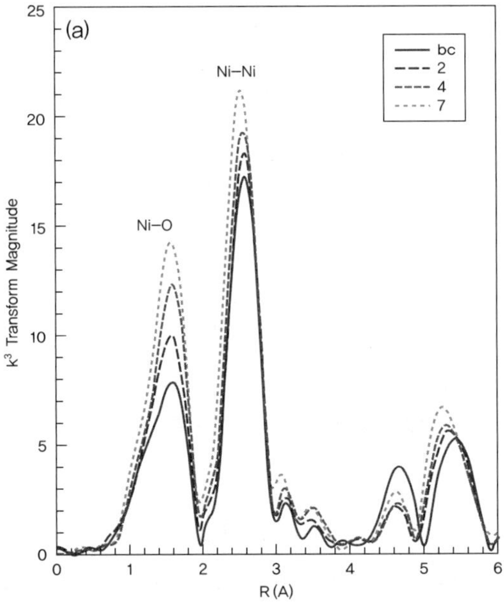

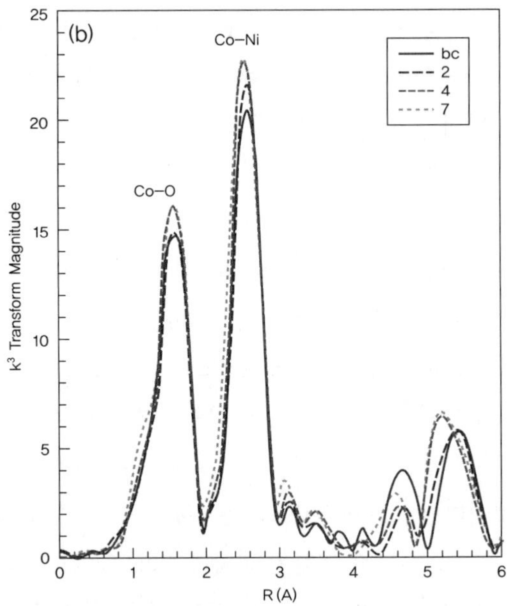

그림 4.2.31 충전 중 측정한 Co–Ni계 산화물의 (a) Fourier 변환된 Ni EXAFS 스펙트럼(k^3–weighted), (b) Fourier 변환된 Co EXAFS 스펙트럼(k^3–weighted) [40]

Co 피크가 관찰되나, Ni의 경우와는 다르게, Co-O 피크세기, Co-Co 피크위치에 큰 변화가 없다. 다만 Co-Co 피크세기만 약간 감소하는데, 이는 리튬이 deintercalation됨에 따라 CoO_2 층에 구조적 무질서도가 생성되기 때문이다. 위의 EXAFS 분석의 예를 종합해보면 리튬 deintercalation시 Co 보다는 Ni이 산화되고 그 결과 결합길이가 짧아지는 국부구조변화가 있음을 알 수 있다.

4-2-6 투과전자 현미경(Transmission Electron Microscopy, TEM)

TEM은 120-200 keV의 전자빔을 시료에 투과시키는 동안에 전자빔과 시료 사이의 상호작용을 통해, 시료의 입도, 결정성, 미세구조 및 결정구조에 대한 정보를 얻을 수 있는 분석 방법이다. 텅스텐 필라멘트로부터 생성된 전자는 음전하를 띄고 있어 전기장 내에서 환원전극으로 끌리는데, 두 전극의 전위차에 의해 이동 속도가 정해진다. 전자는 전자기적 특성을 갖는 렌즈에 의해 가속화되고 시료에 초점을 맞추게 된다. 가속된 전자 빔 속도가 ν인 전자의 파장은 $\lambda=h/m\nu$로 나타낼 수 있다. TEM은 전자총과 전자 빔을 모으는(condensing) 조사 시스템, 영상을 확대시키는 영상시스템과 투영시스템, 관찰 및 기록 시스템으로 이루어져 있다. 조사 시스템에서는 시료에 입사되는 전자빔의 세기를 조절하고 빔이 조사되는 각도 등을 선택하는 역할을 한다. TEM의 1차 영상은 대물렌즈에 의하여 형성되고 다수의 렌즈들이 대물렌즈의 영상을 점차 확대시켜 형광판에 확대된 상을 형성시킨다.

결정성이 있는 소재는 흡수가 아닌 회절방식으로 전자빔과 상호작용한다. 이때 회절 강도는 소재 내에 있는 원자 격자 면의 배향에 따라 다르다. 최신 TEM에서는 대물렌즈 내의 좁은 공간에 위치한 시료 홀더가 움직이거나 회전 혹은 양축으로 기울일 수가 있는 Goniometer형태로 장착되어 있어 시료의 각도를 조절하여 특정 회절패턴을 얻을 수 있고, 시료 specimen 바로 밑에 aperture가 있어서 특정 방향으로 회절된 회절패턴을 얻을 수 있다. TEM에 산란되지 않는 전자만을 통과시키는 aperture를 장착함으로써, TEM의 광학 축으로부터 편향된 전자를 막아 명암이 있는 이미지가 형성되므로 전자밀도화를 볼 수 있어, 관찰시료의 결정구조에 대한 정보를 얻을 수 있다.

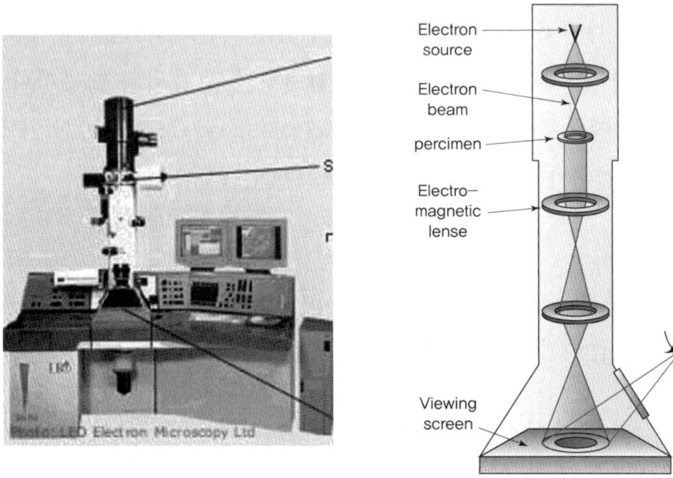

그림 4.2.32 TEM 분석장비의 구조 도식

TEM에는 영상을 얻을 수 있는 영상모드와 전자회절 패턴을 얻을 수 있는 회절모드 기술이 있다. 영상모드는 시료의 미세입도를 확대하여 관찰하는 방법으로 투영렌즈의 초점을 대물렌즈의 영상 면에 맞추어 시료의 영상이 형성되게 하는 것이다. 회절모드는 투영렌즈의 초점을 후방 초점면에 맞추어 시료의 회절현상이 형광판에 맺도록 하는 방법으로 재료 분석에 있어 중요한 기능이다. 영상모드에는 고배율(high resolution TEM) 모드와 저배율의 CTEM(conventional TEM) 모드로 나눈다. 얇은 시료를 통과해 산란된 전자 상의 차이에 의해 형성된 회절 이미지를 고배율 이미지라 한다. 이 방법은 조리개에 두 개 이상의 빔을 통과시켜 간섭패턴을 얻는 방법으로 각 전자빔의 위상 차이에서 대비(contrast)가 생겨나므로 이를 위상 대비(phase contrast)법이라고 부른다. CTEM모드로는 격자 패턴이 얻어지지 않으므로 결정 내에 존재하는 결함(예를 들면, 적층결함, 입계(grain boundary) 등)을 분석하는데 사용된다. TEM에서는 bright field 이미지(BF), dark field 이미지(DF)와 전자회절(SAED: selected area electron diffraction) 패턴을 얻을 수 있다. BF는 특히 질서도가 높은 결정격자 내에서 비틀림(dislocation)같은 결함이 존재할 때 전자밀도가 달라지므로 이를 관찰할 때 유용하다. 또한, aperture를 편향된 전자 위치에 놓거나 전자빔을 기울임으로써, 편향된 전자가 aperture를 통과하도록 하여, 이미지가 편향된 전자에 의해서만 형성되도록 하는 기술이 DF이다. 특정 결정 격자면에 대해 편향된 전자의 이미지를 얻을 수 있는 장점이 있다.

결정체의 시료는 특정방향으로 강하게 Bragg회절을 일으켜서 대물렌즈 후방초점면에 회절패턴을 형성한다. 시료내의 작은 영역에서 회절패턴을 관찰하기 위해서는 제한시야 aperture(SAED aperture)를 사용한다. 이 aperture는 대물렌즈 영상 면에 위치하여 관찰영역을 아주 작게(~0.2 μm) 제한시키면, 이 제한된 작은 영역에서 발생하는 전자회절상이 형광판에 맺게 된다. 이를 제한시야 회절패턴이라고 하며 제한시야 aperture를 쓰지 않고 집광렌즈로 시료표면에 전자빔의 초점을 맞추면, 탐침의 크기가 약 50 nm까지 작게 할 수 있고 동시에 많은 양의 전자빔을 조사할 수 있다. 따라서 수렴성이 높은 전자빔으로 제한시야 회절보다 훨씬 작은 영역의 회절상을 얻을 수 있다. 강하게 수렴된 빔에 의해서 여러 각도로 전자가 동시에 입사되어 단결정의 점(dot) 패턴 대신에 원반 패턴의 회절패턴(CBED)이 얻어진다[41, 42].

리튬전지에서 TEM은 합성된 새로운 전극물질의 구조와 성분을 알아내는데 유용하게 사용된다. 이를 통해 XRD로는 분석하기 힘든 미세 구조를 분석할 수 있다. 그림 4.2.33의 TEM 이미지에서는 음극소재인 흑연 표면에 형성된 SEI 층을 직접 관찰할 수 있다[43].

또, 그림 4.2.34은 약 3 nm 크기의 SnO_2 음극소재 입자에 대한 TEM 이미지이다[44].

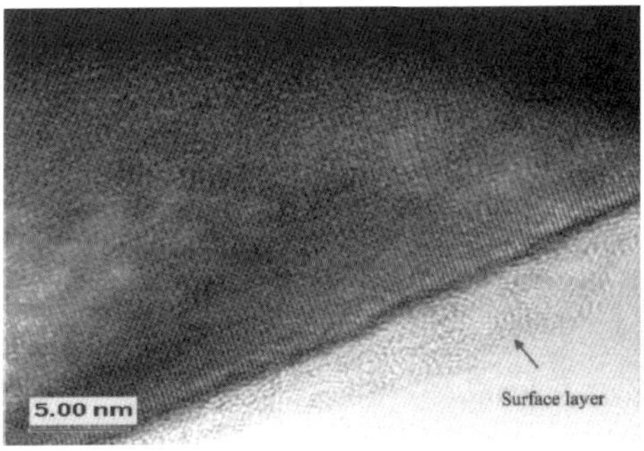

그림 4.2.33 흑연표면에 생성된 SEI 층 이미지 [43]

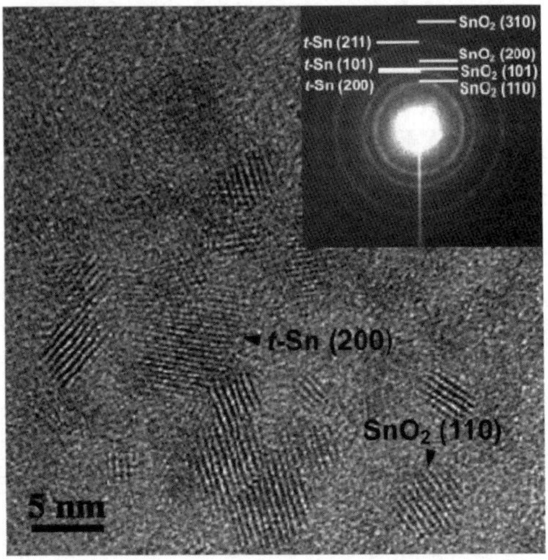

그림 4.2.34 SnO_2 음극소재 입자의 격자지문(lattice fringe) TEM 이미지와 전자회절 패턴 [44]

위와 같이 고배율로 확대해 얻은 격자 지문(lattice fringe)으로부터 SnO_2와 정방정 구조의 수 나노미터 크기의 Sn 금속이 혼합되어 있는 것을 볼 수 있다. 그림 4.2.34의 오른쪽 위에 첨부된 사진은 *t*-Sn와 SnO_2의 원반형태의 전자회절패턴으로서, Sn 금속의 패턴이 선명하게 관찰된다.

다음의 예는 금속 산화물계 음극소재 중, CoO가 리튬과 반응하는 메커니즘을 조사하기 위한 TEM SAED 패턴 분석 결과이다[45].

TEM 분석으로부터 결정구조의 변화와 새로운 성분의 생성을 알아내어 다음과 같은 전환반응(conversion reaction)이라는 새로운 반응 메커니즘이 제시되었다.

$$\begin{array}{c} CoO + 2Li^+ + 2e^- \rightleftarrows Li_2O + Co \\ 2Li \rightleftarrows 2Li^+ + 2e^- \\ \hline CoO + 2Li \underset{2}{\overset{1}{\rightleftarrows}} Li_2O + Co \end{array} \tag{4.82}$$

4-2-7 주사전자 현미경(Scanning Electron Microscopy, SEM)

주사전자 현미경은 전자가속기로서 가속된 전자빔을 전자기렌즈를 이용하여 초점을 형성한다. 전자총(electron gun)은 텅스텐으로 만든 필라멘트를 조사원(illumination source)으로 사용하여 전자빔을 60-100 keV로 가속시킨다. 전자총에 고전압이 걸리면 필라멘트가 2700 K까지 온도가 올라가서 필라멘트의 끝부분에서 열 전자를 방출하게 된다. 이 방출된 열 전자 혹은 장방출(field-emitted)된 전자들은 집광렌즈에 의해서 모아지고 대물렌즈에 의해서 시편의 표면에 초점이 형성된 다음 주사 시스템의 전자기적 deflection coil에 의해서 시료의 표면에 주사된다. 입사빔이 시편에 충돌하면 시편에서는 2차 전자들이 방출되는데, 이 2차 전자들이 scintillation counter에 모아지고 빛을 방출하는데 이 빛의 신호들이 photomultiplier에 의해 증폭된 다음 확대된 영상을 스크린 혹은 CRT에 보여주게 된다.

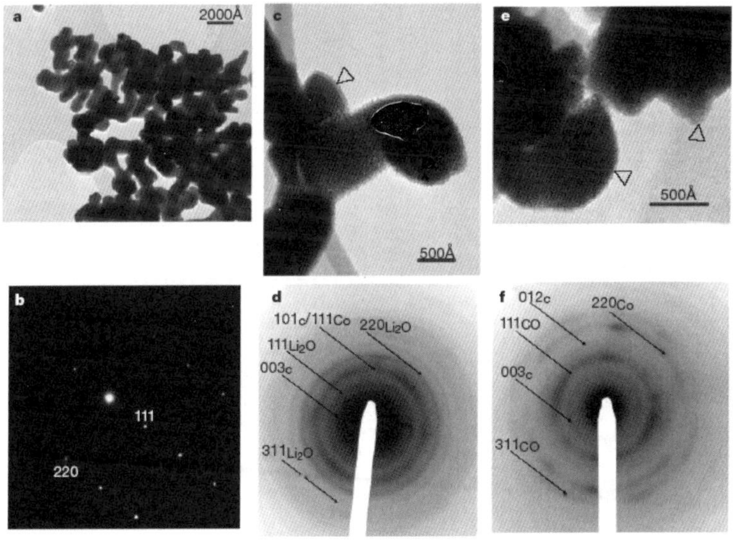

그림 4.2.35 CoO 음극소재 SAED 패턴, (a–b) 싸이클 전 시료, (c–d) 방전된 셀에서 분리한 시료, (e–f) 방전된 셀에서 분리한 시료 [45]

렌즈 시스템과 시편은 세로로 된 원통형의 관에 위치하게 되고 내부는 거의 진공상태로 유지된다. 이것은 전자들이 필라멘트로부터 시편에 이를 때까지 공기중의 분자들과 충돌에 의해 산란되는 것을 방지하기 위해서이다. 전자들이 10^{-4} torr정도의 진공에서는 평균 자유경로가 약 125 cm에 불과하기 때문에 약 10^{-7} torr이상의 높은 진공이 필요하다. SEM은 집광렌즈와 대물렌즈를 가지고 있으나, 광학 현미경이나 투과전자 현미경처럼 빛의 법칙에 따라서 화면을 형성하지 않고, 전자기렌즈가 전기가 통하는 시편의 표면에 초점을 형성한 전자빔 스팟을 형성하고 이 스팟이 관찰하고자 하는 시편부위를 주사하여 영상을 형성한다[46, 47]. 이 과정 중에 여러 형태의 복사선이 발생하지만 SEM에서는 시편의 가장 표면에 가까운 영역에서 발생하는 2차 전자를 이용한 것으로 적당한 신호처리 과정을 통하여 CRT에 영상을 나타나게 한다. CRT에 나타난 영상의 한 점의 밝기는 전자빔과 시편의 상호작용에 의해서 시편의 부위에서 발생되는 2차 전자의 수에 비례한다.

시편은 일반적으로 알루미늄 금속으로 만든 원통형 홀더에 고정되고 입사 전자빔이 시편과 충돌할 때 발생하는 고전압의 전하 발생(charging)을 방지하기 위하여 접지되도록 고정한다. 정전하가 심한 시료나 전도도가 낮은 경우, 시료 주변에 전도성 카본 테이프를 붙이거나, 스퍼터링(sputtering) 법을 이용하여 시

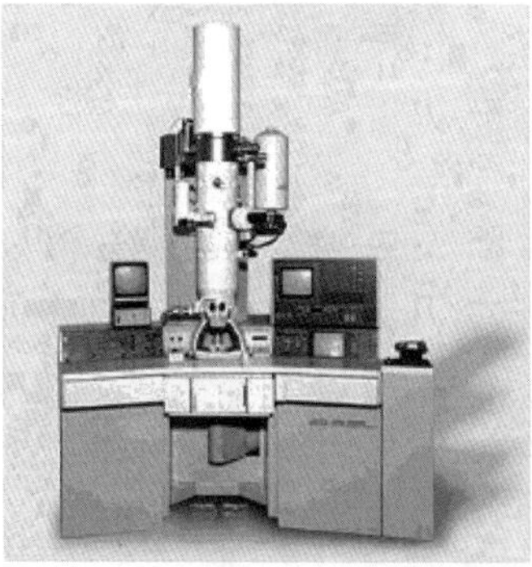

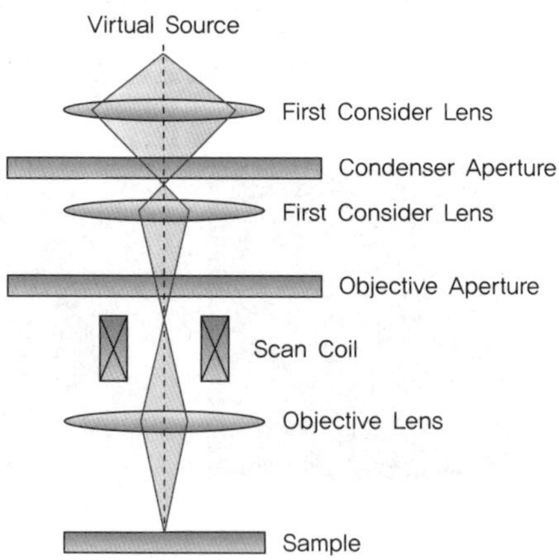

그림 4.2.36 SEM 분석장비의 구조

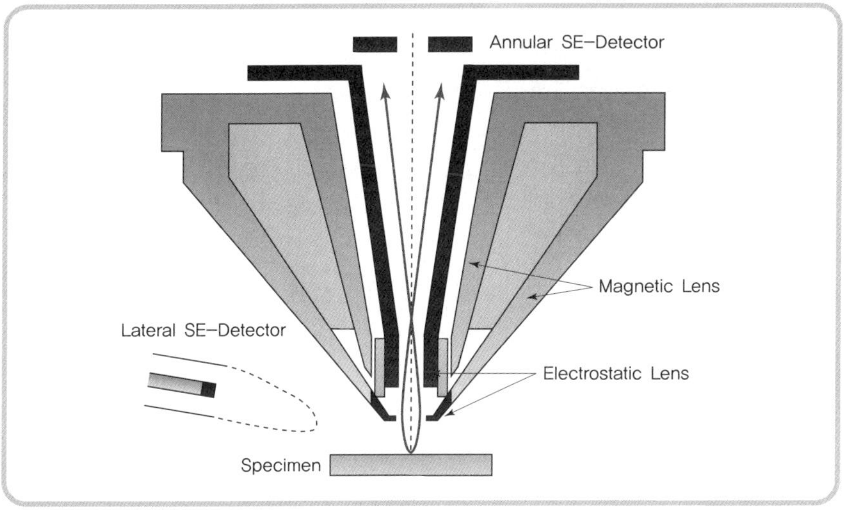

그림 4.2.37 FE-SEM 분석장비의 구조 개략도

료 표면에 20-30 nm정도의 얇은 두께로 전도성이 있는 카본, 금, Pd금속막 등을 코팅하면 시료 홀더를 통하여 방전시키는 효과가 있으므로 이 문제를 해결할 수 있다.

FE-SEM(Field-emission SEM) 에서는 1차 입사 전자빔이 시표 표면을 주사하면 2차 전자가 생성되는데, 이 2차 전자는 약한 retarding field에 의해 intercept되어 위쪽으로 가속되어 선명한 이미지를 얻을 수 있다. 이런 방식으로 field-emission 전자총은 다른 전자총보다 더 높은 전자에너지를 가지며 더 좁은 probing빔을 내보내게 되어 1.5 nm의 개선된 공간적 분해능을 제공한다. 이는 기존의 SEM에 비해 분해능이 3-6 배 가량 높은 값이다. 또한 낮은 운동 에너지를 가진 전자가 시료를 통과하는 정도가 크지 않으므로 시료 표면에 근접한 이미지를 얻을 수 있다. 수 keV 이하의 낮은 가속 전압만으로도 정전하 현상이 최소화된 상태에서 양질의 이미지를 얻을 수 있으므로, 부도체 시료일지라도 표면 코팅 없이 수 나노미터까지 확대된 이미지를 얻을 수 있다[48].

SEM 이미지는 우리가 흔히 카메라로 어떤 대상의 사진을 찍는 것과도 같다. 따라서 전극물질을 분석하는데 있어서 그 소재의 직접적인 이미지를 제공한다. 다음에 보여주고 있는 그림 4.2.38은 전형적인 리튬이차전지의 횡단면 이미지이다[49].

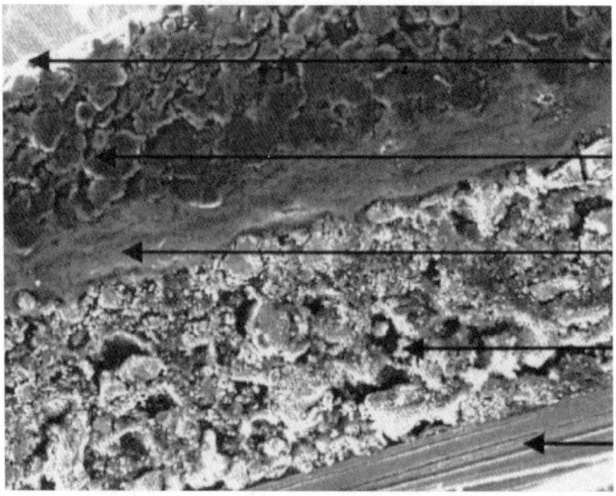

그림 4.2.38 리튬전지의 횡단면 SEM 이미지 [49]

다음의 예(그림 4.2.39)는 구형의 core-shell 형태의 양극물질로, $LiNi_{0.8}Co_{0.1}Mn_{0.1}O_2$가 core이고 $LiNi_{0.5}Mn_{0.5}O_2$가 shell이다[50]. 합성된 시료의 횡단면 이미지로부터 core와 1-1.5 μm 두께의 shell이 존재하는 것을 선명하게 볼 수 있다.

SEM을 사용할 경우 시료 표면을 관찰하는 기능 이외에, energy dispersive spectroscopy(EDS)와 같은 부속 장비를 장착하여 시료내 존재하는 원소에 대한 정성 및 정량 분석과 함께 후방 산란 전자를 이용한 이미지 관찰도 가능하다.

그림 4.2.39 core-shell 입자모양 변화 이미지; (a) $[Ni_{0.5}Co_{0.1}Mn_{0.5}](OH)_2$ 횡단면, (b) $[Ni_{0.5}Co_{0.1}Mn_{0.5}]_{0.8}(Ni_{0.5}Mn_{0.5})_{0.2}](OH)_2$ core-shell, (c) $Li[Ni_{0.5}Co_{0.1}Mn_{0.5}]_{0.8}(Ni_{0.5}Mn_{0.5})_{0.2}]O_2$ core-shell. Scale bar는 4 μm 길이 [50]

EDS는 수 μm 크기의 입자의 표면을 감지하기 때문에 사실상 벌크시료에 대한 원소분석법이라 할 수 있으며 오차한계가 5-10 %에 이른다. 또한 시료 holder를 기울여서 전자빔과 시료 내 원자와의 회절 반응을 통하여 형성된 패턴을 수집하여 결정구조를 확인할 수 있고, 입계(grain boundary), 결정의 방향성 등의 관찰도 가능하다. 이러한 SEM의 장점은 TEM에 비해 시료의 제조가 비교적 간단하고 거의 모든 재료의 분석이 가능하다는 것이다.

4-2-8 Atomic Force Microscopy(AFM)

그림 4.2.40에 나타낸 바와 같이 AFM은 뾰족한 Si 또는 Si_3N_4으로 만들어진 nm 크기의 탐침이 있는 캔틸레버(cantilever)로 이루어져 있다. 탐침이 시료 표면에 가까이 다가가면 탐침의 끝과 시료 표면 원자에 있는 전자와의 반발력에 의해 캔틸레버가 휘게 된다. 그 휘는 정도에 따라 캔틸레버에 의해 반사되는 된 레이저의 세기를 포토다이오드(photodiode)를 통해 측정하게 된다.

일정한 힘(force)을 유지하면서 탐침이 표면을 주사해 나가면 탐침의 수직적 움직임이 이미지화되고, 이러한 이미지는 일정한 힘 또는 일정한 높이 모드로 표현되어 표면 형상을 얻게 된다[51, 52]. 캔틸레버의 힘 상수 k_N이 알려진 값이라면, 반발력 F_N은 다음과 같다.

$$F_N = k_N \times \Delta z \tag{4.83}$$

탐침이 수직적으로 움직이는 정도를 힘으로 표현할 수 있고, 약 $10^{-13} - 10^{-8}$ N으로 Van der waals 상호작용을 측정할 수 있다. 힘의 종류에는 기계적 접촉(mechanical contact) 힘, Van der waals, 모세관 힘, 화학결합, 자기적 힘 등이 있다. 이 힘은 전극 특성, 전극과 탐침간 거리, 표면의 오염도, 탐침의 모양 등에 의해 영향을 받는다.

AFM은 탐침과 표면 사이에 전류를 흘리지 않아도 되기 때문에 부도체, 전도체를 포함한 모든 물질의 분석이 가능하므로, 부도체이기 때문에 주사터널링 현미경(scanning tunneling microscopy, STM)으로 분석하기 힘든 경우에 유용하다. AFM 측정방법에는 contact 모드, friction 모드, tapping 모드, non-contact 모드 등이 있다.

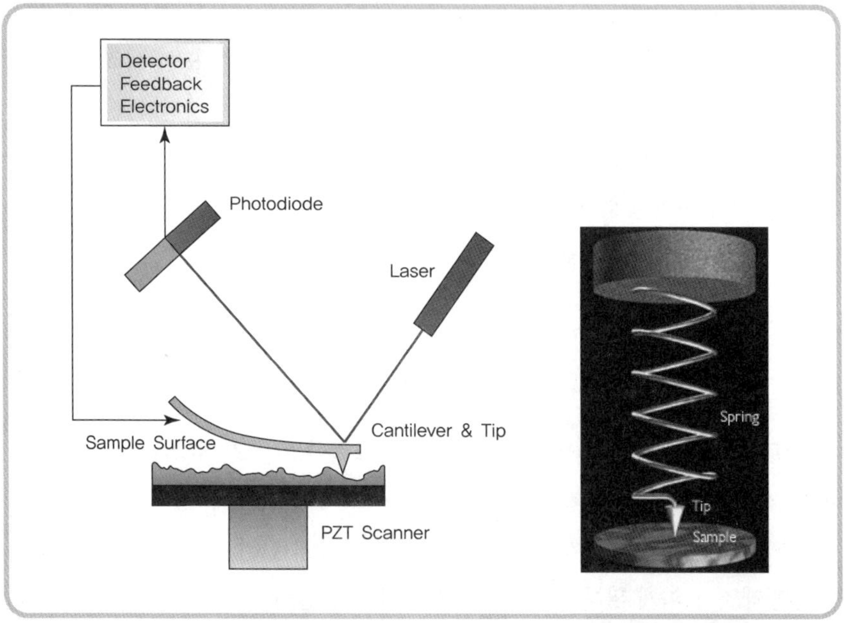

그림 4.2.40 AFM 분석장비의 구조 개략도

(1) Contact 모드는 탐침이 표면에 물리적 접촉을 하며 진행되는 경우이며, 표면이 긁힐 수 있는 단점이 있으나 선명한 이미지를 얻기 위해 가장 많이 사용된다.

(2) Friction 모드는 횡 방향(lateral)의 힘을 가해 탐침과 표면간 접촉을 시킴으로써 캔틸레버가 비틀어지는 힘이 측정된다.

(3) Tapping 모드에서는 압전체 드라이브가 캔틸레버를 일정한 공명 주기로 진동을 가하여 사용되는데, 진동정도나 상 변화가 측정된다. Contact 모드에 비해 시료표면이 긁히는 현상을 줄일 수 있다.

(4) Non-contact 모드에서는 탐침이 표면과 접촉하지 않는 상태에서 반발력이 없을 정도로 거리를 두고 측정하는 방법으로 전기장을 가할 수 있는 전도성 탐침이나 자기적 특성이 있는 탐침에 사용하기가 적합하다.

전기화학 반응 중에 일어나는 전극표면의 형태를 직접 관찰하기 위해 *in-situ* AFM이 사용된다. *in-situ* 실험을 하기 위해서는 AFM을 글로브 박스 안에 넣어야 하는데, AFM이 진동에 예민하므로, 글로브 박스 내에 AFM용 매트를 설치해

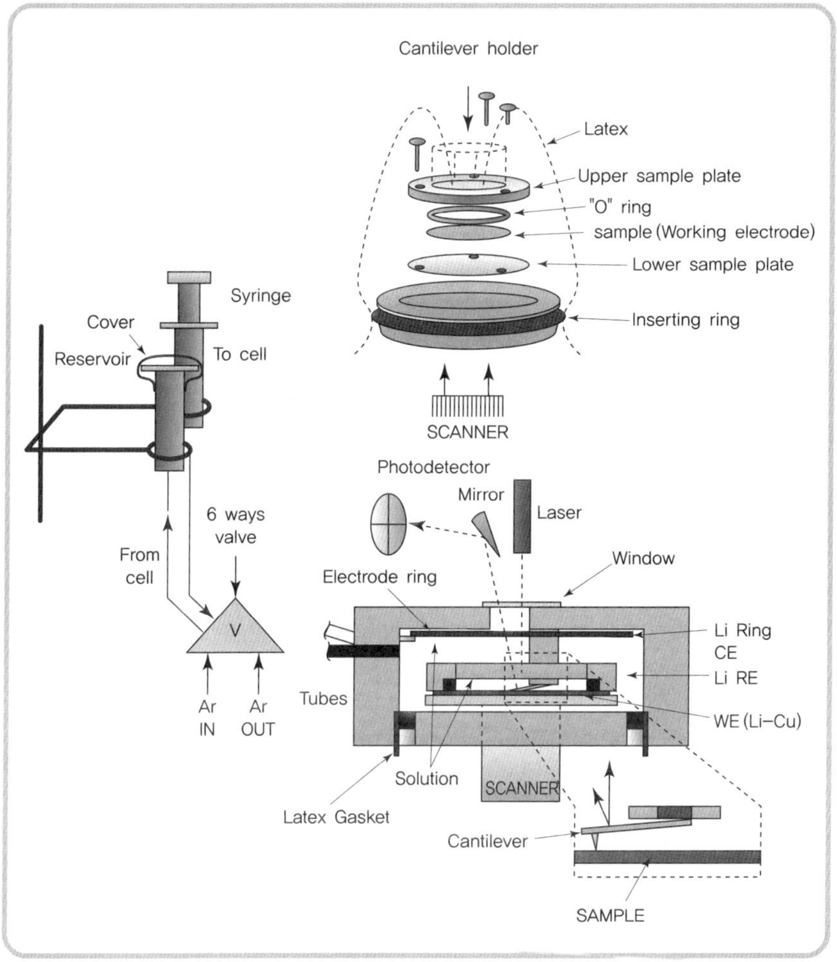

그림 4.2.41 AFM *in–situ* 셀의 구조 [53]

야 한다. *In-situ* 셀은 그림 4.2.41과 같은 구조로 이루어져 있다[53].

그림 4.2.42는 *in-situ* CV와 AFM을 이용하여 전해질의 환원분해로 인해 흑연 음극 표면에 형성되는 SEI 층의 표면의 이미지 변화를 보여준다[54].

4-2-9 열 분석(Thermal Analysis, TA)

열 분석은 온도 변화에 따른 소재의 열적 특성 변화를 측정하는 분석법이다. 대표적인 열 분석법으로는 thermogravimetric analysis(TGA), differential ther-

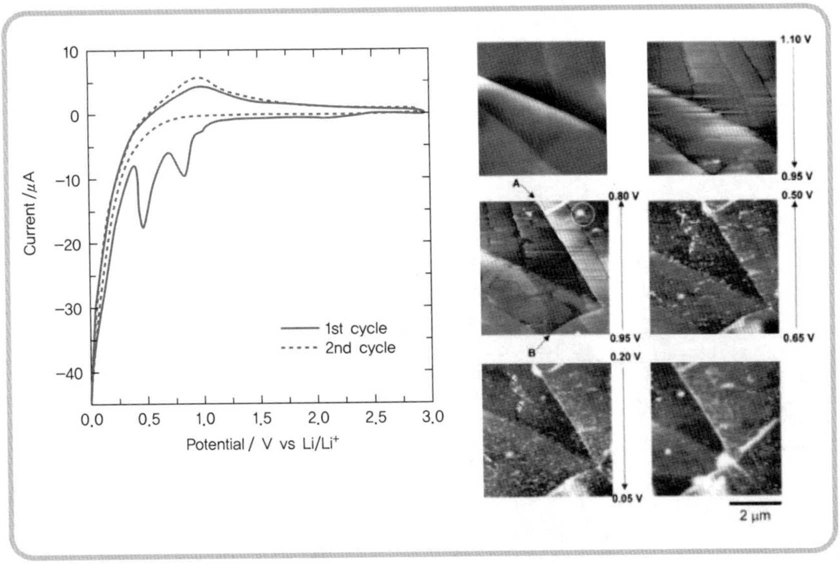

그림 4.2.42 *in-situ* CV와 AFM을 이용한 전해질분해에 의해 흑연음극 표면에 생성되는 SEI 층의 표면의 이미지 변화 [54]

mal analysis(DTA), differential scanning calorimetry(DSC) 등이 있다.

TGA는 상온에서부터 목표한 온도까지 온도를 증가시키면서, 시료의 열분해 또는 휘발(기체발생)에 의한 시료의 무게의 증가 또는 감소를 관찰하는 것이다. 무게변화 곡선을 온도에 대하여 미분하면 정확히 어느 온도에서 무게가 변화하는지 알 수 있다. 고분자의 분해온도 측정, 소재에 포함된 물의 양, 무기물-유기물 혼합물에서 유기물의 함량, 유기물 또는 용매의 열 분해온도 등을 결정할 수 있다[55, 56].

TGA 장치는 그림 4.2.43과 같이 시료를 넣을 수 있는 팬(pan)과 높은 정밀도를 가지는 저울(balance)로 이루어져 있다. 정확한 온도를 측정할 수 있는 thermocouple이 장착된 작은 전기로에 시료 팬을 넣고 열 분석을 수행한다. 시료의 산화 및 변질을 막기 위해서, 일반적으로 특정의 기체(N_2, Ar 등)를 흘려 불활성(inert) 분위기에서 TGA 실험을 진행한다.

DTA는 측정할 시료와 기준시료(반응성이 없는 물질을 선택)의 온도차이를 시간의 함수로 측정하고 동시에 시료의 열용량과 엔탈피 변화를 측정하는 분석법이다. 이를 통해 시료의 온도에 따른 반응의 열역학적, 반응속도론적 특성을 분석할 수 있다.

DSC는 시료에 어떤 물리적 변화(예: 상전이)가 일어나면, 열의 흡수 또는 방출이 기준(reference) 물질에 비해 상대적으로 증가 또는 감소하는데, 이때 흡수 또는 방출되는 열의 양을 측정하는 방법이다 [55-56]. 표준물질의 열용량(heat capacity) 값은 이미 알려져 있다. 시료에서 열의 방출이 상대적으로 증가하면 발열 반응(exothermic), 열의 흡수가 상대적으로 증가하면 흡열반응(endothermic)으로 볼 수 있으며, DSC thermogram의 기준곡선(baseline)을 기준으로 각각 위쪽, 아래쪽으로 피크가 나타나는 것이 일반적이다. DSC는 그림 4.2.44와 같이 두 개의 봉합된 시료 팬과 기준 팬으로 이루어져 있다. 시료 팬은 열전도도가 높은 알루미늄 금속을 사용하고, 기준 팬은 속이 비어 있는 알루미늄 팬이다. 시료는 보통 0.1-100 mg정도를 사용하고, 특정 기체 분위기에서도 분석시험을 수행할 수 있다. DSC는 크게 두 가지 타입으로 나눌 수 있는데, heat flux DSC와 power compensated DSC 가 있다. Heat flux 타입은 calorimetric DTA라고도 부르며, 시료와 기준 물질이 같은 전기로 내에 위치한다. 열은 은(Ag) 또는 합금 타입의 디스크를 통해 시료와 기준물질에 전달된다. 또한 이 디스크는 온도를 감지할 수 있는 기능도 있다.

Power compensated DSC는, heat flux 타입과 다르게, 시료와 기준물질용 전

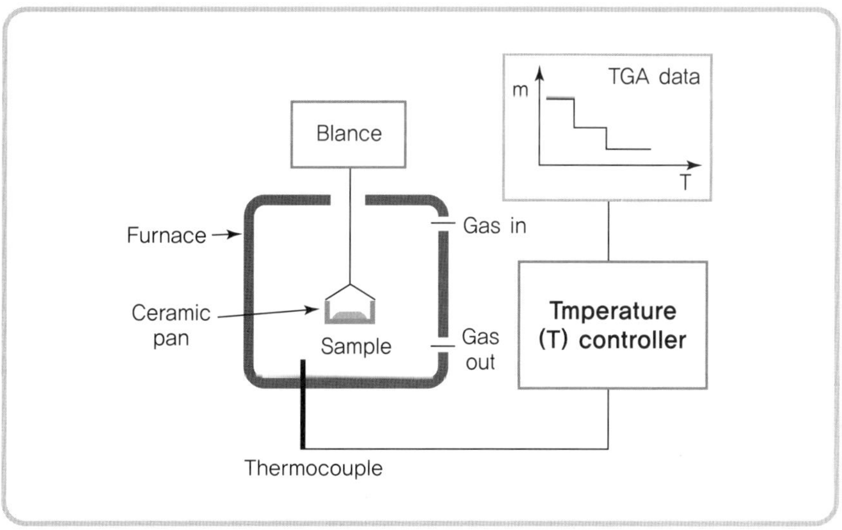

그림 4.2.43 TGA 분석장비의 구조 개략도

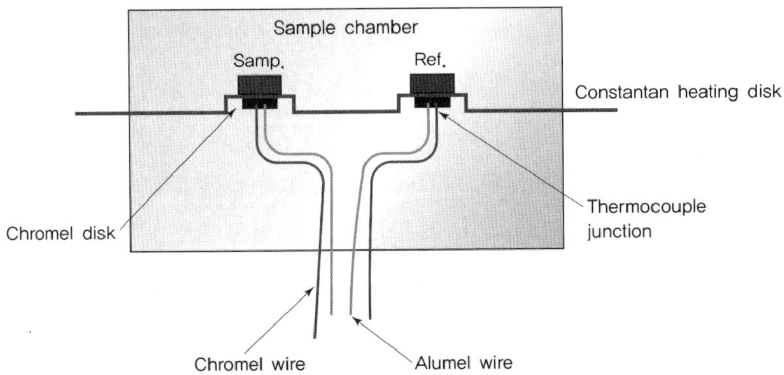

그림 4.2.44 Heat flux DSC 분석장비의 구조 개략도

기로가 각각 따로 있다. 시료의 발열, 흡열에 의한 시료와 기준물질간 온도차를 감지하고 양쪽의 온도차이를 보상하여 온도차이가 없게끔 조절해주는 기능을 한다. 예를 들면 고분자 시료가 용융되면 흡열이 일어나 시료의 온도가 낮아지는데 이를 보상하기 위해 추가적인 전류를 더 공급하여 양쪽의 온도가 같아지도록 조정하고 추가된 전류의 양이 DSC thermogram으로 나타난다.

대표적인 예로서, PET(poly(ethylene terephthalate))에 대한 DSC 분석결과를 그림 4.2.45에 도시하였다[56].

DSC thermogram에서 상 전이로 인해 나타나는 피크를 적분하여(면적을 구하여) 식 (4.84)에 의해 엔탈피를 계산할 수 있다.

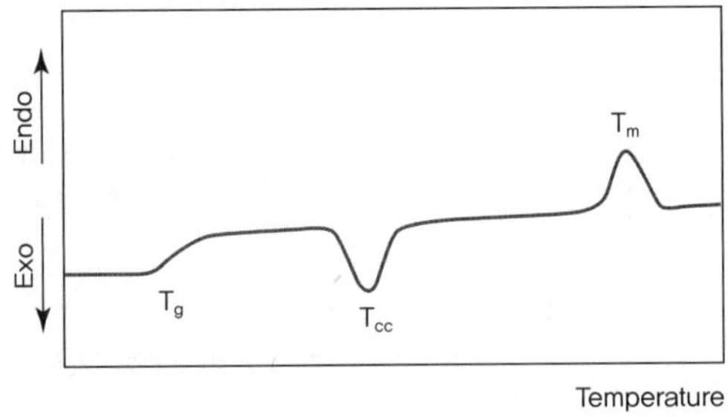

그림 4.2.45 PET의 DSC thermogram [56]

$$A = \Delta H \times k \tag{4.84}$$

여기서, A는 발열 또는 흡열 피크의 면적, ΔH는 전이 엔탈피(transition enthalpy), k는 에너지 변환상수이다. k는 기기마다 다른 값을 가질 수 있고, 전이 엔탈피값이 이미 알려진 시료를 사용하여 결정된다.

리튬전지에 사용되고 있는 전해질의 열적 특성을 DSC를 이용하여 분석한 결과가 그림 4.2.46에 나타나 있는데, 고체 $LiPF_6$ 염은 200 ℃에서 녹고 300 ℃에서 식 (4.85)와 같이 분해되는 것을 알 수 있다[57].

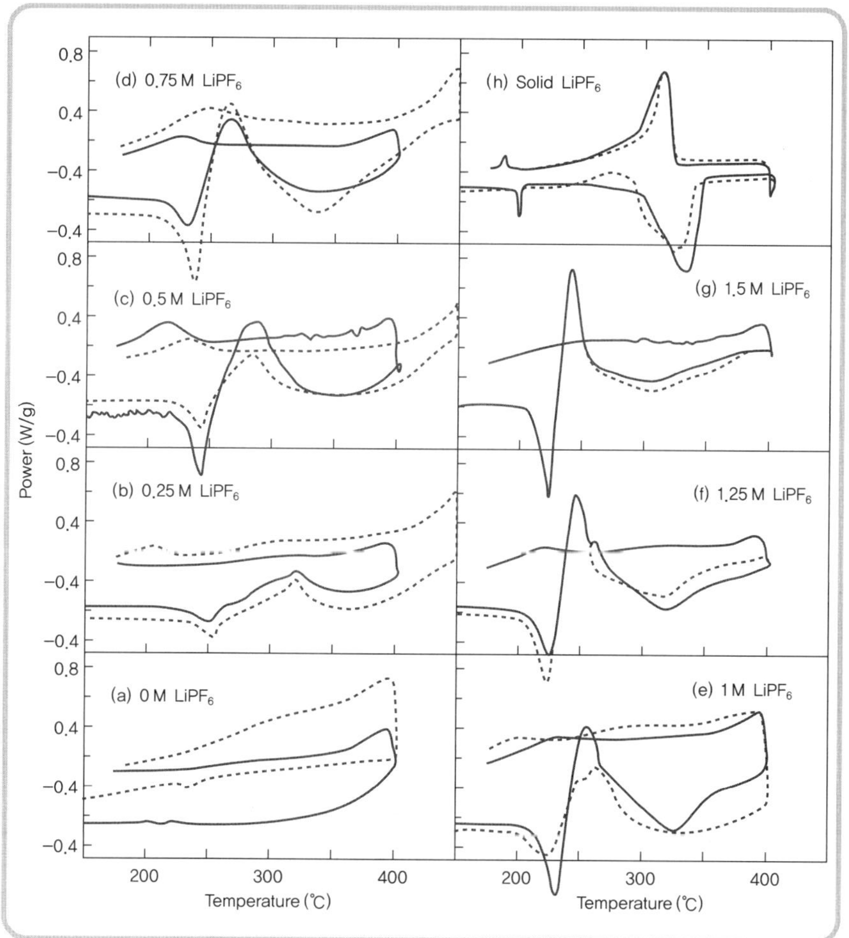

그림 4.2.46 $LiPF_6$ 농도에 따른 EC/DEC의 DSC thermogram 변화: 두개의 서로 다른 시료(실선, 점선)에 대해 비교함(승온속도=5 ℃/min) [57]

$$LiPF_{6(s)} \Rightarrow LiF_{(s)} + PF_{5(g)} \tag{4.85}$$

$LiPF_6$가 EC-DEC 용매와 혼합되면, 비가역적 분해가 일어나며 230-250 ℃에서 흡열반응이, 약 250-320 ℃에서는 발열반응이 일어난다. 위의 $LiPF_6$ 분해 반응으로 생성된 PF_5는 다음 그림 4.2.46에서 보는 바와 같이 소량 존재하는 물과 반응함으로써 HF가 생성되는 등 또 다른 분해반응이 일어난다. 230 ℃ 근처의 피크는 EC와 HF간 반응에 의한 EC의 분해반응에 해당된다. 또, $LiPF_6$ 염의 농도에 따라 전해질의 열적 특성이 변화하는 것을 알 수 있다.

4-2-10 기체 크로마토그래피-질량 분석(Gas Chromatography-Mass spectrometry, GC-MS)

크로마토그래피는 액체나 기체상태 화합물의 정성분석과 정량분석에 유용한 방법으로서, 기준물질과의 비교에 의해 이루어진다. 리튬전지 분야에서는 전해질의 고온 안정성 및 분해(기체) 생성물 등의 분석에 많이 사용된다. 시료의 혼합물이 크로마토그래피 컬럼(column)을 통과하면 상 분배 원리에 의해 성분들의 이동속도가 다르게 되어 컬럼에 머무르는 시간이 달라지므로 이를 이용해 각 성분들을 분리해 낼 수 있다. 기체 크로마토그래피는 시료가 기체 또는 기화할 수 있는 액체로서 그림 4.2.47에 나타난 바와 같은 rubber septum을 통해 컬럼에 주

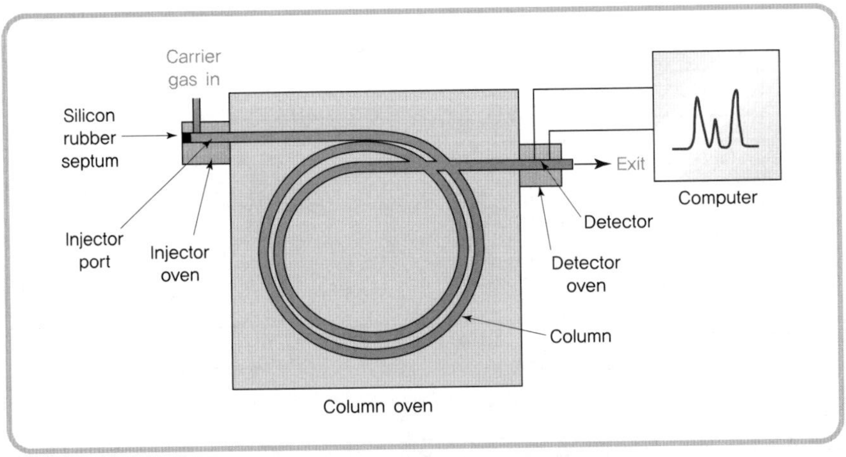

그림 4.2.47 GC 분석장비의 구조 개략도

사해 가열된 port로 옮겨지면 시료가 휘발되면서 상 분배 원리의 고정상(stationary phase)인 가늘고 긴 컬럼을 통과시켜 분석한다[14].

상분배 원리의 이동 상인 이송기체로는 H_2, N_2, He가 사용되고, 압력과 온도를 이용하여 플럭스(flux)를 조절한다. 개관형(open tubular)의 컬럼은 실리카(SiO_2) 소재로 만들어지고, 컬럼 안에 액체 또는 고체 고정상으로 도포되어 있으며 실리카 표면에 결합되거나 가교되어 있다. 고체 고정상 소재로서는 활성탄이나 액상을 사용하며, 액상 형태로는 다음과 같은 종류들이 있는데(표 4.2.3), 시료의 극성(polarity) 여부에 따라 선택하여 사용한다. [14]

컬럼 오븐의 온도를 증가시키면 시료의 증기압이 증가되고 컬럼에 머무르는 시간이 짧아지므로 시료의 끓는 점과 극성에 따라 차례대로 화합물을 분리해 낼 수 있다. 감지기(detector)로는 flame ionization 감지기와 열전도도 감지기가 있

표 4.2.3 Capillary GC에서의 고정상의 종류

Structure		Polarity	Temperature range
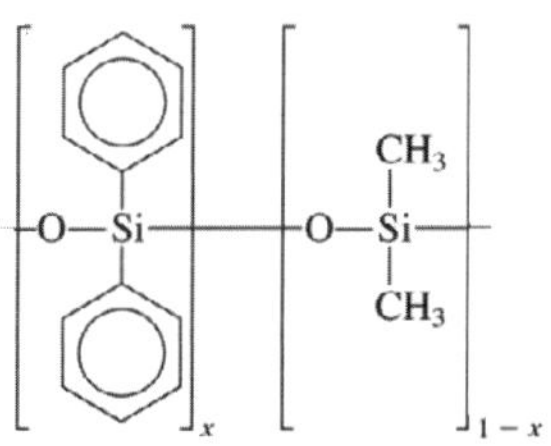 (Diphenyl)$_x$(dimethyl)$_{1-x}$ polysiloxane	x=0	Nonpolar	−60° to 360℃
	x=0.05	Nonpolar	−60° to 360℃
	x=0.35	Intermediate polarity	0° to 30℃
	x=0.65	Intermediate polarity	50° to 370℃
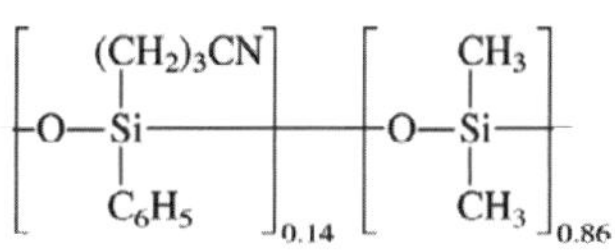 (Cyanopropylphenyl)$_{0.14}$ (dimethyl)$_{0.86}$ polysiloxane		Intermediate polarity	−20° to 280℃
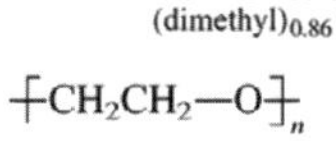 Carbowax (polyethylene glycol)		Strongly polar	40° to 250℃
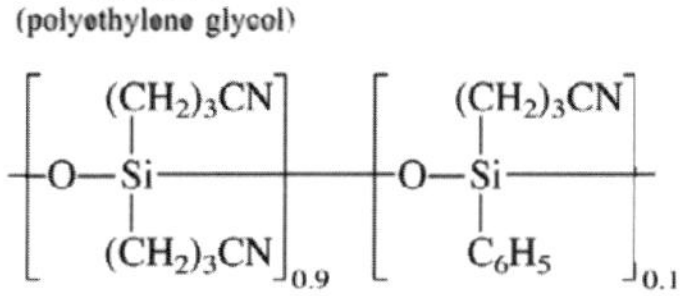 (Biscyanopropyl)$_{0.9}$ (cyanopropylphenyl)$_{0.1}$ polysiloxane		Strongly polar	0° to 275℃

다. Flame ionization 감지기에서 시료가 수소와 공기 혼합기체와 함께 타게 되면 탄소(C)는 CH 라디칼(radical)을 거쳐 CHO^+ 이온을 다음과 같이 형성하므로 이를 통해 전하량을 측정할 수 있다.

$$CH + O \rightarrow CHO^+ + e^- \tag{4.86}$$

열전도도 감지기는 텅스텐-레늄 필라멘트로 구성되며, 시료기체의 도입으로 열전도도가 변화하고 전기저항과 필라멘트 전위도 변화하게 된다. 이 열전도도 변화에 따른 전위변화가 다음 그림 4.2.48과 같은 GC 결과로 나타나게 된다. [14]

GC는 mass spectrometry(MS)를 감지기로 사용하여 소량의 기체상 물질의 fragmentation pattern 을 구하여 분자의 구조를 직접적인 방법으로 정성 분석할 수 있다. 질량분석을 위하여 분자는 이온으로 전환되어 mass-to-charge ratio인 m/z 형태로 분리된다. 가장 보편화된 MS는 transmission quadrupole mass spectrometer로서 그림 4.2.49의 왼쪽 편에서 GC와 연결되고, GC 컬럼으로부터 나오는 화합물이 가열된 connector를 통과 ionization chamber로 이동되는데, quadrupole mass separator로 들어가기 전에 여기서 15 keV하에서 분자들이 이온으로 전환된다. [14] 분자들을 이온상태로 전환시키는 방법으로 전자이온화법(electron ionization)과 화학적 이온화법(chemical ionization)이 있다.

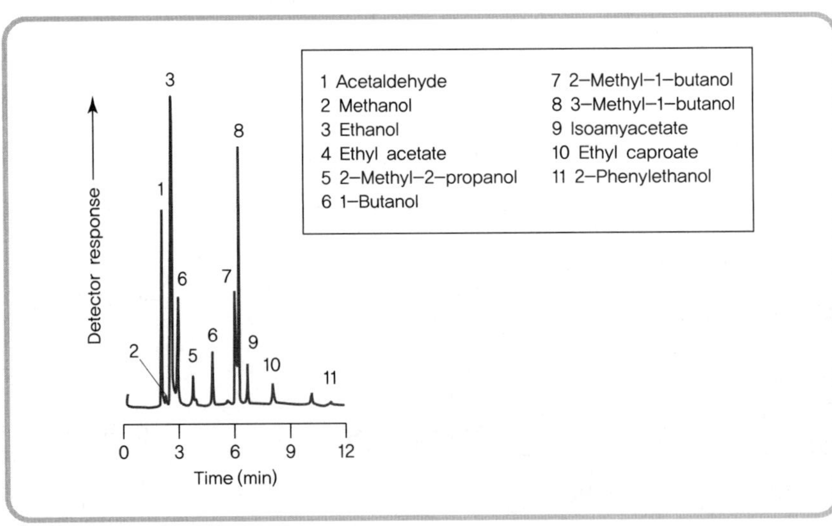

그림 4.2.48 GC 분석결과의 예

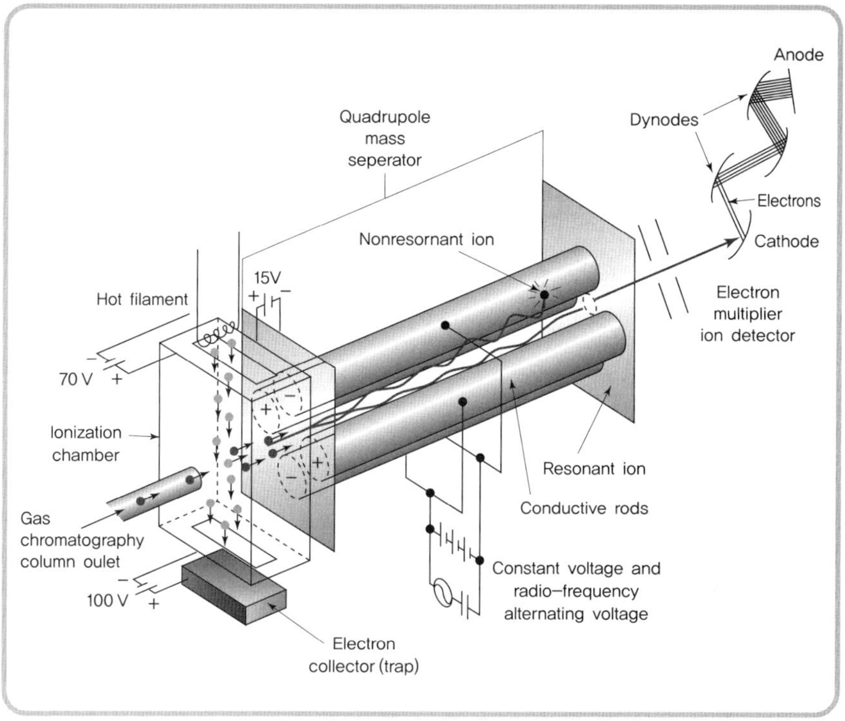

그림 4.2.49 MS 분석장비의 구조 개략도

전자이온화법에서는 뜨거운 필라멘트로부터 방출되는 전자가 70 kV 하에서 가속되며 식 (4.87)과 같이 이온화된다.

$$M + e^-(70\ eV) \rightarrow M^+ + e^-(55\ eV) + e^- \tag{4.87}$$

여기서, M^+는 분자이온이며 이들은 더 작은 조각(fragment)들로 분해된다.

화학적 이온화법에서는 약 1mbar정도의 기체를 100-200 eV에너지를 갖는 전자들이 이온화 시키는데, 메탄의 경우 CH_4를 CH_5^+로 전환시킨다. CH_5^+는 분석물질과 반응하여 수소화된(protonated) 분자를 생성시키며 식 (4.88)과 같이 전자이온화법에서 얻는 스펙트럼과 다른 m/z값의 피크들이 얻어진다.

$$CH_5^+ + M \rightarrow CH_4 + MH^+ \tag{4.88}$$

질량 스펙트럼을 해석하려면 여러 fragmentation을 추측해 이때 얻은 m/z값과 스펙트럼상의 피크위치를 비교, 확인하여야 한다. 다음 그림 4.2.50은 frag-

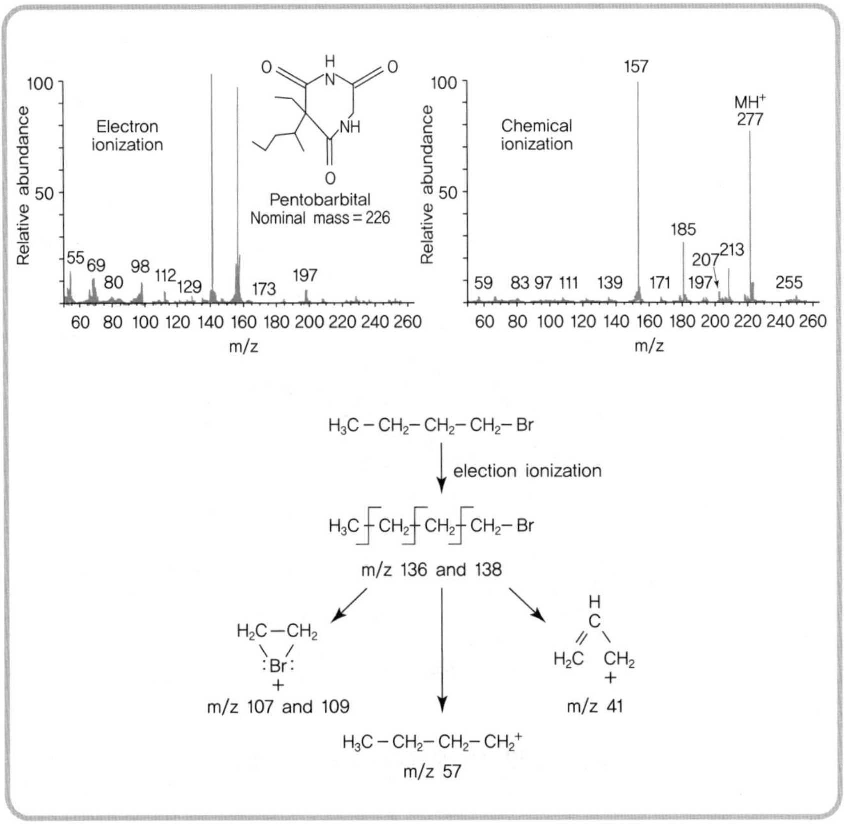

그림 4.2.50 (a) MS 스펙트럼, (b) fragmentation pattern을 이용한 분석 예

mentation pattern을 구하는 한 예이다. [14]

4-2-11 유도플라즈마-질량분석법(Inductively Coupled Plasma(ICP)- Mass Spectroscopy(MS)

유도플라즈마-질량분석법은 아르곤 가스를 이용하여 10,000 K 정도의 온도에서 생성된 플라즈마에서 방출되는 양이온들을 질량분석기를 이용하여 정량적으로 분석하는 방법이다. ICP는 소량 분석용 원소분석방법으로서 생성된 이온들이 MS로 이동되어 m/z 형태의 시그널(signal)로 얻어진다. 그림 4.2.51에 ICP의 개략도를 나타내었다.

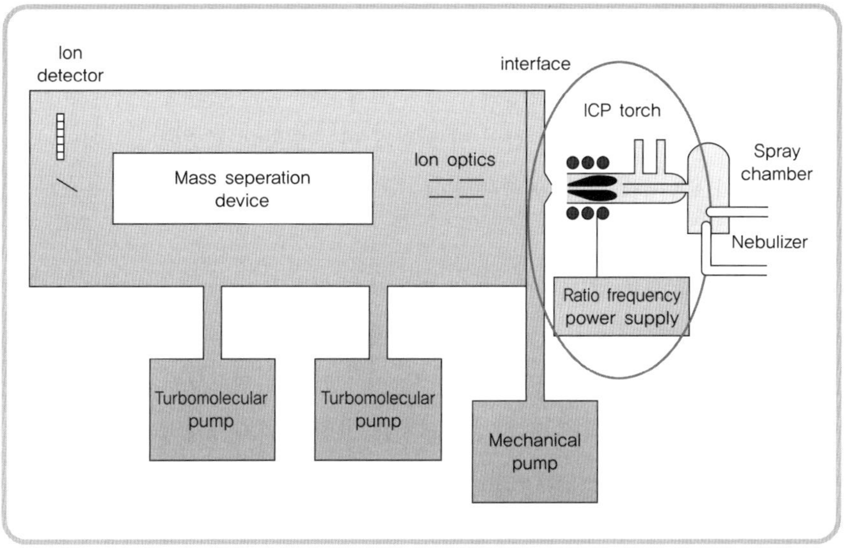

그림 4.2.51 ICP 분석장비의 구조 개략도

ICP는 radio-frequency 전류를 갖는 고온 플라즈마로서 이온을 생성시킨다. 쿼츠(quartz)튜브에 감겨있는 유도코일에 의해 전류가 플라스마로 전환되는데, 보통 사용되는 주파수는 27.12, 40.68 MHz이고 작동파워는 800-1500 W이다. 플라즈마에서 생성된 이온이 MS로 들어가면 질량/전하 비율에 따라 분리된다 [14]. 원자량 7(Li)부터 250(U) 까지 모든 원소의 분석이 가능하며 한 번에 시료 내의 모든 원소들이 동시에 분석 가능하다는 장점이 있다. 감지범위는 ppm부터 ppb 정도 극미량에 이르기까지 측정이 가능하므로 분석용액은 초순수불로 희석시켜 준비해야 한다. 고체 시료는 보통 강산에 녹여 용액상태로 준비하는데, 일반적으로 HNO_3를 사용한다. 정확한 원소 분석을 위하여 이미 농도가 알려진 표준용액을 이용하여 교정(calibration) 곡선을 얻고 ICP-MS로부터 얻어진 물질의 농도를 교정 곡선으로부터 구할 수 있다. 또는, 시료에 포함되지 않은 성분으로서 이미 농도가 알려진 표준물질을 첨가하여, 표준물질로부터 발생하는 피크의 강도 변화를 관찰하여, 그 변화의 정도를 시료에 적용하여 농도교정을 하면 된다.

4-2-12 Branuer-Emmett-Teller(BET) 표면 분석법

리튬이온전지에서 실제 사용하는 전극 활물질은 보통 분말형태이고 충전 및 방전 반응에 있어 리튬이온의 삽입 및 탈리가 이들 입자의 표면에서 일어나기 때문에 이들의 표면구조 및 표면적은 리튬이온전지의 전극 반응에 있어 중요한 역할을 한다.

기체 분자의 경우 압력, 온도 등의 변화가 주어지면 고체의 표면에서 응축현상이 일어나는데, 이는 Van der waals 힘에 의한 것으로 이러한 현상을 흡착(adsorption)이라 하고, 응축된 기체 분자들이 고체의 표면으로부터 증발하는 현상을 탈착(desorption)이라 한다. 흡착현상은 고체와 기체간의 흡착력의 종류에 따라 크게 물리흡착(physical adsorption)과 화학흡착(chemical adsorption)으로 나누어지는데, 물리 흡착은 위의 예에서와 같이 Van der waals 힘에 의한 흡착현상이며, 화학흡착은 고체 표면과 기체간에 전자가 이동하여 이온에 의한 상호작용이나 전자의 공유에 의해 흡착을 일으키는 것이다. 이와 같은 흡착 및 탈착 개념을 이용하여 고체에 흡착된 기체의 양을 측정 함으로써 주어진 고체의 표면적과 기공에 대한 해석이 가능하다. 고체에 흡착된 기체의 양은 온도, 압력, 기체의 종류, 주어진 고체의 종류에 따라 다르다. 온도를 일정하게 유지하는 경우 흡착량은 압력의 변화에 의존하고, 압력을 변화시켜가며 흡착량을 측정하면 다공성 물질에 대한 여러 가지 정보를 얻을 수 있게 된다.

BET는 위 장비의 기본원리를 발견한 세 사람(Brunaur, Emmett & Teller)의 이름 첫 글자를 모아 만든 용어로서, BET 이론은 일정한 온도에서는 고체 표면에 물리적으로 흡착한 기체 분자의 양이 기체의 부분 압력의 함수라는 것을 바탕으로 한다. BET를 이용한 물질의 표면 특성을 이해하기 전에, 우선 Langmuir 흡착에 대한 개념을 이해할 필요가 있다. BET 이론은 Langmuir 표면반응 이론을 기초로 하는 Langmuir 이론의 확대 개념이기 때문이다. 흡착에 관한 Langmuir 이론은 다음 가정들을 전제로 한다[58].

(1) 분자들이 표면에 단분자층으로 화학 흡착된다

(2) 표면의 모든 위치는 모두 동등(equivalent)하고 각 위치당 한 개의 원자만 흡착한다

(3) 각 위치에 흡착되는 분자의 흡착력은 이웃하는 분자가 위치하는지(occu-

pation) 여부에 영향을 받지 않는다

기체 A가 고체 B 표면에 흡착되는 반응, A(g)+B(표면) $\rightleftharpoons$ AB(표면)의 평형상수 K는 식 (4.89)에서와 같이 흡착 속도상수(rate constant, k_a)와 탈착 속도상수(k_b)로 계산된다.

$$K = \frac{k_a}{k_d} \tag{4.89}$$

평형에 도달하면 표면의 덮이는 정도(coverage)에 변화가 없게 되고, 흡착에 의해 K_a[A]가 변하는 속도는 흡착에 의해 K_b[B]가 변하는 속도와 같아지게 된다. 이러한 원리를 설명하는 것이 Langmuir isotherm으로서 식 (4.90)과 같이 주어진다[58, 59].

$$\theta = \frac{N}{S} = \frac{KP}{1+KP} \tag{4.90}$$

여기서, N은 흡착된 분자의 수이고, S는 표면 site의 수, P는 기체의 압력이다. Langmuir 흡착현상은 이상적인 경우인데, 이 이론을 확대하여 실제 시스템에 적용 가능하도록 한 것이 BET 이론이다. 실제로 우리가 관찰할 수 있는 경우는 BET 흡착으로 단분자층의 흡착이 아니고 여러 층 흡착이 일어난다. BET 이론은 다음의 가정을 전제로 한다[59, 60].

(1) 기체분자(adsorbent)가 고체 표면(adsorbate) 위에 무한대의 층으로 물리적으로 흡착된다

(2) 각 흡착층 사이에 상호작용이 없다

(3) 각 층에 대해서는 Langmuir 이론이 적용된다

이에 해당하는 BET 이론은 식 (4.91)로 표시된다.

$$\frac{1}{\upsilon[(P_0/P)-1]} = \frac{c-1}{\upsilon_m c}\left(\frac{P}{P_0}\right) + \frac{1}{\upsilon_m c} \tag{4.91}$$

여기서, P는 압력, P_0는 흡착이 일어나는 온도에서의 흡착제의 포화 평형 압력, υ는 흡착된 기체량(부피), υ_m은 단층으로 흡착된 기체량, c는 BET 상수로서

식 (4.92)로 주어진다.

$$c = \exp\left(\frac{E_1 + E_L}{RT}\right) \tag{4.92}$$

여기서, E_1은 첫 번째 층에 흡착될 때의 흡착열, E_L은 두 번째와 그 이상의 높은 층에 해당되는 흡착열로서 액화(liquefaction) 열에 해당된다. 위의 BET식을 흡착등온곡선(adsorption isotherm)으로 도시하면 그림 4.2.52에서와 같이 x-축의 P/P_0는 y-축의 $1/\upsilon[(P_0/P)-1]$과 직선관계를 나타내며, 이를 BET plot이라 한다.

위 식의 직선관계는 $0.05 < P/P_0 < 0.35$ 범위에서만 성립한다. 이 plot의 기울기와 y-절편은 단층으로 흡착된 기체량과 BET 상수 c를 계산하는데 이용된다.

또한, BET 분석법을 통해 기체분자들의 물리적 흡착현상을 이용함으로써 고체물질의 표면적 값을 구할 수 있다. 총 표면적 S_{total} 과 specific 표면적 S는 다음의 식 (4.93)과 (4.94)로부터 얻을 수 있다.

$$S_{total} = \frac{(\upsilon_m N s)}{M} \tag{4.93}$$

$$S = \frac{S_{total}}{a} \tag{4.94}$$

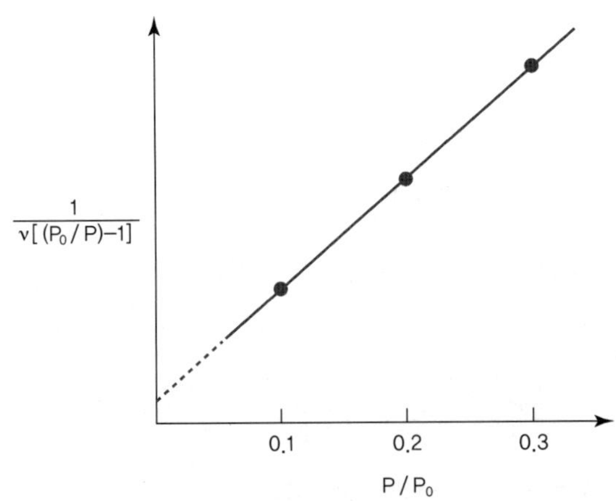

그림 4.2.52 BET plot

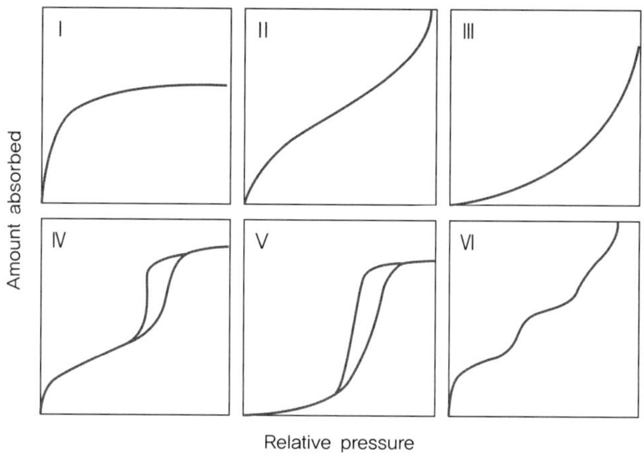

그림 4.2.53 IUPAC에서 분류한 다양한 흡착등온곡선

여기서, N은 Avogadro 수, s는 흡착 단면적, M은 흡착하는 고체(adsorbate)의 분자량, 그리고 a는 고체의 무게이다. 주로 액체질소 온도에서 질소 기체를 흡착시켜 BET 측정을 한다.

기공성 물질은 기공의 크기에 따라 다음과 같이 분류된다.

(1) 마크로(macro) 기공: 기공크기 50-1000 nm

(2) 메조(meso) 기공: 기공크기 2-50 nm

(3) 마이크로(micro) 기공: 기공크기 0.2-2 nm

또한 (1), (2), (3)을 모두 포함해 나노기공(기공크기 0.2-1000 nm)이라고 부르기도 한다.

BET의 등온곡선은 그림 4.2.53에 도시된 바와 같이 다음 6가지 패턴으로 나눌 수 있다.

타입 I: 흡착이 몇 분자 층으로만 국한된 경우이다. 물리적 흡착의 경우, 마이크로 기공성 물질에서 나타난다.

타입 II: 기공성이 없거나 마크로 기공성인 경우에 관찰된다. 등온곡선상의 변곡점(knee)에 해당되는 부분은 단층 덮임이 끝나고 다층 흡착이 시작됨을 의미한다.

타입 III: adsorbate-adsorbent사이에 인력이 약해서 그 인력이 중요한 역할을 하는 경우로서 잘 관찰이 되지 않는다.

타입 IV: 전형적인 메조 기공성 물질의 등온곡선이다. 기공 응축에 의해서 야기되는 이력현상(hysteresis)이 특징적이며, 기공이 거의 완전히 채워지는 높은 P/P_0에서 평탄한 영역(plateau)이 보인다. 타입 IV의 메조 기공성 물질의 이력곡선은 다음 그림 4.2.54에서 나타낸 바와 같이 다층 흡착과 기공응축의 단계를 거치는 흡착 현상에 기인한 것이다.

타입 V: 초기 등온곡선은 타입 III와 같고, 기공 응축과 이력현상을 보인다.

타입 VI: 특이한 경우로서, 기공성이 없는 균일한 시료표면에 다층으로 흡착이 일어날 때, 특히 구형의 대칭적인 비극성 흡착물에 의해 위 그림에 나타난 바와 같은 계단형의 등온곡선이 나타난다. 계단모양은 흡착되는 기체와 고체의 균일성, 온도 등에 의해 영향을 받는다[59, 61].

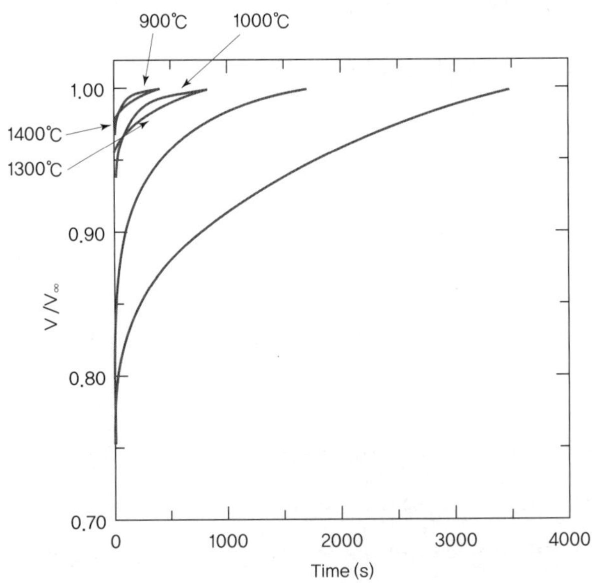

그림 4.2.54 900–1400 ℃에서 소결하여 얻은 카본시료의 온도에 따른 흡착 kinetics [62]

전지 분야에서는 주로 다양한 종류의 카본계 음극물질과 양극물질들의 표면적과 기공크기 측정을 위하여 BET 방법을 많이 사용한다. 그림 4.2.54에서 보는 바와 같이 음극으로 쓰이는 hard carbon을 온도를 증가시켜가며 열처리를 한 결과, 높은 온도에서의 열처리로 인해 기존의 마이크로 기공이 부분적으로 닫히는 현상이 일어나 등온곡선에서 작은 이력현상이 관찰된다. 이와 같이 마이크로 기공이 닫히면 기체 흡착속도도 감소하게 된다 [62].

참고문헌

[1] B.D. Cullity, Elements of X-ray diffraction, Addision-Wesley Publishing Company, Inc. (1978).

[2] D.L. Bish, J.E. Post, Reviews in Mineralogy, Vol 20: Moderrn powder diffraction, The Mineralogy Society of America (1989).

[3] U. Rokakuho, X-ray diffraction analysis, 반도출판사 (1991).

[4] M. Yonemura, A. Yamada, Y. Takei, N. Sonoyama, R. Kanno, J. Electrochem. Soc. **151** (2004) A1352.

[5] G.G. Amatucci, J.M. Tarascon, L.C. Klein, J. Electrochem. Soc. **143** (1996) 1114.

[6] P. Novak, J.C. Panitz, F. Joho, M. Lanz, R. Imhof, M. Coluccia, J. Power Sources **90** (2000) 52.

[7] J.R. Dahn, R.R. Haering, Solid State Commun. **40** (1981) 245.

[8] M.N. Richard, I. Koetschau, J.R. Dahn, J. Eelectrochem. Soc. **144** (1997) 554.

[9] M. Morcrette, Y. Chabre, G. Vaughan, G. Amatucci, J.B. Leriche, S. Patoux, C. Masquelier, J.M. Tarascon, Electrochim. Acta **47** (2002) 3137.

[10] T.D. Hatchard, J.R. Dahn, J. Electrochem. Soc. **151** (2004) A838.

[11] J.M. Tarascon, A.S. Gozdz, C. Schmutz, F. Shokoohi, P.C. Warren, Solid State Ionics **86-88** (1996) 49.

[12] M. Morcrette, Y. Chabre, G. Vaughan, G. Amatucci, J.B. Leriche, S. Patoux, C. Masquelier, J.M. Tarascon, Electrochim. Acta **47** (2002) 3137.

[13] M.R. Palacin, Y. Chabre, L. Dupont, M. Hervieu, P. Strobel, G. Rousse, C. Masquelier, M. Anne, G.G. Amatucci, J.M. Tarascon, J. Electrochem. Soc. **147** (2000) 845.

[14] D.C. Harris, Quantitative chemical analysis, 6th Ed., W. H. Freeman and Company, NY (2003).

[15] D. Lin-Vien, N.B. Colthup, W.G. Fately, J.G. Graselli, The Handbook of Infrared and Raman Characteristic Frequencies of Organic Molecules, Academic Press, San Diego (1991).

[16] Aldrich Handbook of Fine Chemicals and Laboratory Equipment, Aldrich Chemical, Milwaukee (2003) 1494.

[17] K.W. Kolasinsky, Surface science, John Wiley & Sons. Ltd. (2002).

[18] G.V. Zhuang, K. Xu, H. Yang, T.R. Jow, P.N. Ross Jr., J. Phys. Chem. B **109** (2005) 17567.

[19] K. Kanamura, S. Toriyama, S. Shiraishi, Z. Takehara, J. Electrochem. Soc. **142** (1995) 1383.

[20] S. Wartewig, IR and Raman Spectroscopy : Fundamental Processing, Wiley-VCH (2003).

[21] B. Schrader, Infrared and Raman Spectroscopy : Methods and Applications, VCH, New York (1995).

[22] R. Kostecki, F. Mclarnon, Electrochem. Solid-State Lett. **7** (2004) A380.

[23] J.C. Panitz, F. Joho, P. Novak, Appl. Spectrosc. **53** (2000) 1188.

[24] M. Inaba, Y. Iriyama, Z. Ogumi, Y. Todzuka, A. Tasaka, J. Raman Spectrosc. **28** (1997) 613.

[25] J.H. Nelson, Nuclear magnetic resonance spectroscopy, Prentice Hall, NJ (2003).

[26] C.A. Fyfe, Solid state NMR for chemists, C.F.C. Press, Guelph (1983).

[27] M. Kerlau, J.A. Reimer, E.J. Cairns, Electrochem. Comm. **7** (2005) 1249.

[28] K. Nakamura, T. Moriga, A. Sumi, Y. Kashu, Y. Michihiro, I.Nakabayashi, T. Kanashiro, Solid State Ionics **176** (2005) 837.

[29] G. Ertl, J. Kuppers, Low energy electrons and surface chemistry, VCH Verlagsgesellshaft, Weinheim (1985).

[30] G.E. Muilenberg, Handbook of X-ray photoelectron spectroscopy, Perkin-elmer, Minesota (1978).

[31] E. Regan, T. Groutso, J.B. Metson, R. Steiner, B. Ammundsen, D. Has-

sell, P. Pickering, Surf. Interface Anal. **27** (1999) 1064.
[32] D.A. Shirley, Phys. Rev. B **5** (1972) 4709.
[33] A.M. Andersson, A. Henningson, H. Siegbahn, U. Jansson, K. Edstrom, J. Power Sources **119** (2003) 522.
[34] B.K. Teo, EXAFS: Basic Priciples and Data Analysis, Springer-Verlag, Berlin (1986).
[35] D.E. Sayers, B.A. Bunker, X-ray Absorption: Priciples, Applications, Techniques of EXAFS, SEXAFS and XANES, D.C. Koningsberger and R., Eds, Prins, Wiley-Interscience, New-York (1988).
[36] F.W. Lytle, Applications of Synchrotron Radiation, H. Winick et al., Eds., Gordon and Breach Science, NY (1989).
[37] A. Mosset, J. Galy, Applications of synchrotron radiation, H. Winick et al. Ed., Gordon and Breach Scisnce, NY (1989).
[38] W.S. Yoon, K.Y. Chung, J. McBreen, K. Zaghib, X. Yang, Electrochem. Solid-State Lett. **9** (2006) A415.
[39] D.E. Sayers, E.A. Stern, F.W. Lytle, Phys. Rev. Lett. **27** (1971) 1204.
[40] M. Balasubramanian, X. Sun, X.Q. Yang, J. McBreen, J. Power Sources **92** (2001) 1.
[41] D.B. Williams, Carter, Transmission electron microscopy, Plenum press, NY (1996).
[42] B. Fultz, J.M. Howe, Transmission electron microscopy and diffractometry of materials, Springer (2001).
[43] K.A. Striebel, J. Shim, E.J. Cairns, R. Kostecki, Y.J. Lee, J. Reimer, T.J. Richardson, P.N. Ross, X. Song, G.V. Zhuang, J. Electrochem. Soc. **151** (2004) A857.
[44] C. Kim, M. Noh, M. Choi, J. Cho, B. Park, Chem. Matr. **17** (2005) 3297.
[45] P. Poizot, S. Laruelle, S. Grugeon, L. Dupont, J.M. Tarascon, Nature **407** (2000) 496.
[46] J.I. Goldstein, D.E. Newbury, P. Echlin, C. Joy, A.D. Romig, C.E. Lyman, C. Fiori, E. Lifshin, Scanning electron microscopy and X-ray microanalysis, Plenum press (1992).
[47] S. J. B. Reed, Electron microprobe analysis and scanning electron microscopy in geology, Cambridge, Cambridge University Press (1996).
[48] H. Jaksch, Materials world, Oct. (1996).

[49] F. Orsini, L. Dupont, B. Beaudoin, S. Grugeon, J.M. Tarascon, Int. J. Inorg. Mater. **2** (2000) 701.

[50] Y.K. Sun, S.T. Myung, M.H. Kim, J.H. Kim, Electrochem. Solid-State Lett. **9** (2006) A171.

[51] G. Binning, C.F. Quate, C. Gerber, Phys. Rev. Lett. **56** (1986) 930.

[52] S.H. Cohen, M.T. Bray, M.L. Lightbody, Atomic force microscopy/scanning tunneling microscopy, Plenum press, NY (1994).

[53] D. Aurbach, Y. Cohen, J. Electrochem. Soc. **143** (1996) 3525.

[54] S.K. Jeong, M. Inaba, T. Abe, Z. Ogumi, J. Electrochem. Soc. **148** (2001) A989.

[55] P.J. Haines, Principles of thermal analysis and calorimetry, Royal Society of Chemistry (2002).

[56] 김 영범, 송석정, Polymer Science & Technology **4** (1993) 387.

[57] D.D. MacNeila, J.R. Dahn, J. Electrochem. Soc. **150** (2003) A21.

[58] I. Langmuir, J. Am. Chem. Soc. **40** (1928) 1368.

[59] S. Lowell, J.E. Shields, M.A. Thomas, M. Thomas, Characterization of porous solids and powders: surface area, pore size and density, Kluwer Academic Publishers (2004).

[60] S. Brunauer, P.H. Emmett, E. Teller, J. Am. Chem. Soc. **60** (1938) 309.

[61] S.W. Sing, D.H. Everett, R.A.W. Haul. L. Moscou, R.A. Pierotti, J. Rouquerol, T. Siemieniewska, Pure Appl. Chem. 57 (1985) 603.

[62] E. Buiel, A.E. George, J.R. Dahn, J. Electrochem. Soc. **145** (1998) 2252.

Chapter 05

전지의 설계 및 제조

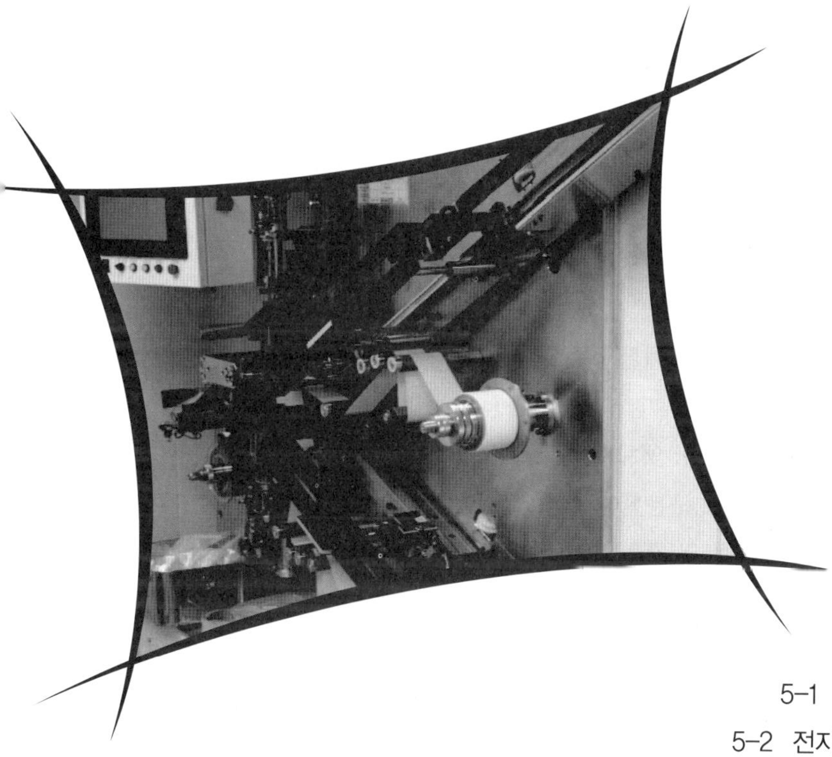

5-1 전지의 설계

5-2 전지의 제조공정

전지는 응용 분야에 따라서 각 요구 조건에 맞는 용량, 출력, 안전성 등의 특성을 보일 수 있도록 설계 및 제조되어야 한다. 이러한 전지설계에서는 양극 및 음극의 전기화학적인 전위 및 용량을 고려하여야 하며, 전위 및 용량 외에도 기구 설계를 통한 전기적인 집전과 전극의 속도론적(kinetics) 요소 및 기본적인 전지 안전성을 확보할 수 있도록 하여야 한다[1-5]. 전지의 제조 공정에서는 전지의 설계 이외에 공정 산포도 함께 고려되어야 하며, 활물질과 제반 조성물의 균일도 및 전극의 코팅 두께, 길이 등과 같은 물리적 균일도가 중요한 변수가 된다. 이렇게 제조된 각 구성 요소들은 조립 공정과 초기 활성화 과정을 거쳐서 전지로 사용할 수 있게 된다. 이때 설계 조건에 따른 초기 활성화 과정도 마찬가지로 전지의 특성에 큰 영향을 미치게 된다[4, 5].

5-1 전지의 설계

전지는 전극 형태, 전해질 종류 및 외장재 종류에 따라 다음과 같이 분류될 수 있다. 우선, 전극 형태에 따라, 와인딩(winding) 타입과 스택(stack) 타입이 있으며 전해질 종류에 따라, 액체 전해질을 사용하는 이온전지, 고분자 전해질을 사용하는 폴리머전지로 구분된다. 그리고 외장재의 종류에 따라, 캔형(can type, 캔 형태에 따라 원통형 및 각형으로 분류됨.)과 파우치형(pouch type)으로 분류될 수 있다.

전지의 설계는 전지의 형태나 사용 목적에 따라 약간의 차이는 있지만 기본적인 원칙은 다음과 같다.

(1) 충 · 방전시 양극의 충전하량과 음극의 충전하량은 같다.
(2) 전지의 전압은 충 · 방전량에 비례한다.
(3) 이 때 사용될 수 있는 전하량은 양극과 음극의 전위 설계에 따라 다르며, 설계전위 이상으로 충전하거나 이하로 방전할 수 없다.

5-1-1 전지의 용량

전지의 용량은 일반적으로 양극 및 음극 활물질을 리튬 금속과 반쪽셀을 구성하여 결정한 각각의 개방회로 전압으로부터 확인할 수 있다. 양극활물질로 사용되는 리튬복합산화물에 대한 반쪽셀 용량 개념도를 그림 5.1.1에 도시하였다.

양극에서의 초기 비가역 용량은 처음 충전할 때 리튬이 탈리되면서 결정 구조가 변화하여, 다시 리튬이 삽입되더라도 초기의 결정 구조로 돌아가지 않는 것에 기인한다. 이것은 중심금속원소, 리튬과 금속원소의 비, 입경 등의 변수에 의존하지만 일반적으로 $LiCoO_2$는 3~5 mAh/g, $LiNiO_2$는 20~30 mAh/g정도이다. 2회 충 · 방전 이후부터는 거의 100 %의 쿨롱 효율(coulombic efficiency)을 나타낸다. 일반적으로 사용되는 탄소계 음극에서는 초기 비가역 용량의 대부분이 음극 표면에서 전해액의 환원에 의한 SEI 피막 생성에 기인한다. 이것은 탄소음극의 결정화도 및 구조, 비표면적, 입경 등의 물성에 따라 다르며, 상용화된 흑연 음극의 경우는 2~30 mAh/g정도이다. 음극도 마찬가지로 2회 충 · 방전 이후에는 100 %에 가까운 쿨롱 효율을 보인다. 음극 활물질에 대한 반쪽셀의 용량 개념도를 그림 5.1.2에 도시하였다.

양극과 음극으로 완전셀을 구성하였을 때, 초기 비가역 용량을 고려하면 그림 5.1.3과 같이 전지용량을 표현할 수 있다. 이 완전셀의 경우, 초기 충전에서 양극으로부터 공급된 리튬의 일부는 음극의 초기 비가역인 SEI 피막 형성에서 소비된다. 이후 방전에 대해서는, 양극의 초기 비가역 용량이 비교적 작은 $LiCoO_2$와 상대적으로 큰 $LiNiO_2$의 경우로 구분지어 살펴볼 수 있다. $LiCoO_2$의 전지용

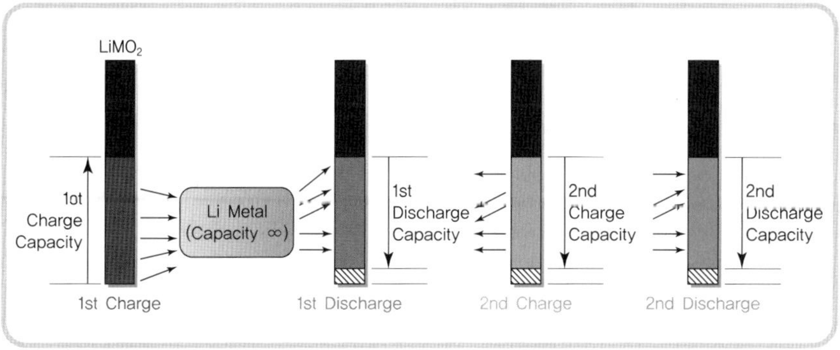

그림 5.1.1 양극 활물질(리튬복합산화물)에 대한 반쪽셀 용량 개념도

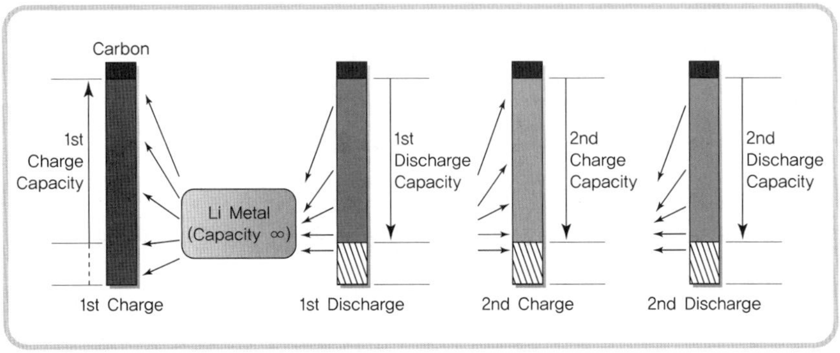

그림 5.1.2 음극 활물질에 대한 반쪽셀의 용량 개념도

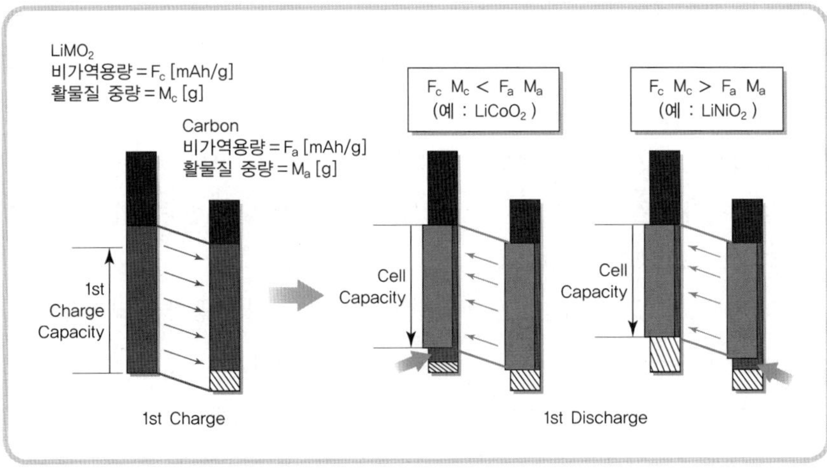

그림 5.1.3 양극과 음극의 초기 비가역 개념도

량은 초기 충전량에서 음극의 비가역 용량을 뺀 값이 되고, 반면에 상대적으로 초기 비가역이 큰 $LiNiO_2$의 전지용량은 초기 충전량에서 양극의 비가역 용량을 뺀 값이 되며 이를 각각 음극제한설계 및 양극제한설계라고 한다. 이것은 리튬금속이 기준극인 반쪽셀과 완전셀에서의 제공되는 리튬의 양이 다른 것에 기인하는 것이다. 즉, 반쪽셀에서는 리튬이 무한정으로 제공되지만 완전셀에서는 양극 활물질에 의해서 제한되기 때문이다. 따라서 각각 양 · 음극 소재의 초기 비가역 특성에 따라서 전지용량의 설계의 제한이 주어지게 된다.

5-1-2 전극 전위와 전지의 전압설계

전지의 전압은 그림 5.1.4에서 도시한 바와 같이 양극과 음극의 전위의 차로 표시된다. 이러한 전압은 전지의 방전율, 온도 등의 제반 조건을 고려하여 설계되지만, 기본적으로 전극의 개방회로 전압에 기초하여 설계되며 기타 조건에 따른 여유분을 반영하게 된다.

경우에 따라서는 전압이 같은 전지이더라도 실제로 사용하는 양극과 음극의 전위 거동은 상이할 수 있다. 또한, 소재의 고유 특성인 전위에 따른 전지의 전하균형(charge balance)을 고려하는 것 이외에, 같은 전위특성에서도 전지 내의 양극과 음극의 비율에 따라서도 전하균형은 달라질 수 있다. 이는 양극과 음극의 상대적인 비에 따라 종지전압이 다른 전지를 설계할 수 있음을 의미하게 된다. 이러한 양극과 음극의 전하균형 설계의 개념을 그림 5.1.5와 5.1.6에서 설명하였다. 그림 5.1.5에서는 양극의 초기 비가역 용량을 증가시키는 방법으로 전지의 전위균형(cell balance)을 조절하는 것을 나타낸다.

반대로 그림 5.1.6에서처럼 음극의 초기 비가역 용량을 증가시켜 전위균형을 조절할 수도 있다. 양극 혹은 음극에 잉여의 리튬을 첨가하여 음극 혹은 양극의 비가역을 상쇄하는 기술로 전위균형을 조절하는 것이 이런 맥락에서 이해될 수 있다. 전지에서 전하균형의 조절은 용량 외에도 다른 특성과 관련되는 전압 거동 및 안전성 특성 등과도 밀접한 관계가 있기 때문에 충분한 주의를 기울여야 할

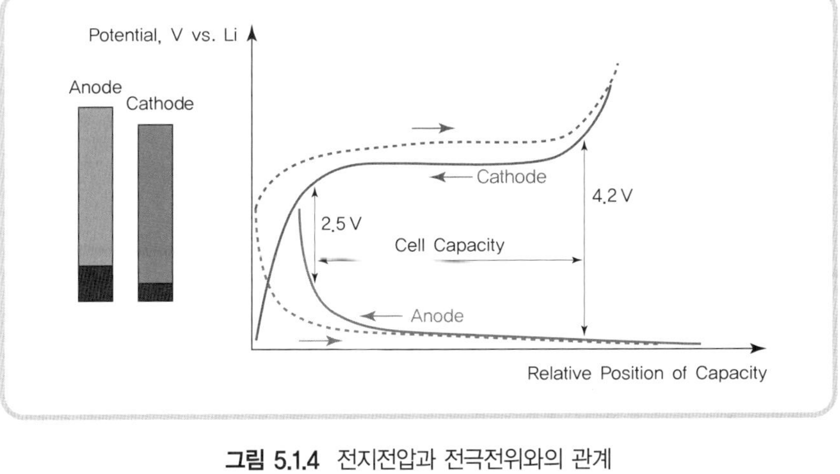

그림 5.1.4 전지전압과 전극전위와의 관계

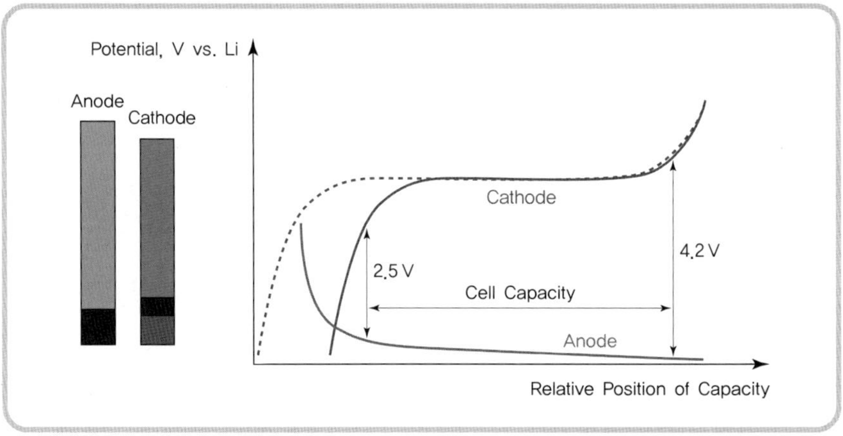

그림 5.1.5 양극 초기 비가역 용량 증가에 의한 전위균형 조절

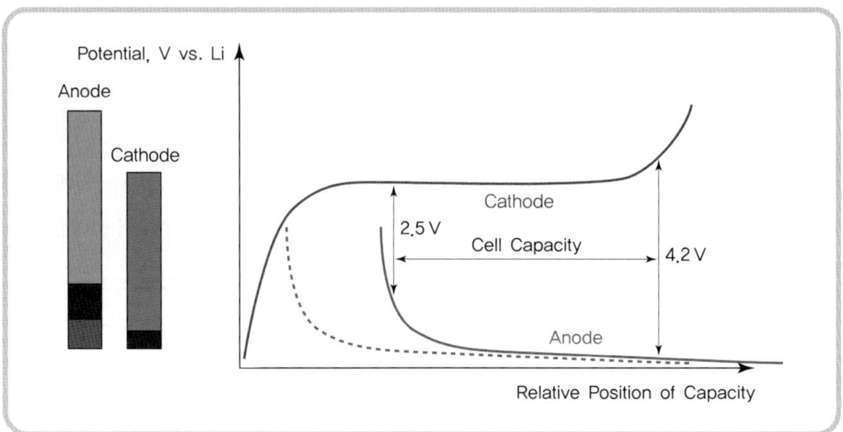

그림 5.1.6 음극 초기 비가역 용량 증가에 의한 전위균형 조절

사항이다. 이들을 포함하여 전지의 전하균형 설계에서 고려할 수 있는 방법에 대해서는 다음 부분에서 보다 상세히 기술하고자 한다.

5-1-3 양극과 음극의 용량비 설계

전지의 용량설계에 있어서 중요하게 고려해야 할 사항은 기본적으로 양극보다 음극의 가역 용량이 커야 한다는 점이다. 이는 전지의 특성에 기인하는데, 만

약 음극 용량이 양극보다 작을 경우에는 용량에서 이점이 있을 수 있으나, 음극으로의 리튬석출(deposition)과 같은 현상이 발생하여 전지의 안전성에 문제가 있을 수 있기 때문이다. 양극과 음극의 용량비(정확하게는 양극과 음극의 대향 면적에 대한 용량비)는 그림 5.1.7에서 알 수 있듯이 초기효율이 같고, 동등 혹은 더 큰 용량을 가진 전극을 사용하더라도 더 작은 용량의 전지밖에 설계할 수 없거나, 더 작은 용량을 가지고도 전자의 경우보다 더 큰 용량의 전지를 설계할 수 있다. 그림 5.1.7에 도시한 바와 같이 양극과 음극의 초기 비가역량을 공통으로 가정하여 양극과 음극의 용량비{N/P(= negative electrode capacity / positive electrode capacity) ratio}를 1로 설계할 경우, 80 mAh의 전지의 용량이 가능하게 된다. 반면, 음극의 용량이 더 큰 전극을 사용하더라도 초기 비가역과 양극과 음극의 용량비를 1.5로 고려하면 전지용량은 70 mAh로 감소한다. 물론 기존의 소재로 적절한 N/P ratio를 적용할 경우 이처럼 극단적인 결과를 가져오지는 않지만, 소재의 특성이나 전극의 물성이 바뀌는 경우는 이것을 반드시 고려해서 설계해야 한다.

N/P ratio에 따라 현저하게 달라질 수 있는 특성은 과충전과 같은 오용의 경우이지만, 여기서는 상대적으로 복잡한 변수가 영향을 끼치는 특성인 수명특성에 대해 살펴보고자 한다. 전지 내에서는 양극, 음극, 전해질 및 분리막 등 주요 부품사이의 반응들에 의해 용량 열화가 진행될 수 있다. 그러나 전해질 및 분리막 열화는 결과적으로 양극과 음극에 결부되기 때문에 여기서는 양극과 음극의 용량 열화의 경우만 한정하여 다루기로 한다. 현재 적용되고 있는 전지처럼 양극

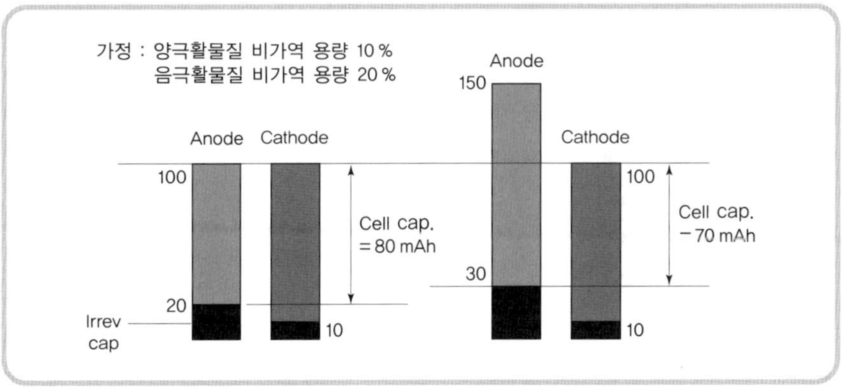

그림 5.1.7 전지용량과 초기비가역용량 및 N/P ratio의 상관 관계

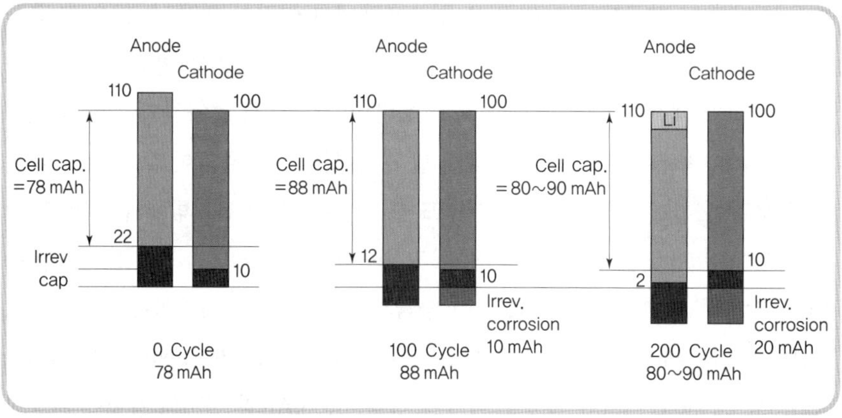

그림 5.1.8 전지 수명 특성과 N/P ratio의 상관 관계 : 양극 열화

보다 음극의 초기 비가역이 클 때 N/P ratio가 일정하다고 가정하면, 열화가 양극과 음극 각각에서 진행되는 경우 수명 및 전지 안전성에 미치는 현상은 그림 5.1.8 및 5.1.9와 같이 예측할 수 있다. 먼저 양극에서 비가역 반응에 의해서 100 사이클당 10 mAh가 열화된다면 그림 5.1.8과 같다. N/P ratio가 1.1인 경우에 양극과 음극의 초기 비가역 용량을 고려하면 앞에서 기술한 것처럼 전지용량은 78 mAh이다. 100회가 경과하면 양극의 열화가 있지만 실제 가용 용량은 88 mAh가 된다. 이때는 N/P ratio가 역전되어 1이하가 되고 음극의 가역용량을 100 % 활용하게 되고, 200회가 되면 N/P ratio는 역전이 심화되어 음극에 잉여의 리튬이 석출된다. 이 석출된 리튬이 일부가 용량으로 발현이 된다면 용량은 88 mAh이

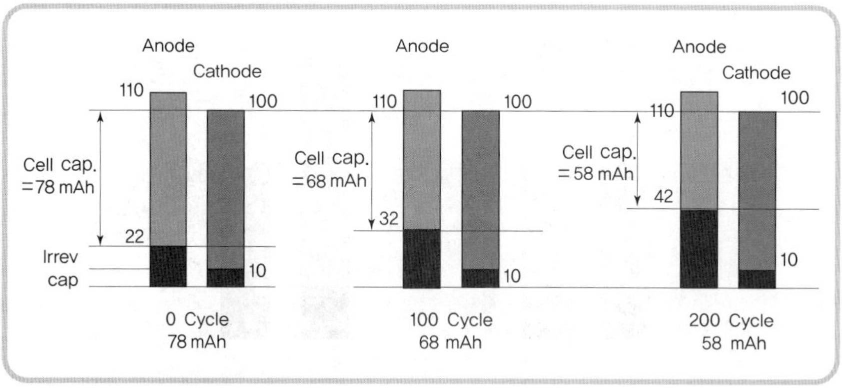

그림 5.1.9 전지수명특성과 N/P ratio의 상관 관계 : 음극 열화

상이 되고, 사이클이 진행되면서 용량이 증가하게 되지만 전지의 안전성은 심각하게 위협받게 된다.

반대로 음극에서의 비가역 반응에 의해서 100사이클당 10 mAh가 열화된다면 그림 5.1.9와 같다. 위에서 언급한 바와 마찬가지로 초기에는 N/P ratio가 1.1의 경우에 양극과 음극의 초기 비가역 용량이 각각 10, 22 mAh인 것을 감안하면 전지용량은 78 mAh가 된다. 100 회가 경과하게 되면 음극의 열화에 의해 실제 가용용량은 음극과 함께 양극의 활용 용량도 줄어들면서 68 mAh가 된다. 이때는 N/P ratio는 초기의 1.1보다 더 커진다. 200회가 되면 이러한 현상은 심화되어 용량은 58 mAh로 감소한다. 물론 이 경우에는 전지의 안전성이 위협받는 것은 아니지만 과도한 수명열화에 의해 설계의 수정이 필요하게 된다.

이상의 전지설계의 변수를 고려하면 전지의 제반 특성을 좌우하는 설계 조건에 대해 조심스럽게 접근할 필요가 있다는 것을 알 수 있다.

5-1-4 전지 설계의 실제

지금까지 전지 설계의 기본 개념을 기술하였고, 본 절에서는 실제적인 사례를 언급하면서, 전지의 설계를 위한 구체적인 사항들을 기술하고자 한다. 전지 설계와 관련된 중요한 사항들인 물리적 설계인자들과 전기화학적 설계인자들을 원통형 전지를 예시로 하여 각각 표 5.1.1과 표 5.1.2에 정리하였다. 이들은 원통형 전지의 예시이지만, 대부분 전지의 설계에서도 이와 크게 다르지 않다. 특히, 물리적 설계인자들은 일정한 부피와 중량을 갖는 전극을 포함한 부품들을 공간적으로 가장 효과적으로 배치해야 하는 측면에서 전기화학적 인자들과 함께 고려해야 할 중요한 사항이 된다. 상기 물리적 및 전기화학적 설계인자들은 앞으로 논의될 전지 제조 및 평가, 그리고 소재의 장단점을 파악하기 위해서 반드시 파악해야 할 중요한 사항들이다. 용어들은 전지제조사마다 약간의 차이가 있지만 가능한 한 공통된 용어를 사용한다.

표 5.1.1에 정리된 전지의 물리적 설계 인자들부터 살펴보고자 한다. 리튬이차전지에서 표준화된 원통형 전지의 직경이 18 mm인데, 그 내부에는 양극과 음극, 그리고 격리막이 함께 권취(winding)된 젤리롤 형태로 삽입되어 있다. 이것의 직경은 당연히 전지의 캔에 삽입되어야 하므로 권취 공정 및 캔 삽입 공정을 고려하

표 5.1.1 원통형 전지의 물리적 설계 인자(예시)

(단위, mm)

	설계 인자	수치
	전지내부(젤리롤)직경	17.6
	Mandrel(내심)직경	3
양극	총두께	0.128
	외측면 두께	0.057
	내측면 두께	0.055
	기재 두께	0.015
	폭	58.0
음극	총두께	0.113
	외측면 두께	0.052
	내측면 두께	0.052
	기재 두께	0.008
	폭	59.0
	분리막 두께	0.020
	양극탭 두께	0.100
	음극탭 두께	0.100
코팅이면 길이	양극 외측면	813.7
	양극 내측면	783.5
	음극 내측면	816.9
	음극 외측면	785.4

여 설계해야 한다. 각 전극의 두께는 전지의 율속 특성을 고려하여 설계되어야 하는데, 일반적으로 양극이 약 130 μm로서 음극의 약 110 μm 보다 두껍다. 이것은 대표적인 양극 활물질인 $LiCoO_2$에서의 리튬 확산계수가 음극 활물질인 흑연보다 크기 때문이다. 물론 소재의 입경이나 입도 및 그 분포 등의 분말특성에 따라 다르지만 일반적으로는 이 정도의 두께가 적당하다. 그리고 각 전극의 폭은 전지의 안전성과 관련되므로 항상 양극보다 음극의 용량적 여유가 있어야 한다. 따라서 양극의 폭(58 mm)보다 음극 폭(59 mm)이 약간 더 크다. 표준화된 원통형 리

표 5.1.2 원통형 전지의 전기화학적 설계인자(예시)

	인자	수치	단위
양극	양극활물질 비율	96	%
	양극활물질 충전사용량	175	mAh/g
	양극활물질 초기효율	95	%
	양극활물질 비가역 용량	8.75	mAh/g
	양극 이용 용량	160	mAh/g
	양극두께	0.128	mm
	양극 loading level	43	mg/cm^2
	양극밀도	3.75	g/cc
	양극활물질 총무게	18.9	g
음극	음극활물질 비율	97	%
	음극활물질 총충전사용량	350	mAh/g
	음극두께	0.113	mm
	음극밀도	1.75	g/cc
	대향음극 로딩량	22	mg/cm^2
	대향음극활물질 총무게	9.9	g
	전류밀도	3.2	mA/cm^2
	셀설계용량	2950	mAh
	빙진량기준 N/P ratio	1.1	-

튬이차전지의 길이는 65 mm인데, 전극 폭은 상부의 캡 및 안전핀 등의 부품이 삽입되는 공간을 고려하여 설계해야 한다. 그 외에 분리막은 양극과 음극을 감싸는 형태로 전극이 서로 단락되지 않게 하며, 각 전극의 내면과 외면을 이중으로 감싸게 된다. 각 전극에서 내면과 외면의 코팅 길이는 각각 다르다. 이것은 물리적으로 권취되어 있기 때문에 양극과 음극의 위치(내면 혹은 외면)에 따라 전하량 균형이 달라지는 것을 고려한 것이다. 그리고 최외측에 양극(혹은 음극)의 코팅되지 않은 집전체가 나오도록 설계하고 마감테이프 등으로 마무리한다.

표 5.1.2의 전지의 전기화학적 설계 인자들을 보면, 우선 양극과 음극의 활물

질 비율이 다름을 알 수 있다. 이는 양극재($LiCoO_2$)와 음극재(흑연)의 전자전도도의 차이를 고려한 것에 기인하며, 이러한 차이를 극복하기 위해서 적절한 비율로 양극 활물질에 도전제인 카본을 혼합하게 된다. 이때 혼합 균일도가 요구되므로 혼합 공정에서 일정 품질 이상의 균일성을 확보하여야 한다. 충전 사용량은 $LiCoO_2$ 양극 활물질에서 탈리되는 리튬의 양에 대한 것이며, 이론적으로 0.5 몰이지만 충전 전압과 소재의 조성설계 및 구조적 안정성에 따라 달라지며 과충전 시의 전지 안전성을 고려하여 설계하여야 한다. 양극 활물질이 $LiCoO_2$가 아닌 NCA(Ni-Co-Al)계, NCM(Ni-Co-Mn)계 혹은 두 가지 이상의 소재를 혼합하는 경우에는 각 소재의 특성을 고려하여 설계해야 한다.

초기효율은 전위 혹은 용량 설계 시의 양극과 음극에 공통적으로 적용되는 기본적인 인자로서, 초기 비가역 용량에 대하여는 앞서 5-1-1절과 5-1-2절에서 자세하게 언급하였다. 전극밀도는 각 소재의 물리적인 비중과 분말 자체의 충진 정도 및 전해액이 함침되는 공극도(porosity)를 고려하여 설계해야 한다. 전극밀도가 너무 높을 경우에는 전지의 안전성뿐만 아니라 주액성과 같은 공정 특성에도 영향을 주기 때문에 설계시 주의하여야 한다. 로딩량(loading level)은 전극의 단위면적당 활물질 양으로서 리튬이온의 확산계수 및 분말간의 전도 및 집전체까지의 경로를 고려하여 설계되어야 하며, 이는 전지의 율속특성에 영향을 미치는 인자이다. 음극의 경우 양극과 대향하고 있는 부분만을 중심으로 설계해야 한다. 전지의 용량은 이러한 물리적인 배치 및 전기화학적인 설계인자들을 고려하여 설계된다.

5-2 전지의 제조공정

리튬이온전지는 각 종류별로 제조 공정이 조금씩 다르며, 표 5.2.1에 각 전지 제조 공정의 차이점을 정리하였다. 각형과 원통형 전지는 공정이 비슷하기 때문에, 본 절에서는 각형 제조 공정 위주로 정리하였다. 폴리머전지는 고분자 전해질의 종류에 따라 화학젤과 물리젤로 나눌 수 있다. 특히, 벨코어(Bellcore)사에서 개발한 타입은 권취가 아닌 스택 구조임에 주의할 필요가 있다.

표 5.2.1 전지 종류별 제조공정 비교

공정	리튬이온전지	리튬폴리머전지		
	원통형/각형	권취(winding)		스택(stack)
		물리젤	화학젤	벨코아 방식
전처리	없음	없음	없음	기재 전처리
극판	활물질 혼합	활물질 혼합	활물질 혼합	활물질 혼합
	양/음극 제조	양/음극 제조 전해질 도포	양/음극 제조	양/음극 제조 분리막 제조
조립	권취 젤리롤 삽입 용접 전해액 주입	권취 젤리롤 삽입 용접 전해액 주입	권취 젤리롤 삽입 용접 파우치 sealing	라미네이션 추출/진공건조 스택/용접 전해액 주입
	용접	파우치 sealing		파우치 sealing
후처리	없음	후처리(압착)	후처리 (열중합에 의한 전해질 젤화)	없음
화성	에이징(aging)/ 충방전	에이징/충방전	에이징/충방전 degasing/resealing	에이징/충방전 degasing/resealing

리튬이온전지의 제조 공정은 크게 전극공정, 조립공정, 화성공정의 3단계로 구분된다. 전지 제조 이전에, 각 공정별로 구체적인 설계가 선행되어야 하며, 제반 설계가 완료되면 전극 제조 공정, 여러 부품을 전지의 형태로 조립하는 공정, 그리고 전지 출하하기 전의 충방전 검사 및 선별 공정이 이어진다 [4, 5]. 그림 5.2.1은 리튬이온전지 각형에서의 제조 공정을 간략히 나타낸 것이다. 지금부터 각 공정에 대해서 구체적으로 살펴보기로 한다.

5-2-1 전극 제조 공정

A. 활물질 혼합 공정

활물질 혼합 공정은, 바인더인 폴리비닐리덴플루오라이드(PVdF, polyvinylidene fluoride)를 용매인 NMP(N-methyl pyrrolidone)에 분산/용해시켜 바인더

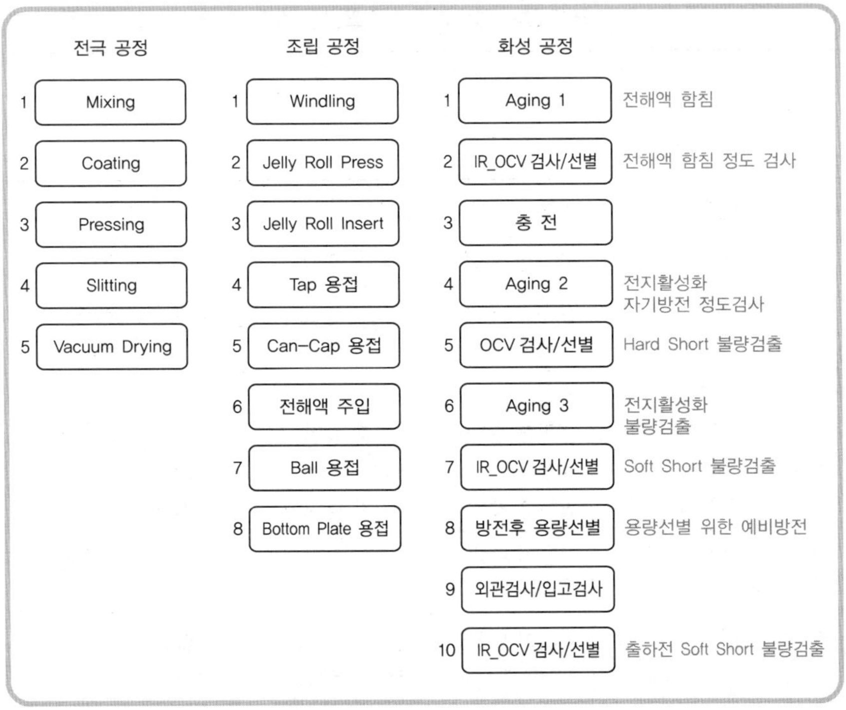

그림 5.2.1 전지 제조공정 흐름도(각형 전지 기준)

용액을 제조한 후 활물질과 도전재를 혼합/분산시켜서 슬러리를 제조하는 공정이다. 이 공정은 바인더 용액 제조 공정, 바인더 용액 이송 공정, 슬러리 제조 공정, 슬러리 보관 공정 및 이송 공정으로 구분될 수 있다. 그림 5.2.2에 활물질 혼합 공정의 각 단계를 구체적으로 도시하였다. 우선, 바인더 용액 제조 공정에서는 활물질 혼합공정 중 바인더와 용매를 교반/분산하여 바인더 용액을 제조한다. 바인더 용액 이송 공정에서는 제조된 바인더 용액을 버퍼탱크의 위치로 이송하여 배관과 공압선을 연결한다.

슬러리 보관 공정에서는 믹서에서 제조된 슬러리를 펌프를 이용하여 저장믹서로 이송하여 보관시 슬러리가 굳지 않도록 교반시키는 공정 및 코터에서 코팅할 경우 슬러리를 저장믹서에서 헤드탱크(head tank)로 이송하여 헤드탱크에서 슬러리를 보관하는 공정을 포함한다. 슬러리 이송 공정은 코터에서 코팅할 경우 펌프를 이용하여 저장믹서로부터 헤드탱크로 슬러리를 자동으로 공급하여 헤드탱크 내의 일정한 레벨이 유지되도록 하고 코터에 슬러리를 자동으로 공급하는 공정이다.

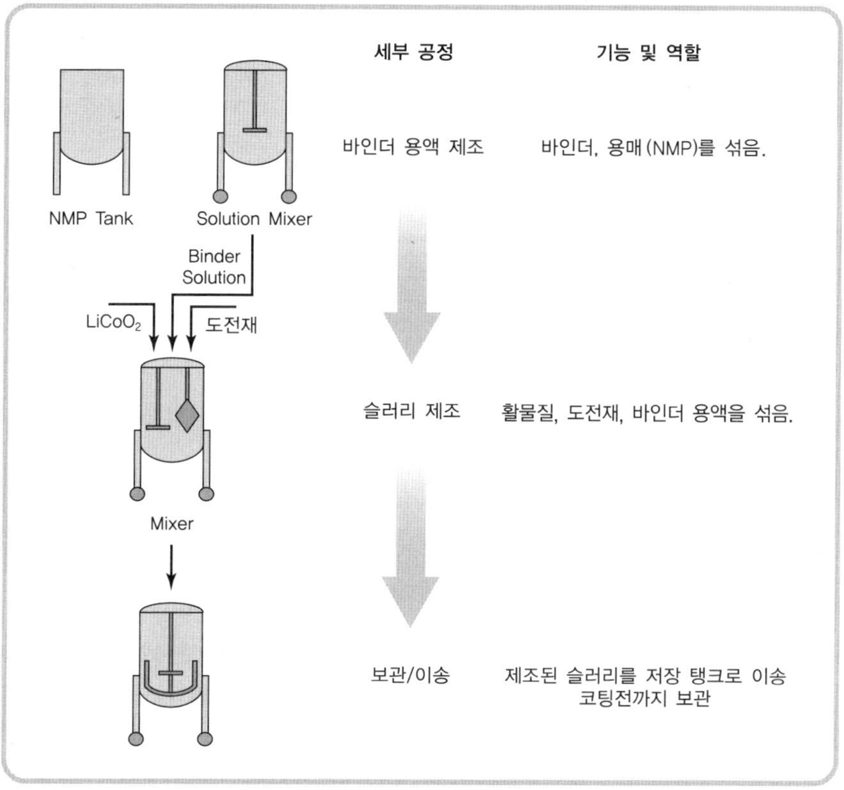

그림 5.2.2 활물질 혼합 공정 개요

B. 전극코팅

전극코팅 공정은 혼합 공정에서 제조된 슬러리를 코터 헤드를 통과시켜 정해진 패턴 및 일정한 두께로 금속 집전체 상에 코팅한 후 건조하는 공정이다. 이 공정은 권출(unwinding) 공정, 코팅공정, 건조공정, 밀도측정공정, 권취 공정으로 구성되며, 전극 구조 특성상 전극전면 및 전극후면 코팅 2가지로 이루어진다. 상기 전극 코팅 공정은 양극 및 음극 모두 동일한 형태로 진행되며, 양극 집전체로는 알루미늄 박막을, 그리고 음극 집전체로는 구리 박막을 사용한다. 권출 공정은 코팅 작업을 진행하기 위해 일정한 장력으로 금속 집전체 또는 전면 코팅된 전극(전극후면 코팅일 경우)을 공급하는 공정이다. 코팅공정은 혼합공정에서 제

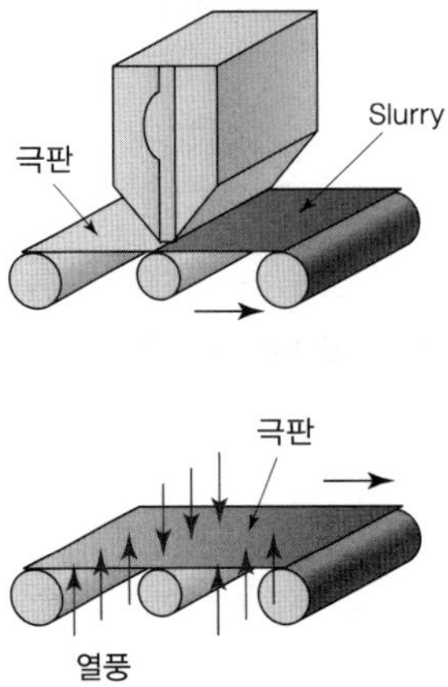

세부 공정	기능 및 역할
슬러리 도포	슬러리를 기재 위로 도포함. 일정량의 슬러리를 일정 면적 위에 도포되도록 하는 기능
슬러리 건조	도포된 슬러리 내의 용매를 열풍으로 제거함.

그림 5.2.3 전극 슬러리를 집전체 상에 코팅하는 전극코팅 공정 모식도

조된 슬러리를 코팅헤드를 통해 정해진 패턴 및 일정한 두께로 박막의 금속 집전체 위에 일정 두께로 도포하는 공정이다. 건조 공정은 금속 집전체에 코팅된 슬러리를 건조하기 위하여 슬러리 내의 용매 및 수분을 제거하는 공정이다. 밀도(두께)측정 공정은 전극에 코팅된 슬러리가 원하는 양만큼 코팅되었는지 확인하는 공정이다. 권취 공정은 밀도 측정 공정이 완료된 전극을 적당한 장력을 유지하면서 롤 형태로 감는 공정이다. 한편, 전극후면 코팅공정은 전면코팅된 전극의 후면에 상기 언급한 코팅과정들을 반복하는 공정이다. 그림 5.2.3에서는 다이(die) 코터를 이용하여 슬러리를 금속 집전체 상에 코팅하는 공정에 대한 모식도를 도시하였다.

C. 압연 공정

압연(roll press) 공정은 코팅공정이 끝난 전극의 용량 밀도를 높히고 집전체와 활물질간의 접착성을 증가시키기 위해, 예열 후, 고온 가열된 2개의 롤 사이로 전극을 통과시켜 원하는 두께로 압축하는 공정이다. 이 공정은 권출 공정, 트리밍(trimming) 공정, 예열 공정, 클리닝(cleaning) 공정, 권취 공정으로 구성된다. 권출 공정은 압연 작업을 위해서 전극에 장력을 유지하면서 점보 롤 상태의 전극을 풀어 압연 롤로 공급하는 공정이다. 트리밍 공정은 전극에 코팅부분과 가장자리 무지부 부분의 두께 편차에 의해 생기는 주름을 없애기 위해 전극의 가장 자

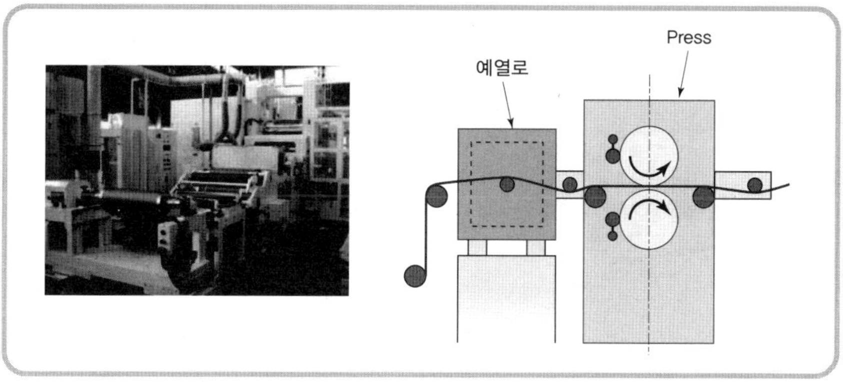

그림 5.2.4 압연기 및 압연 공정 모식도

리 무지부를 잘라 주는 공정이다. 예열 공정은 전극의 압축 효과를 높이기 위해 롤로 투입되기 전에 전극을 예열하는 공정이다. 클리닝 공정은 압연 후 전극이 권취되기 전에 롤 상태의 부직포로 전극 표면의 이물질을 제거하는 공정이다. 권취 공정은 클리닝 공정이 완료된 전극의 장력을 유지하면서 롤의 형태로 감는 공정이다. 그림 5.2.4에 코팅된 전극을 금속 롤로 압착하는 압연기 및 공정 모식도를 도시하였다.

D. 슬리팅 공정

슬리팅(slitting) 공정은 압연공정이 완료된 전극을 조립공정에서 권취할 수 있도록, 커터(cutter)를 이용하여 전극을 일정한 폭으로 절단하는 공정이다. 이 공정은 슬리팅 공정 이외에, 권출 공정, 클리닝 공정, 권취 공정으로 이루어져 있다. 권출 공정은 전극에 적당한 장력을 유지하면서 롤 상태의 전극을 풀어 커터로 공급하는 공정이다. 클리닝 공정은 전극을 슬리팅한 후에 권취되기 전에 롤 상태의 부직포로 전극의 표면의 이물질을 제거하는 공정이다. 권취 공정은 클리닝 공정이 완료된 후, 전극을 장력을 유지하면서 롤의 형태로 감는 공정이다. 그림 5.2.5에 압연된 전극을 폭에 맞게 자르는 슬리터 기기 및 공정 모식도를 도시하였다.

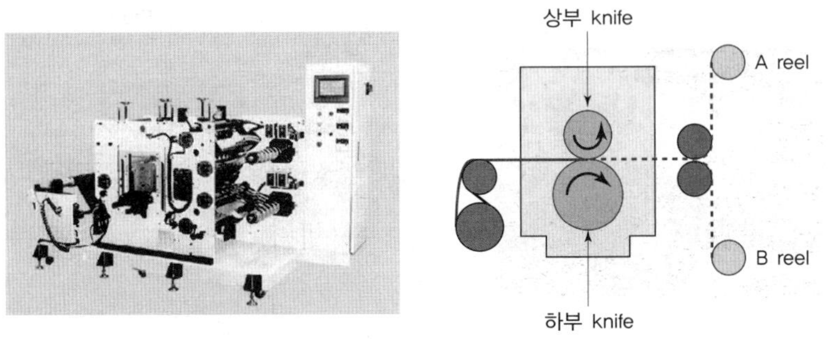

그림 5.2.5 슬리터 및 슬리팅 공정 모식도

E. 진공 건조 공정

진공 건조 공정은 슬리팅되어 릴(reel)에 감긴 전극을 진공 챔버 내에서 일정 시간 건조하는 공정이다. 이때, 수분 제거와 동시에 압연공정 등에서 생긴 잔류 응력을 열처리로 제거한다.

5-2-2 조립공정

A. 권취 공정

권취 공정은 전극에 탭을 부착하고 전극 사이에 분리막을 삽입시켜 원기둥으로 감은 후 테이프로 고정하여 젤리롤을 제조하는 공정이다. 여기서 젤리롤은 권취가 완료되어 캔 내 삽입될 경우 실제 전지의 기능을 할 수 있는 상태이다. 이 공정은 탭 초음파 용접 공정, 센터 리포밍(center reforming) 공정, 내부 단락 검사 공정으로 구성된다. 탭 초음파 용접 공정은 전극 무지부에 양극은 알루미늄, 음극은 니켈 탭을 초음파 용접하여 전극에 부착하는 공정이다. 센터 리포밍 공정은 권취된 젤리롤의 중심에 형성된 태극무늬를 제거하여 용접 팁이 삽입될 수 있도록 젤리롤의 중심부를 원형으로 만들어 주는 공정이다. 내부 단락 검사 공정은 최종적으로 제조된 젤리롤의 내부에서 발생될 수 있는 단락여부를 검사하기 위해 젤리롤의 저항을 측정하여 불량품을 선별하는 공정으로서 양품은 수십 MΩ 이상의 저항을 가져야 한다. 각형은 젤리롤 자체를 캔에 삽입하기 위하여 판상

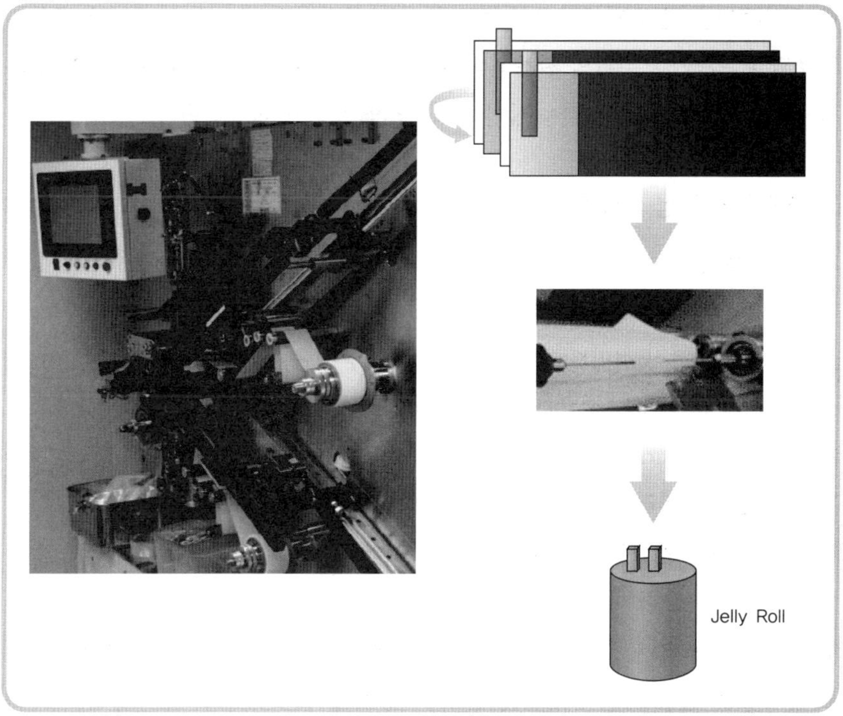

그림 5.2.6 양극, 음극과 분리막을 젤리롤 형태로 권취하는 기기 및 권취공정 모식도

형태로 압착하여 삽입하기도 한다. 그림 5.2.6에 전지의 구성요소를 젤리롤 형태로 권취하는 기기 및 권취공정 모식도를 나타내었다.

B. 젤리롤 삽입 / 음극 탭 용접 / 비딩 공정

젤리롤 삽입 공정은 젤리롤을 일정한 깊이의 캔에 삽입하고, X-선 검사기로 삽입 정도를 측정하는 공정이다. 음극 탭 용접 공정은 음극 탭을 구부려서 캔의 바닥에 용접하는 공정이다. 비딩(beading) 공정은 원통형 전지의 조립 공정 중에서, 음극 탭 용접 공정이 완료된 젤리롤이 삽입된 캔의 상단부에 개스킷이 안착되도록 내부로 굽은 홈을 만드는 공정이다.

C. 전해액 주입 공정

비딩 공정 후 캔의 내부로 전해액을 주입하는 공정으로, 전해액 주입 후 내부의 압력을 대기압보다 낮게 유지하는 진공 공정과, 캔의 입구로부터 공기를 불어 넣어 전해액을 젤리롤 내부로 스며들게 하는 공정으로 구성된다. 전해액 주입이 완료된 후 양극 탭 주위의 전해액을 부직포로 닦아주고, 비딩 부위에 남아 있는 전해액을 제거한 후 개스킷을 삽입시켜 전해액 주입을 마무리한다.

D. 양극 탭 용접 / 크림핑 / X-선 검사 / 세정 공정

양극 탭 용접 공정은 양극 탭과 current break assembly의 하단부를 용접하고, safety vent assembly의 중앙부위를 초음파 용접기로 용접하여 current break 기능을 부여하는 공정이다. 크림핑(crimping) 공정은 current-break assembly 및 positive temperature coefficient(PTC), cap-up이 삽입된 전지의 비딩 상단부를 가압하여 캔과 current-break assembly, PTC, cap-up을 밀폐시킨 후, 크림핑된 전지의 높이를 일정하도록 프레싱으로 마무리하는 공정이다. X-선 검사 공정은 X-선을 이용하려 조립이 끝난 전지의 내부 전극배열 상태를 관찰하여 단락의 가능성 유무를 판단하여 불량 선별 작업을 실시하는 공정이다. 세정 공정에서는 조립된 전지의 표면에 있는 전해액과 기타 이물질을 순수한 물을 이용하여 세척하고 남아있는 전지 표면의 수분을 건조 공기로 제거한다. 이후 전지 중앙부에 제조공장, 라인번호, 제조년월일 등의 전지의 이력을 기재하여 조립공정을 마무리하고 화성공정에 들어가게 된다.

5-2-3 화성공정

A. 화성공정의 목적

화성공정은 활성화 공정, 불량 전지 제거 공정, 용량 선별 공정으로 구분된다. 우선, 활성화 공정에서는 조립된 전지를 충전, 에이징(aging), 방전 등의 공정을 통해 전지구조를 안정화시키고 사용 가능한 상태가 되도록 한다. 초기 충전 시 3.3 V 부근에서 음극 표면에 SEI 피막이 형성되며, 이 과정을 통해 전해액-전극 계면에서의 리튬 이온의 이동을 용이하게 하고 전해액의 분해를 억제시킨다. 활성화 정도는 이후 전지의 성능, 수명, 안전성 등 제반 특성에 영향을 주게 된다. 불량 전지는 에이징 중의 개방회로 전압 측정과 방전 용량 측정을 통해서 제거할 수 있다. 불량의 원인은 주로 전지 내부에서의 미세단락에 의한 것이 많으며, 이는 에이징 중의 개방회로 전압 및 방전 용량 저하현상을 통해 검출된다. 불량전지는 성능 저하뿐만 아니라 안전성 문제가 있을 가능성이 있기 때문에 적절한 절차에 의해서 폐기되어야 한다. 용량 선별 공정은 리튬이온전지를 직·병렬로 연결하여 팩으로 사용할 경우에는 용량 선별이 중요하다. 전지팩 내에서 각각의 전지가 동일한 특성(용량, 전압)을 가지고 있지 않을 경우에는 성능 및 수명이 급격하게 저하되며 안전성의 문제가 발생할 수 있다. 용량 선별 기준은 일반적으로 용량의 3% 정도 이내로 한다.

B. 화성 주요 공정의 순서와 기능

화성 공정의 주요 순서와 기능은 다음과 같다.

(1) 외관 검사: 조립에서 이관된 전지의 누액, 이물, 변형 여부를 육안 검사하는 공정이다.

(2) Aging 1: 전해액 함침을 위해 일정 온도 및 습도에 유지하는 공정이다. 적정기간 지나면 전지 내부 부식 등의 부반응이 일어날 수 있으므로 기간 설정에 유의해야 하며 온도와 습도 조건은 전지 특성에 영향을 주므로 엄격한 관리가 필요하다.

(3) OCV 1: 전해액 함침 여부, 부반응 발생 여부, 조립부품 이상여부를 검사하기 위한 공정이다.

(4) 충전: 전지의 활성화 및 에이징 기간 중의 불량 제거를 위해 전지를 완전히 충전시키는 공정이다.

(5) 스탠딩: OCV 2 검사를 위해 충전이 완료된 전지 전압을 안정화시키는 공정이며 일반적으로 수시간 소요된다.

(6) OCV 2: 불량 전지를 검출하기 위한 공정이다.

(7) Aging 2: 전지 활성화 및 OCV검사를 위해 일정한 온도 및 습도에서 유지하는 공정으로 충전완료 후 약 일주일 정도 유지시킨다.

(8) OCV 3: OCV 2와 마찬 가지로 불량 전지를 검출해내기 위한 추가 공정이다.

(9) Aging 3: 전지 활성화 및 OCV검사를 위해 일정 온도 및 습도에서 28일 정도 유지하여 전지를 더욱 안정화시키는 공정이다.

(10) 방전/출하 충전: 용량 선별을 위해 전지를 완전 방전한 후 제품 출하를 위해 충전하는 공정이다.

(11) 방전 용량 선별: 방전용량에 따라 등급을 부여하는 공정으로 전지 팩 제작시 성능, 수명, 안전성에 문제가 발생하지 않을 수 있는 용량 범위로 등급이 결정되며 일반적으로 용량의 3 % 정도를 1 개 등급으로 한다.

참고문헌

[1] 임동준, 전지기술 심포지엄, 한국공업화학회 (2000)

[2] W.A. Schalkwijk, B. Scrosati, Advances in Lithium-Ion Batteries, Kluwer Academic, New York (2002)

[3] 홍영식, 차세대 2차전지 응용기술, 한국산업기술지원센터 (2006)

[4] 김성수, Mobile 기기 배터리 산업동향 분석 세미나, 전자신문 (2008)

[5] 김명환, 에너지변환화학소재 심포지엄, 한국화학연구원 (2008)

Chapter 06

전지 성능 평가

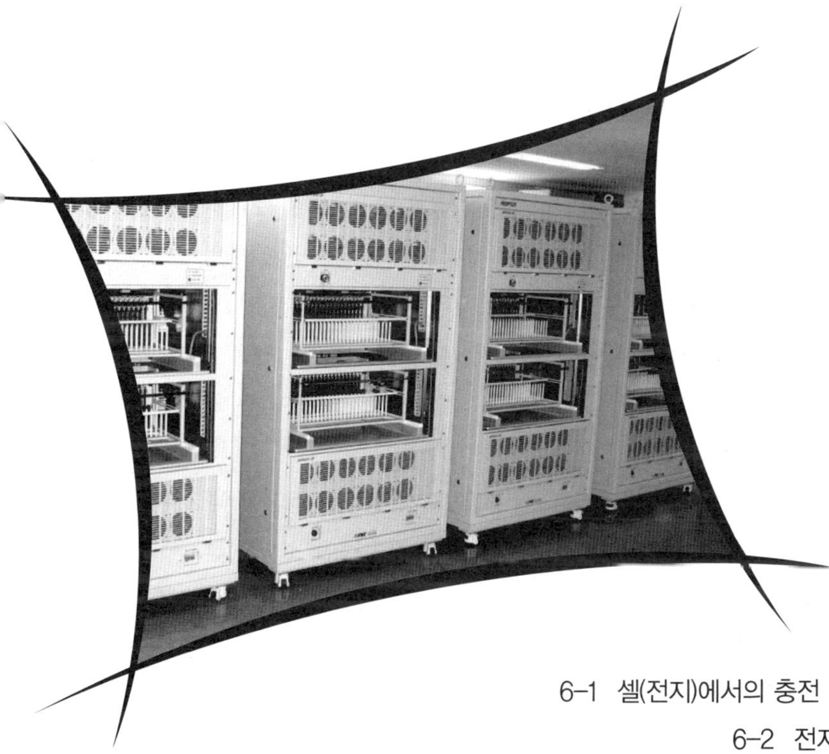

6-1 셀(전지)에서의 충전 및 방전 곡선

본 장에서는 전지성능과 관련된 용어들에 대해서 먼저 정의를 하고, 전지에서 차지하는 의미 등을 살펴본다.

6-1-1 충전 및 방전곡선의 의미

충전 및 방전 곡선은(이하 충 · 방전 곡선) 전지의 특성을 나타내는 대표적인 그림이다. 그림 6.1.1에서 보면 충전곡선과 방전곡선이라는 두가지 형태로 나타나지만 여기에는 수많은 정보들이 숨겨져 있다. 일반적으로 리튬이차전지의 충 · 방전 곡선(그림 6.1.1(a))은 그림 6.1.1(b)에 도시된 리튬 금속을 기준전극으로 사용하는 반쪽전지에서 얻어지는 양극의 충전 및 방전 곡선과 음극의 충전 및 방전 곡선 간의 용량에 따른 전위 값의 차이에 의해서 나타나게 된다.

그림 6.1.1(a)의 충방전 곡선에서 세로축은 전지가 가지는 전압의 변화를 나타내며 가로축은 용량을 나타낸다. 따라서 세로축의 높이가 높을 수록, 즉 전지가 가지는 전압이 높을 수록 출력이 좋아지게 되며, 가로축이 증가할 수록 전지의 용량이 증가하여 오랜 시간 구동이 가능하게 된다.

리튬이차전지는 기존의 Ni-Cd나 Ni-MH 전지에 비해 전압이 약 2.5 배 높다. 수계 전해액을 기본으로 하는 Ni-Cd나 Ni-MH 전지는 약 1.5 V 정도의 전압을 보이지만 $LiCoO_2$를 양극으로, 흑연을 음극으로 하는 리튬이차전지의 경우, 3.6 V 이상의 높은 전압을 보이는 것이 일반적이다. 이와 같이 높은 전압을 나타내는 이유는 리튬 이온을 충전 및 방전의 매개체로 사용하는 양극의 전이금속 산화물이 리튬에 대해서 높은 전압을 보이고 있고 음극으로 사용하는 흑연의 경우 리튬에 대해서 0.05 V 정도로 낮은 전압을 보이고 있어서 이들 간의 전위 차이가 크기 때문이다. 따라서 휴대폰 등과 같이 음성 및 화상의 전달을 필요로 하는 정보전자 기기들이 3.0 V 이상의 전압을 요구하고 있음을 감안할 때, 리튬이차전지가 고용량 데이터 전송이 필수인 단말기용 전원으로써 가장 적합하다고 할 수 있다.

리튬에 대한 양극의 충전 및 방전 곡선에는 그림 6.1.2에서 보여진 바와 같이

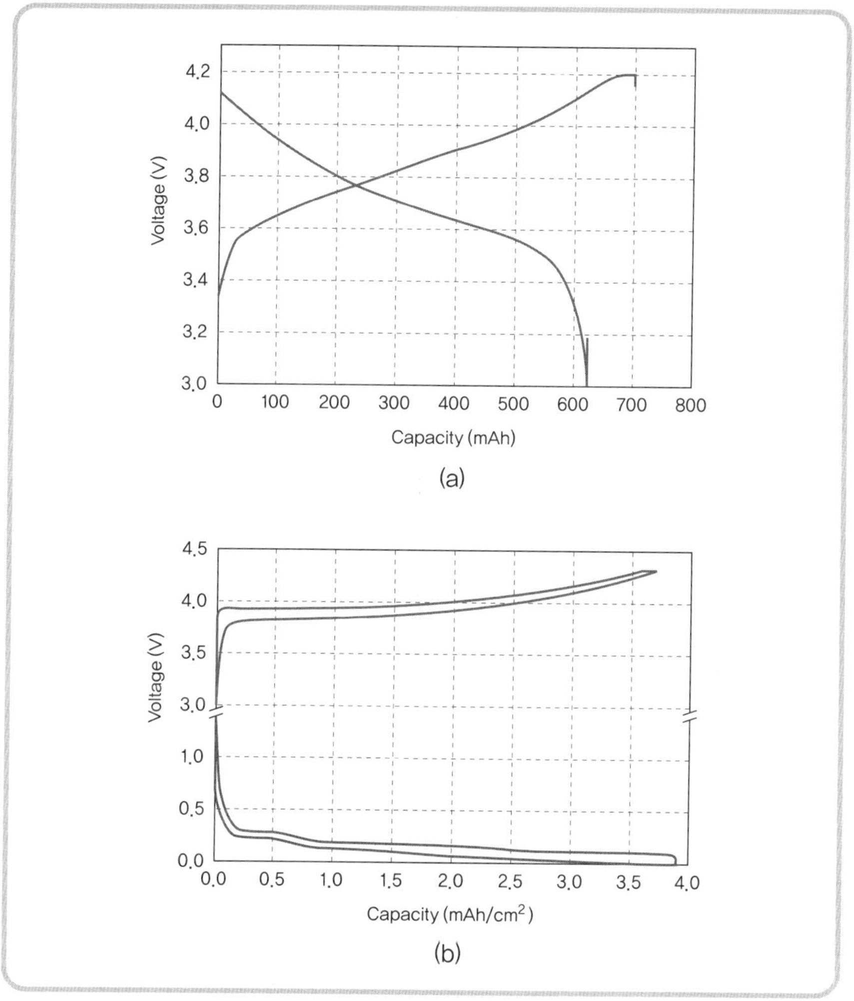

그림 6.1.1 리튬이차전지의 충전 및 방전 곡선: (a) 완전 셀 (b) 반쪽 셀

재료의 종류에 따라 다양한 형태가 존재하며, 이것은 전지가 가질 수 있는 전기적인 에너지의 정도를 보여주는 것이다.

다시 말하면 충전 및 방전과정에서 전이금속 산화물로부터 리튬이 deintercalation되거나 intercalation이 될 때 산화물의 결정구조와 원자간의 결합력, 특히 전이금속의 d 궤도에 있는 전자와 산소의 p 궤도에 있는 전자간의 결합에 의해 결정되는 에너지 상태에 따라 충 · 방전 곡선의 형태가 달라지게 된다. 이에 대한 설명은 3-1의 양극활물질의 결정구조 부분에서 이미 자세하게 설명되어 있기 때

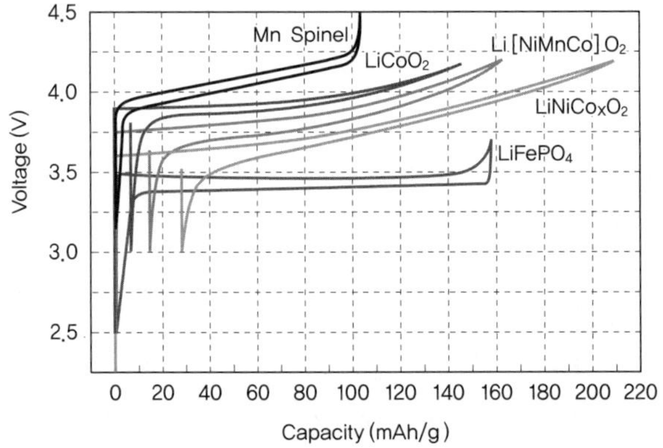

그림 6.1.2 양극재의 재료에 따른 충전 및 방전 곡선

문에 여기서는 생략하고자 한다. 실제 전지에서는 분극(polarization) 현상에 의해 전압이 이론값과 다르게 나타난다. 분극현상의 대표적인 것으로는 전압강하(iR drop)이 있다.

전압강하는 전지의 설계에 의해서도 다르게 나타날 수 있다. 그림 6.1.3에 전극의 두께에 따른 전압강화를 도식적으로 나타내었다. 전지의 고용량을 위하여

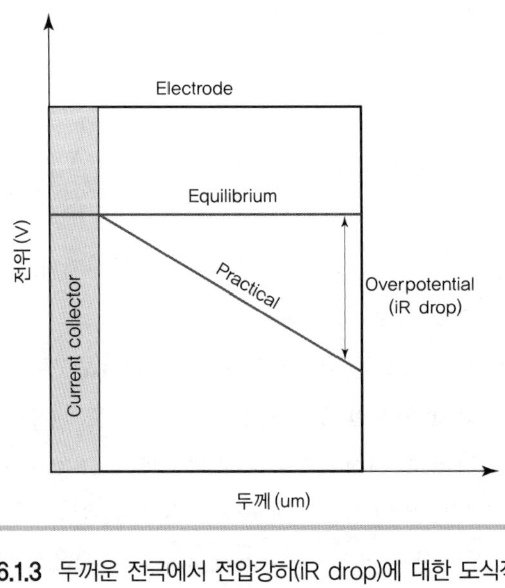

그림 6.1.3 두꺼운 전극에서 전압강하(iR drop)에 대한 도식적 그림

전극을 두껍게 설계할 경우 전극 내에서조차 전위의 불균형이 생길 수 있다. 즉, 분리막에 가까운 곳과 집전체와 가까운 곳 간에 일정한 거리가 존재하며 이 거리를 리튬이 통과할 때 흐름이 방해를 받아서 전기적인 저항이 발생하게 된다. 이러한 현상은 전극이 두꺼워 질수록 증가하기 때문에 최대한 전극을 두껍게 해야 하는 고용량 설계에서 중요하게 고려되어야 한다.

따라서 각각의 전극에 가해지는 전압강하가 크기 때문에 양극과 음극간의 균형을 잘 유지할 수 있도록 설계하는 것이 바람직하다.

6-1-2 충 · 방전 곡선의 조절

전지의 충 · 방전 곡선은 리튬에 대한 양극 및 음극의 반응전압에 의해 결정된다. 또한 전지를 적용하는 전자기기와도 밀접한 관계가 있다. 일반적으로 음성 및 화상신호를 전달하는 전자기기는 잡음(noise)을 작게 하고 좋은 음질을 구현하기 위해서는 최소한 3.0 V 이상의 높은 전압이 요구된다. 따라서 재료를 선정하기 위해서는 최종 제품의 전기적인 요구조건들을 잘 살펴보아야 한다.

앞에서 언급했듯이 양극재료의 전압은 재료의 종류 즉 원자간 결합력, 특히 전이금속의 d-궤도 전자와 산소원자의 p-궤도 전자와의 결합력과 전이금속산화물의 결정구조에 의해 좌우된다. 또한 음극의 경우 흑연 내에 존재하는 탄소 층의 결정성에 따라 달라지게 된다. 따라서 실제 전지의 충 · 방전 곡선을 이해하기 위해 가장 중요한 사항은 전지의 충방전 곡선이 양극의 충방전 곡선과 음극의 충방전 곡선과의 차이에 기인한다는 사실이다. 실제 전지에서의 전압이 0 V로 나타나더라도 양극과 음극의 절대 전압은 알 수가 없고 단지 양극과 음극의 차이가 0 V이라는 것만을 알 수 있다. 각 전극의 절대 전압 값을 측정하는 방법으로는 리튬을 기준전극으로 사용하는 3전극을 사용하는 방법이 있으며 보통 이 방법은 전지 내에서 양극의 절대 전압과 음극의 절대전압이 충전 및 방전 과정에 어떻게 변화하는가를 분석하는데 이용되고 있다.

현재 상용화된 대부분의 리튬이차전지는 양극으로 $LiCoO_2$를 그리고 음극으로 흑연(graphite)을 사용하고 있다. 그 이유는 $LiCoO_2$-흑연 시스템이 높은 전압과 안정적인 성능 및 우수한 고온 성능을 보이고 있기 때문이다. 그러나 최근 코발트(Co)의 가격상승과 $LiCoO_2$ 재료의 열적 안전성 문제 등으로 인해 Ni-Mn-

Co로 구성되어 있는 3성분계 재료를 적용하려는 연구가 활발하게 진행되고 있다. 3성분계 재료는 $LiCoO_2$에 비해 전압은 약간 낮지만 안전성이 뛰어나고 저가이기 때문이다. 또 3성분계에서는 Ni과 Co 및 Mn의 함량을 적절히 조절하면 용량과 안전성 및 가격 각각의 장점을 잘 활용할 수 있다. 일반적으로 Ni의 함량이 증가하면 용량은 증가하면서 평균 전압은 낮아지게 되며, Mn의 경우 안전성을 좋게 한다. Co의 경우 전자의 흐름을 좋게 하여 전지의 성능을 좋게 하는 요소이다. 그러나 이러한 재료의 선택은 항상 최종 제품의 요구조건과 관련된다. 예를 들면 고용량계로 알려진 Ni-계 재료인 $LiNi_{1-x}M_xO_2(0<x<0.2)$의 경우 아주 높은 용량을 보이지만 $LiCoO_2$ 대비 약 0.2 V정도가 낮다. 0.2 V의 저하가 단전지 측면에선 크지 않으나, 여러 개의 단전지를 직렬 연결하여 사용하는 경우(노트북용 전지팩) 전압 차이가 증가하여 기기에 큰 영향을 미치게 된다. 따라서 재료 선정 시에는 먼저 전지를 요구하는 전자기기의 필요 사항을 먼저 고려해야 한다. 이를 바탕으로 각 재료의 충전 및 방전 곡선을 이해하고 양극과 음극을 조합하였을 경우 대략 어느 정도의 전압이 구현될 수 있는지를 검토하여야 한다.

6-1-3 과충전과 충방전 곡선

일반적으로 전지의 충전은 충전기가 그 역할을 하며 충전기에는 3중 보호소자가 있다. 만약 3단계 보호 소자가 정상적으로 작동되지 않을 경우 전지는 정상적인 충전영역을 벗어나서 과도하게 충전될 수 있다. 이러한 현상을 "과충전 상태"라고 한다. 과충전 현상이 일어나는 원인은 대부분 안전성에 관련된 부품들이 고장난 경우가 많으며, 특히 충전기의 고장이 가장 흔한 원인이다. 현재 리튬이차전지의 경우 충전영역은 4.3 V가 가장 높은 경우이지만 과충전이 일어날 가능성은 항상 존재한다.

그렇다면 과충전이 일어나면 어떤 현상이 발생할까? 먼저 전지 내에 전기적인 저항에 의해 열이 발생하여 점점 온도가 상승한다. 이 때 양극에서는 정상충전상태에 비해 과량의 리튬이 나오게 되고 음극에서는 수용할 수 있는 리튬보다 더 많은 양이 들어오고자 하여 잉여의 리튬들이 음극 표면에 석출되면서 리튬 금속 형태로 석출된다. 또한 과충전시 양극에서는 구조붕괴가 일어나 열에너지뿐만 아니라 동시에 산소를 제공하게 된다. 이를 정리하여 그림 6.1.4에 과충전시

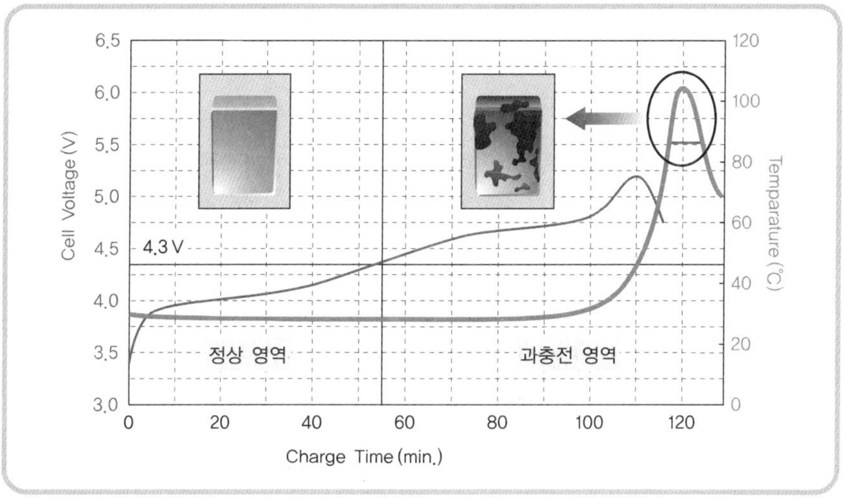

그림 6.1.4 전지의 과충전 거동 특성

발생하는 현상과 셀의 과충전 곡선의 변화로 나타내었다.

그림 6.1.4에 나타난 바와 같이 일정한 전류로 충전을 지속하게 되면 어느 순간에 정상적인 충전영역을 지나서 과충전 영역에 들어서게 된다. 이 때 온도가 급격하게 상승하게 된다. 양극과 음극에서 발생하는 열에 의해 분리막이 녹게 되면 양극과 음극이 내부단락(internal short)이 되는 상태로 진전된다. 이 상태에 도달하면 전지는 극도로 위험해지며 심지어 폭발까지 할 수 있다. 그림 6.1.4에 나타난 사진은 보호소자가 없이 평가를 한 경우로서, 과충전 시 위험한 상황이 초래될 수 있음을 보여준다. 그러나 최근에는 발화나 폭발을 방지하기 위해 과충전 조건에서 전해액의 점도를 급격히 상승시켜 이온 흐름을 저하시킨다든지 또는 전해액 첨가제를 사용하여 과충전 시 첨가제가 양극과 음극의 표면에서 분해하여 전기적으로 절연성인 물질을 형성하여 전기의 흐름을 차단하도록 하고 있다. 일단 과충전 상태가 되면 전지는 약한 과충전 상태라고 할지라도 비정상적인 상태에 놓이게 된다. 따라서 초기 설계대로 전지의 성능이 구동되지 않으며 보통 양극의 경우 전압이 계속 높아지고 음극의 경우 리튬이 석출되면서 전압이 리튬 전극 대비 거의 0으로 낮아지게 된다. 이때 양극에서의 지나치게 높은 전압에 의해 전해액이 분해되기 시작하고 많은 가연성 가스가 발생하며, 또한 양극활물질 자체의 열적인 안정성도 급격히 낮아져 많은 발열을 수반한 붕괴

가 일어난다.

과충전은 전지 자체에 의해서 일어나는 것이 아니라 주로 충전기의 오작동에 의해 일어나기 때문에 과충전을 방지하기 위해서는 반드시 정품의 충전기를 사용하여 한다. 충전기의 오작동이 일어나더라도, 전지에서 과충전 상태를 대비한 전지를 설계하고 있지만 위험성은 항상 존재한다. 최근에는 기능성 분리막 및 전해액 첨가제, 과충전에서도 안정한 양극활물질 등이 활발하게 연구되고 있으며 상당부분 실제로 적용되고 있다. 향후 전지의 대형화에 따른 안전성 문제 해결을 위해서도 위 분야의 기술개발이 지속적으로 이루어질 것으로 기대된다.

6-2 전지의 수명특성

6-2-1 수명특성의 의미

전지의 수명이란 전지를 얼마나 오랫동안 사용할 수 있는가를 나타내는 척도이고 단위는 횟수(싸이클)로 나타내며, 이를 싸이클 특성이라고도 한다. 즉 전지를 몇 번이나 충전하여 사용할 수 있는가를 나타내며, 전기적인 에너지의 의미로는 전지를 1회 충전하여 완전히 방전이 일어날 정도까지 사용하였을 때를 1 싸이클이라 하고 이 싸이클의 횟수를 수명이라고 한다. 수명을 평가할 경우에도 속도(또는 율속: rate)의 개념이 들어가게 된다. 최근 휴대용 전자기기 및 노트북 컴퓨터(PC)들의 기능이 다양해짐에 따라 요구되는 출력이나 에너지가 빠른 속도로 증가하고 있어 전지에 요구되는 성능들도 매우 높아지고 있다. 뿐만 아니라, 새로운 응용분야로 대두되고 있는 하이브리드 전기자동차(HEV), 전동공구(power tool) 등은 훨씬 더 높은 전력(power)과 수명특성을 요구하고 있기 때문에 기존의 전지설계로는 이러한 특성을 만족시킬 수 없는 상황이다. 그림 6.2.1은 속도에 따른 용량의 변화를 나타낸 것인데, 속도가 증가할수록 용량이 크게 감소하고 있음을 볼 수 있다. 전지를 방전시킬 때 전류 밀도가 매우 낮을 경우, 전지 전압은 이론적 평형 전압에 근접하며 방전 용량도 이론적 용량에 가까운 값을 나타낸다. 그러나, 방전 전류가 증가함에 따라 과전압이 증가하여 전지용량이 감소한다.

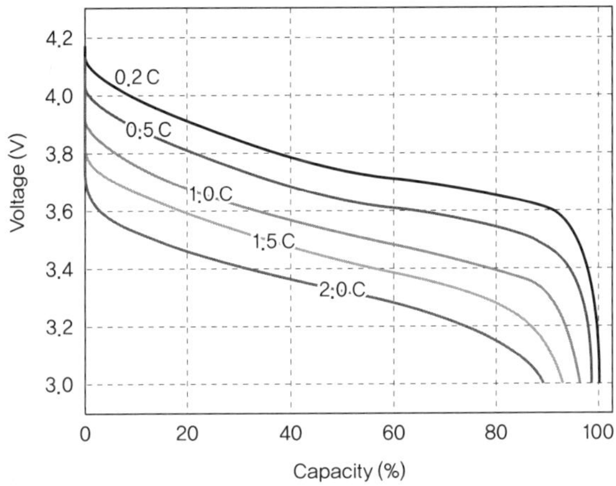

그림 6.2.1 율속에 따른 전지의 방전 성능

6-2-2 전지의 수명특성에 영향을 미치는 인자

전지의 수명에 영향을 미치는 인자를 살펴보면 다음과 같이 소재 고유 특성 인자와 설계 인자로 나눌 수 있다. 고유 특성 인자는 전지를 구성하고 있는 핵심 재료(양극, 음극, 분리막 및 전해액)의 고유 특성(intrinsic properties)이고, 설계 인자는 셀의 설계와 관계가 있으며 특히 양극과 음극의 설계 균형이 포함된다.

진지를 구성하고 있는 핵심소재에 의해 수명이 나빠지게 되는 경우에는 회복이 불가능한데, 전지의 온도가 상승할수록 재료의 퇴화가 빨라지기 때문에 수명특성이 더욱 빨리 저하된다. 이 경우에는 소재의 근본적인 특성을 개선하여야 한다. 반면에 설계 인자에 의해서 수명이 나빠지는 경우에는 대부분 양극과 음극간의 열역학적 또는 전기화학적인 균형이 맞지 않아서 일어나는 경우가 대부분이다. 실제 예를 들면 아주 좋은 성능을 보이는 양극과 아주 좋은 성능을 지닌 음극을 선택하여 선시를 설계하더라도 반드시 좋은 수명을 보이는 것은 아니다. 또 아주 성능이 좋지 않은 양극과 음극을 사용하더라도 수명특성이 나빠지는 것만도 아니다. 즉 전지의 설계는 여러 가지 인자를 고려하여야 하며 대부분 경험에 의해 결정되는 경우가 많은데, 이것이 전지설계가 어렵게 여겨지는 이유이다. 설계 인자에 의해서 나타나는 전형적인 수명특성의 저하는 그림 6.2.2에 나타나는

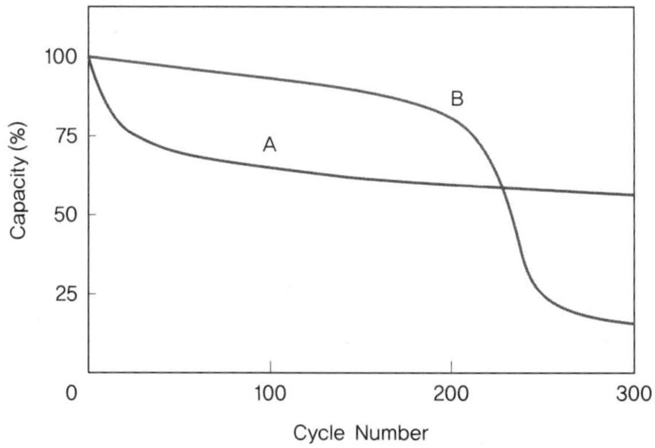

그림 6.2.2 전지의 전형적인 수명특성 문제 형태

바와 같이 크게 두 가지로 나눌 수 있다.

그림 6.2.2의 A 곡선은 일부 리튬이 음극에 석출되고 난 후에 양극과 음극에서의 설계 균형이 잘 이루어진 경우이다. 따라서 초기에 일부의 리튬이 음극에 석출된 후는 수명이 좋게 나타난다. 이러한 경우에는 양극과 음극의 설계 균형을 조절하면 쉽게 극복할 수 있다. 반면에 B 곡선의 경우에는 초기에는 수명성능이 좋아 보이다가 어느 시점 이후에는 급속도로 나빠지는 경우이다. 이 경우에는 다소 복잡한 현상이 내부에 일어나기 때문에 셀의 성능분석을 조심스럽게 다루어야 한다. 먼저 낮은 속도(약 C/10)로 충 · 방전을 진행시킬 때 싸이클이 진행됨에 따라 용량을 회복하는지 여부가 중요하다. 만약 용량이 회복되면 적절하지 못한 전지 설계에 의한 수명열화 현상이고 그렇지 않으면 앞에서 언급한 바와 같이 내적인 핵심 소재의 열화에 의해서 일어나는 것이다. 낮은 충방전 속도에서 용량이 회복되는 B 곡선의 수명성능 저하 원인은 싸이클이 진행됨에 따라 셀의 저항이 점점 더 증가하는 것이고 이는 대부분 양극의 계면이나 음극의 계면 또는 전해액에 큰 저항체가 존재하기 때문이다. 즉 전자의 흐름은 외부 도선을 통해 흐르기 때문에 상대적으로 매우 빨라서 저항을 고려하지 않아도 되며, 대부분 전지 내부에서 리튬이온의 흐름이 방해를 받기 때문에 일어나는 현상이다. 리튬이온의 흐름을 방해하는 것으로는 양극 및 음극 활물질 계면에서의 저항, 분리막 기공율의 감소, 전해액 고갈 등을 들 수 있다. 양극과 음극 계면에서의 저항은 주로 전해액

의 분해 부산물에 기인한다. 전해액의 분해 반응은 많은 가스를 발생시켜 전지 내부의 접촉을 감소시켜 저항을 증가시키거나 전해액의 점도를 증가시켜 리튬이온의 흐름을 방해하기도 한다.

이러한 현상을 방지하기 위해 최근에는 활물질 표면을 개질하거나 전해액 첨가제를 사용하여 충전 시에 적절한 SEI를 미리 형성시켜 전해액의 분해를 막고 있다. 양극의 경우에는 산화반응이 상대적으로 높은 전압에서 일어나며, 반대로 음극의 경우에는 환원반응이 일어나며 반응의 전위는 리튬의 전위에 가깝다. 양극에서는 높은 전압이 인가되기 때문에 대부분 활물질 계면에서 산화반응에 의해 전해액의 분해반응이 일어나게 되는데 이때 고온에서 많은 가스를 방출하게 된다. 양극활물질 계면과 전해액과의 반응에 의해 방출되는 가스는 양극의 표면에 존재하는 불순물(LiOH, Li_2CO_3)의 종류나, 활물질 표면의 구조적인 결함 등에 의해서 영향을 받게 된다. 활물질 표면에 구조적인 결함이 존재할 경우 충전 및 방전시에 결정격자의 변화에 의해 구조가 붕괴하거나 전해액과 반응함으로써 리튬이온을 소모시켜 전지의 용량을 점차 감소시키게 된다.

반면 음극의 경우에는 충전 및 방전과정에서 급격한 수축팽창을 동반하기 때문에 항상 동력학적인 조건하에 있게 된다. 따라서 음극활물질의 표면에 형성된 SEI는 이러한 수축 팽창에 대해 신축성이 있어야 한다. 만약 충전 시 음극의 팽창으로 SEI가 붕괴되면 전해액 분해에 의한 새로운 SEI가 생성된다. 이로 인해 전해질이 점차 고갈되고 그 결과, 전해액 내에 존재하는 리튬 이온이 소모되어 싸이클이 진행됨에 따라 용량이 감소하게 된다. 이외에도 양극과 음극 모두에서 나타나는 문제로, 전극의 두께에 기인되는 문제들이 있다. 앞서 그림 6.1.3에 나타난 바와 같이 전극이 두꺼울 경우 전극 내에서도 전위의 불균형이 나타나게 된다. 부분적으로 저항이 큰 부분에서는 과전압이 형성되어 평균전압보다 더 높은 전압이 인가될 수 있으며 이 경우 활물질이 느끼는 전압은 인가된 전압보다 더 높아져 분해반응이 가속될 수 있다. 음극의 경우에는 전압이 Li 금속이 석출되는 전압까지도 내려갈 수 있어 전해액에 존재하는 리튬이온이 음극의 표면에 쉽게 석출되어 퇴화를 가속화하게 된다. 두 경우 모두 수명에 큰 영향을 미치게 된다.

앞서 언급한 바와 같이, 전해액의 경우 수명이 진행됨에 따라 지속적인 음극의 수축 팽창으로 SEI가 붕괴되고 또 새롭게 형성되는 과정을 반복하게 되어 지속적으로 전해액이 소모된다. 따라서 수명특성을 향상시키기 위해서는 전해액과 음극 표면과의 반응에 의해 형성되는 SEI의 특성을 우수하게 유지 하여야 한다. SEI는 주로 전해액 첨가제에 의해 결정되며 최근 다양한 첨가제들이 개발되어 사용되고 있다.

6-3 전지용량

6-3-1 서론

"전지의 용량"이라 함은 전지가 보유하고 있는 전하의 양을 말하는 것으로 그 단위는 mAh 또는 Ah 등으로 나타낸다. 다시 말하면 전지의 용량은 전지가 일정한 전류를 얼마나 오랫동안 흘려보낼 수 있는가를 나타내는 척도로서, 전지 내에 포함되어 있는 활물질의 양과 관계가 있다. 왜냐하면, 리튬이차전지의 대부분의 경우 에너지 전달 수단인 리튬이온이 양극활물질로부터 나오기 때문이다. 휴대폰이나 노트북용 전지와 같이 공간이 제한된 응용분야에서는 부피당 용량이 중요하며 부피의 제약이 없는 경우에는 무게당 용량이 더 중요하게 된다. 그림 6.3.1에 리튬이차전지의 과거 용량변화 추이를 나타내었다.

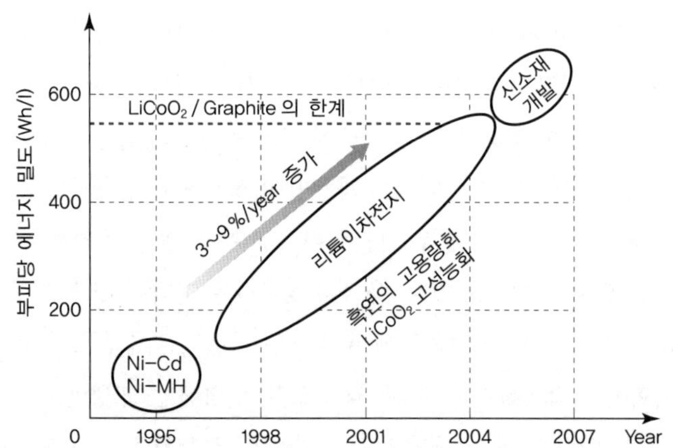

그림 6.3.1 리튬이차전지의 에너지 밀도 발전 추이

6-3-2 전지의 용량

휴대폰, 노트북 등 대부분의 휴대용 전자기기분야에서는 작은 부피에 높은 용량을 요구하기 때문에 부피당 용량이 커야 한다. 또한 부피당 용량이 크면서도 전지의 성능 및 안전성을 잃지 않아야 하기 때문에 전지의 설계가 중요하게 된다. 전지의 용량에 영향을 주는 인자들을 살펴보면 다음과 같다. 첫째, 높은 용량을 얻기 위해서는 일단 활물질의 단위 무게당 또는 부피당 용량이 커야 한다. 양극 활물질의 용량이 작으면 아무리 설계를 잘한다 하더라도 높은 용량을 얻을 수 없음은 당연하다. 둘째, 활물질의 tap density가 높아야 한다. tap density가 높을수록 실제 전극의 충진밀도(packing density)를 높일 수 있다. 전극제조를 위해 활물질을 바인더나 도전제와 혼합한 후 얇은 막 상태로 집전체 위에 코팅한 후에 압력을 가하여(roll pressing) 전극을 단단하게 만든다. 이때 충진(packing)이 잘 되지 않으면 전극을 얇게 할 수 없고, 부피를 많이 차지하기 때문에 주어진 전지의 부피조건에서 고용량을 구현할 수 없게 된다. 셋째, 활물질의 비표면적이 작아야 한다. 비표면적이 크면 활물질의 표면에 액상이 많이 존재하게 되어 전극에 활물질을 코팅할 경우 액상이 차지하는 비율이 높을 뿐만 아니라 전극을 구성한 후에도 입자 사이에 많은 표면으로 인해 전기적인 흐름이 방해될 뿐만 아니라 접착성을 위해 많은 양의 바인더가 요구된다. 따라서 전극의 저항을 줄이고 접착성을 좋게 하기 위해서 도전제와 바인더를 더 많이 첨가하여야 하기 때문에 결과적으로 활물질의 양이 작아져서 제한된 부피에서는 높은 용량을 얻을 수 없게 된다. 넷째, 분리막이나 집전체의 두께를 줄이며 또한 전해액이 차지하는 공간도 최소화 함이 필요하다. 그러나 이러한 구성소재들은 안전성과 관련이 있기 때문에 최소화 시 주의하여야 한다. 예를 들면, 집전체는 코팅공정에서 집전체에 가해지는 기계적인 강도(strength)를 견뎌야 하기 때문에 무작정 얇게 할 수는 없다. 또한 집전체는 양극이나 음극으로부터 전자의 이동 통로이기 때문에 너무 얇게 할 경우 전기적인 저항이 증가하여 국부적으로 과열이 발생할 가능성도 있다. 또한 분리막은 전지의 안전성과 밀접하게 연관되어 있기 때문에 두께를 지나치게 얇게 할 경우 전지의 안전성이 급격하게 저하될 수 있다. 이상에서 살펴본 바와 같이 전지의 용량을 설계할 경우에는 전지 내부 주어진 공간에 활물질이 최대한으로 집적될 수 있도록 하되 다른 구성소재들의 기능 및 성능의 저하는 최소화시켜야 한다.

6-3-3 전지 용량의 측정방법

일반적으로 전지의 용량은 충 · 방전 측정기기를 통하여 얻어진다. 휴대폰용의 경우 종류마다 전지의 규격이 다양하여 전지의 용량을 표준화하는 것은 어렵다. 노트북용의 경우 규격화되어 있으며 형태는 원통형으로써 18650으로 표시하며 각 수치의 의미가 그림 6.3.2에 나타나 있다.

전지의 용량에는 제조자가 작성한 공칭용량(norminal capacity)이 있으며 전지용량의 평가시 대부분 이 값을 이용한다. 즉 용량은 율속에 따라 달라지며 가장 기본이 되는 것이 C/5의 용량이며 이를 공칭용량으로 사용한다. 일반적으로 노트북용은 높은 출력을 요구하기 때문에 높은 율속특성이 필요하다. 보통 구동시 C/2 이상의 속도로 구동하기 때문에 수명특성을 평가할 때도 이보다 높은 속도로 평가하게 된다.

전지용량을 평가하는 방법으로 몇 가지가 있지만 대부분 사용하는 방법은 충

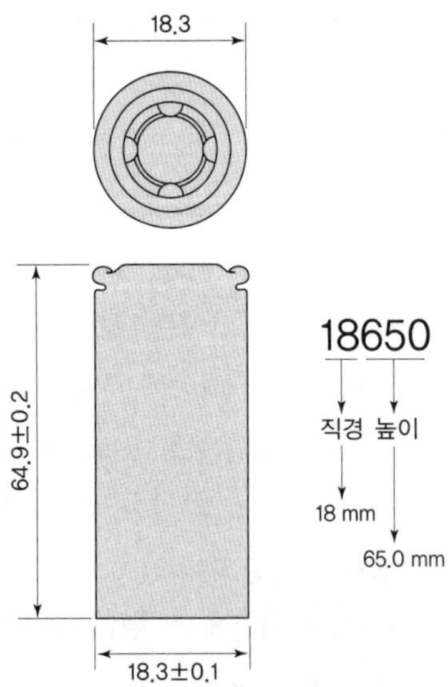

그림 6.3.2 원통형의 치수

전의 경우 CC/CV(constant current/constant voltage) 모드로, 방전의 경우는 CC(constant current) 모드로 하게 된다. 충전과 방전의 방법이 다른 이유는 셀의 특성과 관계가 있다. 만약 충전을 CC로 할 경우 일정한 전류로 지속적으로 충전하게 되면 셀 내부에 높은 열 발생이 동반될 수 있고 또 전지의 저항 때문에 각 전극이 과전압(overpotential) 상태를 형성할 수 있다. 따라서 전극 내 재료에 평형 전위가 형성되지 않아 충전의 종지 전압을 설정하더라도 정확한 전압이 양극과 음극 전극에 인가되지 않게 된다. 따라서 충전 말기에 평형전압을 형성하고 또 전극의 전기화학적 평형상태를 유지하기 위해 일정한 전압에서 전류의 흐름을 줄여가는 방식을 적용하게 된다. 그림 6.3.3에 일반적으로 많이 적용되는 충전방식을 나타내었다. 충전시 높은 율속조건에서는 CC 구간은 짧은 대신 CV 구간이 길어진다. 이것은 높은 전류에 의해 양극과 음극이 과전압상태에서 평형전압을 찾아가는데 걸리는 시간이 길어짐을 의미한다. CV 구간에서는 그림 6.3.3에 나타난 바와 같이 시간이 지남에 따라 전류의 양이 점차적으로 감소하게 된다. 전류가 어느 정도로 작아지면 충전을 지속하더라도 특정 전압에서는 전류의 흐름이 거의 없어지게 되고 양극과 음극은 평형전압에 가깝게 되면서 충전이 완료된다. 방전의 경우에는 CV 구간이 없고 CC로 방전하기 때문에 간단하다.

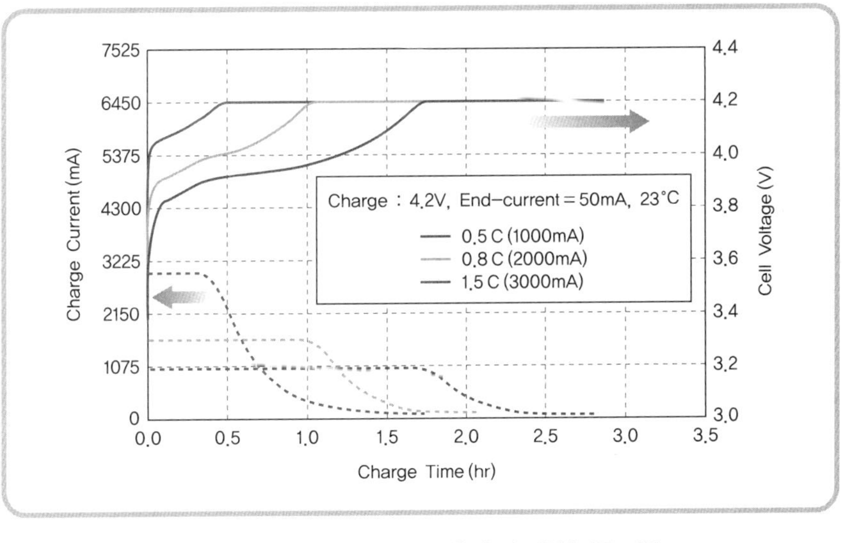

그림 6.3.3 율속조건에 따른 충전 시 전압/전류 거동

6-4 방전속도(discharge rate)별 방전 특성

율속특성이란 충 · 방전 속도를 높임에 따른 용량 유지율의 좋고 나쁨을 의미한다. 이때 충 · 방전 속도를 x C로 표현하는데, 1.0 C라 함은 전지의 공칭용량을 1시간 내에 사용하는 것을 말한다. 2.0 C는 30분, 4.0 C라 15분 그리고 C/2는 2시간 내에 각각 사용하는 것으로 그 물리적 의미는"용량/시간"으로 표시된다.

최근 전자기기의 기능이 다양화 됨에 따라 일정한 시간 내에 기기에 의해 사용되는 전류의 요구량도 큰 폭으로 증가하고 있다. 이에 따라 그 에너지원으로 사용되는 전지에 있어서도 그 성능이 한층 더 높게 요구되고 있다. 휴대폰의 경우 기존에는 대부분 C/2의 충전 및 방전속도를 필요로 하였으나 향후에는 이러한 기능들이 더 강화되어 1.0 C의 충전 및 방전 속도에 상응하는 성능을 요구할 것으로 예상된다. 노트북의 경우에는 휴대폰에 비해 훨씬 더 큰 전류를 요구하기 때문에 전지의 용량도 클 뿐만 아니라 율속특성도 더 높은 것을 필요로 한다. 특히 컴퓨터의 동작 중에 작업내용을 저장하거나 전원을 켠 후 초기화 작업시 모터의 구동이 필수적이다. 이러한 모터 구동시에는 높은 전력을 요구하기 때문에 높은 출력특성을 지녀야 한다. 기기제조회사에 따라 약간씩 차이는 있지만 보통 4C/5의 충전에 1.0 C의 방전특성을 요구하고 있다. 뿐만 아니라 하이브리드 전기자동차(HEV)와 같은 경우에는 전지에 따라서 40 C 정도의 출력특성을 필요로 하기도 하며 전동공구에 사용되는 전지는 보통 10 C 정도의 능력을 필요로 한다. 이와 같이 응용분야에 따라 요구되는 율속특성이 크게 달라진다. 전지의 율속성능은 전지의 설계와도 밀접한 관계가 있다. 전해액, 분리막, 활물질의 종류 및 입자크기 등 여러 가지 요소에 의해서 영향을 받지만 가장 크게 영향을 미치는 것은 전극의 두께이다. 전극의 두께를 얇게 하면 극판에 인가되는 전기적인 저항이나 리튬이온의 저항이 적어 율속특성이 크게 향상된다. 활물질의 입자도 전극의 저항과 많이 관련되어 있기 때문에 율속특성에 영향을 크게 미친다. 그러나 극판을 얇게 할 경우 동일한 부피 내에 집적할 수 있는 활물질의 양이 적어지기 때문에(극판을 얇게 하면 집전체, 분리막, 전해액 등이 많이 사용됨.) 결과적으로 전지의 용량이 많이 감소하게 된다. 따라서 전지의 응용분야에 따라 이러한 요소들을 잘 선택하여 적용하여야 할 것이다. 전지의 핵심기술은 전지의 용량 감소없이 율속특성을 증가시키는 방법이다. 향후 이러한 부분에 대해서 집중적으로 연구가 필요할 것으로 보인다.

전지를 오래 사용하면 수명특성뿐만 아니라 율속특성도 크게 저하하게 된다. 그 이유는 사용에 따른 전지 내에서의 저항이 지속적으로 증가하기 때문이다. 이러한 저항증가는 앞에서 언급한 바와 같이 계면반응 부산물의 석출, 활물질 및 전해액의 열화, 전극의 접촉 저항 증가 등 다양한 요인에 의해 발생한다.

$$I = V/R \tag{6.1}$$

(I: 전류, V: 전압, R: 저항)

식 (6.1)에 나타난 바와 같이 저항(R)이 증가하면 이에 반비례하여 전류가 감소하게 된다. 따라서 율속특성을 향상시키기 위해서는 전지 내부에 존재하는 저항을 최소화 하는 것이 중요하다.

또 전지의 저항은 식 (6.2)에 나타난 바와 같이 전체 저항은 전자에 의한 것과 리튬이온에 의한 부분으로 나눌 수 있다.

$$R_{\mathrm{tot}} = R_{\mathrm{e}} + R_{Li} \tag{6.2}$$

(R_e: 전자에 의한 저항, R_{Li}: 리튬이온에 의한 저항)

전자에 의한 저항의 경우에는 아주 높은 전류가 흐를 경우에 그 기여도가 증가하게 되며 전기적인 접촉 부분에 발생하는 저항이 주요 요인이 된다. 특히 HEV 등에 적용되는 전지의 경우에는 전자에 의한 저항증가가 크게 기여하기 때문에 집전체의 두께 및 전기적인 연결부위의 저항을 최소화 하는 것이 필요하다. 반면 휴대폰이나 노트북용 등과 같은 소형전지에서는 상대적으로 낮은 율속특성을 필요로 하기 때문에 리튬이온에 의한 저항 증가가 더 크게 기여한다.

6–5 온도특성

전지의 온도특성은 온도에 대한 전지 성능의 내구성을 의미하는 것으로서 주위의 열 환경 변화에 대해 전지 성능의 퇴화를 평가할 수 있다. 온도특성은 정상적인 온도영역에서의 전지의 성능 내구성과 비정상적인 온도영역에서의 전지의 안전성과 관련된 두 가지 사항으로 나누어 생각해 볼 수 있다. 정상적인 온도영역에서의 성능 내구성은 전지가 작동 시 전기저항에 의해 내부에 발열이 일어나는데 이때의 열손실과 열발생이 균형을 이루어 평형이 되는 온도에서의 전지의 성능 저하가 있는지 여부를 판단하는 것이다. 비정상적인 온도영역에서의 내구성은 사용자들의 실수나 비정상적인 환경하에 전지가 처해 있을 때에 위험한지 여부를 조사하는 것과 또는 이 전지가 정상적인 영역으로 회복되었을 때 초기성능 대비 어느 정도 회복하는지 여부를 확인하는 것이다. 이러한 온도성능은 최근 전자기기의 작동 온도가 상승함에 따라 그 중요성이 점점 더 커지고 있는 실정이다. 본 절에서는 온도특성의 종류 및 이들이 전지의 성능에 미치는 영향에 대해서 논의하고자 한다.

6-5-1 저온특성

저온특성의 한 예를 들어보면, 사용자가 추운 겨울이나 또는 냉동실 등과 같이 저온의 상태에 노출되었을 때 전지가 휴대폰으로 통화를 할 수 있는 정도의 에너지를 방출할 수 있는지 등이 있다. 저온특성에는 저온방전특성과 저온수명특성이 있다. 저온방전특성은 1회의 방전 시 어느 정도의 전지용량을 얻을 수 있는지를 평가하는 것이며, 보통 소형전지의 경우 −10~−20 ℃ 범위에서의 방전특성을 조사하고 있으며, HEV등과 같은 자동차의 경우 −30 ℃에서의 방전특성을 조사함이 요구되고 있다. 저온 수명특성은 0~10 ℃의 범위에서 수명특성을 평가하는 것으로 낮은 온도에서 장시간 사용할 수 있는 능력을 평가한다. 향후 전지의 응용 분야가 인공지능 로봇, 산업분야 등으로 본격적으로 확대될 경우, 인간이 작업하기 어려운 극한 환경하에 놓여지는 경우가 많다. 대부분의 소형 휴대기기는 저온 방전 특성을 전지설계 시 중요한 요소로 고려하는 반면, 출력 소모형 기기의 경우는 외부 환경에 직접 노출되는 경향이 많아 방전뿐만 아니라 충전도 설계에 있어서 중요하게 고려되어야 한다. 항공용이나 군용 등 특수한 환경에서의 전원으로 소요되는 전지는 저온과 고온 특성 모두 우수한 성능을 요구하는데, 온도뿐만 아니라 습도, 압력 등도 고려하여야 할 때가 있다.

온도특성에 영향을 미치는 인자는 수명특성에 영향을 미치는 인자와 별로 다

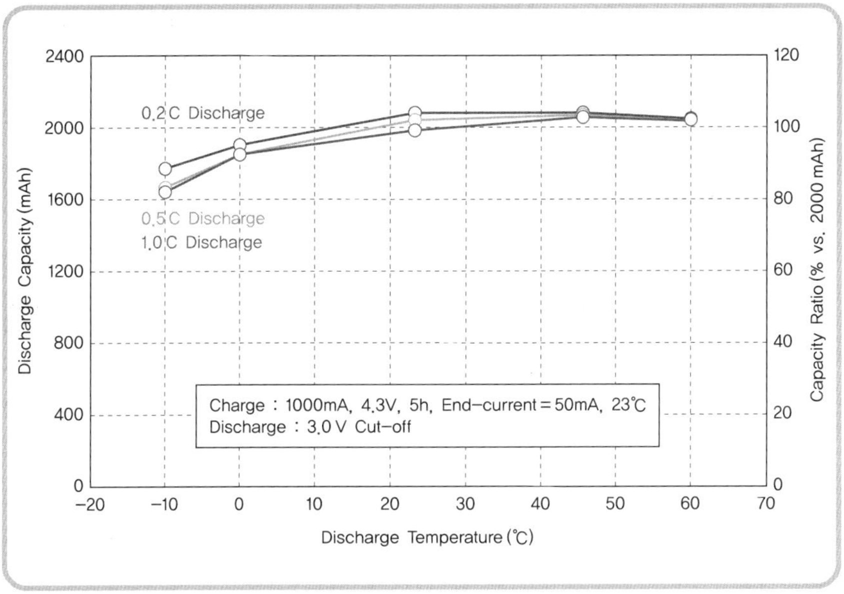

그림 6.5.1 온도에 따른 전지의 방전성능

르지 않다. 그러나 한가지 차이가 있다면 저온에서는 물질의 이동성이 급격히 감소하기 때문에 물질의 이동도를 좋게 유지하는 것이 필요하다. 예를 들어, 활물질의 입자의 크기가 작을수록 입자의 표면적이 크기 때문에 리튬의 출입 통로가 증가하여 저온에서 물질의 이동속도가 느려지더라도 반응면적이 커서 용량 보전을 할 수 있게 된다. 그림 6.5.1에 대표적인 저온성능에 대한 그림을 나타내었다.

6-5-2 고온특성

전지의 고온특성이란 전지가 정상적인 작동범위 보다 더 높은 온도에서 구동할 때 초기 성능을 얼마나 유지하는가를 나타내는 것이다. 고온에서는 장기보관특성과 수명특성으로 나누어 고려해 볼 수 있다. 장기보관특성은 전지를 잘못 관리하여 고온에 방치해 두었을 때를 고려하여 평가하는 것이고, 고온수명특성은 여름철이나 기타 온도가 높은 환경하에서 전자기기를 사용할 경우 전지 자체에서 발생한 열이나 외부 열에 의해 온도가 상승된 조건에서 평가하는 것이다. 이 두 가지 모두 전지의 열에 대한 내구성을 필요로 하는 특성이다.

일반적으로 고온에서는 전해액, 활물질, 분리막 등 전지의 구성 성분들의 반응성이 급격하게 증가하기 때문에 각 구성 성분들의 전기화학적 퇴화가 빠르게 진행된다. 반면, 저온특성과 고온특성은 서로 상반되는 경우가 많다. 즉 저온성능을 향상시키기 위해 활물질의 크기를 작게 하거나 전해액의 유동성을 좋게 하기 위해 점도가 낮은 전해액만 사용할 경우 고온에서는 활물질과 전해액과의 반응성이 크게 증가하게 되어 전지의 수명이 급속도로 나빠지게 된다. 즉 고온성능을 좋게 하기 위해서는 저온특성을 향상시키기 위한 방향과는 반대의 접근 방법을 선택하여야 한다. 예를 들면 활물질의 경우 비표면적을 작게해야 하고 전해액의 경우에도 고온에 잘 견디는 종류를 선택할 뿐만 아니라 다양한 전해액 첨가제를 사용하여 음극에서 형성되는 SEI의 내구성을 향상시켜야 할 것이다.

6-6 에너지밀도(중량/체적)

6-6-1 에너지 밀도

에너지 밀도란 단위 무게나 단위 부피당 저장되어 있는 에너지(전하)의 양(Wh/kg, Wh/ℓ)을 말한다. 소형전지와 같이 부피의 제약이 있는 경우에는 부피당 에너지 밀도가 중요한 역할을 하게 된다. 반면에 부피에 제약이 상대적으로 적은 전력 저장용 등과 같은 응용분야에서는 단위 무게당 에너지 밀도가 단위 부피당 에너지 밀도보다 더 중요하다. 이는 전력저장용 전지의 경우 고정된 위치에 사용하고 또 넓은 공간에서 적용되기 때문이다.

6-6-2 출력 밀도

출력밀도는 단위시간당 방출되는 에너지(일정 전압에서의 전류에 해당)를 의미한다. 휴대폰이나 노트북용 전원의 경우 최고 2.0 C 정도의 속도성능을 필요로 하고 있지만 HEV 등에서는 이보다 훨씬 높은 속도 특성을 요구하고 있다. 높은 출력밀도는 주어진 시간에 높은 전력을 방출하는 것이므로 높은 전압과 높은 전류밀도가 요구된다. 아래의 식 (6.3)에서와 같이 출력을 높이기 위해서는 전기적인 저항을 최소화 하여야 한다.

$$P = I^2R \tag{6.3}$$

P: 출력(power)

I: 전류(current)

R: 저항(resistance)

전지에서 저항은 여러 가지 요소에 의해 영향을 받지만 아주 높은 속도특성에서는 전극의 두께의 영향이 가장 크다. 따라서 새로운 분야(HEV, PHEV, EV 등)에 적용되는 전지는 기존의 설계 개념과 다르게 접근하여야 한다. 즉 전극 내에서 발생할 수 있는 저항을 최소화하는 재료를 선정함과 동시에 에너지 양과 출력을 동시에 고려하여 설계하여야 한다. 만약 출력을 좋게 하기 위해 전극의 두께를 너무 얇게 할 경우, 집전체, 분리막, 전해액 등이 많이 사용되므로 제조비용이 증가할 뿐만 아니라 저장할 수 있는 에너지의 양이 너무 적게 되어 전지로써의 역할보다는 오히려 슈퍼커패시터에 가깝게 된다. 또한 전극이 지나치게 얇으면 전극제조공정이 어려워 생산성이 저하된다.

6-7 응용 분야

리튬이차전지의 응용 분야는 먼저 다양한 형태의 모바일 기기를 들 수 있는데, 통신기기, 컴퓨터, 오락기기, 전동공구, 장난감 및 게임기, 전등, 의료기기 등이 이에 포함된다. 모바일 응용분야에 쓰이는 전지의 주요 성능으로는 고에너지 밀도가 대표적이며, 이는 모바일 환경에서의 사용 시간이 가장 중요한 선택요소이기 때문이다. 그 다음으로 고에너지 밀도와 차별화되는 고출력 밀도 특성을 가진 기기들을 고려할 수 있는데, HEV를 필두로 한 수송(transportation) 분야로의 응용이 확대될 것이다.

6-7-1 휴대용 기기 응용분야

1990년대 초 리튬이차전지의 상용화와 함께 휴대용 기기 시장은 비약적인 성장을 이루어왔으며, 경량화, 슬림화 및 고용량화는 휴대용 기기 분야의 수요에 가장 적합한 에너지원으로 리튬이차전지의 역할을 기대해 왔다. 과거의 기능을 넘어서 모바일 소비환경은 유비쿼터스(ubiquitous) 및 융합(convergence)이라는 패러다임을 가져왔으며 이는 일방적인 소비환경에서 쌍방의 커뮤니케이션을 기반으로 한 소비환경으로의 변화를 의미하는 바이다. 다양한 기능성 콘텐츠의 증가 및 소프트웨어의 고도화는 보다 높은 에너지밀도의 전지를 요구하게 되었고 리튬이차전지 시대로의 완전한 전환을 의미하는 부분이기도 하다. 고용량화와 더불어 디자인의 유연성도 주요한 요구조건이 되고 있다. 리튬이차전지의 종류에 있어 리튬폴리머전지는 이러한 조건(크기, 형태, 유연성)에서 매우 커다란 부분을 차지하고 있으며 보다 높은 에너지밀도를 가짐에 따라 동시에 안정성에 대한 요구 조건도 높아지고 있다. 시장차원에서의 안전성 규제에 대한 움직임이 일어나고 있는 것은 당연한 결과라고 할 수 있다.

6-7-2 수송분야

화석연료의 한계가 예견되고, 수급불안정이 지속되면서 고유가의 시대가 지속되고 있을 뿐만 아니라 친환경에 대한 관심도 고조되고 있다. 교토 의정서에 따른 CO_2 배기가스 제한 및 CARB(California air resource board)를 통한 친환경 자동차에 대한 사회의 요구는 고출력 리튬이차전지의 개발을 앞당기는 계기가 되었다. 일본 자동차 회사인 TOYOTA는 PRIUS라는 HEV를 세계 최초로 판매하였다. 이 차량에는 Ni-MH 전지가 전원으로 채택되어 있으며, 고유가 시대에 가장 적합한 차량으로 인식되고 있다. 그러나 경량화 및 출력밀도 측면에서는 리튬이차전지에 비해 떨어지므로 지속적인 시장 지배를 이어가지는 못할 것으로 여겨진다. 특히 자동차용 대형 전지는 고에너지 밀도와 고출력밀도 두 가지 모두를 필요로 하기 때문에 리튬이차전지 분야에서 가장 어려운 분야 중의 하나이다. 이러한 성능 외에도 중 · 대형 전지에서는 더 높은 수준의 안전성이 요구된다. 이는 전지의 크기가 증가함에 따라 전지에 저장되는 전기 에너지가 증가하여 안전성 문제가 발생할 가능성이 높아지기 때문이다. 또한 수명에 있어서도 차량수명과 유사한 정도를 확보되어야 하기 때문에 모바일 기기보다 높은 수준의 수명 특성을 확보해야 한다. 자동차용 전원의 경우 calendar life라는 용어를 사용한다. 자동차용 전지에서는 전지 기술뿐 아니라 회로, 기구 등의 기술도 매우 중요한 위치를 차지한다. 특히 개개의 전지들이 직렬 또는 병렬로 연결되어 수백 개에 이르는 전지 팩 형태로 적용이 되기 때문에 이들을 관리할 수 있는 전지관리시스템(battery management system)이 매우 중요하다.

HEV는 기존 연소엔진과 이차전지시스템이 서로 보완적인 입장에서 연비를 향상시키는 것을 가장 큰 목적으로 하며, 주행 중에 자체 시스템에 의해 충전과 방전을 반복하기 때문에 별도의 충전을 필요로 하지 않는다. 따라서 고출력 밀도와 높은 안전성을 가장 중요시한다. EV는 완전히 전기에 의해서만 구동되는 자동차이므로 전원으로서의 리튬이차전지는 고에너지 밀도, 고출력밀도 및 고안전성을 동시에 지녀야 한다. 이러한 응용분야에 적용되기 위해서는 소재단계에서부터 비약적인 발전이 요구되는 어려운 기술이며 리튬이차전지가 나아가야 할 방향이다.

6-7-3 기타

모바일 및 수송용 응용 분야와는 비교할 만큼 시장 지배력이 높지는 않지만, 향후 리튬이차전지의 성장이 예측되는 응용분야로는 다음과 같은 것들이 있다. 대기전력용(UPS) 전지, 비상전력용(emergency) 전지, 대체에너지 저장용 전지, 군용 및 항공용 전지 등이 여기에 속하며 고에너지밀도 및 장수명이 중요한 요구특성이지만 외부환경에 노출되는 경우가 많기 때문에 온도특성도 높은 수준으로 강화되어야 한다.

Appendix

리튬이차전지 안전성 평가법

1 서론

리튬이차전지의 고성능화에 따라, 1990년대 중반에 100~120 Wh/kg이었던 에너지밀도는 2010년 현재 220 Wh/kg 수준에 도달하고 있다. 이에 따라 가연성의 유기계 전해액을 사용하며, 과산화물 양극재료를 사용하는 특성으로 인하여 발화 및 폭발의 위험성으로 인한 안전사고도 발생하고 있다. 대표적인 예로서 1990년대 초에 Moli Energy에서 리튬 금속을 사용한 이차전지의 폭발 사고와 1995년에 Sony 공장의 aging실 화재, 1996년 1월의 마쓰시다 전지 공장의 전지발화, 1996년 2월의 Motorola Star Tec 전지 팩의 발화, 1996년 3월의 Moli Energy의 전지 팩 공장 발화, 1997년 8월의 마쓰시다 공장 화재 사고를 들 수 있다.

최종 전지 사용자 수준에서 근래의 가장 큰 사고는 2006년에 일본 오사카의 한 회의장에서 발생한 발화 사건이다(그림 부록 1.1). 본 사고의 노트북 컴퓨터는 미국의 컴퓨터 제조업체인 델컴퓨터에서 Sony사의 리튬이온전지를 채용하여 제조한 것이었다. 델컴퓨터에서는 과열로 인한 화재 위험이 있는 410만여 대의 노트북컴퓨터 배터리를 리콜하였다. 본 리콜 사건을 계기로 그동안 고성능화 개발로 등한시 되었던 리튬이온전지의 안전성 향상 개발이 보다 중요하게 되었다.

전지의 성능을 높이는 것은 내재 에너지량을 증가하는 것이고, 그 만큼 사고의 잠재 가능성이 높아지는 바, 적절한 시험 규격에 의한 전지 성능 및 안전성의 평가가 필요하다.

리콜 대상 노트북 PC 배터리:

리티튜드 D410, D500, D505, D510, D520, D600, D620, D800, D810,
인스피론 6000, 8500, 8600, 9100, 9200, 9300, 500m, 510m, 600m, 6400, E1505, 700, 710m, 9400, E1705,
프리시전 모바일 워크스테이션 M20, M60, M70, M90, XPS, XPS Gen2, XPS M170, XPS M1710 장착 제품

그림 부록 1.1 소니사 리튬이온전지 탑재 notebook PC(Dell사)의 발화

1-1 리튬이차전지의 안전성 평가 규격

리튬이차전지의 성능 및 안전성평가 규격은 IEC 61960-1(2000. 11.), IEC 61960-2(2000. 9.), IEC61960, IEC62281의 국제규격과 함께 미국의 UL(Underwriters Laboratories)에서 제정한 단체규격 UL 1642 및 UL 2054가 있으며 준 국제규격으로 사용하고 있다.

일본은 1995년 전지공업회에서 제정한 SBA G1101[1]의 규격을 리튬이차전지의 안전성평가규격으로 사용하다가 2000년 12월에 IEC 61960-1[2] 규격을 국제부합화한 JIS C 8711의 국가규격을 제정하여 리튬이차전지의 성능 및 안전성규격으로 사용하며, 전지제조사는 자체규격을 제정하여 자사전지의 평가에 이용하고 있다.

한국은 2001년 12월에 IEC 61960-1[2] 및 IEC 61960-2[3] 규격을 국제부합화한 KSCIEC 61960-1 및 KSCIEC 61960-2의 국가규격을 제정하여 리튬이차전지의 성능 및 안전성 규격으로 사용하고 있다.

현재까지 제정된 주요 리튬이차전지 규격은 다음과 같다.

1) 국제규격

(1) IEC 61960-1, "Secondary lithium cells and batteries for portable applications - Part 1 : Secondary lithium cells©, 2000. 11[2]

(2) IEC 61960-2 "Secondary lithium cells and batteries for portable applications - Part 2 : Secondary lithium batteries©, 2001. 9[3]

(3) IEC 61960 "Secondary cells and batteries containing alkaline or other non-acid electrolytes - Secondary lithium cells and batteries for portable applications"(Draft) [4]

(4) IEC 62281 "Safety of primary and secondary lithium cells and batteries during transport"(Draft)

2) 국가규격

(1) KSCIEC 61960-1, "휴대기기용 리튬이차단전지©, 2001. 12

(2) KSCIEC 61960-2, "휴대기기용 리튬이차전지©, 2001. 12

(3) RS C 0017, "휴대전자기기용 리튬이차전지©, 2001. 11

(4) JIS C 8711, "Secondary lithium cells for portable applications", 2000. 12

3) 단체규격

(1) UL 1642, "Lithium Batteries", 1999[5]

(2) UL 2054, "Household and Commercial Batteries", 2000[6]

(3) SBA G 1101, "Guideline for Safety Evaluation on Secondary Lithium Cells", 1997[1]

1-2 EV 및 HEV용 리튬이차전지의 안전성 평가 규격

EV(electric vehicle) 및 HEV(hybrid electric vehicle)용 리튬이차전지의 안전성 평가방법은 USABC(US advanced battery consortium)의 electrochemical storage system test procedure manual[7-9]과 SAE의 시험규격인 J1798[10], J2288[11] 및 J2464[12]에 제시되어 있다.

본 시험의 대상전지는 EV 또는 HEV에 적용되는 전지시스템이며 cell, module, pack의 3가지 level로 구분하여 시험한다.

안전성 시험 항목은 기계적 오용 시험, 환경적 오용 시험, 전기적 오용 시험의 3 가지로 나누며 세부항목은 표 부록 1.1과 같다.

표 부록 1.1 EV 및 HEV 전지의 안전성 및 오용 시험

Mechanical Abuse Tests		Thermal Abuse Tests		Electrical Abuse Tests	
Tests	ECSS level	Tests	ECSS level	Tests	ECSS level
• Shock Tests	≥Module	• Radiant Heat Test	≥Cell	• Short-circuit Test	≥Cell
• Drop Test	Pack	• Thermal Stability Test	≥Cell	• Partial Short-circuit Test	≥Module
• Penetration Test	≥Cell	• Compromise of Thermal Insulation	≥Module Test	• Overcharge	≥Cell
• Roll-Over Test	≥Cell	• Overheat/ Thermal Test	≥Module	• Overdischarge Test	≥Cell
• Immersion Test	≥Module	• Thermal Shock Cycling	≥Cell	• Extreme Cold Temperature Test	≥Cell
		• Elevated Temp. Storage Test	≥Cell		

2 리튬이차전지의 안전성 평가

2-1 연속충전 시험

전지를 연속적으로 충전하여 허용량 이상으로 충전되었을 때를 모의하는 실험으로써, 예상되는 결과는 전지가 과충전(overcharge)으로 전해액의 분해되고 전지내압이 상승하여 폭발하는 등의 위험성에 대한 시험이다.

완전 방전한 전지를 상온에서 0.2~0.5 I_t의 전류로 충전상한 전압까지 충전한 후 충전상한전압에서 28~30일 동안 정전압충전을 행하였을 때 전지의 누액, 안전변(safety vent) 작동, 발연, 폭발, 발화 등이 없어야 한다.

I_t는 C-rate를 나타내는 단위의 개념으로 사용하며, 본 장에서의 I_t는 모두 동일한 개념으로 나타내었다.

표 부록 2.1 연속충전시험의 평가 방법 및 기준

<table>
<tr><th colspan="2">국제/개별규격</th><th>평가방법</th><th>평가기준</th></tr>
<tr><td colspan="2">IEC 61960-1</td><td rowspan="3">0.2 I_t로 방전종지전압까지 방전 → 제조자가 제시한 방법으로 충전 → 충전상한전압에서 28일간 연속충전 (20±5 ℃)</td><td>NL, NV, NE, NF</td></tr>
<tr><td colspan="2">JIS C 8711</td><td rowspan="2">NL, NEL, NV, NE, NF</td></tr>
<tr><td colspan="2">IEC 61960-2</td></tr>
<tr><td>Pack Maker</td><td>한국S社</td><td>25±2 ℃, 0.5I_t/4.2 V//0.1I_t 충전 → 0.5I_t/4.2 V//30일 충전</td><td>비누액, 비발연
비발화, 비파열</td></tr>
</table>

NL: No leakage, NEL : No visible evidence of electrolyte loss, NV : No venting, NE : No explosion, NF : No fire

2-2 과방전/과충전 시험

과방전/과충전 시험은 반복되는 과방전 및 과충전에 견디는 능력을 평가하는 것으로서 전지팩의 시험항목으로 사용한다.

시험은 과방전 보호회로가 동작하는 전압범위까지의 방전과 충전상한전압에서의 과충전(12 h)을 30회 반복하여 전지의 안전유무를 판단하는 시험으로서 전지는 누액, 벤트작동, 발연, 발화 및 폭발 등이 없어야 한다.

표 부록 2.2 과방전 및 과충전 시험의 평가 방법 및 기준

국제/개별규격		평가방법	평가기준
IEC61960-2 (Draft)		제조자 제시방법으로 충전 → 0.2 I_t 전류로, 보호회로에 의해 종료되거나 0 V에 이를 때까지 방전 → 제조자가 제시하는 충전전류 및 전압으로 12h 충전(30회 반복)	NL, NEL, NV, NE, NF
Pack Maker	한국S社	① 25±2℃, $0.5I_t$/4.2 V//$0.1I_t$ 충전 ② $0.2I_t$로 0 V 또는 보호회로가 동작할 때까지 방전 ③ $0.5I_t$/4.2 V//12h 충전 ④ ②~③을 30회 반복	비누액, 비발연 비발화, 비파열

NL : No leakage, NEL : No visible evidence of electrolyte loss, NV : No venting
NE : No explosion, NF : No fire

2-3 충격 시험

만충전한 전지를 3 ms간의 최대 125~175 g의 'half sine wave' 의 충격을 가하여 전지의 안전성을 시험하는 항목으로서 누액의 이상이 발견되지 않아야 한다.

충격시험에서의 ms는 milli-second이며, g는 중력가속도로서 1 g는 9.8 m/sec^{2}의 의미이다.

표 부록 2.3 충격시험의 평가 방법 및 기준

국제/개별규격	평가방법	평가기준
IEC 61960-1	만충전된 전지를 3 ms 간의 최소가속도가 75 g이고, 최대 125~175 g의 충격을 각 방향으로 충격을 가함(20±5 ℃)	NL, NV, NE, NF
JIS C 8711		
IEC 61960-2		NL, NEL, NV, NE, NF
UL 1642		NL, NV, NE, NF
UL 2054		

국제/개별규격		평가방법	평가기준
Pack Maker	한국 S社	만충전된 전지를 3 ms 간의 최소가속도가 75 g이고, 최대 125~175 g의 충격을 각 방향으로 충격을 가함	-
Set Maker	미국 M社	만충전된 전지를 0.3 ms 간의 가속도가 3000 g의 충격을 각 방향으로 충격을 가함(총 6회)	-

NL : No leakage, NEL : No visible evidence of electrolyte loss, NV : No venting
NE : No explosion, NF : No fire

2-4 진동 시험

진동시험은 'sine wave'의 충격을 가하는 시험으로 0.8 mm의 진폭으로 주파수 10~55 Hz의 범위를 가변하여 충격을 가한다. 이때 누액 이상이 발견되지 않아야 한다.

표 부록 2.4 진동시험의 평가 방법 및 기준

국제/개별규격		평가방법	평가기준
IEC 61960-1		제조자가 제시한 방법으로 충전 → 1~4h 방치 → 진폭 0.8 mm(총변위 1.6 mm)로 10~55 Hz를 1 Hz/min으로 3방향 진동을 가함	NL, NV, NE, NF
JIS C 8711			NL, NEL, NV, NE, NF
IEC 61960-2			
UL 1642		제조자가 제시한 방법으로 충전 → 1~4h 방치 → 진폭 0.8 mm(총변위 1.6 mm)로 10~55 Hz를 1 Hz/min으로 3방향 진동을 가함(90~100분간)	NL, NV, NE, NF
UL 2054			
Pack Maker	한국 S社	만충전된 전지를 0.152 cm의 진폭으로 10 Hz~60 Hz~10 Hz/5min의 cycling을 1 축 방향으로 30분씩 3축 방향에 대헤 진동	OCV > 4V IR < 230mΩ
Set Maker	미국 M社	만충전된 전지를 0.8 mm의 진폭으로 10 Hz~55 Hz~ 10 Hz를 1 Hz/min의 속도로 3 축 방향에 대해 진동	NL 임피던스 증가 < 160%

NL : No leakage, NEL : No visible evidence of electrolyte loss, NV : No venting
NE : No explosion, NF : No fire

2-5 고온저장(고온변형) 시험

고온저장(고온변형) 시험은 전지의 주위 온도를 올렸을 때 고온에 대한 전지의 영향을 평가하는 것으로 cell의 경우는 전지의 안전성을 관찰하며, 전지팩의 경우는 'housing' 의 변형여부를 관찰한다.

주 관찰항목은 누액 및 변형이며, 60~75 ℃의 온도에서 전지를 보관한 후에 전지상태를 관찰한다.

표 부록 2.5 고온저장(고온변형) 시험의 평가 방법 및 기준

<table>
<tr><th colspan="2">국제/개별규격</th><th>평가방법</th><th>평가기준</th></tr>
<tr><td colspan="2">IEC 61960-1</td><td rowspan="2">제조자제시방법 충전 → 75±2 ℃에서 48h 방치</td><td rowspan="2">NL, NV, NE, NF</td></tr>
<tr><td colspan="2">JIS C 8711</td></tr>
<tr><td colspan="2">IEC 61960-2 (Draft)</td><td>제조자제시 방법 충전 → 70±2 ℃에서 7h 방치</td><td>ND, NMD</td></tr>
<tr><td colspan="2">UL 2054</td><td>70±2 ℃에서 7h 방치</td><td>ND, NMD, NE, NF</td></tr>
<tr><td>Pack Maker</td><td>한국 S社</td><td>70 ℃에서 7h 방치 → 상온 1h 방치</td><td>중량변화 < 0.1%, 비누액</td></tr>
<tr><td>Set Maker</td><td>미국M社</td><td>60±2 ℃에서 24h 방치</td><td>전기적 기능 유지</td></tr>
</table>

NL : No leakage, NV : No venting, NE : No explosion, NF : No fire
NMD : No evidence of mechanical damage or leakage of electrolyte

2-6 열 충격(온도 싸이클) 시험

열충격(온도 싸이클) 시험은 급격한 온도 변화에 대한 열충격으로 전지에 기계적 응력이 가해질때의 특성을 평가하는 것으로서, 전지보존 시의 최고온도와 최저온도 사이의 변화에 따른 열충격에 대한 영향을 평가한다.

만충전한 전지를 70~80 ℃에서 −20~−40 ℃ 온도구간 사이를 5분 이내에 1회 이상 반복하여 열충격을 가하여 누액의 이상이 발견되지 않아야 한다.

표 부록 2.6 열 충격(온도 싸이클링) 시험의 평가 방법 및 기준

국제/개별규격		평가방법	평가기준
IEC 61960-1		제조자가 제시한 방법으로 충전 → 75±2 ℃에서 48h 방치 → 5분 이내에 −20±2 ℃로 옮긴 후 6h 방치 → 20±5 ℃에서 24h 이상 방치	NL, NV, NE, NF
JIS C 8711			NL, NEL, NV, NE, NF
IEC 61960-2			
UL 1642		① 70±3 ℃, 4h 보관(30분 이내 온도 상승) ② 20±3 ℃, 2h 보관(30분 이내 온도 강하) ③ −40±3 ℃, 4h 보관(30분 이내 온도 강하) ④ 20±3 ℃로 회복(30분 이내 온도 강하) ⑤ ①~④를 9회 더 실행 ⑥ 검사전 7일간 보관	NL, NV, NE, NF
UL 2054			
Cell Maker	일본 M社	① 20±2 ℃, $1I_t$/4.2V//2.5h충전 ② 온도 cycling을 5회 반복 (60 ℃, 90%RH, 8h ↔ 20 ℃, 4h ↔ −20 ℃, 8h) ③ $0.2I_t$/2.5 V 방전 → 충전 → 방전	외관상 이상 없을 것 정격용량의 80%이상 방전
Pack Maker	한국 S社	① 25±2 ℃, $0.5I_t$/4.2V//$0.1I_t$ 충전 ② 75±2 ℃에서 48h 방치 ③ 5분 이내에 −20 ℃로 옮긴 후 6h 방치 ④ 상온에서 24h 방치	중량변화 < 0.1% 비누액
Set Maker	미국 Q社	[Temperature shock test] ① 25 ℃, $1.83I_t$/4.15V//$0.03I_t$ 충전 ② $0.2I_t$/3.4V 방전 ③ −30 ℃, 60min ↔ 60 ℃, 60 min ④ ①~③을 50회 반복	NL, ND 정격용량의 95% 이상 방전
		① 25 ℃, $1.83I_t$/4.15V//$0.03I_t$ 충전 ② 챔버에 두고 10초안에 85 ℃로 상승 → 1h 보관 ③ 10초 안에 −40 ℃로 강하 → 1h 보관 ④ ②~③을 24회 반복	No crack, No creep, ND, (금속접촉부위의) 부식이 없어야 함
	미국 M社	① 25±3 ℃, $1I_t$/4.2 V//$0.03I_t$ 충전 ② 챔버에 두고 10초안에 85 ℃로 상승 → 1h 보관 ③ 10초 안에 −40 ℃로 강하 → 1h 보관 ④ ②~③을 32회 반복	NE, NF

NL : No leakage, NEL : No visible evidence of electrolyte loss, NV : No venting
NE : No explosion, NF : No fire

2-7 고도모의(저압) 시험

고도모의(저압) 시험은 전지가 낮은 압력의 환경에 노출될 경우 부품에 기계적인 영향을 받아 전해액의 누액이 발생될 수 있는 가능성에 대한 시험이다.

본 시험은 고도 15,240 m의 상태를 모의한 저압 조건에서 전지가 견디는 능력을 평가하기 위한 것으로 11.6 kPa의 압력 하에서 전지를 6시간 보관하여 시험한다.

표 부록 2.7 고도 모의(저압) 시험의 평가 방법 및 기준

<table>
<tr><th>국제/개별규격</th><th>평가방법</th><th>평가기준</th></tr>
<tr><td>IEC 61960-1</td><td rowspan="3">제조자가 제시한 방법으로 충전 → 진공챔버에 전지를 두고 11.6 kPa로 감압한 후 6시간 방치</td><td>NL, NV, NE, NF</td></tr>
<tr><td>JIS C 8711</td><td rowspan="2">NL, NEL, NV, NE, NF</td></tr>
<tr><td>IEC 61960-2</td></tr>
<tr><td>UL 1642</td><td rowspan="2">제조자가 제시한 방법으로 충전 → 진공챔버에 전지를 두고 11.6 kPa로 감압한 후 6시간 방치</td><td>NL, NV, NE, NF</td></tr>
<tr><td>UL 2054</td><td></td></tr>
</table>

NL : No leakage, NEL : No visible evidence of electrolyte loss, NV : No venting, NE : No explosion, NF : No fire

2-8 단락 시험

단락시험은 전지의(+)극과(−)극 단자가 외부 회로를 통하여 단락하는 경우에 대한 모의시험으로써, 대전류 방전으로 인한 발열과 온도상승이 예상되며 이에 따른 파열과 발화의 위험성을 평가한다.

상온 및 55~60 ℃의 고온에서 전지의 내부저항보다 작은 저항(50 mΩ 이하)을 갖는 단락회로에 전지의(+)극과(−)극 단자를 연결하여 단락시킨다.

표 부록 2.8 단락 시험의 평가 방법 및 기준

국제/개별규격		평가방법	평가기준
IEC 61960-1 JIS C 8711		제조자가 제시한 방법으로 충전 → 50 mΩ 이하의 저항으로 단락(전지전압이 0.1 V 이하로 내려가고, case의 온도가 초기 시험 온도와 10 ℃ 차이로 감소할 때까지 실시(20±5 ℃ 및 55±2 ℃에서 시험)	NE, NF (온도<150 ℃)
IEC 61960-2		시험방법은 위와 같음(20±5 ℃에서 시험)	NE, NF (온도<150 ℃)
UL 1642 UL 2054		100 mΩ 이하의 저항으로 단락(전지가 완전히 방전되고, case의 온도가 초기시험온도와 비슷해 질 때까지 실시(R.T. 및 60±2 ℃에서 시험)	NE, NF (온도<150 ℃)
Cell Maker	일본M社	20±2 ℃, 1I_t/4.2V//2.5h충전 → 단자간을 1h 동안 단락(20±2 ℃)	비파괴, 비발화 비발연, 비누액
	일본H社	25±2 ℃, 1I_t/4.1V//3h 충전 → 단자간을 10 mΩ의 저항으로 1h 동안 단락	
Pack Maker	한국 H社	25±2 ℃, 1I_t/4.1 V//3h 충전 → 단자간을 10 mΩ의 저항으로 1h 동안 단락	비파괴, 비발화 비발연, 비누액
Pack Maker	한국 S社	25±2 ℃, 0.5I_t/4.2 V//0.1I_t 충전 → 단자간을 50 mΩ이하의 저항으로 3h 동안(60 ℃, 4시간) 단락 → 보호회로 동작 시 전선 제거 후 회복여부 확인	보호회로 동작
Set Maker	미국 Q社	① 25 ℃, 1.83I_t/4.15 V//0.03I_t 충전 ② AC 임피던스 측정 ③ 10분 또는 보호회로가 동작할 때까지 단락 ④ AC 임피던스 측정, 전지의 안전성 확인 ⑤ 25 ℃, 1.83I_t/4.15 V//0.03I_t 충전 ⑥ 25 ℃, 0.2I_t/3.2 V 방전 [①~③을 5회 반복]	No ignition No explosion No fumes No bursting No deformation

NE : No explosion, NF : No fire

2-9 강제방전 시험

강제방전 시험은 전지가 외부환경에 의해 강제적으로 방전될 경우, 또는 충전기의 오류로(+)극과(−)극 단자가 반대로 연결되어 역충전되는 경우를 모의한 실험이며, 전지내의 비정상적인 화학반응에 의해 내압과 온도가 상승하고 이에 따른 파열 및 발화의 가능성에 대한 시험이다.

표 부록 2.9 강제방전 시험의 평가 방법 및 기준

<table>
<tr><th colspan="2">국제/개별규격</th><th>평가방법</th><th>평가기준</th></tr>
<tr><td colspan="2">IEC 61960-1</td><td rowspan="2">제조자가 제시한 방법으로 충전 → 10 V 이상의 power supply, electronic load 또는 resistor에 전지를 연결한 후 $0.2I_t$로 12.5h 동안 방전(전지전압이 0 V에 도달해도 계속 실시(20±5 °C)</td><td rowspan="2">NE, NF</td></tr>
<tr><td colspan="2">JIS C 8711</td></tr>
<tr><td colspan="2">UL 1642</td><td rowspan="2">[Forced-discharge test]
완전 방전된 전지를 같은 종류의 fresh cell과 직렬 연결하여 강제방전(직렬 연결되는 fresh cell의 수는 직렬 연결하여 사용하는 cell수 −1)
[Abnormal charging test]
완전 방전된 전지에 제조자가 제시한 전류의 3배를 전지의 극성을 바꾸어서 인가(시간=$2.5C/3I_t$)</td><td rowspan="2">NE, NF</td></tr>
<tr><td colspan="2">UL 2054</td></tr>
<tr><td rowspan="3">Cel Maker</td><td>일본 S社</td><td>50 Ω의 저항에 24h 방전</td><td>NS,
No flame, NE</td></tr>
<tr><td rowspan="2">일본 H社</td><td>[Constant resistance over discharge]
25±2 °C, $1I_t$/4.1 V//3h 충전 → 단자간을 40 Ω($0.1I_t$에 해당) 의 저항으로 24h 동안 단락</td><td>-</td></tr>
<tr><td>[Over voltage forced discharge]
25±2 °C, $1I_t$/4.1 V//3h 충전 → $2I_t$의 정전류와 5 V의 정전압으로 2h 동안 역충전</td><td>-</td></tr>
</table>

국제/개별규격		평가방법	평가기준
Pack Maker	한국 H社	[정저항 과방전] 25±2 ℃, $1I_t$/4.1 V//3h 충전 → 단자간을 37 Ω의 저항으로 1h 동안 단락	비누액, 비발연 비파괴, 비발화
		[고전압 강제방전] 25±2 ℃, $1I_t$/4.1 V//3h 충전 → $2I_t$의 정전류와 18 V의 정전압으로 8h 동안 역충전	비누액, 비발연 비파괴, 비발화
	한국 S社	표준 충전된 6cell과 표준 방전된 3cell을 이용하여 3S3P pack을 제작 → 단자간을 50 mΩ 이하의 저항으로 3h 동안 단락	-

NS : No smoke, NE : No explosion, NF : No fire

2-10 과충전 시험

과충전 시험은 충전기나 전압제어회로 등의 고장을 모의한 시험이며, 전지가 과충전 될 경우 전해액 분해에 의한 내압 상승과 발열에 의한 온도상승 등에 의해 전지가 폭발할 수 있다.

과충전 시험의 종료조건은 충전시간을 제한하는 경우와 충전상한전압을 제한하는 두 가지 경우로 구분하며, 과충전 시험은 전지의 안전성을 평가하는 항목 중 가장 위험성이 큰 시험으로 대부분 폭발이상의 평가기준을 적용하고 있다.

표 부록 2.10 과충전 시험의 평가 방법 및 기준

국제/개별규격	평가방법	평가기준
IEC 61960-1	$0.2I_t$로 방전하한전압까지 방전 → 10 V 이상의 power supply에 연결한 후 제조자가 제시한 전류로 충전(20±5 ℃)(충전시간=$2.5C_5/I_{rec}$)	NE, NF
JIS C 8711		
UL 1642	$0.2I_t$의 10배의 전류로 정전류 충전 (벤트작동 이나 폭발이 일어날 때까지 또는 전지케이스의 온도가 steady state에 도달하거나 주위온도로 회복될 때까지)	NE, NF
UL 2054		

국제/개별규격		평가방법	평가기준
Pack Maker	일본S社	0.2I$_t$/4.1 V//24 h로 충전	NS, No flame, NE
	일본H社	25±2 ℃, 1I$_t$/4.1 V//3h 충전 → 1I$_t$/4.5 V//2h 충전	-
Pack Maker	한국H社	25±2 ℃, 1I$_t$/4.1V(/cell)//3h 충전 → 2I$_t$/18 V//24h 충전	비누액, 비발연 비파괴, 비발화
Set Maker	미국M社	2.4 A/4.8 V(/cell) 충전 → 4.75 V//24h 충전	NE, NF

NS : No smoke, NE : No explosion, NF : No fire

2-11 과전류 충전 시험

과전류 충전 시험은 대전류로 충전을 모의하는 실험으로써 Joule 열에 의한 온도상승으로 파열과 발화 등의 위험을 내포한다.

리튬이차전지(cell)을 평가하기 위한 시험조건은 규격에 따라 두 가지 경우로 구분한다. 첫째는 정전압충전을 하면서 충전전류를 제조자가 제시하는 전류의 3 배까지 허용하는 경우이고, 두 번째는 제조자가 제시하는 전류의 3 배로 정전류 충전하여 정격용량의 100 %를 충전하는 경우이다.

표 부록 2.11 과전류 충전 시험의 평가 방법 및 기준

국제/개별규격		평가방법	평가기준
IEC 61960-1		0.2I$_t$로 방전하한전압까지 방전 → 제조자가 제시한 전류 값의 3배까지만 허용한 상태로 충전종지전류에 이를 때까지 정전압 충전(20±5 ℃)	NE, NF
JIS C 8711		0.2I$_t$로 방전하한전압까지 방전 → 제조자가 제시한 전류 값의 3배로 정격용량의 100%를 충전(20±5 ℃)	비파괴, 비발화 비발연, 비누액
Pack Maker	한국S社	25±2 ℃, 0.5I$_t$/4.2 V//0.1I$_t$ 충전 → 2I$_t$/24 V//1h 충전	보호회로 동작

NE : No explosion, NF : No fire

2-12 압착 시험

압착 시험은 전지가 폐기물 파쇄기에 압축됐을 때의 전지의 안전성을 평가하는 항목으로서 전지가 외부압력에 의해 내부단락이 되었을 경우를 모의하는 시험이다.

원통형 전지는 길이방향에 평행하게 시험을 하며, 각형전지는 넓은 면과 좁은 면을 번갈아 시험하도록 규정되어 있어 2 배의 시료를 필요로 한다.

표 부록 2.12 압착 시험의 평가 방법 및 기준

국제/개별규격		평가방법	평가기준
IEC 61960-1		12.7 mm 이상의 두께를 가지는 견목의 평평한 면으로 전지 면적에 대해서 1140±20 N의 힘을 가하여 1분간 유지(각형전지는 좁은 면과 넓은 면을 번갈아 시험하며, 1cell에 대하여 한번만 시험, 20±5 ℃에서 시험)	NE, NF
IEC 61960-2			
JIS C 8711		평평한 판 사이에 전지를 두고 직경 32 mm의 유압해머로 누름. 압력눈금이 2500 psig(17.2 MPa, 13 kN의 힘)에 이를 때까지 누르며 최대 압력에 도달한 후 압력을 품.(각형전지는 좁은면 과 넓은 면을 번갈아 시험) ※ 250 lb. Crush Test(UL 2054) 12.7 mm이상의 두께를 가지는 견목의 평평한 면으로 930 cm^2에 대해서 1112N의 힘을 가하여 1분간 유지	NE, NF
UL 1642			
UL 2054			
Pack Maker	한국 S社	25±2 ℃, 0.5 I_t/4.2 V//0.1I_t 충전 → 13 kN의 힘으로 초기두께의 2/3까지 압축 → 팩의 표면온도가 40 ℃ 이하가 될 때까지 유지	NE, NF

NE : No explosion, NF : No fire

2-13 낙하 시험

낙하 시험은 전지를 자유낙하 시켰을 때 전지가 기계적 충격에 견디는 능력을 측정하는 것으로서 정해진 높이에서 단단한 바닥으로 전지를 자유낙하 시켰을 때 접합부와 안전장치에 충격을 주어 누출이 일어날 수 있는 가능성에 대한 시험이다.

견목 또는 콘크리트바닥 위에 1 m의 높이에서 전지를 자유낙하 시키며 폭발 또는 발화가 일어나지 않아야 한다.

표 부록 2.13 낙하 시험의 평가 방법 및 기준

<table>
<tr><th colspan="2">국제/개별규격</th><th>평가방법</th><th>평가기준</th></tr>
<tr><td colspan="2">IEC 61960-1</td><td rowspan="2">견목으로된 바닥 위에 1 m의 높이에서 전지를 6회 낙하(각 면당 2회 씩 실시, 20±5 ℃에서 시험)</td><td rowspan="2">NE, NF</td></tr>
<tr><td colspan="2">JIS C 8711</td></tr>
<tr><td colspan="2">IEC 61960-2
UL 2054</td><td>견목으로된 바닥 위에 1 m의 높이에서 전지를 6회 낙하(각 면당 2회 씩 실시, 20±5 ℃에서 시험)</td><td>NE, NF</td></tr>
<tr><td>Pack Maker</td><td>한국 S社</td><td>25±2 ℃, 0.5I_t/4.2 V//0.1I_t 충전 → 콘크리트 바닥 위에 1 m의 높이에서 전지를 6회 낙하</td><td>NE, NF</td></tr>
</table>

NE : No explosion, NF : No fire

2-14 열노출(가열) 시험

열노출(가열) 시험은 주변온도가 비정상적으로 상승하였을 때 전지가 노출된 온도분위기에서 견디는 능력을 평가하는 것으로 100~150 ℃의 분위기에서 10분~5시간 동안 보관하였을 때 누액의 이상이 관찰되지 않아야 하며 보관온도와 시간은 반비례하여 시험한다.

표 부록 2.14 열 노출(가열) 시험의 평가 방법 및 기준

<table>
<tr><th>국제/개별규격</th><th>평가방법</th><th>평가기준</th></tr>
<tr><td>IEC 61960-1</td><td rowspan="2">전지를 오븐안에 두고 5±2 ℃/분의 속도로 승온하여 130±2 ℃까지 올린 후 130±2 ℃에서 30분간 유지</td><td rowspan="2">NE, NF</td></tr>
<tr><td>JIS C 8711</td></tr>
<tr><td>JIS C 8711</td><td>전지를 오븐안에 두고 5±2 ℃/분의 속도로 승온하여 130±2 ℃까지 올린 후 130±2 ℃에서 60분간 유지</td><td>NE, NF</td></tr>
<tr><td>UL 1642</td><td rowspan="2">전지를 오븐안에 두고 5±2 ℃/분의 속도로 승온하여 150±2 ℃까지 올린 후 150±2 ℃에서 10분간 유지</td><td rowspan="2">NE, NF</td></tr>
<tr><td>UL 2054</td></tr>
</table>

국제/개별규격		평가방법	평가기준
Cell Maker	일본H社	만충전된 전지를 100 ℃의 오븐 안에 5h 동안 보관	NE, NF
Pack Maker	한국H社	만충전된 전지를 100 ℃의 오븐 안에 5h 동안 보관	비누액, 비발연 피파괴, 비발화
	한국S社	전지를 오븐안에 두고 5±2 ℃/분의 속도로 승온하여 130±2 ℃까지 올린 후 130±2 ℃에서 60분간 유지	피파괴, 비발화
Set Maker	미국M社	전지를 오븐안에 두고 5±2 ℃/분의 속도로 승온하여 150±2 ℃까지 올린 후 150±2 ℃에서 10분간 유지	NE, NF

NE : No explosion, NF : No fire

2-15 충돌 시험

충돌 시험은 환봉(road)에 의해 전지가 충격을 받았을 때 전지내부의 단락으로 인해 폭발 및 발화되는 경우를 모의하는 시험이다. 국제규격인 IEC에서는 적용하지 않지만 JIS와 UL 등 일부 규격에서 규정하고 있다.

표 부록 2.15 충돌 시험의 평가 방법 및 기준

국제/개별규격		평가방법	평가기준
JIS C 8711		평평한 바닥에 전지를 올려놓고, 전지 위에 8 mm 직경의 bar를 중앙부에 직각으로 올려놓음 → 전지로부터 60 cm의 높이에서 9 kg의 중량물을 낙하(각형전지는 좁은 면과 넓은 면을 번갈아 시험하며, 1cell에 대하여 한번만 시험)	NE, NF
UL 1642 UL 2054		평평한 평면 위에 전지팩를 두고 16 mm 직경의 환봉을 전지팩의 길이방향으로 올려놓음 → 9.1 kg의 중량물을 61±2.5 cm의 높이에서 떨어뜨림	NE, NF
Pack Maker	한국S社	평평한 평면 위에 전지를 두고 15.8 mm 직경의 환봉을 전지 중앙에 교차하여 올려놓음 → 9.1 kg의 중량물을 61 cm 의 높이에서 떨어뜨림	피파괴, 비발화

NE : No explosion, NF : No fire

2-16 관통 시험

관통 시험은 충돌 시험과 마찬가지로 전지의 포장 운송 시 못에 의해 전지가 관통되어 내부단락을 일으키는 경우를 모의한 시험이다.

본 시험의 경우 시험항목으로 채용되었으나, 점차 삭제되어가는 경향을 나타내는 시험 항목으로써 일부 전지제조사의 개별규격에서만 규정하고 있다.

표 부록 2.16 관통 시험의 평가 방법 및 기준

국제/개별규격		평가방법	평가기준
Pack Maker	한국S社	만충전된 전지팩의 중심을 직경 5 mm의 침으로 관통	-
Set Maker	미국M社	충전된 각 cell을 직경 2.5 mm의 침으로 관통	Max Temp.<100 ℃

3 EV 및 HEV용 리튬이차전지의 안전성 평가

3-1 기계적 오용 시험

A. 충격 시험

충격 시험은 속도변화와 최대 지속시간의 관계로 정의하며, 충격 지속시간은 그림 부록 3.1에 나타낸 바와 같이 peak level의 10 % 수준에 해당하는 처음과 마지막 충격펄스간의 간격(시간)을 의미한다. 시험은 표 부록 3.1과 같이 'Low-level' 과 'Mid-level' 로 구분되며 module과 pack만을 대상으로 한다.

시험 결과로서 측정데이터는 입력가속도, 전지의 변형정도, 시간에 따른 전지 케이스의 온도, 시험 전 · 후의 전지전압 및 임피던스, 시험장비와 전지의 시험 전 · 후 사진, 초당 400프레임 이상의 동영상, 시간에 따른 독성가스, 액체, 고상 물질 등의 수집과 분석 등이다.

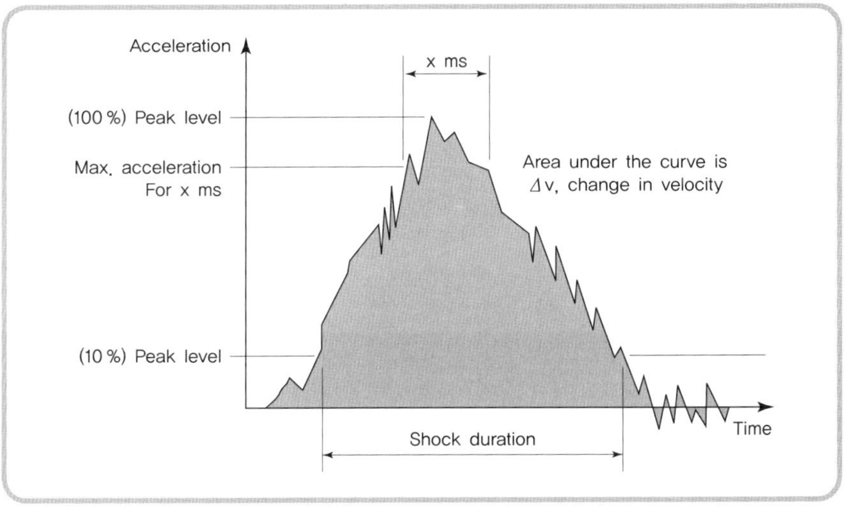

그림 부록 3.1 충격시험 인자 정의의 개념도

B. 낙하 시험

낙하 시험은 10 m의 높이에서 그림 부록 3.2와 같은 150 mm의 반경을 갖는 원통형 'steel' (전신주 모의)위로 전지를 낙하시킨다. 이때 전지를 원통물체의 끝 부분이 아닌 중앙에 떨어뜨려야 하며 같은 속도라면 수평충돌도 가능하다. 시험은 밀폐된 실내 공간 또는 풍속이 3 mph 이하인 곳에서 실시되어야 하며 전지의 상태는 시험 후에도 1시간 이상 관찰하여야 한다.

표 부록 3.1 충격 시험의 인자 정의

Level	Velocity (m/s)	Duration (ms)	Minimum Acceleration	Acceptable Pulse (g/cc)
Low	6.7	≤55	20g for 11 ms	25g 30 ms half-sine
Mid-1	11.1	≤65	30g for 16 ms	35g 51 ms half-sine
Mid-1	13.3	≤110	20g for 22 ms	25g 60 ms half-sine

시험 후 얻어야 하는 측정데이터는 입력가속도, 전지의 변형정도, 시간에 따른 전지케이스의 온도, 시험 전 · 후의 전지전압 및 임피던스, 시험장비와 전지의 시험 전 · 후 사진, 초당 400프레임 이상의 동영상, 시간에 따른 독성가스, 액체,

고상물질 등의 수집과 분석 등이다.

시험은 pack level 만을 대상으로 한다.

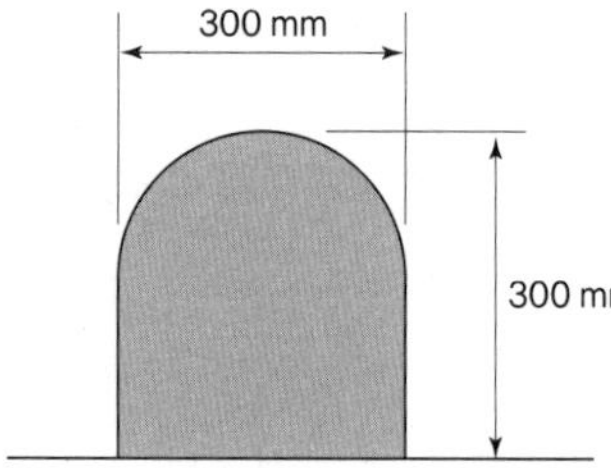

그림 부록 3.2 낙하 시험에서 사용되는 원통형 steel

C. 관통 시험

관통 시험은 표 부록 3.2에 나타낸 바와 같이 cell level의 전지의 경우 3 mm 직경의 침으로 전지를 완전히 관통하고 module level의 전지는 20 mm 직경의 침을 이용하여 3 cell 또는 100 mm만큼 관통하여 시험한다.

침의 하강속도는 8 cm/sec의 속도로 하며 침의 관통 각도는 전극 면에 수직인 방향이어야 한다. 시험은 밀폐된 실내 공간 또는 풍속이 3 mph 이하인 곳에서 실시되어야 하며 전지의 상태는 시험 후에도 1 시간 이상 관찰하여야 한다.

시험의 측정데이터는 시간에 따른 위험 수준, 전지의 변형정도, 시간에 따른 전지케이스의 온도, 시험 전 · 후의 전지전압 및 임피던스, 시험장비와 전지의 시험 전 · 후 사진, 초당 400프레임 이상의 동영상, 시간에 따른 독성가스, 액체, 고상물질 등의 수집과 분석 등이다.

시험은 cell level, module level, pack level 을 대상으로 한다.

표 부록 3.2 관통 시험의 조건

Size of Test Object	Diameter of Rod	Minimum Depth of Penetration
Cell	3 mm	Through cell
Module/Pack	20 mm	Through 3 cell or 100 mm

D. Roll-over Test

본 시험은 전지를 1분간 연속해서 1회전 시킨 후 전지로부터의 'leak' 여부를 관찰 한다. 그 후 전지를 90° 간격으로 1회전 시키는 데 각 위치에서 1시간씩 고정하여 전지를 관찰한다.

시험 후 얻어야 하는 측정데이터는 시간에 따른 전지케이스의 온도, 시간에 따른 위험물질의 농도(m^3 당), 시험 전 · 후의 전지전압 및 임피던스, 시험장비와 전지의 시험 전 · 후 사진(각 위치별), 누출된 물질에 대한 분석데이터와 인화성 시험결과 등이다.

시험은 module level과 pack level 만을 대상으로 한다.

E. Immersion Test

본 시험은 전지를 정상적인 작동온도에서 정상적인 사용방향으로 소금물(바닷물과 같은 조성)에 완전히 담근 후 25 ℃에서 2시간 동안 유지하는 시험이다.

시험의 측정데이터는 시간에 따른 전지케이스의 온도, 시간에 따른 위험물질의 농도(m^3 당), 시험 전 · 후의 전지전압 및 임피던스, 시험장비와 전지의 시험 전 · 후 사진(각 위치별) 등이다.

시험은 module level과 pack level 만을 대상으로 한다.

F. Crush Test

전지를 그림 부록 3.3에 나타낸 형태의 장치에 올려놓은 후 3축 방향으로 각각 압축(전지 당 1회 압축)하여 시험하며, 먼저 초기 두께의 85 %가 되도록 압축하여 5분간 유지한 후 다시 초기 두께의 50 %가 되도록 압축한다. 이때 압축하는 힘은 전지 무게의 1000 배를 넘지 않도록 하며 시험이 실외에서 수행될 때는 풍속이 3 mph 이하인 곳에서 행한다.

시험의 측정데이터는 시간에 따른 위험물질의 농도, 전지 내 · 외부 온도, 전지전압, 시험 전 · 과정 · 후의 전지전압 및 동영상 등이다.

시험은 cell level, module level, pack level 을 대상으로 한다.

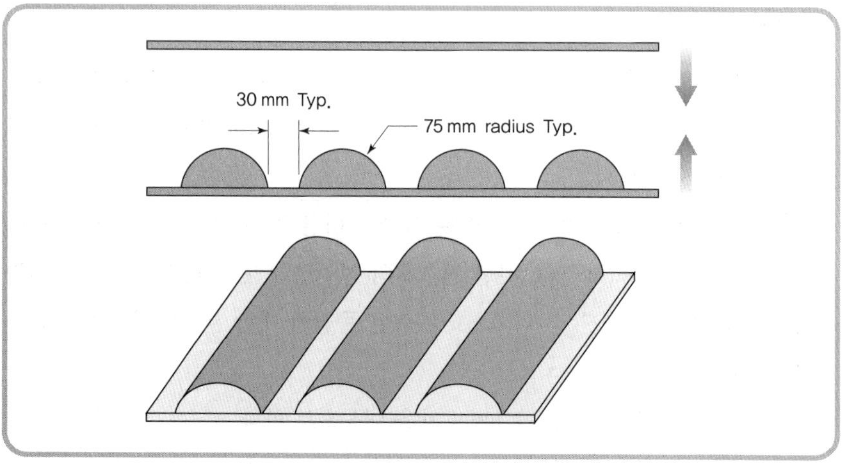

그림 부록 3.3 Crush test platen

3-2 열 오용 시험

A. Radiant Heat Test

본 시험은 전지를 80 % SOC(state of charge) 이상에서 10분간 고온에 노출시킨다. 이때 전지는 그림 부록 3.4의 시험장치 내부에 위치하고 시험장치의 온도는 90초 이내에 890 ℃에 이르도록 하여 10분간 유지시킨 후 종료한다.

시험의 측정데이터는 시간에 따른 위험물질의 농도, 시간에 따른 전지 케이스의 온도, 시험 전 · 후의 전지전압 및 임피던스, 시험장비 및 시험 전 · 과정 · 후의 전지사진 등이다. 시험은 cell level, module level, pack level 을 대상으로 한다.

B. Thermal Stability Test(Cell Test)

만 충전한 전지를 단열상태에 가까운 챔버(accelerated rate calorimeter(ARC) 또는 유사장비)에 장착한 후 전지의 작동온도에서 시작하여 5 ℃씩 승온한다. 각 온도에서 30분 이상 또는 'self-heating' 이 발견될 때까지 유지하며 'self-heating' 이 발견되면 챔버온도를 전지온도가 안정될 때까지 전지온도에 맞춘다. 이러한 과정을 (a) 추가적인 'self-heating' 이 발견될 때, (b) 전지작동온도에서 200 ℃를 상회할 때, (c) 안전사고(벤트 등)가 일어날 때 까지 반복한다. 만약

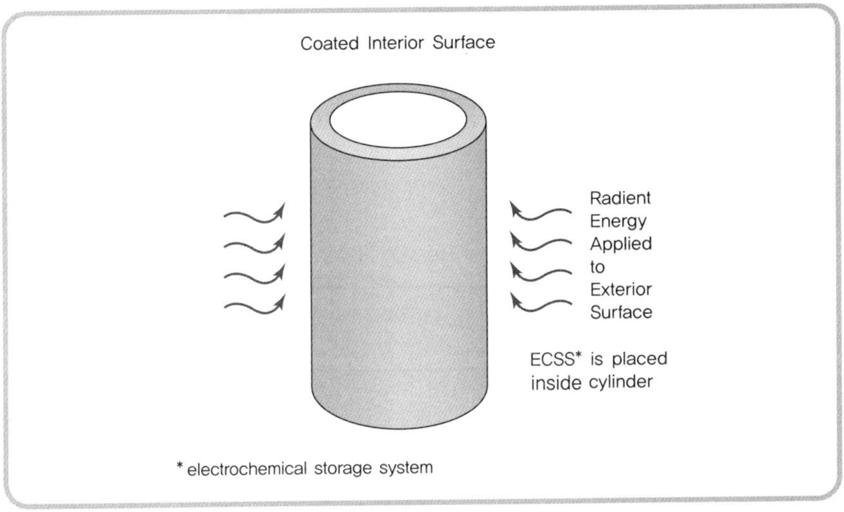

그림 부록 3.4 Test Fixture

'thermal runaway'가 일어나면 정확한 'thermal stability limit'를 결정하기 위한 반복시험을 해야 하며 이의 방법은 (a) 열폭주가 일어난 온도의 10 ℃ 아래까지 정속 승온한 후 2 ℃ 승온마다 1시간씩 유지를 반복하여 열폭주가 일어날 때까지 시험한다.

이상의 시험을 150 % 과충전된 전지, 수명의 50 %가 경과된 전지 수명의 100 %가 경과된 전시에도 적용한다.

C. Thermal Stability Test(Module Test)

Module의 경우도 만충전된 전지로 시험하며 cell의 발열온도를 안다면 발열온도의 10 % 이하에서 시작(절대온도)하고 모를 경우 전지의 작동온도에서 시작한다. 10 ℃ 승온 한 후 2시간 유지를 반복('self-heating'이 발견될 때까지)하며 발열온도를 모를 경우 20 ℃ 승온한 후 2시간 유지를 반복한다. 'self-heating'이 안정되면 이상의 과정을 다음 조건 중 한 가지를 만족할 때까지 반복한다.

(a) 추가적인 'self-heating'이 발견될 때
(b) 전지작동온도에서 200 ℃를 상회할 때
(c) 안전사고가 일어날 때(벤트 등)

표 부록 3.3에 시험조건을 나타내었다.

단, 150 ℃ 이상의 온도에서 작동하는 전지의 경우 시험을 안하거나 제조자가 정하는 조건으로 시험한다. 온도측정은 전지의 금속표면을 측정하거나 비금속전지의 경우는 post를 측정한다.

표 부록 3.3 Thermal Heatup Rates and Duration

ECSS Assembly Level	Heatup Rate Increment(℃)	Hold Time at Each Temperature Step(min)
Cell	5	30
Module or higher (Exotherm Temperature Known)	10	120
Module or higher (Exotherm Temperature Unknown)	20	120

D. Overheat/Thermal Runaway Test

만 충전한 전지를 제조자가 제시하는 충전 알고리즘에 의해 C/1 rate로 20 cycle 충방전 한다. 이때 충전과 방전 간에 rest는 없으며 온도 제어는 하지 않는다. 시험이 종료된 후 C/3 rate로 3 cycle 충방전하여 용량을 확인한다.

시험 후 얻어야 하는 측정데이터는 벤트의 작동여부, 전지내부 및 전지외부 온도, 시험 전 · 후의 전지전압 및 임피던스, 시험 전 · 과정 · 후의 전지사진, 시간에 따른 전지전압 및 전류 등이다. 시험은 module level, pack level 만을 대상으로 한다.

E. Thermal Shock Cycling

50 % SOC의 전지를 80 ℃의 온도와 −40 ℃의 온도구간을 5회 반복하여 유지한다. 각 온도구간에 도달하는 시간은 15분 이내로 하며 각 온도에서 유지되는 시간은 cell인 경우는 1시간 이상, module인 경우는 6시간 이상이어야 한다. 시험이 끝난 후 전지의 이상 유무를 확인하고 25 ℃의 온도에서 C/3 rate의 방전율로 3 cycle 충방전하여 용량을 확인한다.

시험의 측정데이터는 thermal cycling 동안의 전지전압, 시험 후 벤트작동의 유무, 시험 전 · 후의 전지전압 및 임피던스, 시험 전 · 과정 · 후의 전지사진 등이다. 시험은 cell level, module level, pack level 을 대상으로 한다.

F. Elevated Temperature Storage Test

표 부록 3.4에 나타낸 SOC 상태의 전지를 각 온도에서 2개월간 저장한다. 이때 1주일 간격으로 챔버에서 꺼내어 C/3 rate의 전류로 2 cycle 충방전 한 후 SOC를 시험조건에 다시 맞추어 해당온도에 저장한다. 만약 2번째 cycle의 용량이 초기용량의 80 % 미만일 경우에는 시험을 종료한다.

시험 후 얻어야 하는 측정데이터는 시험동안의 전지전압, 시험 후 벤트작동의 유무, 시험 전 · 후의 전지전압 및 임피던스, 시험 전 · 과정 · 후의 전지사진 등이다. 시험은 cell level, module level, pack level을 대상으로 한다.

표 부록 3.4 Results of temperature on varying S.O.C.

	40 ℃	60 ℃	80 ℃
Float @ 100 % SOC	×	×	×
50 % SOC	×	×	×
20 % SOC	×	×	×

G. Extreme-Cold Temperature Test

표 부록 3.5에 표기된 SOC 상태와 온도에서 시험한다. 방전 방법은 C/1 rate 전류로 방전하며 시험도중 전지가 손상을 입거나 비정상적인 조건에 이르면 시험을 종료한다.

시험의 측정데이터는 내부저항, 시간에 따른 전압 및 전류, power capability, 내부 및 외부 온도변화, 외부 케이스의 손상여부, 벤트작동 및 누액 여부의 확인 등이다. 시험은 cell level, module level, pack level 을 대상으로 한다.

표 부록 3.5 Charge and Discharge Rates of ECSS

Temperature(℃)	Depth of Discharge(%)	Charge/Discharge(D)
25	0	Initialize
0	0	20 % D
−20	20	20 % D
−40	40	20 % D
25	50	Initialize
0	50	20 % C & 20 % D
−20	50	20 % C & 20 % D
−40	50	20 % C & 20 % D
25	100	Initialize
0	100	20 % C
−20	80	20 % C
−40	60	20 % C
25	0	C/3 Performance

3–3 Electrical Abuse Tests

A. Short Circuit Test

단락방지 장치가 부착된 채로 5 mΩ 이하의 저항에 전지를 10분간 또는 시험이 불가능해질 때까지 단락한 후 2시간 동안 관찰한다.

시험 후 얻어야 하는 측정데이터는 시간에 따른 위험물질의 농도(m^3 당), 전지의 외부온도, 전지전압 및 전류, 시험 전 · 후의 전지전압 및 임피던스, 시험 전 · 도중 · 후의 전지사진 및 동영상 등이다. 시험은 cell level, module level, pack level 을 대상으로 한다.

B. Partial Short Circuit Test

단락방지 장치가 부착된 채로 5 mΩ 이하의 저항에 전지를 10분간 또는 시험이 불가능해질 때까지 단락한 후 2시간 동안 관찰한다. 시험 조건은 표 부록 3.6

에 나타낸 바와 같이 module 또는 pack을 구성하는 cell 수에 따라 다른 조건을 적용한다.

표 부록 3.6 Shorting Specification for Module and Pack.

	40 ℃	60 ℃	80 ℃
Module	Short at leate 1 centrally located adjacent cells	Short at least 2 centrally located adjacent cells	Short at least 2 centrally located adjacent cells
Pack	Short at leate 1 centrally located adjacent moudules	Short at least 2 centrally located adjacent moudules	Short at least 2 centrally located adjacent moudules

시험 후 얻어야 하는 측정데이터는 시간에 따른 위험물질의 농도(m^3 당), 전지의 외부온도, 전지전압 및 전류, 시험 전 · 후의 전지전압 및 임피던스, 시험 전 · 도중 · 후의 전지사진 및 동영상 등이다. 시험은 cell level, module level, pack level을 대상으로 한다.

C. Overcharge Test

만충전한 전지를 32 A(D.C.)의 전류로 450 V를 초과하지 않도록 충전한다. 시험은 200 % SOC 또는 4시간이 경과하면 종료하며 pack level 이하의 전지는 전압/전류를 조절하여 실행한다.

시험의 측정데이터는 시간에 따른 위험물질의 농도(m^3 당), 전지의 외부온도, 전지전압 및 전류, 시험 전 · 후의 전지전압 및 임피던스, 시험 전 · 후의 전지사진 등이다. 시험은 cell level, module level, pack level을 대상으로 한다.

D. Overdischarge Test

만충전한 전지를 C/1 rate의 전류로 1시간 30분 동안 또는 극성이 15분간 바뀔 동안 완전히 방전한다.

시험의 측정데이터는 전지의 외부온도, 전지전압 및 전류, 시험 전 · 후의 전지전압 및 임피던스, 시험 전 · 도중 · 후의 전지사진 등이다. 시험은 cell level, module level, pack level 을 대상으로 한다.

E. AC Exposure

만충전한 전지를 240 V/60 A standard 전원으로부터 공급되는 60 A(50/60 Hz AC) 이하의 전류로 1시간 동안 충전한다.

시험의 측정데이터는 전지의 외부온도, 전지전압 및 전류, 시험 전 · 후의 전지전압 및 임피던스, 시험 전 · 도중 · 후의 전지사진 등이다. 시험은 pack level 만을 대상으로 한다.

참고문헌

[1] SBA G1101 Standard, 'Guideline for safety evaluation on secondary lithium cells' (1997)

[2] International Electrotechnical Commission, Secondary lithium cells and batteries for portable applications, IEC 61960-1.

[3] International Electrotechnical Commission, Secondary lithium cells and batteries for portable applications, IEC 61960-2.

[4] International Electrotechnical Commission, Secondary lithium cells and batteries for portable applications, IEC 61960.

[5] UL 1642 Standard, 'Lithium batteries' (1999)

[6] UL 2054 Standard, 'Household and commercial batteries' (1998)

[7] USABC Electric Vehicle BatteryTest Procedure Manual, Reversion 2, 19961. Jurgen Garche, Franz Lang, Harry Doring, Reinhard Hemmer, 'Test procedures and equipments used for assesment of electric vehicle batteries'.

[8] "PNGV Battery Test Manual", Rev. 3 (2001)

[9] USABC, Electrochemical Storage System Abuse Test Procedure Manual, USABC/SNL CRADA No. SC961447.

[10] SAE J 1798 Standard, 'Recommended practice for performance rating of electric vehicle battery modules' (1997)

[11] SAE J 2288 Standard, 'Life cycle testing of electric vehicle battery modules' (1997)

[12] SAE J 2464 Standard, 'Electric vehicle battery abuse testing' (1999)

찾아보기

i·n·d·e·x

ㅁ

ㅂ

ㅈ

A

B

C

D

M

N

O

P

R

S

T

정가 35,000원

리튬이차전지의 원리 및 응용

2010년 7월 19일 1쇄
2025년 8월 29일 20쇄

인 지
첨 부

저 자 : 박정기외 14인
발행자 : 송 준
발행처 : 도서출판 홍릉
주 소 : 서울시 강북구 인수봉로 50길 10
01093
등 록 : 1976년 10월 21일 제5-66호
전 화 : (02) 999-2274~5, 903-7037, 996-8341
팩 스 : (02) 905-6729
e-mail: hongpub@hongpub.co.kr
http://www.hongpub.co.kr
ISBN: 978-89-7283-878-4

본 교재는 지식경제부의 차세대이차전지인력양성사업의 지원으로
완성되었기에 이에 감사드립니다.